图表生物化学

ILLUSTRATED BIOCHEMISTRY

于秉治 主 编

关一夫 副主编

编者（以姓氏笔画为序）

于秉治 （中国医科大学）

于爱鸣 （中国医科大学）

关一夫 （中国医科大学）

邢 伟 （中国医科大学）

孙黎光 （中国医科大学）

李 辉 （哈尔滨医科大学）

李雪松 （中国医科大学）

张 杰 （中国医科大学）

魏金荣 （中国医科大学）

学术秘书

安丽文 （中国医科大学）

中国协和医科大学出版社

图书在版编目（CIP）数据

图表生物化学/于秉治主编．—北京：中国协和医科大学出版社，2007.6
ISBN 978-7-81072-935-2

Ⅰ．图…　Ⅱ．于…　Ⅲ．生物化学-图表　Ⅳ．Q5-64

中国版本图书馆 CIP 数据核字（2007）第 089229 号

图表生物化学

主　　编：于秉治
责任编辑：何海青

出版发行：中国协和医科大学出版社
（北京东单三条九号　邮编 100730　电话 65260378）
网　　址：www.pumcp.com
经　　销：新华书店总店北京发行所
印　　刷：北京丽源印刷厂

开　　本：889×1194 毫米　1/16 开
印　　张：25.25
字　　数：700 千字
版　　次：2008 年 2 月第一版　　2008 年 2 月第一次印刷
印　　数：1-3000
定　　价：68.00 元

ISBN 978-7-81072-935-2/R·928

前　言

生物化学是一门用化学的方法在分子水平上对机体的新陈代谢进行研究的科学，机体内的化学变化之间必然存在着各种联系。合成（同化）、分解（异化）都不是一个反应能维持的。各种不同物质在分解、合成、转化过程中又相互联系、制约、影响。要想反映出这些变化，图、表是最直观的方式。此外，在长期的教学实践过程中，同学们非常希望，也非常欢迎教员用图、表的方式进行讲解。这样不仅印象深刻，也容易理解、记忆。尤其当今大多数院校使用多媒体教学，使用图表会提高教学的效果。在教材中各章节的编写内容及所使用的形式，是近年来我们在教学中所讲解的内容与形式。希望本书能成为5~6年学制的医学院校的学生的好的参考书。

另外，各章节的内容力争做到理论与实验、临床等的联系，以加深对理论内容的理解。

由于我们的水平所限，难免会有一些不当之处，万望多提宝贵意见。

于秉治

2007年10月

目　　录

第一章　蛋白质的结构和功能

内容提要

蛋白质（protein）是由氨基酸（amino acid）组成的生物大分子。生物体内的蛋白质含量丰富，结构复杂，分布广泛，种类繁多，功能各异。它与核酸等其他生物分子共同构成了生命的物质基础。

第一节　蛋白质的分子组成

蛋白质的主要化学成分是碳、氢、氧、氮和硫。有些蛋白质还含少量的金属元素，如磷、铁、碘、锌等。蛋白质是体内主要的含氮物质，平均含氮量约为16%。因此可根据生物样品中的含氮量由下面的公式推算出样品中的蛋白质含量。

100g样品中蛋白质的含量 = 每克样品中含氮克数 ×6.25 ×100

一、氨基酸是组成蛋白质的基本单位

（一）氨基酸是含有氨基和羧基的手性分子

氨基酸是组成蛋白质的基本单位。自然界中的氨基酸有300余种，构成人体蛋白质的编码氨基酸有20种，且均具有L-构型（甘氨酸除外）。

氨基酸是带有氨基的有机酸，其基本结构特征是碳原子接有4个基团或原子，分别是氨基（$-NH_2$）或亚氨基（$-NH-$）、羧基（$-COOH$）、侧链基团（$-R$）和氢原子，其氨基酸通式如图1－1所示。

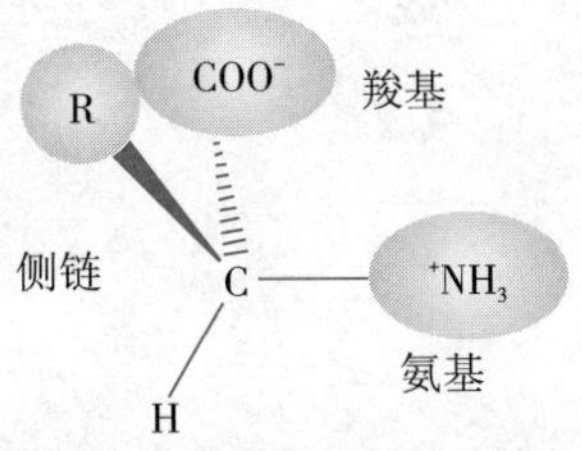

图1－1　L－氨基酸的化学结构通式

（二）氨基酸的侧链决定了氨基酸的不同特性

根据氨基酸侧链（side chain）的结构和性质，可将20种氨基酸分为4类（表1－1）。

表 1－1　构成蛋白质的 20 种编码氨基酸

中文名	英文名	结构式	三字符号	一字符号	等电点（pI）	分子量
非极性疏水性氨基酸						
甘氨酸	Glycine	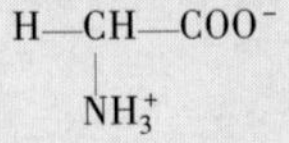	Gly	G	5. 97	77
丙氨酸	Alanine	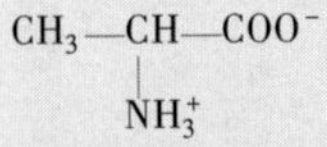	Ala	A	6. 00	89
缬氨酸	Valine	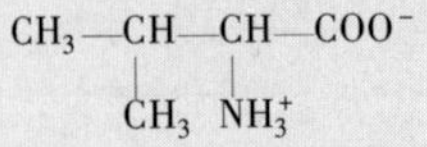	Val	V	5. 96	117
亮氨酸	Leucine	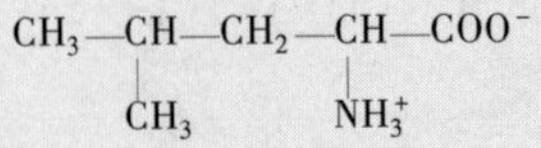	Leu	L	5. 98	131
异亮氨酸	Isoleucine	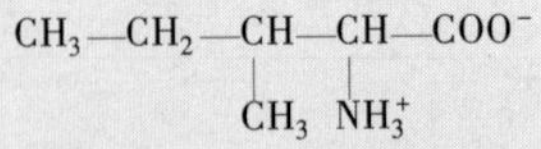	Ile	I	6. 02	131
苯丙氨酸	Phenylalanine	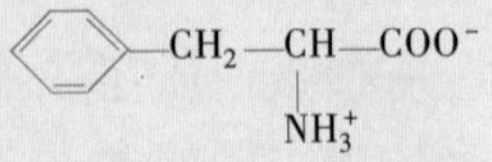	Phe	F	5. 48	165
脯氨酸	Proline	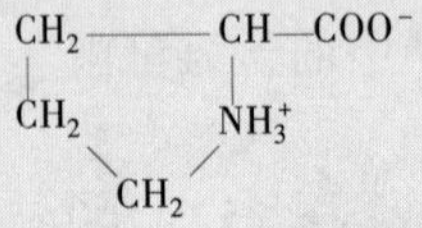	Pro	P	6. 30	115
极性中性氨基酸						
色氨酸	Tryptophan	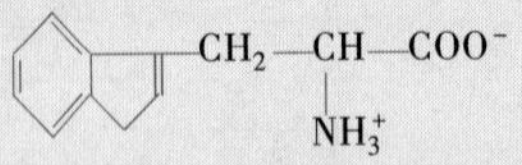	Trp	G	5. 89	204
丝氨酸	Serine	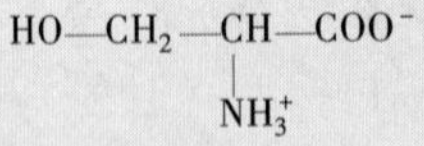	Ser	A	5. 68	105
酪氨酸	Tyrosine	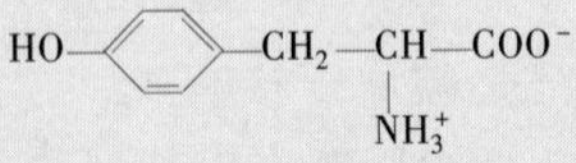	Tyr	V	5. 66	181
半胱氨酸	Cysteine	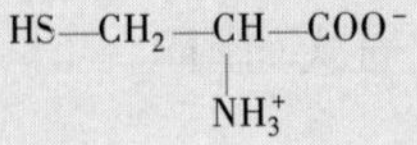	Cys	L	5. 07	121
蛋氨酸	Methionine	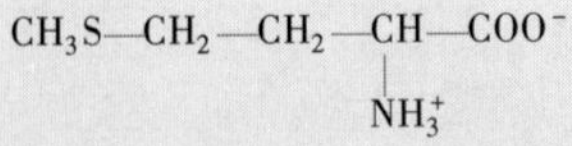	Met	M	5. 74	149
天冬酰胺	Asparagine	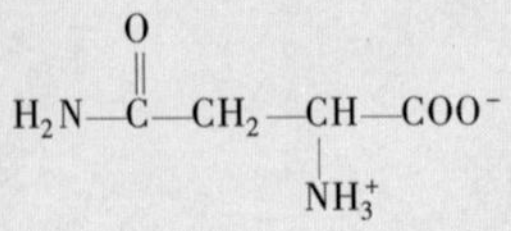	Asn	N	5. 41	132
谷氨酰胺	Glutamine	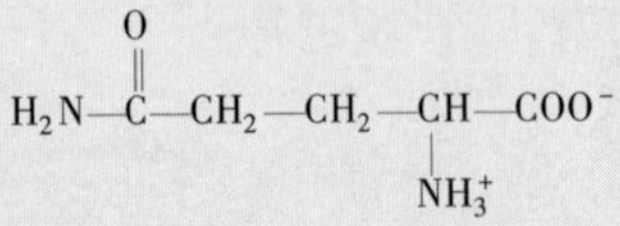	Gln	Q	5. 65	146
苏氨酸	Threonine	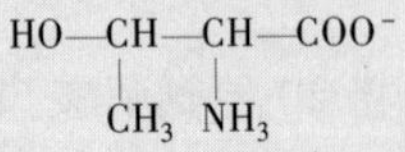	Thr	T	5. 60	119

续　表

中文名	英文名	结构式	三字符号	一字符号	等电点（pI）	分子量
酸性氨基酸						
天冬氨酸	Aspartic acid	$HO-C(=O)-CH_2-CH(NH_3^+)-COO^-$	Asp	D	2.97	133
谷氨酸	Glutamic acid	$HO-C(=O)-CH_2-CH_2-CH(NH_3^+)-COO^-$	Glu	E	3.22	147
碱性氨基酸						
赖氨酸	Lysine	$NH_2-CH_2-CH_2-CH_2-CH_2-CH(NH_3^+)-COO^-$	Lys	K	9.74	146
精氨酸	Arginine	$NH_2-C(=NH)-NH-CH_2-CH_2-CH_2-CH(NH_3^+)-COO^-$	Arg	R	10.76	174
组氨酸	Histidine	$HC=C(-NH-CH_2=N-)-CH_2-CH(NH_3^+)-COO^-$	His	H	7.59	155

氨基酸的系统命名法是以羧基为母体的，其他碳原子的位次通常用希腊字母 α，β，γ ……依次标示。连接侧链的碳原子通常称为 C_α 原子，连接在 C_α 原子上的氨基和羧基则分别称为 α-氨基和 α-羧基，以示区别于侧链上的基团。

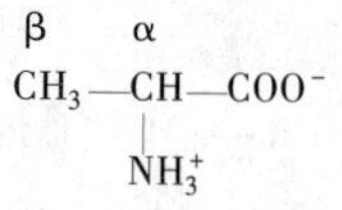

α－氨基丙酸（丙氨酸）

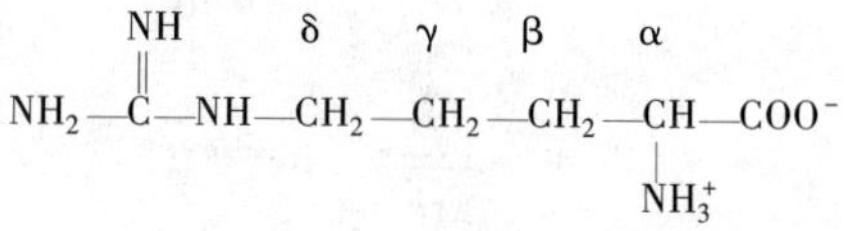

α－氨基－δ－胍基戊酸（精氨酸）

有 3 种氨基酸比较特殊。

甘氨酸的侧链是氢原子，它不是手性分子，无光学活性。

脯氨酸侧链上 δ 位的碳原子与 α-氨基连接构成五元环的结构，使 α-氨基变成为 α-亚氨基。

半胱氨酸的侧链末端是巯基（-SH）。两个半胱氨酸的巯基脱氢后可形成一个二硫键（disulfide bond），构成一个胱氨酸（图 1－2）。

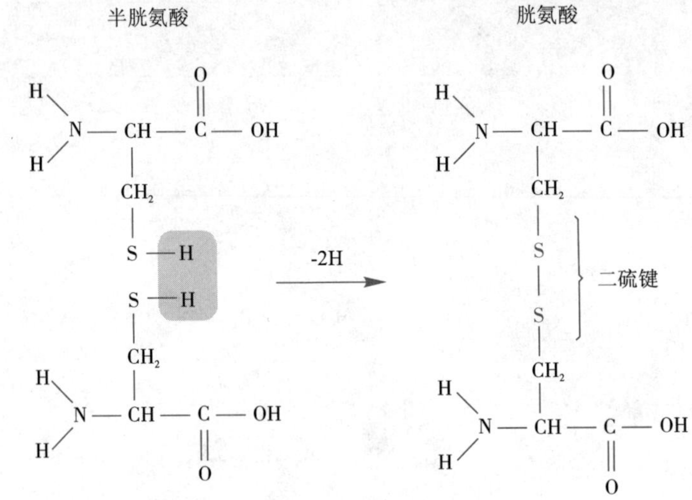

图 1－2 半胱氨酸的巯基脱氢形成二硫键

（三）氨基酸具有特殊的理化特性

1. 氨基酸具有两性解离的特性

碱性的α-氨基和酸性的α-羧基使氨基酸在不同 pH 的溶液中呈现出两性解离的特性。当氨基酸在电解质溶液中解离成阳离子和阴离子的程度相等时，呈电中性（图 1－3）。此时溶液的 pH 值称为该氨基酸的等电点（isoelectric point，pI）。各个氨基酸的 pI 值如表1－1 所示。当溶液的 pH 值大于或小于氨基酸的等电点时，氨基酸分别表现为带负电的阴离子或带正电的阳离子。

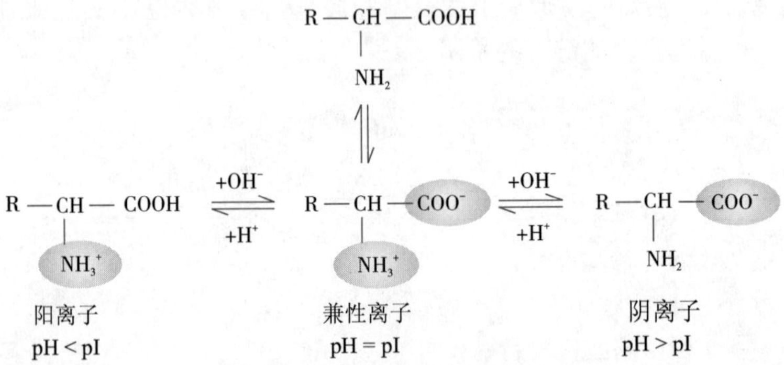

图 1－3 氨基酸的两性解离示意图

2. 含有芳香族侧链的氨基酸有较强的紫外吸收

含有芳香环的色氨酸、酪氨酸和苯丙氨酸在紫外光谱的 280nm 附近有最大的吸收峰（图 1－4）。这一性质可用来分析样品中的蛋白质含量。

3. 氨基酸的呈色反应可用来对氨基酸进行定量分析

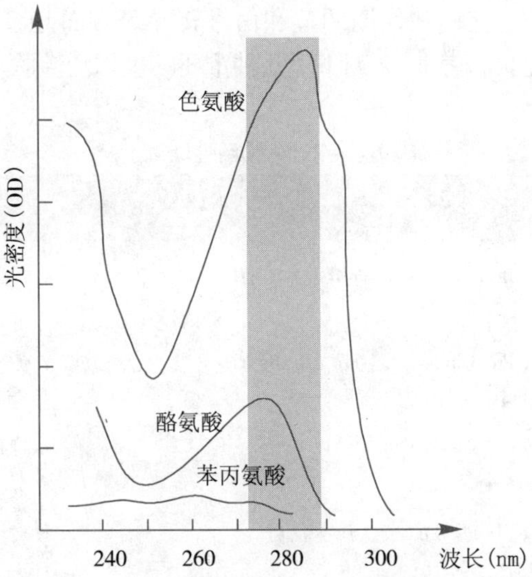

图 1-4　芳香族氨基酸的紫外吸收谱

氨基酸与茚三酮（ninhydrin）水合物共同加热，茚三酮水合物被还原后与氨基酸可形成一种蓝紫色化合物，并在 570nm 处有强烈吸收。该吸收峰值的大小与氨基酸释放出的氨量成正比，因此可用来对氨基酸进行定量分析。

二、氨基酸通过肽键的连接形成了多肽

肽键（peptide bond）是在一个氨基酸的 α-羧基和另一个氨基酸的 α-氨基之间通过脱去一个水分子而形成的酰胺键（图 1-5）。

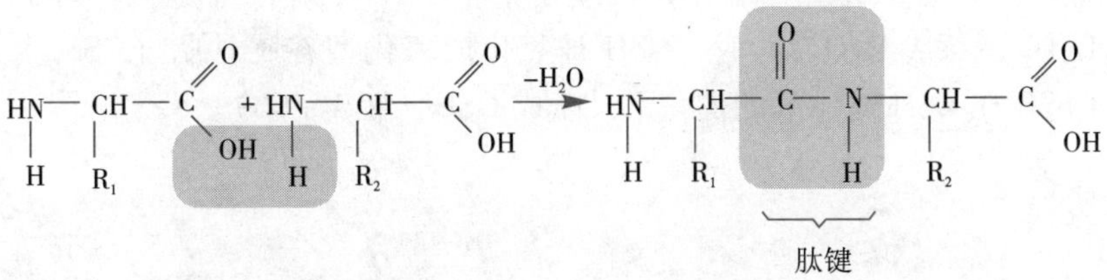

图 1-5　两个氨基酸脱水形成肽键

（一）氨基酸之间的连接是通过肽键实现的

氨基酸通过肽键而形成的分子被称为肽（peptide）。由两个氨基酸形成的肽被称为二肽（dipeptide）。二肽可与另一个氨基酸分子缩合形成三肽（tripeptide）。以此类推，可以延伸下去四肽、寡肽（10 个以内氨基酸相连而成的肽）和多肽（具有更多氨基酸肽）等。肽链中的氨基酸因脱水而基团不全，被称为氨基酸残基（residue）。

在多肽链中，含有自由氨基的一端称为氨基末端（amino terminal），简称为 N 末端，含有自由羧基的一端称为羧基末端（carboxyl terminal），简称为 C 末端。肽链上氨基酸的排列顺序是从 N 末端到 C 末端的。

（二）某些寡肽和多肽具有重要的生物活性

生物体中存在着许多由几个或多个氨基酸构成的低分子量的肽，被

称为寡肽和多肽。它们在代谢调节和信号转导等方面起着重要的作用，故称为生物活性肽。表 1－2 列举了几种重要的生物活性肽。

表 1－2 生物活性肽

名称	氨基酸序列	功能
催产素	Cys-Tyr-Ile-Gln-Asn-Cys-Pro-Leu-Gly-NH_2 (S—S)	促进乳汁排出，促进子宫收缩
血管加压素	Cys-Tyr-Phe-Gln-Asn-Cys-Pro-Arg-Gly-NH_2 (S—S)	促进肾脏远端小管对水的重吸收
甲硫脑啡肽	Tyr-Gly-Gly-Phe-Met	抑制肠运动及其分泌
亮脑啡肽	Tyr-Gly-Gly-Phe-Leu	对胃癌诊断有价值
心房钠尿肽	Ser-Leu-Arg-Arg-Ser-Ser-Cys-Phe-Gly-Gly-Arg-Met-Asp-Arg-Ile-Gly-Ala-Gln-Ser-Gly-Leu-Gly-Cys-Asn-Ser-Phe-Arg-Tyr	舒张血管平滑肌
P 物质	Arg-Pro-Lys-Pro-Bln-Phe-Phe-Gly-Leu-Met-NH_2	慢痛通路第一突触
缓激肽	Arg-Pro-Pro-Gly-Phe-Ser-Pro-Phe-Arg	强烈舒张血管

谷胱甘肽（glutathione，GSH）是由谷氨酸、半胱氨酸和甘氨酸构成的三肽（图 1－6a）。与正常的肽链不同，谷氨酸的 γ-羧基而不是 α-羧基与半胱氨酸的 α-氨基相连接。GSH 的巯基作为体内重要的还原剂保护体内其他蛋白质的巯基免遭氧化，维持蛋白质的正常生理功能。在 GSH 过氧化酶的催化下，GSH 可以将细胞内产生的 H_2O_2 还原成 H_2O。同时，GSH 被氧化成氧化型谷胱甘肽（GSSG）。GSSG 在 GSH 还原酶的催化下又生成 GSH（图 1－6b）。

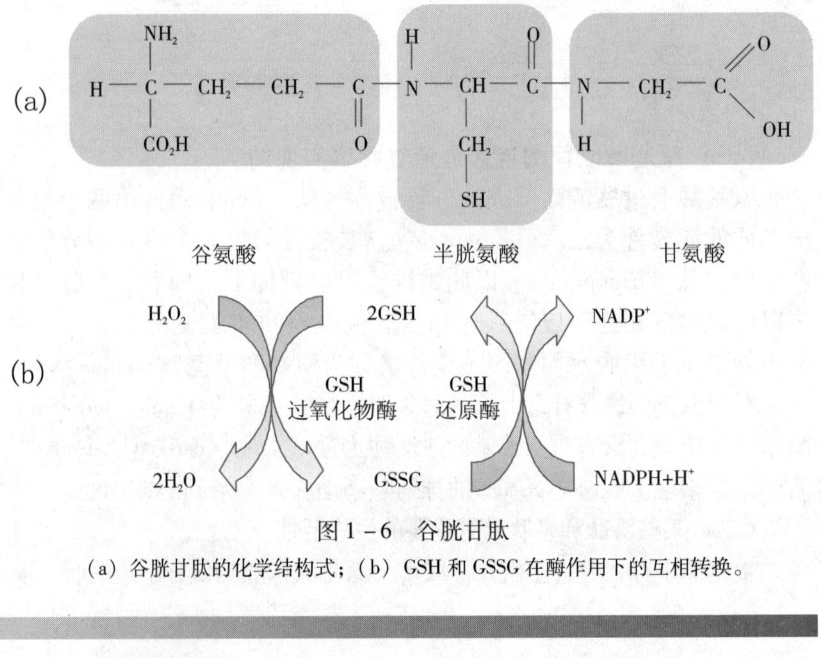

图 1－6 谷胱甘肽

（a）谷胱甘肽的化学结构式；（b）GSH 和 GSSG 在酶作用下的互相转换。

第二节　蛋白质的分子结构

生物体内的蛋白质是20种氨基酸按照不同的种类、数量和排列顺序通过肽键连接而形成的生物大分子。这些氨基酸在三维空间里表现出了特定的相对位置关系，称为蛋白质的空间结构或空间构象（conformation）。蛋白质的空间构象是蛋白质特有性质和功能的结构基础。

蛋白质分子的空间结构可分成4个层次：一级结构（primary structure）、二级结构（secondary structure）、三级结构（tertiary structure）和四级结构（quaternary structure），其中后三者统称为高级结构。

一、蛋白质的一级结构是氨基酸的排列顺序

构成蛋白质的氨基酸的相对排列顺序称为蛋白质的一级结构，或氨基酸序列（amino acid sequence）。蛋白质的一级结构由遗传信息所决定。维持蛋白质一级结构的作用力是连接氨基酸的肽键。蛋白质的一级结构是蛋白质空间构象和生物特异性的基础，但蛋白质的一级结构不是决定蛋白质空间构象的惟一因素。

与肽链一样，蛋白质有氨基末端（即N末端）和羧基末端（即C末端）。蛋白质的氨基酸排列顺序是从N末端到C末端。图1－7是牛胰岛素的一级结构。牛胰岛素是由A链和B链两条肽链组成的，分别由21和30个氨基酸组成。两条肽链之间通过两个链间的二硫键连结在一起。A链上还有一个链内的二硫键。

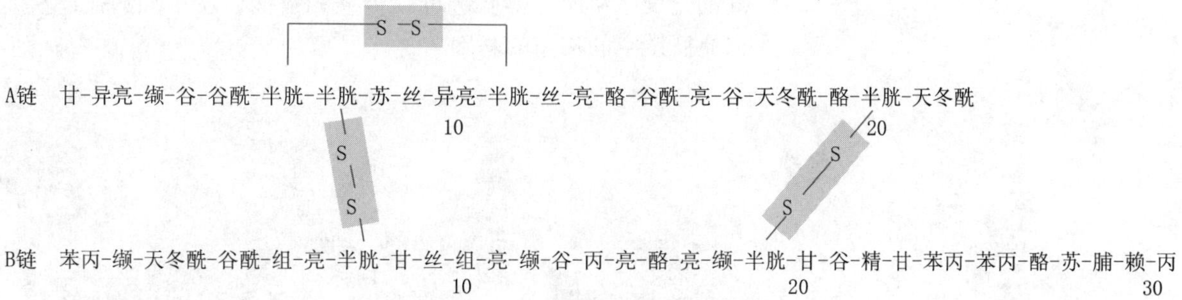

图1－7　牛胰岛素的一级结构

二、蛋白质的二级结构是肽链主链的局部空间结构

蛋白质的二级结构是指蛋白质中某一段肽链主链骨架（backbone）的局部空间结构。蛋白质的二级结构不涉及氨基酸残基侧链的构象。肽链主链骨架是指由α-氨基的N原子、C_α原子和α-羧基的C原子构成的重复排列。

（一）肽单元是由肽键构成的刚性平面

参与肽键形成的6个原子$C_{\alpha 1}$，C＝O，N－H和$C_{\alpha 2}$构成了一个酰胺平面，称为肽单元（peptide unit）（图1－8a）。由于结构互变的结果，肽键具有了部分双键特性（图1－8b），也就是说它的键长介于C－N单键和C＝N双键之间。这使肽单元呈现出刚性平面的特性：处在反式构象（trans－form）上的两个C_α原子不能绕着肽键自由转动。

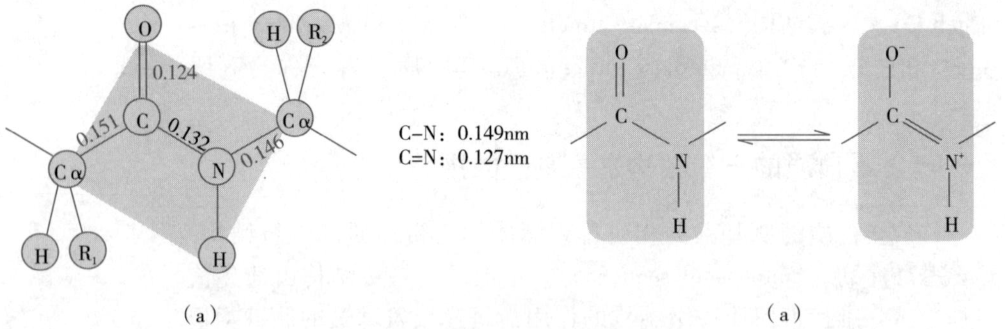

图1－8　肽单元的示意图

（a）肽键的结构参数；（b）肽键结构的互变。

与肽键相邻的C_α-N和C_α-C都具有单键的特性，这样肽单元可以绕其自由转动。两个相邻的肽单元构成了两个平面转角φ和ψ（图1－9）。一个肽链可视为以C_α原子为节点连接在一起的多个刚性肽单元（图1－10）。由于肽单元可以绕节点两侧的单键旋转成不同的角度，从而使得肽链可以折叠和盘曲，肽单元的概念奠定了蛋白质肽链空间构象的基础。

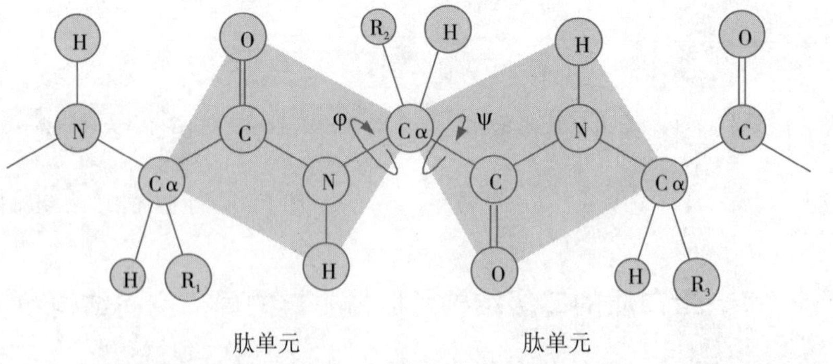

图1－9　由两个肽单元构成的平面转角φ和ψ

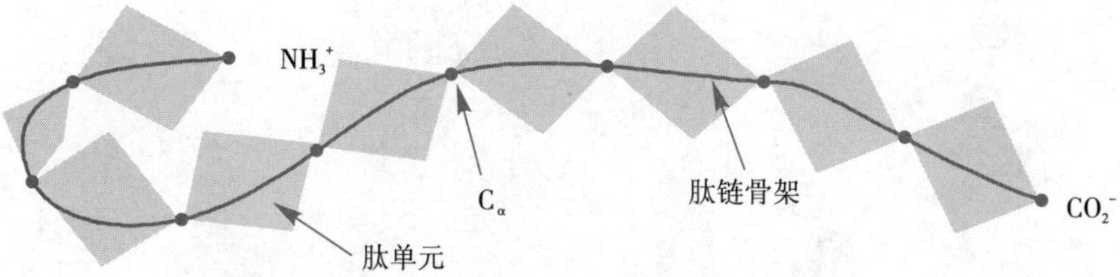

图 1－10　肽单元在肽链主链上以 C_α 原子为节点的排列

（二）维持蛋白质二级结构的作用力是氢键

氢键（hydrogen bond）是普遍存在于生物分子之间的相互作用力。氢键的形成是一个氢原子同时被两个原子所共享的结果（图 1－11）。其中的一个被称为受体（acceptor），而另一个则称为供体（donor）。肽链骨架原子之间的氢键是维持蛋白质二级结构的作用力。

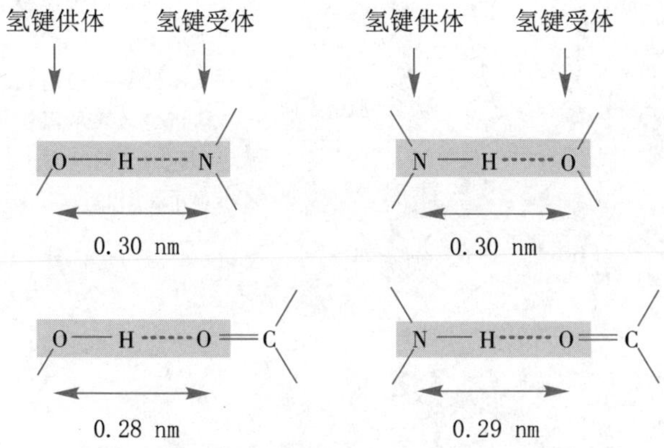

图 1－11　氢键形成示意图

（三）α-螺旋是肽链主链的螺旋盘曲构象

α-螺旋（α－helix）是肽链主链围绕着一个螺旋中心轴呈右手螺旋的构象。螺旋每上升一圈有 3.6 个氨基酸残基。两个相邻的氨基酸之间的垂直距离是 0.15nm，因此 α-螺旋结构的螺距是 0.54nm。氨基酸残基的侧链向螺旋外侧伸展。在该肽链上，第 n 个肽键的羧基氧与第 n＋3 个肽键的氨基氢形成氢键；该氢键与 α-螺旋的中心轴近似平行（图 1－12）。

（四）β-折叠是多肽链伸展开的锯齿性片层构象

当多条肽段在空间上平行排列并靠得足够近时，一条肽段上的 C＝O 和 N－H 可以与相邻的肽段上的 N－H 和 C＝O 分别形成氢键，从而构成稳定的 β-折叠（β-sheet）结构。氢键的方向垂直于肽链的走向。形成 β-折叠结构的多个肽段之间可以是平行走向，也可以是反平行走向。在每个 C_α 原子处，由于肽单元平面的转动使 β-折叠结构呈现出规律性的锯齿形构象。在这种结构中，肽链的主链得到了充分的伸展。在同一肽段上的相邻两个氨基酸残基的侧链交替地出现在锯齿平面的上下方（图 1－13）。

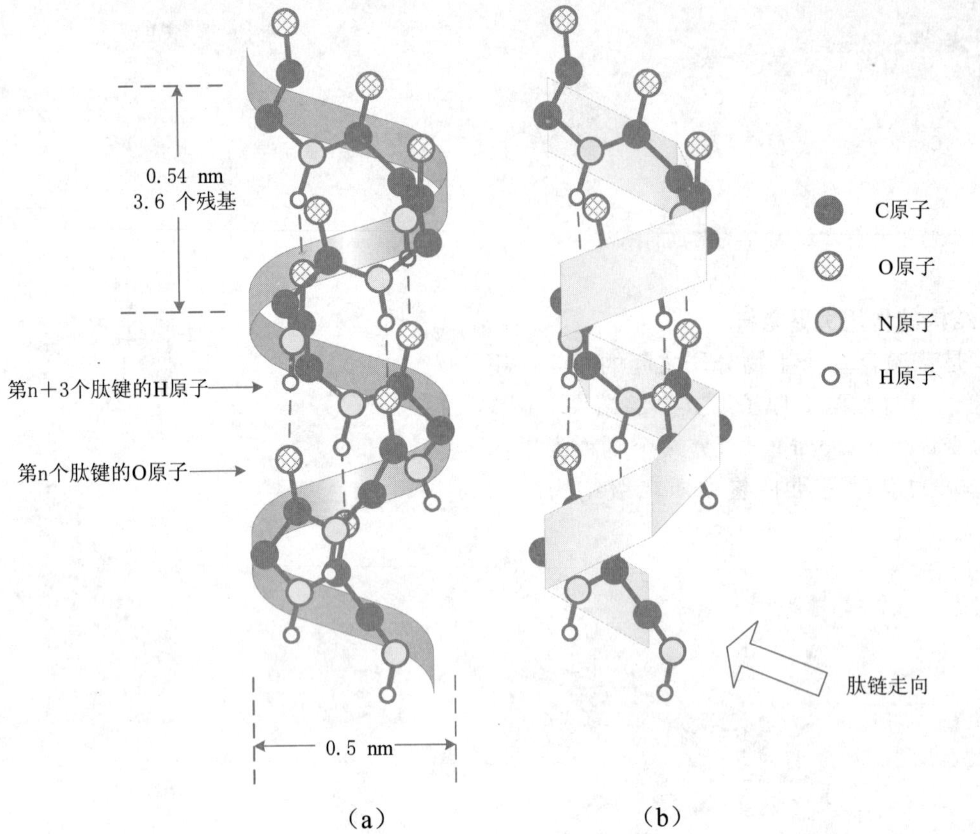

图1-12 蛋白质的α-螺旋结构

（a）用丝带表示的肽链骨架的螺旋结构；（b）用肽平面表示肽链骨架的螺旋结构。为了清楚地表示氢键的形成，α-碳原子上的氢原子和侧链没有显示在图上。

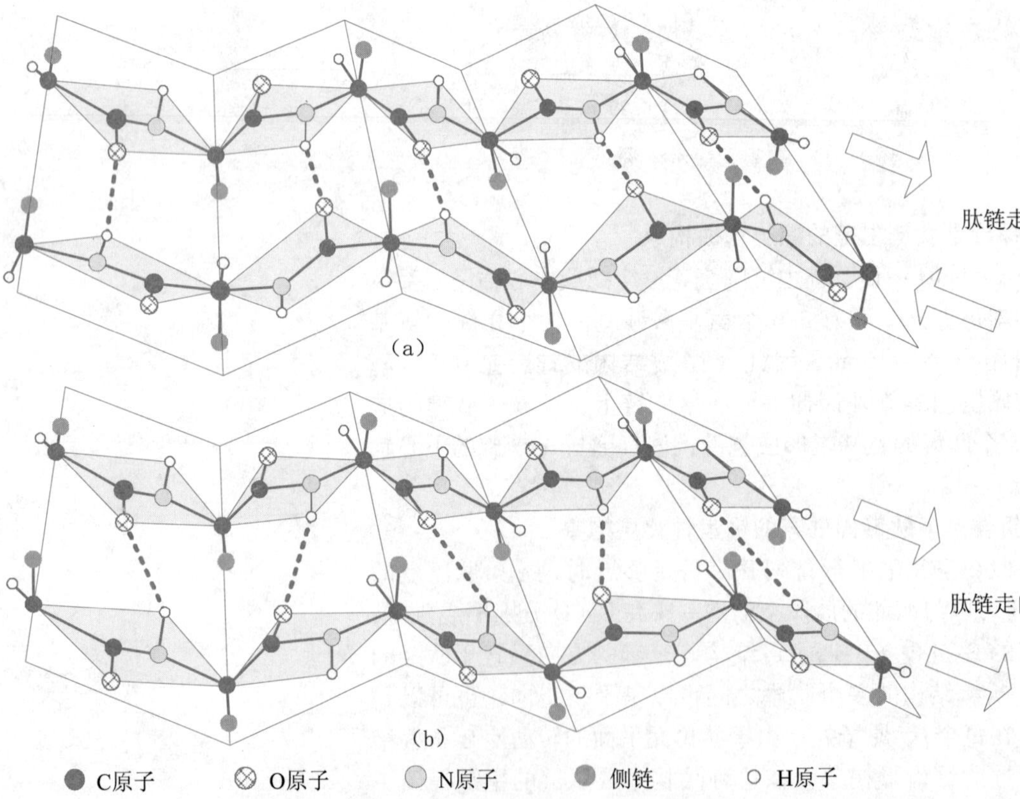

图1-13 蛋白质的β-折叠结构

（a）两条相邻的肽段处于反平行走向；（b）两条相邻的肽段处于平行走向。

（五）β-转角改变了肽链的走向，而无规卷曲是肽链的无规律走向

四个氨基酸参与了 β-转角（β－turn）的形成。第一个氨基酸上的 C＝O 和 N－H 分别与第 4 个氨基酸上的 N－H 和 C＝O 形成氢键，其结果是使肽链骨架的走向改变 180°。氢键的方向垂直于肽链骨架的走向（图 1－14）。

无规卷曲（random coil）是没有确定规律性的肽链结构。

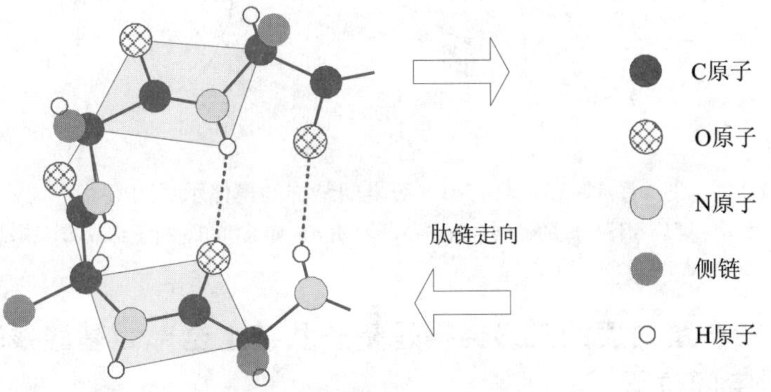

图 1－14　蛋白质的 β-转角结构

（六）氨基酸残基的侧链会影响二级结构的形成

氨基酸残基侧链的特性可影响到蛋白质二级结构的形成。例如，脯氨酸的 α-氨基的 N 原子是位于五元环中的亚氨基，形成肽键后不能再参与氢键的形成。再者，C_α 原子也在五元环上，难以绕着肽键两侧的单键旋转，故不利于 α-螺旋结构的形成。

如果某段肽链上几个氨基酸的侧链带有相同电荷，并且它们在空间上分布的较集中，电荷之间的相互排斥作用不利于 α-螺旋结构的形成。

形成 β-折叠的肽段要求氨基酸残基的侧链较小，这可保证两条肽段彼此靠近有利于形成氢键。

（七）模体是蛋白质的超二级空间构象

当几个具有二级结构的肽段在空间上相互足够接近时，它们可形成一个相对稳定的空间结构，被称为模体（motif）。模体的氨基酸序列具有特征性，并发挥着特殊的功能。

钙结合蛋白分子的钙离子结合模体是由螺旋－环－螺旋 3 段肽链组成的。环中的氨基酸具有一定的序列保守性，它们侧链的末端可通过氢键与钙离子结合（图 1－15a）。

锌指结构的模体是由一个 α-螺旋和两个反平行的 β-折叠 3 段肽链组成的。N 末端的一对半胱氨酸和 C 末端的一对组氨酸在空间上形成了一个洞穴，恰好能够容纳一个 Zn^{2+}（图 1－15b）。

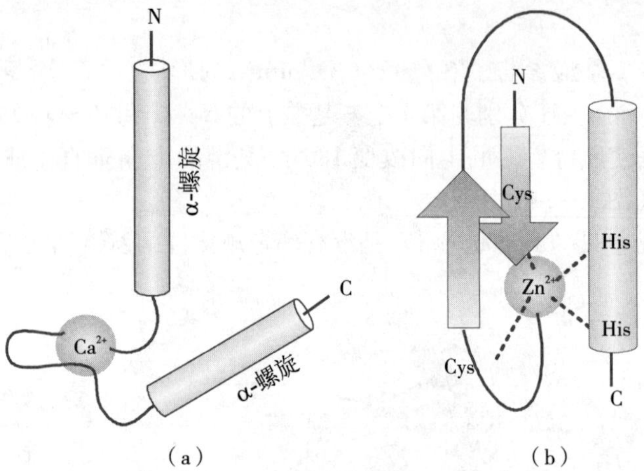

图 1－15　具有超二级空间结构的模体示意图

(a) 由 α－螺旋和环构成的钙结合蛋白；(b) 由 α－螺旋和 β－折叠构成的锌指结构。

三、蛋白质的三级结构是整条肽链上全部氨基酸残基的相对空间位置

(一) 蛋白质的三级结构是整条肽链所有原子在三维空间的排布位置

维持蛋白质三级结构的作用力有疏水作用、氢键、离子键作用和 van der Waals 力，其中以疏水作用力最为重要。二硫键也参与了蛋白质三级结构的形成和稳定（图 1－16）。

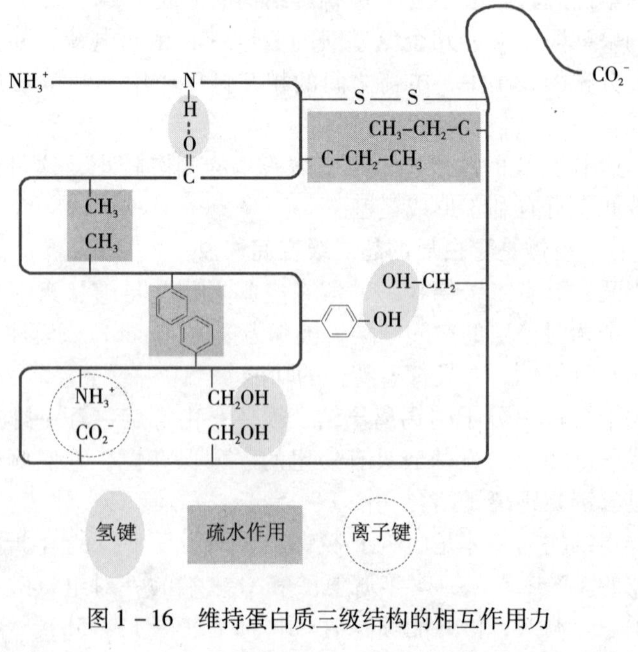

图 1－16　维持蛋白质三级结构的相互作用力

（二）结构域是独立的、具有特定功能的蛋白质局部空间结构

对于较大的蛋白质分子来说，其空间结构可分为几个相对独立的区域，每个区域的空间结构具有特定的功能。这些区域称为结构域（domain）。

视紫红质是一条单链的穿膜蛋白质。它有一个穿膜结构域，一个受体结合结构域，和一个催化结构域（图 1－17）。每个结构域都具有特定的功能，它们共同担负着信号转导的作用。

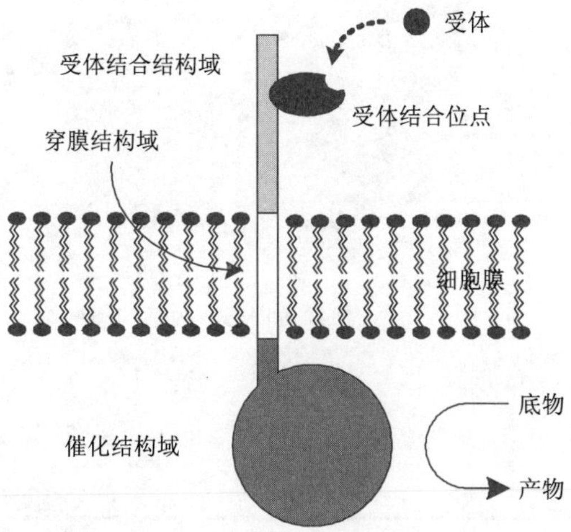

图 1－17　说明视紫红质结构域的示意图

（三）分子伴侣加速了蛋白质折叠成正确的空间构象

蛋白质形成正确的空间构象是一个复杂的过程，虽然一级结构起着决定性的作用，但是还需要一类称为分子伴侣（chaperon）的蛋白质参与蛋白质的折叠过程。分子伴侣将提供一个合适的环境以促使蛋白质折叠成正确的空间构象。分子伴侣的功能体现在：

1. 在蛋白质合成过程中，分子伴侣能够可逆地与未折叠的肽段结合，以避免其疏水基团发生聚集来保证肽段的正确折叠。

2. 分子伴侣还可以与错误折叠的肽段结合，使之解聚并诱导其形成正确的构象。

3. 分子伴侣能够促进二硫键的正确形成。

四、蛋白质的四级结构是蛋白质多个亚基的空间组合

（一）构成蛋白质的多个亚基依赖非共价键作用联系在一起

有些蛋白质是由多条肽链构成的。每一条肽链都具有完整的三级结构，称为亚基（subunit）。单个亚基没有生物学功能。这些亚基之间通过非共价键的相互作用维持着特定的三维空间相对位置，这就是蛋白质的四级结构（quaternary structure）。

血红蛋白（hemoglobin，Hb）是由两个 α 亚基和两个 β 亚基构成的四聚体（图 1－18）。单个 α 亚基或单个 β 亚基都没有生物活性。4 个亚基通过 8 对离子作用力形成亲水的、具有生物活性的球状蛋白（图 1－19）。

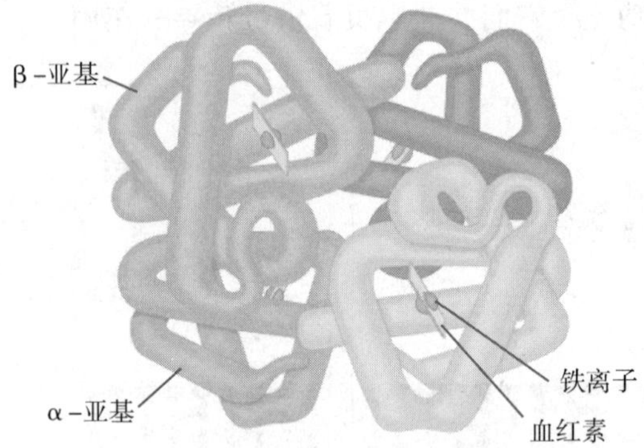

图 1－18　血红蛋白的四级结构图

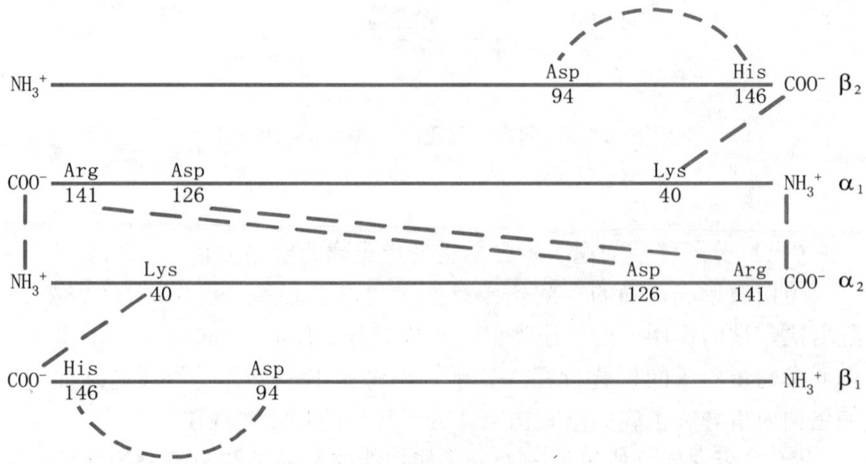

图 1－19　维持血红蛋白 4 个亚基稳定结构的 8 对离子作用力

（二）正确的蛋白质空间构像是由多因素所决定的

在合适的生理状态下，有些蛋白质能够折叠成正确的天然构象，这表明蛋白质的氨基酸序列起着决定性的作用。但是，蛋白质的合成、蛋白质的修饰、和有分子伴侣参与的蛋白质折叠是同时进行的，这表明蛋白质形成正确的空间构象是一个极为复杂的过程。蛋白质的一级结构到四级结构的结构要素以及它们之间的相互关系归纳于图 1－20 和表 1－3。

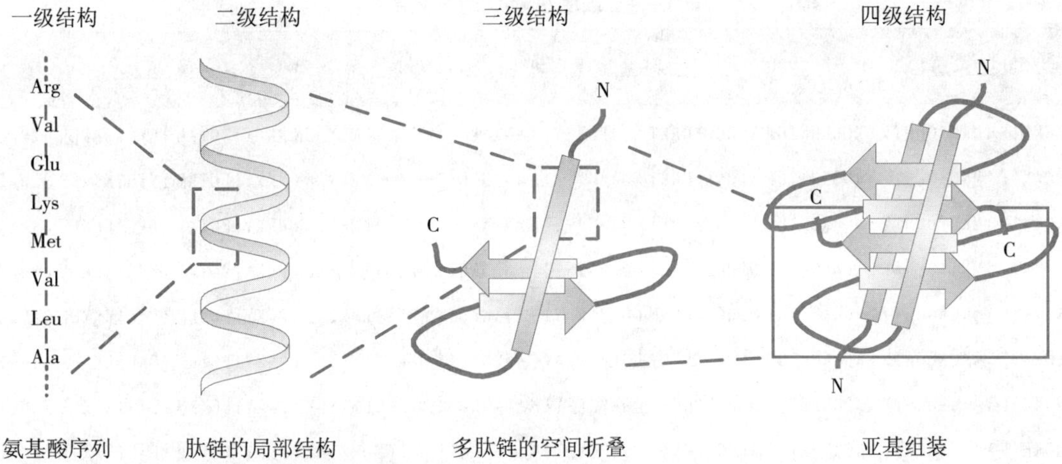

图 1-20　蛋白质各级结构之间的关系

表 1-3　蛋白质空间结构的分类和特征

结构类别	要点	构成元素和结构特征	维持结构的作用力
一级结构	氨基酸的排列序列	氨基酸；从 N 末端到 C 末端的有序排列	连接氨基酸的肽键
二级结构	局部肽链骨架在三维空间的相对位置	肽平面，肽链骨架；α-螺旋，β-折叠，β-转角，无规卷曲，模体	肽链骨架原子之间的氢键
三级结构	整个肽链上的所有原子在三维空间的相对位置	所有肽链上的原子；肽链的折叠，结构域	疏水作用力，氢键，二硫键，离子作用力，van der Waals 力
四级结构	多个肽链（即亚基）的空间相对位置	具有稳定三级结构的亚基；无生物活性的亚基组装成有生物活性的蛋白质	亚基之间的疏水作用，氢键，离子作用力

第三节　蛋白质结构与功能的关系

一个蛋白质的氨基酸序列确定后，它可以有多种多样的空间构象，但只有正确空间构象的蛋白质才具有特定的生物活性。

一、蛋白质一级结构是蛋白质高级结构的基础

（一）一级结构相似的蛋白质表现出相似的空间构象和功能

细胞色素 C（cytochrome C）是广泛存在于生物界中的蛋白质，它在植物、动物和真核细胞质网膜的呼吸链中起着重要的作用。表 1-4 中比较了几个物种细胞色素 C 的氨基酸序列，图 1-21 列出了 3 个细胞色素 C 的空间结构。结果显示物种之间越接近，细胞色素 C 的一级结构越相似，它们的空间构象也越相似。

表 1－4 细胞色素 C 的一级结构

	10	20	30	40	50	60	70	80	90	100	
人	GDVEKGKKIF	IMKCSQCHTV	EKGGKHKTGP	NLHGLFGRKT	GQAPGYSYTA	ANKNKGIIWG	EDTLMEYLEN	PKKYIPGTKM	IFVGIKKKEE	RADLIAYLKK	ATNE
类人猿	GDVEKGKKIF	IMKCSQCHTV	EKGGKHKTGP	NLHGLFGRKT	GQAPGYSYTA	ANKNKGIIWG	EDTLMEYLEN	PKKYIPGTKM	IFVGIKKKEE	RADLIAYLKK	ATNE
猴	GDVEKGKRIF	IMKCSQCHTV	EKGGKHKTGP	NLHGLFGRKT	GQASGFTYTE	ANKNKGIIWG	EDTLMEYLEN	PKKYIPGTKM	IFVGIKKKEE	RADLIAYLKK	ATNE
猕猴	GDVEKGKKIF	IMKCSQCHTV	EKGGKHKTGP	NLHGLFGRKT	GQAPGYSYTA	ANKNKGITWG	EDTLMEYLEN	PKKYIPGTKM	IFVGIKKKEE	RADLIAYLKK	ATNE
牛	GDVEKGKKIF	VQKCAQCHTV	EKGGKHKTGP	NLHGLFGRKT	GQAPGFSYTD	ANKNKGITWG	EETLMEYLEN	PKKYIPGTKM	IFAGIKKKGE	RADLIAYLKK	ATNE
狗	GDVEKGKKIF	VQKCAQCHTV	EKGGKHKTGP	NLHGLFGRKT	GQAPGFSYTD	ANKNKGITWG	EETLMEYLEN	PKKYIPGTKM	IFAGIKKKGE	RADLIAYLKK	ATKE
灰鲸	GDVEKGKKIF	VQKCAQCHTV	EKGGKHKTGP	NLHGLFGRKT	GQAVGFSYTD	ANKNKGITWG	EETLMEYLEN	PKKYIPGTKM	IFAGIKKKGE	RADLIAYLKK	ATNE
马	GDVEKGKKIF	VQKCAQCHTV	EKGGKHKTGP	NLHGLFGRKT	GQAPGFSYTD	ANKNKGITWK	EETLMEYLEN	PKKYIPGTKM	IFAGIKKKTE	RADLIAYLKK	ATNE
斑马	GDVEKGKKIF	VQKCAQCHTV	EKGGKHKTGP	NLHGLFGRKT	GQAPGFSYTD	ANKNKGITWK	EETLMEYLEN	PKKYIPGTKM	IFAGIKKKTE	RADLIAYLKK	ATNE
兔	GDVEKGKKIF	VQKCAQCHTV	EKGGKHKTGP	NLHGLFGRKT	GQAVGFSYTD	ANKNKGITWG	EDTLMEYLEN	PKKYIPGTKM	IFAGIKKKDE	RADLIAYLKK	ATNE
袋鼠	GDVEKGKKIF	VQKCAQCHTV	EKGGKHKTGP	NLHGLFGRKT	GQAVGFSYTD	ANKNKGIIWG	EDTLMEYLEN	PKKYIPGTKM	IFAGIKKKGE	RADLIAYLKK	ATNE
鸭子	GDVEKGKKIF	VQKCSQCHTV	EKGGKHKTGP	NLHGLFGRKT	GQAEGFSYTD	ANKNKGITWG	EDTLMEYLEN	PKKYIPGTKM	IFAGIKKKSE	RADLIAYLKD	ATAK
火鸡	GDIEKGKKIF	VQKCSQCHTV	EKGGKHKTGP	NLHGLFGRKT	GQAEGFSYTD	ANKNKGITWG	EDTLMEYLEN	PKKYIPGTKM	IFAGIKKKSE	RADLIAYLKD	ATSK
鸡	GDIEKGKKIF	VQKCSQCHTV	EKGGKHKTGP	NLHGLFGRKT	GQAEGFSYTD	ANKNKGITWG	EDTLMEYLEN	PKKYIPGTKM	IFAGIKKKSE	RADLIAYLKD	ATSK
鸽子	GDIEKGKKIF	VQKCSQCHTV	EKGGKHKTGP	NLHGLFGRKT	GQAEGFSYTD	ANKNKGITWG	EDTLMEYLEN	PKKYIPGTKM	IFAGIKKKAE	RADLIAYLKQ	ATAK
企鹅	GDIEKGKKIF	VQKCSQCHTV	EKGGKHKTGP	NLHGLFGRKT	GQAEGFSYTD	ANKNKGITWG	EDTLMEYLEN	PKKYIPGTKM	IFAGIKKKSE	RADLIAYLKD	ATSK

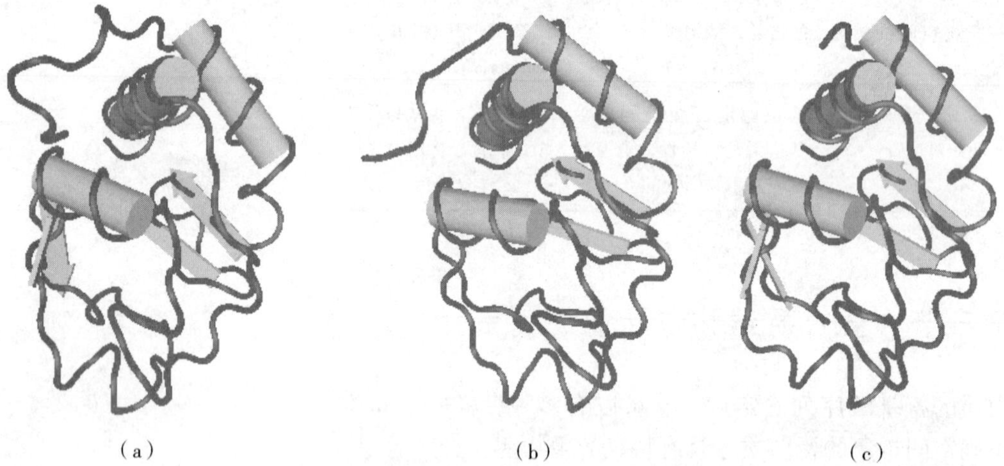

（a） （b） （c）

图 1－21 3 个细胞色素 C 相似的空间结构

（a）大米（Oryza sativa）PDB 1CCR；（b）酵母（Saccharomyces cerevisiae）PDB 1YCC；（c）金枪鱼（Thunnus alalunga）PDB 5CYT。

（二）关键的氨基酸变化会导致蛋白质功能的变化

如果蛋白质中起关键作用的氨基酸发生变化，蛋白质的空间构象乃至生物活性都会受到影响。

镰状细胞贫血的病因是血红蛋白的 β 亚基的第 6 位的谷氨酸变成了缬氨酸，使得原来水溶性的血红蛋白相互粘着，聚集成丝，导致红细胞变成镰刀状而极易破碎，产生贫血（图 1－22）。

正常血红蛋白β亚基：　Val–His–Leu–Thr–Pro–Glu–Glu–Lys–

镰刀型贫血血红蛋白β亚基：　Val–His–Leu–Thr–Pro–Val–Glu–Lys–

图 1－22　正常血红蛋白 β 亚基和镰状细胞贫血患者的血红蛋白 β 亚基的氨基酸序列比较

二、蛋白质的空间结构决定了蛋白质的活性

即使蛋白质的一级结构不改变，一旦它的空间构象发生了变化，它的生物活性可以发生变化和丧失。由于错误折叠引起的蛋白质构象变化是导致疾病的原因之一。

牛核糖核酸酶是一个含有 124 个氨基酸的单链蛋白质。该分子的 4 个二硫键与其他的非共价键作用力共同构成了稳定的空间构象。在蛋白质变性剂（如 8 摩尔尿素和 β-巯基乙醇）的作用下，该蛋白质的二硫键和非共价键受到了破坏。这样，虽然该蛋白质仍保持着它原来的一级结构，但它已经丧失了生物活性。缓慢地除去蛋白质变性剂可以使被还原了的-SH 重新形成二硫键。8 个-SH 可以构成 105 个可能的二硫键组合，但只有正确天然构象的核糖核酸酶才有生物活性（图 1－23）。这说明正确的蛋白质空间构象是蛋白质功能的基础。

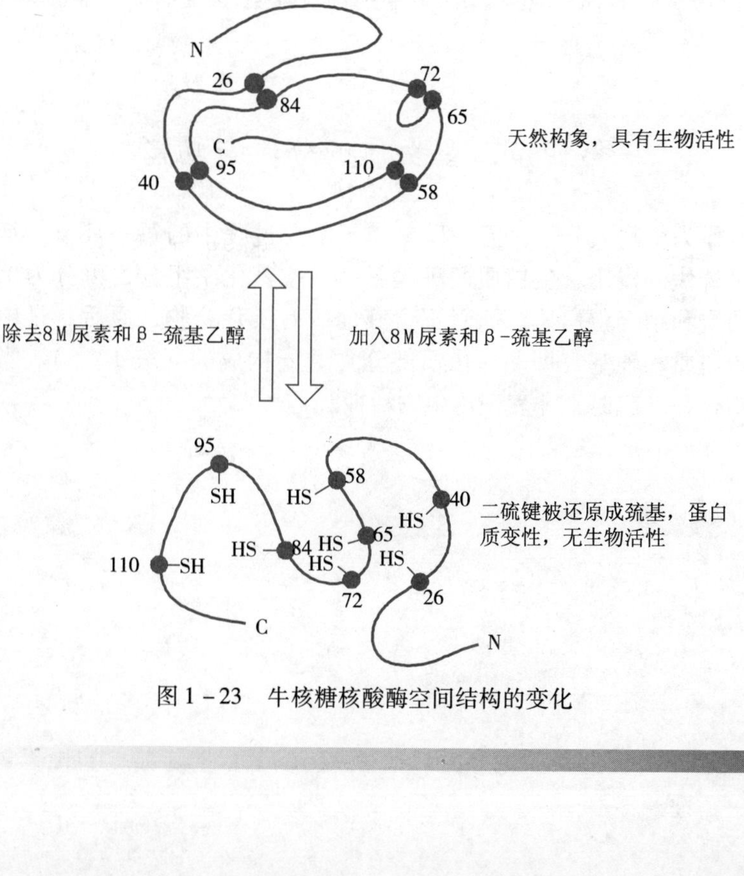

图 1－23　牛核糖核酸酶空间结构的变化

牛海绵状脑病（俗称疯牛病）是牛脑中的朊病毒蛋白（prion protein，PrP）构象改变引起的神经退行性病变。正常 PrP 的构象（记为 PrP^{C}）含有多个 α－螺旋，易溶于水。在致病 PrP 构象（记为 PrP^{SC}）中，原有的 α－螺旋结构变成了部分的 β－折叠结构（图 1－24），使得该蛋白质对蛋白水解酶不敏感，水溶性差，具有相当的热稳定性。虽然这个蛋白质的一级结构没有改变，但空间结构的变化使得它相互聚集，形成淀粉状纤维沉淀而致病。

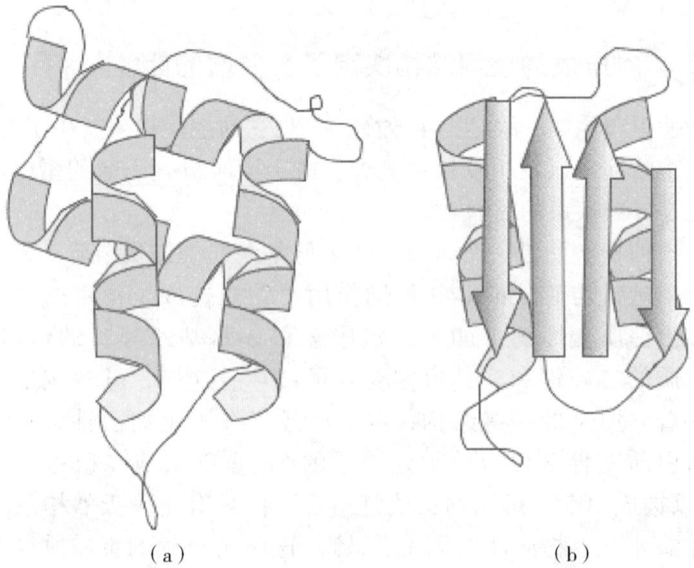

图 1－24　表明朊病毒蛋白结构变化的示意图

(a) 正常朊病毒蛋白 PrP^{C} 的空间构象；(b) 能够引起病变的朊病毒蛋白 PrP^{SC} 的空间构象。

第四节　蛋白质的分类与功能

作为生物大分子，蛋白质参与了生命过程中的每一环节，具有不可替代的作用。蛋白质的种类繁多，按其化学组分，可分为单纯蛋白质和结合蛋白质。前者不含其他的有机化合物，而后者是由单纯蛋白质和辅基（即非蛋白质部分）共同构成的（表 1－5）。当两者结合在一起时，才表现出生物活性。

表 1－5　蛋白质按化学组成的分类

类　别	辅基	举　例
单纯蛋白质		清蛋白，精蛋白，组蛋白，谷蛋白
结合蛋白质（＝单纯蛋白质＋辅基）		
	糖类	糖蛋白：血型糖蛋白，免疫球蛋白
	核酸	核蛋白：染色体核蛋白，病毒核蛋白
	脂类	脂蛋白：低密度脂蛋白，乳糜微粒
	磷酸	磷蛋白：卵黄磷蛋白，酪蛋白
	金属离子	金属蛋白：铁蛋白
	色素	色蛋白：血红蛋白，肌蛋白，细胞色素

蛋白质广泛地分布在人体的各个部分，担负着完成体内各种生理功能的任务。蛋白质的主要功能可归纳如下（图 1－25）：

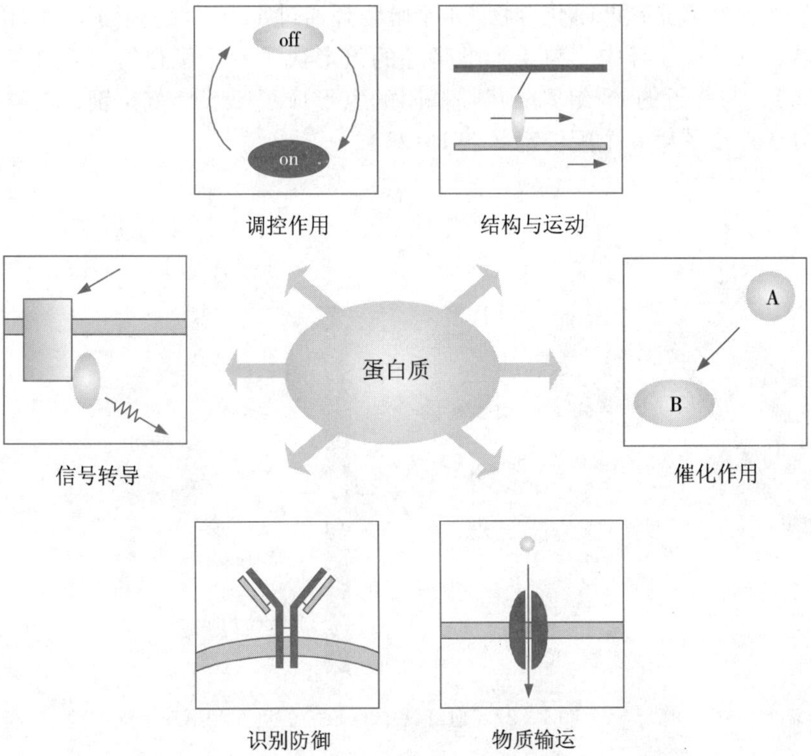

图 1－25　蛋白质的功能

1．调控作用　调节物质代谢的进行与基因表达的调控功能。

2．催化作用　生物体内的生物反应几乎都是在酶催化下实现的。

3．信号转导　通过受体的特异性，蛋白质直接参与了细胞间和细胞内的信息传递。

4. 物质输运　蛋白质输运和储存物质以保证体内生物活动的正常进行。

5. 识别防御　蛋白质能够识别不同外源物质和实施相应的防御。

6. 结构与运动　蛋白质是构建各类细胞和组织的最基本结构单元，并参与了机体各部分的协调运动。

一、血红蛋白是输运氧分子的功能蛋白

（一）肌红蛋白和血红蛋白都含有血红素辅基

肌红蛋白（myoglobin，Mb）和血红蛋白都是红细胞中输运氧分子的载体。肌红蛋白是以α-螺旋结构为主的单链蛋白质，整个肽链折叠成紧密的球状分子，血红素位于球状分子中间的空穴。

血红蛋白（见第四节第一小节）由2个α亚基和2个β亚基组成，每个亚基的三维结构与肌红蛋白的非常相似，血红素位于亚基中间的空穴。4个亚基通过8对离子相互作用力结合在一起形成亲水的球状分子（图1-19）。

血红素是铁卟啉化合物。4个吡咯环通过4个甲炔基形成一个环状，Fe^{2+}居于环中，与4个吡咯环的氮形成了4个配位键（图1-26），与邻近的F8组氨酸咪唑基团的氮形成了第5个配位键，与氧分子形成了第6个配位键（图1-27）。

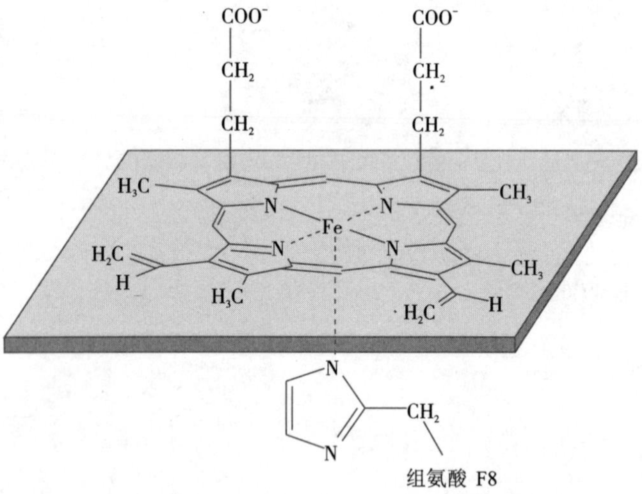

图1-26　血红素的化学结构式

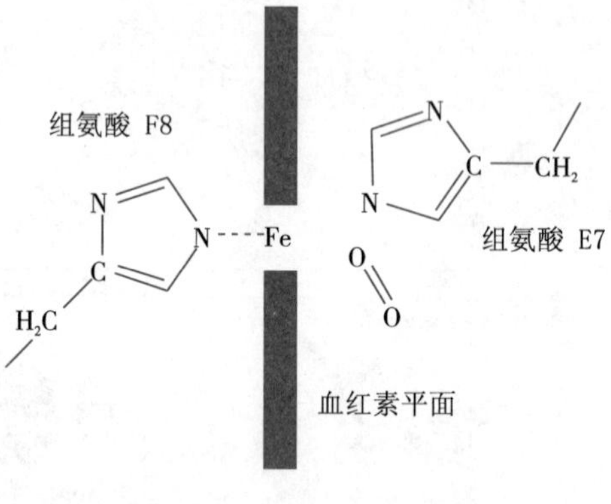

图1-27　血红素中的Fe^{2+}的第5和第6个配位键

（二）Mb和Hb可以可逆地与O_2结合

Mb和Hb与O_2结合的能力用氧饱和度来衡量（图1-28）。Hb的氧饱和度曲线呈S状，而Mb的氧饱和度呈直角双曲线状，这表明在O_2分压较低时，Hb不易与O_2结合。

Hb的氧饱和曲线还说明Hb的4个亚基与4个O_2分子的结合常数各不相同。第1个亚基与O_2结合促进了第2个亚基与O_2结合。以此类推，前3个亚基与O_2结合进一步增强了第4个亚基与O_2的

结合。因此，Hb 的最后一个亚基与 O_2 分子的结合常数为最大。Hb 的这种效应称为正协同效应（positive cooperativity）。Hb 利用这种正协同效应来提高携氧能力。

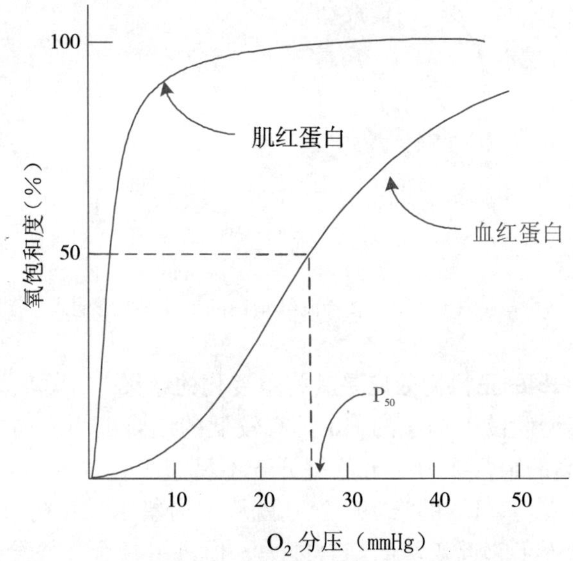

图 1－28　血红蛋白和肌红蛋白的氧解离曲线

（三）血红蛋白是一个变构蛋白

Hb 在非氧合时，α_1/β_1 和 α_2/β_2 呈对角排列，结构紧密，称为紧张构象（T 构象）。T 构象的 Hb 与 O_2 的亲和力小。当 Hb 氧合时，O_2 与 Fe^{2+} 形成了第 6 个配位键，使得 Fe^{2+} 进入了卟啉平面内（图 1－29）。由此引起了 8 对离子作用力的变化，使得 α_1/β_1 相对于 α_2/β_2 发生了 15°的转动（图 1－30），其结果是四级结构变成为松弛构象（R 构象）。

Hb 一个亚基与 O_2 结合后引起了 Hb 的构象变化，这种现象称为变构效应（allosteric effect），Hb 则称为变构蛋白，O_2 称为变构剂。

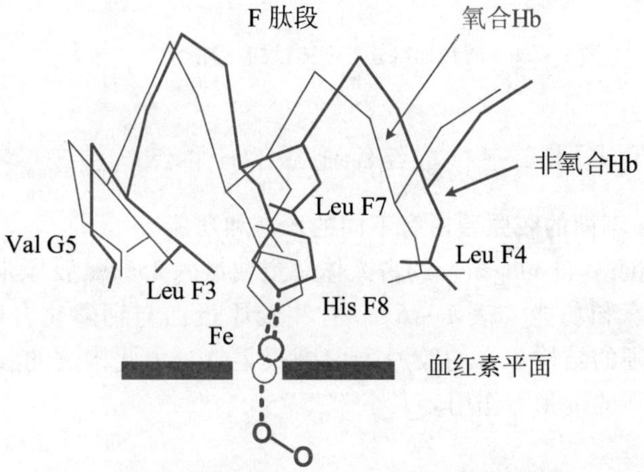

图 1－29　氧合血红蛋白（绿色）的局部结构变化

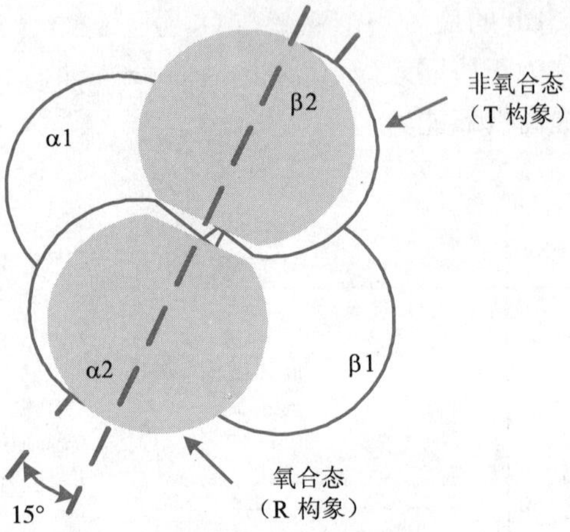

图 1－30 氧合血红蛋白的整体结构变化

（四）Hb 的正协同效应是其构象变化的结果

变构模型假设 T 构象的 Hb 具有较低的结合能力，而 R 构象的 Hb 具有较高的结合能力。虽然氧分子不易与 T 构象的 Hb 结合，但是一旦氧合发生，Hb 的第一个亚基就从 T 构象变到 R 构象。这个亚基的氧合增强了邻近亚基的结合能力，促进了氧合，并导致从 T 构象到 R 构象的转化。这样依次促进了第 3 个亚基和第 4 个亚基的氧合过程（图 1－31）。

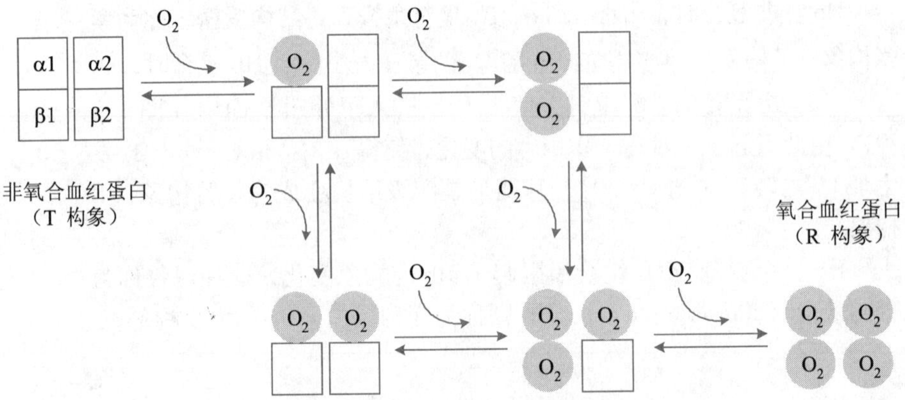

图 1－31 解释血红蛋白变构效应的模型

二、胶原蛋白是构成结缔组织的一种结构蛋白

（一）不同的胶原蛋白有不同的形态和功能

胶原蛋白（collagen）约占人体总蛋白量的 25%。胶原蛋白也有多种的形态和功能（表 1－6）。有些胶原蛋白与钙磷化合物聚合，形成了坚硬的结构。有的胶原蛋白则很柔软，由此构成的胶原纤维表现出很强的抗张力作用。

表 1－6　胶原蛋白的结构和组织分布

类型	分子形式	组织分布
Ⅰ	$[\alpha_1(\text{Ⅰ})]_2\alpha_2(\text{Ⅰ})$ 或 $[\alpha_1(\text{Ⅰ})]_3$	肌腱，骨，皮肤，角膜，韧带等
Ⅱ	$[\alpha_1(\text{Ⅱ})]_3$	软骨，眼玻璃体，椎间盘
Ⅲ	$[\alpha_1(\text{Ⅲ})]_3$	血管，内脏，皮肤
Ⅳ	$[\alpha_1(\text{Ⅳ})]_2\alpha_2(\text{Ⅳ})$	基底膜
Ⅴ	$[\alpha_1(\text{Ⅴ})]_2\alpha_2(\text{Ⅴ})$ 或 $[\alpha_1(\text{Ⅴ})]_3$	平滑肌，胚胎组织腹膜，胎盘，骨

（二）胶原蛋白的特殊空间构象与其氨基酸组分密切相关

构成胶原蛋白的主要氨基酸是甘氨酸（约 1/3）和脯氨酸（约 1/4）。余下的是其他的氨基酸以及胶原蛋白特有的 5′-羟赖氨酸（5′-hydroxyllysine，Hyl）和 4′-羟脯氨酸（4′-hydroxylproline，Hyp）（图 1－32）。

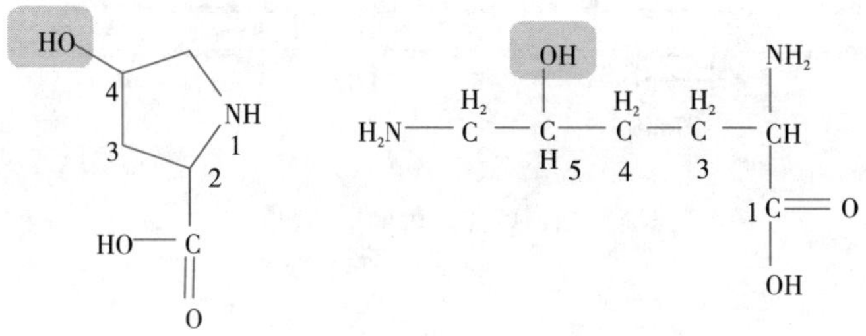

图 1－32　4′-羟脯氨酸和 5′-羟赖氨酸的化学结构式

胶原蛋白的空间构象与其特有的氨基酸成分密切相关。占体内胶原蛋白总量90%的Ⅰ型胶原蛋白是由 3 条具有 L-左手螺旋构象的肽链构成的，每一条链含有 1050 个氨基酸残基。这 3 条链又以右手螺旋的方式相互缠绕在一起，形成长度为 300nm 直径为 1.5nm 称为原胶原的蛋白质。

原胶原的结构特征是每一螺距有 3.3 个氨基酸残基，螺旋半径很小。3 条螺旋链中间的空间只能容纳尺寸较小的氢原子。因此，甘氨酸提供了形成 3 条螺旋的最佳条件。甘氨酸的氨基 H 原子与邻近肽链的 C＝O 基团形成氢键，以此构成了稳定的 3 条螺旋结构（图 1－33）。

图 1－33　胶原蛋白的三链结构

由于吡咯环的刚性，胶原蛋白中的脯氨酸和 4′-羟脯氨酸只能位于 3 股螺旋的外侧面。而且脯氨酸和 4′-羟脯氨酸的 C－N 键键角恰好能使每一股链的空间构象满足形成 3 股螺旋的条件。所以胶原蛋白的一级结构是重复出现的 Gly-Pro-X（X 为任意氨基酸）。

（三）原胶原分子聚集成胶原微纤维

Ⅰ型原胶原分子通过侧向排列，聚集成直径为 50～200nm 的微纤维。相邻的两个原胶原分子侧向排列时，两个端点相差约 67nm，分子间由共价键连接。在 N 末端的赖氨酸侧链末端氨基被氧化成醛基衍生物，再与C末端的羟脯氨酸或羟赖氨酸的羟基通过醛醇缩合形成共价键（图1-34）。

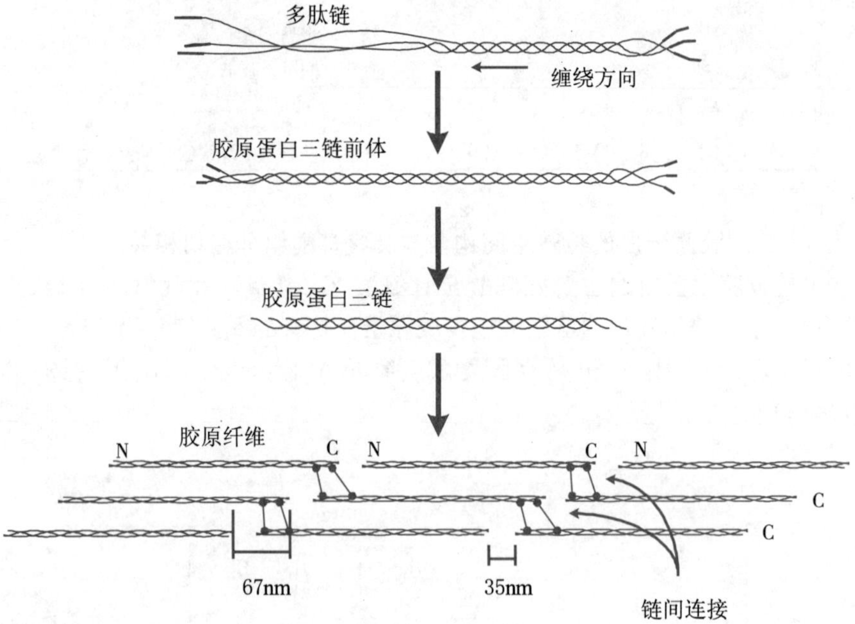

图1-34 胶原纤维的形成过程

第五节 蛋白质的理化特性、分离及分析

一、蛋白质表现出多种多样的理化特性

（一）蛋白质具有两性解离的特性

蛋白质在某一pH时能呈现出一定的带电特性，这是蛋白质氨基酸残基侧链上可电离的基团、N末端氨基和C末端羧基共同作用的结果（表1-7）。当蛋白质的净电荷为零时，所对应的pH值定义为该蛋白质的等电点。大部分人体蛋白质的等电点接近5.0，在人体体液pH7.4的环境中表现为阴离子（图1-35）。

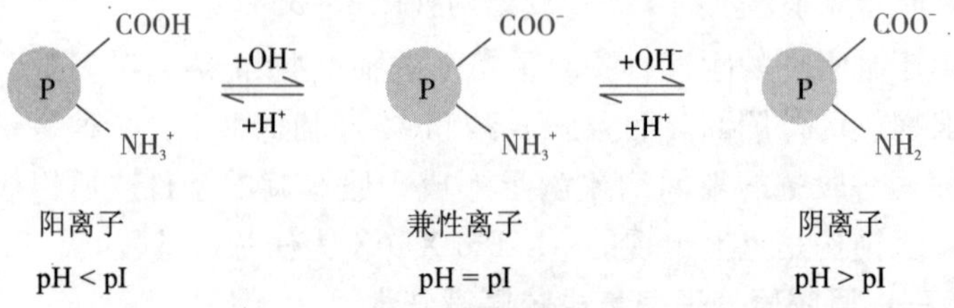

图1-35 蛋白质的两性解离

表1-7　氨基酸侧链上可电离基团的电离常数

氨基酸	侧链上可电离的基团	pK 值
半胱氨酸	巯基（$-SH$）	8.4
酪氨酸	氨基（$-NH_2$）	10.5
天冬氨酸	羧基（$-CO_2^-$）	3.9
谷氨酸	羧基（$-CO_2^-$）	4.1
赖氨酸	氨基（$-NH_2$）	10.5
精氨酸	氨基（$-NH_2$）	12.5
组氨酸	亚氨基（$-NH-$）	6.0

（二）水化膜和表面电荷是稳定蛋白质的重要因素

蛋白质分子的直径在1～100nm之间，呈现出胶体颗粒特性。同时，由于在蛋白质表面上有亲水基团的存在，可在蛋白质表面上形成一层水化膜。蛋白质胶粒表面可带有电荷，也起到稳定胶粒的作用。这两个稳定因素防止了溶液中蛋白质的沉淀析出。

（三）蛋白质可以变性和复性

在某些物理因素和化学因素的作用下，蛋白质的天然构象可以被破坏，并导致理化特性的改变和生物活性的丧失，这称为蛋白质的变性（denaturation）。蛋白质的变性是二硫键和非共价键的破坏。造成蛋白质变性的因素有加热、有机溶剂、强酸、强碱、生物碱试剂和重金属离子等。变性的表现是蛋白质的溶解度下降，粘度上升，生物活性部分或全部丧失，以及抗水解能力下降。蛋白质变性后，其疏水部分暴露在外，使得它们易于聚集而从溶液中析出。这一现象称为蛋白质沉淀（precipitation）。在临床医学上，蛋白质的变性可用来消毒及灭菌。防止蛋白质变性是有效保存蛋白质制剂的必要条件。

去除变性因素后，变性的蛋白质可以全部恢复或部分恢复原来的空间构象和生物活性。这一过程称为蛋白质的复性（renaturation）。核糖核酸酶的变性和复性过程如图1-36所示。有些蛋白质的变性是不可逆的，即变性后不能复性。

（四）蛋白质具有特征的紫外吸收

由于色氨酸、酪氨酸和苯丙氨酸的存在，蛋白质也在280nm附近呈现出有较强的紫外吸收。这一特性被广泛地用来分析样品中的蛋白质含量和鉴定蛋白质的纯度（图1-4）。

（五）蛋白质呈色反应可用于检测蛋白质的水解

蛋白质水解后产生的氨基酸可发生茚三酮反应，生成在570nm处有最大吸收的蓝紫色化合物。由于该吸收峰值与氨基酸释放出的氨量成正比，此法可用来对蛋白质进行定量分析。

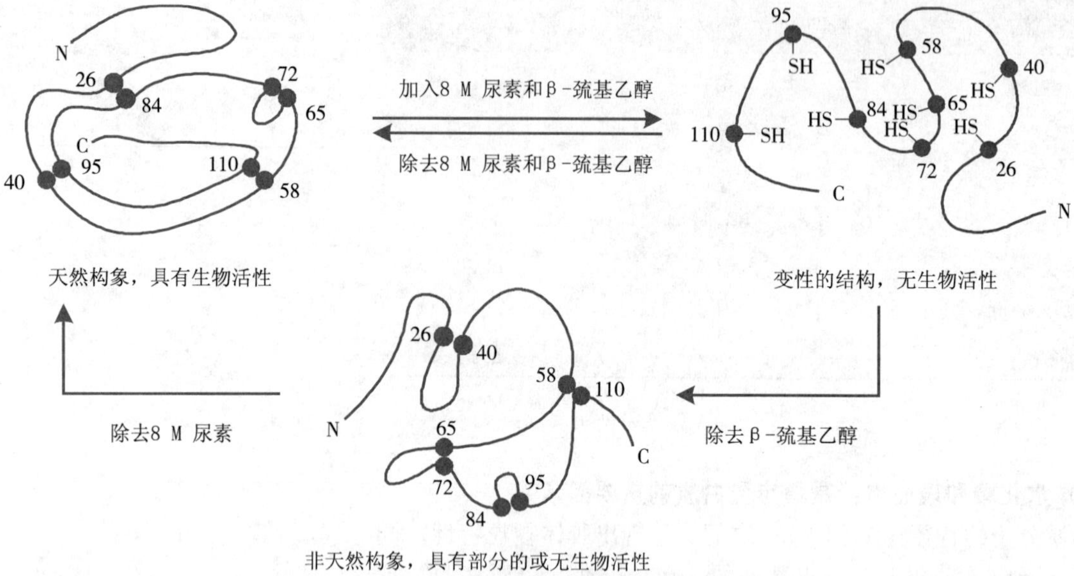

图 1－36　牛核糖核酸酶的变性和复性

蛋白质在稀碱溶液中与硫酸铜加热后可呈现紫色或红色，称为双缩脲（biuret）反应。这是由于铜离子与酰胺基团形成了络合物。而单体氨基酸不发生该反应。因此，该反应可用来检测蛋白质中的水解程度。

二、蛋白质的分离和纯化是研究蛋白质的先决条件

研究蛋白质的结构和功能需要高纯度的蛋白质样品。利用蛋白质的不同理化特性可以将待研究的蛋白质从众多生物分子的混合物中分离出来。

（一）利用超速离心法可以把蛋白质和其他细胞组织或生物分子分离开

利用超声、化学处理（化学溶剂或生物裂解剂）或机械研磨（高速组织捣碎或玻璃匀浆器）等方法把置放在特定溶液中的细胞破碎，可以使细胞中的蛋白质充分地释放出来，然后利用超速离心方法可以将蛋白质从匀浆物质溶液中分离出来。因为不同的蛋白质分布在细胞的不同细胞器部位（表 1－8），故需要采用逐级超速离心方法（图 1－37）。

表 1-8　蛋白质在肝细胞内的分布

细胞结构名称	主要蛋白质和物质代谢途径
细胞核	精蛋白、组蛋白、核酸合成酶系
线粒体	电子传递、氧化磷酸化、三羧酸循环、脂肪酸氧化、氨基酸氧化、脲合成酶系
内质网（微粒体）	蛋白质合成酶系、羟化酶类
溶酶体	水解酶系（包括核酸酶、磷酸酯酶、组织蛋白酶、糖苷酶等）
高尔基体	糖苷转移酶
细胞膜	受体蛋白、特异抗体、ATP 酶、环化腺苷酶等
细胞液	可溶性蛋白类、氨基酸合成酶系

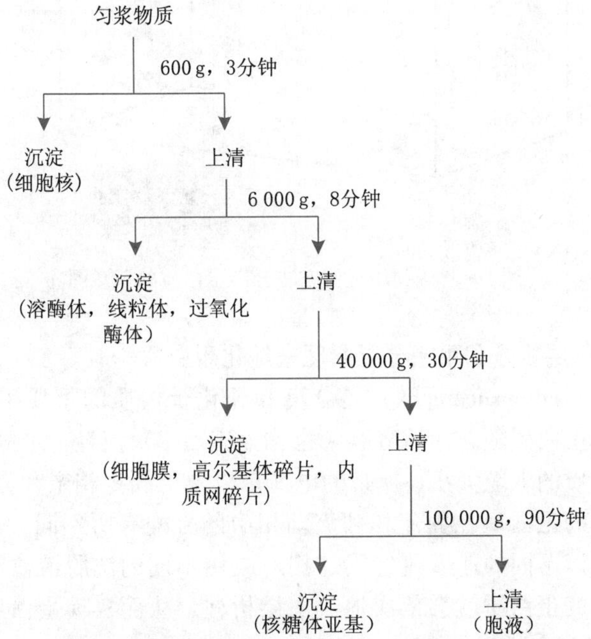

图 1-37　多级离心可将蛋白质与其他生物物质分离开

超速离心的原理是蛋白质在离心力的作用下，在溶液中逐渐沉降直至其浮力与离心力达到平衡。蛋白质在离心场中的行为用沉降系数（S）表示，它与蛋白质的密度和形状密切相关。

（二）丙酮沉淀和盐析是初步分离蛋白质的方法

将有机溶剂，如丙酮或乙醇，加入到含有蛋白质的液体中可使水溶性的蛋白质受到疏水力作用而聚集在一起从溶液中沉淀出来。有机溶剂应不小于蛋白质液体体积的 10 倍。沉淀后的蛋白质应立即分离以防止蛋白质变性。

在蛋白质溶液中加入过量的盐，如硫酸铵、硫酸钠或氯化钠，也可使蛋白质产生沉淀。这是蛋白质表面电荷被中和以及水化膜被破坏的结果。这一过程称为盐析（salt precipitation）。这些都是初步分离蛋白质而又不使蛋白质变性的常用方法。

（三）透析是根据被蛋白质的体积大小来分离蛋白质

透析（dialysis）原理是透析袋上的微孔只允许小分子物质扩散出透析袋，而当蛋白质分子的直径大于透析袋上的微孔直径时，则被滞留在透析袋内（图 1－38）。不断地更换透析袋外的水，可去除透析袋内小分子和尺寸较小的蛋白质。

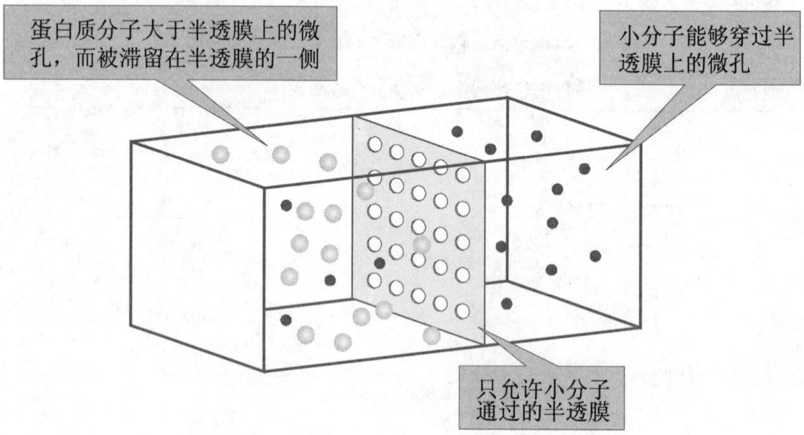

图 1－38　利用透析方法分离蛋白质的示意图

（四）层析是利用相分配原理来纯化蛋白质

层析（chromatography）是分离和纯化蛋白质的重要手段之一。待分离的蛋白质随着样品溶液（也称为流动相）流经一个固定相时，由于蛋白质的颗粒大小、所带的电荷量以及与固定相亲和力的不同，使得不同的蛋白质在固定相和流动相中的分配有所不同。这样，当样品溶液以不同的速度流经固定相时或用不同的洗脱液清洗固定相时，不同的蛋白质就会依次地流出层析柱，从而实现蛋白质的分离（图 1－39）。

（五）凝胶过滤层析是根据蛋白质分子的大小分离蛋白质

凝胶过滤（gel filtration）又称分子筛层析。其原理是形成层析柱固定相的葡聚糖颗粒带有微孔，小分子蛋白质在流经层析柱时可以进入孔内，并在层析柱中有较长的滞留时间，而大分子蛋白质不能进入到微孔中而径直流过固定相。层析柱固定相起到了分子筛效应，其结果是大分子蛋白质最早洗脱出来，而小分子蛋白质则在较后的时段内洗脱出来（图 1－40）。因此原理，该方法还称为体积排阻（size exclusion）。

（六）离子交换层析是根据蛋白质分子所带电荷的多少分离蛋白质

填充层析柱的阴离子交换树脂颗粒上带有正电荷，能够吸附溶液中的带负电荷的物质。

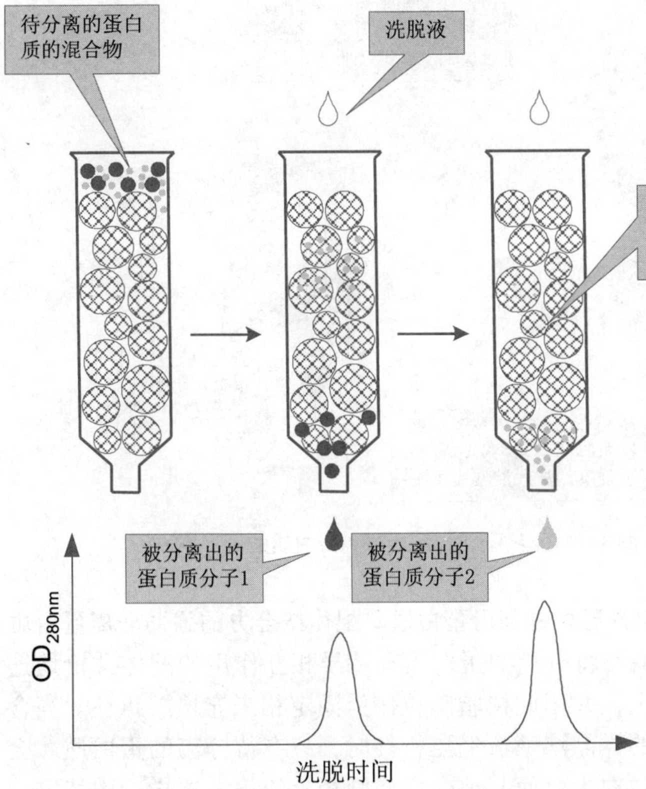

图 1－39　利用层析技术分离蛋白质的示意图

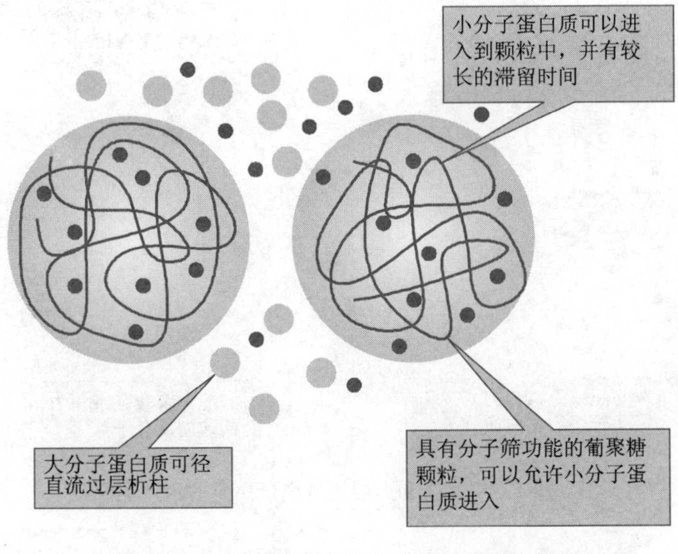

图 1－40　凝胶过滤层析分离蛋白质的示意图

当含有负离子的洗脱液流经层析柱时，由于带有较少负电荷的蛋白质与层析柱的结合力弱，则首先被洗脱下来。逐渐地增加洗脱液中的负离子（如 Cl^-）浓度，可使带有较多负电荷的蛋白质依次洗脱下来（图 1－41）。

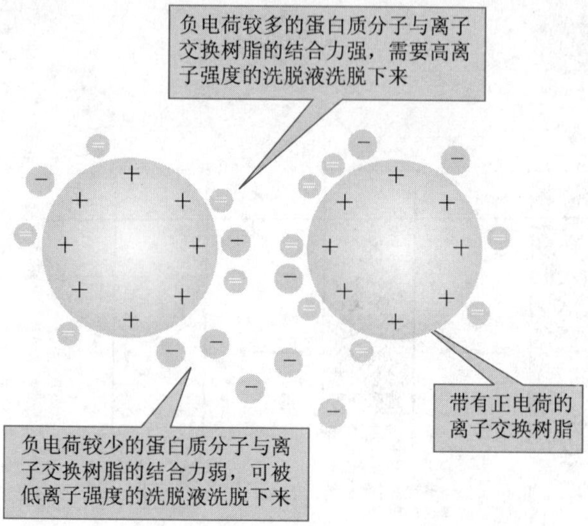

图 1 – 41　离子交换层析分离蛋白质的示意图

（七）亲和力层析是利用蛋白质与配体结合力的强弱分离蛋白质

首先，将有与待分离的蛋白质有特异相互作用的配体共价地连接在树脂颗粒上，并用此树脂颗粒作为固定相来充填层析柱。当含有不同蛋白质的样品溶液流经层析柱时，只有待分离的蛋白质才会被吸附在树脂颗粒上，而其他蛋白质则径直流出。这样，用特定的洗脱液可将与树脂颗粒上配体结合的蛋白质洗脱下来（图 1 – 42）。

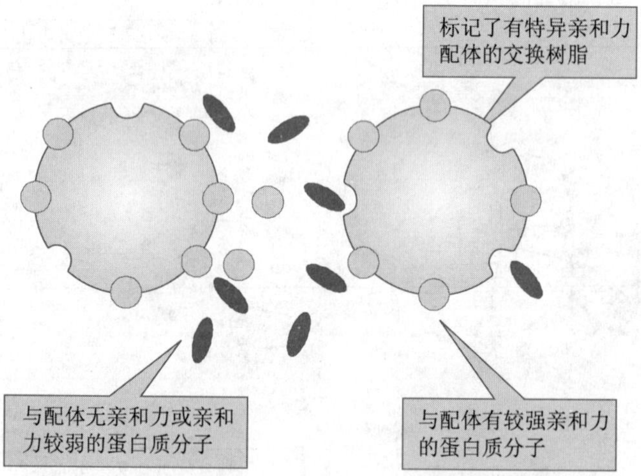

图 1 – 42　亲和力层析分离蛋白质的示意图

（八）SDS – 聚丙烯酰胺凝胶电泳是依据蛋白质的大小分离蛋白质

利用蛋白质在电场中泳动速度不同来分离蛋白质的技术称为电泳（electrophoresis）。

聚丙烯酰胺（polyacrylamide）是具有网状结构的凝胶状支持介质，其网状孔径由聚合物单体浓度和连结物浓度决定。十二烷基磺酸硫（sodium dodecyl sulfate，SDS）能够在水解后产生大量的负电荷。在蛋白质样品中加入 SDS 后，可以使蛋白质变性，在蛋白质的表面覆盖一层密度相同带负电荷的 SDS 分子，导致蛋白质分子之间的电荷差异消失。这样，蛋白质在电场中的泳动速度仅与蛋白质的大小有关。又由于聚丙烯酰胺凝胶的网状结构具有分子筛效应，因此 SDS－聚丙烯酰胺凝胶电泳（SDS－PAGE）是非常有效的分离和分析蛋白质的方法（图 1－43）。

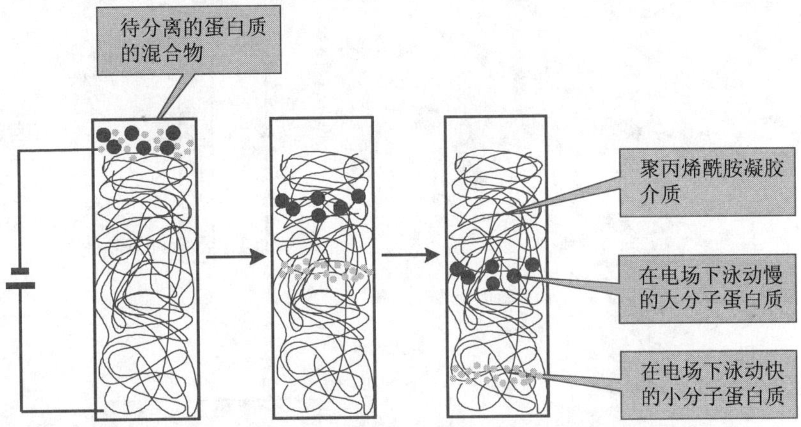

图 1－43　聚丙烯酰胺凝胶电泳的工作原理

（九）等电聚焦电泳是依据蛋白质等电点的不同来分离和分析蛋白质的方法

在聚丙烯酰胺凝胶中加入两性电解质载体后，它可以在电场中形成一个连续而稳定的 pH 梯度，即一个由阳极到阴极逐步变化的 pH 梯度，正极为酸性，负极为碱性。这样，蛋白质在偏离等电点的 pH 位置上就会出现净电荷。在电场作用下，该蛋白质将发生泳动。当蛋白质泳动到与其 pI 值相等的 pH 凝胶位置时，该蛋白质的净电荷为零，蛋白质停止移动。而其他的蛋白质还会在电场中继续泳动直到这些蛋白质停止在与 pI 值相等的 pH 凝胶位置。这种方法被称为等电聚焦电泳（isoelectric focusing electrophoresis）（图 1－44）。

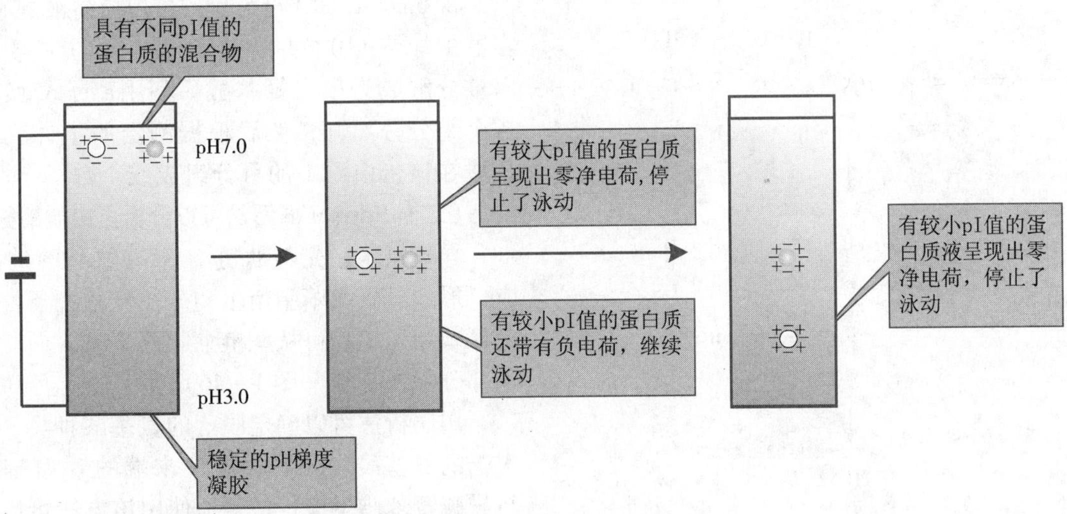

图 1－44　等电聚焦电泳的工作原理

（十）由 SDS－聚丙烯酰胺凝胶电泳和等电聚焦电泳构成的二维电泳可以高通量分析蛋白质

将聚丙烯酰胺凝胶电泳和等电聚焦电泳结合在一起可以构成二

维电泳，达到同时利用蛋白质的等电点和大小来分离和分析蛋白质的目的（图 1 - 45）。

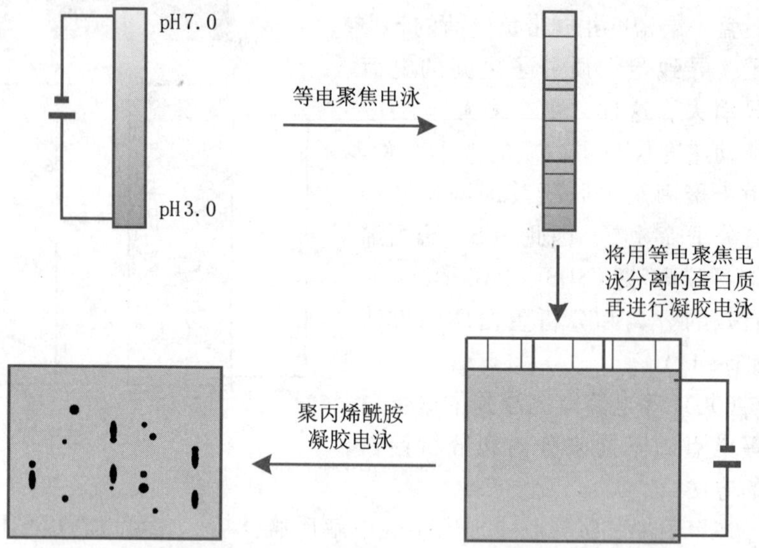

图 1 - 45　二维电泳的工作原理

三、蛋白质的序列分析和结构分析是研究蛋白质功能的基础

蛋白质的氨基酸组分分析（composition analysis）和氨基酸序列分析（sequence analysis）是研究蛋白质的一项重要内容。

（一）蛋白质的氨基酸组分

将 6mol/L HCl 与纯化的蛋白质溶液混和，在真空容器中加热 110℃并持续 24 小时，蛋白质或肽链可以被分解成为单个氨基酸。利用离子交换层析法将各个组分分离开，然后根据测定的量计算出每种氨基酸在该蛋白质中的百分组成或个数。

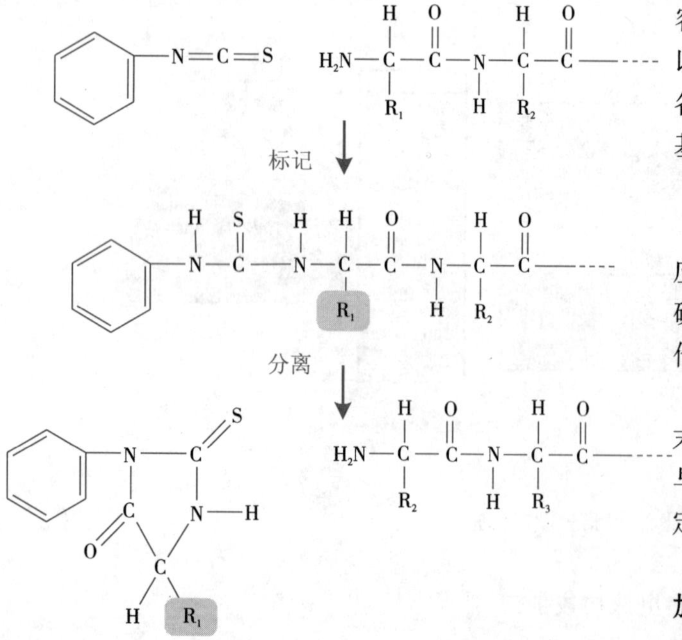

图 1 - 46　测定氨基末端氨基酸的异硫氰苯脂反应

（二）Edman 降解法可以分析蛋白质的氨基酸序列

异硫氰苯脂先与肽链 N 末端氨基酸的 α-氨基反应，形成异硫氰苯脂衍生物。在冷稀酸条件下，该异硫氰苯脂衍生物可从肽链上脱落下来，而肽链上的其他部分保持完整（图 1 - 46）。

用层析法可以确定脱落的氨基酸种类，即肽链 N 末端的氨基酸。余下肽链 N 末端的 α-氨基可以继续与异硫氰苯脂反应。重复地使用该方法可以依次地鉴定出从氨基端起始的氨基酸序列（图 1 - 47）。

（三）将大分子蛋白质水解成多个肽链片段可以加快大分子蛋白质的测序

Edman 降解法不能无限制的重复，这样对于一个较大的蛋白质进行氨基酸测序，一般需要先用特定的

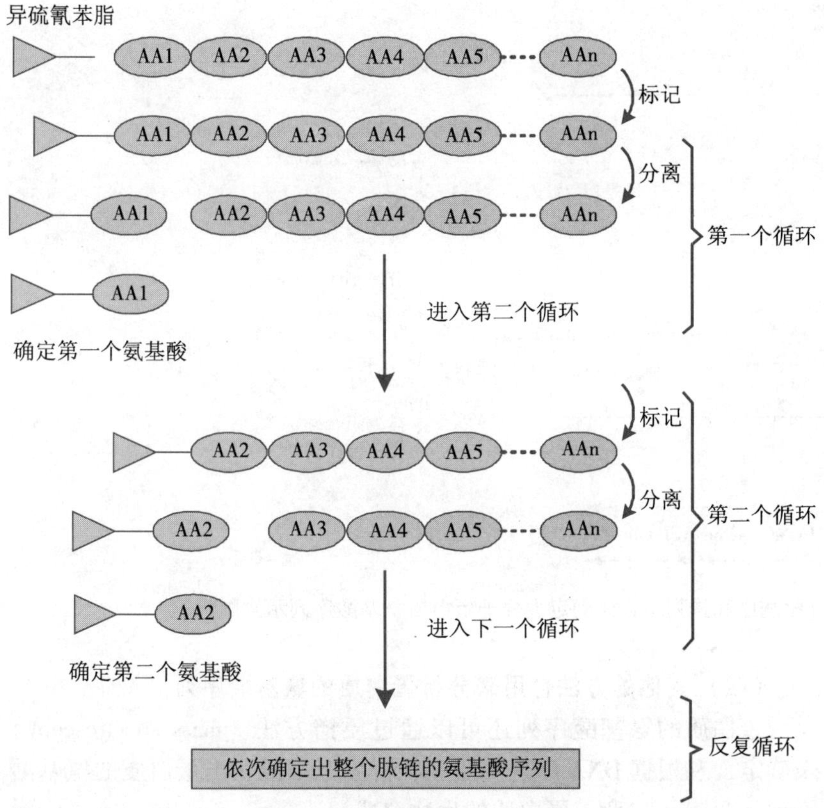

图 1-47 利用 Edman 降解法确定蛋白质氨基酸序列的示意图

裂解剂将其分解成多个肽链片段，然后利用 Edman 降解法对每一个肽链进行测序。为了能够准确地确定出肽链片段的连接顺序，一般需要几个具有特异性裂解位点的裂解剂来完成。在得到每一组肽链片段的氨基酸序列后，通过排列组合，最后确定出该蛋白质完整的氨基酸序列（图 1-48)。表 1-9 列出了几种常用的裂解剂以及它们的肽链切点。

表 1-9 用于裂解蛋白质和肽链的生物酶和化合裂解剂

裂 解 剂	裂解位点
胰蛋白酶（Trypsin）	Lys（C），Arg（C）
糜蛋白酶（Chymotrypsin）	Phe（C），Tyr（C），Trp（C）
木瓜蛋白酶（Papain）	Arg（C），Lys（C），Gly（C）
胃蛋白酶（Pepsin）	Phe（N），Trp（N），Tyr（N）
金黄色葡萄球菌 V8 蛋白酶（Staphylococcus aureus V8 protease）	Asp（C），Glu（C）
溴化氰（Cyanogen bromide）	Met（C）
羟胺（Hydroxylamine）	Asn - Gly

* 表中的（C）和（N）表示该酶将在指定的氨基酸的 C 端或 N 端进行酶切。

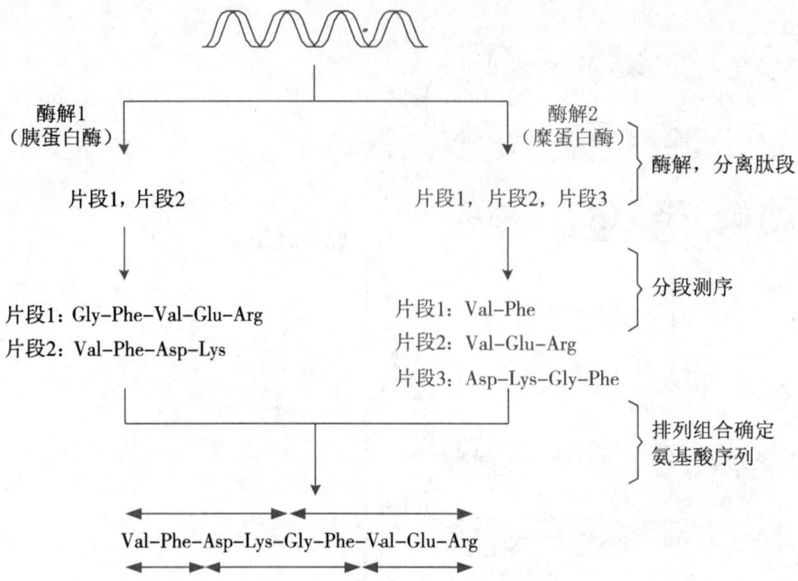

图 1-48 利用多次裂解、分段测序和排列组合法确定大分子蛋白质氨基酸序列示意图

（四）其他的方法也用来分析蛋白质的氨基酸序列

蛋白质的氨基酸序列还可以通过质谱方法（mass spectroscopy）来确定，和根据 DNA 序列按照三联密码原则推演出蛋白质的氨基酸序列（见第十二章，蛋白质的生物合成）。

（五）蛋白质的空间结构分析是研究蛋白质的一个重要内容

X 射线晶体学（Xray crystallography）和核磁共振譜（nuclear magnetic resonance spectroscopy）是确定蛋白质空间结构的最可信方法。但是这两种方法需要昂贵的仪器设备和先进的数据分析软件。

（关一夫）

第二章　核酸结构与功能

内容提要

核酸（nucleic acid）是以核苷酸为基本单位的生物大分子。天然的核酸可分为核糖核酸（ribonucleic acid，RNA）和脱氧核糖核酸（deoxyribonucleic acid，DNA）。RNA 存在于细胞质、细胞核和线粒体内，参与遗传信息的复制与表达，DNA 存在于细胞核和线粒体内，是遗传信息的载体。

第一节　核酸的基本构成

一、构成核酸的基本单位是核苷酸

核酸可水解为核苷酸（nucleotide）。核苷酸完全水解后可释放出等量的碱基、核糖和磷酸。这表明碱基、核糖和磷酸是通过特定的化学键连接在一起的（图 2－1）。

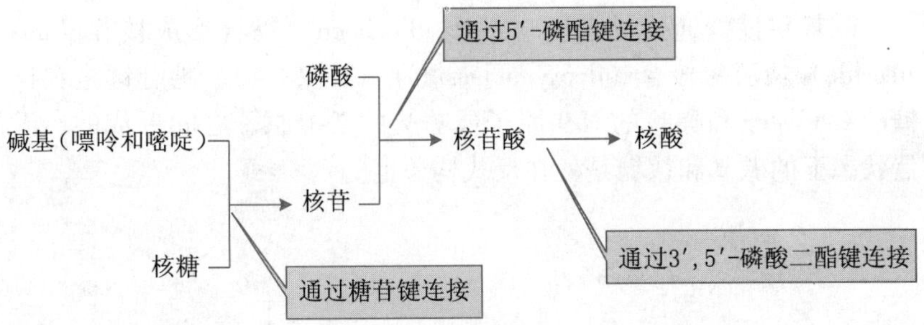

图 2－1　构成核酸的基本组成单位以及它们的连接方式

（一）碱基和核糖通过糖苷键连接构成核苷（或脱氧核苷）

构成核酸的 5 种碱基（base）均属于嘌呤（purine）和嘧啶（pyrimidine）两类含氮杂环化合物（图 2－2）。

构成核酸的核糖分别是 β-D-核糖（ribose）和 β-D-2′-脱氧核糖（deoxyribose）（图 2－3）。核糖上的碳原子分别标记 C-1′、C-2′ 等以区别于碱基上的原子编号。核糖和脱氧核糖的差别在于连接在 C-2′ 原子上的基团不同。

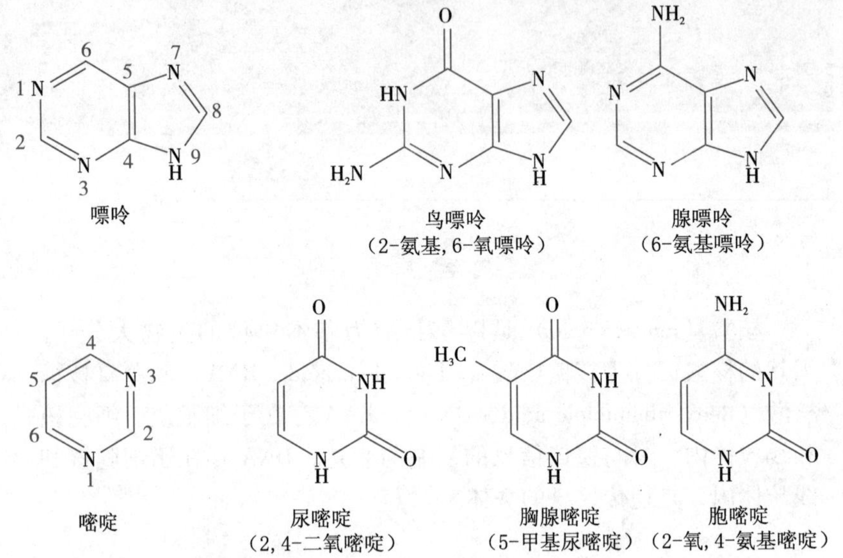

图 2－2　碱基的化学结构式

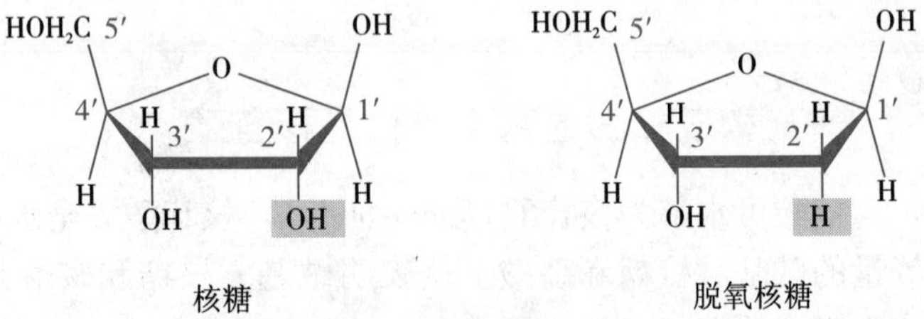

图 2－3　核糖和脱氧核糖的化学结构式

碱基和核糖通过糖苷键（glycosidic bond）缩合形成核苷（nucleoside）或脱氧核苷（deoxynucleoside）（图 2－4）。糖苷键是在核糖的 C-1′原子和嘌呤的 N-9 原子或嘧啶的 N-1 原子之间形成的。天然状态下的碱基和核糖是处在反式构象上。

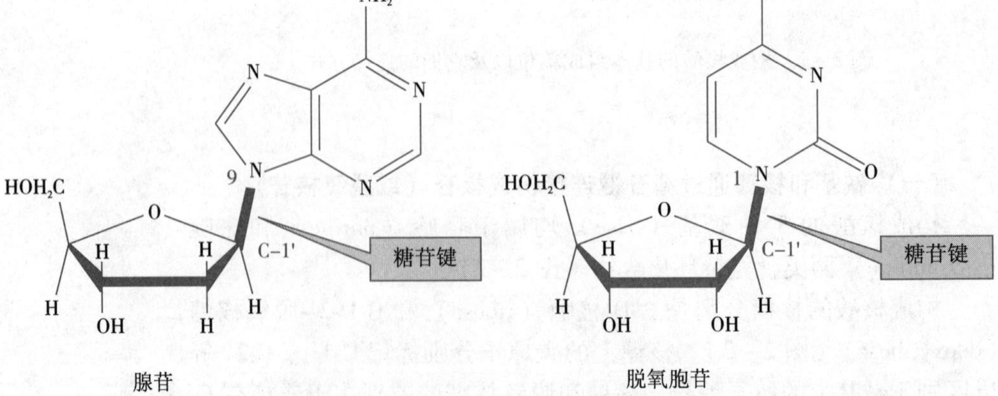

图 2－4　核苷和脱氧核苷的化学结构式

（二）核苷（或脱氧核苷）和磷酸通过磷酯键连接构成核苷酸（或脱氧核苷酸）

核糖 C-5′原子上的游离羟基可与磷酸发生酯化反应生成5′-核苷酸或5′-脱氧核苷酸（图2-5）。核苷酸和脱氧核苷酸的名称和符号见表2-1。

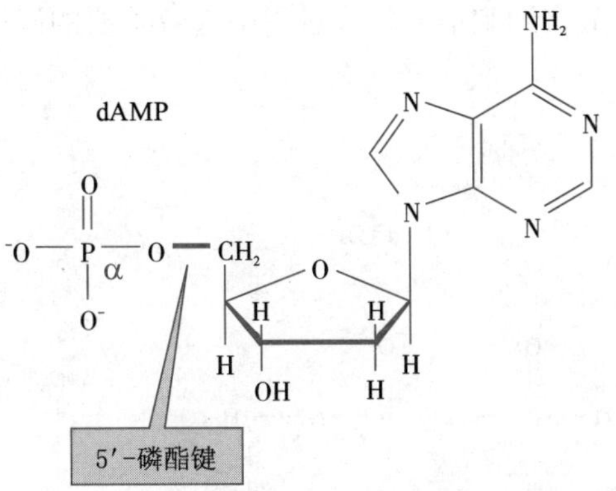

图2-5　5′-脱氧腺苷一磷酸（dAMP）的化学结构式

表2-1　核酸的碱基、核苷以及核苷酸的名称和符号

碱基	核苷	核苷酸
腺嘌呤（Adenine，A）	腺苷（Adenosine）	腺苷一磷酸（Adenosine monophosphate，AMP）
鸟嘌呤（Guanine，G）	鸟苷（Guanosine）	鸟苷一磷酸（Guanosine monophosphate，GMP）
胞嘧啶（Cytosine，C）	胞苷（Cytidine）	胞苷一磷酸（Cytidine monophosphate，CMP）
尿嘧啶（Uracil，U）	尿苷（Uridine）	尿苷一磷酸（Uridine monophosphate，UMP）
碱基	脱氧核苷	脱氧核苷酸
腺嘌呤（Adenine，A）	脱氧腺苷（Deoxyadenosine）	脱氧腺苷一磷酸（Deoxyadenosine monophosphate，dAMP）
鸟嘌呤（Guanine，G）	脱氧鸟苷（Deoxyguanosine）	脱氧鸟苷一磷酸（Deoxyguanosine monophosphate，dGMP）
胞嘧啶（cytosine，C）	脱氧胞苷（Deoxycytidine）	脱氧胞苷一磷酸（Deoxycytidine monophosphate，dCMP）
胸腺嘧啶（thynine，T）	脱氧胸苷（Deoxythymidine 或 Thymidine）	脱氧胸苷一磷酸（Deoxythymidine monophosphate，dTMP）

除核苷一磷酸外，核苷酸还能以多磷酸的形式存在，如核苷二磷酸（nucleoside diphosphate，NDP）和核苷三磷酸（nucleoside triphosphate，NTP），不同的磷酸基团分别用 α、β 和 γ 标记。脱氧核苷酸的命名与核苷酸的命名相似，即 dNMP，dNDP 和 dNTP（图 2－6）。

连在 C-5′原子上的 α-磷酸基团还可以与核糖 C-3′原子上的羟基连接形成环状的核苷酸，如环腺苷一磷酸（cyclic AMP，cAMP）和环鸟苷一磷酸（cyclic GMP，cGMP）等（图 2－6）。环鸟苷一磷酸和环腺苷一磷酸在细胞信号转导过程中起着重要的调控作用。

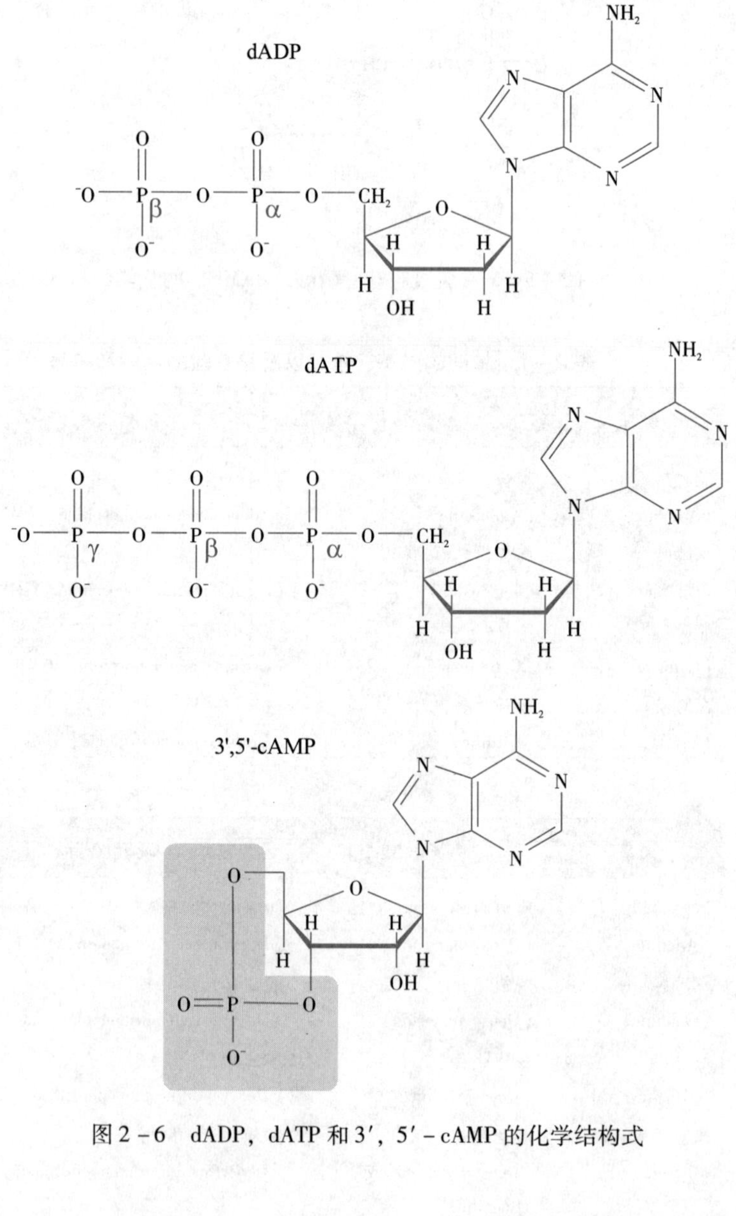

图 2－6　dADP，dATP 和 3′，5′－cAMP 的化学结构式

（三）多个核苷酸通过3′，5′-磷酸二酯键连接构成多聚核苷酸

一个核苷酸的3′-羟基可以与另一个核苷酸的5′-磷酸基通过脱水缩合形成3′，5′-磷酸二酯键（phosphodiester bond）。多个核苷酸可通过这样的磷酸二酯键聚合成为没有分支的线形大分子（图2－7）。多聚核苷酸的5′末端和3′末端分别是游离磷酸基和游离羟基，这使得这个大分子具有严格方向性的。

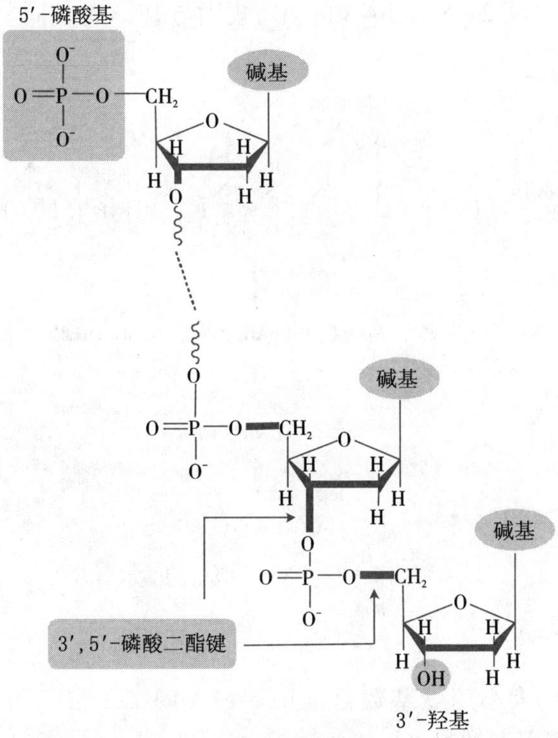

图2－7　核酸链的化学结构式

DNA分子是由脱氧核苷酸聚合而成的，脱氧核糖的一部分和磷酸基团共同构成DNA分子的骨架。RNA是由核苷酸聚合而成的。虽然DNA和RNA的化学成分略有不同（表2－2），但它们都具有相同的骨架结构。

表2－2　核酸的种类和化学组成

核酸名称	碱基	核糖	核苷酸	功能
RNA	A，G，C，U	β-D-核糖	ATP，GTP，CTP，UTP	遗传信息的传递
DNA	A，G，C，T	β-D-2′-脱氧核糖	dAMP，dGMP，dCTP，dTTP	遗传信息的携带

第二节 DNA 的结构和功能

一、DNA 的一级结构是核苷酸的排列顺序

由于 4 种核苷酸间的差异在于碱基的不同，因此 DNA 的一级结构也就是碱基序列（base sequence）。DNA 的书写规则是从 5′ 末端到 3′ 末端（图 2-8）。RNA 的书写规则与 DNA 的相同。

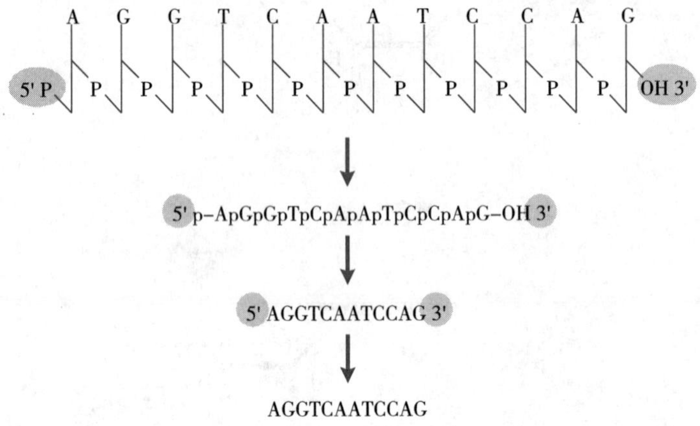

图 2-8 DNA 一级结构的书写方法

DNA 的大小用碱基数目（base 或 kilobase，用于单链 DNA 和 RNA）或碱基对数目（base pair，bp，或 kilobase pair，kpb，用于双链 DNA 和 RNA）来表示。自然界中的 DNA 和 RNA 长度可高达几万个碱基之多，表现出巨大的编码能力。DNA 分子对遗传信息的携带和传递依赖于碱基排列顺序的变化来实现。

二、DNA 的二级结构是双螺旋结构

DNA 的二级结构是指 DNA 上的所有原子在三维空间的相对位置。

（一）Chargaff 规则揭示了组成 DNA 分子的碱基之间的定量关系

Erwin Chargaff 发现 DNA 分子的碱基组成之间存在者下列关系：①腺嘌呤的摩尔数与胸腺嘧啶的相等，鸟嘌呤的摩尔数与胞嘧啶的相等；②不同生物种系的 DNA 碱基组成不同；③同一个体不同器官、不同组织的 DNA 具有相同的碱基组成（表 2-3）。这些 Chargaff 规则为后人揭示 DNA 的空间结构奠定了基础。

表 2-3　不同生物体 DNA 的碱基组分和相对比例

来源	A	G	C	T	A/T	G/C	G+C	嘌呤/嘧啶
大肠杆菌	26.0	24.9	25.2	23.9	1.09	0.99	50.1	1.04
结核杆菌	15.1	34.9	35.4	14.6	1.03	0.99	70.3	1.00
酵母菌	31.7	18.3	17.4	32.6	0.97	1.05	35.7	1.00
牛	29.0	21.2	21.2	28.7	1.01	1.00	42.4	1.01
猪	29.8	20.7	20.7	29.1	1.02	1.00	41.4	1.01
人	30.4	19.9	19.9	30.1	1.01	1.00	39.8	1.01

（二）DNA 的二级结构是双螺旋结构

在总结前人研究成果的基础上，Watson 和 Crick 提出了 DNA 双螺旋结构的模型。这个模型的要点是：

1. DNA 是两条走向相反的多聚核苷酸链构成的，两条核苷酸链围绕同一中心轴形成了右手双螺旋结构（图 2-9）。在 DNA 双螺旋结构中，亲水的骨架位于双链的外侧，疏水的碱基位于双链的内侧（图 2-9 和图 2-10）。DNA 双螺旋结构的直径为 2.4nm。

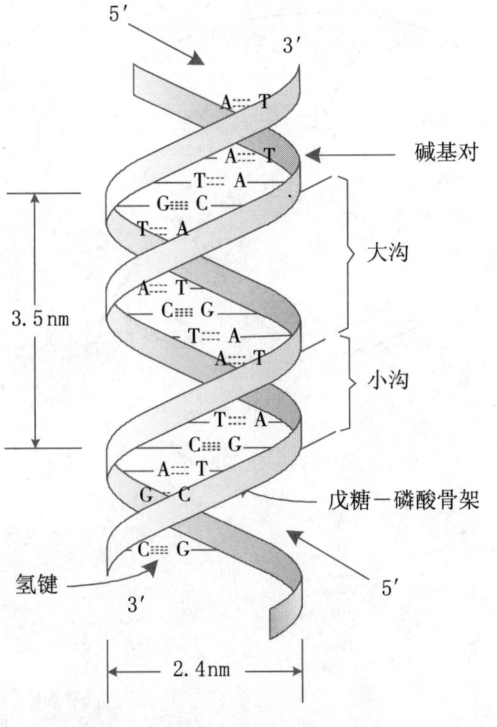

图 2-9　DNA 双螺旋结构示意图

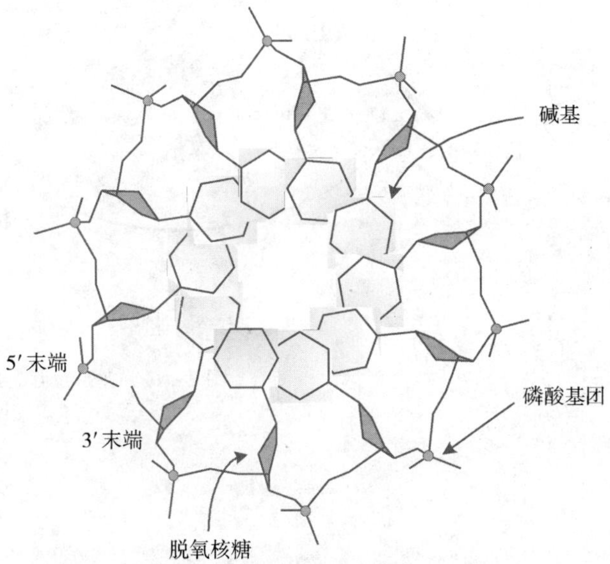

图 2-10　DNA 双螺旋结构的俯视图

DNA 双链的骨架位于双螺旋结构的外侧，而互补的碱基对位于双螺旋结构的内侧

2. 一条 DNA 链上的碱基通过氢键与另一条 DNA 链的碱基形成互补的碱基对，即腺嘌呤 A 与胸腺嘧啶 T 形成了有两个氢键的碱基对，鸟嘌呤 G 与胞嘧啶 C 形成了有 3 个氢键的碱基对（图 2－11）。这两条链互为互补链。氢键的形成是稳定双螺旋结构的重要因素之一。互补碱基对平面与双螺旋结构的中心轴近于垂直。相邻碱基对平面之间的距离是 0. 34nm，并相对地旋转了 36°。每一个螺距内有 10 对碱基。

3. 参与双螺旋结构的两条 DNA 链的走向是反向平行。由于碱基对的互补特性，两条链在 DNA 双螺旋的表面形成了一个大沟（major groove）和一个小沟（minor groove）（图 2－9 和图 2－11）。这些沟状结构与蛋白质的识别和结合有关。

4. DNA 双螺旋结构的稳定性不仅取决于两条链上互补碱基之间氢键的强度，而且还决定于相邻的两个碱基对平面之间的堆积力（图 2－12），即由于两个相邻的碱基对的重叠造成的相互作用力。此外，位于双螺旋表面的带有负电荷的骨架可构成水化膜，进一步稳定了 DNA 双螺旋结构。

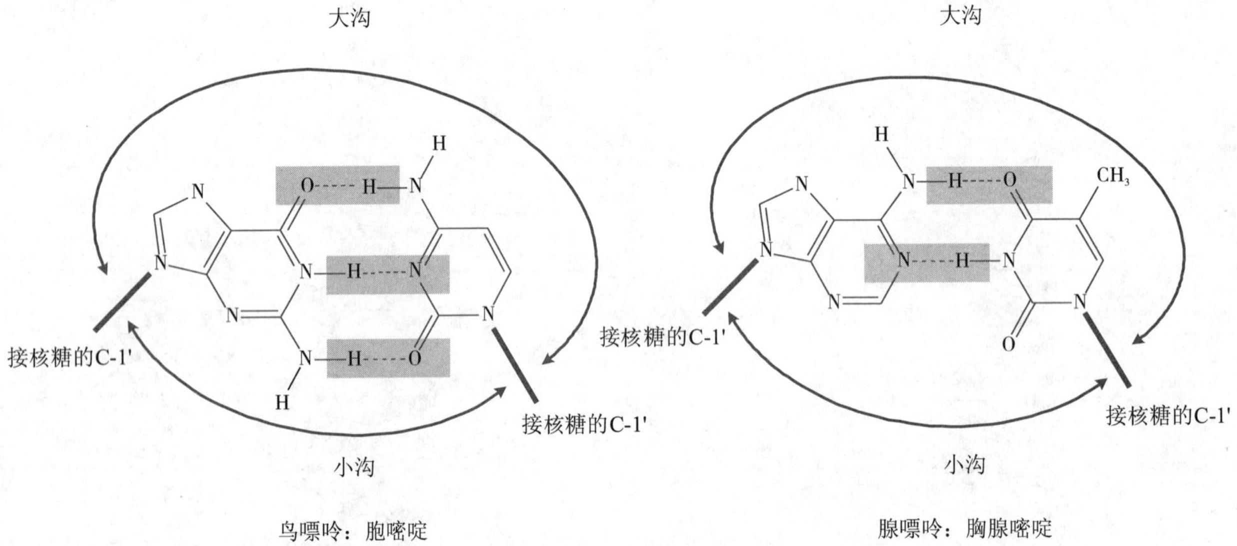

图 2－11 在两个互补的碱基之间形成的氢键以及大沟和小沟

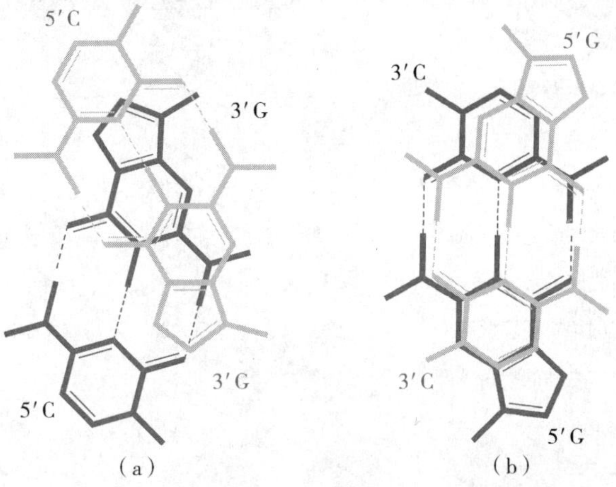

图 2－12　相邻碱基对之间的堆积作用力

(a) 序列是 5′-CG-3′；(b) 序列是 5′-GC-3′。

(三) DNA 的结构具有多样性

由于所处的环境不同，DNA 的双螺旋结构还会以其他构型存在(图 2－13)。为了区分，人们将 Watson 和 Crick 提出的 DNA 双螺旋结构称为 B 型-DNA。这些不同 DNA 构型的结构参数列在表 2－4 中。

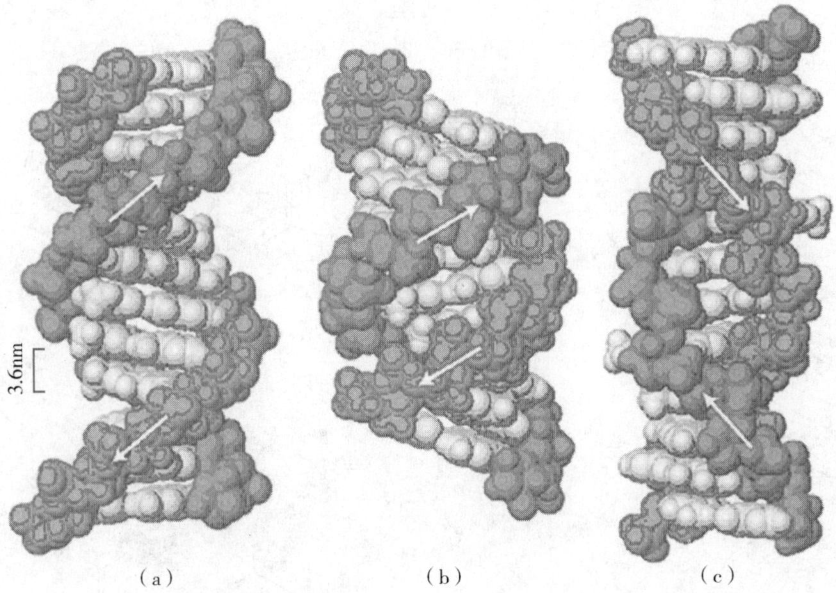

图 2－13　不同构型的 DNA 双螺旋结构

(a) B 型 DNA；(b) A 型 DNA；(c) Z 型 DNA。

表 2－4　不同 DNA 分子构型的结构参数

	A 型 DNA	B 型 DNA	Z 型 DNA
螺旋转向	右手	右手	左手
每一螺旋的碱基对数目	11	10.4	12
螺距（nm）	2.53	3.54	4.56
螺旋直径（nm）	2.55	2.37	1.84
相邻碱基对之间的间距（nm）	0.23	0.34	0.38
相邻碱基对之间的转角	33°	36°	每个二聚体为－60°
使构象稳定的相对环境湿度	75%	92%	CGCGCG 序列
碱基对平面与主轴的夹角	19°	1°	9°
大沟	窄深	宽深	相当平坦
小沟	宽浅	窄深	窄深

＊摘自 JM Berg，JL Tymoczko，and L Stryer. Biochemistry. 5th ed，WH Freeman and Company，New York .

（四）DNA 可以通过 Hoogsteen 氢键形成多链结构

在酸性的溶液中，胞嘧啶的 N-3 原子被质子化，可与双链中的鸟嘌呤的 N-7 原子形成 Hoogsteen 氢键。同时，胞嘧啶的 N-4 的氢原子也与鸟嘌呤的 O-6 形成 Hoogsteen 氢键（图 2－14）。Hoogsteen

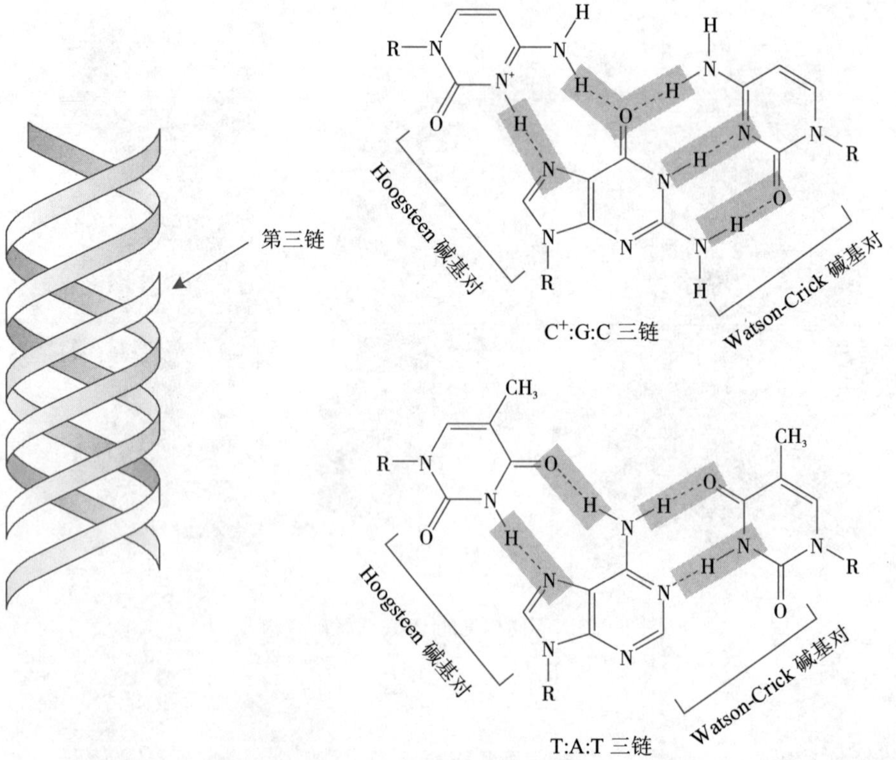

图 2－14　DNA 的三链结构

DNA 的三链结构是通过 Watson-Crick 碱基对和 Hoogsteen 碱基对共同形成的。

氢键的形成并不影响 Watson-Crick 氢键，这样就形成了 C^+GC 的三链结构，其中 GC 双链之间是以 Watson-Crick 氢键结合，而 C^+G 双链之间是以 Hoogsteen 氢键结合。同理，DNA 也可形成 TAT 的三链结构。

在真核生物 DNA 分子 3′末端常有富含 GT 序列的多次重复，其重复度可达数十乃至数百。这样的 DNA 末端结构称为端粒。重复序列中的鸟嘌呤之间通过 Hoogsteen 氢键形成特殊的四链结构（图 2－15）。

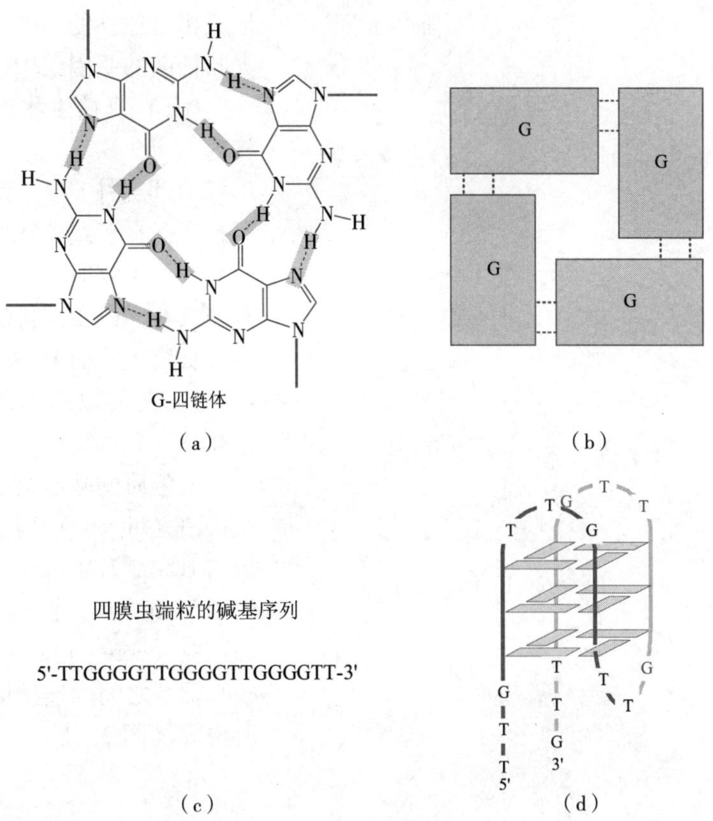

图 2－15　DNA 的四链结构

DNA 的四链结构是通过 Hoogsteen 氢键。(a) 结构式；(b) 示意图；(c) 四膜虫端粒的碱基序列；(d) 四膜虫端粒的 G-四链体。

三、DNA 分子具有超螺旋的高级结构

自然界中的 DNA 是长度可观的生物大分子，在蛋白质的参与下，它的双螺旋结构经过盘绕和折叠形成致密的结构并被组装在细胞内，由此产生了 DNA 分子的高级结构。

（一）DNA 的双螺旋链可形成超螺旋结构

DNA 的双螺旋链可以进一步地盘绕形成超螺旋结构。如果 DNA 的盘绕方向与 DNA 双螺旋方向相同，螺旋会变紧，称为正超螺旋（positive supercoil），反之如果方向相反，则螺旋会变松，称为负超螺旋（negative supercoil）。自然界中闭合的 DNA 双链是以负超螺旋形式存在。DNA 超螺旋结构对 DNA 复制和 RNA 合成具有关键的作用。

（二）原核生物 DNA 是环状双螺旋分子

原核生物的 DNA 是共价封闭的环状双螺旋分子（图 2－16）。它们在细胞内的盘绕形成类核（nucleoid）结构。细菌的基因组可以

图 2－16　(a) 环状封闭 DNA；(b) 超螺旋结构 DNA

形成相对独立的超螺旋区，不同区域间的 DNA 超螺旋程度不同。如大肠杆菌的基因组中，平均每 200 个碱基就有一个负超螺旋形成。

（三）真核生物的细胞核 DNA 以非常致密的形式组装在细胞核内

20 世纪中期人们发现在真核生物的 DNA 不仅存在于细胞核里，而且还存在于线粒体中。

真核生物 DNA 的长度可达 1.74m，将如此长的 DNA 分子组装在直径只有 5μm 的细胞核中，DNA 需要多级的盘绕和折叠。

真核生物的 DNA 在细胞分裂期形成高度有序的染色体（chromosome），在其他的大部分时间内以分散的染色质（chromatin）形式存在。

染色质的基本组成单位是核小体（nucleosome），由 DNA 和 5 种组蛋白（histone）构成。核小体的核心组蛋白是由各两个分子的组蛋白 H2A，H2B，H3 和 H4 分子组成的八聚体，长度约 146bp 的 DNA 双链在组蛋白八聚体的表面上盘绕 1 又 3/4 圈形成核小体的核心颗粒（core particle）。核心颗粒是尺寸约 11nm × 6nm 的盘状颗粒。核心颗粒之间的连接区由组蛋白 H1 和长度为 20 ~ 80bp 的 DNA 双链所构成（图 2 - 17）。

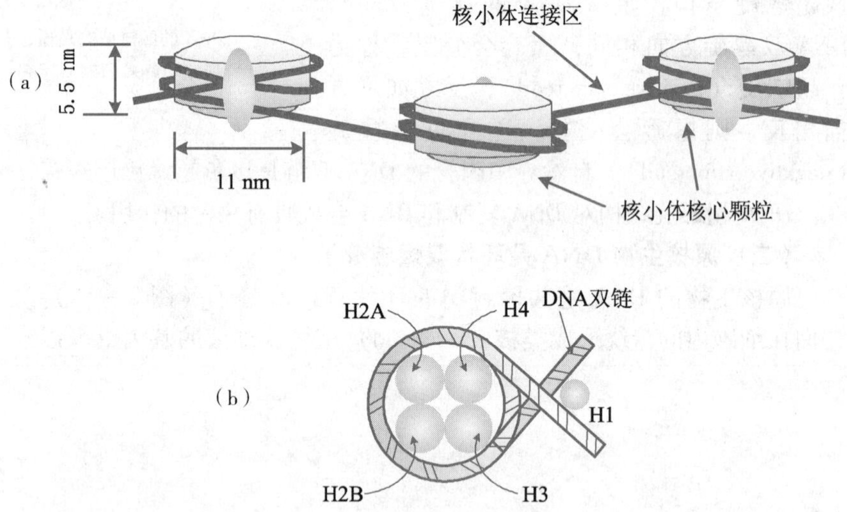

图 2 - 17 （a）核小体的盘绕结构；（b）核小体组蛋白八聚物的截面图

由核小体核心和连接区构成的核小体彼此相连成串珠状染色质细丝。这是 DNA 在核内形成致密结构的第一层次折叠，使 DNA 的体积减少了约 7 倍。

染色质细丝进一步盘绕形成中空的线圈状螺旋管，每圈螺旋由 6 个核小体组成。染色质纤维空管是 DNA 在核内形成致密结构的第二层次折叠，使 DNA 的体积又减少了约 6 倍。

染色质纤维空管进一步卷曲和折叠形成染色质纤维。之后，染色质纤维进一步压缩成染色单体，在核内组装成染色体（图 2 - 18）。

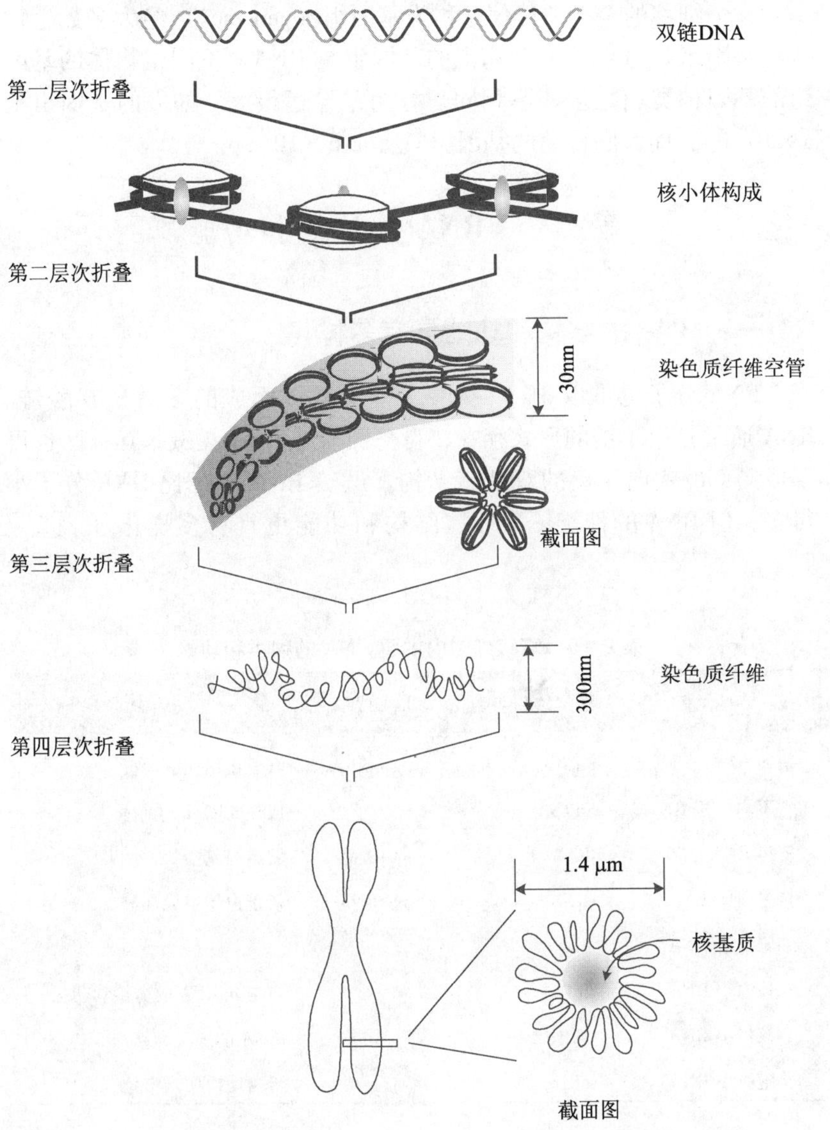

图 2 - 18　真核细胞 DNA 在核内盘绕、折叠和组装成染色体的过程

（四）真核生物的线粒体 DNA 也是环状双链结构

线粒体的 DNA 称为线粒体 DNA（mitochondrial DNA，mtDNA）。大多数动物细胞 mtDNA 较小，为 16.6 kb，是一个封闭环状的双链 DNA 分子。与细胞核 DNA 不同的是 mtDNA 不与组蛋白结合，呈裸露状态。mtDNA 的结构较紧密，几乎没有或很少有非编码序列。

线粒体有自己的遗传系统和蛋白质翻译系统，同时又受到核基因组的遗传系统控制，故称为半自主性的细胞器。

四、DNA 是基因的遗传载体

DNA 以基因的形式携带遗传信息，为 DNA 的生物合成（复制）和 RNA 生物合成（转录）提供模板。它是生命遗传的物质基础，也是生命活动的信息基础。

一个细胞的全部遗传信息称为基因组（genome）。绝大多数生物体的基因组是 DNA，有些病毒的基因组是 RNA。不同生物体的基因组的基因种类和数量各不相同，有的差异还很大。如人的基因组是 3×10^9 bp，而大肠杆菌的基因组只有 4.6×10^6 bp。

第三节 RNA 的结构和功能

一、RNA 的结构和功能具有多样化

RNA 分子也是以 3′,5′-磷酸二酯键连接而成的多聚核苷酸链。RNA 通常是以单链的形式存在，自身回折的 RNA 在碱基互补区也可形成局部的走向相反的双螺旋结构。虽然 RNA 分子比 DNA 分子小得多，但 RNA 的种类、大小、结构和功能更具有多样化（表 2－5）。

表 2－5 真核细胞内主要 RNA 的种类和功能

	细胞核和细胞液	线粒体	功能
信使 RNA	mRNA	mt mRNA	合成蛋白质的模板
不均一核 RNA	hnRNA		成熟 mRNA 的前体
转运 RNA	tRNA	mt tRNA	转运氨基酸
核蛋白体 RNA	rRNA	mt rRNA	核蛋白体组成部分
细胞内小 RNA			
核内小 RNA	snRNA		参与 hnRNA 的剪接和转运
核仁小 RNA	snoRNA		tRNA 的加工和修饰
胞质小 RNA	scRNA		蛋白质内质网定位合成信号

（一）信使 RNA 携带了遗传信息并用来指导蛋白质的合成

信使 RNA（messenger RNA，mRNA）的主要功能是从核内 DNA 分子上转录遗传信息，并作为模板指导蛋白质的合成。mRNA 含量最少，仅占细胞总 RNA 的 3%～5%。mRNA 的种类最多，它们的大小和寿命差异很大。

在真核细胞核内合成的 mRNA 初级产物大小不一，被称为核内不均一核 RNA（heterogeneous nuclear RNA，hnRNA）。hnRNA 经剪接后成为成熟的 mRNA，并依靠特殊的机制从细胞核内转移到细胞质中。成熟的真核 mRNA 从编码区的 5′末端的 AUG 开始，每 3 个核

苷酸为一组编码一个氨基酸，这称为三联体密码（triplet code）或密码子（codon）。由 AUG 和其后的连续三联体密码组成的核苷酸序列称为开放阅读框（open reading frame）。

成熟的真核生物 mRNA 在一级结构上具有下列的特点。

1. 5′末端的帽结构　mRNA 的 5′末端有一个帽式结构（图 2－19）。它是一个 7-甲基鸟嘌呤（m^7G）-三磷酸鸟苷。与之相邻的第一或第二个核苷酸的 C-2′羟基也会被甲基化。

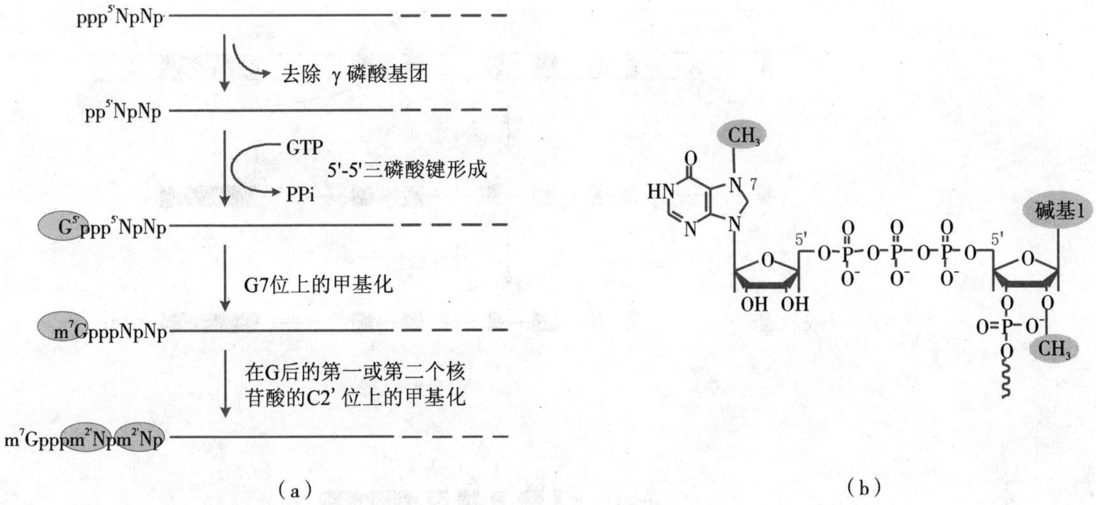

图 2－19　真核生物 mRNA 的加帽修饰

（a）加帽修饰的过程；（b）5′末端的帽结构

2. 3′末端的多聚 A 尾结构　在 mRNA 的 3′末端有一段长度为 80～250 个腺苷酸序列，称为多聚 A 尾结构（poly A）。它是在转录后添加上去的（图 2－20）。3′末端的多聚 A 尾结构和 5′末端的帽结构

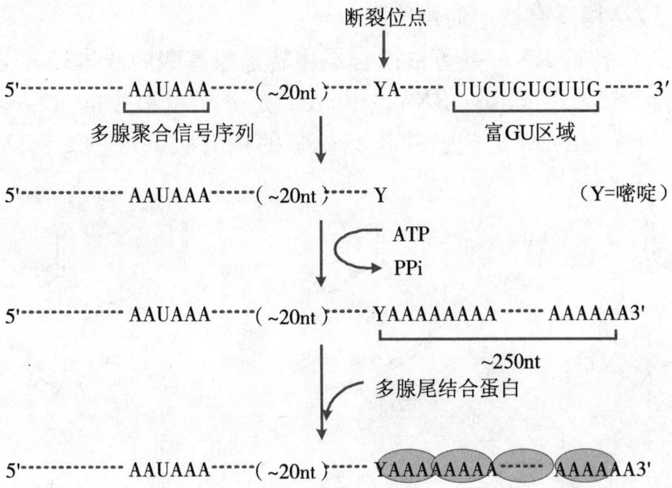

图 2－20　真核生物 mRNA 多聚 A 尾的形成

共同负责 mRNA 从核内向胞质的转位、mRNA 的稳定性以及翻译的调控。

3. mRNA 剪接　mRNA 的前体 hnRNA 上含有外显子和内含子，它们分别对应于氨基酸编码区和非编码区。在 hnRNA 趋于成熟的过程中，内含子被剪接掉。这样，成熟的 mRNA 将包括 5′非编码区，氨基酸编码区和 3′非编码区（图 2－21）。

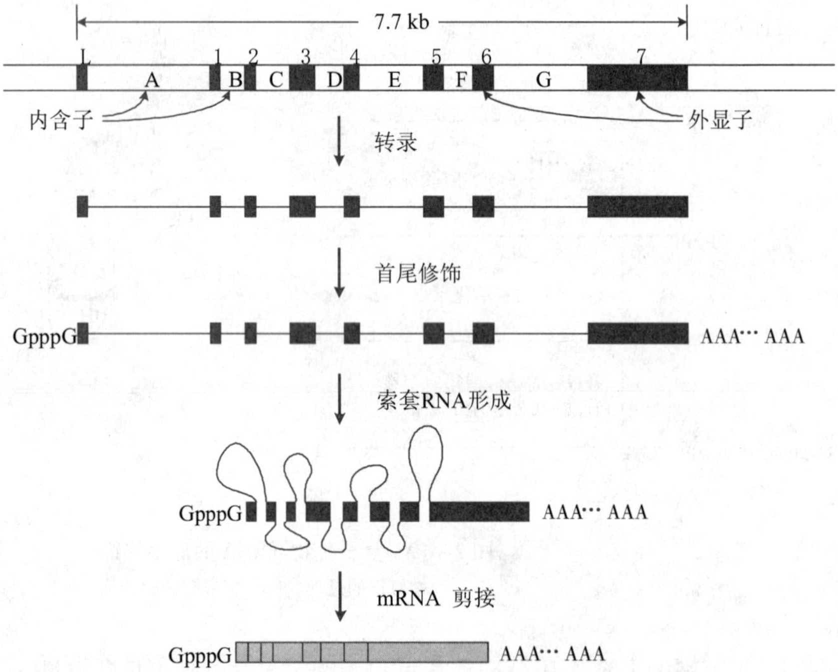

图 2－21　真核生物 mRNA 的成熟过程和结构特点

真核生物的 mRNA 可多次的折回，形成局部的双螺旋结构，但它的二级结构没有特定的规律。

（二）转运 RNA 是蛋白质合成中转运氨基酸的载体

转运 RNA（transfer RNA，tRNA）是分子量最小的 RNA，其核苷酸数目在 60～90 之间，并含有较多的稀有碱基（图 2－22）。它

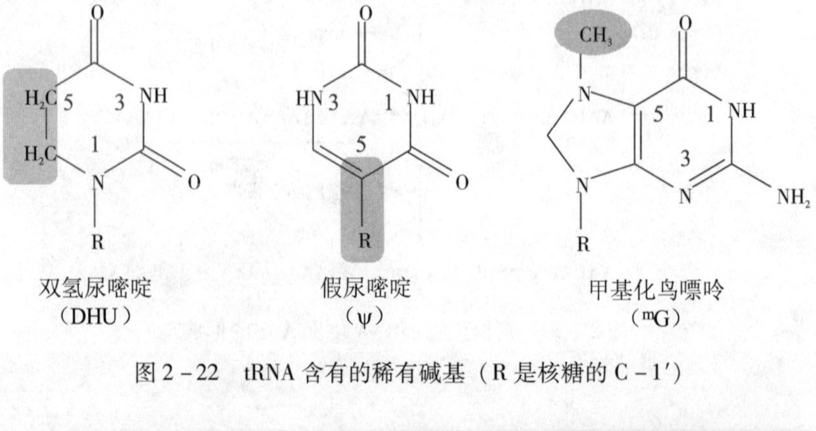

图 2－22　tRNA 含有的稀有碱基（R 是核糖的 C－1′）

的总量约占细胞总 RNA 的 15% 左右。tRNA 的主要功能是在蛋白质合成过程中作为氨基酸的载体，按照密码子的要求将相应的氨基酸转呈给新生的肽链，以达到将遗传信息准确无误地翻译成为蛋白质的目的。

所有的 tRNA 都具有共同的倒 L 形空间结构。它由 4 个螺旋区和 3 个环组成（图 2－23 和图 2－24）。tRNA 的 5′末端多为 pG，而 3′末端是用来与氨基酸结合的 CCA 序列，故称为氨基酸接纳臂（acceptor arm）。氨基酸可以共价地连接在氨基酸接纳臂 3′末端 A 的 C-3′的 OH 基团上。

反密码环中部的 3 个碱基组成了反密码子（anticodon）。借助于碱基互补的原理，它可以识别 mRNA 上的密码子。

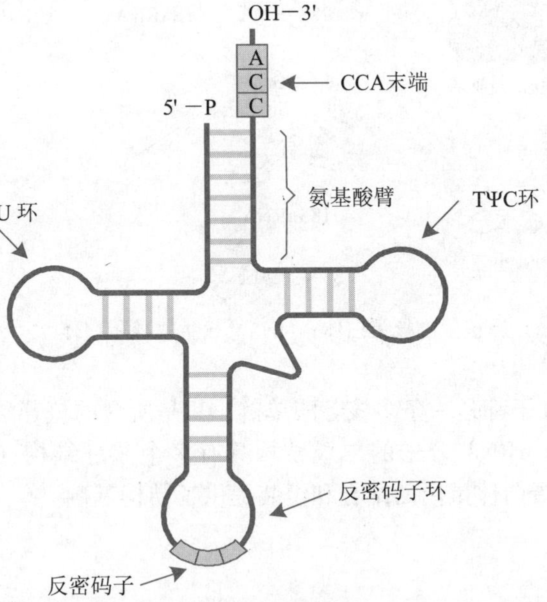

图 2－23　tRNA 的三叶草结构

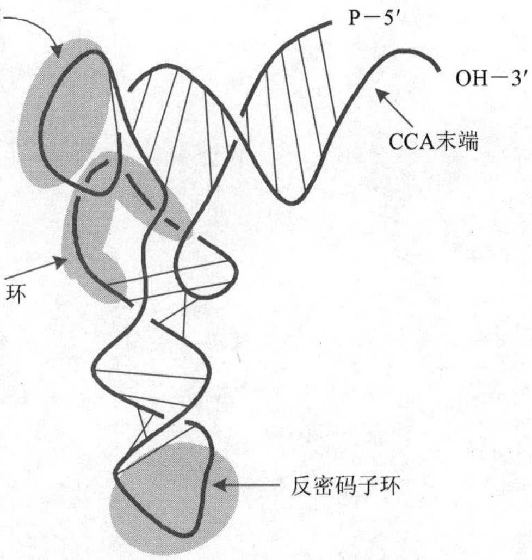

图 2－24　tRNA 的倒 L 形空间结构

（三）核蛋白体 RNA 构成了蛋白质合成的场所

核蛋白体 RNA（ribosomal RNA，rRNA）是细胞中含量最多的一类 RNA，约占细胞 RNA 总量的 80% 以上。rRNA 的主要功能是与多种核蛋白体蛋白结合构成核蛋白体（ribosome），在胞质中参与蛋白质的合成。

核蛋白体由大亚基、小亚基和多个蛋白质组成。原核生物（大肠杆菌为例）与真核生物（小鼠肝为例）的核蛋白体成分有所不同（图 2－25）。

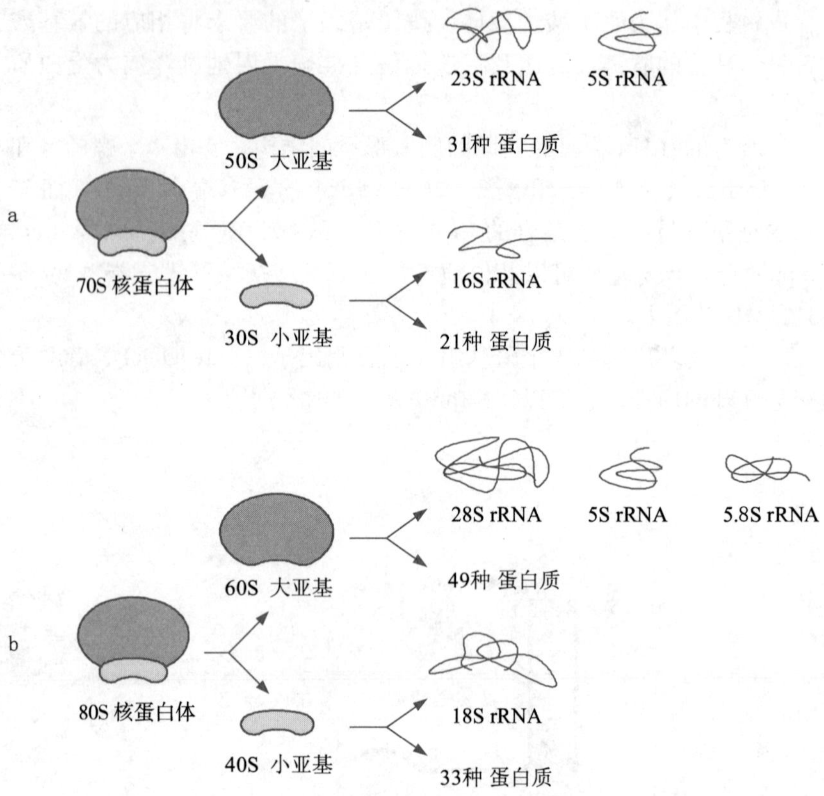

图 2 - 25 （a）原核生物核蛋白体；（b）真核生物核蛋白体

所有的 rRNA 分子都是一条多核苷酸单链，只是所含的核苷酸数目和顺序各不相同。rRNA 分子的二级结构具有多个茎环结构（图 2 - 26），它们为核蛋白体蛋白的结合和组装提供了结构基础。

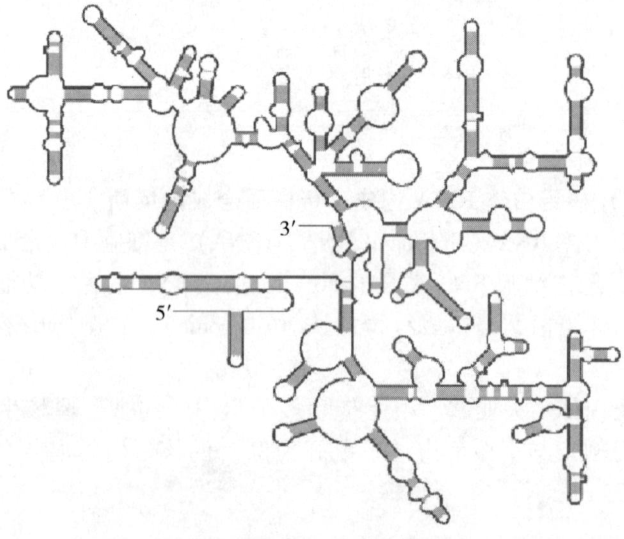

图 2 - 26 rRNA 的二级结构

第四节　核酸的理化性质

一、核酸的一般理化性质

（一）核酸是带有负电荷的多元酸

虽然核酸分子中含有碱基，但磷酸的酸性较强，使得核酸分子呈现酸性。

DNA 是线性高分子，粘度极大，在机械力下易发生断裂。而 RNA 远小于 DNA，粘度也小得多。

在碱性溶液中，RNA 易于被水解，而 DNA 则较稳定。

各种核酸分子所带电荷不同，故可用电泳和离子交换法分离不同的核酸分子。

在超速离心的引力场中，不同构象的 DNA 分子，如环状、线性、开环、或超螺旋等，表现出不同的沉降速率，因此可用超速离心法分离和提纯核酸分子。

（二）碱基具有较强的紫外吸收

碱基的共轭双键使碱基、核苷、核苷酸和核酸在紫外波段有较强吸收，其最大吸收值在 260 nm 附近（图 2 - 27）。利用该波长的光密度值（optical density，OD_{260}）和与在其他波长吸收的光密度比值，可以对核苷、核苷酸和核酸进行定量分析和纯度确定。其计算公式如表 2 - 6 所示。

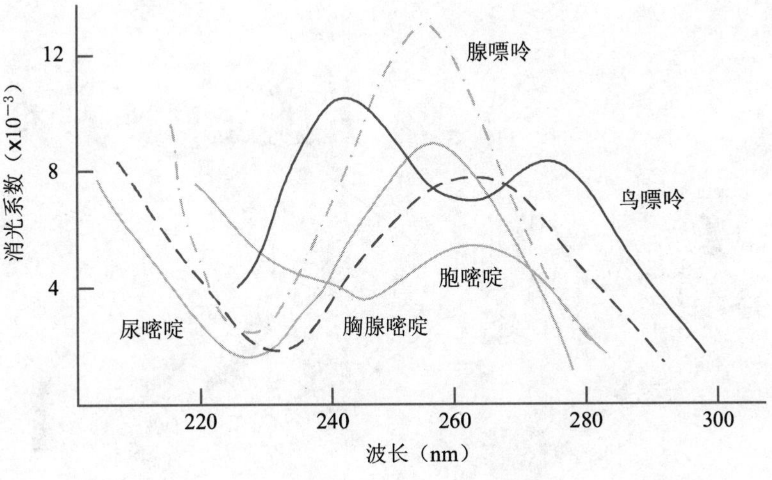

图 2 - 27　核苷酸的紫外吸收光谱

表 2－6 利用紫外吸收光密度分析 DNA 和 RNA

光密度值	核酸量
$OD_{260}=1.0$	50g/ml 双链 DNA
	40g/ml 单链 DNA 或 RNA
	20g/ml 寡核苷酸
光密度比值	**待测样品**
$OD_{260}/OD_{280}=1.8$	纯品 DNA
$OD_{260}/OD_{280}=2.0$	纯品 RNA

二、DNA 可以变性和复性

（一）DNA 的变性是 DNA 双链解离成为两个单链 DNA 的过程

两条走向相反的单链 DNA 依赖于互补碱基对之间的氢键形成一个稳定的双链 DNA。部分氢键的断裂可双链 DNA 变得松散，全部氢键的断裂可导致双链 DNA 完全分离成为两条单链 DNA。这一过程称为 DNA 变性（denaturation）或 DNA 解链（图 2－28）。

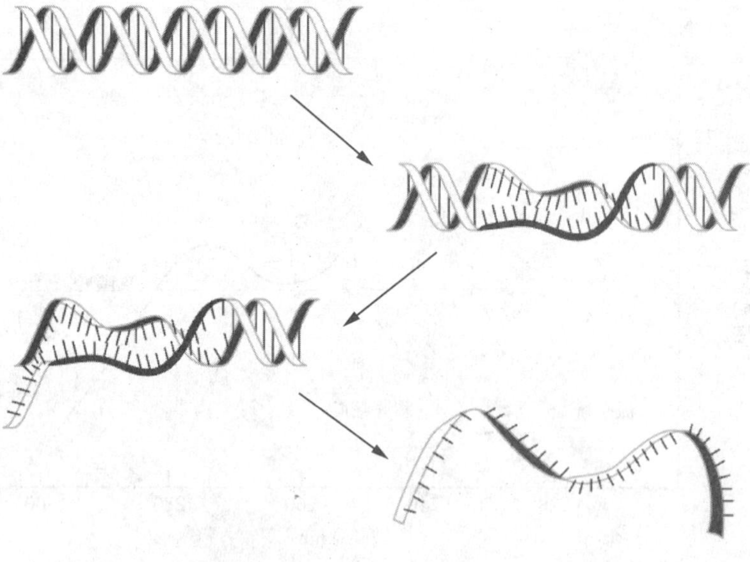

图 2－28 双链 DNA 的解链示意图

在 DNA 解链过程中，由于碱基的逐步暴露，DNA 在 260nm 波长的紫外吸收值会不断的增加，这称为 DNA 的增色效应（hyperchromic effect）（图 2－29）。

实验室内使 DNA 变性的最常用方法是加热。将在 DNA 变性过

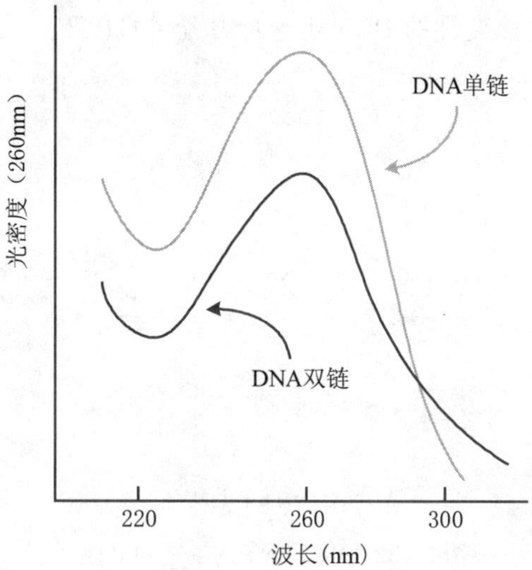

图 2－29　单链和双链 DNA 的紫外吸收

程中紫外吸收的光密度变化相对于温度变化的曲线称为解链曲线（melting curve）。当 DNA 的紫外吸收值达到吸收最大值一半时的温度被定义为 DNA 的解链温度（melting temperature，Tm，图 2－30）。在这个温度下，约有 50% 的双链 DNA 被完全分解成单链 DNA，或者是一个长的双链 DNA 的 50% 被解离成单链形式。

双链 DNA 中的 G 和 C 含量越高，它的 Tm 值就越高；DNA 双链的分子越长，它的 Tm 值也就越高（图 2－31）。

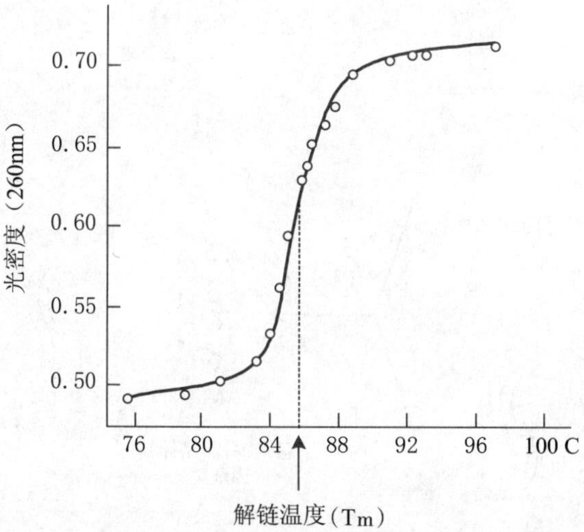

图 2－30　双链 DNA 的解链温度

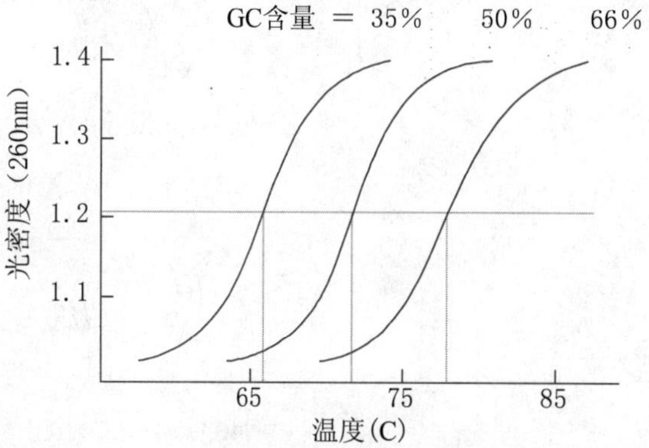

图 2－31　双链 DNA 解链过程的温度特性

（二）变性的 DNA 可以复性重新形成双链 DNA

在适当的条件下，变性后的两条互补的单链 DNA 可以重新配对，恢复天然的双螺旋结构，这一现象称为复性（图2－32）。热变性的DNA复性过程称为退火（annealing）。DNA复性的条件是温度缓慢下降。如将热变性的DNA迅速冷却至4℃以下，几乎不能发生复性。

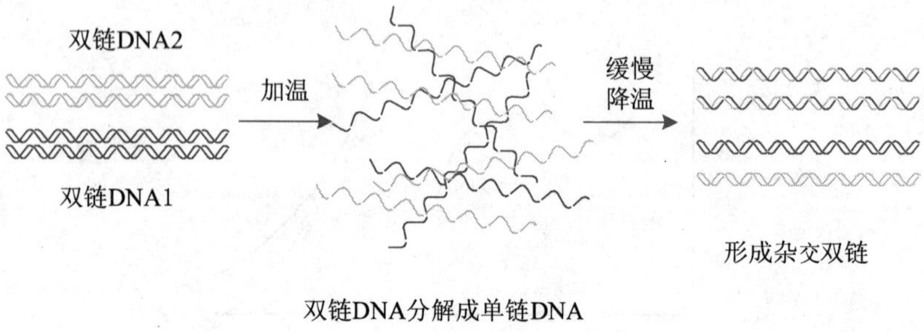

图2－32 DNA分子的解链和复性

广义上讲，将不同种类的单链DNA或单链RNA置于同一溶液中均匀混合，只要它们的碱基序列满足一定程度的互补关系，它们就有可能形成杂交双链（heteroduplex）。这种杂交双链可以在不同的DNA与DNA之间或者RNA与RNA之间形成，还可以在DNA与RNA之间形成。

核酸杂交技术已被广泛地应用在生物学和医学等各个方面，如研究DNA分子中某一种基因的位置，鉴定两个核酸分子间的序列相似性，检测待测样品中的特定碱基序列，核酸印迹，PCR扩增和基因芯片等（图2－33）。

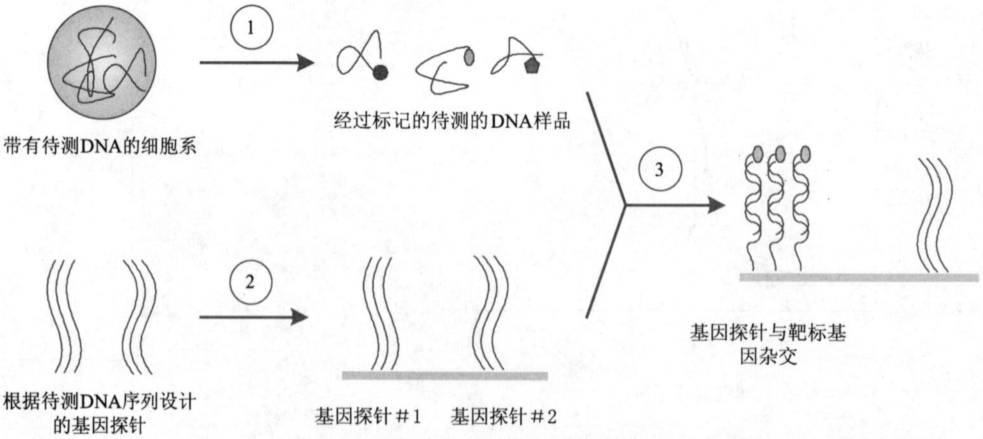

图2－33 基因检测的原理示意图

1 裂解细胞，并将待测的DNA进行荧光标记；2 将预先设计好的基因探针固化在基因芯片上；3 将待测的样品与基因芯片一起孵育，只有靶标基因才能与基因探针杂交，形成稳定的杂交双链。

第五节 核 酸 酶

核酸酶是断裂磷酯键使核酸水解的酶。

核酸酶的生理功能是参与食物的消化和促进细胞内的核酸降解。

表2-7 核酸酶的分类

分类依据	种 类	功 能
按作用底物		
	DNA 酶	特异性地降解 DNA
	RNA 酶	特异性地降解 RNA
按作用方式		
	内切核酸酶	切断 DNA 或 RNA 链中的磷酸二酯键
	双链核酸酶	只水解双链核酸分子
	单链核酸酶	只水解单链核酸分子
	限制性内切酶	对被切断点有序列特异性要求
	外切核酸酶	仅能水解位于核酸链末端的核酸
	5′-3′外切酶	仅能从5′末端水解核酸
	3′-5′外切酶	仅能从3′末端水解核酸

（关一夫）

第三章　酶

内容提要

酶是具有高度催化效率及高度特异性的蛋白质。单纯酶是只由氨基酸组成的酶类，结合酶由酶蛋白和辅助因子组成。酶通过多种机制降低反应活化能而使反应速度增加。酶分子一级结构及空间结构是催化功能的基础。酶促反应速度受到底物浓度、酶浓度、温度、pH、抑制剂及激活剂的影响。酶的调节包括酶活性及酶含量的调节。酶活性调节包括变构调节、共价修饰、酶原激活、同工酶等。酶的命名包括习惯命名和系统命名，酶可分为6类。酶与疾病发生、诊断、治疗等密切相关。

生物体内每时每刻都在进行着各种不同的化学反应，这些化学反应几乎都是由生物催化剂催化的（表3－1）。目前多数学者认为，酶、核酶和脱氧核酶都是生物催化剂。酶（enzymes）是活细胞合成的、具有高度催化效率和高度特异性的一类生物催化剂。如果没有酶，生命也就不复存在。

表3－1　生物催化剂的种类

生物催化剂	化学本质	举例	功能
酶（Enzyme）	蛋白质	脲酶	多种（氧化还原、转移、异构、水解、裂解、合成）
核酶（Ribozymes）	核酸	核酶	水解核酸（核酸内切，自身剪接）
脱氧核酶（Deoxyribozymes）	脱氧核酸	脱氧核酶	剪接DNA、RNA；催化核酸磷酸化；连接DNA等

第一节　酶促反应的特点及机制

一、酶与一般催化剂有相同特点亦有不同特点

酶是生物催化剂，它遵守一般催化剂的共同性质，但因为酶的化学本质是蛋白质，因此又具有不同于一般催化剂的特点（表3－2）。

表 3-2　酶与一般催化剂的异同

酶与一般催化剂相同点	酶与一般催化剂不同点
化学反应前、后没有质和量的改变	酶具有高度催化效率
只能促进热力学上允许进行的反应	酶具有高度特异性
等效地加速正、反两向反应，即不改变反应的平衡常数	酶活性是可调节的
降低反应的活化能而使反应速度加快	

1. 酶是具有高度催化效率的一类生物催化剂　酶的催化效率通常比非催化反应高 $10^8 \sim 10^{12}$ 倍，比一般催化剂高 $10^7 \sim 10^{13}$ 倍。例如，在过氧化氢分解成水和氧的反应中，用酶催化可使反应活化能大幅度下降，反应速度可增加千万倍（表 3-3）。

$$2H_2O_2 \longrightarrow 2H_2O + O_2$$

表 3-3　过氧化氢分解成水和氧的反应中不同催化剂所需活化能

催化剂	活化能（KJ/mol）
无	75.312（18000 cal）
胶态钯	48.953（11700 cal）
过氧化氢酶	8.368（2000 cal）

2. 酶是具有高度特异性的一类生物催化剂　酶对所催化的底物具有严格的选择性，这种现象称为酶的特异性或酶的专一性（specificity）。酶的特异性可大致分为以下 3 种类型（表 3-4）。

表 3-4　酶特异性的种类及特点

特异性种类	特点	举例
相对特异性（Relative specificity）	大多数酶作用于一类化合物或一种化学键	脂肪酶　蛋白酶　蔗糖酶（图 3-1）
绝对特异性（Absolute specificity）	少数酶只能作用于特定结构的底物，进行一种专一的反应，生成特定结构的产物	脲酶（图 3-2）
立体异构特异性（Stereospecificity）	一些酶仅能催化一种立体异构体进行反应，或其催化的结果只产生一种立体异构体	乳酸脱氢酶（图 3-3）

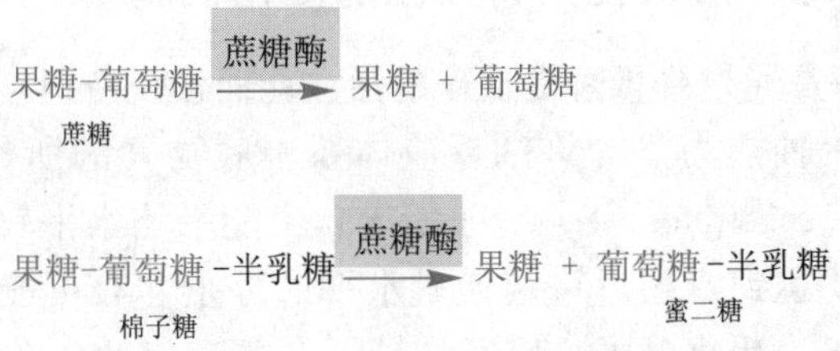

图 3-1　蔗糖酶的相对特异性

脲酶只能催化尿素水解生成 NH_3 和 CO_2。该酶对与尿素结构相近的甲基尿素就无催化作用。在自然界中这类酶比较少见。

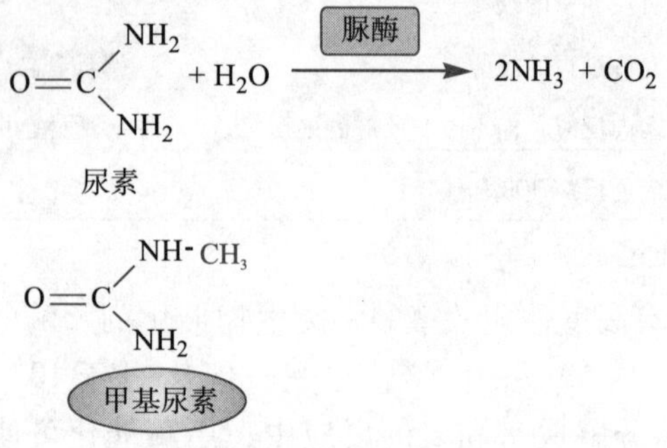

图 3－2 脲酶的绝对特异性

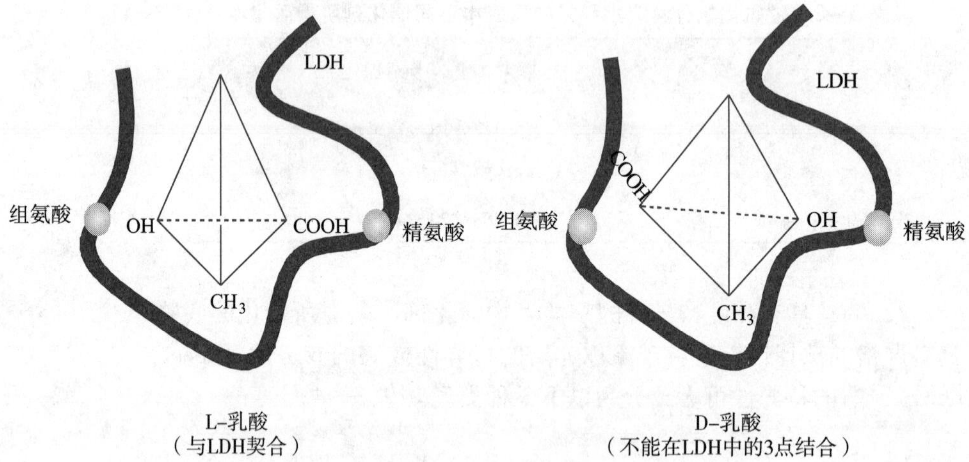

图 3－3 乳酸脱氢酶的立体异构特异性

3. 酶的活性是可调节的　酶活性是指酶催化化学反应的能力，也称酶活力。为适应机体生命活动不断变化的内外环境的需要，体内可经多种途径调节酶的活性和含量。机体通过对酶调节，控制机体内的各种代谢反应速率。以酶为中心的调控系统是整体水平调节和激素水平调节的基础。

二、酶与一般催化剂有相似的催化机制

（一）酶是通过降低酶促反应的活化能而使反应速度加快

在任何一种热力学允许的反应体系中底物（酶所作用的物质，也称作用物，substrates，S）分子所含自由能平均水平较低。只有那些能量较高，达到或超过一定能量水平的分子才有可能发生化学反应，这些分子为活化分子。使底物分子全部变成活化分子（从基态转变为过渡态）所需的自由量为活化能（activation energy），单位为

kJ/mol。酶促反应中活化分子愈多，反应速度愈快。要使反应加速进行，或给予活化能，如加热，使分子活化；或降低反应活化能。酶和一般催化剂相同，都是通过降低反应活化能而使反应加速的，但是酶比一般催化剂更有效地降低活化能，能使底物只需较少的能量便可进入活化状态（图3-4），发挥高度的催化效率。

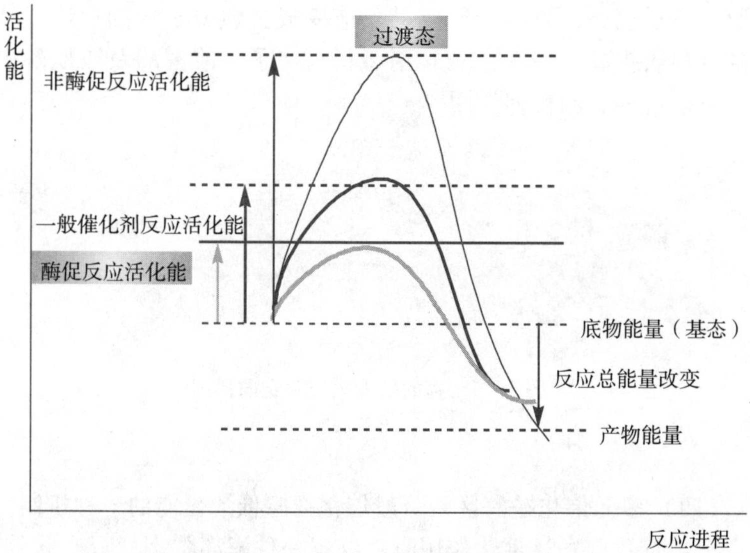

图3-4 酶促反应活化能的改变

（二）酶通过促进底物形成过渡态而降低反应的活化能

酶作为生物催化剂降低活化能的机制目前尚未定论。酶在发挥其催化作用之前，酶和底物相互诱导，进而二者结合，形成酶-底物复合物，这种酶与底物相互诱导结合过程，称为诱导契合学说（induced-fit hypothesis）。该学说认为酶分子的构象与底物的结构本身并不是完全吻合，酶在底物分子作用下发生的构象改变（图3-5），利于酶活性中心的形成，并与底物受催化部位靠近。底物在酶诱导下也发生变形，形成具有高度反应能力的过渡态（transition state），易受酶的攻击。过渡态的底物与酶的活性中心结合可释放能量。这能量可抵消一部分活化能，是酶促反应降低活化能的机制之一。

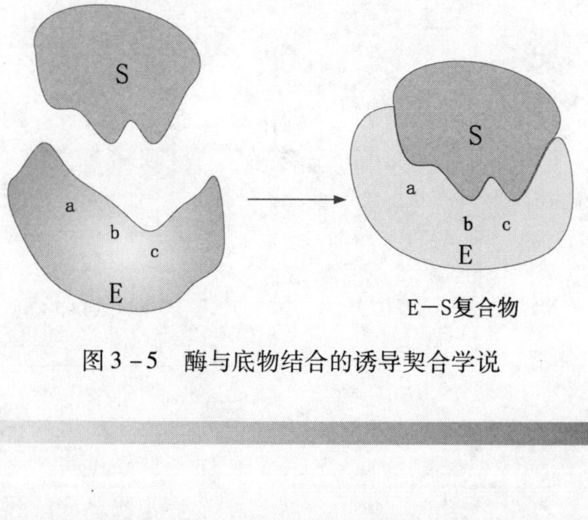

图3-5 酶与底物结合的诱导契合学说

（三）邻近效应和定向排列利于底物形成过渡态

在酶的作用下，底物可聚集到酶的活性中心部位，它们相互靠近形成利于反应的正确定向关系，同时底物与酶活性中心结合时，也可诱导酶蛋白发生一定构象变化使其催化基团和结合基团正确排列定位（图3-6），利于底物和酶更好地互补，这过程称为邻近效应（proximity effect）和定向排列（orientation arrange）。该过程利于底物形成过渡态，是将分子间的反应变成类似分子内的反应，使反应速度显著提高。用X射线衍射分析证明了在溶菌酶及羧肽酶中存在邻近效应和定向排列作用。

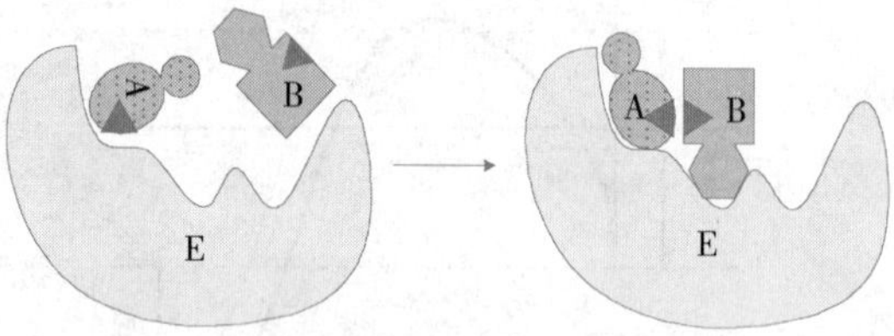

图3-6　酶的邻近效应和定向排列

A、B为底物

（四）多元催化是酶区别一般催化剂降低活化能的一种机制

一般催化剂发挥催化作用时，仅有一种解离状态，只有酸催化，或只有碱催化，很少有酸碱催化功能兼有之。而酶具有两性解离性质，分子内不同基团的pK值不等，解离程度不一，即使同一功能基团由于各自在蛋白分子中所处的微环境不同其解离度也可不同，即酶活性中心上有些基团是质子供体（酸）有些是质子受体（碱）（表3-5），也就是说即可起亲核催化，又可起亲电子催化作用，即酶具有多元催化（multielement catalysis）作用。多元催化是酶区别一般催化剂降低活化能的一种机制。

表3-5　酶活性中心的酸碱基

质子供体（酸基团）	质子受体（碱基团）	pKa
—COOH	$—COO^-$	3.96（Asp）4.32（Glu）
$—NH_3^+$	$—NH_2$	10.80
—SH	—S—	8.33
$—NH—C(=NH_2^+)—NH_2$	$—NH—C(=NH)—NH_2$	12.48
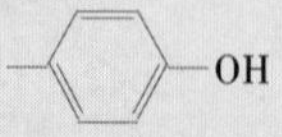	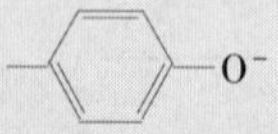	10.11
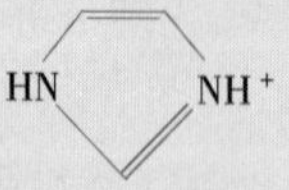	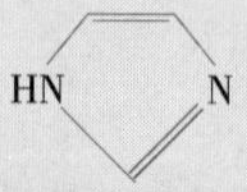	6.00

亲核催化是指亲核催化剂可放出电子攻击缺少电子并具有部分正电性的原子，形成不稳定的共价中间复合物，降低反应活化能，加速反应进程。如胰凝乳蛋白酶中丝氨酸残基的 - OH 是该酶活性中心的必需基团，当底物结合在酶上后，此 - OH 基团中的 O 原子有非配对电子对能发挥亲核作用，攻击底物肽键中羰基中的 C（具有部分正电性）导致肽键的断裂，形成一个不稳定的中间产物——酰基化酶，后者易将酰基转移给水完成水解作用（图 3 - 7）。亲电子催化是由酶活性中心内带正电的原子对底物中带负电的原子进行攻击而形成。

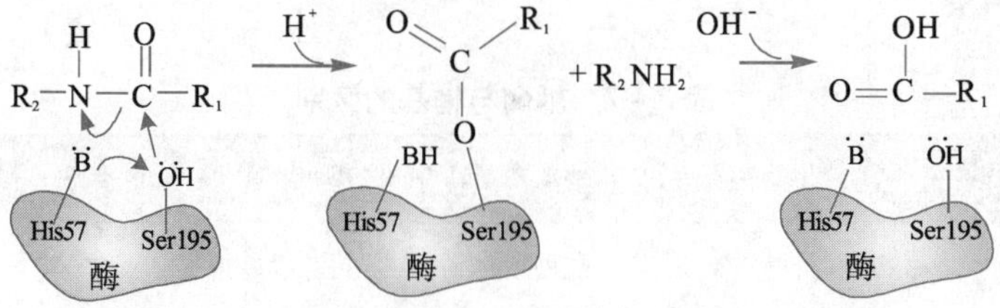

图 3 - 7 胰凝乳蛋白酶的共价催化及酸碱催化

（五）表面效应使底物与酶的反应在酶分子内部疏水环境中进行

酶分子表面由亲水基团构成，内部常为疏水性氨基酸组成并常形成疏水性“口袋”样结构。酶活性中心多位于此疏水“口袋”中，即底物与酶的反应在酶分子内部疏水环境中进行。因为疏水环境能排除周围大量水分子对酶和底物的功能基团的干扰性吸引或排斥，防止二者之间形成水化膜，利于底物和酶分子之间的直接密切接触。

事实上，一种酶的催化反应中常常包括多种催化机制，例如溶菌酶的催化作用即有表面效应（surface effect）、多元催化，又有邻近效应及诱导契合等。

第二节 酶的分子组成

一、酶的化学本质是蛋白质

（一）酶按结构组成可分为单纯酶和结合酶

单纯酶分子结构仅由氨基酸组成，没有辅助因子。结合酶由酶蛋白与辅助因子组成，其蛋白质部分称为酶蛋白（apoenzyme），非蛋白质部分称为辅助因子（cofactors）（表 3 - 6）。全酶（holoenzyme）= 酶蛋白 + 辅助因子。

表 3-6 酶的分子组成

种类	构成	举例
单纯酶 (Simple enzyme)	仅由氨基酸构成的酶蛋白组成	脲酶、消化道蛋白酶、淀粉酶、脂酶、核糖核酸酶
结合酶 (Conjugated enzyme)	酶蛋白 + 辅助因子（金属离子、小分子有机化合物）	肌酸激酶、己糖激酶、丙酮酸羧化酶、谷草转氨酶、黄嘌呤氧化酶、羧基肽酶、苯丙氨酸羟化酶、谷氨酸脱羧酶

酶的辅助因子可分为辅酶（coenzyme）和辅基（prosthetic group）。辅酶及辅基的特点见表 3-7。酶的辅基多为金属离子和小分子有机化合物。

表 3-7 辅酶与辅基的区别

辅助因子	与酶蛋白结合方式	与酶蛋白结合	透析或超滤	举例
辅酶	非共价键	疏松结合	可除去辅酶	NAD^+
辅基	共价键	紧密结合	不可除去辅基	FAD

结合酶的特点 ⇨
- 酶蛋白和辅助因子单独存在时均无活性，只有全酶才具有酶活性。
- 酶蛋白决定其催化反应的特异性，辅助因子决定其反应的类型和性质。
- 辅助因子种类很少，一种辅酶可与各种不同的酶蛋白结合。

（二）金属离子可作为酶的辅助因子

作为辅助因子的金属离子有 K^+、Na^+、Mg^{2+}、Ca^{2+}、Zn^{2+}、Fe^{2+}（Fe^{3+}）等。按金属离子与酶分子结合紧密强度可分为金属酶和金属激活酶。金属酶（metalloenzyme）是指金属离子与酶结合紧密，提取过程中不易丢失，如羧基肽酶（Zn^{2+}）等。金属酶中金属离子与酶结合相当牢固，而且加入游离金属离子后其活性不会增加。有的金属离子不与酶直接结合，但为酶活性所必需，这类酶称为金属激活酶（metal activated enzyme）。如丙酮酸羧化酶可被 Mn^{2+} 激活等（表 3-8）。这种金属离子在酶的纯化过程中常常丢失，必须再加入金属离子才能恢复活性。

酶分子中金属离子的功能：①参与传递电子，作为酶活性中心的催化基团而参与催化反应；②维持酶分子的活性构象，使底物靠近酶的活性中心与底物反应基团形成正确空间排列，利于反应发生；③作为连接酶分子与底物分子之间的桥梁，可与酶、底物形成三元复合物，如丙酮酸激酶催化过程中形成酶 - Mg^{2+} - 底物三元复合物（图 3-8）；④中和阴离子等。

表 3-8 一些金属酶和金属激活酶类

金属酶	金属离子	金属激活酶	金属离子
碳酸酐酶	Zn^{2+}	柠檬酸合酶	K^+
羧基肽酶	Zn^{2+}	丙酮酸激酶	K^+、Mg^{2+}
过氧化氢酶	Fe^{2+}	精氨酸酶	Mn^{2+}
过氧化物酶	Fe^{2+}	丙酮酸羧化酶	Mn^{2+}、Zn^{2+}
己糖激酶	Mg^{2+}	磷酸水解酶类	Mg^{2+}
磷酸转移酶	Mg^{2+}	蛋白激酶	Mg^{2+}、Mn^{2+}
锰超氧化物歧化酶	Mn^{2+}	磷脂酶 C	Ca^{2+}
谷胱甘肽过氧化物酶	Se	磷脂酶 A_2	Ca^{2+}

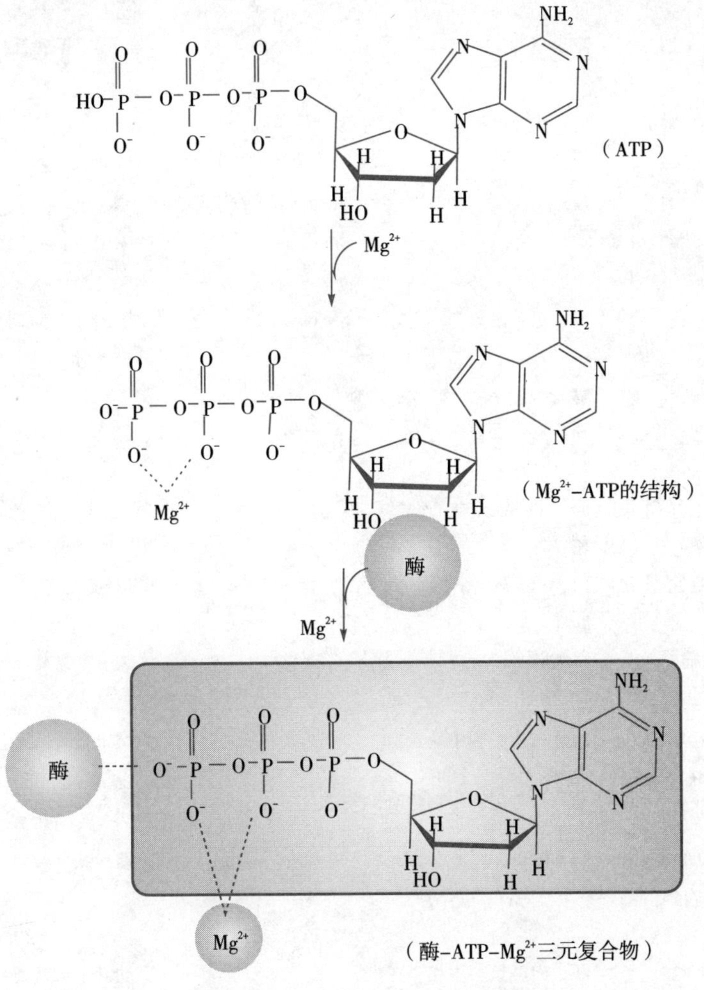

图 3-8 激酶中 Mg^{2+} 形成酶 - Mg^{2+} - 底物三元复合物，作为连接底物与酶的桥

（三）水溶性维生素作为辅酶的成分

一些化学性质稳定的小分子有机化合物是重要的辅助因子，其主要作用是在反应中传递电子、质子或一些化学基团。维生素分为

两类（表3-9、表3-10）。辅助因子多含有水溶性维生素，如V-B_1、B_2、B_6、生物素等，各具其功能（表3-11）。

表3-9 两类维生素的区别

维生素名称	溶解性	储存性	若过量	对摄入要求
脂溶性 A、D、E、K等	溶于脂类、脂溶剂	储存脂库与肝	可储存	不拘
水溶性 B族、C等	溶于水	很少储存	排走	经常、适量

表3-10 维生素的种类及功能

名称	功能	来源	需要量/日	缺乏症
维生素A（视黄醇）	1. 构成视紫红质 2. 维持上皮组织结构的完整 3. 促进生长发育	肝、蛋黄、牛奶、绿叶蔬菜、胡萝卜、玉米等	80μg（2600IU）	夜盲症、干眼症、皮肤干燥、毛囊丘疹
维生素D（钙化醇）	1. 调节钙、磷代谢，促进钙、磷吸收 2. 促进骨盐代谢与骨的正常生长	肝、蛋黄、牛奶、鱼肝油	5~10μg（200~400IU）	佝偻病（儿童） 软骨病（成人）
维生素E（生育酚）	1. 抗氧化作用，保护生物膜 2. 维持生育功能 3. 促血红素合成	植物油	8~10mg	人类未发现缺乏症，临床用于治疗习惯性流产
维生素K（凝血维生素）	促进肝合成凝血因子	肝、绿色蔬菜	60~80μg	皮下出血、肌肉及胃肠道出血
维生素B_1（硫胺素）	1. α-酮酸氧化脱羧酶的辅酶 2. 抑制胆碱酯酶活性 3. 转酮基反应	酵母、豆、瘦肉、谷类外壳、皮及胚芽	1.2~1.5mg	脚气病、末梢神经炎
维生素B_2（核黄素）	构成黄素酶的辅酶，参与生物氧化体系	肝、蛋黄、牛奶、绿叶蔬菜	1.2~1.5mg	口角炎、舌炎、唇炎、阴囊炎
维生素PP（尼克酸、尼克酰胺）	构成脱氢酶的辅酶，参与生物氧化体系	肉、酵母、谷类、花生、胚芽、肝	15~20mg	癞皮病
维生素B_6（吡哆醇、吡哆醛、吡哆胺）	1. 氨基酸脱羧酶和转氨酶的辅酶 2. ALA合酶的辅酶	谷类胚芽、肝	2mg	人类未发现缺乏症
生物素	构成羧化酶的辅酶，参与CO_2的固定	动、植物细胞中均含有		人类未发现缺乏症
泛酸（遍多酸）	构成辅酶A的成分，参与体内酰基的转移	动、植物组织中均含有		人类未发现缺乏症
叶酸	以FH_4的形式参与一碳单位的转移，与蛋白质、核酸合成、红细胞、白细胞成熟有关	肝、酵母、绿叶蔬菜	200~400μg	巨幼红细胞贫血
维生素B_{12}	1. 促进甲基转移 1. 促进DNA合成 3. 促进红细胞成熟	肝、肉、鱼、牛奶	2~3μg	巨幼红细胞贫血
维生素C	1. 参与体内羟化反应 2. 参与氧化还原反应 3. 促进铁吸收	新鲜水果、蔬菜、特别是番茄和柑橘	60mg	坏血病
硫辛酸	转酰基作用、转氢作用	肝		人类未发现缺乏症

表 3-11 辅助因子的种类及作用

名称	缩写名	转移基团	所含维生素
辅酶Ⅰ/辅酶Ⅱ	$NAD^+/NADP^+$	H^+、电子	尼克酰胺
黄素腺嘌呤二核苷酸	FAD	氢原子	B_2
焦硫酸硫胺素	TPP	醛基	B_1
磷酸吡哆醛		氨基	B_6
辅酶 A	CoASH	酰基	泛酸
生物素		CO_2	生物素
四氢叶酸	FH_4	一碳单位	叶酸

（四）酶以单体酶、寡聚酶、多酶体系及多功能酶等多种形式存在

酶是蛋白质，也具有一、二、三级结构甚至四级结构。因此酶在体内有多种存在方式（表 3-12）。

表 3-12 酶的多种存在形式

名称	概念	举例
单纯酶（Monomeric enzyme）	由具有三级结构的一条肽链构成的酶为单体酶	牛胰核糖核酸酶、溶菌酶、羧肽酶 A
寡聚酶（Oligomeric enzyme）	由多个相同或不同亚基以非共价键相连的酶称为寡聚酶	乳酸脱氢酶、醛缩酶、己糖激酶、RNA 聚合酶、胰凝乳蛋白酶
多酶体系（Multienzyme system）	有些寡聚酶是由几种不同催化功能的酶聚合形成的多酶复合物，其催化作用如同流水线，底物从一个酶依次流向另一些酶，发生连锁反应，被称为多酶体系	丙酮酸脱氢酶系
多功能酶（Multifunctional enzyme，tandem enzyme）	一些多酶体系在进化过程中由于基因融合，使具有多种不同催化功能的酶形成一条多肽链，这类酶被称为多功能酶或串联酶	脂肪酸合酶体系

二、酶的活性中心是酶与底物结合并将底物变成产物的部位

酶蛋白分子中能与底物特异结合并发挥催化作用，将底物转变为产物的部位称为酶的活性中心（active center）或活性部位（active site）（图 3-9）。

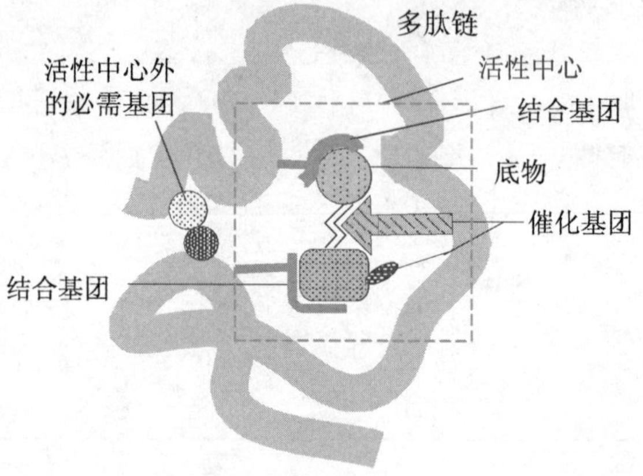

图 3 – 9　酶的活性中心

（一）酶分子中与酶活性有关的基团是酶的必需基团

酶分子中存在着许多化学基团，但只有部分基团与酶活性有关，称作酶的必需基团（essential group）。常见的必需基团有丝氨酸残基的羟基、组氨酸残基的咪唑基、半胱氨酸残基的巯基、酸性氨基酸残基的羧基等（表 3 – 13）。

表 3 – 13　一些酶活性中心的必需基团

名称	活性中心的必需基团
胰蛋白酶	His42　Ser180　Asp87　Ser195
弹性蛋白酶	His57　Asp102　Ser195　Asp194　Ile16
羧基肽酶	Arg145　Tyr248　Glu 270
溶菌酶	Glu35　Asp52
α – 胰凝乳蛋白酶	His57　Asp102　Asp194　Ser195　Ile16
乳酸脱氢酶	Asp30　Asp53　Lys58　Tyr85　Arg101　Glu140　Arg171　His195　Lys250

酶必需基团
- 结合基团：其作用是识别底物并与之特异结合，使底物与具有一定构象的酶形成复合物
- 催化基团：其作用是影响底物中的某些化学键的稳定性，催化底物发生化学反应，从而将其转变成产物

除了酶活性中心内的必需基团之外，酶在活性中心以外也有必需基团。它们虽然不直接参与催化作用，但却能维持酶的特殊的空间构象，称为酶活性中心以外的必需基团。如酶的这些必需基团被修饰，酶的空间结构会出现较大的改变，影响酶活性中心的形成，丧失催化活性。

（二）酶的活性中心具有一些共同的特性

1．酶活性中心常常是具有三维空间结构的裂缝或裂隙　酶与底物结合时，底物分子（或一部分）结合到酶分子裂隙（crevice）内并发生催化反应。此裂缝多为氨基酸残基的疏水基团形成的疏水“口袋”，深入到酶分子内部。非极性基团聚在一起形成一个易与底物结合的环境，利于催化作用的发生（图3－10）。

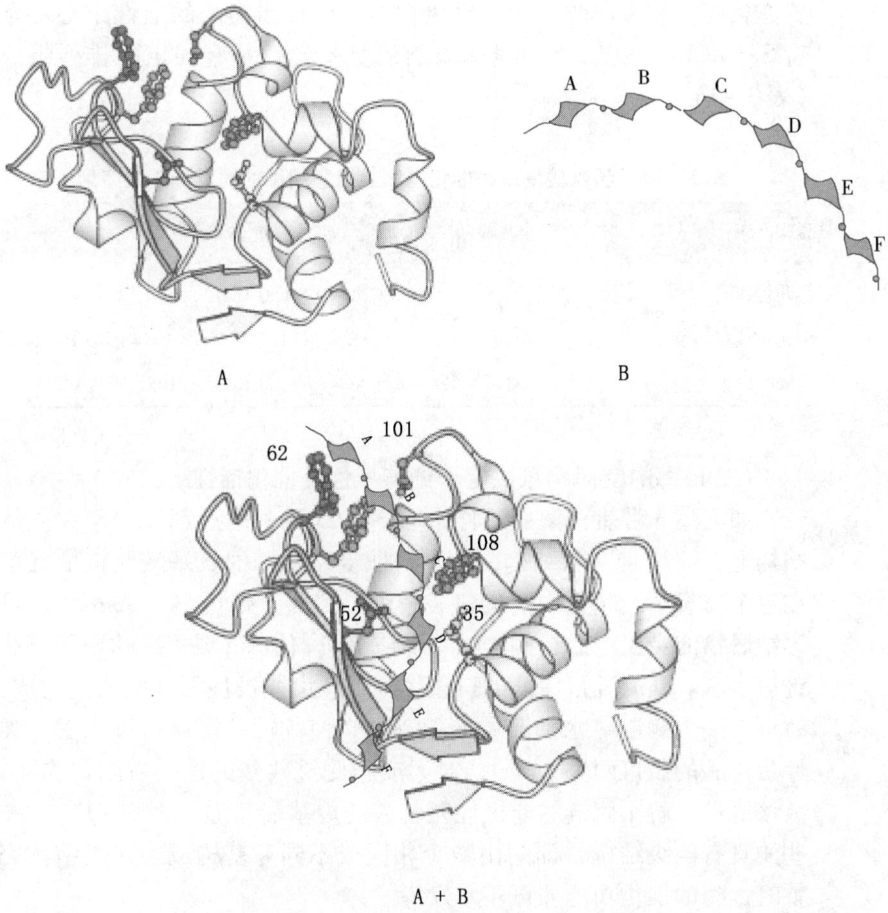

图3－10　溶菌酶的活性中心

A：溶菌酶；　B：底物；　A＋B：E－S复合物，溶菌酶是催化肽多糖中的糖苷键水解的糖苷酶。该酶的活性中心刚好能容纳肽多糖的6个糖残基（A、B、C、D、E、F为溶菌酶的底物（NAG）$_6$的6个N－乙酰氨基葡糖环）。该酶的催化基团Glu_{35}和Asp_{52}催化D环的糖苷键断裂，使E、F两个二聚体与A、B、C、D四聚体分开。Asp_{101}，Trp_{108}是该酶的结合基团。

2．酶活性中心的氨基酸残基常常只占整个酶分子体积的1%～2%　酶可由数十个或数百个氨基酸残基组成，而构成酶活性中心的氨基酸残基只是一小部分。

3．底物通过非共价键与酶结合　如氢键、疏水作用、范德华力、静电作用等。

4．酶的活性中心具有柔性或可变性　酶和底物可相互诱导引起空间构象的改变，适应催化反应的需要（图3－5）。

三、酶的结构决定酶的催化活性

（一）酶的一级结构是酶发挥催化功能的结构基础

与酶活性密切相关的氨基酸序列是维持酶活性的关键。有相同催化功能的同一类酶，其活性中心的一些氨基酸序列具有极大的同源性。如胰蛋白酶、胰凝乳蛋白酶和弹性蛋白酶均属于胰蛋白酶家族，它们活性中心的氨基酸残基有25%的同源性，甚至二硫键的位置亦相同。胰蛋白酶、胰凝乳蛋白酶、弹性蛋白酶的活性中心均含有Ser和His残基，Ser残基周围的氨基酸残基有固定的排列组成（表3-14）。

表3-14 丝氨酸蛋白酶催化基团丝氨酸周围的固定氨基酸序列

蛋白酶	丝氨酸残基周围的固定氨基酸序列
胰蛋白酶	C A G Y - - L E G G K - D S C Q G D *S* (195) G G P V V
胰弹性蛋白酶	C A G - - - G N G V R - S G C Q G D *S* (195) G G P L H
胰凝乳蛋白酶A	C A G - - - A S G V - - S S C M G D *S* (195) G G P L V

（二）酶的空间构象决定酶的特异性及催化活性

如上述3种蛋白酶的活性中心Ser195残基附近都有一个在立体结构上的“口袋”状结构，被水解肽键羧基侧的氨基酸侧链恰好落在这个口袋中。胰蛋白酶的口袋较深，底部含带负电的Asp189，可容纳底物的带正电的长侧链如Arg或Lys，使Arg或Lys的羧基端肽键被水解。胰凝乳蛋白酶的口袋较宽，并由非极性氨基酸残基构成，故可容纳大侧链疏水的芳香族氨基酸，使其羧基端肽键被水解。弹性蛋白酶的袋口两侧为Val，对大或长侧链残基的进入有阻碍作用，故该酶易水解小侧链的非极性氨基酸的羧基端肽键（图3-11）。一些酶具有四级结构，即酶由数个相同或不同亚基构成。四级结构完整时，酶的催化功能才可正常发挥。

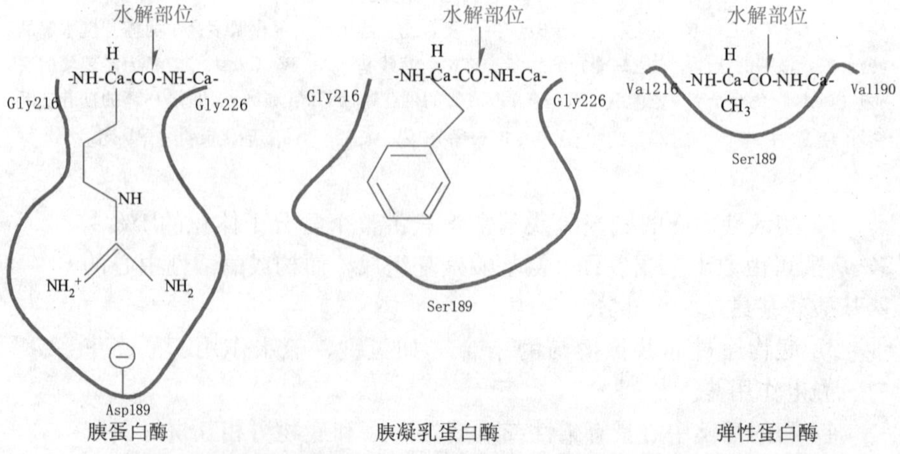

图3-11 胰蛋白酶、胰凝乳蛋白酶和弹性蛋白酶活性中心底物结合口袋

第三节 酶的调节

一、代谢速度的调节是通过酶活性及酶含量的调节完成的

细胞中酶活性的调节是物质代谢的整体水平调节和激素水平调节的基础。酶活性的调节是对细胞内现有的酶活性的调节，是一种准确的、快速的调节。酶含量的调节（见第九章）是通过改变酶的合成或降解速度以控制酶的绝对含量来调节代谢的过程（表3－15）。

表3－15 酶的调节

酶的调节种类	酶的调节方式
酶活性的调节	变构效应 共价修饰 同工酶 酶原激活
酶含量调节	酶合成的调节 酶降解的调节

二、酶活性的调节是通过改变现有酶结构而引起的催化效率的快速变化

（一）变构酶通过改变酶的构象而调节酶活性

细胞内一些中间代谢物能与某些酶分子活性中心以外的某一部位以非共价键可逆结合，使酶构象发生改变并影响其催化活性，进而调节代谢反应速度，这种酶被称为变构酶（allosteric enzyme）。酶分子中与中间代谢物结合的部位称为变构部位（allosteric site）或调节部位（regulatory site）。能引起变构效应的代谢物称为变构效应剂（allosteric effector）。如果某效应剂能使酶活性增加并加速反应速度，则被称为变构激活剂（allosteric activator）；反之，降低酶活性及反应速度者为变构抑制剂（allosteric inhibitor）。

变构酶均由多个亚基构成，含催化部位（活性中心）的亚基称为催化亚基；含调节部位，即与变构效应剂结合的部位称为调解亚基。蛋白激酶A由两个催化亚基（C）与两个调节亚基（R）构成（图3－12），调节亚基对催化亚基活性有抑制作用。cAMP是一种变构激活剂，它可与调节亚基结合，使调节亚基与催化亚基分离，游离的催化亚基即具有催化活性。

变构效应剂常常是酶的底物、产物或其他小分子代谢物。变构

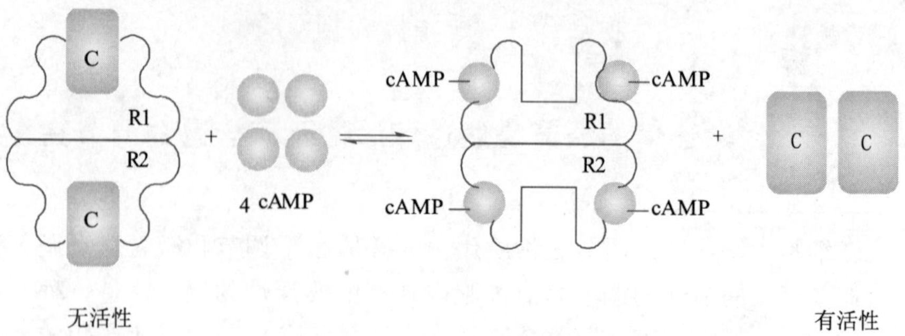

图 3－12　蛋白激酶 A 的变构作用

蛋白激酶 A（R_2C_2）的 R_2 与 4 个 cAMP 结合后，使 R 亚基对 C 亚基的抑制作用消失，C 亚基则具有催化活性。

酶的动力学特点不符合米氏方程式。在变构效应剂作用下，变构酶的反应速度与［S］的曲线呈 S 型（图 3－13），而不是矩形双曲线。

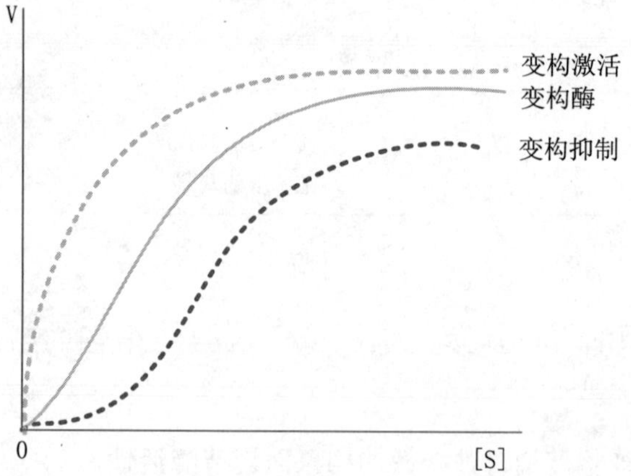

图 3－13　变构酶的 S 型曲线

（二）一些酶可在另一种酶的作用下发生共价修饰而影响酶活性

酶蛋白肽链上的某些基团可在另一种酶的催化下，与某些化学基团发生可逆的共价结合，引起酶分子结构改变而影响酶的活性称为酶的共价修饰（covalent modification），也称为化学修饰（chemical modification）。酶的可逆的共价修饰包括磷酸化和去磷酸化（phosphorylation or dephosphorylation，图 3－14）；甲基化和去甲基化等（图 3－15）。酶的磷酸化和去磷酸化是常见的酶化学修饰方式。酶蛋白的磷酸化是在蛋白激酶的催化下，磷酸基团共价地结合在酶蛋白的 Ser、Thr、Tyr 残基的侧链羟基上。磷酸基团由 ATP 提供。反之，磷酸化的酶蛋白在磷酸酶催化下，磷酸酯键被水解，称为去磷酸化。磷酸化或去磷酸化可使酶从低（无）活性变为高（有）活性。一些酶也可从高（有）活性变为低（无）活性。

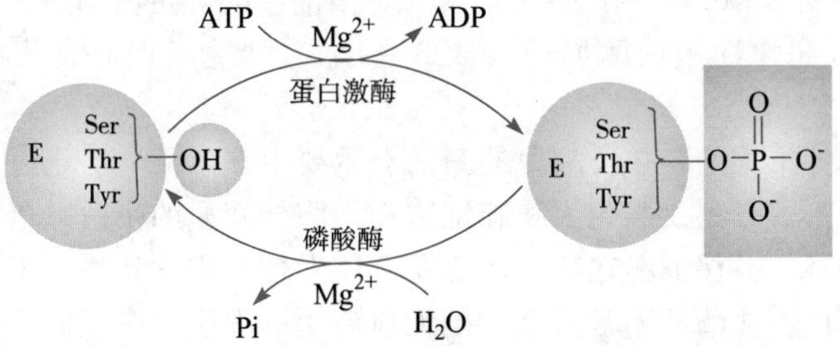

图 3－14　酶蛋白的磷酸化与去磷酸化

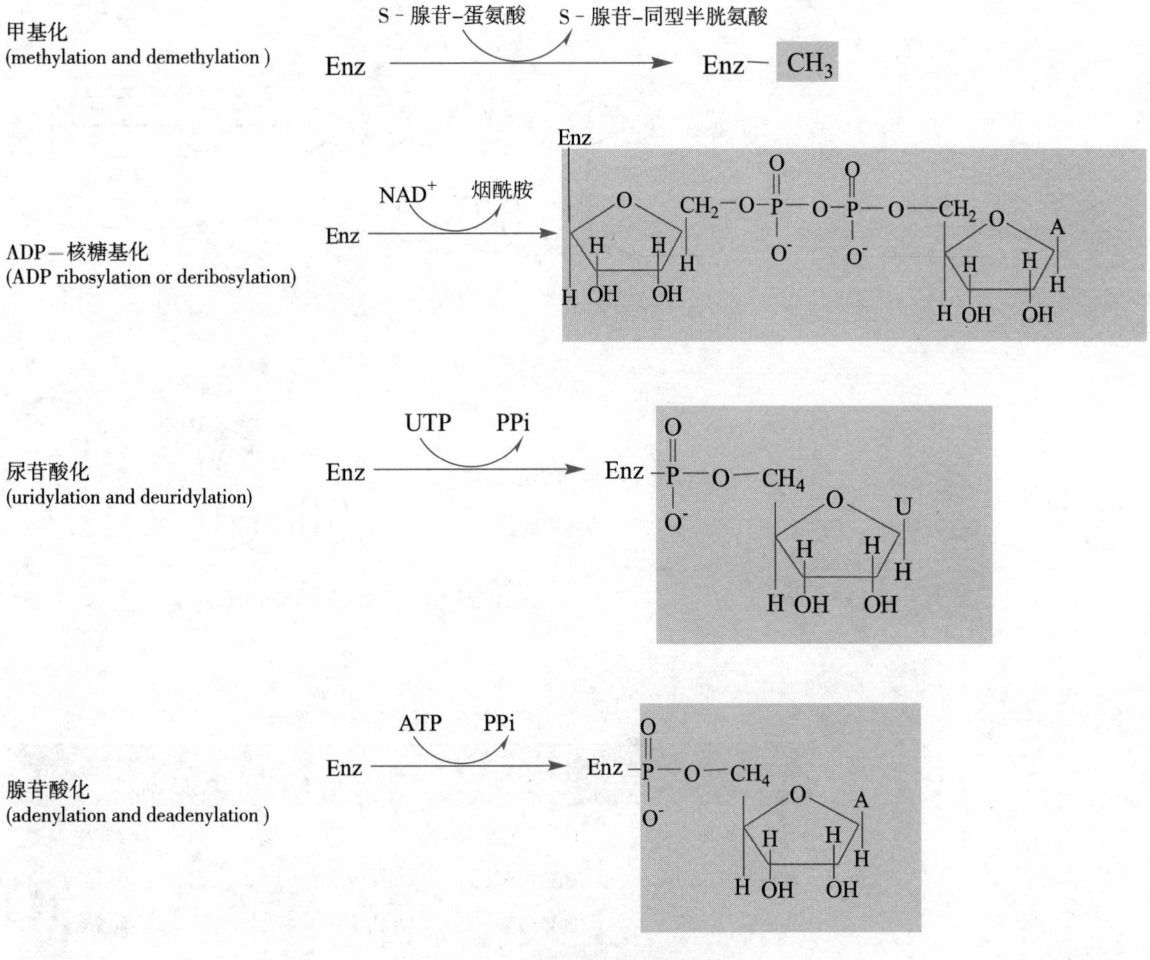

图 3－15　酶化学修饰的其他形式

（三）许多蛋白酶需要经一定的加工剪切后才有活性

一些酶在细胞合成时，没有催化活性，需要经一定的加工剪切才有活性。这类无活性的酶的前体称为酶原（zymogens）。在合适的条件下和特定的部位，无活性的酶原向有活性的酶转化的过程称为酶原的激活（zymogens activation）。

酶原的激活是酶原在另一蛋白水解酶的催化下，切除部分肽段或氨基酸残基导致分子构象改变，进而形成或暴露酶的活性中心的过程（图3－16）。同时胰蛋白酶还可激活胰凝乳蛋白酶原，羧基肽酶原A和弹性蛋白酶原等（表3－16），加速肠道对食物的消化过程。

酶原形式的存在及酶原的激活有重要生理意义。消化道蛋白酶以酶原形式分泌，避免了胰腺细胞和细胞外间质的蛋白被蛋白酶水解而破坏，并保证酶在特定环境及部位发挥其催化作用。正常情况下血管内凝血酶原不被激活，则无血液凝固发生，保证血流通畅运行。一旦血管破损，凝血酶原激活成凝血酶，血液凝固发生催化纤维蛋白酶原变成纤维蛋白阻止大量失血，起保护机体作用。

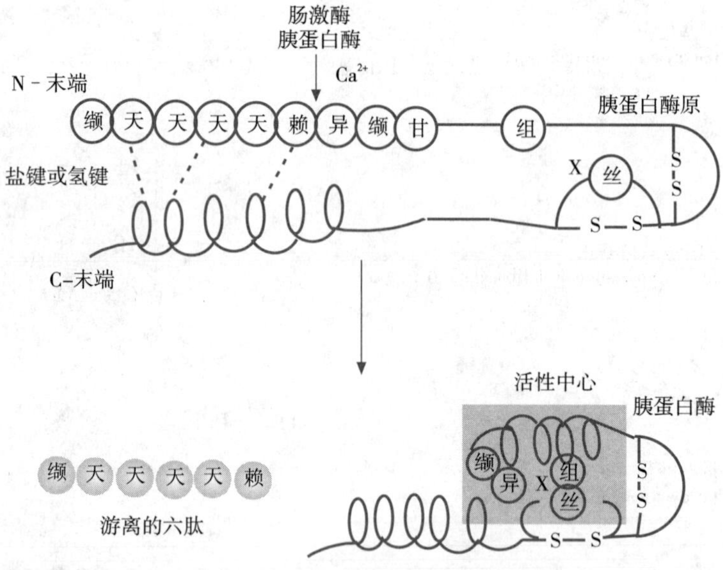

图3－16　胰蛋白酶原的激活

表3－16　某些酶原的激活

酶原	激活因素	激活途径	部位
胃蛋白酶原	H^+或胃蛋白酶	胃蛋白酶＋六肽	胃腔
胰凝乳蛋白酶原	胰蛋白酶	胰糜蛋白酶＋两个二肽	小肠腔
弹性蛋白酶原	胰蛋白酶	弹性蛋白酶＋几个肽段	小肠腔
羧基肽酶原	胰蛋白酶	羧基肽酶＋几个肽段	小肠腔

（四）同工酶是催化相同化学反应而酶分子结构、理化性质等不同的一组酶

同工酶（isozyme）是由不同基因或等位基因编码的多肽链或由同一基因转录生成的不同mRNA翻译的不同多肽链组成的蛋白质。同工酶可存在于不同个体的不同组织中，也可存在于同一个体，同一组织和同一细胞中。

哺乳类动物细胞的乳酸脱氢酶（lactate dehydrogenase，LDH）共有5种同工酶。该酶是由两种亚基构成的四聚体，一种亚基是骨骼肌型（M），另一种亚基是心肌型（H）。这两种亚基以不同比例组成5种同工酶（图3-17）。由于5种同工酶结构上的差异，使各种同工酶的电泳行为及对底物的Km有显著不同，由1→5型电泳速度递减。

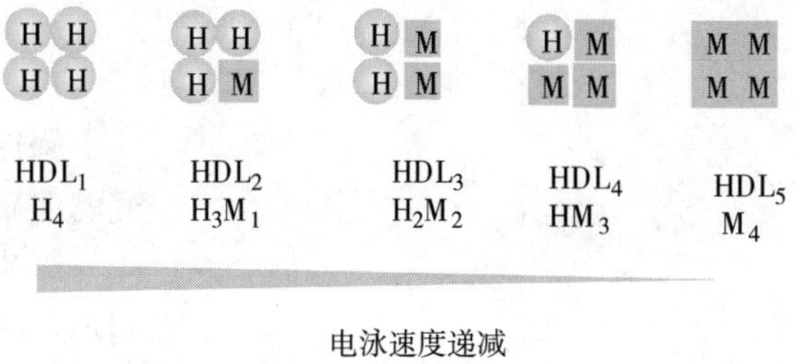

图3-17　LDH同工酶

同工酶的测定对于疾病的诊断及预后判定有重要意义。血浆同工酶总活性及同工酶谱（表3-17）的分析将有助于疾病的诊断及预后判断。某些疾病时血清中同工酶含量有明显变化（图3-18）。

表3-17　人的LDH同工酶谱（LDH活性的百分数%）

LDH同工酶	亚基组成	红细胞	白细胞	血清	骨骼肌	心肌	肺	肾	肝	脾
LDH_1	H_4	43	12	27.1	0	73	14	43	2	10
LDH_2	H_3M	44	49	34.7	0	24	34	44	4	25
LDH_3	H_2M_3	12	33	20.9	5	3	35	12	11	10
LDH_4	HM_3	1	6	11.7	16	0	5	1	27	20
LDH_5	M_4	0	0	5.7	79	0	12	0	56	5

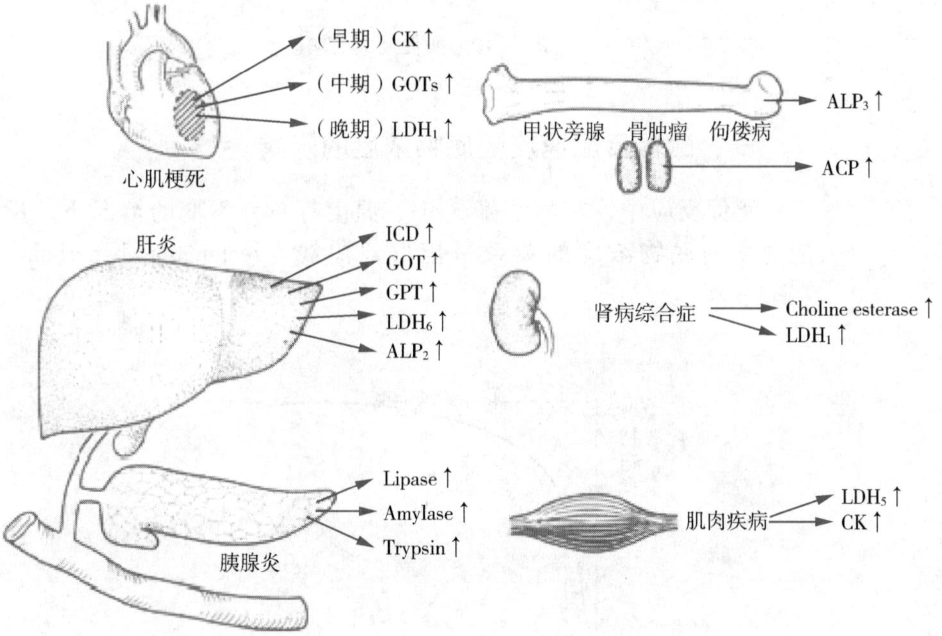

图3-18　某些疾病时血清中同工酶的变化

ACP：酸性磷酸酶　ALP：碱性磷酸酶　Amylase：淀粉酶　CK：肌酸激酶　Choline esterase：胆碱酯酶　GOT：谷草转氨酶　GPT：谷丙转氨酶　Lipase：酯酶　ICD：异柠檬酸脱氢酶　LDH：乳酸脱氢酶　Trypsin：胰蛋白酶

第四节 酶促反应动力学

酶促反应动力学（kinetics of enzyme－catalyzed reactions）是研究酶促反应的速度及影响反应速度各种因素的科学。

影响酶促反应速度的因素有酶浓度，底物浓度、pH、温度、抑制剂及激活剂等。研究某一因素对酶促反应速度的影响时，其他因素应保持不变。酶促反应速度一般用单位时间内底物的消耗量或产物的生成量表示。

通常在研究酶促反应动力学时，必须保证以下两个前题：①研究中反应速度应采用反应的初速度（initial velocity）；②底物浓度必须大大地高于酶浓度，即〔S〕>>〔E〕。反应初速度是指反应开始时的速度，即产物生成量与反应时间呈正比阶段（图3－19）。采用初速度可避免反应进行过程中因底物浓度消耗而导致速度下降，或因反应产物堆积、酶被底物饱和及部分酶失活而造成的反应速度下降等。

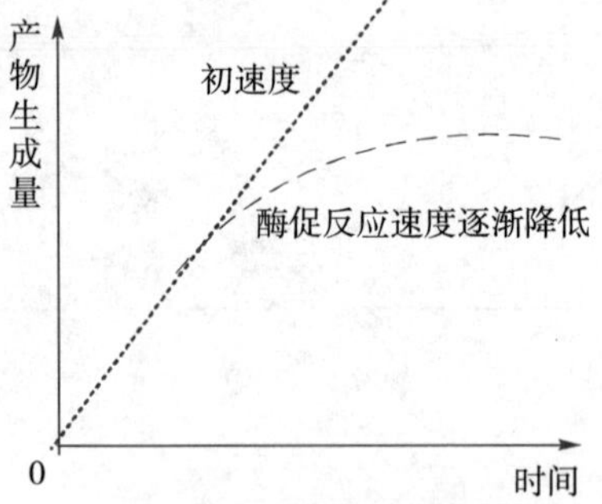

图3－19 酶促反应的初速度

一、酶促反应速度受底物浓度的影响

酶促反应中，在酶浓度、pH、温度等条件不变的情况下，反应速度与底物浓度的关系呈矩形双曲线（rectangular hyperbola）（图3－20）。

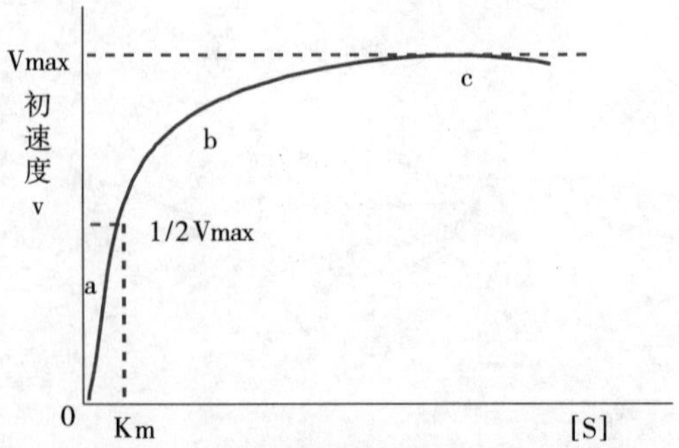

图3－20 底物浓度对酶促反应速度的影响

a：一级反应；b：混和级反应；c：零级反应

（一）米氏方程表达了底物浓度与酶促反应速度的关系

几乎所有的酶都有上述酶被底物饱和的现象，不同的酶达到饱和时所需要的底物浓度不尽相同。许多酶动力学特点符合米氏模型。解释酶促反应中底物浓度和反应速度关系的最合理的学说是中间产物学说。该学说认为酶促反应形成酶－底物复合物（ES），即中间产物，然后此复合物再分解为产物和游离的酶。ES 生成是酶促反应中十分重要的步骤，其与产物生成速度有关。凡是影响 ES 复合物生成的因素都可影响底物变成产物的速度，如［E］、［S］、温度、pH、激动剂、抑制剂等。

$$\underset{\text{酶}}{E} + \underset{\text{底物}}{S} \underset{k_2}{\overset{k_1}{\rightleftharpoons}} \underset{\text{中间产物}}{ES} \xrightarrow{k_3} \underset{\text{酶}}{E} + \underset{\text{产物}}{P}$$

1913 年 Leonor Michaelis 和 Maud Menten 经过了大量实验，提出了反应速度与底物浓度关系的数学方程式，即著名的米－曼方程式，简称米氏方程式（Michaelis equation）。

$$V = \frac{Vmax\,[S]}{Km + [S]}$$

方程式中 Vmax 为最大反应速度（maximum velocity），［S］为底物浓度，Km 为米氏常数（Michaelis constant），V 是不同［S］时的反应速度。当［S］很低时（［S］$\ll$Km），分母中的［S］可忽略不计，$V = \frac{Vmax\,[S]}{Km}$，即反应速度与底物浓度成正比，即一级反应部分（图 3－20 的 a 段）；当［S］很高时（［S］$\gg$Km），Km 可忽略不计，V≅Vmax；反应速度达最大速度，此时再增加［S］，反应速度也不再增加，为曲线的平坦段（图 3－20 的 c 段）。米氏方程式的推导以两个假设为前提：①稳态观念，当酶促反应趋于稳态时 ES 的生成速度与分解速度相等；②酶促反应中［S］大大高于［E］，因此［S］的变化在反应过程可忽略不计。反应式中 K_1、K_2 和 K_3 分别为各反应的速度常数。

（二）Km 值等于酶促反应速度为最大速度一半时的底物浓度

1. Km　当 $V = \frac{Vmax}{2}$，反应速度为最大速度一半时，米氏方程为：

$$\frac{Vmax}{2} = \frac{Vmax\,[S]}{Km + [S]}$$

$$\therefore \quad Km = [S]$$

这表示 Km 值等于酶促反应速度为最大速度一半时的底物浓度。

2. $Km = \frac{K_2 + K_3}{K_1}$，一些酶的 $K_2 \gg K_3$，即 ES 解离成 E 和 S 的速度明显超过分解成 E 和 P 的速度，K_3 可忽略不计，则 $Km = \frac{K_2}{K_1}$，即此时 Km 近似 ES 的解离常数 K_s。在这种情况下 Km 可表示酶和底物的亲和力。

$$Km = \frac{K_2}{K_1} = \frac{[E][S]}{[ES]} = K_s$$

Km 值愈小，酶和底物亲和力愈大，这表示不需要很高的底物浓度就可达到最大反应速度。但并非所有酶促反应中 K_3 都远小于 K_2，所以 K_s值 和 Km 值涵义不同。

3. Km 值是酶的特征性常数，它与酶结构，酶所催化的底物和反应环境如温度、pH、离子强度等有关，而与酶浓度无关。大多数酶的 Km 值在 $10^{-6} \sim 10^{-2}$mol/L 之间，不同种类酶的 Km 值不同（表 3－18）；如一种酶有多个不同的底物，则酶对每一种底物各有特定的 Km。

表 3－18 某些酶的 Km 值

酶名称	底物	Km（mmol/L）
过氧化氢酶	H_2O_2	25
碳酸酐酶	H_2CO_3	9
胰凝乳蛋白酶	甘氨酰酪氨酰甘氨酸	108
β 半乳糖苷酶	D－乳糖	4.0
	D－果糖	1.5
己糖激酶	ATP	0.4
	D－葡萄糖	0.015

（三）Vmax 是酶被底物完全饱和时的反应速度

当〔ES〕＝〔E_T〕时，即酶被底物完全饱和时：

$$Vmax = K_3 [E_T]$$

如果知道酶的总浓度（E_T）和 Vmax，即可计算出酶的转换数（turnover number）：当酶被底物完全饱和时，单位时间内每个酶分子（或活性中心）催化底物转变成产物的分子数。

$$K_3 = \frac{Vmax}{[E_T]}$$

K_3 即为酶的转换数，大多数酶的转换数在 $1 \sim 10^4$/ sec 之间。

（四）米氏方程的直线形式可用于测定 Km 和 Vmax

从图 3－20 中可知，由于底物浓度对反应速度影响呈矩形双曲线，因此难以从该图中准确测得 Vmax 和 Km。如将米氏方程两侧取双倒数处理，得到下面方程式：

$$\frac{1}{V} = \frac{Km}{Vmax}\frac{1}{[S]} + \frac{1}{Vmax}$$

以$\frac{1}{V}$对$\frac{1}{[S]}$作图，可得直线图（图 3－21），称林－贝氏 Lineweaver－Burk 双倒数作图法。

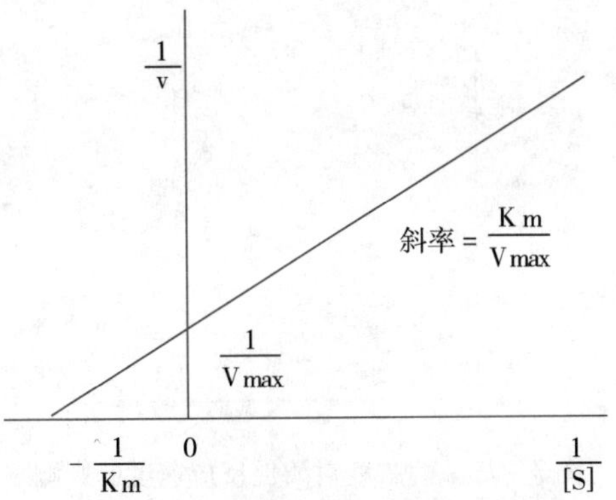

图 3－21　双倒数作图法

直线在横轴上截距为 $-\frac{1}{Km}$，纵轴上截距为$\frac{1}{Vmax}$，由此直线可较容易地求得 Vmax 和 Km。此外，在上述倒数方程等式两边同时乘以［S］，得下式：$\frac{[S]}{V}=\frac{Km}{Vm}+\frac{1}{Vm}[S]$，以$\frac{[S]}{V}$对［S］作图为 Hanes 作图法（图 3－22），其横轴截距为 －Km，直线斜率为$\frac{1}{Vmax}$。

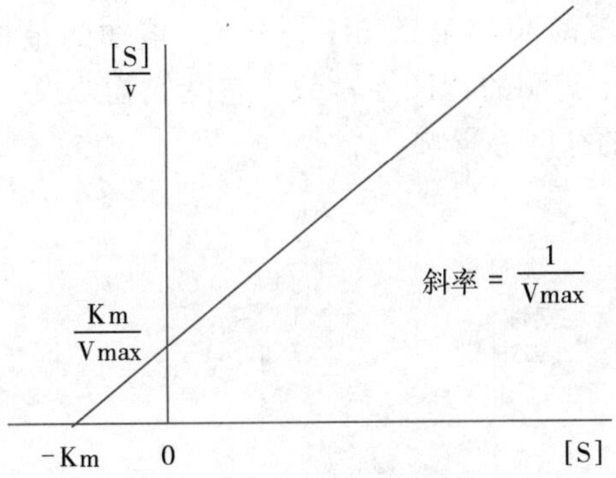

图 3－22　Hanes 作图法

二、酶促反应速度与酶浓度成正比

在酶促反应中，当底物浓度足够大，使酶被底物饱和时，则反应速度与酶浓度成正比关系（图 3－23）。

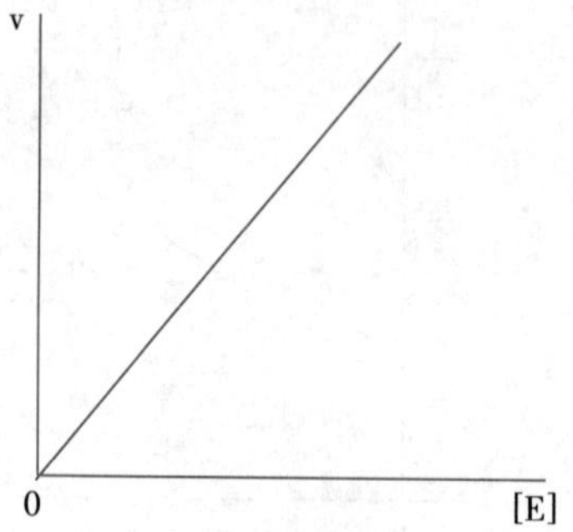

图 3-23 酶浓度对酶促反应速度的影响

将 $Vmax = K_3$ ［E］代入米氏方程式：

$$V = \frac{K_3\ [E][S]}{Km + \ [S]}$$

因为式中 K_3、Km 和［S］均为常数，故 V = K［E］，即反应速度与［E］成正比关系。

三、酶促反应系统的 pH 影响酶促反应的速度

酶催化活性最大时的环境的 pH 称为酶促反应的最适 pH（ optimum pH）。各种酶的最适 pH 不同（图 3-24）。动物体内酶最适 pH 在 6.5～8 之间，接近中性。但少数酶也有例外，如胃蛋白酶的最适 pH 为 1.8，精氨酸酶的最适 pH 为 9.8。植物的最适 pH 为 4.5～6.5。最适 pH 不是酶的特征性常数，它受底物浓度，缓冲液的浓度和种类以及酶的纯度等影响。

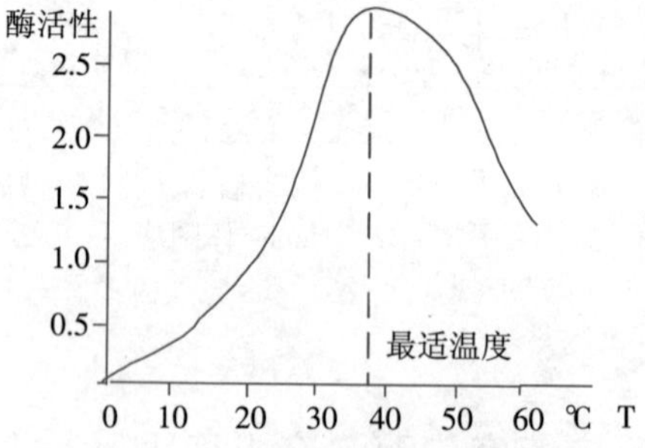

图 3-24 pH 对酶促反应速度的影响

四、酶促反应的速度受酶促反应系统温度的影响

酶促反应速度最大时的环境温度称为酶促反应的最适温度（optimum temperature）（图 3-25）。温血动物组织中，酶的最适温度在

35～40℃之间。在酶促反应体系中，低于最适温度时，逐渐增高温度，反应速度随之增加。当温度升高到60℃以上，继续增加反应温度，酶反应速度反而下降。因为酶的化学本质是蛋白质，升高温度一方面可加速反应的进行，另一方面高温可使酶变性而减少活性，使反应速度降低。大多数酶在60℃时开始变性，80℃时多数酶的变性已不可逆。因此，温度对酶促反应速度的影响决定于上两种作用的综合结果。

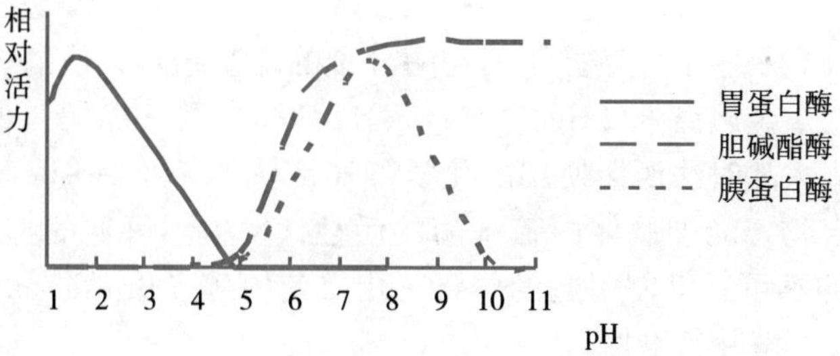

图3－25 温度对酶促反应速度的影响

五、酶的抑制剂能使酶催化活性下降

在酶促反应中，凡能使酶催化活性下降但不能引起酶变性的物质称为酶的抑制剂（inhibitor）。抑制剂与酶的活性中心内或外的必需基团相结合，抑制酶的催化活性。抑制剂与酶结合紧密程度不同而产生的抑制作用不同。因此，酶的抑制作用可分为两类：不可逆抑制（irreversible inhibition）和可逆抑制（reversible inhibition）。一些抑制剂与酶和（或）酶－底物复合物以非共价键结合，使酶活性降低或消失，用透析或超滤方法可将其除去，这类抑制是可逆抑制。一些抑制剂与酶的活性中心的必需基团以共价键结合，使酶失活，这种抑制剂不能用简单的透析、超滤等物理方法除去，这类抑制称为不可逆抑制。

（一）不可逆抑制

不可逆抑制剂一般是非生物来源，如有机磷农药敌百虫、敌敌畏及1059等。它们可与胆碱酯酶（choline esterase）活性中心的丝氨酸羟基结合生成磷酰化酶，使酶失活。胆碱酯酶失活导致乙酰胆碱堆积，造成副交感神经兴奋。有机磷农药中毒时，患者可出现恶心、呕吐、多汗、肌肉震颤，瞳孔缩小，惊厥等症状。因此有机磷化合物是羟基酶的不可逆抑制剂。

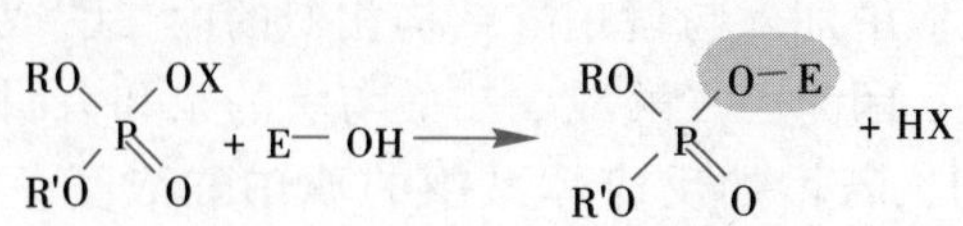

有机磷化合物 羟基酶 磷酰化酶 酸

临床上可用解磷定（pyridine aldoxime methyliodide，PAM）解除其抑制作用。

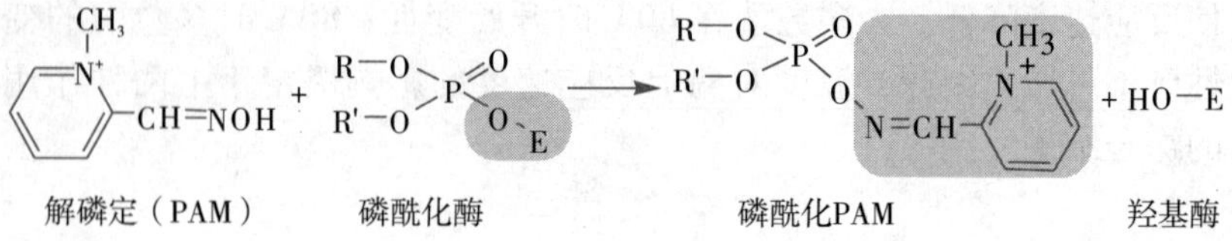

另外有一些不可逆抑制剂与酶分子的巯基结合，使酶失活，如低浓度的重金属离子（Hg^{2+}、Ag^{2+}、Pb^{2+}等）及As^{3+}等。例如，第二次世界大战时法西斯使用的化学毒气路易士气（lewisite）是一种含砷化合物，能抑制体内巯基酶的活性，发生不可逆的抑制作用。巯基酶的不可逆抑制引起的中毒可用二巯丙醇（British anti - lewisite，BAL）解除其毒性。

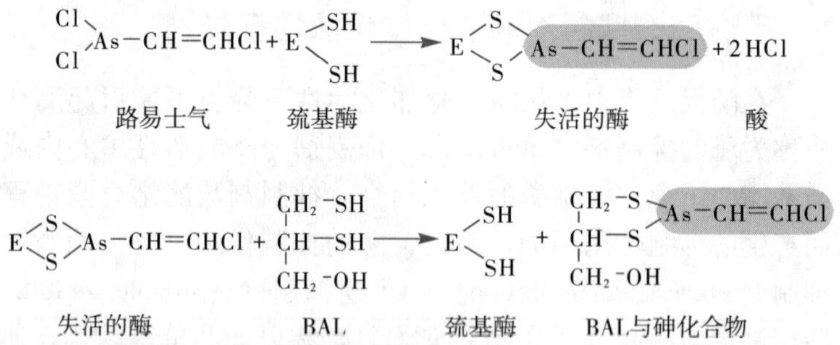

（二）可逆抑制作用

可逆抑制剂与酶非共价结合抑制酶促反应速度。可逆抑制可分为竞争性抑制、非竞争性抑制、反竞争性抑制等。

1. 竞争性抑制剂与底物竞争酶的活性中心　有些物质与酶的底物结构相似，可与底物竞争酶的活性中心，阻碍酶与底物结合而使酶的活性降低，这种抑制作用称为竞争性抑制（competitive inhibition）。由于抑制剂与底物结构相似，并与酶结合是可逆的（图 3 - 26），因此其抑制程度取决于底物及抑制剂的相对浓度和酶与抑制剂的亲和力，即反应体系中如果增加底物浓度，可降低甚至解除抑制剂的抑制作用。例如，琥珀酸脱氢酶，催化琥珀酸脱氢生成延胡索酸。如在该反应中加入与琥珀酸结构相似的丙二酸或戊二酸，则可使酶活性降低。因为丙二酸或戊二酸与酶的亲和力明显大于琥珀酸与酶的亲和力，若增加反应体系中的琥珀酸浓度，此抑制作用可降低。

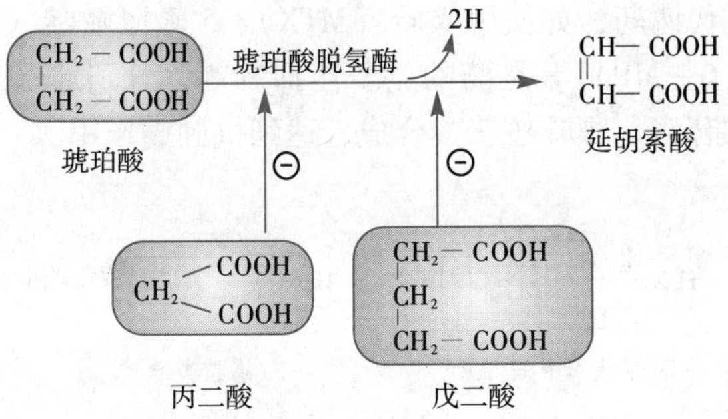

竞争性抑制的反应过程可用下式表示：

$$E + S \underset{K_2}{\overset{K_1}{\rightleftharpoons}} ES \xrightarrow{K_3} E + P$$

$$+$$

$$I$$

$$K_5 \Big\Uparrow\Big\Downarrow K_4$$

$$EI$$

Ki 为抑制常数（即酶与抑制剂结合的解离常数），$Ki = K_5/K_4$，EI 为酶与抑制剂复合物。按米氏方程式的推导方法其倒数方程为：

$$\frac{1}{v} = \frac{Km}{Vmax}\left(1 + \frac{[I]}{Ki}\right) \cdot \frac{1}{[S]} + \frac{1}{Vmax}$$

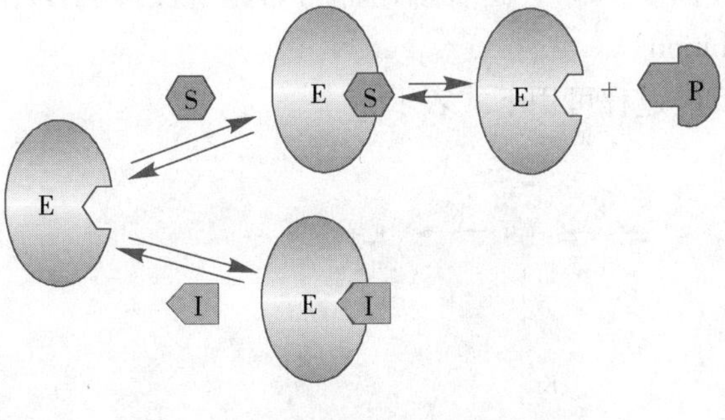

图 3 - 26　酶的竞争性抑制示意图

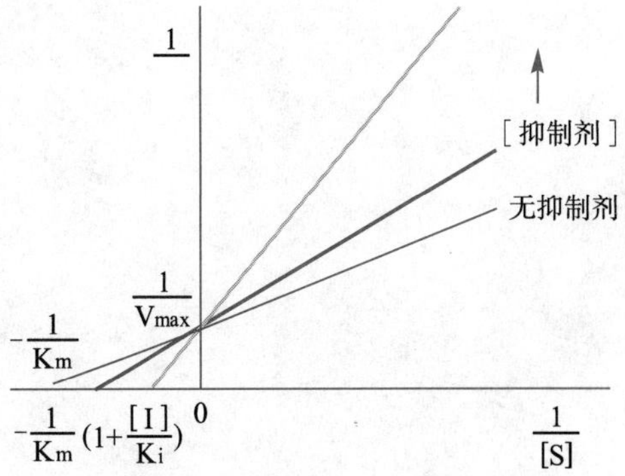

图 3 - 27　酶的竞争性抑制双倒数曲线

在不同浓度抑制剂存在时，以 1/V 对 1/［S］作双倒数曲线图（图 3 - 27）可得其动力学特点：①无论竞争抑制剂浓度多少，各直线在纵轴截距都相同，即当〔S〕足够高时，竞争性抑制剂对酶的竞争作用是微不足道的，故最大反应速度 Vmax 仍可达到；②横轴截距表示的 Km 右移，说明有抑制剂时 Km 大于无抑制剂的 Km 值，有抑制剂存在时的 Km 称为表观 Km（不是酶的真正的 Km）。竞争性抑制剂可使酶的表观 Km 增大。

医学临床中某些药物是根据竞争性抑制的原理设计的，如磺胺的抑菌作用即是典型的竞争性抑制作用（图 3－28）。

许多抗代谢药，如氨甲蝶呤（MTX）、5 氟尿嘧啶（5－FU）、6 巯基嘌呤（6－MP）等是酶的竞争性抑制剂，分别通过抑制四氢叶酸、脱氧胸苷酸、嘌呤核苷酸合成，达到抗肿瘤作用。

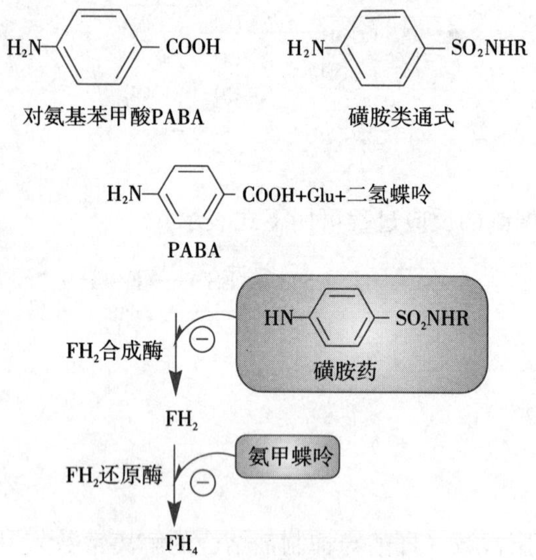

图 3－28　磺胺的抑菌作用

2. 非竞争性抑制剂与酶活性中心外的必需基团结合　有些抑制剂不影响底物和酶结合，即抑制剂与酶活性中心外的必需基团结合，抑制剂既与 E 结合，也与 ES 结合，但生成的 ESI 复合物是死端复合物，不能释放出产物（图 3－29），这种抑制称为非竞争性抑制作用（non－competitive inhibition）。

非竞争性抑制的反应过程可用下式表示：

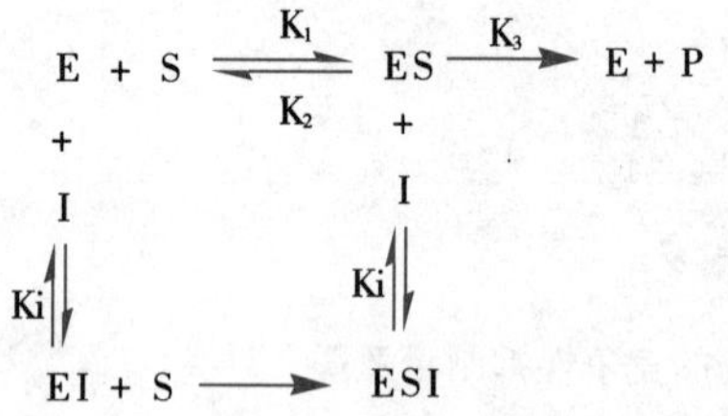

用米氏方程式推导并得出其双倒数方程为：

$$\frac{1}{v}=\frac{Km}{Vmax}\left(1+\frac{[I]}{Ki}\right)\cdot\frac{1}{[S]}+\frac{1}{Vmax}\left(1+\frac{[I]}{Ki}\right)$$

1/V 对 1/［S］作图（图 3－30）显示不同浓度非竞争性抑制作用的图形是一组具有不同斜率的直线。其动力学特点如下：①随抑制剂浓度增加各直线在纵轴上的截距增加，说明该酶促反应的 Vmax

因抑制剂的存在而降低；②抑制程度与抑制剂浓度有关，增加底物浓度不能使抑制程度减少；③各直线交于横轴上同一位点，说明非竞争性抑制不改变酶促反应的 Km。

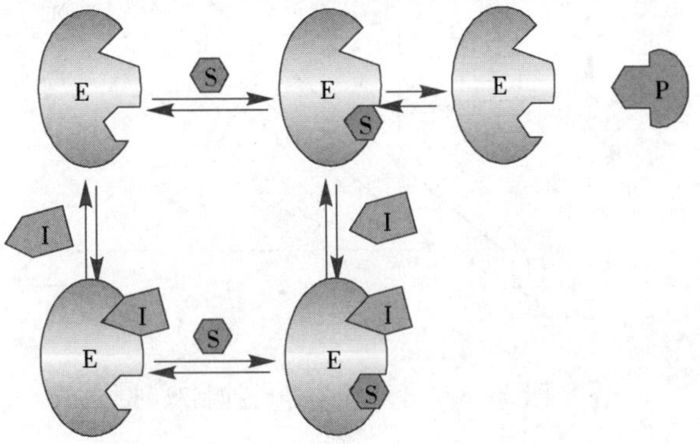

图 3-29 酶的非竞争性抑制示意图

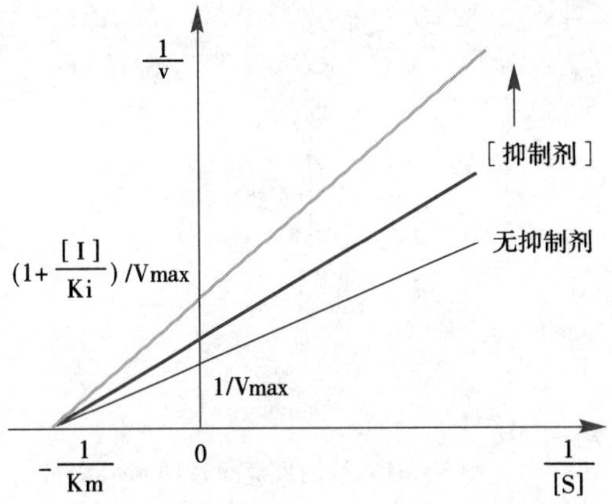

图 3-30 酶的非竞争性抑制双倒数曲线

3. 反竞争性抑制剂与 ES 复合物结合　此类抑制剂不同与非竞争性抑制剂，它只与 ES 复合物结合生成 ESI 复合物，而不能与游离的酶结合，使中间产物 ES 量下降，终产物生成减少而导致酶促反应速度下降，这种的现象称为反竞争性抑制（uncompetitive inhibition）。当抑制剂与 ES 结合生成 ESI 后，使游离的酶浓度减少，因此最大反应速度 Vmax 必然降低（图 3-31）。由于 ES 除了变成产物外，又有一个生成 ESI 复合物的去向，使 E 和 S 亲和力升高，即 Km 变小。反竞争性抑制的反应过程可用下式表示：

$$E + S \underset{K_2}{\overset{K_1}{\rightleftharpoons}} ES \xrightarrow{K_3} E + P$$

$$\begin{array}{c} + \\ I \\ ki \Big\Updownarrow \\ ESI \end{array}$$

反竞争性抑制的双倒数方程是：

$$\frac{1}{v} = \frac{Km}{Vmax} \cdot \frac{1}{[S]} + \frac{1}{Vmax}\left(1 + \frac{[I]}{Ki}\right)$$

以 1/V 对 1/[S] 作图，不同抑制剂浓度的抑制曲线是多条平行线（图 3-32），即反竞争抑制剂可同时降低反应的 Vmax 和表观 Km。

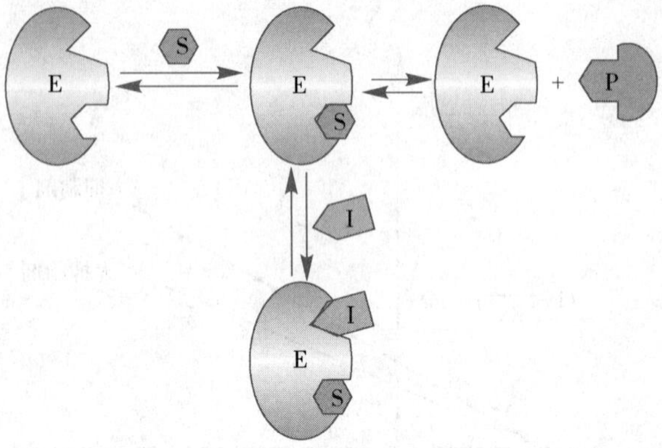

图 3－31 酶的反竞争性抑制示意图

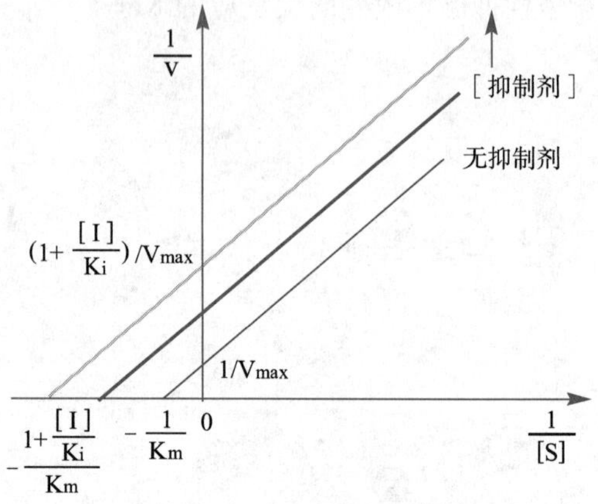

图 3－32 酶的反竞争性抑制双倒数曲线

现将酶的 3 种可逆性抑制作用特点总结于表 3－19。

表 3－19 酶的 3 种可逆性抑制作用的特点

作用特点	无抑制剂	竞争性抑制剂	非竞争性抑制剂	反竞争性抑制剂
与 I 结合的组分		E	E 、ES	ES
动力学特点				
表观 Km	Km	增大	不变	减少
Vmax	Vmax	不变	降低	降低
双倒数曲线				
横轴截距	－1/Km	增大	不变	减少
纵轴截距	1/ Vmax	不变	增大	增大
斜率	Km/ Vmax	增大	增大	不变

六、激活剂影响酶促反应速度

使酶由无活性变为有活性或使酶活性增加的物质称为酶的激活剂（activator）。激活剂大多数为金属离子如 Mg^{2+}、K^{+}、Mn^{2+} 等，少数阴离子也有激活作用，如 Cl^{-} 能增强唾液淀粉酶的活性。许多有机化合物亦有激活作用，如胆汁酸盐可激活胰脂肪酶。酶的激活剂可分为两种：大多数金属离子对酶促反应是必需的，如缺乏金属离子则测不到酶的活性，这类激活剂称为必需激活剂（essential activator）。必需激活剂的作用类似于底物，但不转变成产物。如己糖激

酶中的 Mg^{2+}，能与底物 ATP 结合形成 Mg^{2+} – ATP 复合物，进而加速酶促反应。另外，有些酶激活剂不存在时，仍有一定活性，此种激活剂称为非必需激活剂（non – essential activator），如唾液淀粉酶在 Cl^- 作用下活性升高，Cl^- 不存在时亦有一定活性。

第五节　酶的命名与分类

一、酶可按其所催化的反应类型命名

酶的习惯命名法原则是：①绝大多数的酶是依据其所催化的底物命名，在底物的英文名词上加尾缀 ase 作为酶的名称，如催化蛋白水解的酶称为蛋白酶（proteinase）；②某些酶根据其所催化的反应类型或方式命名，如乳酸脱氢酶等；③在上述命名基础上再加上酶的来源和酶的其他特点，例如胃蛋白酶指出酶的来源；碱性磷酸酶和酸性磷酸酶，指出这两种酶在催化时要求反应条件不同等。

国际生物化学会酶学委员会提出的系统命名法的原则是以酶所催化的整体反应为基础的，命名时应明确每种酶的底物及催化反应的性质（表 3 – 20）。国际酶学委员会还建议使用一种习惯名称作为推荐名，如：L 乳酸: NAD 氧化还原酶的推荐名为乳酸脱氢酶。

表 3 – 20　酶的分类及系统命名法举例

类别编号	催化的反应	推荐名称	系统名称
氧化还原酶类 EC 1. 1. 1. 1	醇 + NAD^+ $\rightleftharpoons$ 醛或酮 + NADH	醇脱氢酶	醇：NAD^+ 氧化还原酶
转移酶类 EC 2. 6. 1. 1	L – 天冬氨酸 + α – 酮戊二酸 $\rightleftharpoons$ 草酰乙酸 + L – 谷氨酸	天冬氨酸氨基转移酶	L – 天冬氨酸：α – 酮戊二酸氨基转移酶
水解酶类 EC 3. 1. 3. 9	D – 葡萄糖 – 6 – 磷酸 + H_2O $\rightleftharpoons$ D – 葡萄糖 + H_3PO_4	葡萄糖 6 磷酸酶	D – 葡萄糖 – 6 – 磷酸水解酶
裂解酶类 EC 4. 1. 2. 7	酮糖 – 1 – 磷酸 $\rightleftharpoons$ 磷酸二羟丙酮 + 醛	醛缩酶	酮糖 – 1 – 磷酸醛裂和酶
异构酶类 EC 5. 3. 1. 9	D 葡萄糖 – 6 磷酸 $\rightleftharpoons$ D – 果糖 – 6 – 磷酸	磷酸果糖异构酶	D – 葡萄糖 – 6 – 磷酸酮醇异构酶
合成酶类 EC 6. 3. 1. 2	L – 谷氨酸 + ATP + NH_3 $\rightleftharpoons$ L – 谷氨酰胺 + ADP + 磷酸	谷氨酰胺合成酶	L – 谷氨酸：氨连接酶

二、酶可根据催化的反应类型和机制分成 6 大类

国际生物化学与分子生物学会酶学委员会根据酶催化的反应类型，将酶分为 6 大类（表 3 – 21）。

表 3-21 酶的分类

分类名称	催化反应
氧化还原酶类（Oxidoreductases） 催化底物氧化还原反应的酶类。例如，乳酸脱氢酶、醇脱氢酶、琥珀酸脱氢酶等，加氧酶、羟化酶等	 醇 醛
转移酶类（Transferase） 催化底物之间基团转移或转换的酶类。例如，氨基转移酶、甲基转移酶、糖基转移酶、激酶、磷酸化酶等	 氨基酸 酮酸 酮酸 氨基酸
水解酶类（Hydrolases） 催化底物进行水解的酶类。例如淀粉酶、蛋白酶、脂肪酶、蔗糖酶、磷酸酶等	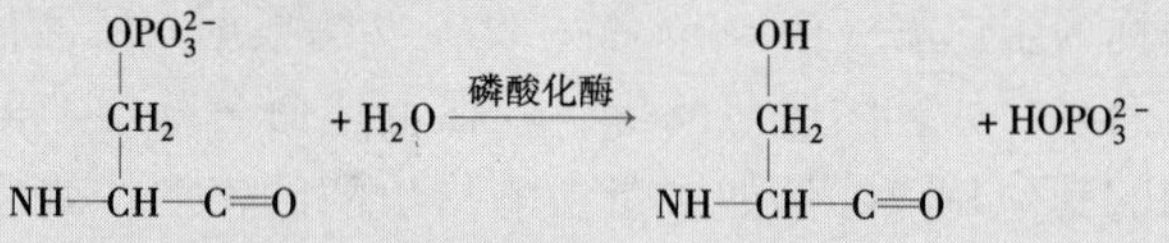 磷酸化蛋白 蛋白
裂解酶类（Lyases） 催化底物移去一个基团并形成双键的反应或逆反应的酶类。例如，醛缩酶、合酶、水化酶、脱水酶、脱羧酶、裂解酶等	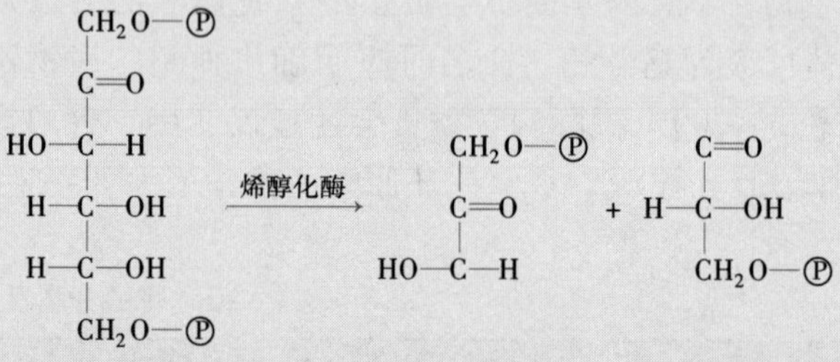 F1.6BP 磷酸二羟丙酮 3-磷酸甘油醛
异构酶类（Isomerases） 催化同分异构体的互相转化的酶类。例如，磷酸葡萄糖异构酶、消旋酶、磷酸甘油酸异构酶等	 2-磷酸甘油酸 3-磷酸甘油酸
合成酶类（或连接酶类 Ligases）催化两个底物分子合成一种物质，同时与 ATP 磷酸键断裂放能偶联的酶类。例如，氨基酸：tRNA 合成酶、谷氨酰胺合成酶等	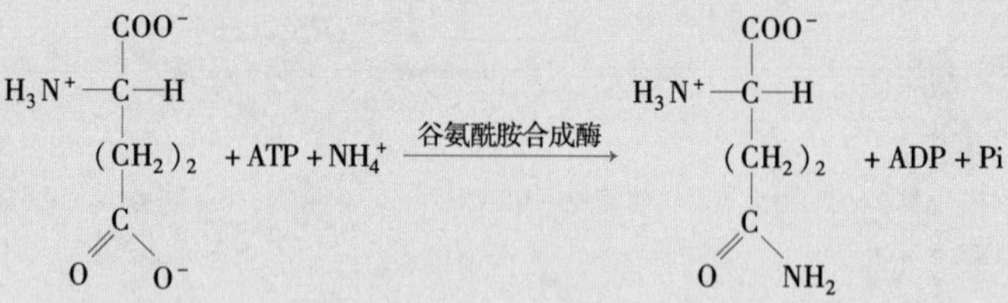 L-谷氨酸 L-谷氨酰胺

第六节 酶与医学

酶催化的化学反应是机体进行物质代谢及维持生命活动的必要前提。如酶和酶促反应异常，机体的物质代谢则异常，常可导致疾病的发生。

一、一些酶的缺乏或活性改变与疾病的发生有关

（一）酶先天性缺乏是导致先天性疾病的原因之一

一些先天性代谢障碍是由于基因突变，不能生成某些特效的酶造成的（表3－22）。

表3－22 酶先天缺乏引起的疾病

疾病名称	缺乏的酶
白化病	酪氨酸酶
蚕豆黄	葡萄糖6磷酸脱氢酶
莱纳二氏综合征	次黄嘌呤鸟嘌呤磷酸核苷转移酶
高胱氨酸尿	胱硫醚合酶
苯丙酮尿症	苯丙氨酸羟化酶

（二）酶活性改变可导致疾病的发生

一些酶活性升高或降低也可使机体代谢反应异常，导致疾病发生。如胰腺炎时，由于胰腺生成的蛋白水解酶在胰腺原地被激活，水解胰腺组织，导致胰腺组织被严重破坏。有机磷农药中毒时，抑制胆碱酯酶活性，该酶活性降低，引起乙酰胆碱堆积，导致神经肌肉和心脏功能的严重紊乱。重金属中毒时，一些巯基酶的活性被抑制而导致代谢紊乱。

一些疾病可引起某些酶产量及活性不足，这种异常又加重已有的病情，如严重肝病时由于肝合成凝血酶原及凝血因子不足而导致血液凝固障碍。总之，人体的很多疾患的发生是与酶的变化有密 切关系的。

二、体液中某些酶的活性检测可作为某些疾病的诊断指标

许多器官组织的疾病与酶含量和活性异常有关，并且这些酶常常逸入体液中，因此通过对血液、尿等体液中某些酶活性的测定，可以反映某些器官组织的疾病状况并有助于疾病的诊断。临床上可通过测定血清中某些酶的含量及活性协助某些疾病的诊断（表3－23）。例如，心肌梗死患者的血清中乳酸脱氢酶和肌酸激酶的活性增高，常用于心肌梗死的诊断。

表3-23 用于诊断的一些血清酶

酶	主要来源	主要临床应用
淀粉酶	唾液腺 胰腺 卵巢	胰腺疾患
碱性磷酸酶	肝 骨 肠粘膜、肾、胎盘	骨病、肝胆疾患
酸性磷酸酶	前列腺 红细胞	前列腺癌、骨病
谷丙转氨酶	肝 心 骨骼肌	肝实质疾患
谷草转氨酶	肝 骨骼肌 心 肾 红细胞	心肌梗死 肝实质疾患 肌肉病
肌酸激酶	骨骼肌 脑 心 平滑肌	心肌梗死、肌肉病
乳酸脱氢酶	心 肝 骨骼肌 红细胞血小板 淋巴结	心肌梗死 溶血 肝实质疾患
胆碱酯酶	肝	有机磷中毒 肝实质疾患

三、一些酶可用于疾病的治疗

医学临床上常应用某些酶作为替代治疗或对症治疗的药物，一些酶是抗菌、抗癌等药物设计的重要依据等（表3-24）。

表3-24 一些用于治疗的酶

酶名称	治疗作用
胃蛋白酶、胰蛋白酶、胰脂肪酶、胰淀粉酶等	用于补充机体某些酶的缺乏进行替代治疗
链激酶、尿激酶及纤溶酶等溶解血栓，蛋白酶常用于溶解及清除炎症渗出物	对某些疾病进行对证治疗
磺胺类药物，青霉素，红霉素	抗菌药物
5-氟尿嘧啶、6-巯基嘌呤	抗肿瘤药物

四、酶在医药学上其他方面的应用

酶在医药学上还有其他方面的应用（表3-25）。

表3-25 酶在医药学上还有其他方面的应用

酶作用	应用范围
作为试剂	用于临床检验、科学研究，如测定酶活性、底物浓度等
作为工具	科学研究、疾病诊断及生产领域，如Taq DNA聚合酶用于PCR
标记作用	代替放射性核素用于临床检验、科学研究，如ELISA方法
抗体酶	研究酶催化机制 制造特异性强的、药效高的药物（抗肿瘤、治疗艾滋病、预防心脑血管疾病、治疗甲状腺疾病等） 制造自然界不存在的新酶

五、酶工程是对酶分子结构进行修饰、改造的应用技术

酶工程（enzyme engineering）主要是研究酶的生产、纯化、固定化技术、酶分子结构的修饰和改造，以及在工农业、医药卫生、和理论研究等方面的应用的一门技术。天然酶一是不稳定，二是分离纯化难，成本高，价格贵，因此在开发和应用受到一定限制。为了解决酶的大量应用和新酶的开发，根据研究和解决问题的手段不同可将酶工程分为化学酶工程和生物酶工程（表3－26）。

表3－26　酶工程种类及应用

酶工程	应用
化学酶工程 （指天然酶、化学修饰酶、固定化酶及人工模拟酶的研究和应用）	工农业、医药、分析、能源开发、环保和理论等多方面得到了广泛应用
生物酶工程 （酶学和以DNA重组技术为主的分子生物学技术相结合的技术）	A. 用基因工程技术大量生产酶（克隆酶） B. 对酶基因进行修饰，产生遗传修饰酶（突变酶） C. 设计新酶基因，进而合成自然界不曾存在的新品种酶

（孙黎光）

第四章　糖　代　谢

内容提要

糖是生物体重要的能源和碳源。食物中的糖消化成单糖后被吸收，经转运进入细胞，参与代谢。糖的分解代谢有无氧分解、有氧氧化、磷酸戊糖途径及糖原分解；合成代谢有糖原合成和糖异生。在机体高效率、精细的调控机制下，血糖的来源和去路维持动态平衡。

第一节　概　　述

一、糖是有机体重要的能源和碳源

糖类物质是自然界含量最丰富的物质之一，构成人类食物的主要成分，占到食物总量的50%以上。

糖的主要生理功能
- 提供能量，人体所需能量的50%～70%来自糖代谢
- 转变为氨基酸、脂肪酸、核苷其他含碳化合物
- 以蛋白聚糖、糖蛋白、糖脂的形式参与人体组织结构的组成，如结缔组织、骨和软骨基质、生物膜
- 糖的磷酸衍生物可形成许多重要生物活性物质，如 ATP、DNA、RNA、NAD^+、FAD等
- 某些糖蛋白还具有特定功能，如参与细胞间信息转导、细胞免疫、识别等

（一）糖是人体重要的供能物质

在哺乳动物中，葡萄糖是非饥饿条件下脑可利用的惟一能源物质，同时，也是成熟红细胞在任何情况下能够利用的惟一燃料分子（图4－1）。

（二）糖的代谢中间产物可转变成其他含碳化合物的前体分子

如氨基酸参与蛋白质的合成，核苷酸是核酸合成的基本原料，3－磷酸甘油和脂肪酸可合成脂肪（图4－2）。

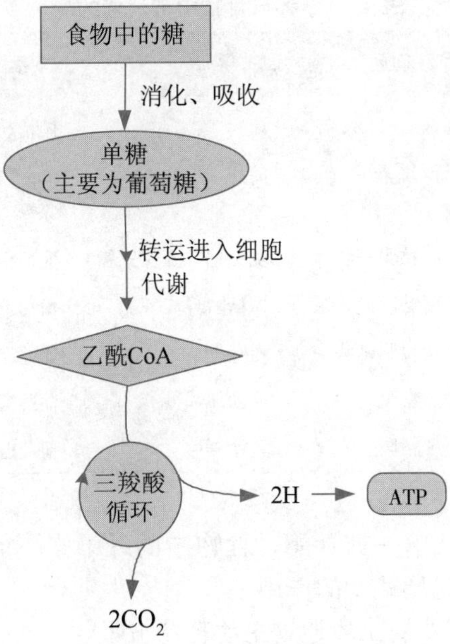

图4-1 食物中的糖是人体重要的能源物质

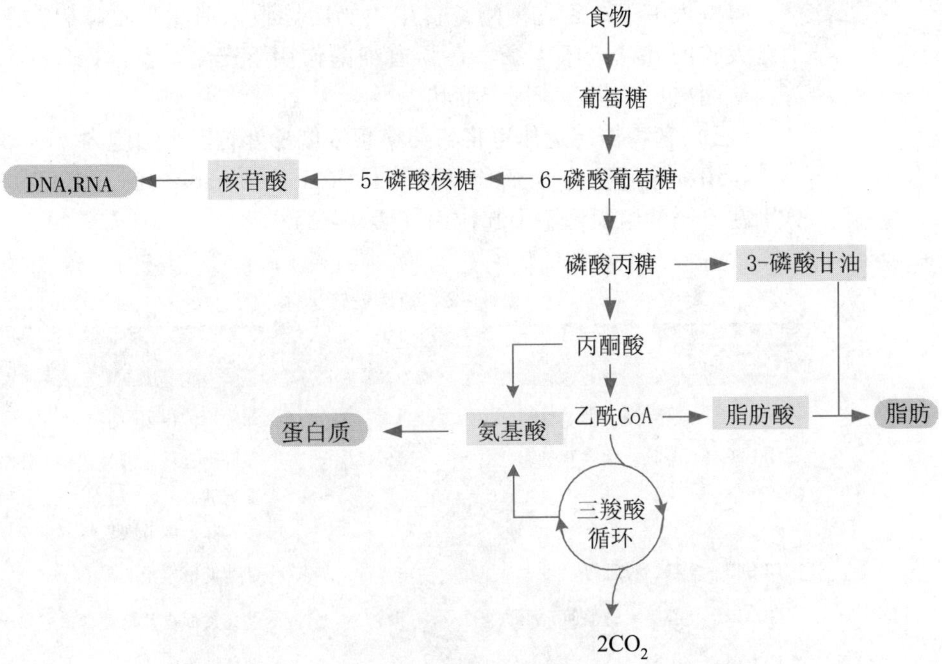

图4-2 食物中的糖是人体重要的碳源物质

二、糖的消化吸收主要在小肠中进行

（一）食物中的糖类经消化成单糖后才能被吸收

食物中的糖类主要是植物淀粉和动物糖原两类多糖以及蔗糖、麦芽糖、乳糖等双糖。参与食物中糖消化的酶见表4-1。

表 4-1 参与食物中糖消化的酶

酶	酶的来源	底 物	产 物
α-淀粉酶	唾液	淀粉	糊精、麦芽糖
	胰液	淀粉	麦芽糖、麦芽三糖、异麦芽糖、α-临界糊精
α-葡萄糖苷酶	小肠粘膜刷状缘	麦芽糖、麦芽三糖	葡萄糖
α-临界糊精酶	小肠粘膜刷状缘	糊精、异麦芽糖	葡萄糖
麦芽糖酶	小肠粘膜刷状缘	麦芽糖	葡萄糖
蔗糖酶	小肠粘膜	蔗糖	葡萄糖、果糖
乳糖酶	小肠粘膜	乳糖	葡萄糖、半乳糖

由于人体内无 β-糖苷酶，食物中的纤维素不能被人体分解利用，但却具有促进肠蠕动的作用。

（二）单糖在小肠上段通过主动耗能被吸收

小肠粘膜细胞的膜结合型载体，可完成 Na^+—单糖协同转运，故称为 Na^+依赖型葡萄糖转运体（Na^+-dependent glucose transporter，SGLT）。

有些人由于缺乏乳糖酶，食用牛奶后导致糖消化吸收障碍，未消化吸收的乳糖进入大肠，在肠道细菌作用下产生乳酸、CH_4、H_2等，从而出现腹胀、腹泻等症状。

（三）葡萄糖转运体可将葡萄糖顺浓度梯度转运入细胞内

组织细胞膜上存在葡萄糖转运体（glucose transporter，GLUT），分别在不同的组织细胞中起作用（表 4-2）。

表 4-2 葡萄糖转运体

转运体	分 布	Km(mmol/L)	功 能
GLUT1	红细胞、脑、肾脏、结肠等	1	葡萄糖的恒定摄取
GLUT2	肝脏、胰腺 β 细胞	15~20	在肝脏，从血液移走多余的葡萄糖； 在胰腺，调节胰岛素分泌
GLUT3	脑、肾脏等	1	葡萄糖恒定摄取
GLUT4	心肌、骨骼肌、脂肪组织	5	胰岛素促进其葡萄糖摄取
GLUT5	小肠	—	葡萄糖吸收

三、糖代谢主要是指葡萄糖在体内的复杂化学反应

（一）葡萄糖的分解代谢主要包括有氧氧化和无氧分解

葡萄糖在体内的分解代谢途径归纳如图 4-3。

（二）糖的合成代谢包括糖原合成和糖异生

糖在体内的合成代谢见图 4-4。

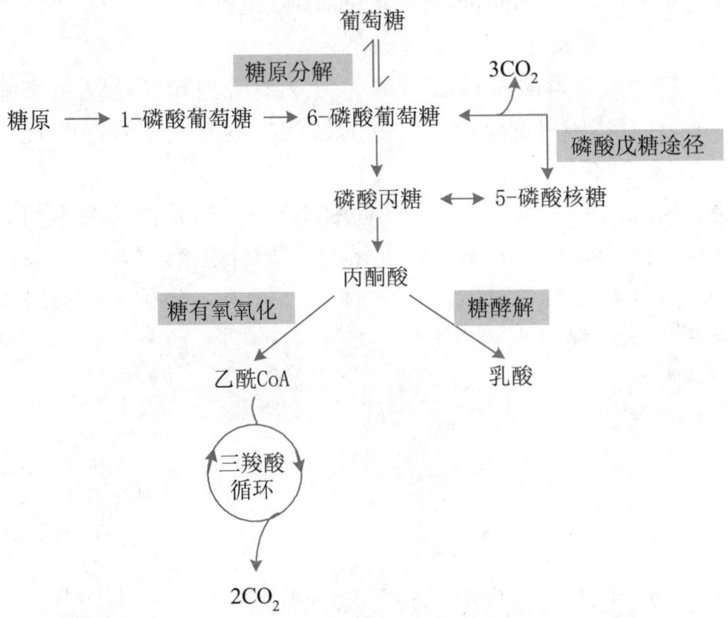

图 4－3　糖的分解代谢途径

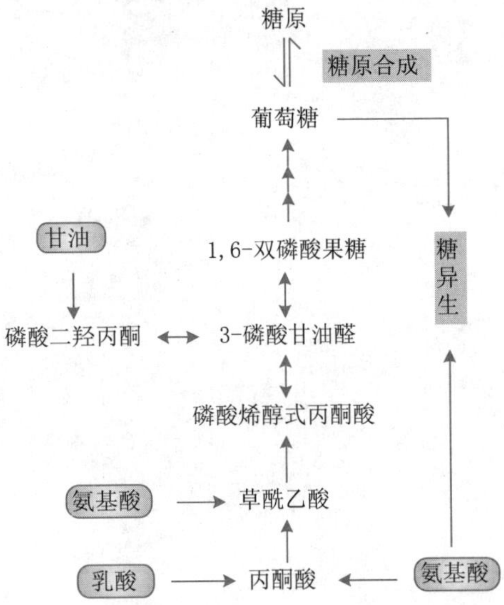

图 4－4　糖的合成代谢途径

第二节　糖的无氧分解

糖的无氧分解即糖酵解（glycolysis，又称为 Embden－Meyerhof 途径），是指在缺氧条件下，葡萄糖或糖原生成乳酸的过程。糖酵解的全部反应发生在细胞浆。

一、葡萄糖分解成丙酮酸

由葡萄糖分解成丙酮酸的过程称为酵解途径（glucolytic pathway）。

（一）葡萄糖通过消耗 2 分子 ATP 生成 2 分子 3－磷酸甘油醛

1．葡萄糖磷酸化成 6－磷酸葡萄糖（glucose－6－phosphate，G－6－P）　葡萄糖进入细胞后惟一的命运是发生磷酸化，其意义有两点：一是将葡萄糖留在细胞内以防止其逸出，二是增加葡萄糖的反应性，便于利用。催化此反应的是己糖激酶（hexokinase），在肝细胞中存在的同工酶是Ⅳ型，称为葡萄糖激酶（glucokinase）。此反应不可逆，需要 ATP 和 Mg^{2+}。

2．6－磷酸葡萄糖转变为 6－磷酸果糖（fructose－6－phosphate，F－6－P）　这是由磷酸己糖异构酶（phosphohexose isomerase）催化的醛糖和酮糖间的异构反应，是可逆的。

3. 6-磷酸果糖转变bi为1，6-双磷酸果糖（fructose-1，6-bisphosphate，F-1，6-BP） 这是第二个磷酸化反应，由6-磷酸果糖激酶-1（6-phosphofructokinase-1，PFK-1）催化，需要ATP和Mg^{2+}，反应不可逆。

4. 1，6-双磷酸果糖裂解成2分子磷酸丙糖 这是由醛缩酶（aldolase）催化的可逆反应，生成的磷酸丙糖分别是磷酸二羟丙酮和3-磷酸甘油醛。

5. 磷酸二羟丙酮异构成3-磷酸甘油醛 这是由磷酸丙糖异构酶（triose phosphate isomerase）催化的醛糖和酮糖间的异构反应。

可见，1分子葡萄糖经5步反应，分解为2分子3-磷酸甘油醛，消耗2分子ATP（图4-5）。

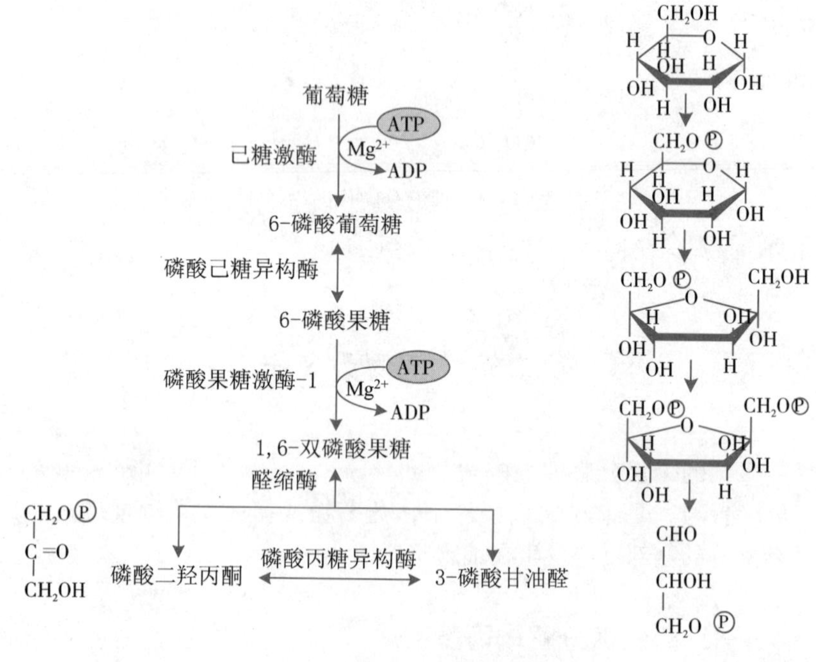

图4-5 糖酵解途径中的耗能反应

（二）3-磷酸甘油醛再经5步反应转变成丙酮酸

6. 3-磷酸甘油醛氧化为1，3-二磷酸甘油酸 此反应由3-磷酸甘油醛脱氢酶（glyceraldehyde-3-phosphate dehydrogenase）催化，需要NAD^+和无机磷酸。1，3-二磷酸甘油酸属于混合酸酐，是一种高能化合物。

7. 1，3-二磷酸甘油酸转变为3-磷酸甘油酸 这是第一次产生ATP的反应，由磷酸甘油酸激酶（phosphoglycerate kinase）催化将底物的高能磷酸键转移给ADP，生成ATP和3-磷酸甘油酸，反应可逆。这种在底物氧化过程中将高能磷酸键直接转移给ADP生成ATP的过程称为底物水平磷酸化。

8．3－磷酸甘油酸转变为2－磷酸甘油酸　磷酸甘油酸变位酶（phosphoglycerate mutase）催化3－磷酸甘油酸分子中C3位磷酸基转移到分子中C2位上。

9．2－磷酸甘油酸脱水生成磷酸烯醇式丙酮酸（phosphoenolpyruvate，PEP）　此反应由烯醇化酶（enolase）催化，脱水引起分子内部的电子重排和能量重新分布，形成了1个高能磷酸键。

10．磷酸烯醇式丙酮酸将高能磷酸基转移给ADP产生ATP和丙酮酸　这是糖酵解途径中的第2个ATP生成反应，由丙酮酸激酶（pyruvate kinase）催化，反应不可逆，需K^+和Mg^{2+}参加。

这样，3－磷酸甘油醛经5步反应，转变为丙酮酸，此过程生成4分子ATP（图4－6）。

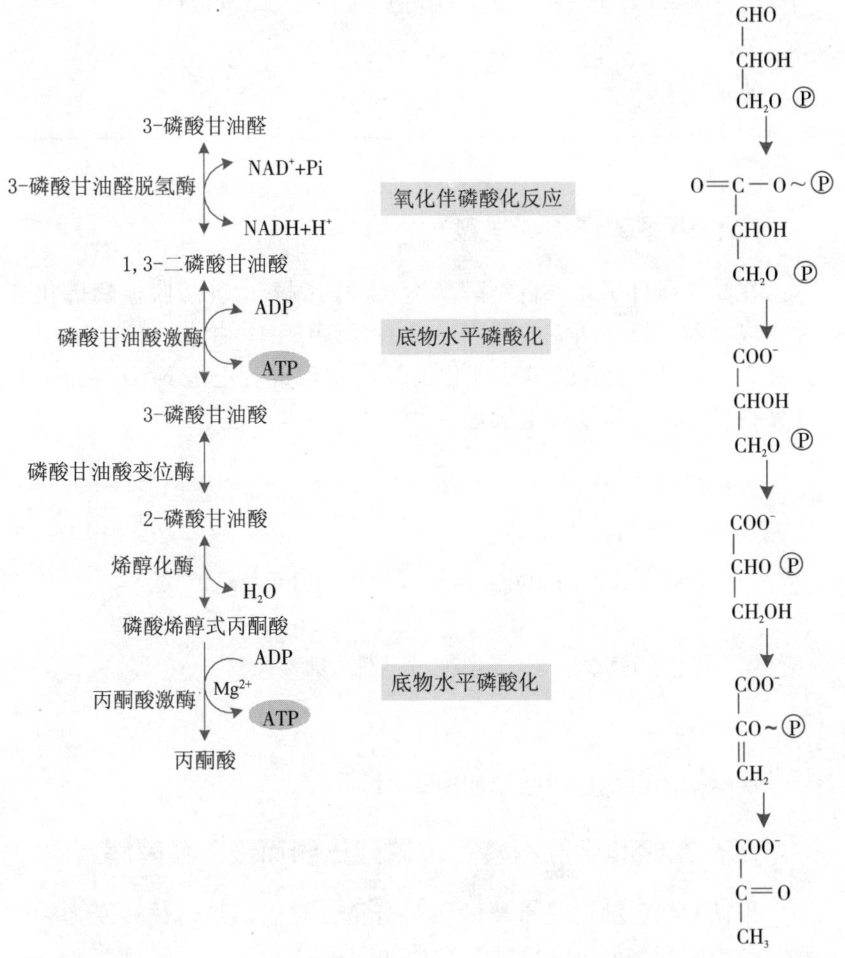

图4－6　糖酵解途径中的能量释放反应

糖酵解途径的全部反应总结见表4－3。

表4－3 糖酵解途径反应

步骤	反　应	酶	反应类型
1	葡萄糖＋ATP → 6－磷酸葡萄糖＋ADP	己糖激酶	磷酸化反应
2	6－磷酸葡萄糖 ⟷ 6－磷酸果糖	磷酸己糖异构酶	异构反应
3	6－磷酸果糖＋ATP →1，6－双磷酸果糖＋ADP	磷酸果糖激酶－1	磷酸化反应
4	1，6－双磷酸果糖⟷磷酸二羟丙酮＋3－磷酸甘油醛	醛缩酶	裂解反应
5	磷酸二羟丙酮 ⟷ 3－磷酸甘油醛	磷酸丙糖异构酶	异构反应
6	3－磷酸甘油醛＋NAD^+＋Pi ⟷1，3－二磷酸甘油酸＋NADH＋H^+	3－磷酸甘油醛脱氢酶	氧化反应
7	1，3－二磷酸甘油酸＋ADP ⟷3－磷酸甘油酸＋ATP	磷酸甘油酸激酶	底物水平磷酸化
8	3－磷酸甘油酸 ⟷2－磷酸甘油酸	磷酸甘油酸变位酶	异构反应
9	2－磷酸甘油酸⟷磷酸烯醇式丙酮酸＋H_2O	烯醇化酶	脱水反应
10	磷酸烯醇式丙酮酸＋ATP→丙酮酸＋ADP	丙酮酸激酶	底物水平磷酸化

二、丙酮酸还原成乳酸

在缺氧条件下，来自糖酵解途径的丙酮酸由乳酸脱氢酶催化还原生成乳酸。反应所需的还原当量由 NADH＋H^+ 提供。NADH＋H^+ 是在3－磷酸甘油醛脱氢酶催化的反应中生成。正是 NAD^+ 的再生，才使得糖酵解反应能够继续进行。

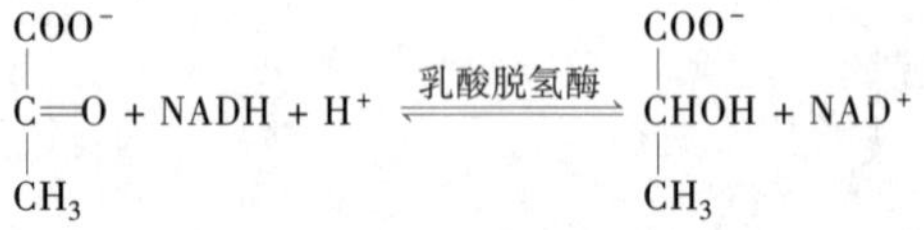

丙酮酸　　　　乳酸

糖酵解的全部反应归纳如图4－7。

三、果糖和半乳糖转变成磷酸己糖而进入糖酵解

果糖和半乳糖也是重要的燃料分子，它们都是通过转变为糖酵解途径中间产物而进入糖酵解途径（图4－8）。

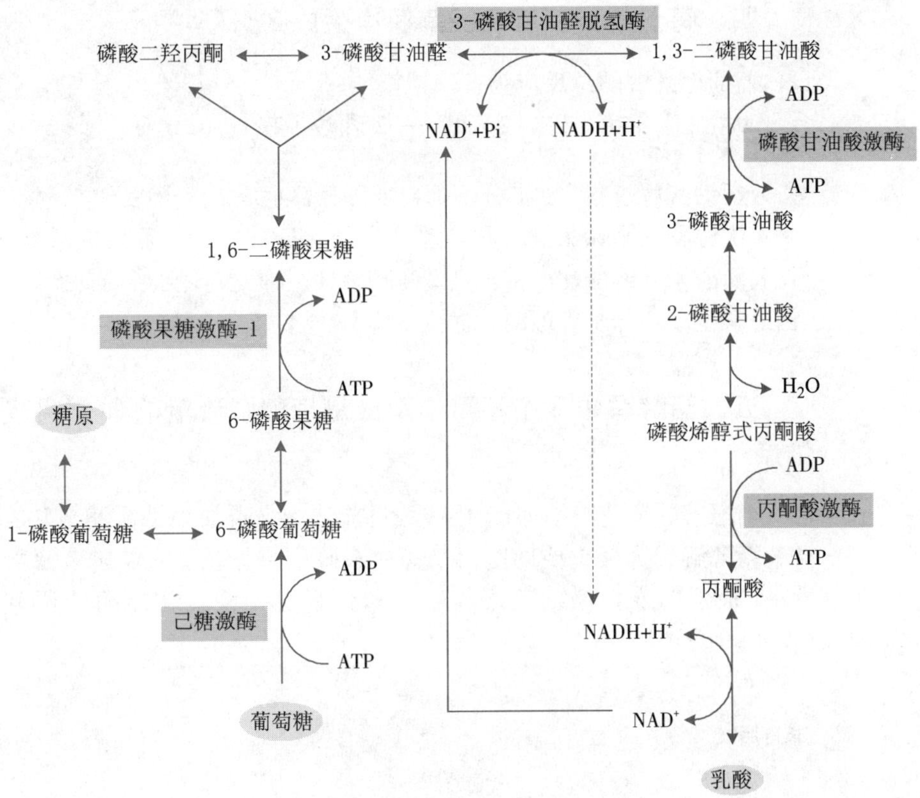

图4－7　糖酵解反应

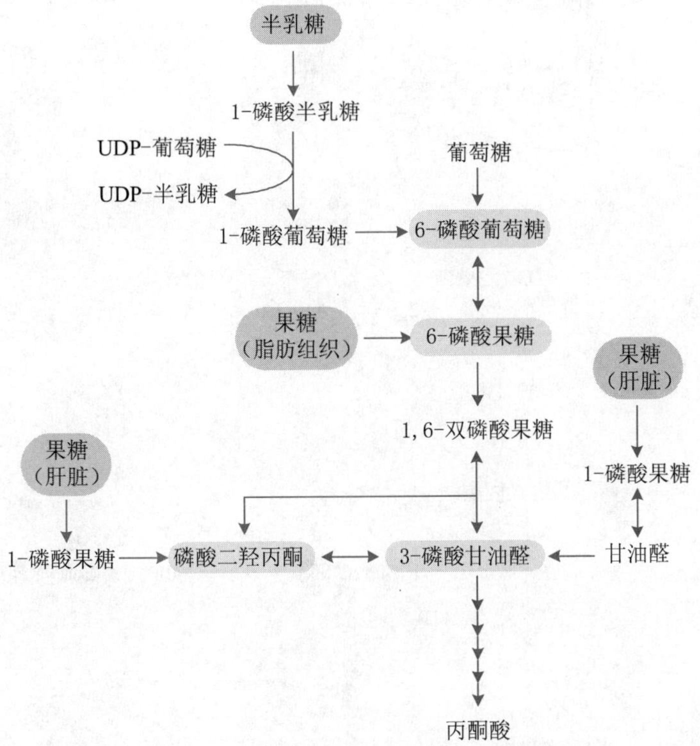

图4－8　果糖和半乳糖进入糖酵解途径

四、每分子葡萄糖经糖酵解净生成2分子ATP

葡萄糖酵解的总反应为：

$$葡萄糖+2Pi+2ADP \longrightarrow 2\ 乳酸+2ATP+2H_2O$$

在糖酵解过程中，1分子葡萄糖可分解生成2分子丙酮酸，发生4次底物水平磷酸化，可产生4分子ATP。但由于葡萄糖磷酸化和磷酸果糖磷酸化时共消耗2分子ATP。因此，1分子葡萄糖经糖酵解生成2分子乳酸时，净生成2分子ATP。

五、糖酵解中3个不可逆反应是糖酵解流量的3个调节位点

糖酵解的调节归纳如图4－9。目前认为，磷酸果糖激酶－1是调节糖酵解流量最重要的酶。2，6－双磷酸果糖是6－磷酸果糖激酶－1最强的变构激活剂，其生成和分解受一种双功能酶的调节（图4－10）。

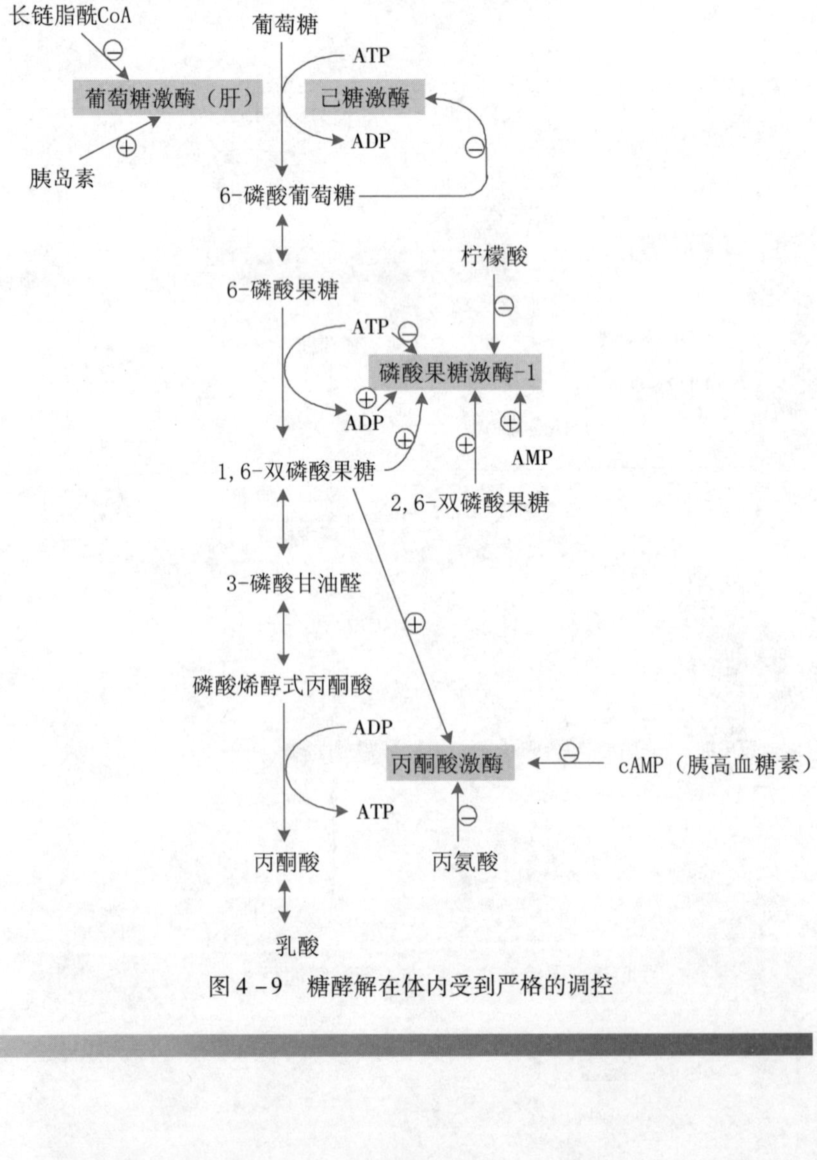

图4－9　糖酵解在体内受到严格的调控

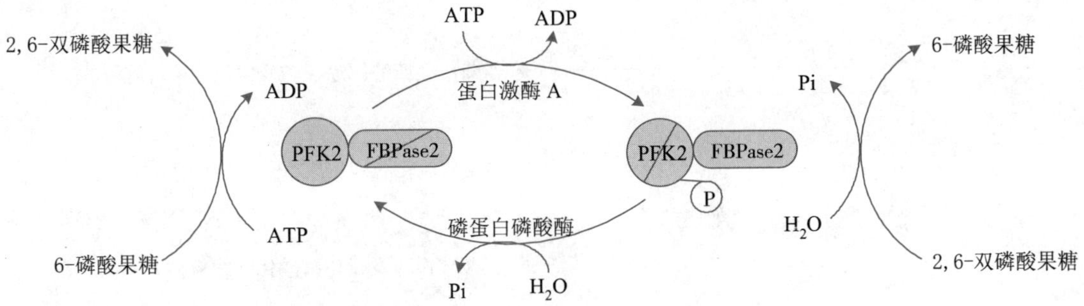

图 4－10　2，6－双磷酸果糖的生成和分解

PFK2：磷酸果糖激酶－2 活性　　FBPase2：果糖双磷酸酶－2 活性

六、糖酵解在缺氧时迅速提供能量

当剧烈运动而肌肉局部供氧不足时，机体主要通过糖酵解获得能量。成熟红细胞因没有线粒体，则完全依赖糖酵解提供能量。神经、骨髓、白细胞等代谢旺盛的组织细胞，即使不缺氧也需由糖酵解供应部分能量。

第三节　糖的有氧氧化

在有氧条件下，葡萄糖彻底氧化成 H_2O 和 CO_2 的反应过程称为有氧氧化（aerobic oxidationg）。

葡萄糖的有氧氧化概况如图 4－11。

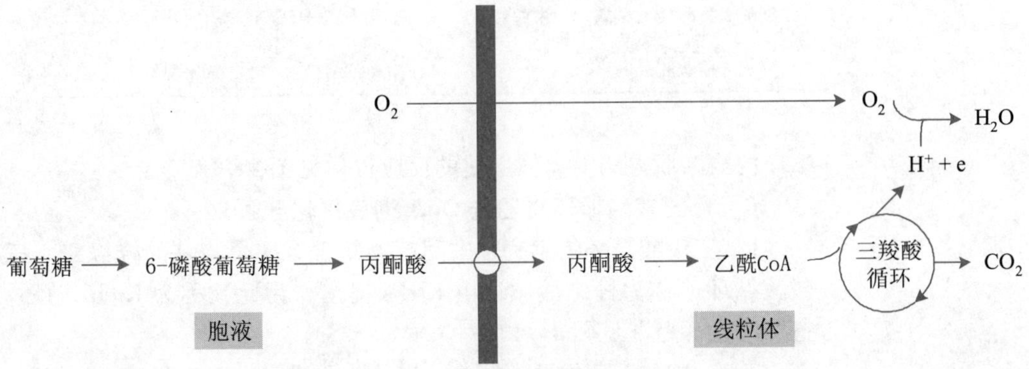

图 4－11　糖有氧氧化概况

○ 丙酮酸转运蛋白

一、糖有氧氧化可分为3个阶段

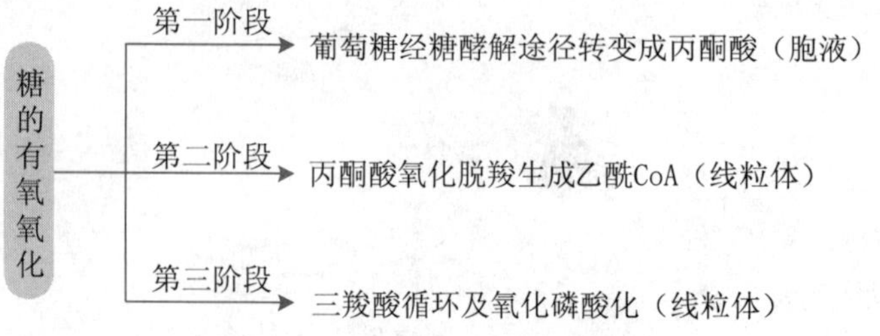

（一）葡萄糖经糖酵解途径转变成丙酮酸

反应过程如前所述，但在有氧条件下，3－磷酸甘油醛脱氢酶反应生成的 NADH + H^+ 经穿梭机制转运到线粒体，通过呼吸链传递，氧化磷酸化生成 H_2O 和 ATP（参见生物氧化一章）。

（二）丙酮酸氧化脱羧生成乙酰 CoA

在有氧状态下，丙酮酸进入线粒体，被氧化脱羧生成乙酰 CoA。

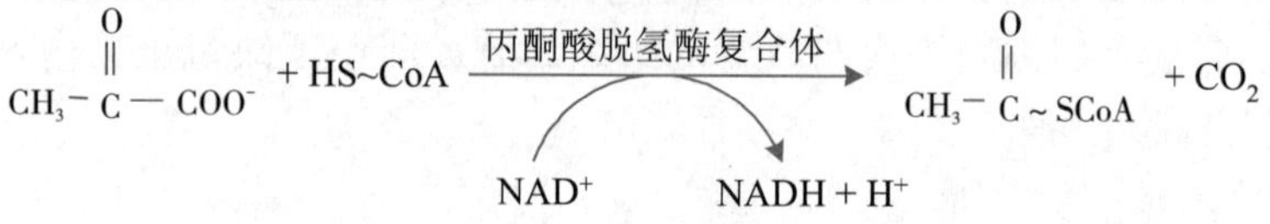

这是连接糖酵解途径和三羧酸循环的重要反应。哺乳类动物丙酮酸脱氢酶复合体见表4－4。

表4－4　哺乳类动物丙酮酸脱氢酶复合体

酶	缩写	多肽链数	辅助因子	催化的反应
丙酮酸脱氢酶	E_1	12	TPP	氧化脱羧
二氢硫辛酰胺转乙酰酶	E_2	60	硫辛酰胺、HSCoA	乙酰基转移
二氢硫辛酰胺脱氢酶	E_3	6	FAD、NAD^+	氧化型硫辛酰胺的再生

丙酮酸脱氢酶复合体催化的反应过程见图4－12。

（三）三羧酸循环将乙酰 CoA 彻底氧化分解

1. 三羧酸循环的第一个中间产物是含有3个羧基的柠檬酸　三羧酸循环或称为柠檬酸循环由 Krebs 提出，为此又称为 Krebs 循环。三羧酸循环概况见图4－13。

2. 三羧酸循环主要由脱氢、底物水平磷酸化反应组成

首先，乙酰 CoA 与草酰乙酸缩合生成柠檬酸，并异构成异柠檬酸；接着，经2次氧化脱羧，转变为琥珀酰 CoA，进行底物水平磷酸化反应；最后，再生成草酰乙酸。三羧酸循环的全部反应见图4－14。

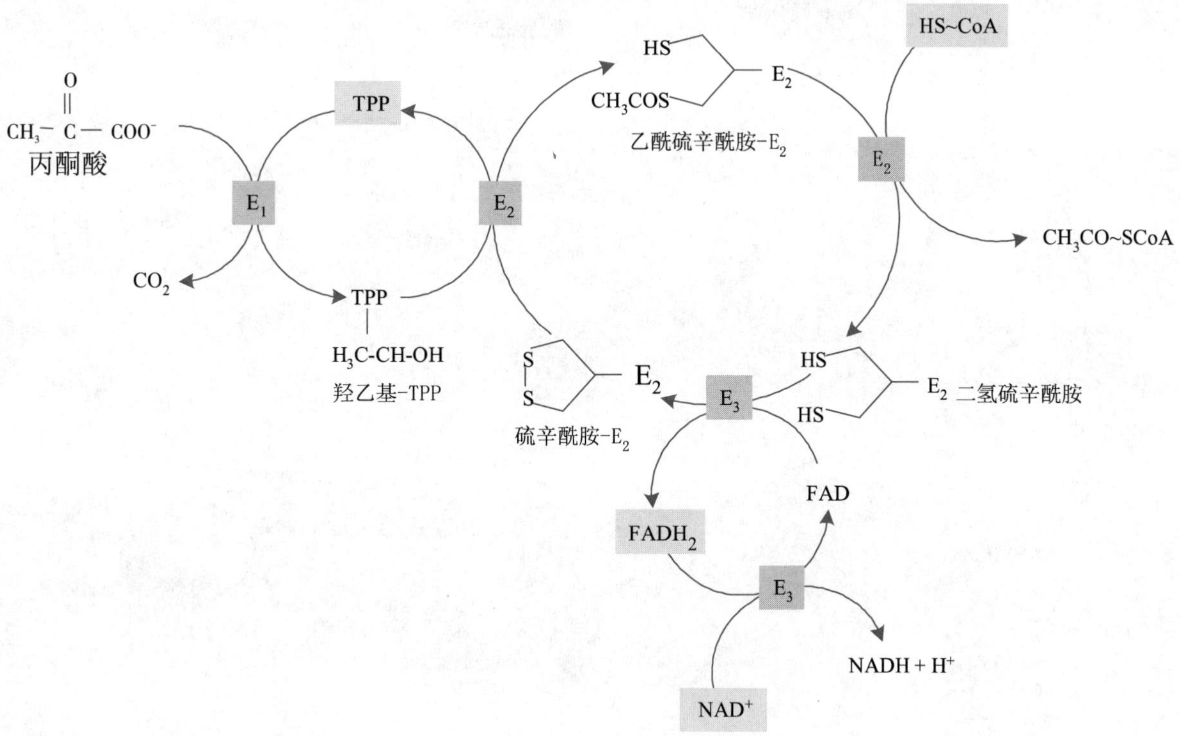

图 4－12　丙酮酸脱氢酶复合体作用机制

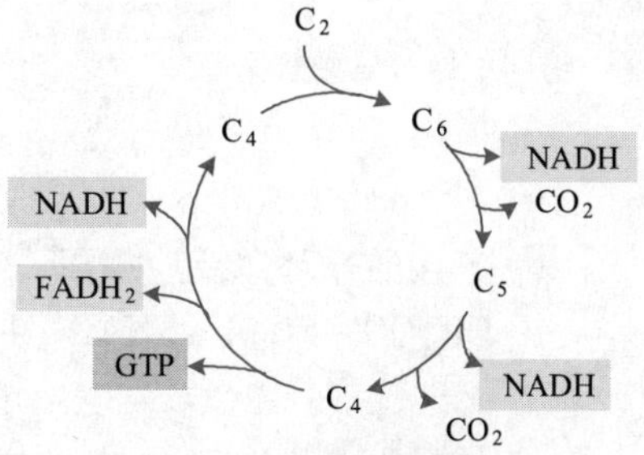

图 4－13　三羧酸循环概况

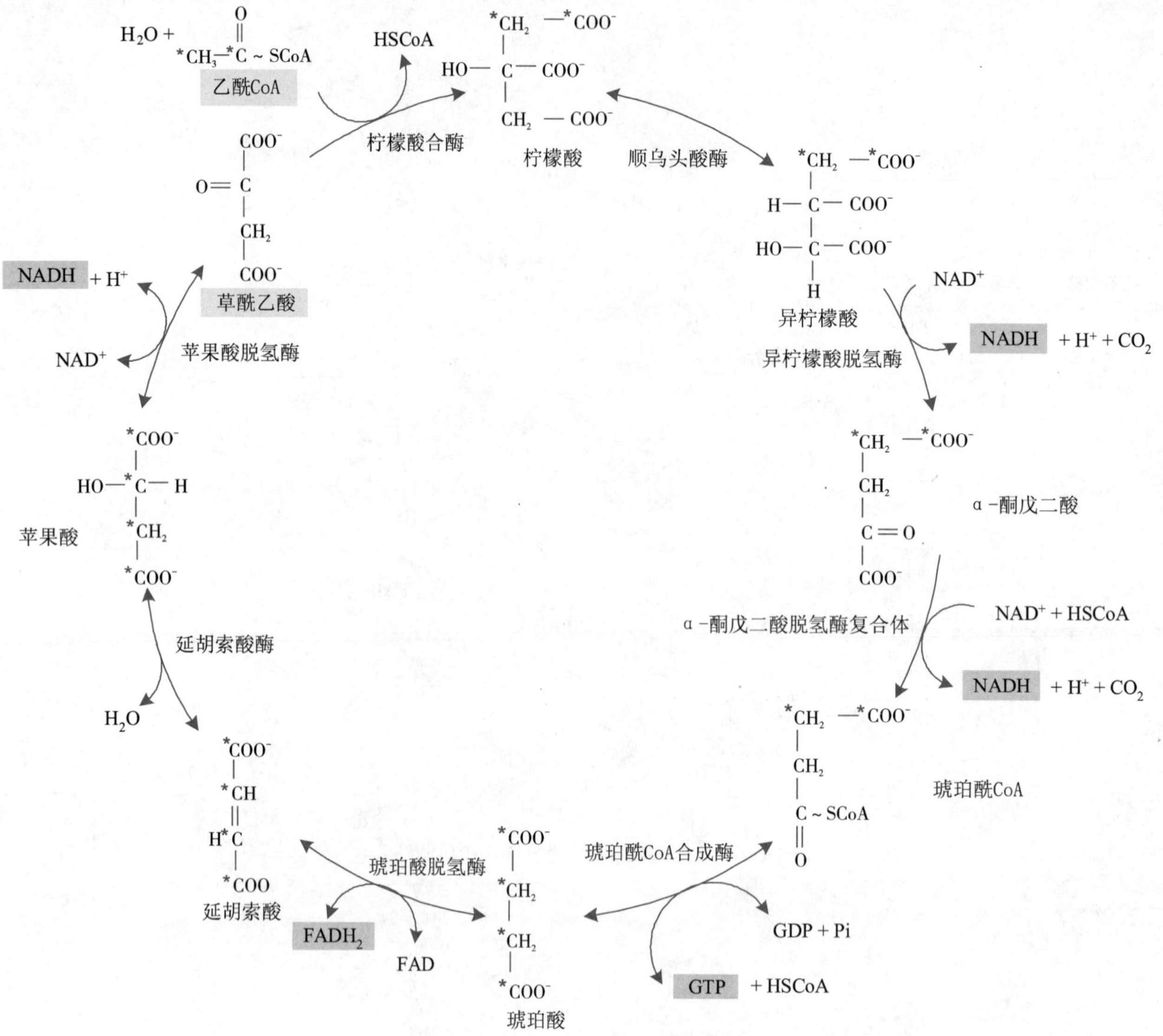

图 4-14 三羧酸循环

三羧酸循环总反应如下：

$$CH_3CO \sim SCoA + 3NAD^+ + FAD + GDP + Pi + 2H_2O \longrightarrow$$
$$2CO_2 + 3NADH(H^+) + FADH_2 + GTP + HSCoA$$

从量上来说，乙酰 CoA 进入三羧酸循环被氧化为 2 分子 CO_2。但同位素标志实验发现，CO_2 并非来自乙酰 CoA，而是来自草酰乙酸。

（四）三羧酸循环具有分解和合成代谢的双重作用

1. 三羧酸循环是糖、脂肪、蛋白质最终共同的代谢途径　糖、脂肪、蛋白质在体内进行生物氧化过程中，都可转变成乙酰 CoA 进入三羧酸循环彻底氧化分解（图 4-15）。

2. 三羧酸循环为呼吸链提供 NADH（H^+）和 $FADH_2$　三羧酸

循环本身并不产生大量的 ATP，其主要作用是通过氧化乙酰 CoA 而生成大量的 NADH（H^+）和 $FADH_2$，后者经呼吸链传递产生跨膜质子梯度，在 ATP 合酶作用下，由 ADP 和 Pi 通过氧化磷酸化生成 ATP（图 4－15）。

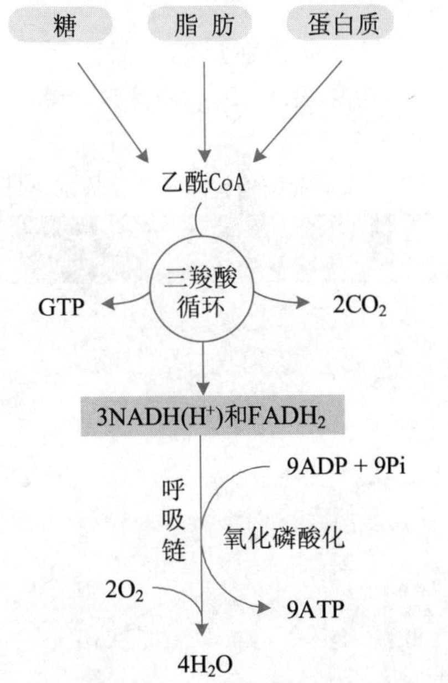

图 4－15　三羧酸循环是三大营养素最终的氧化通路

3. 三羧酸循环为生物合成提供前体小分子　三羧酸循环是糖、脂肪、氨基酸代谢联系的枢纽（图 4－16）。

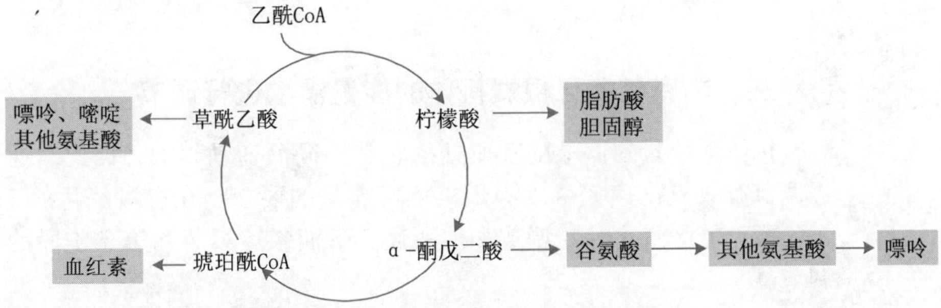

图 4－16　三羧酸循环在生物合成中的作用

（五）草酰乙酸主要来自丙酮酸的羧化

乙酰 CoA 进入三羧酸循环氧化需要催化量的草酰乙酸。草酰乙酸主要来自丙酮酸的羧化，也可由苹果酸脱氢生成。

$$丙酮酸 + CO_2 + ATP + H_2O \xrightarrow[生物素]{丙酮酸羧化酶} 草酰乙酸 + ADP + Pi$$

由于三羧酸循环的某些中间产物可参与其他物质的合成，因此，补充草酰乙酸是使三羧酸循环能够顺利进行的重要环节。

二、1 分子葡萄糖彻底氧化生成 CO_2 和 H_2O 时可净生成 30 分子 ATP

糖的有氧氧化是机体获得能量的主要方式。葡萄糖在有氧氧化过程中生成 ATP 的反应见表 4 – 5。

表 4 – 5 葡萄糖有氧氧化生成的 ATP

反 应	辅 酶	ATP
葡萄糖 →6 – 磷酸葡萄糖		– 1
6 – 磷酸果糖 →1，6 双磷酸果糖		– 1
2 × 3 – 磷酸甘油醛→2 × 1，3 – 二磷酸甘油酸	NAD^+	2 × 1.5 或 2 × 2.5
2 × 1，3 – 二磷酸甘油酸→2 × 3 – 磷酸甘油酸		2 × 1
2 × 磷酸烯醇式丙酮酸→ 2 × 丙酮酸		2 × 1
2 × 丙酮酸→2 × 乙酰 CoA	NAD^+	2 × 2.5
2 × 异柠檬酸→2 × α – 酮戊二酸	NAD^+	2 × 2.5
2 × α – 酮戊二酸→2 × 琥珀酰 CoA	NAD^+	2 × 2.5
2 × 琥珀酰 CoA→2 × 琥珀酸		2 × 1
2 × 琥珀酸→2 × 延胡索酸	FAD	2 × 1.5
2 × 苹果酸→2 × 草酰乙酸	NAD^+	2 × 2.5
合 计		30（或 32）

三、糖有氧氧化根据机体的能量需求进行调节

机体对能量的需求随其所处的状态不同而变动很大，因此，通过调节有氧氧化速率可以满足机体对能量的要求。在有氧氧化的 3 个阶段，糖酵解途径的调节如前所述。下面叙述第 2 和第 3 阶段的调节。

（一）丙酮酸脱氢酶复合体通过变构效应和化学修饰二种方式进行快速调节

丙酮酸脱氢酶复合体在体内主要受到产物 NADH、乙酰 CoA 的反馈调节和化学修饰调节（图 4 – 17）。

（二）三羧酸循环的速率和流量受多种因素调控

三羧酸循环的速率受到严格的调控（图 4 – 18），以满足机体对 ATP 的需求。目前认为，异柠檬酸脱氢酶和 α – 酮戊二酸脱氢酶复合体是三羧酸循环的调节点，它们在 $NADH/NAD^+$、ATP/ADP 比率高时被反馈抑制。

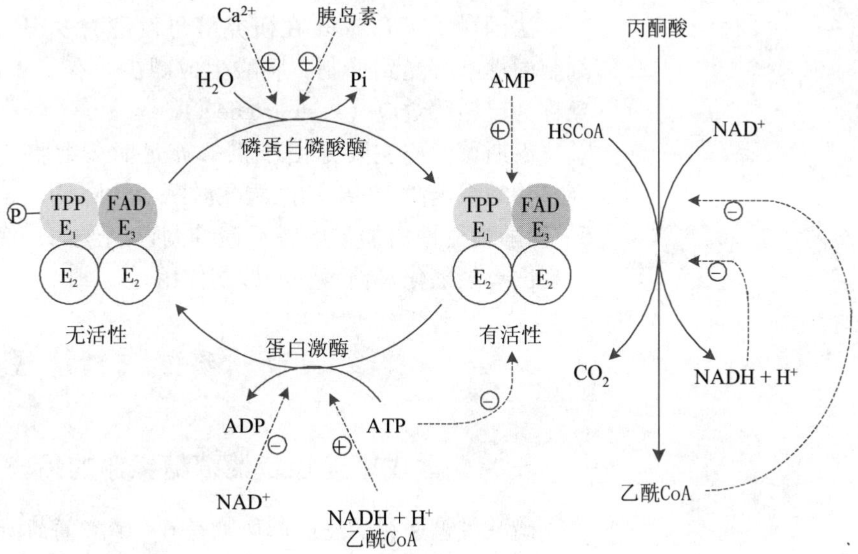

图 4－17　丙酮酸脱氢酶复合体的调节

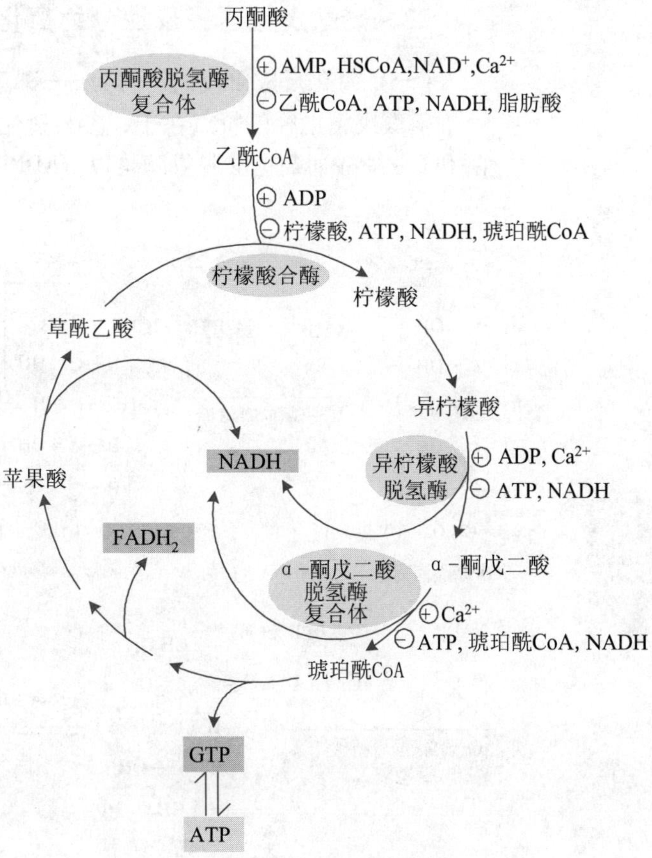

图 4－18　三羧酸循环的调控

四、糖有氧氧化抑制糖酵解

法国科学家 Pasteur 在研究酵母发酵时发现，供氧充足条件下，细胞内糖酵解受到抑制，乳酸生成减少。有氧氧化抑制糖酵解的现象称为巴斯德效应（Pasteur effect）。

巴斯德效应主要是由于供氧充足时，细胞内 ATP/ADP 比值升高，磷酸果糖激酶 - 1 和丙酮酸激酶活性降低，导致 6 - 磷酸果糖和 6 - 磷酸葡萄糖增加，后者反馈抑制己糖激酶，使葡萄糖利用减少，表现出有氧氧化对糖酵解的抑制作用。

第四节　磷酸戊糖途径

一、磷酸戊糖途径是葡萄糖代谢的另一重要途径

磷酸戊糖途径的反应起始物是 6 - 磷酸葡萄糖，其代谢的主要意义并不是生成 ATP。此途径主要在肝脏、脂肪组织、肾上腺皮质、性腺、骨髓、哺乳期的乳腺和红细胞等的细胞液中进行。全反应过程分为不可逆的氧化反应和可逆的非氧化反应两个阶段。

二、磷酸戊糖途径反应分为氧化和非氧化两个阶段

（一）氧化反应阶段的产物为 5 - 磷酸核糖和 NADPH

磷酸戊糖途径的特点在于：参与氧化反应的 6 - 磷酸葡萄糖脱氢酶和 6 - 磷酸葡萄糖酸脱氢酶均以 $NADP^+$ 作为受氢体。

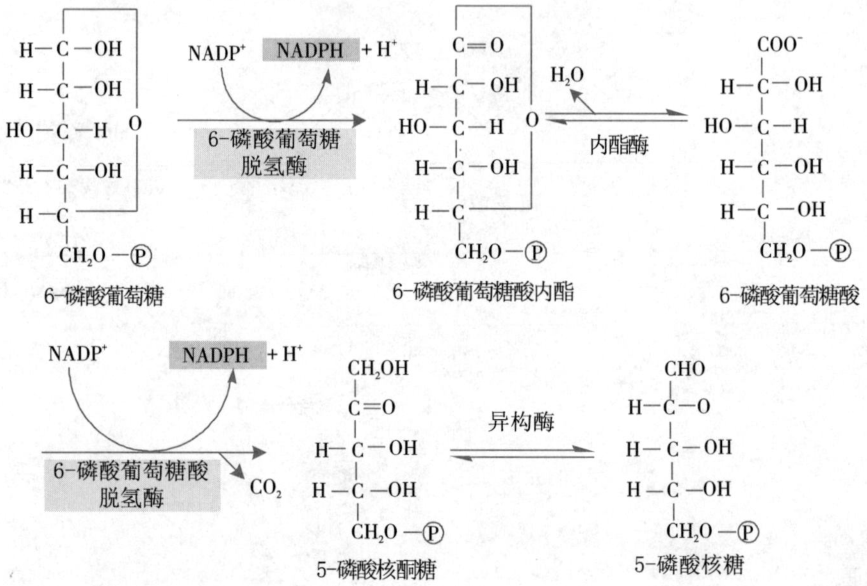

（二）非氧化反应的产物是 6 - 磷酸果糖和 3 - 磷酸甘油醛

1. 5 - 磷酸核酮糖经转变为 5 - 磷酸木酮糖后参与基团转移反应。

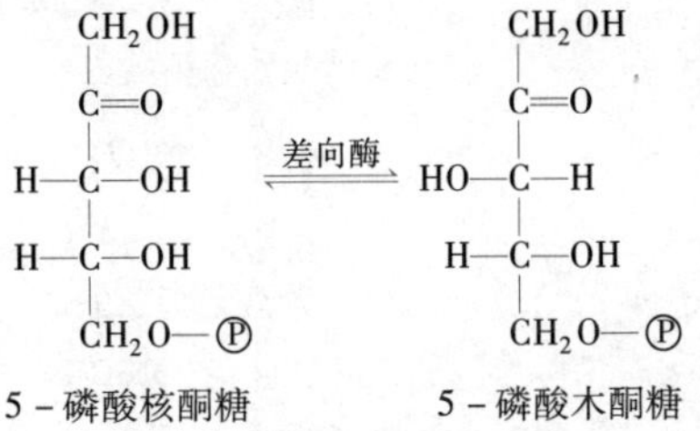

2. 两种酶催化基团转移反应　转酮醇酶催化 2 碳单位（羟乙醛基）的转移，反应需要 TPP 作为辅酶；转醛醇酶催化 3 碳单位（二羟丙酮基）的转移。基团的接受体都是醛糖。

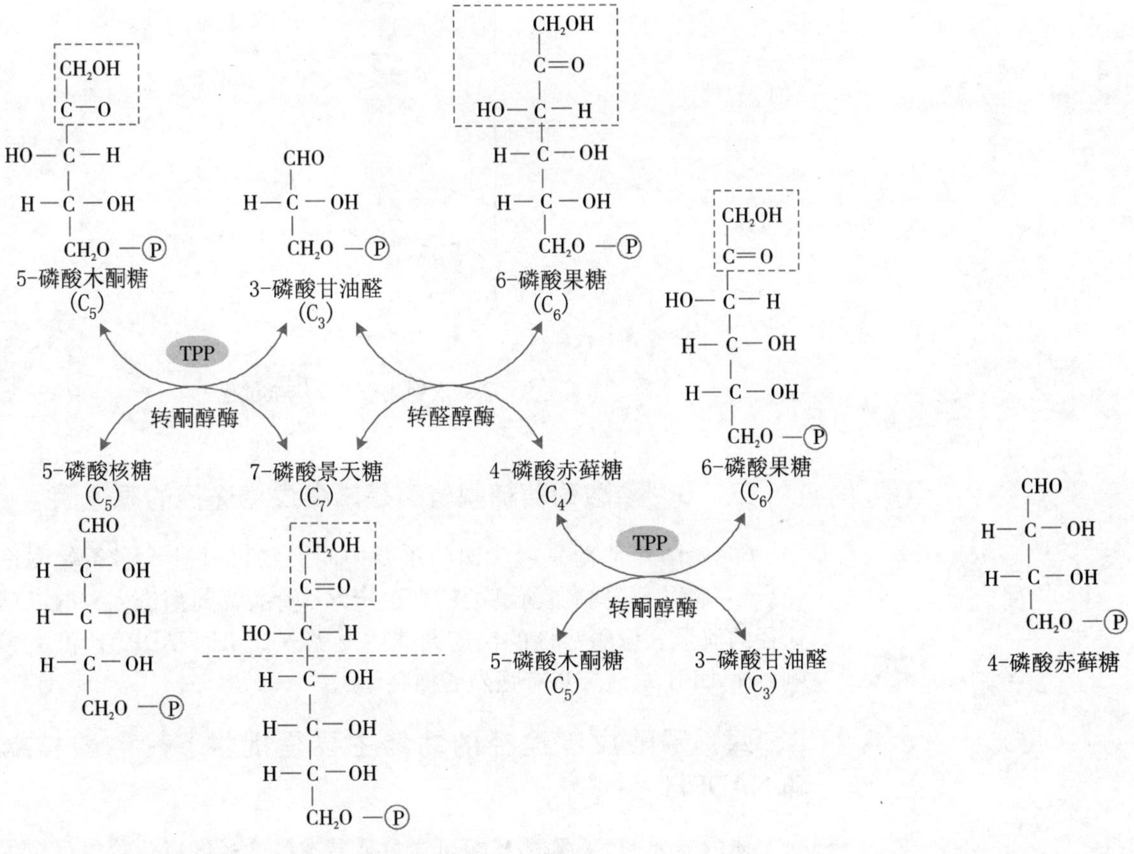

磷酸戊糖途径的反应全过程见图 4 - 19。

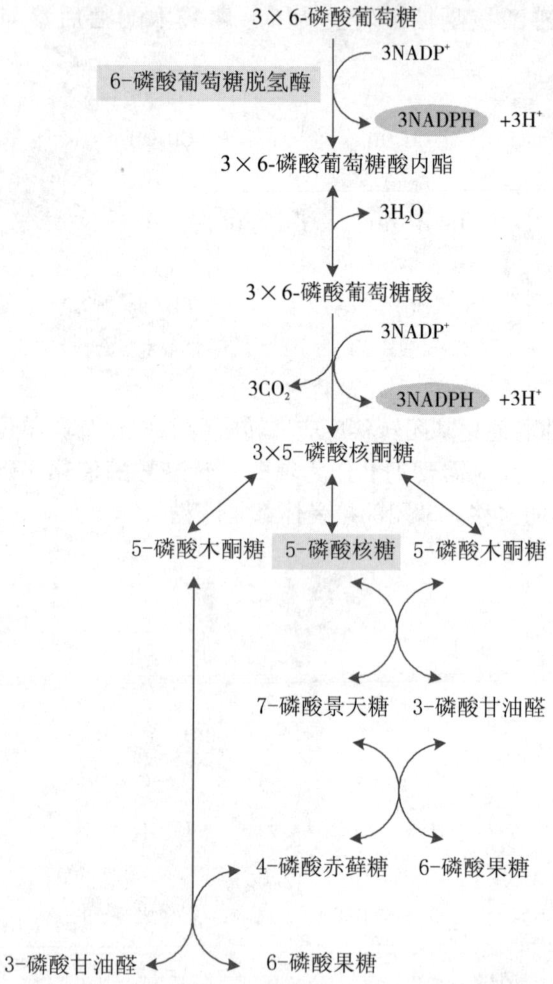

图 4-19　磷酸戊糖途径的反应全过程

三、6-磷酸葡萄糖脱氢酶是磷酸戊糖途径的限速酶

6-磷酸葡萄糖是糖代谢的重要中间产物，可进入多条代谢途径。6-磷酸葡萄糖脱氢酶的活性决定6-磷酸葡萄糖进入磷酸戊糖途径的流量。该酶活性的快速调节主要受 $NADPH/NADP^+$ 比值的影响。NADPH 对该酶具有强烈的抑制作用。

四、磷酸戊糖途径的功能主要是提供5-磷酸核糖和 NADPH

体内需要的5-磷酸核糖可通过磷酸戊糖途径的氧化阶段反应生成，也可以糖酵解的中间产物经非氧化阶段的基团转移反应生成。

5-磷酸核糖和 NADPH 在体内的主要作用见图4-20。

当人缺乏6-磷酸葡萄糖脱氢酶时，NADPH 含量低，红细胞尤其是较老的红细胞易于破裂，发生溶血性贫血，它们常在食用蚕豆以后发病，故称为蚕豆病。

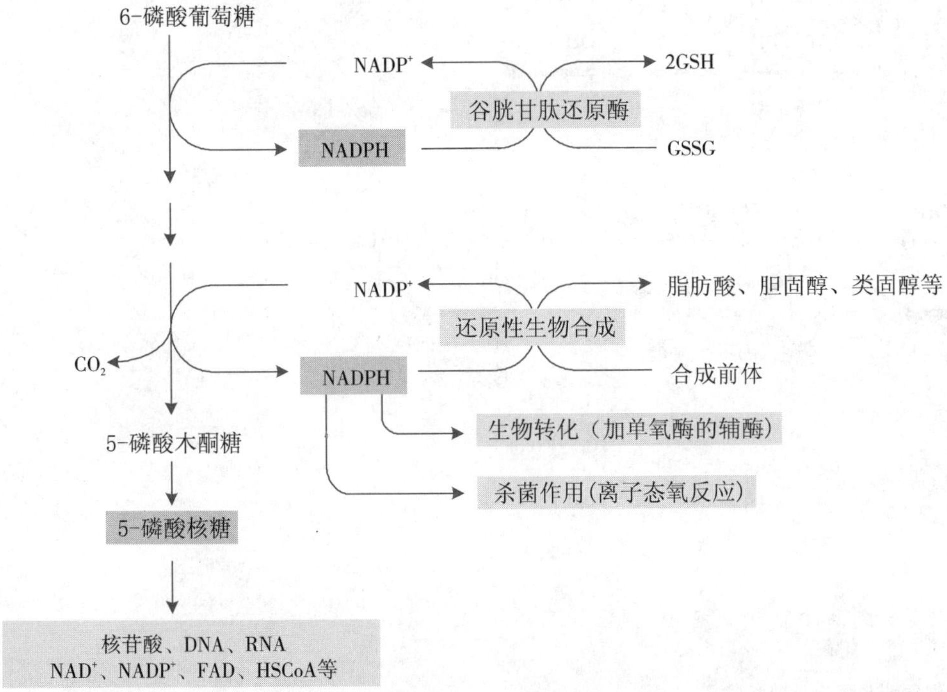

图4-20　磷酸戊糖途径的生理意义

第五节　糖原代谢

糖原是动物体内葡萄糖的储存形式，作为糖原颗粒主要储存在肝脏和肌肉组织，分别占肝脏和肌肉总重量的10%和1%~2%。肝糖原是血糖的重要来源，肌糖原主要为肌肉自身收缩提供能量。糖原的结构见图4-21。

一、由葡萄糖合成糖原的过程称为糖原合成

（一）尿苷二磷酸葡萄糖是糖原合成中葡萄糖的供体

尿苷二磷酸葡萄糖（uridine diphosphate glucose，UDPG）是葡萄糖的活性形式（图4-22）。

实际上，UDPG焦磷酸化酶促反应本身是可逆的，但由于焦磷酸在焦磷酸酶的作用下迅速水解生成2分子无机磷酸，故推动UDPG的合成。

（二）分支酶催化糖原分子中的α-1，6糖苷键的形成

糖原合酶仅仅催化α-1，4糖苷键的生成，分支酶催化α-1，6糖苷键的生成（图4-23）。分支既可增加糖原的水溶性，又能通过建立大量的非还原末端而增加糖原的合成与分解。

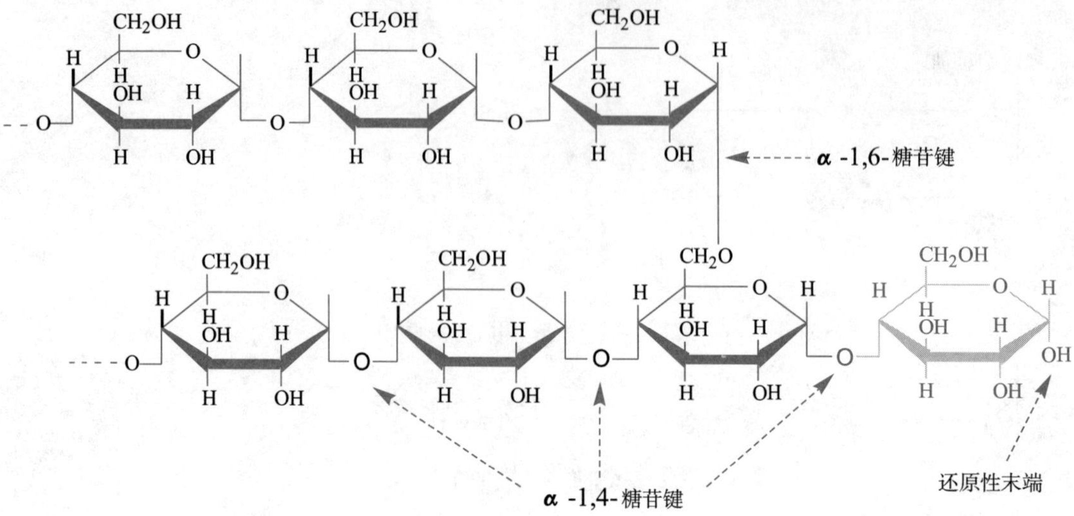

图 4－21　糖原的结构

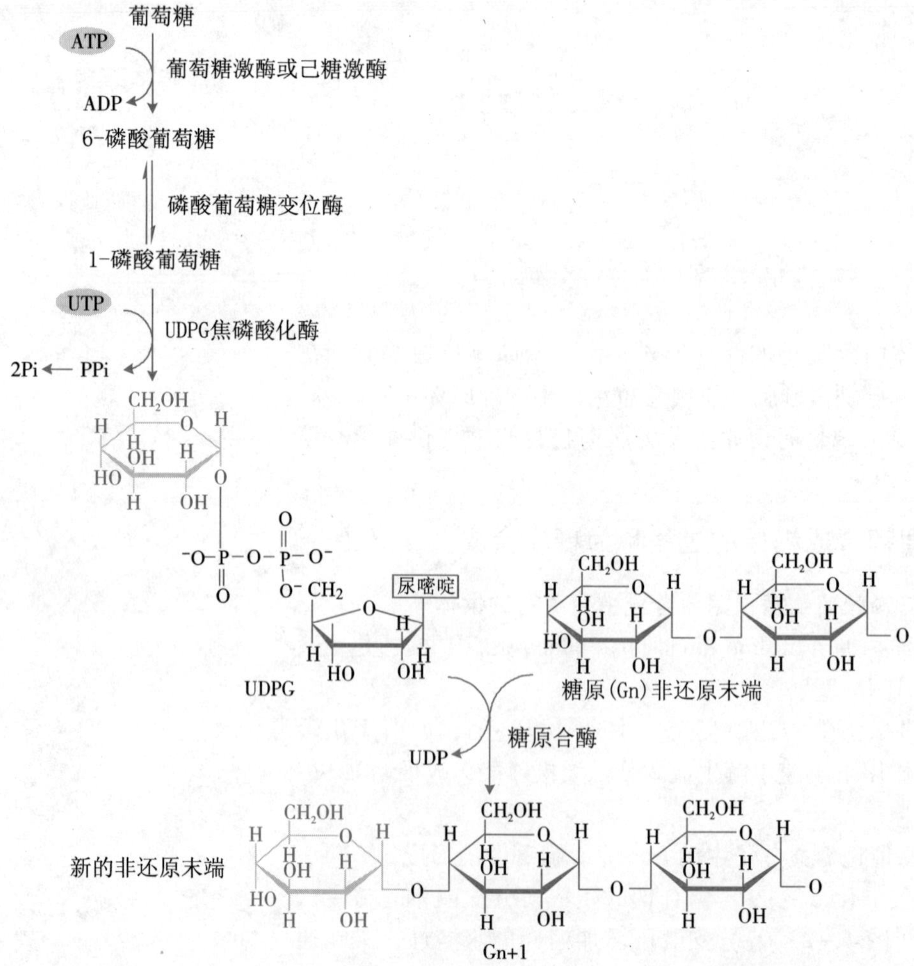

图 4－22　糖原合成

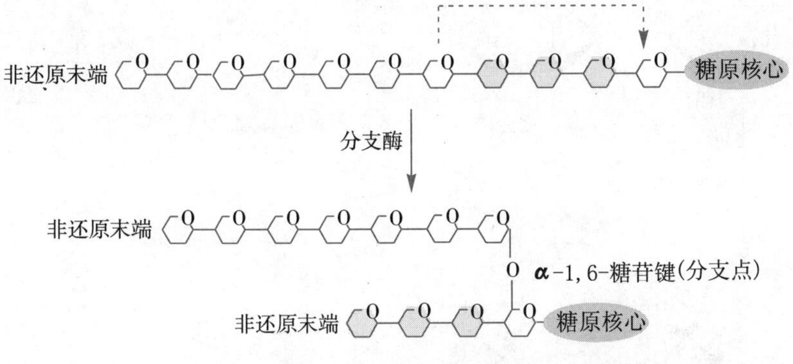

图 4-23　糖原分支的合成

（三）糖原分子每增加 1 个葡萄糖残基需消耗 2 个 ATP

糖原合成是个耗能过程。葡萄糖磷酸化时消耗 1 个 ATP，焦磷酸不可逆水解生成 2 分子磷酸时又损失 1 个高能磷酸键。

$$\text{葡萄糖} + 2ATP + Gn + H_2O \longrightarrow Gn + 1 + 2ADP + 2Pi$$

（四）Glycogenin 引发糖原引物的合成

Glycogenin 是近年发现的存在于糖原分子核心的一种蛋白质。它可利用 UDPG 将 7 个葡萄糖结合到蛋白分子的酪氨酸残基上，使其糖基化，并成为最初糖原合成的引物，再由糖原合酶和分支酶催化糖链的不断延伸，并形成分支。每个成熟糖原颗粒含有 12 层，直径约为 21nm，由 55，000 个葡萄糖残基组成，相对分子量为 10^7。糖原颗粒合成的大体过程见图 4-24（图中只显示 5 层）。

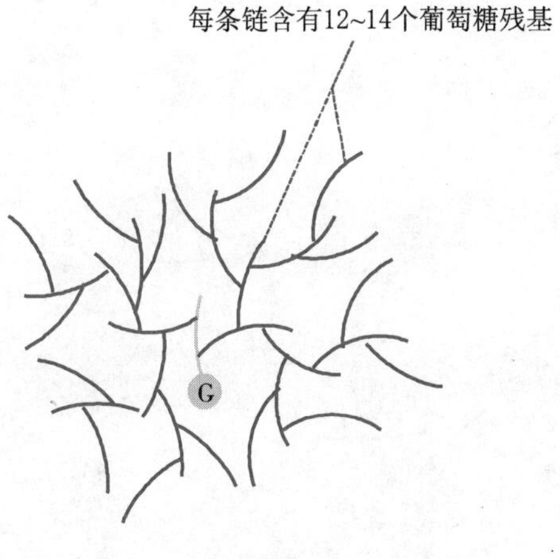

图 4-24　糖原颗粒合成的过程
G：glycogenin

二、肝糖原分解为葡萄糖的过程称为糖原分解

（一）糖原分子的分解需要磷酸化酶和脱支酶的协同作用

第一步是从糖链的非还原末端开始，磷酸化酶催化糖原磷酸解释放 1-磷酸葡萄糖（图 4-25）。脱支酶含有葡聚糖转移酶和 α-1，6 葡萄糖苷酶两种酶活性（图 4-26）。直接产物中约 85% 为 1-磷酸葡萄糖，15% 为游离葡萄糖。

（二）1-磷酸葡萄糖转化为 6-磷酸葡萄糖

1-磷酸葡萄糖在磷酸葡萄糖变位酶的作用下，经过 1，6-双磷酸葡萄糖中间产物生成 6-磷酸葡萄糖，然后进一步参与代谢（图 4-27）。

（三）葡萄糖 6-磷酸酶只存在于肝、肾中，而不存在于肌肉组织

葡萄糖 6-磷酸酶是内质网的一种膜蛋白，其活性部位位于内质网腔。6-磷酸葡萄糖的水解过程见图 4-28。

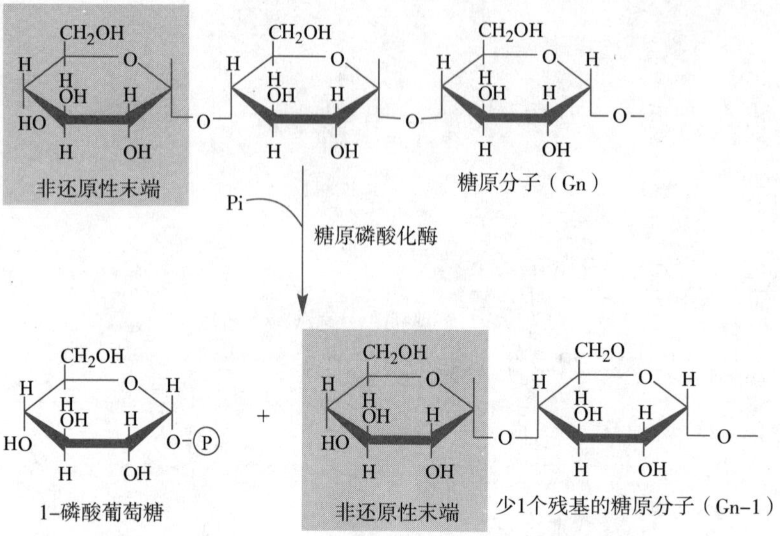

图 4－25　糖原磷酸化酶的作用

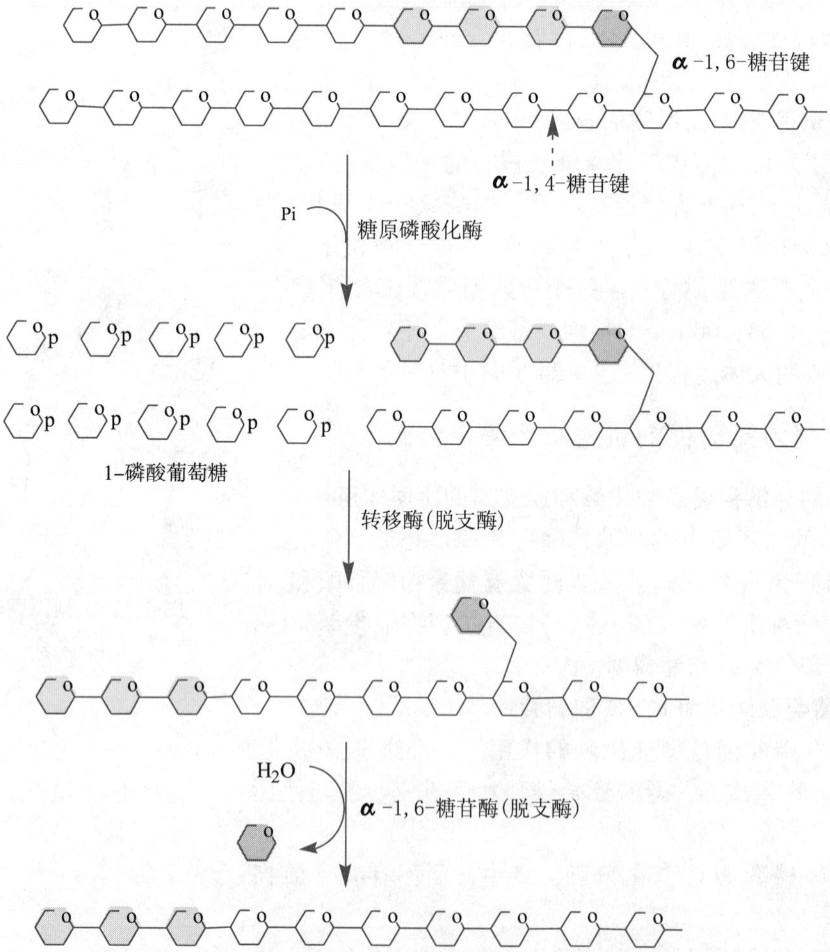

图 4－26　脱支酶的作用

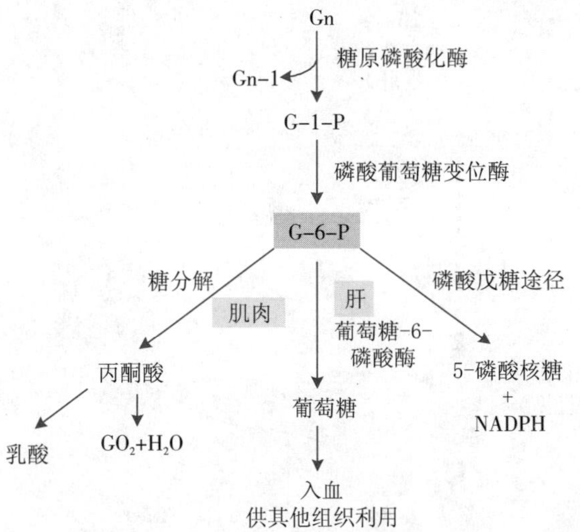

图 4－27　来自糖原分解的 6－磷酸葡萄糖的代谢去向

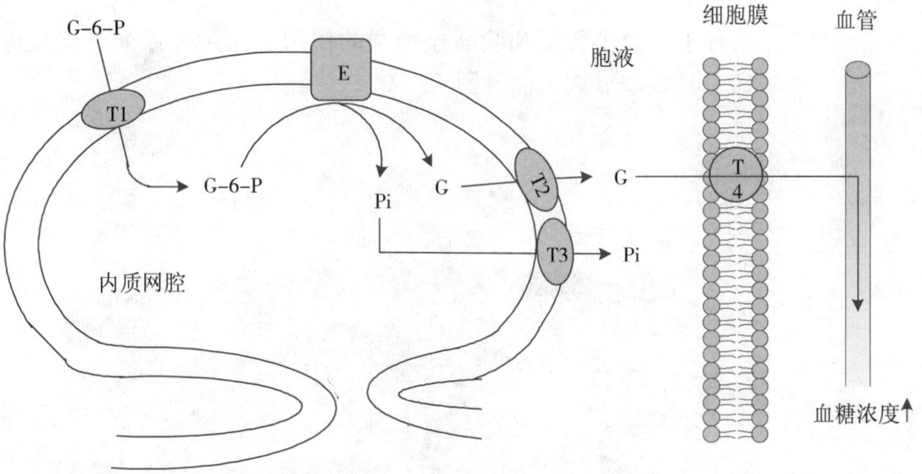

图 4－28　葡萄糖 6－磷酸酶的水解作用

T1：6－磷酸葡萄糖转运蛋白　T2：葡萄糖转运蛋白　T3：磷酸盐转运蛋白
E：葡萄糖 6－磷酸酶　　T4：葡萄糖转运体 2（GLUT2）

由此可见，肝糖原可补充血糖，而肌糖原不能分解成葡萄糖，只能进行糖酵解或有氧氧化。

三、糖原代谢受到变构和共价修饰的双重调节

（一）糖原磷酸化酶是糖原分解的关键酶

糖原磷酸化酶为同二聚体，具有低活性和高活性两种形式。肝糖原磷酸化酶与肌糖原磷酸化酶是同工酶，由不同的基因编码，具有不同的调节性质。前者主要受胰高血糖素调节，后者受肾上腺素调节。

糖原磷酸化酶的共价修饰调节见图 4－29。

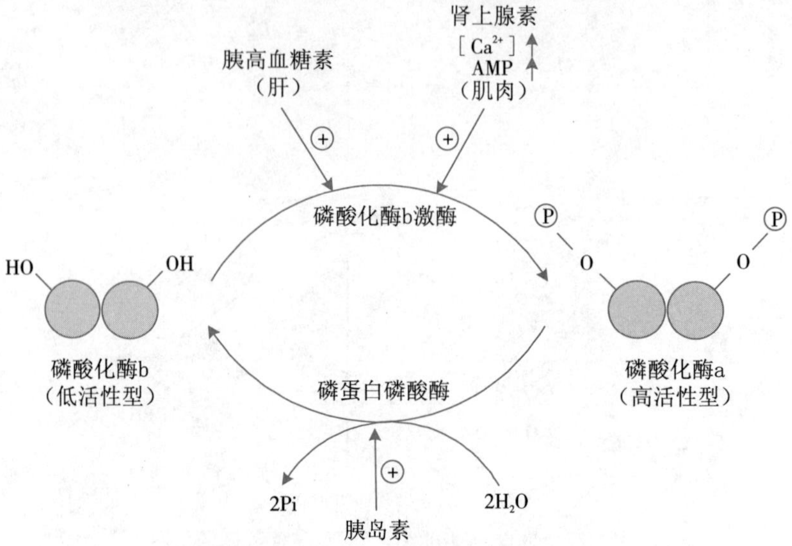

图 4-29 糖原磷酸化酶的共价修饰调节

实际上，肾上腺素和胰高血糖素的作用是通过一系列酶促反应实现的，其级联放大机制见图 4-30。

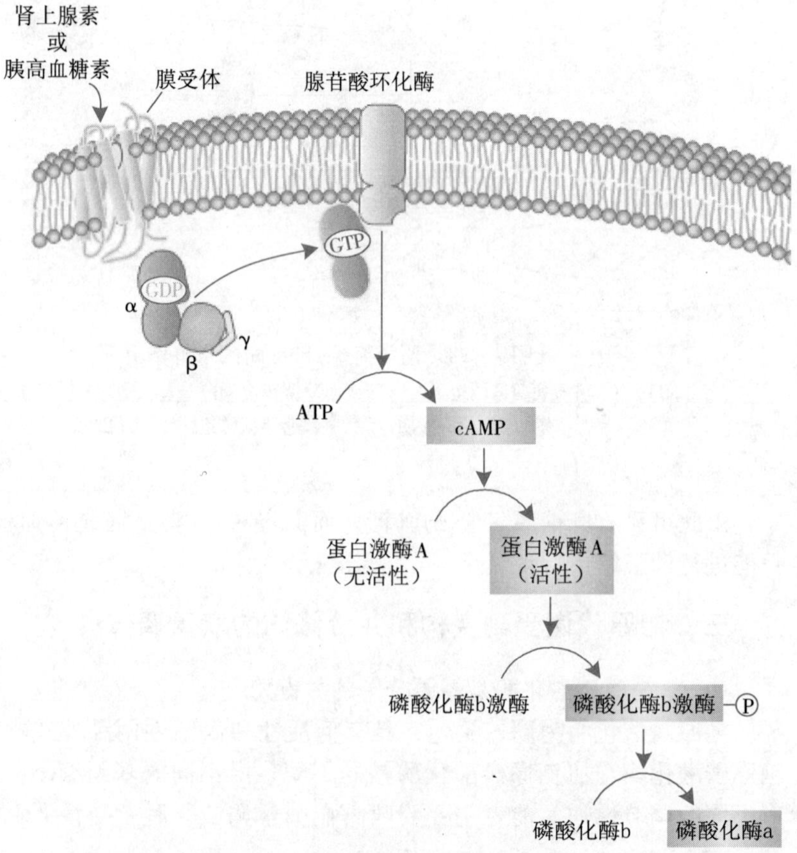

图 4-30 糖原磷酸化酶的激素调节

肝糖原磷酸化酶 a 还受变构调节，葡萄糖是其变构效应剂。当血糖升高时，葡萄糖与磷酸化酶 a 的变构调节部位结合，引起后者构象变化，暴露出磷酸化位点，然后在磷蛋白磷酸酶 -1（PP1）作用下脱磷酸化而活性降低，肝糖原分解减少。

（二）糖原合酶是糖原合成的关键酶

像糖原磷酸化酶一样，糖原合酶也接受共价修饰和变构两种调节。但糖原合酶的磷酸化修饰涉及多种蛋白激酶，如蛋白激酶 A（PKA）、糖原合酶激酶 3（GSK3）、酪蛋白激酶Ⅱ（CKⅡ）等，其调节机制更复杂。糖原合酶活性的调节简单归纳如图 4 -31。

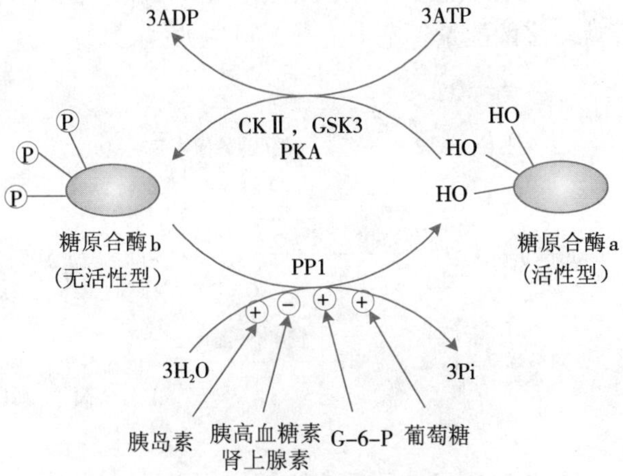

图 4 -31　糖原合酶的调节

四、糖原累积症是一类遗传性代谢病

首例糖原累积症发现于 1929 年，1952 年阐明其发病机制。糖原累积症的特点是某些器官组织中大量糖原堆积，原因是由于患者先天性缺乏与糖原代谢有关的酶类。糖原累积症分型见表 4 -6。

表 4 -6　糖原累积症

型　别	缺陷的酶	受累器官	糖原结构
Ⅰ（Von Gierke 病）	葡萄糖 -6 - 磷酸酶	肝、肾	正常
Ⅱ（Pompe 病）	溶酶体 α -1，4 - 葡萄糖苷酶	所有组织	正常
Ⅲ（Cori 病）	脱支酶	肝、肌肉	分支多，外周糖链短
Ⅳ（Andersen 病）	分支酶	所有组织	分支少，外周糖链长
Ⅴ（McArdle 病）	肌磷酸化酶	肌肉	正常
Ⅵ（Hers 病）	肝磷酸化酶	肝	正常
Ⅶ（Tarui 病）	肌肉和红细胞磷酸果糖激酶	肌肉、红细胞	正常
Ⅷ	肝磷酸化酶激酶	脑、肝	正常

第六节 糖 异 生

从非糖化合物（乳酸、甘油、生糖氨基酸等）转变为葡萄糖或糖原的过程称为糖异生（gluconeogenesis）。糖异生的主要器官是肝脏，长期饥饿时肾脏糖异生能力大大增强。

一、糖异生的关键是绕过糖酵解的3个不可逆反应

糖酵解时，由己糖激酶、磷酸果糖激酶－1和丙酮酸激酶催化的3个反应释放较多的能量，基本上是不可逆的。

葡萄糖 + ATP —(己糖激酶)→ 6－磷酸葡萄糖 + ADP

ΔG = －8. 0 kcal /mol（－33kJ/ mol）

6－磷酸果糖 + ATP —(磷酸果糖激酶－1)→ 1, 6－双磷酸果糖 + ADP

ΔG = －5. 3 kcal/mol（－22kJ/ mol）

磷酸烯醇式丙酮酸 + ATP —(丙酮酸激酶)→ 丙酮酸 + ADP

ΔG = －4. 0 kcal/ mol（－17kJ/ mol）

因此，糖异生时要经特殊反应绕过这些不可逆反应。

（一）丙酮酸羧化为草酰乙酸后再转变成磷酸烯醇式丙酮酸

1. 丙酮酸通过两步反应转变成磷酸烯醇式丙酮酸

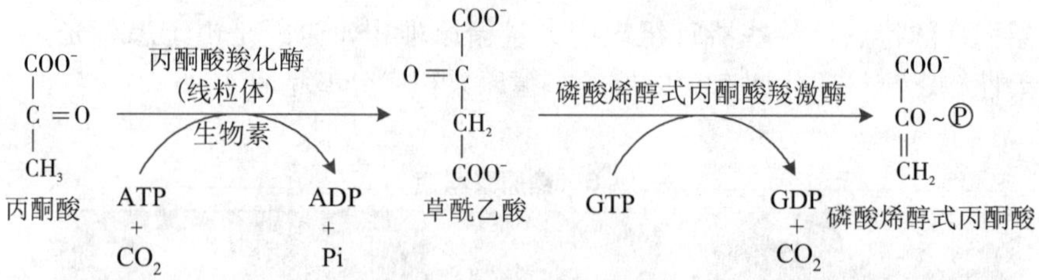

由于丙酮酸羧化酶只存在于线粒体内，故胞液中生成的丙酮酸必须进入线粒体后，才能转变为草酰乙酸。

2. 草酰乙酸以苹果酸或天冬氨酸两种方式从线粒体转运入胞液

磷酸烯醇式丙酮酸羧激酶在线粒体和胞液中都存在。线粒体中的草酰乙酸即可以转变为磷酸烯醇式丙酮酸再进入胞液，也可以苹果酸或天冬氨酸的方式转运入胞液（图4－32）。

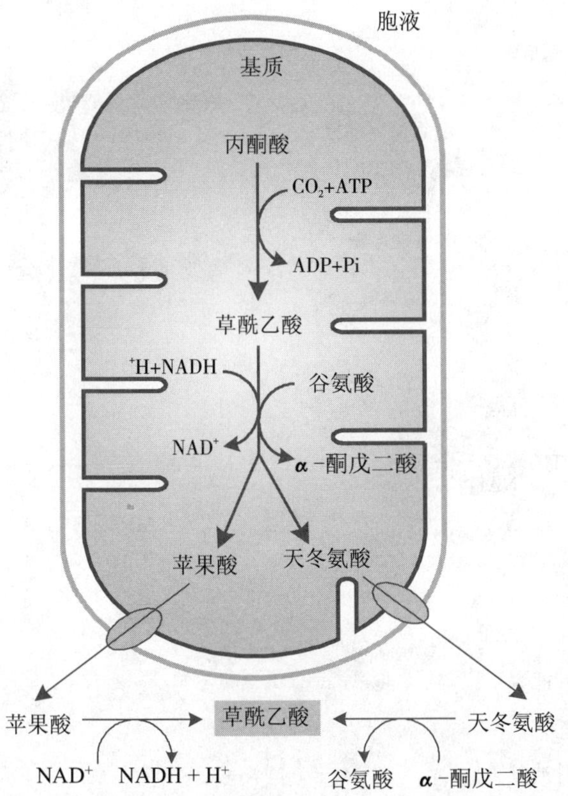

图 4－32　草酰乙酸从线粒体转运入胞液

（二）1，6－双磷酸果糖转变为 6－磷酸果糖是由果糖双磷酸酶－1 催化

1，6－双磷酸果糖转变为 6－磷酸果糖的水解反应不生成 ATP，故反应易于进行。

$$1,6-\text{双磷酸果糖} + H_2O \xrightarrow{\text{果糖双磷酸酶}-1} 6-\text{磷酸果糖} + Pi$$

（三）游离葡萄糖的生成是重要的步骤

在大多数组织，糖异生终止于 6－磷酸葡萄糖的生成。这是因为这些组织缺少葡萄糖 6－磷酸酶。如前所述，葡萄糖 6－磷酸酶仅存在于肝和肾。

糖异生过程归纳如图 4－33。

二、底物循环协同调解糖酵解和糖异生

从图 4－33 中可以看到，作用物的互变反应由不同的酶催化其单向反应，这种循环反应称之为底物循环（substrate cycle）。如果两种酶活性相等时，结果只是空消耗 ATP，而没有代谢物的净变化，因此，有时底物循环又称为无效循环（futile cycle）。

肝中糖酵解和糖异生的协同调解见图 4－34。

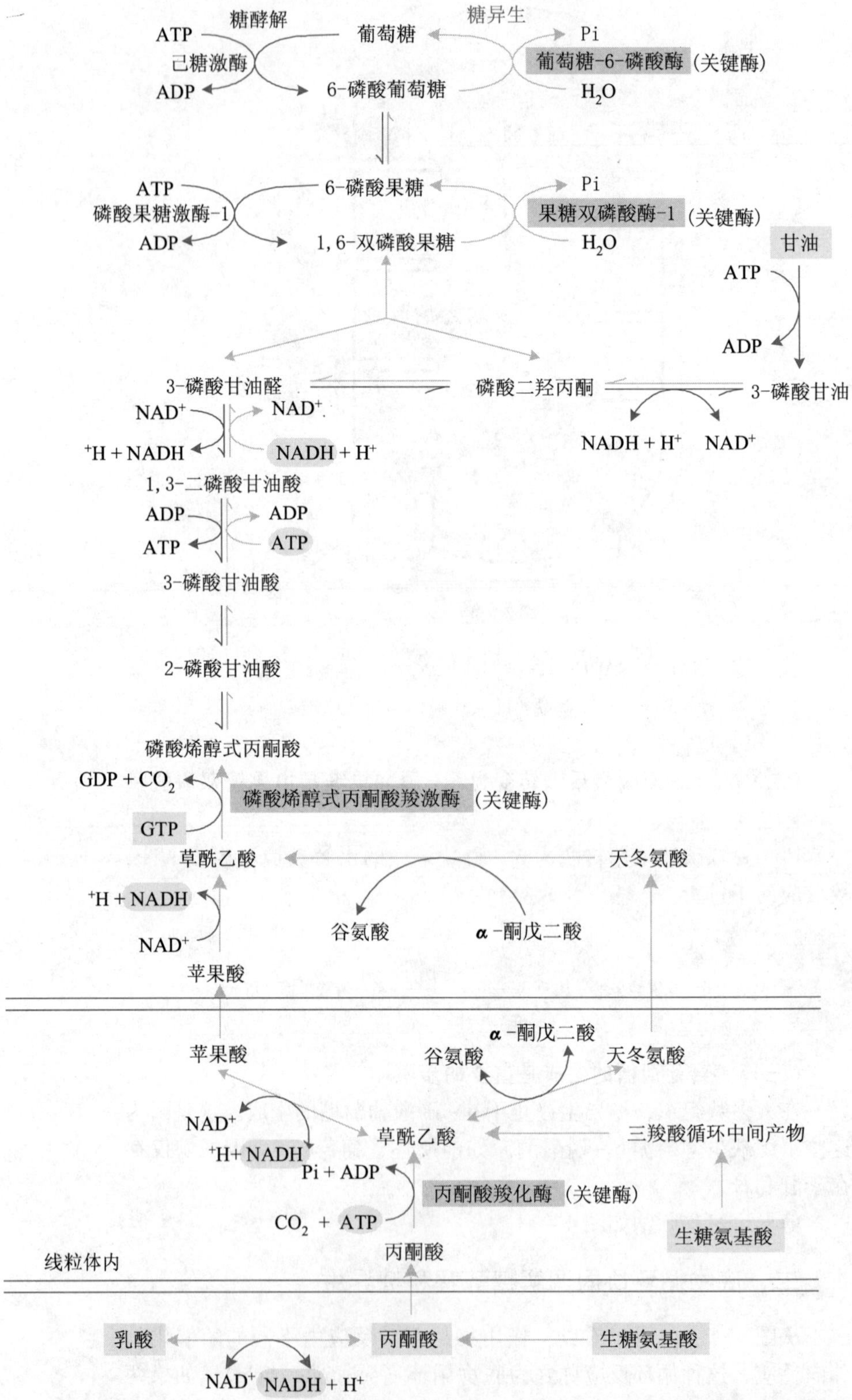
糖酵解
糖异生
ATP
葡萄糖
Pi
己糖激酶
葡萄糖-6-磷酸酶
(关键酶)
ADP
6-磷酸葡萄糖
H_2O
ATP
6-磷酸果糖
Pi
磷酸果糖激酶-1
果糖双磷酸酶-1
(关键酶)
ADP
1,6-双磷酸果糖
H_2O
甘油
ATP
ADP
3-磷酸甘油醛
磷酸二羟丙酮
3-磷酸甘油
NAD^+
NAD^+
$^+H + NADH$
$NADH + H^+$
$NADH + H^+$
NAD^+
1,3-二磷酸甘油酸
ADP
ADP
ATP
ATP
3-磷酸甘油酸
2-磷酸甘油酸
磷酸烯醇式丙酮酸
$GDP + CO_2$
磷酸烯醇式丙酮酸羧激酶
(关键酶)
GTP
草酰乙酸
天冬氨酸
$^+H + NADH$
谷氨酸
α-酮戊二酸
NAD^+
苹果酸
苹果酸
α-酮戊二酸
谷氨酸
天冬氨酸
NAD^+
$^+H + NADH$
草酰乙酸
三羧酸循环中间产物
Pi + ADP
丙酮酸羧化酶
(关键酶)
CO_2 + ATP
生糖氨基酸
丙酮酸
线粒体内
乳酸
丙酮酸
生糖氨基酸
NAD^+
$NADH + H^+$

图 4-33 糖异生途径

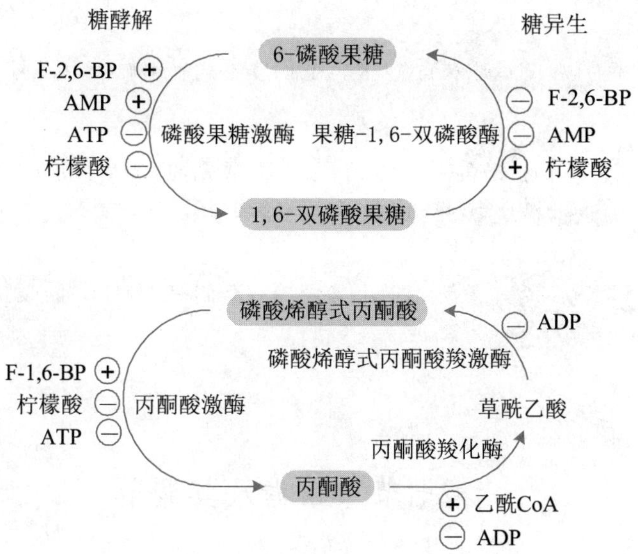

图 4－34　肝中糖酵解和糖异生的协同调解

三、肌肉收缩时产生的乳酸通过乳酸循环被机体再利用

肌肉收缩特别是氧供给不足时，肌糖原经糖酵解生成乳酸。对肌肉而言，乳酸是分解代谢的终产物。但生成的乳酸可扩散入血，通过乳酸循环（图 4－35）被机体利用，这既可避免乳酸的损失，又具有防止因乳酸堆积引起的酸中毒。乳酸循环是耗能的，2 分子乳酸异生成葡萄糖时需消耗 6 分子 ATP（图 4－33）。

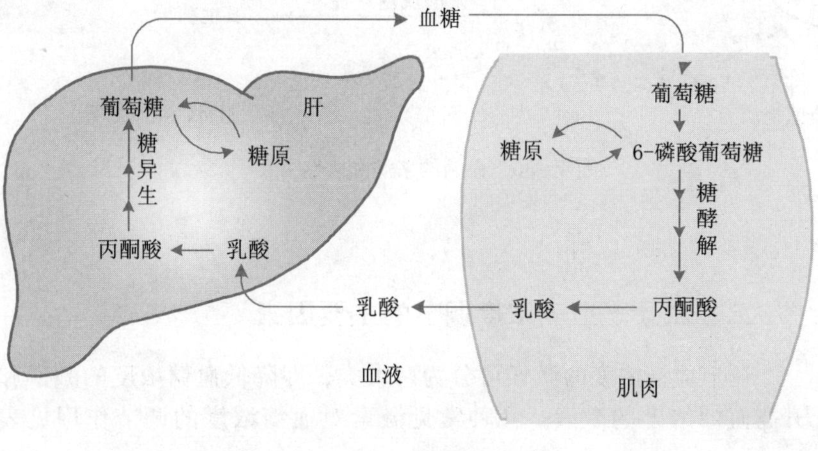

图 4－35　乳酸循环

四、糖异生对维持血糖浓度恒定等具有重要作用

糖异生的生理意义

- 空腹或饥饿时，来自氨基酸、甘油等异生成葡萄糖，以维持血糖浓度恒定
- 是肝补充或恢复糖原储备的重要途径。通常，将丙酮酸、乳酸等三碳化合物合成糖原的途径称为三碳途径或间接途径
- 长期饥饿时，肾糖异生作用增强，有利于维持酸碱平衡，对于防止酸中毒有重要作用

第七节 血糖及其调节

一、血糖来自于食物、糖异生及肝糖原分解

血中的葡萄糖称为血糖（blood glucose）。血糖水平相当恒定，这是进入和移出血液的葡萄糖平衡的结果。血糖的来源和去路见图4－36。

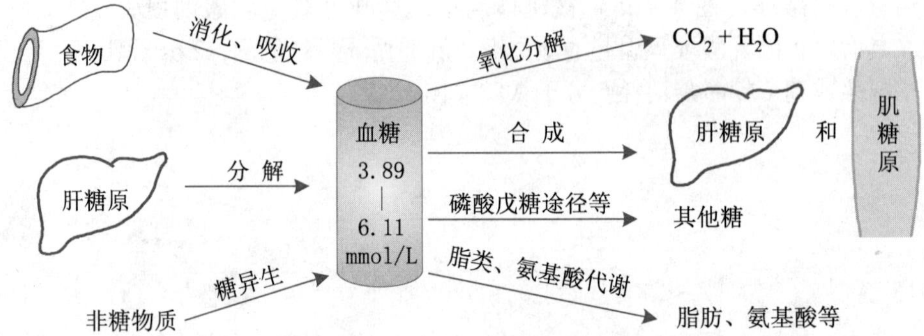

图4－36 血糖的来源和去路

二、激素是血糖浓度调节的主要因素

调节血糖浓度的激素可分为两大类，即降低血糖浓度的激素和升高血糖浓度的激素。几种常见激素对血糖浓度的调节作用见表4－7。

表 4－7　激素对血糖浓度的调节作用

激素	作用效果	调节机制
胰岛素	降血糖	①促进肌、脂肪组织等的细胞膜葡萄糖转运体将葡萄糖转运入细胞；②增加磷酸二酯酶活性，降低 cAMP 水平，进而使糖原合酶活性增强、磷酸化酶活性降低，加速糖原合成、抑制糖原分解；③激活丙酮酸脱氢酶磷酸酶使丙酮酸脱氢酶活化，加快糖的有氧氧化；④减少磷酸烯醇式丙酮酸羧激酶的合成及肝糖异生的原料，抑制肝内糖异生；⑤抑制脂肪组织的激素敏感性脂肪酶，降低脂肪动员的速率，从而促进机体利用葡萄糖
胰高血糖素	升血糖	①激活蛋白激酶 A，从而激活磷酸化酶并抑制糖原合酶，促进肝糖原分解；②抑制 6－磷酸果糖激酶－2，激活果糖双磷酸酶－2，从而抑制糖酵解，促进糖异生；③促进磷酸烯醇式丙酮酸羧激酶的合成、抑制丙酮酸激酶活性、加速肝摄取血中的氨基酸，增强糖异生；④激活脂肪组织的激素敏感性脂肪酶，促进脂肪动员，减少机体利用葡萄糖
糖皮质激素	升血糖	①促进肌蛋白分解，增加糖异生原料，同时增加磷酸烯醇式丙酮酸羧激酶的合成，促进糖异生；②抑制肝外组织摄取和利用葡萄糖
肾上腺素	升血糖	激活蛋白激酶 A，从而激活磷酸化酶，促进肝糖原分解

正常人体内存在一整套高效率的调节糖代谢的机制，在一次性食入大量葡萄糖之后，血糖浓度不发生大的波动和持续升高。人体对摄入的葡萄糖具有很强耐受力的现象，被称为葡萄糖耐量（glucose tolerance）或耐糖现象。

三、高血糖和低血糖是常见的血糖水平异常

临床上常见的两种血糖浓度异常类型见表 4－8。

表 4－8　常见的两种血糖浓度异常类型

类 型	血糖浓度	内容说明
高血糖	>7.22～7.78mmol/L	当血糖浓度高于 8.89～10mmol/L，则超过了肾小管的重吸收能力，出现糖尿，这一血糖水平称为肾糖域。持续性高血糖和糖尿，尤其是空腹血糖和糖耐量曲线高于正常范围，主要见于糖尿病（diabetes mellitus）
低血糖	<3.33～3.89mmol/L	当血糖浓度过低时，会影响脑功能，出现头晕、倦怠无力、心悸等，严重时出现昏迷，称为低血糖休克

（于爱鸣）

第五章　脂类代谢

内容提要

脂类（lipids）是一类不溶于水而溶于有机溶剂的化合物。脂类包括脂肪（fat）和类脂（lipoid）两大类。脂肪即甘油三酯（triglyceride，TG），是体内主要的储能和供能物质。类脂包括胆固醇（cholesterol）、胆固醇酯（cholesterol ester）、磷脂（phospholipids）和糖脂（glycolipid）。类脂是构成生物膜的基本成分。各种脂类在血浆中以脂蛋白的形式运输。

第一节　脂　　酸

一、不饱和脂酸有两种命名方法

从脂酸的羧基碳起计算碳原子的顺序为 Δ 编码体系；从脂酸的甲基碳起计算碳原子的顺序为 ω 或 n 编码体系（图 5－1）。含 2 个及 2 个以上双键的脂酸称为多不饱和脂酸。

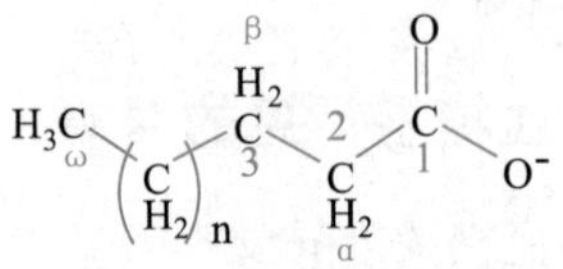

图 5－1　脂酸碳原子的编码

二、多价不饱和脂酸是体内的必需脂酸

机体需要但自身又不能合成或合成量不足，必须从植物油中摄取的脂酸叫必需脂酸，包括亚油酸、亚麻酸和花生四烯酸等多价不饱和脂酸。常见的脂酸见表 5－1。

表 5-1 常见的脂酸

习惯名称	碳原子及双键数	双键位置		族
		Δ 系	ω 系	
月桂酸	12:0			
肉豆蔻酸	14:0			
软脂酸	16:0			
硬脂酸	18:0			
油酸	18:1	9	7	ω-7
亚油酸	18:2	9, 12	6, 9	ω-6
亚麻酸	18:3	9, 12, 15	3, 6, 9	ω-3
花生四烯酸	20:4	5, 8, 11, 14	6, 9, 12, 15	ω-6

第二节 脂类的消化吸收

食物中的脂类以甘油三酯为主，还有少量的磷脂和胆固醇酯。脂类的消化吸收部位主要在小肠上段。食物中的脂类与胆汁酸盐构成微团（micelles），以增加脂类与消化酶的接触，促进脂类的消化。参与脂类消化的酶主要是胰液中的多种酶类（表 5-2），其中辅脂酶本身不具有酶的活性，但它能通过氢键与胰脂酶结合，同时通过疏水作用与脂肪结合，使其锚于微团的水油界面上，防止胰脂酶的变性并增加其活性，促进脂肪的水解。

表 5-2 参与脂类消化的胰酶

酶	作用的脂类	消化产物
胰脂酶、辅脂酶	甘油三酯	脂酸、2-甘油一酯
磷脂酶 A_2	磷脂	脂酸、溶血磷脂
胆固醇酶	胆固醇酯	脂酸、胆固醇

上述消化产物与胆汁酸盐组成混合微团（mixed micelles）被小肠黏膜细胞吸收。中短链脂酸及甘油经门静脉入肝代谢。其他消化吸收的产物在小肠黏膜细胞再酯化，然后与载脂蛋白 B48 及 AⅣ 等组成乳糜微粒，经淋巴入血。

第三节 甘油三酯代谢

甘油三酯（图 5-2）是体内主要的储能和供能物质之一。机体不断地利用食物脂类的消化吸收产物和糖分解代谢的中间产物合成甘油三酯进行储存，也经常地分解储存的甘油三酯以提供生命活动所需的部分能量或转变成其他物质（图 5－3）。如风鸟储存的甘油三酯可供60 小时的飞行所需能量之用。

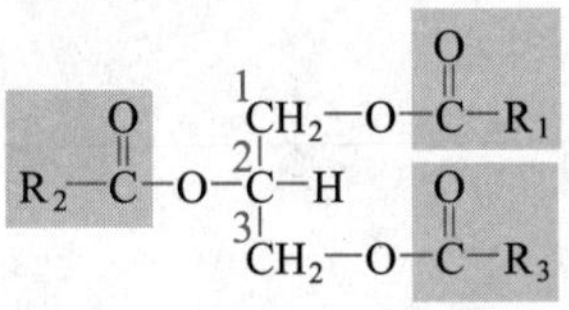

图 5－2　甘油三酯的结构

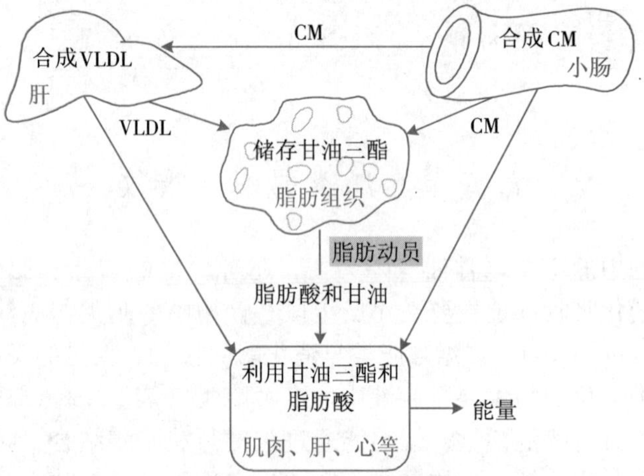

图 5－3　甘油三酯代谢概况

一、甘油三酯的分解主要是脂酸的氧化

（一）脂肪动员是脂肪组织中的甘油三酯分解

储存在脂肪细胞中的脂肪在各种脂肪酶的作用下，逐步水解，释放出游离脂酸（free fatty acid，FFA）和甘油，供其他组织细胞氧化利用的过程称为脂肪动员（fat mobilization）。脂肪动员的产物脂酸在血中由清蛋白运输，主要由心、肝、骨骼肌等组织摄取利用（图 5－4）。甘油直接由血液运至肝、肾、肠等组织。

在脂肪动员中，脂肪细胞内的甘油三酯脂肪酶是水解甘油三酯的限速酶，它受多种激素的调控，因此称为激素敏感性脂肪酶（hormone－sensitive lipase，HSL）。能促进脂肪分解的激素称为脂解激素，反之则为抗脂解激素。激素敏感性脂肪酶的调节机制见图 5－5。

（二）甘油主要在肝、肾进行糖异生（图 5－6）。

甘油激酶在脂肪组织和骨骼肌中活性很低。

（三）脂酸在线粒体内进行 β－氧化

除脑组织外，大多数组织均能氧化脂酸，但以肝及肌肉最活跃。

1．脂酸的氧化分为 4 个阶段

（1）脂酸在胞液中被活化成脂酰 CoA（图 5－8）。

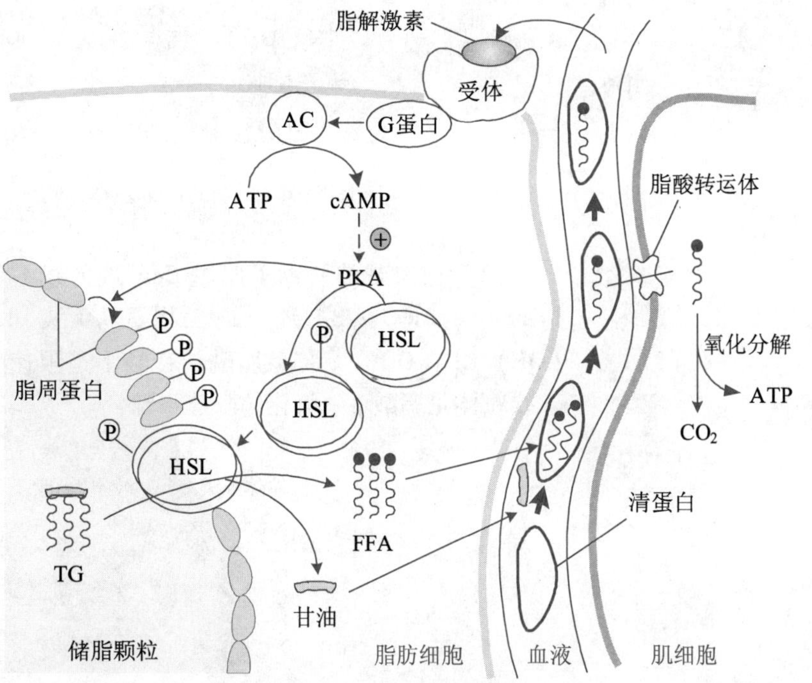

图 5－4　脂肪动员

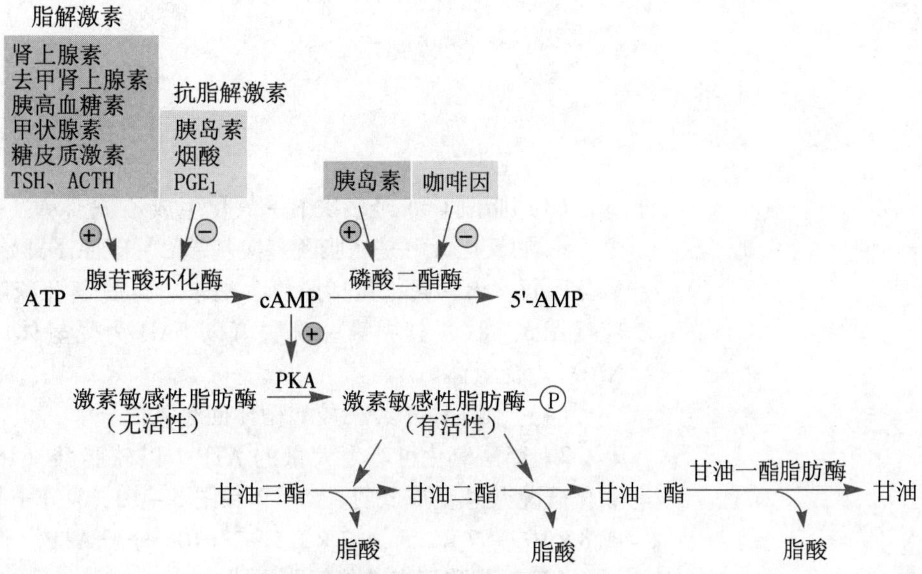

图 5－5　激素敏感性脂肪酶的调节机制

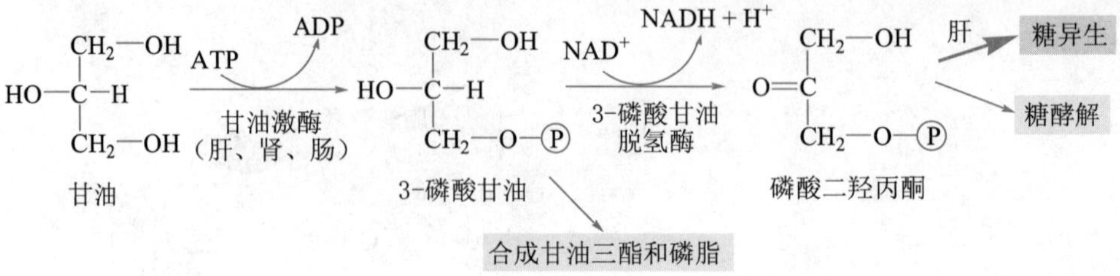

图 5-6 甘油的代谢去向

（2）在肉碱的协助下脂酰 CoA 进入线粒体（图 5-7）：肉碱（carnitine）即 L-β-羟-γ-三甲氨基丁酸［L-$(CH_3)_3N^+CH_2CH(OH)CH_2COO^-$］。肉碱脂酰转移酶Ⅰ是限速酶，因此脂酰 CoA 进入线粒体是脂酸 β-氧化的限速步骤。

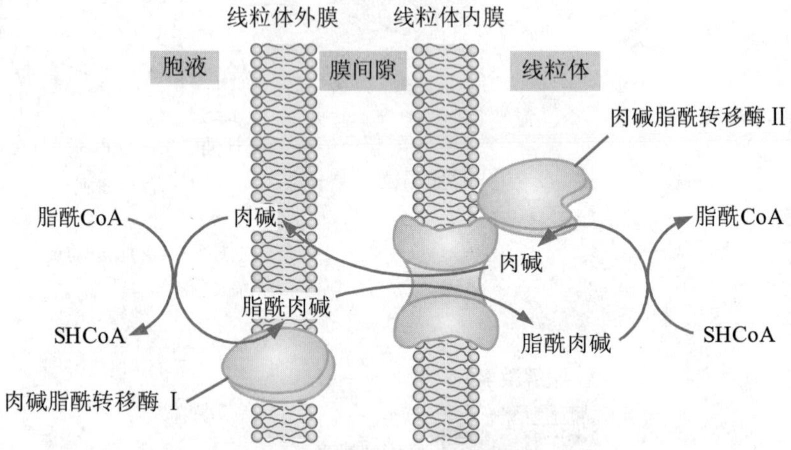

图 5-7 脂酰 CoA 进入线粒体

（3）脂酰 CoA 经多次 β-氧化生成乙酰 CoA：在线粒体内，脂酰 CoA 的氧化分解是从脂酰基羧基端 β-碳原子开始的，故称为β-氧化。每次 β-氧化包括脱氢、加水、再脱氢及硫解 4 步连续的反应（图 5-8），其中第一次脱氢以 FAD 为受氢体；第二次脱氢以 NAD^+为受氢体。

（4）乙酰 CoA 经三羧酸循环彻底氧化分解

2. 脂酸氧化可产生大量的 ATP　以软脂酸（16C）为例，β-氧化概况及总反应式见图 5-9 和图 5-10，1 分子软脂酸氧化共生成 $8 \times 10 + 7 \times 1.5 + 7 \times 2.5 - 2 = 106$ 分子 ATP。

（四）脂酸还有其他氧化方式

1. 不饱和脂酸的氧化还需异构酶和表构酶的作用　不饱和脂酸的双键均为顺式，需经$\triangle^3$-顺→$\triangle^2$-反烯酰 CoA 异构酶作用将$\triangle^3$-顺式变为$\triangle^2$-反式，β-氧化才能继续进行。表构酶的作用是将不饱和脂酸 β-氧化的中间产物 D（-）-β-羟脂酰 CoA 转变为 L（+）-β-羟脂酰 CoA，才能继续进行 β-氧化。

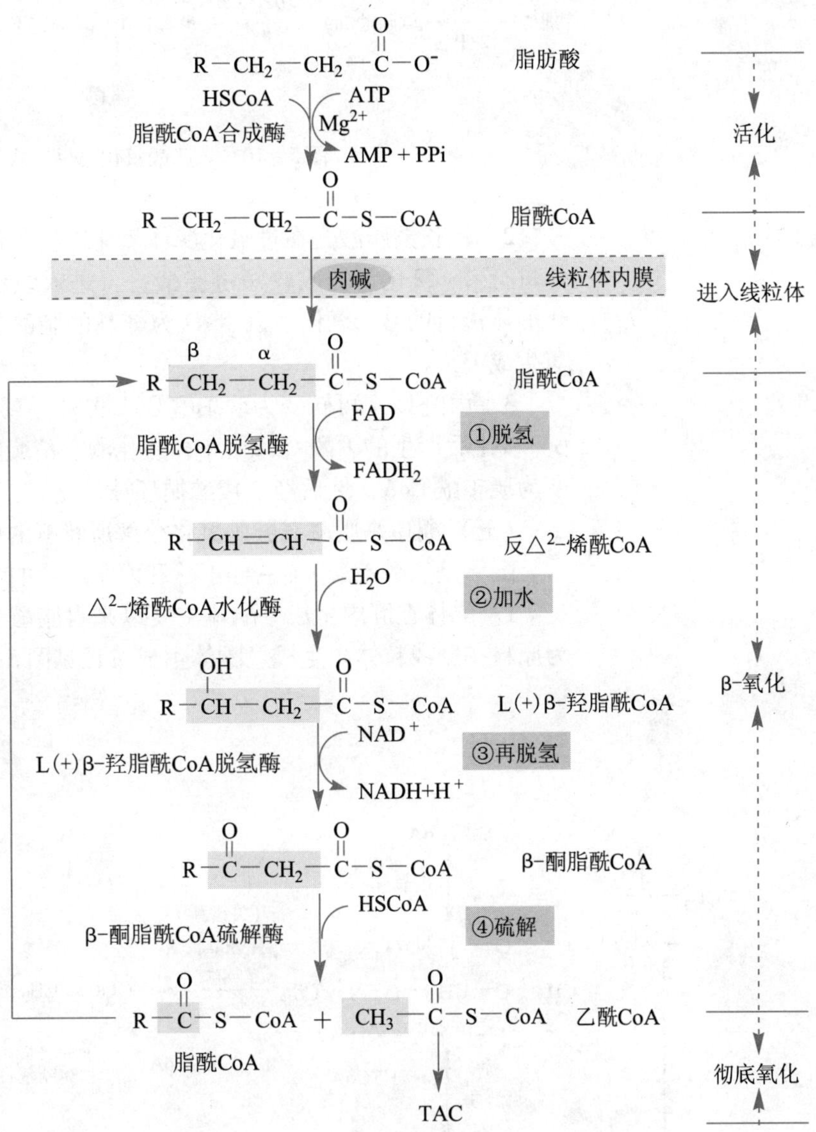

图 5-8　脂酸的氧化

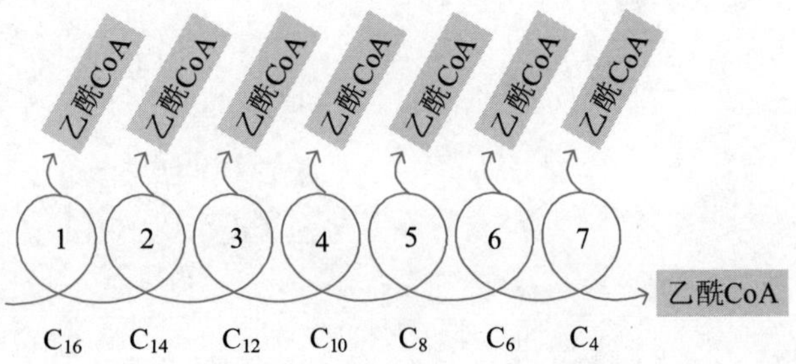

图 5-9　软脂酸的 β-氧化概况

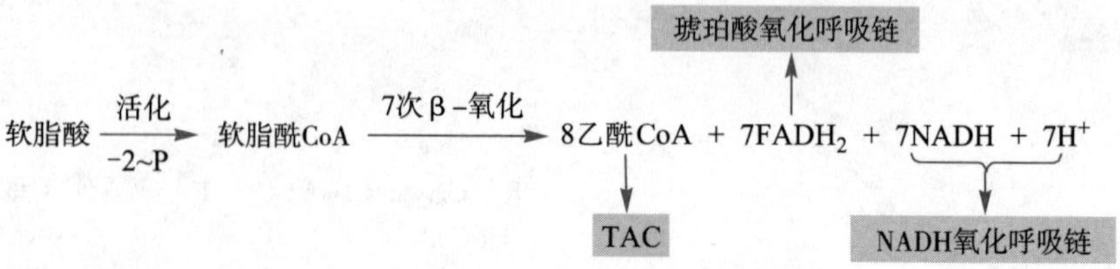

图 5-10 软脂酸氧化总反应式

2. 极长链脂酸先在过氧化酶体氧化 极长链脂酸先在过氧化酶体进行β-氧化，变成较短链脂酸，再进入线粒体内氧化。在过氧化酶体进行的β-氧化由以 FAD 为辅基的脂酸氧化酶催化，脱下的氢生成 H_2O_2。

3. 丙酰 CoA 可转变为琥珀酰 CoA 再进行氧化 奇数碳脂酰 CoA β-氧化后产生的丙酰 CoA 经β-羧化酶、消旋酶及变位酶的作用转变为琥珀酰 CoA，然后经三羧酸循环被氧化。

（五）酮体是脂酸在肝脏氧化分解所特有的中间代谢产物

酮体是乙酰乙酸、β-羟丁酸和丙酮 3 者的统称。

1. 酮体在肝内生成 酮体主要以来自脂酸β-氧化的乙酰 CoA 为原料在肝线粒体内生成。酮体生成过程见图 5-11。

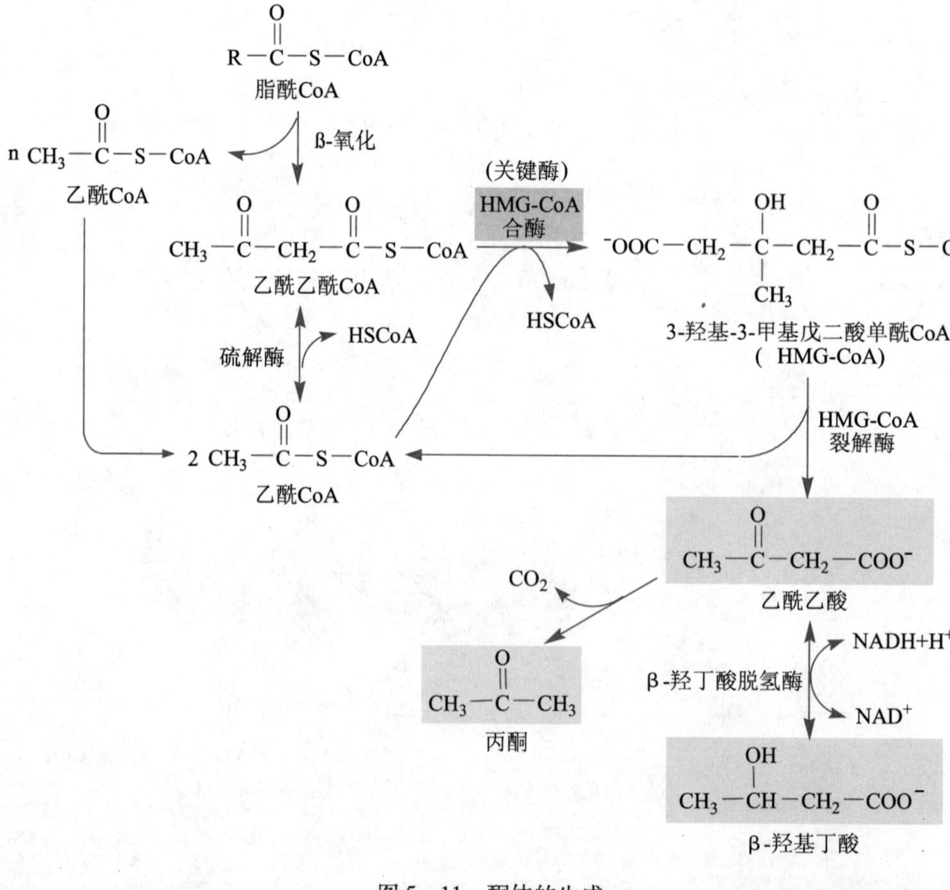

图 5-11 酮体的生成

2. 酮体在肝外组织被利用　肝脏生成的酮体要通过血液循环运到肝外组织去利用，因为肝中利用酮体的酶活性很低。酮体的利用主要是乙酰乙酸和β-羟基丁酸的利用（图5-12），丙酮量较少并可从肺呼出。

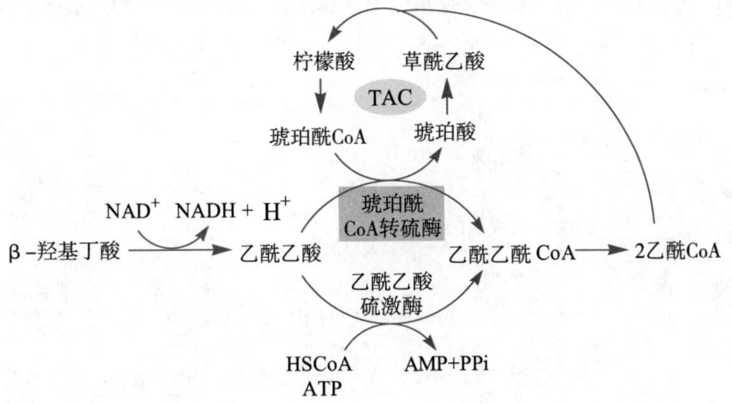

图5-12　酮体的利用

3. 酮体生成增加可导致酮血症　酮体是肝脏输出能源物质的一种形式。酮体溶于水，分子小，能通过血脑屏障和肌肉毛细血管壁，是肌肉和脑的重要能源物质。在长期饥饿时，是脑和肌肉的主要能源物质（图5-13）。

正常血酮体含量为0.03～0.5mmol/L。在长期饥饿、糖尿病或供糖不足情况下，脂肪动员加强，入肝脂肪酸增加，β-氧化增强，酮体生成增加。当肝内生成酮体超过肝外组织利用能力时，会导致酮血症、酮尿症及酮症酸中毒。

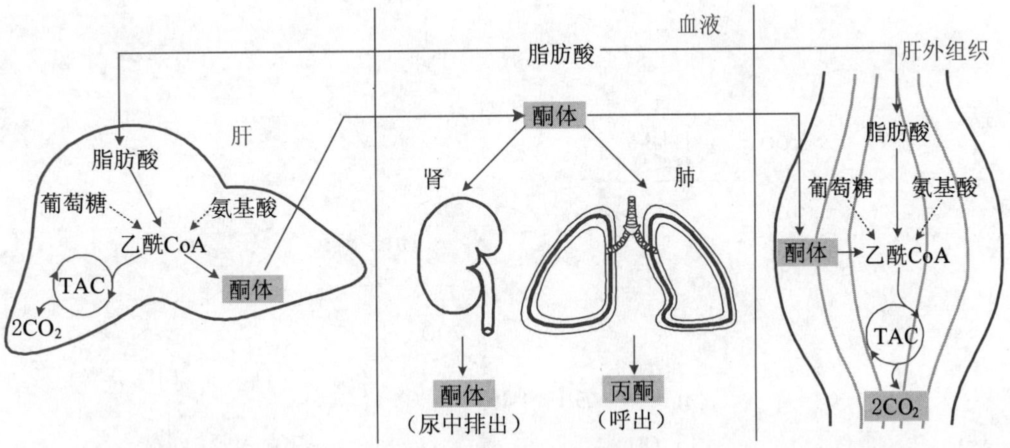

图5-13　酮体代谢的概况

4. 酮体生成受3个方面因素的调节

（1）影响脂肪动员的因素调节酮体生成：如饱食后，胰岛素分泌增加，抑制脂肪动员，入肝的脂酸减少，因此酮体生成减少。反之，饥饿时，脂解激素分泌增多，脂肪动员加强，则酮体生成增多。

（2）肝糖原含量及代谢调节酮体的生成：饱食后，肝糖原丰富，糖代谢旺盛，入肝的脂酸主要酯化生成甘油三酯和磷脂，而进入线粒体氧化减少，因此酮体生成减少。饥饿时，肝糖原减少，糖代谢减弱，脂酸主要进入线粒体进行 β－氧化，因此酮体生成增多。

（3）丙二酰 CoA 抑制脂酰 CoA 进入线粒体使酮体生成减少（图 5－14）。

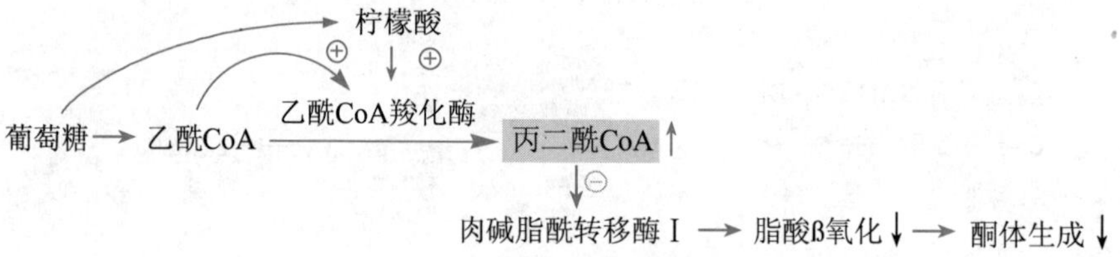

图 5－14 丙二酰 CoA 对酮体生成的调节

（六）多不饱和脂酸的重要衍生物有前列腺素、血栓噁烷和白三烯

花生四烯酸可转变成前列腺素（prostaglandin，PG）、血栓噁烷（thromboxane，TXA_2）和白三烯（leukotrienes，LTs）（图 5－15，16）。它们都是体内重要的生物活性物质，在调节细胞代谢上具有重要作用。

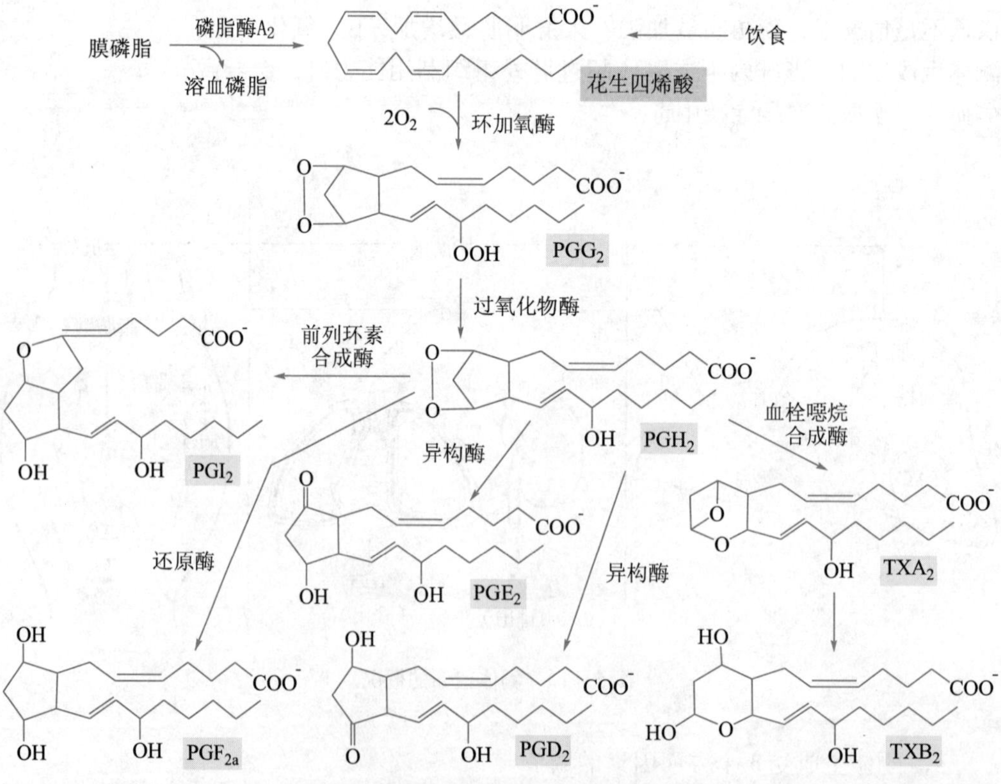

图 5－15 前列腺素及血栓噁烷的合成

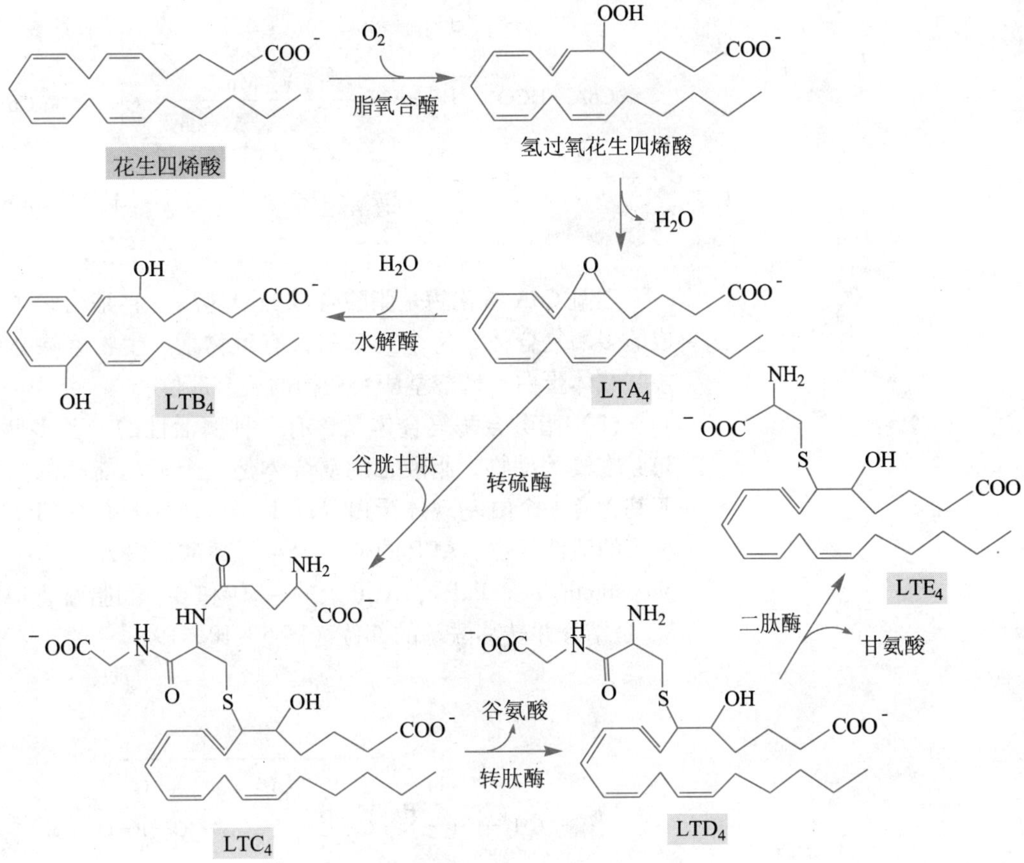

图 5－16　白三烯的合成

二、甘油三酯的合成是脂酸与甘油的酯化过程

(一) 脂酸合成的主要原料是乙酰 CoA

1．软脂酸的合成过程不是 β－氧化的逆反应

(1) 从头合成脂酸的主要途径在胞液中进行：脂酸的合成部位在肝、肾、脑、肺、乳腺及脂肪等组织的胞液中，其中肝是主要场所。合成的主要原料乙酰 CoA 主要来自葡萄糖，乙酰 CoA 需经柠檬酸－丙酮酸循环从线粒体运到胞液（图 5－17）。合成过程需要 NADPH 提供还原当量，NADPH 主要来自磷酸戊糖途径。此外还需要 ATP、CO_2、生物素及 Mn^{2+} 等。由脂酸合酶复合体催化脂酸合成的终产物是游离的软脂酸。

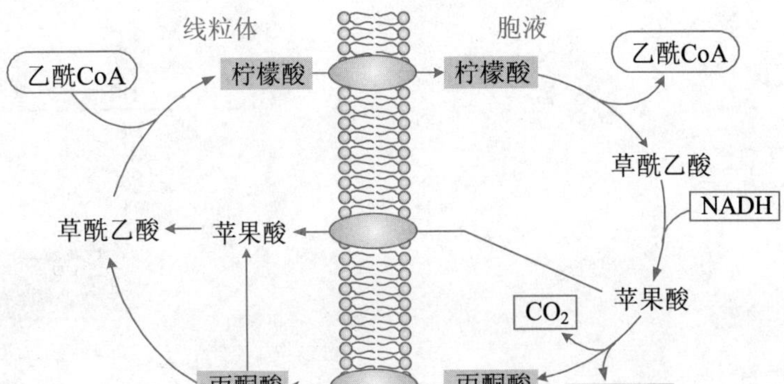

图 5－17　柠檬酸－丙酮酸循环

（2）丙二酰 CoA 的合成是脂酸合成的起始及调节步骤

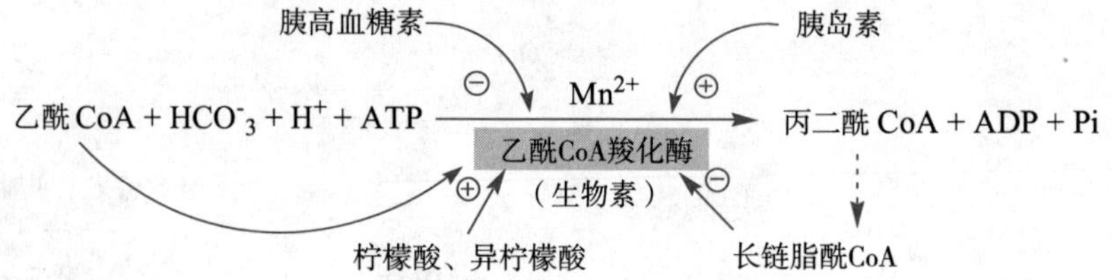

乙酰 CoA 羧化酶是脂酸合成的限速酶。它是由多个相同亚基构成的多酶复合体，每个亚基都含有生物素、生物素羧化酶、生物素羧基载体蛋白、转羧基酶及变构的调节部位。

（3）脂酸合酶复合体是含有 7 种酶活性的一条多肽链（表 5－3）：在高等动物，脂酸合酶复合体是一个多功能酶的二聚体。每个亚基含有一个酰基载体蛋白（acyl carrier protein，ACP）的核心和 7 种酶的活性部位。ACP 的辅基为 4′－磷酸泛酰巯基乙胺（4′－phosphopantotheine，PhP），ACP 上的－SH 和 β－酮脂酰合成酶 Cys 的－SH 是结合并转移酰基的部位（图 5－18，19）。

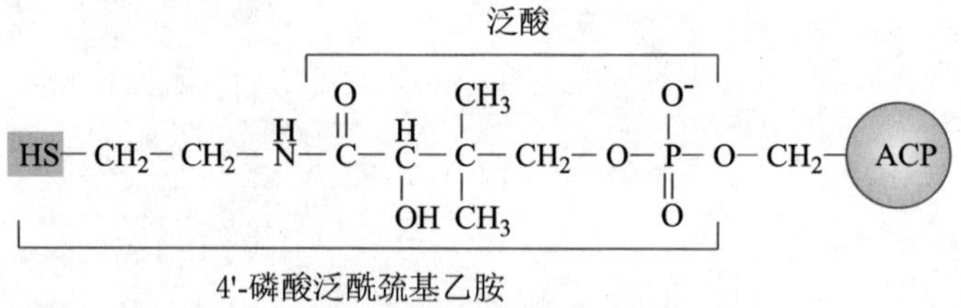

图 5－18　ACP 的辅基结构

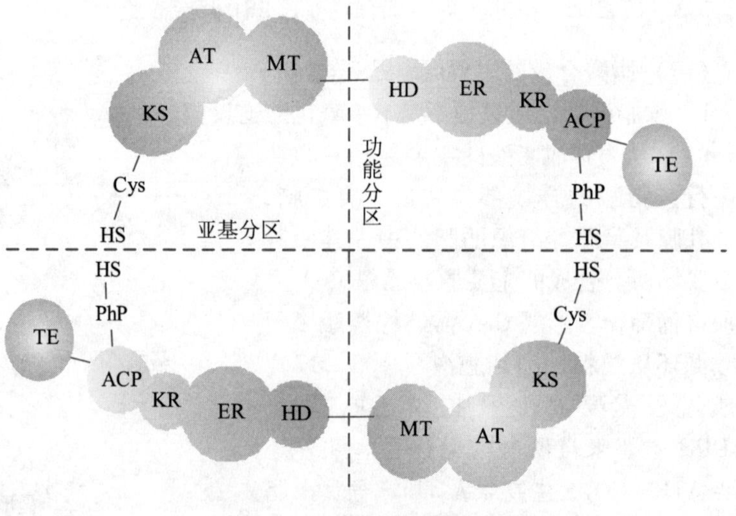

图 5－19　脂酸合酶复合体

表 5－3　脂酸合酶复合体组成

中文名称	英文名称	缩写
脂酰基载体蛋白	Acyl carrier protein	ACP
乙酰 CoA－ACP 乙酰转移酶	Acetyl－CoA－ACP transacetylase	AT
丙二酰 CoA－ACP 转移酶	Malonyl－CoA－ACP transferase	MT
β－酮脂酰－ACP 合酶	β－Ketoacyl－ACP synthase	KS
β－酮脂酰－ACP 还原酶	β－ Ketoacyl－ACP reductase	KR
β－羟脂酰－ACP 脱水酶	β－Hydroxyacyl－ACP dehydratase	HD
烯酰－ACP 还原酶	Enoyl－ACP reductase	ER
硫酯酶	Thioesterase	TE

（4）在脂酸合酶复合体上重复进行反应直到生成软脂酸：1 分子乙酰 CoA 先后与 7 分子丙二酰 CoA 在脂酸合酶复合体的分子上依次重复进行缩合、还原、脱水和再还原反应，每重复一次碳链延长 2 个碳原子（图 5－20）。

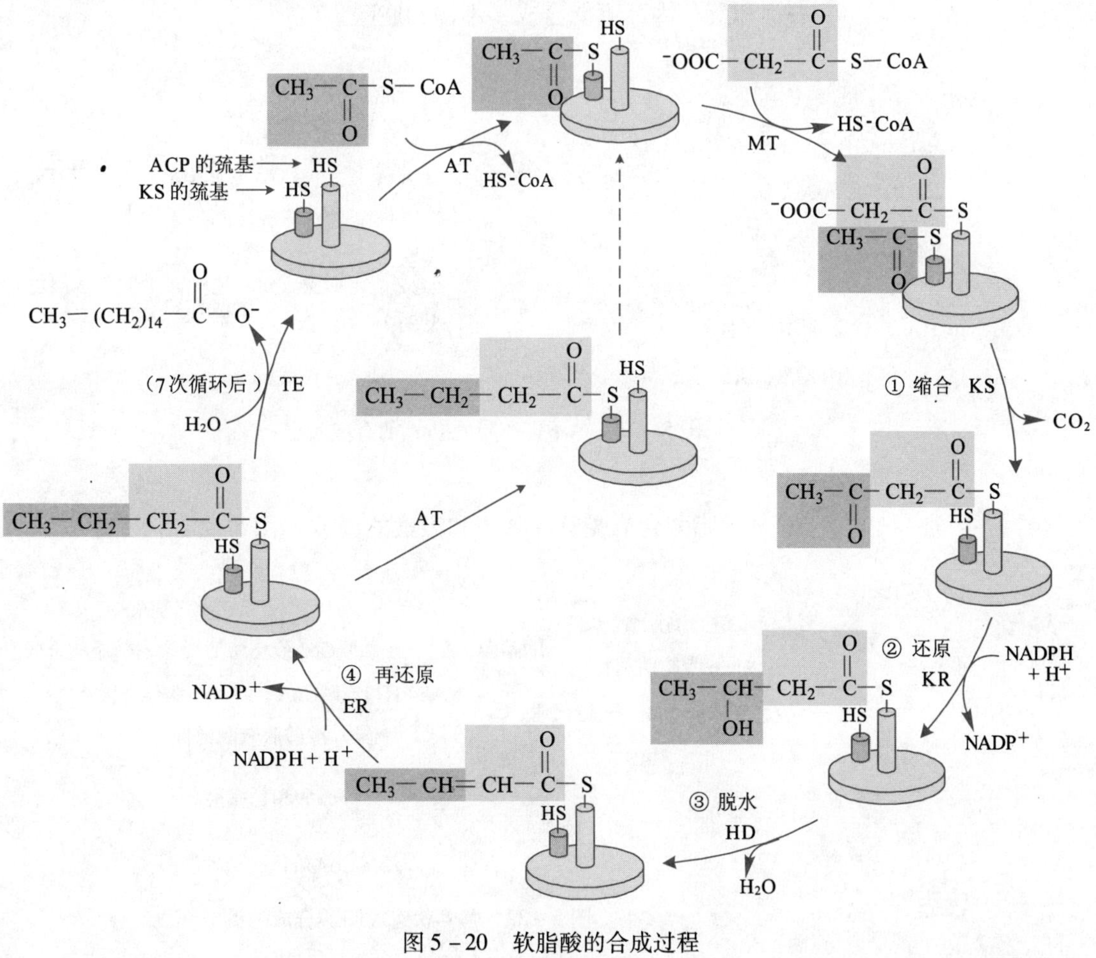

图 5－20　软脂酸的合成过程

软脂酸合成的总反应式：

乙酰 CoA +7 丙二酰 CoA +14NADPH +14H^+→

软脂酸 + 7CO_2 + 14$NADP^+$ +8HSCoA + 6H_2O

2. 脂酸碳链的延长是在肝细胞内质网或线粒体中由脂酸延长酶系催化进行的（表5-4）。

表5-4 脂酸延长酶系的作用

	内质网	线粒体
长链脂酸的前体	软脂酰 CoA	软脂酰 CoA
二碳单位的供体	丙二酰 CoA	乙酰 CoA
酰基载体	HSCoA	HSCoA
终产物	18C~24C	18C~26C

3. 单不饱和脂酸的合成由 Δ^9 去饱和酶催化　哺乳动物肝脏内质网有 Δ^9 去饱和酶，此酶为混合功能氧化酶，可催化软脂酰 CoA 及硬脂酰 CoA 的9位和10位碳之间去饱和，分别生成软油酰 CoA 和油酰 CoA（图5-21），进而生成软油酸和油酸。动物缺乏 Δ^9 以上的去饱和酶，因此不能合成多不饱和脂酸。

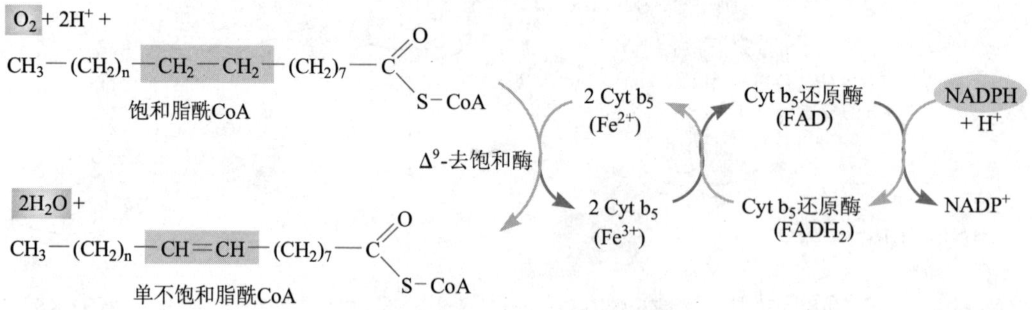

图5-21 单不饱和脂酰 CoA 的合成

4. 脂酸合成受营养状态和激素的调节（图5-22，23）。

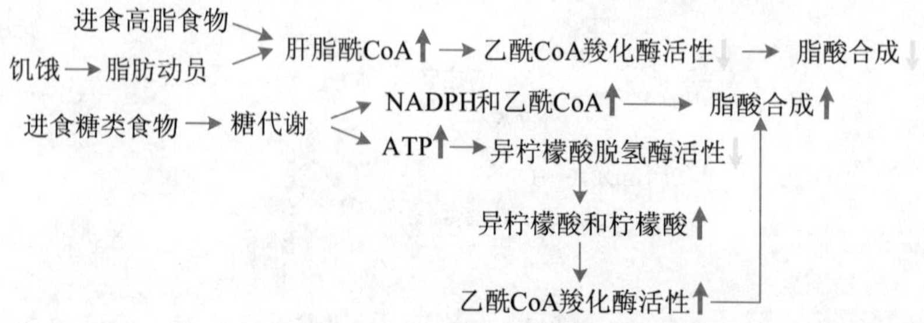

图5-22 营养状态对脂酸合成的调节

（二）甘油三酯合成的主要场所在肝、脂肪组织及小肠

肝、脂肪组织及小肠黏膜细胞的内质网胞液侧均存在脂酰 CoA 转移酶，是合成甘油三酯的主要场所，其中肝的合成能力最强，但肝不能储存甘油三酯，需与载脂蛋白 B100、C 及磷脂等形成极低密度脂蛋白运至肝外组织。

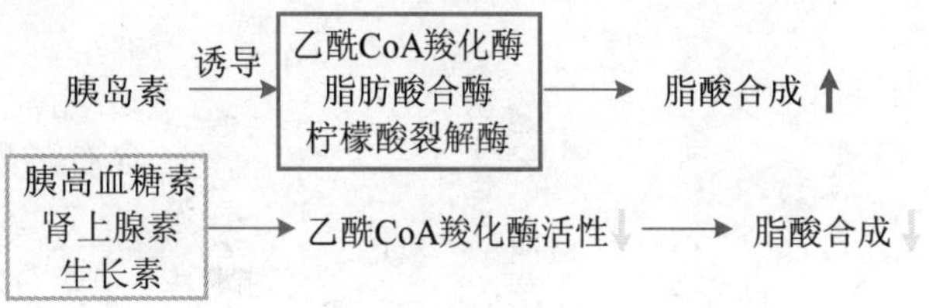

图 5－23　激素对脂酸合成的调节

1．甘油三酯的合成原料甘油和脂酸主要由糖代谢提供　人及动物均可由糖大量合成脂肪。食物脂肪消化吸收的产物亦可合成脂肪。

2．甘油三酯的合成有两条途径

（1）甘油一酯途径是小肠黏膜细胞利用消化吸收的甘油一酯及脂酸再合成甘油三酯的途径（图 5－24）。

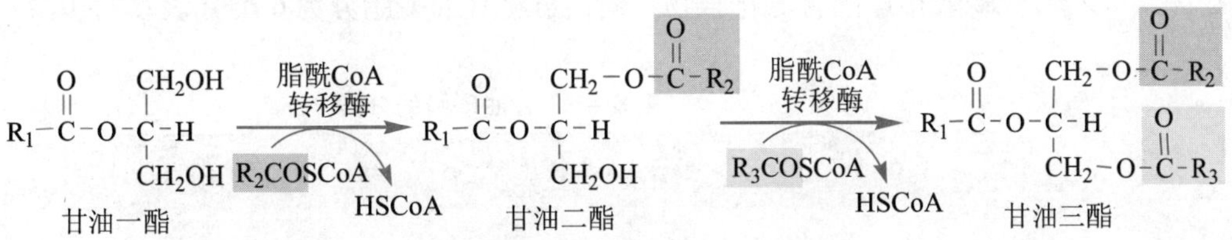

图 5－24　甘油三酯合成的甘油一酯途径

（2）甘油二酯途径是肝细胞、脂肪细胞主要以糖代谢产物为原料合成甘油三酯的途径（图 5－25）。

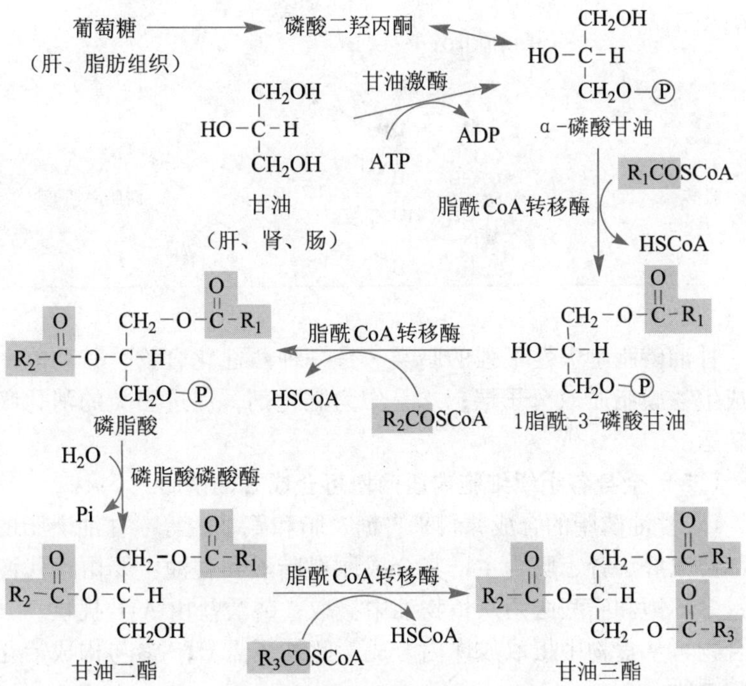

图 5－25　甘油三酯合成的甘油二酯途径

第四节 磷脂的代谢

含有磷酸的脂类称为磷脂。磷脂是脂类中极性最大的化合物。

磷脂
- 甘油磷脂（含甘油）：含量最多
- 鞘磷脂（含鞘氨醇）

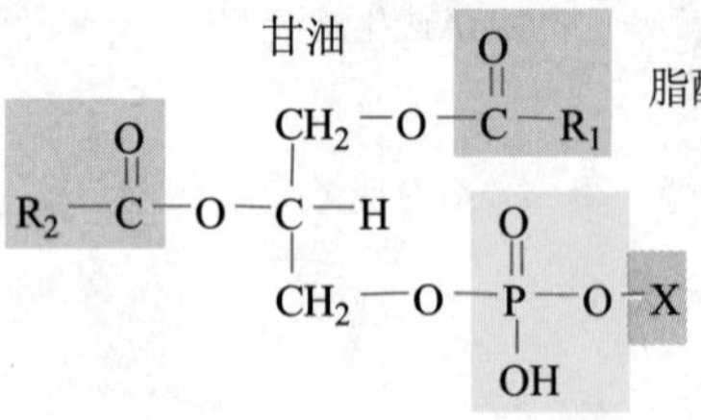

图 5-26 甘油磷脂的基本结构

一、甘油磷脂的代谢

（一）甘油磷脂由甘油、脂酸、磷酸及含氮化合物组成

甘油磷脂的基本结构见图 5-26。

甘油磷脂第 2 位脂酸通常是花生四烯酸。根据与磷酸相连的含氮化合物不同，可将甘油磷脂分为 6 类（表 5-5）。

表 5-5 甘油磷脂的分类

X-OH	X 取代基	甘油磷脂的名称
水	—H	磷脂酸
胆碱	$—CH_2CH_2N^+(CH_3)_3$	磷脂酰胆碱
乙醇胺	$—CH_2CH_2NH_3^+$	磷脂酰乙醇胺
丝氨酸	$—CH_2CHNH_2COOH$	磷脂酰丝氨酸
甘油	$—CH_2CHOHCH_2OH$	磷脂酰甘油
磷脂酰甘油	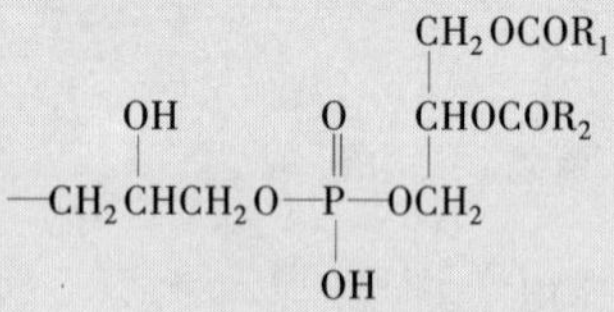	二磷脂酰甘油
肌醇	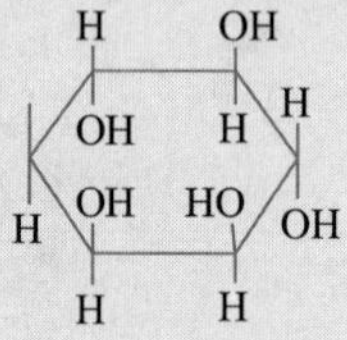	磷脂酰肌醇

甘油磷脂是极性最强的脂类，是一种两性化合物，其功能一是构成生物膜脂质双分子层；二是作为乳化剂，促进脂类的消化吸收与转运。

（二）全身各组织细胞内质网均可合成甘油磷脂

1. 甘油磷脂的合成原料来自糖、脂和氨基酸等 甘油磷脂的合成部位以肝、肾、肠为主，其合成原料脂酸和甘油主要由糖代谢提供；多不饱和脂酸必须从植物油中摄取；磷酸盐由 ATP 提供；含氮化合物可从食物中摄取或体内合成；此外还需 CTP 参与构成活化的中间产物。

2. 甘油磷脂的合成是个复杂过程 甘油磷脂的合成是在内质网

膜外侧面进行的。胞液中存在一类能促进磷脂在细胞内膜之间进行交换的蛋白质，称磷脂交换蛋白。合成的磷脂即可通过这类蛋白的作用转移至不同的细胞器膜上，从而更新其磷脂（图 5－27）。

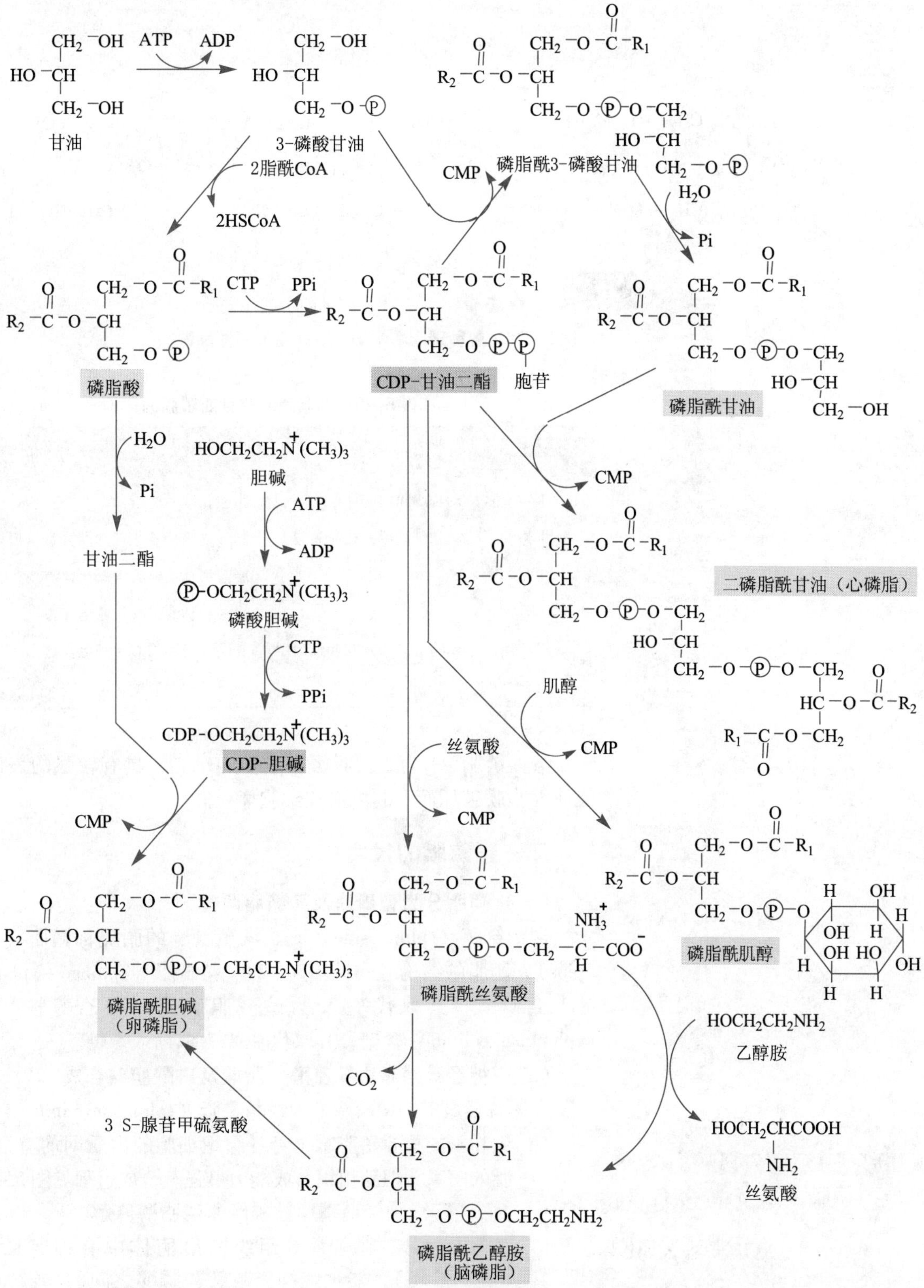

图 5－27　甘油磷脂的合成

（三）由磷脂酶催化甘油磷脂的降解

体内存在多种磷脂酶（phospholipase，PL），能水解甘油磷脂的不同酯键（图5－28）。各种磷脂酶水解甘油磷脂的产物见表5－6。

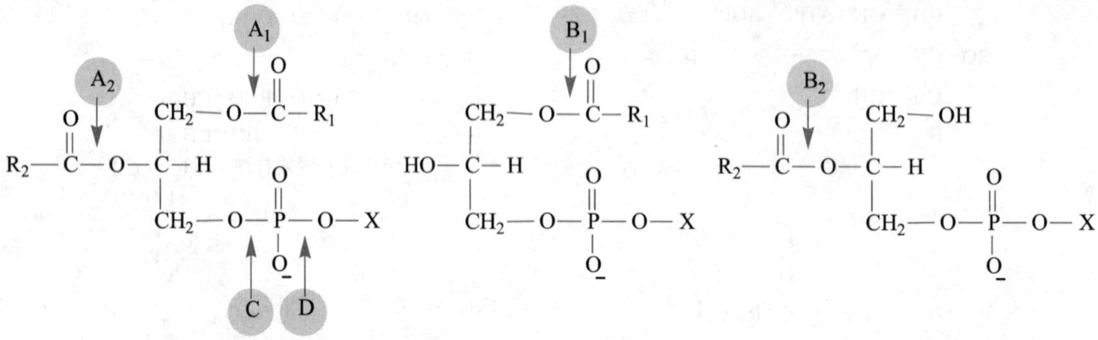

图5－28 各种磷脂酶水解甘油磷脂的不同酯键

表5－6 磷脂酶水解甘油磷脂的产物

磷脂酶	存在部位	水解产物
PLA_1	动物组织溶酶体中	脂酸和溶血磷脂－2
PLA_2	动物细胞膜及线粒体膜上	脂酸（多为花生四烯酸）和溶血磷脂－1
PLB_1		脂酸和甘油磷酸含氮化合物
PLB_2		脂酸和甘油磷酸含氮化合物
PLC	动物细胞膜及某些细菌中	甘油二酯和磷酸含氮化合物
PLD		磷脂酸和含氮化合物

溶血磷脂－1为2位脱去脂酰基的磷脂，具有较强的表面活性，能使细胞膜破坏而引起溶血或细胞坏死。

二、鞘磷脂的代谢

（一）鞘脂分为鞘磷脂及鞘糖脂两类

含鞘氨醇（sphingosine）或二氢鞘氨醇的脂类称鞘脂（sphingolipids）。鞘脂的结构通式见图5－29。鞘磷脂（sphingo－phospholipids）含磷酸，其取代基X为磷酸胆碱或磷酸乙醇胺。鞘糖脂（sphingoglycolipid）含糖，其取代基X为单糖或寡糖。

（二）神经鞘磷脂由鞘氨醇、脂酸及磷酸胆碱合成

人体含量最多的鞘磷脂是神经鞘磷脂（sphingomyelin），它是构成生物膜的重要磷脂。全身各组织细胞的内质网均有合成鞘磷脂的酶系，但脑组织合成能力最强。合成过程见图5－30。

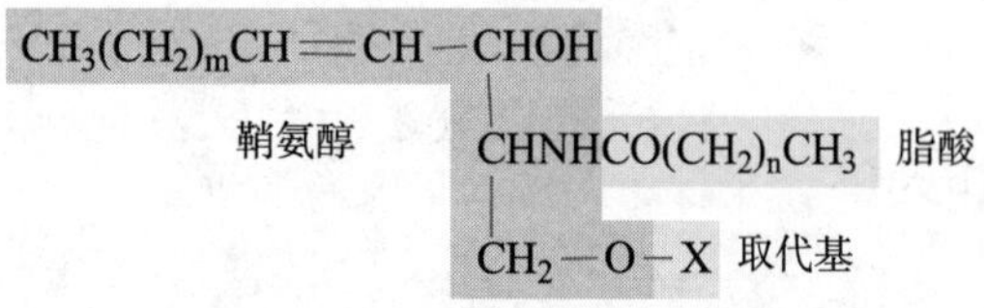

图5－29 鞘脂的结构通式

（三）神经鞘磷脂被神经鞘磷脂酶降解

脑、肝、脾和肾等组织的溶酶体中有神经鞘磷脂酶（属PLC类），能水解神经酰胺与磷酸之间的酯键，生成神经酰胺和磷酸胆碱。

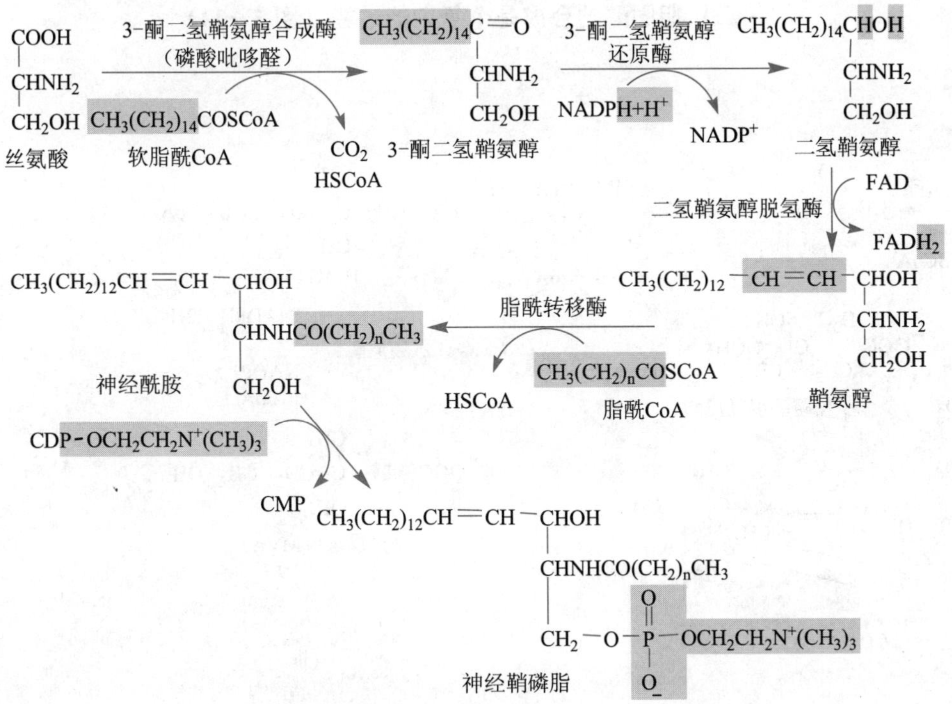

图 5－30　神经鞘磷脂的合成

第五节　胆固醇代谢

胆固醇是含有环戊烷多氢菲的醇类化合物，属两性分子，比甘油磷脂极性小一些。胆固醇酯为非极性分子。胆固醇及胆固醇酯的结构见图 5－31。

胆固醇广泛分布于全身各组织，脑和神经组织中含量最多，其次为肝、肾、肠等内脏组织。

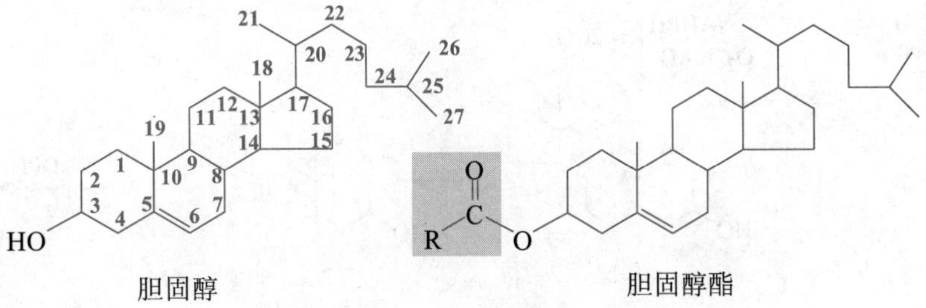

图 5－31　胆固醇及其酯的结构

一、胆固醇主要在肝合成

除成年动物脑组织及成熟红细胞外，几乎全身各组织均可合成，每天合成量约 1g，其中肝合成 70%～80%，小肠合成 10%。合成部位主要在胞液及内质网中进行。

（一）胆固醇合成的主要原料是乙酰 CoA

每合成 1 分子胆固醇需要 18 分子乙酰 CoA、36 分子 ATP 和 16 分子 NADPH（H^+）。乙酰 CoA 可来自葡萄糖、氨基酸及脂酸。同脂酸合成原料乙酰 CoA 一样，也需经柠檬酸－丙酮酸循环由线粒体转运至胞液；NADPH 主要来自磷酸戊糖途径；ATP 主要来自葡萄糖的有氧氧化。

（二）胆固醇的合成是个复杂的过程（图 5 -32）

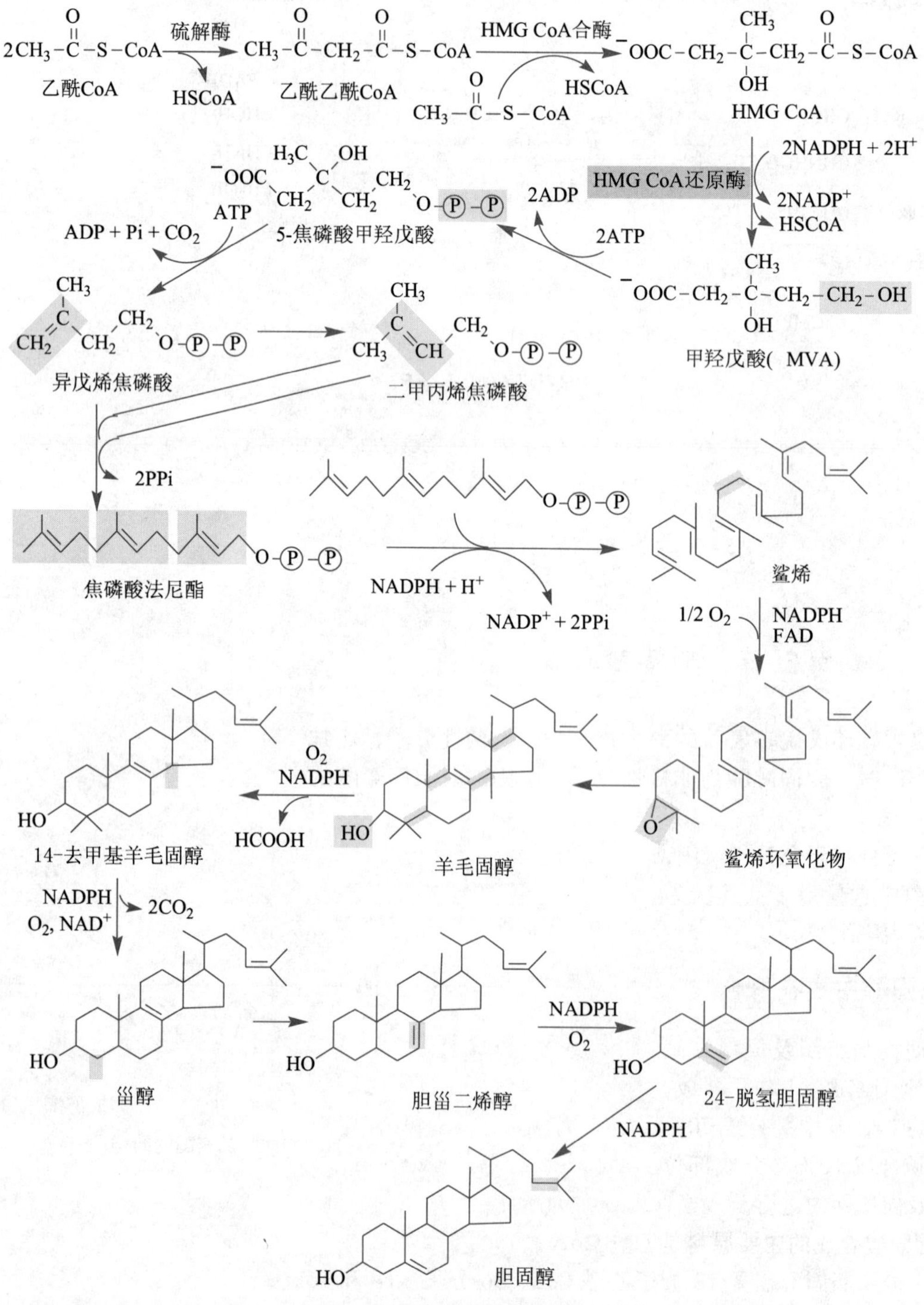

图 5 - 32 胆固醇的合成

（三）多种因素通过 HMG CoA 还原酶调节胆固醇的合成

HMG CoA 还原酶是胆固醇合成的限速酶。该酶存在于肝、肠等组织细胞的内质网。各种因素可通过对 HMG CoA 还原酶活性的影响来调节胆固醇的合成（图 5－33）。

1. 饥饿与饱食可影响肝 HMG CoA 还原酶活性　饥饿可使肝 HMG CoA 还原酶合成减少及活性降低，还可使合成胆固醇的原料乙酰 CoA、ATP 及 NADPH（H^+）等不足，因此抑制肝胆固醇的合成，但对肝外组织的合成影响不大。相反，饱食后，肝胆固醇的合成增加。

2. 胆固醇反馈抑制肝胆固醇的合成　胆固醇可抑制肝 HMG CoA 还原酶的合成，另外胆固醇的氧化产物如 7β－羟胆固醇及 25－羟胆固醇对 HMG CoA 还原酶的活性有较强的抑制作用。

3. 多种激素可影响肝胆固醇的合成　胰高血糖素和皮质醇能抑制 HMG CoA 还原酶，使胆固醇的合成减少。胰岛素和甲状腺素能诱导肝 HMG CoA 还原酶的合成，从而使胆固醇的合成增加。甲状腺素还能促进胆固醇转变为胆汁酸，且强于对 HMG CoA 还原酶的诱导，因此甲状腺功能亢进的病人血清胆固醇含量下降。

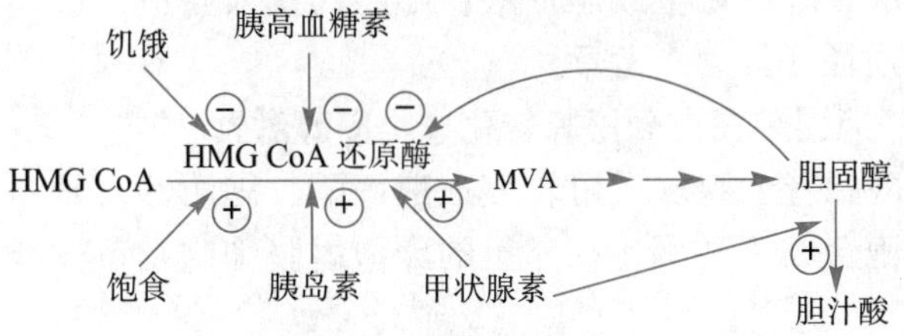

图 5－33　胆固醇合成的调节

二、由两种酶催化胆固醇酯的生成

（一）ACAT 催化细胞内胆固醇酯的生成（图 5－34）

（二）LCAT 催化血浆内胆固醇酯的生成（图 5－35）

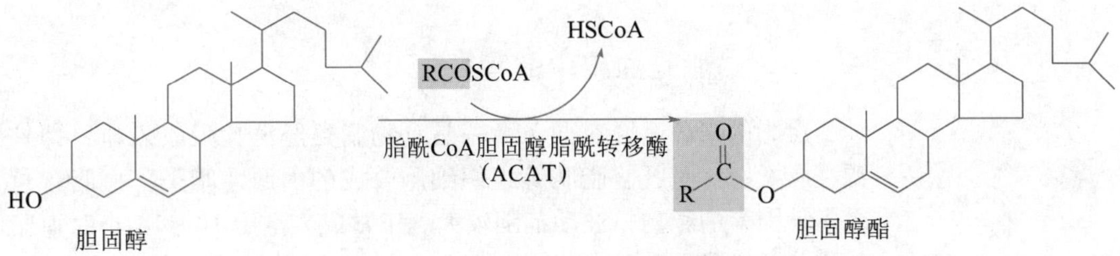

图 5－34　细胞内胆固醇酯的生成

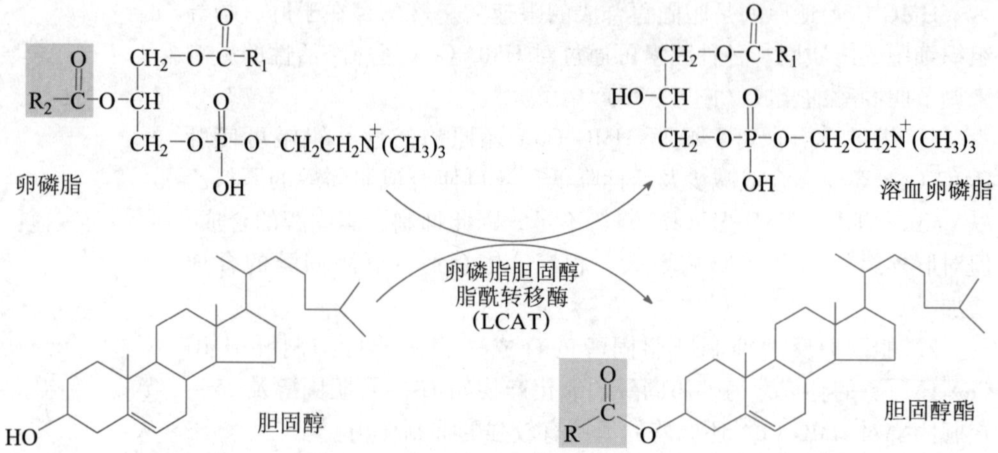

图 5－35　血浆内胆固醇酯的生成

三、胆固醇转化成胆汁酸、类固醇激素及 7－脱氢胆固醇

（一）胆固醇在肝转化成胆汁酸

胆固醇在肝转化生成胆汁酸，随胆汁排入肠道，这是胆固醇的主要排出途径（见第十七章）。

（二）胆固醇在内分泌腺转化成类固醇激素

胆固醇在肾上腺皮质可转变成醛固酮、皮质醇及雄激素；在睾丸间质细胞合成睾丸酮；在卵巢的卵泡内膜细胞及黄体合成雌二醇及孕酮。

（三）胆固醇在皮肤转化成 7－脱氢胆固醇

胆固醇在皮肤可被氧化为 7－脱氢胆固醇，然后经紫外线照射转变为维生素 D_3。

胆固醇 $\xrightarrow[\text{（皮肤）}]{}$ 7－脱氢胆固醇 $\xrightarrow{\text{紫外线}}$ VD_3 $\xrightarrow[\text{（肝微粒体）}]{\text{25－羟化酶}}$ 25－OH－D_3 $\xrightarrow[\text{（肾线粒体）}]{1\alpha\text{－羟化酶}}$ 1，25－$(OH)_2$－D_3（活性Vit D）

第六节　血浆脂蛋白代谢

一、血脂是血浆中的脂类

血脂的来源途径有两条：一是食物脂类经消化吸收入血，即外源性脂类；二是肝、脂肪等组织细胞合成的内源性脂类。血脂含量受多种因素的影响，波动范围较大。正常成人空腹 12～14 小时血脂的成分及含量见表 5－7。

表 5－7　正常成人空腹血脂

脂　类	血浆含量	
	mg/dl（均值）	mmol/L（均值）
总脂	400～700（500）	
甘油三酯	10～150（100）	0.11～1.69（1.13）
总胆固醇	100～250（200）	2.59～6.47（5.17）
胆固醇酯	70～200（145）	1.81～5.17（3.75）
胆固醇	40～70（55）	1.03～1.81（1.42）
总磷脂	150～250（200）	48.44～80.73（64.58）
卵磷脂	50～200（100）	16.1～64.6（32.3）
神经磷脂	50～130（70）	16.1～42.0（22.6）
脑磷脂	15～35（20）	4.8～13.0（6.4）
游离脂酸	5～20（15）	

二、血浆脂蛋白是血脂的运输形式

（一）血浆脂蛋白（lipoprotein，LP）有两种分类方法

1. 电泳法是按电泳迁移率不同进行的分类（图 5－36）

电泳法分类	电泳速度
乳糜微粒（chylomicrons，CM）	慢
β-脂蛋白（β-LP）	
前β-脂蛋白（pre β-LP）	↓
α-脂蛋白（α-LP）	快

图 5－36　血浆脂蛋白电泳速度

2. 超速离心法是按密度不同进行的分类（图 3－37）

超速离心法分类	密度
乳糜微粒（CM）	低
极低密度脂蛋白（very low density lipoproteins，VLDL）	
低密度脂蛋白（low density lipoproteins，LDL）	↓
高密度脂蛋白（high density lipoproteins，HDL）	高

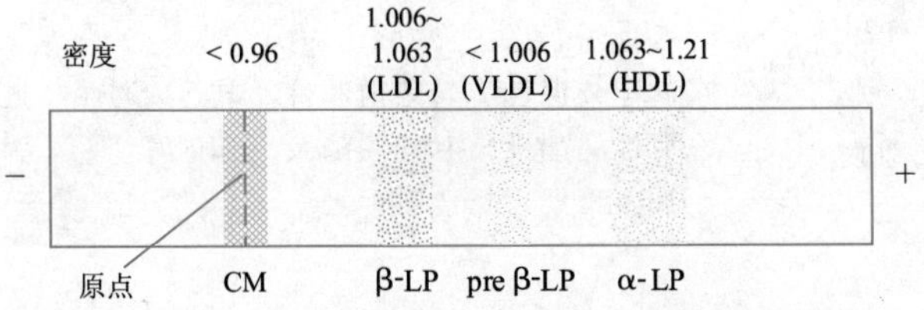

图 5－37　血浆脂蛋白琼脂糖凝胶电泳图谱及对应密度

除上述4类主要的血浆脂蛋白之外，还有中间密度脂蛋白（intermediate－density lipoproteins，IDL）、HDL_1、HDL_2 及 HDL_3 等，它们都是血浆脂蛋白代谢的中间产物。血中游离脂酸与清蛋白结合运输，不列入血浆脂蛋白之内。

（二）血浆脂蛋白各成分的组成比例及含量不同

各种血浆脂蛋白都含有蛋白质、甘油三酯、磷脂、胆固醇及其酯，但各成分的组成比例及含量却不同（表5－8）。血浆脂蛋白的组成特点：CM含甘油三酯最多，其次是VLDL；LDL含胆固醇及胆固醇酯最多；HDL含蛋白质最多。

表5－8 人血浆脂蛋白的组成及功能

分类	密度法	CM	VLDL	LDL	HDL
	电泳法	CM	前β－脂蛋白	β－脂蛋白	α－脂蛋白
性质	来源	小肠黏膜细胞	肝、小肠	血浆VLDL	肝、小肠、血浆
	Sf值	＞400	20～400	0～20	沉降
	电泳位置	原点	α_2－球蛋白	β－球蛋白	α_1－球蛋白
	直径（nm）	80～500	25～80	20～25	5～17
组成（%）	蛋白质	0.5～2	5～10	20～25	50
	总脂	98～99	90～95	75～80	50
	甘油三酯	80～95	50～70	10	5
	总磷脂	5～7	15	20	25
	总胆固醇	1～4	15	45～50	20
	胆固醇酯	3	10～12	40～42	15～17
	游离胆固醇	1～2	5～7	8	5
载脂蛋白组成（%）	apo A Ⅰ	7	＜1	－	65～70
	apo A Ⅱ	5	－	－	20～25
	apo A Ⅳ	10	－	－	－
	apo B 100	－	20～60	95	－
	apo B 48	9	－	－	－
	apo C Ⅰ	11	3	－	6
	apo C Ⅱ	15	6	微量	1
	apo C $Ⅲ_{0\sim2}$	41	40	－	4
	apo E	微量	7～15	＜5	2
	apo D	－	－	－	3
	功能	转运外源性甘油三酯及胆固醇	转运内源性甘油三酯及胆固醇	转运内源性胆固醇	逆向转运胆固醇

（三）血浆脂蛋白是脂类和蛋白质的复合物

各种血浆脂蛋白都有相似的基本结构。非极性的脂类（TG和胆固醇酯）位于核心，极性脂类（磷脂和胆固醇）及蛋白质以单分子层的形式构成外壳（图5－38）。

三、载脂蛋白是血浆脂蛋白中的蛋白质部分

目前发现血浆脂蛋白中的载脂蛋白（apolipoprotein，apo）有20种，其功能主要有：①结合和转运脂类，稳定血浆脂蛋白的结构；②调节脂蛋白代谢关键酶的活性，如apo AⅠ激活LCAT，促进胆固醇酯化；apo AⅡ激活肝脂肪酶（HL）；apo CⅡ激活脂蛋白脂肪酶（LPL）等；③参与识别脂蛋白受体（表5－9）。

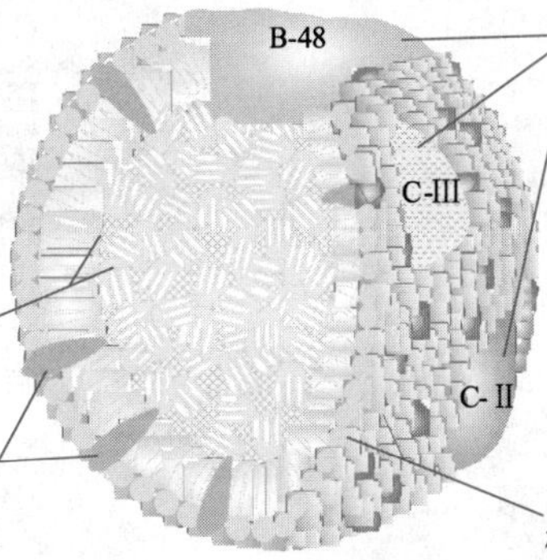

图5－38 血浆脂蛋白结构

表5－9 人血浆载脂蛋白

载脂蛋白	分子质量（kDa）	氨基酸数	脂蛋白	主要功能	血浆含量
AⅠ	28.3	243	HDL	激活LCAT，识别HDL受体	123.8±4.7
AⅡ	17.5	77×2	HDL	稳定HDL结构，激活HL	33±5
AⅣ	46	371	HDL、CM	辅助激活LPL	17±2
AⅤ	39	343	HDL	参与TG代谢	?
B100	512.7	4 536	VLDL、LDL	识别LDL受体	87.3±14.3
B48	264	2 152	CM	促进CM合成	?
CⅠ	6.5	57	CM、VLDL、HDL	激活LCAT?	7.8±2.4
CⅡ	8.8	79	CM、VLDL、HDL	激活LPL	5.0±1.8
CⅢ	8.9	79	CM、VLDL、HDL	抑制LPL，抑制肝apo E受体	11.8±3.6
CⅣ	?	127	VLDL、HDL	?	?
D	22	169	HDL	转运胆固醇酯	10±4
E	34	299	CM、VLDL、HDL	识别LDL受体	3.5±1.2
J	70	427	HDL	结合转运脂质，补体激活	10
(a)	500	4 529	LP（a）	抑制纤溶酶活性	0～120
CETP	64	493	HDL	转运胆固醇酯	0.19±0.05
PTP	69	?	HDL	转运磷脂	?

CETP：胆固醇酯转运蛋白；PTP：磷脂转运蛋白。

四、各种血浆脂蛋白的功能和代谢途径不同

（一）小肠合成的CM是外源性TG及胆固醇的运输形式

小肠粘膜细胞利用合成及吸收的甘油三酯、磷脂及胆固醇，再

加上 apo B－48、AⅠ、AⅡ、AⅣ等形成新生的 CM。新生的 CM 经淋巴入血，从 HDL 获取 apo C 和 E 形成成熟的 CM。成熟 CM 的 apo CⅡ可激活肌肉、心及脂肪等外周组织毛细血管内皮细胞表面的 LPL，使 CM 内核的甘油三酯水解成甘油及脂酸，被外周组织细胞摄取。同时 CM 表面的 apoA、C、磷脂及胆固醇离开 CM 形成新生的 HDL。经反复代谢，CM 逐步变小，最后转变成富含胆固醇酯、apo B－48 及 E 的 CM 残余颗粒（CM remnant）。CM 残余颗粒与肝细胞膜上的 LDL 受体及 LDL 受体相关蛋白（LDL receptor－related protein，LRP）结合并进入肝细胞代谢（图 5－39）。正常人 CM 在血浆中的半寿期为 5～15 分钟，空腹 12～14 小时后血浆中不含有 CM。

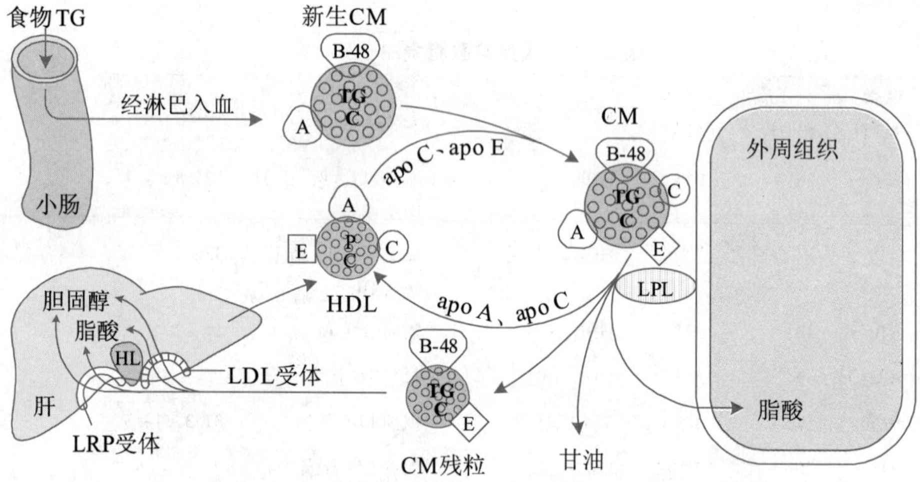

图 5－39 CM 代谢途径

（二）肝合成的 VLDL 是内源性 TG 及胆固醇的运输形式

VLDL 主要由肝细胞合成后分泌入血，少量来自小肠。肝细胞合成的甘油三酯及胆固醇加上 apo B－100、E 及磷脂等生成 VLDL。VLDL 入血后从 HDL 获取 apo C，其中 apo CⅡ激活外周组织的 LPL，使 VLDL 中的甘油三酯逐步水解成甘油和脂酸，被外周组织细胞摄取利用。同时 VLDL 表面的 apo C、磷脂及胆固醇转移给 HDL，而 HDL 的胆固醇酯转给 VLDL。这样，VLDL 颗粒逐渐变小，密度增加，成为中间密度脂蛋白（IDL）。部分 IDL 与肝细胞膜的 LDL 受体结合，被肝细胞摄取代谢。其余的 IDL 继续在 LPL 及 HL 的作用下水解其中的甘油三酯，同时将 apo E 转给 HDL，最后只剩下胆固醇酯、磷脂及 apo B－100 成为 LDL（图 5－40）。VLDL 的半寿期为 6～12 小时。

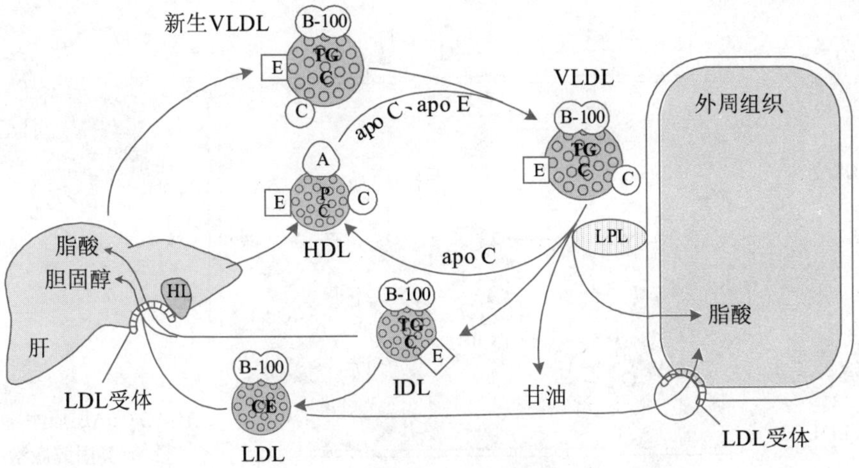

图 5－40　VLDL 代谢途径

（三）血浆中由 VLDL 转变而来的 LDL 是内源性胆固醇的运输形式

LDL 受体广泛分布于全身各组织的细胞膜表面，能被 apo B－100 或 apo E 特异识别并与之结合，又称 apo B－100、E 受体。LDL 通过其特异的受体进入各组织代谢，其中约 50% 在肝降解，其次在肾上腺皮质、卵巢及睾丸等内分泌组织降解。LDL 与受体结合后，通过内吞进入细胞，与溶酶体结合，使载脂蛋白水解成氨基酸，胆固醇酯水解成胆固醇及脂酸，产生的胆固醇在不同的组织可进行不同的代谢（图 5－41），这个过程称为 LDL 受体代谢途径。LDL 还可被修饰，如氧化修饰的 LDL（Ox－LDL）可与清道夫受体（scavenger receptor，SR）结合，被巨噬细胞及血管内皮细胞清除。LDL 在血浆中的半寿期为 2～4 天。

（四）主要由肝合成的 HDL 是胆固醇的逆向转运形式

HDL 按密度大小又分为 HDL_1、HDL_2 及 HDL_3。HDL_1 又称为 HDL_C，只在摄取高胆固醇食物时才出现。正常人血浆中主要含 HDL_2 及 HDL_3。HDL 的主要作用是将肝外组织内的胆固醇转运到肝，称为胆固醇的逆向转运。新生的 HDL 为盘状。LCAT 将 HDL 表面的胆固醇及组织的胆固醇转变成胆固醇酯，后者进入 HDL 的疏水核心，逐渐使 HDL 转变成球形。较小的 HDL_3 通过 ATP 结合盒转运蛋白－1（ATP－binding cassette transporter－1，ABC－1）接受组织中的胆固醇。ABC－1 是转运蛋白家族的成员，通过 ATP 水解提供能量与底物结合并使其跨膜转运。HDL_3 接受胆固醇后颗粒变大，密度变小，成为 HDL_2。在肝脏，HDL_2 中的磷脂及甘油三酯被 HL 水解，而胆固醇酯通过清道夫受体 B1（SR B1）进入肝脏，使 HDL_2 又变成 HDL_3 构成 HDL 循环。上述过程释放的 apo AⅠ与少量磷脂及胆固醇形成前 β－HDL（图 5－42）。HDL 在血浆中的半寿期为 3～5 天。

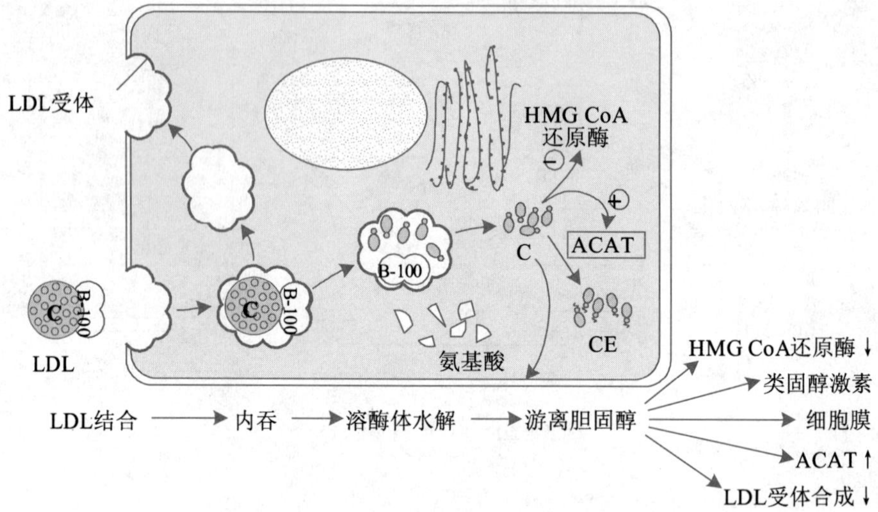

图 5－41　LDL 受体代谢途径

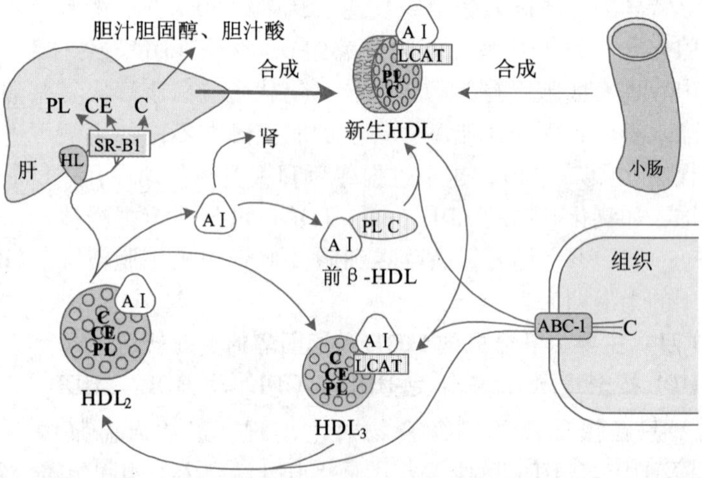

图 5－42　HDL 代谢途径

参与血浆脂蛋白代谢的 3 种关键酶的性质、分布及功能见表 5－10。

表5-10　脂蛋白代谢关键酶的比较

关键酶	脂蛋白脂酶（LPL）	肝脂酶（HL）	卵磷脂胆固醇脂酰转移酶（LCAT）
底物	CM 和 VLDL 的 TG	IDL、LDL 及 HDL 的 TG	HDL 的卵磷脂和胆固醇
分布	脂肪、心肌、肺及乳腺等肝外组织	肝实质细胞合成，转运到肝窦内皮细胞	肝实质细胞合成，分泌入血
作用部位	毛细血管内皮细胞表面	肝窦内皮细胞表面	血浆
激活剂	apo CⅡ	apo AⅡ	apo AⅠ
结构	448 个氨基酸，分子量 61kD	476 个氨基酸，分子量 51kD	416 个氨基酸，分子量 61kD
功能	水解 CM、VLDL 的 TG，生成的 FFA 供肝外组织利用	水解 HDL 的 TG，使 HDL_2 转变为 HDL_3；水解 IDL 的 TG，使 IDL 转变为 LDL	使胆固醇酯化进入 HDL 核心，新生 HDL 变为 HDL_2，促进胆固醇逆向转运

五、血浆脂蛋白代谢有多种异常

（一）高脂血症为血脂高于正常值的上限

高脂血症即高脂蛋白血症，诊断的标准是：成人空腹 12～14 小时血甘油三酯超过 2.26mmol/L（200mg/dl），胆固醇超过 6.21mmol/L（240mg/dl）。高脂蛋白血症包括原发性和继发性两大类，分为 6 型（表 5-11）。

表5-11　高脂蛋白血症分型

分型	脂蛋白变化	血脂变化	
		甘油三酯	胆固醇
Ⅰ	CM↑	↑↑↑	↑
Ⅱa	LDL↑		↑↑
Ⅱb	LDL↑、VLDL↑	↑↑	↑↑
Ⅲ	IDL↑	↑↑	↑↑
Ⅳ	VLDL↑	↑↑	
Ⅴ	VLDL↑、CM↑	↑↑↑	↑

（二）遗传性缺陷是某些高脂蛋白血症发病的分子机制

导致高脂蛋白血症的遗传性缺陷包括参与脂蛋白代谢的关键酶（如 LPL 及 LCAT）、载脂蛋白（apo CⅡ、B、E、AⅠ和 CⅢ）及脂蛋白受体等基因的异常。如 LDL 受体基因异常是家族性高胆固醇血症发病的重要原因。患者由于 LDL 受体缺陷，LDL 不能进入细胞代谢，引起血胆固醇增高及黄色瘤，甚至发生早期冠心病等。

（魏金荣）

第六章　生物氧化

内容提要

物质在生物体内发生的氧化称为生物氧化（biological oxidation）。糖、脂、氨基酸分解的最后产能步骤汇集于线粒体中的氧化磷酸化。NADH 和 $FADH_2$ 通过呼吸链将电子最终传递使给 O_2，使其还原生成 H_2O。同时，利用电子传递所释放的能量形成跨线粒体内膜的质子电化学梯度，驱动 ATP 生成。

第一节　生成 ATP 的氧化体系

一、呼吸链由按一定顺序排列的递氢体和递电子体所组成

代谢物脱下的氢（2H）经连锁反应逐步传递，最终与 O_2 结合生成 H_2O。因与细胞呼吸有关，故将线粒体内膜此种按一定顺序排列的递氢体和递电子体所组成的传递链称为呼吸链（respiratory chain），又称为电子传递链（electron transfer chain）。

（一）呼吸链主要由 4 种复合体组成

用胆酸、脱氧胆酸处理线粒体内膜，经分离后，从呼吸链可得到 4 种具有电子传递功能的酶复合体。复合体Ⅰ、Ⅱ、Ⅲ 和Ⅳ的组成见表 6－1，其在线粒体的分布如图 6－1。此外，呼吸链还包括泛醌和细胞色素 C 两种游离组分。

表 6－1　人线粒体呼吸链复合体

复合体	酶名称	多肽链数	辅　基
复合体Ⅰ	NADH－泛醌还原酶（NADH 脱氢酶）	39	FMN，Fe－S
复合体Ⅱ	琥珀酸－泛醌还原酶（琥珀酸脱氢酶）	4	FAD，Fe－S
复合体Ⅲ	泛醌－细胞色素 C 还原酶	11	血红素，Fe－S
复合体Ⅳ	细胞色素 C 氧化酶	13	血红素，Cu

由图 6－1 可看出复合体Ⅰ、Ⅲ 和Ⅳ横跨线粒体内膜，复合体Ⅱ镶嵌在线粒体内膜的基质侧。

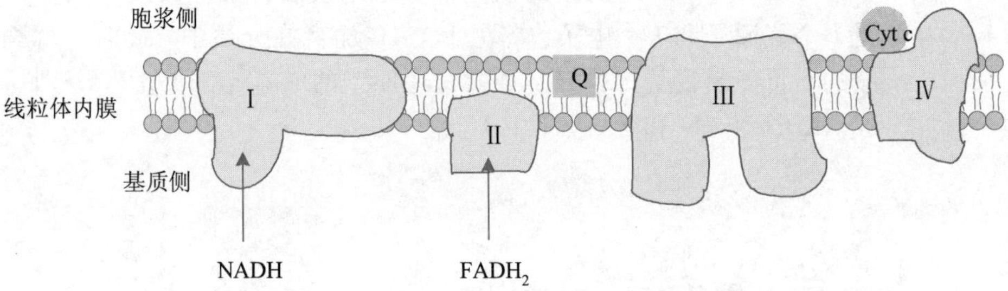

图 6－1　呼吸链各复合体在线粒体内膜的位置

1. 复合体Ⅰ　其主要的功能是将来自大部分代谢物脱下的 1 对氢（2H）经由 NADH 传递给泛醌，同时将 4 个质子从基质泵出到膜间隙。高分辨率的电镜显示复合体Ⅰ呈 L 形，一条臂埋在线粒体内膜中，另一条臂伸向线粒体基质中。复合体Ⅰ的电子传递过程见图 6－2。

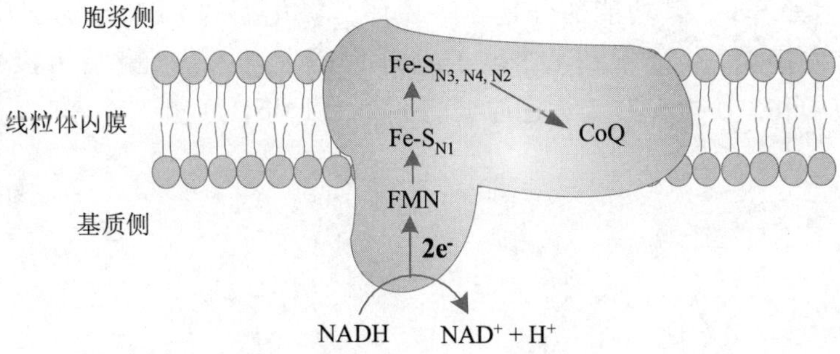

图 6－2　复合体Ⅰ的电子传递

N_1，N_2，N_3，N_4 分别表示复合体Ⅰ中不同的铁硫蛋白

烟酰胺腺嘌呤二核苷酸（nicotinamide adenine dinucleotide，NAD^+，又称辅酶Ⅰ，coenzyme Ⅰ，Co Ⅰ）和烟酰胺腺嘌呤二核苷酸磷酸（nicotinamide adenine dinucleotide phosphate，$NADP^+$，又称辅酶Ⅱ，coenzymeⅡ，Co Ⅱ）是烟酰胺脱氢酶类的辅酶，其结构如下：

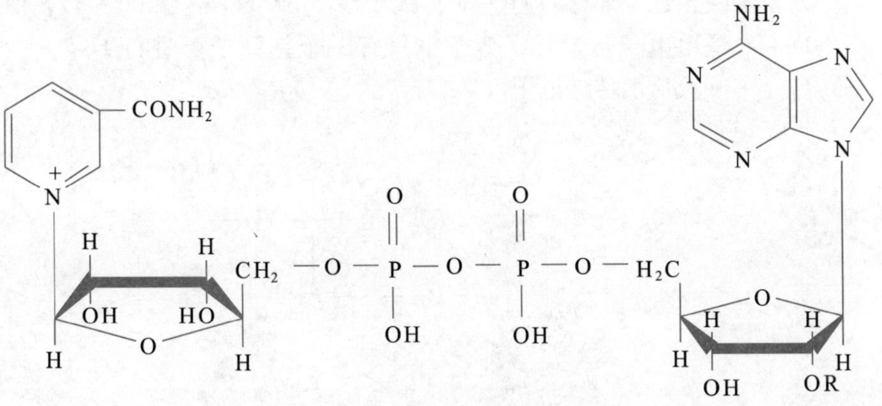

R＝H：NAD^+；R＝H_2PO_3：$NADP^+$

NAD^+和$NADP^+$分子的功能部分是烟酰胺，加氢反应时只能接受1个氢原子和1个电子，将另1个H^+游离在介质中。此时，烟酰胺的5价氮转变为3价氮。通常，还原型的NAD^+和$NADP^+$分别写成NADH ＋ H^+和NADPH ＋ H^+。

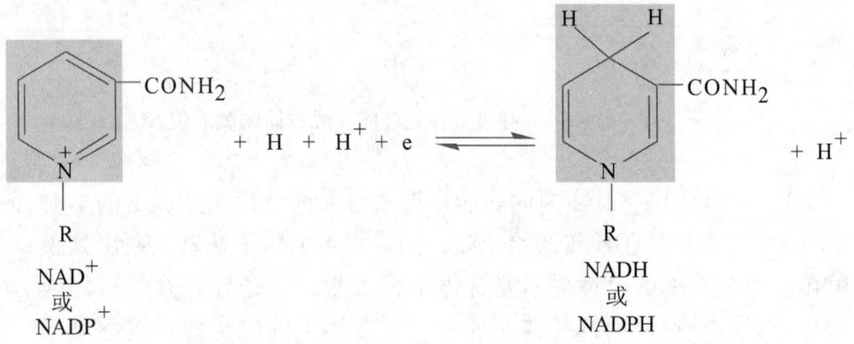

黄素单核苷酸（flavin mononucleotide，FMN）分子中含有核黄素（维生素B_2），其功能部分是异咯嗪环。氧化型的FMN在加氢反应时首先接受1个质子和1个电子成为FMN·自由基，此后再接受1个质子和1个电子转变为还原型的FMN（$FMNH_2$）。

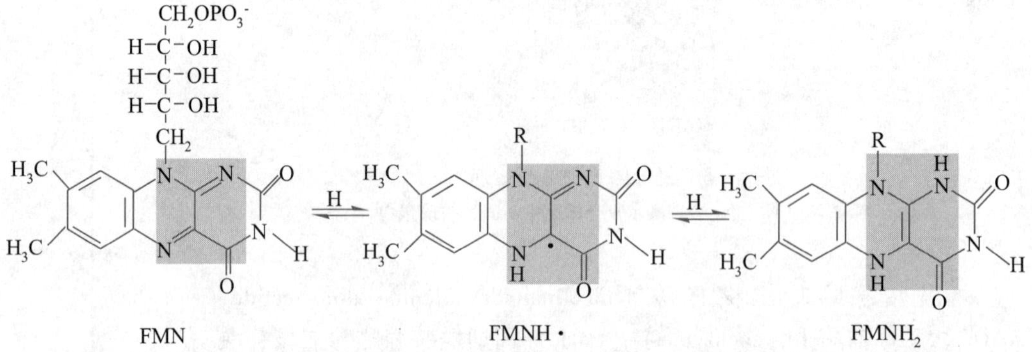

铁硫蛋白（iron－sulfur protein，Fe－S）分子中含有铁硫中心（又称铁硫簇，iron－sulfur cluster），铁原子与蛋白部分的半胱氨酸残基的硫相连。常见的Fe－S中心为Fe_2S_2和Fe_4S_4（图6－3），但Fe－S是单电子传递体，分子中只有1个铁原子可进行$Fe^{2+} \rightleftharpoons Fe^{3+} + e$反应而传递电子。

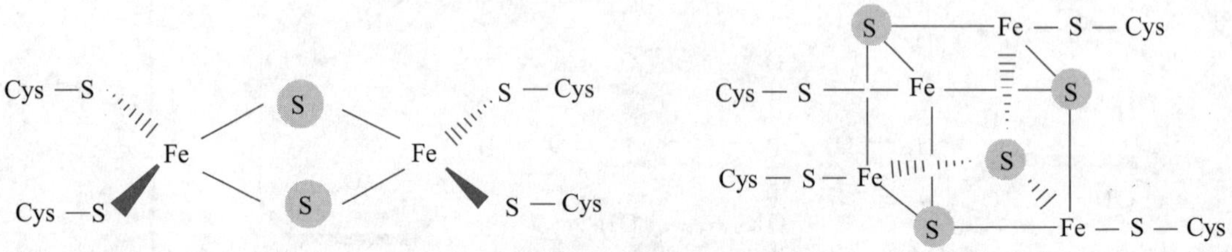

图6－3　常见的Fe－S中心结构

S：表示无机硫

泛醌（ubiquinone，又称为辅酶 Q，CoQ）是一种脂溶性醌类化合物，含疏水性的多个异戊二烯单位构成的侧链，故在线粒体内膜移动性较大，不存在于复合体中。泛醌为递氢体，氧化型泛醌可相继接受 2 个氢原子（$2H^+$ 和 2e）转变为还原型的泛醌，即二氢泛醌（QH_2）。

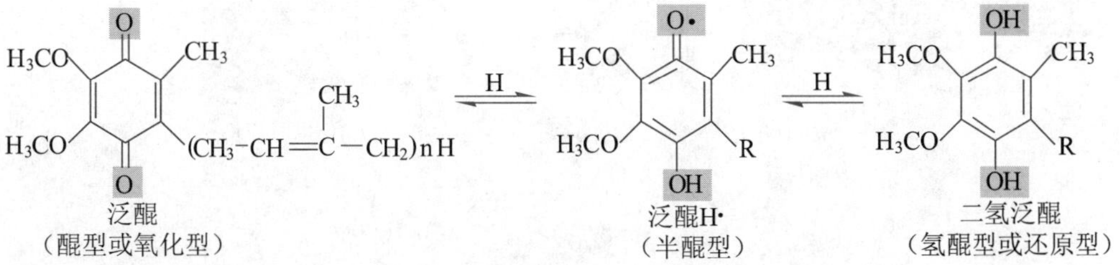

人的 CoQ：n = 10（Q_{10}）

2. 复合体Ⅱ　复合体Ⅱ有 4 个不同的亚基和 5 个辅基，其功能是将电子从琥珀酸传递给泛醌。亚基 C 和 D 镶在线粒体内膜，含有血红素 b 和 CoQ 结合部位，亚基 A 和 B 伸向线粒体基质，含有 3 个铁硫中心（S_1、S_2、S_3）和结合底物部位，结合 FAD。据最新研究表明，该复合体中的血红素 b 似乎不作为电子传递的直接途径。复合体Ⅱ的电子传递过程见图 6－4。

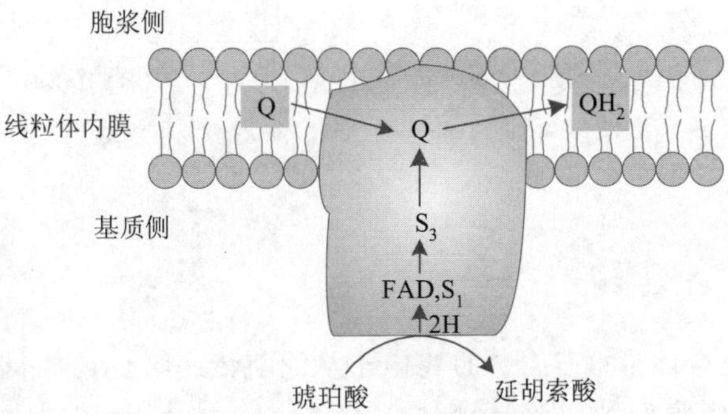

图 6－4　复合体Ⅱ的电子传递

细胞色素（cytochrome，Cyt）是一类以铁卟啉为辅基的电子传递蛋白，均有特殊的吸收峰。根据吸收光谱的不同，线粒体中的细胞色素分为 Cyt a，Cyt b，Cyt c3 类，铁卟啉中的铁原子可进行 $Fe^{2+} \rightleftharpoons Fe^{3+} + e$ 反应传递电子，均为单电子传递体。它们的主要差别在于铁卟啉辅基的侧链及其与蛋白质的连接方式。

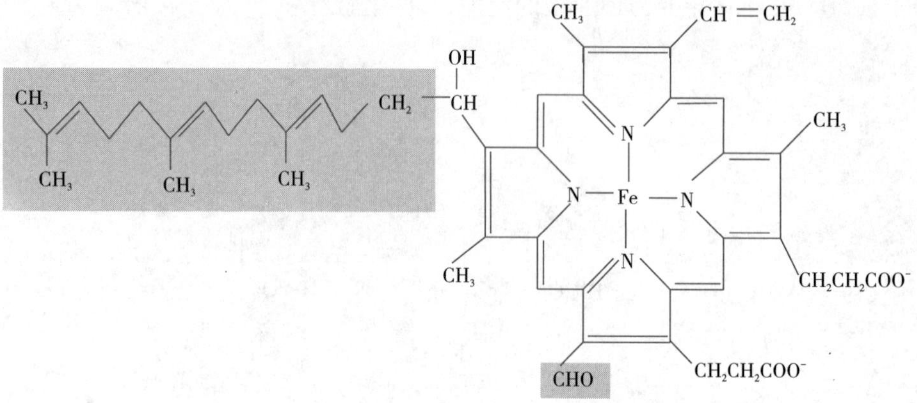

细胞色素a辅基

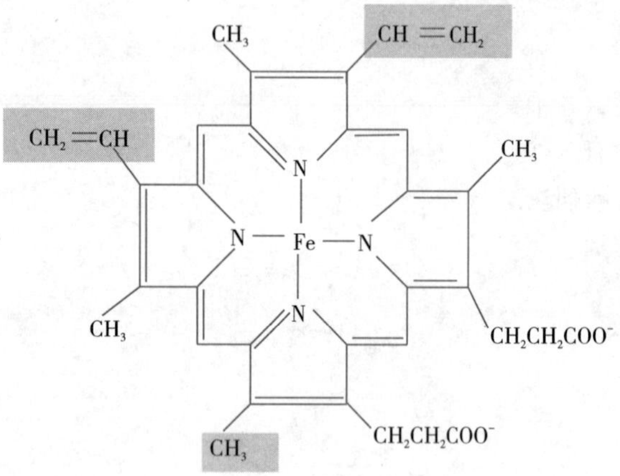

细胞色素b辅基

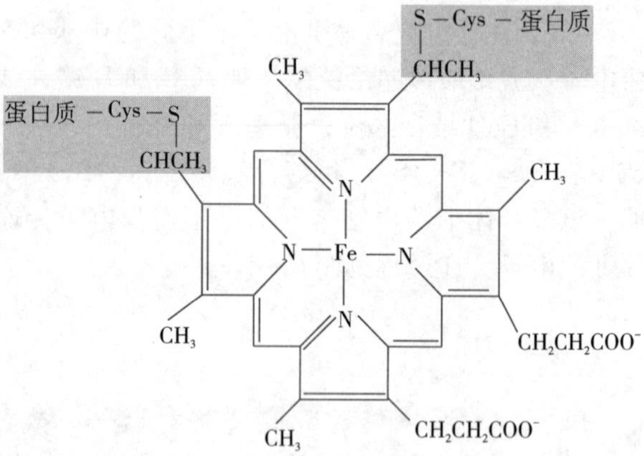

细胞色素c辅基

3. 复合体Ⅲ　复合体Ⅲ将电子从泛醌传递给 Cyt c，同时将4个质子释放到膜间隙。该复合体含有 Cyt b_{562}（b_H）、Cyt b_{566}（b_L）、Cyt c_1 和 Fe－S，存在2个泛醌结合位点，分别位于线粒体内膜的胞浆侧和基底侧。

Cyt c 为水溶性，通过静电作用与线粒体内膜外表面结合，属于膜周围蛋白，与泛醌相似，可自由扩散。

目前提出的 Q 循环（Q cycle）较好地说明了该复合体中电子和质子的传递过程（图6－5）。

从图中可以看出，每2分子 QH_2 通过 Q 循环的过程中，又同时生成1分子 QH_2，实际上，相当于只有1分子还原型的泛醌将2个电子传递给了 Cyt c。

4. 复合体Ⅳ　复合体Ⅳ将电子从 Cyt c 传递给分子氧。人复合

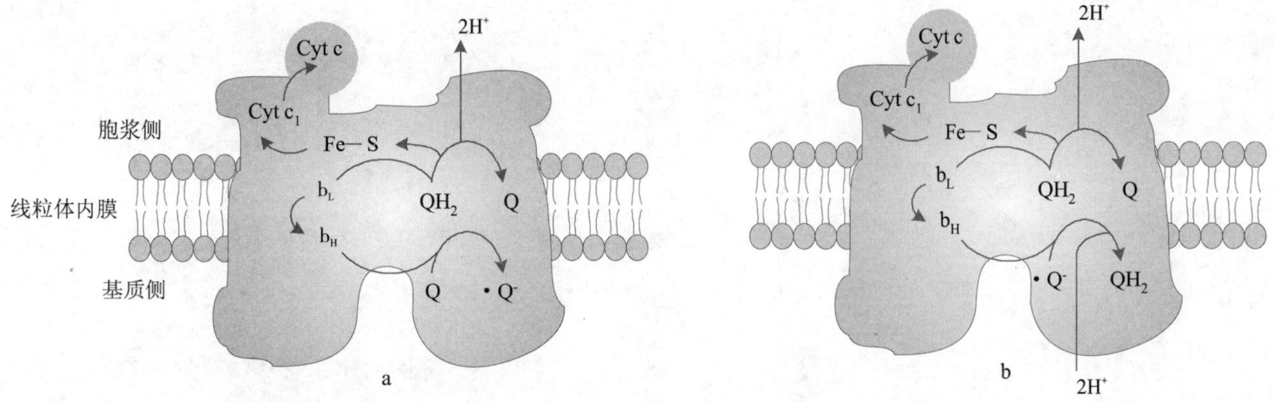

图 6－5　Q 循环

a：第 1 个 QH_2 的氧化　b_L和 b_H 分别表示低亲和力和高亲和力的血红素 b；
b：第 2 个 QH_2 的氧化　其中的 Fe－S 中心为特殊的 Fe_2-S_2，分别与 2 个 Cys 残基和 His 残基结合。

体Ⅳ呈二聚体结构，每个单体含有 13 个亚基，其中 1 个亚基含有 2 个 Cu 原子（与 Cys 残基结合，称为 Cu_A），1 个亚基含有 2 个血红素（a 和 a_3）及另 1 个 Cu 原子（Cu_B），其电子传递过程见图 6－6。

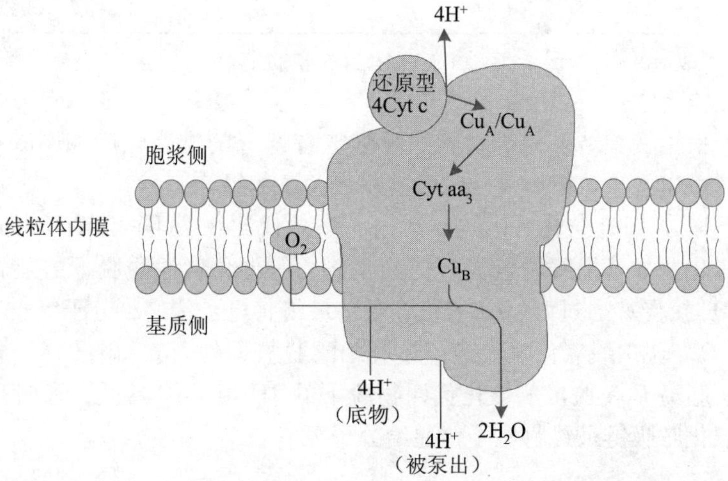

图 6－6　复合体Ⅳ的电子传递

O_2 是呼吸链最终的电子受体。O_2 在被还原生成 2 分子 H_2O 的过程中，复合体Ⅳ可将 4 个质子从基质泵出到膜间隙。实际上，1 对氢原子（2H）经呼吸链传递时，只生成 1 分子 H_2O，相当于复合体Ⅳ将 2 个质子从基质泵出到膜间隙。

（二）呼吸链各组分按一定顺序排列

确定呼吸链组分排列顺序的实验

- 根据呼吸链各组分的标准氧化还原电位(表6-2)，由低到高的顺序排列
- 在体外将呼吸链组分拆开和重组，鉴定复合体的组成与排列
- 利用呼吸链的特异性抑制剂阻断某一组分的电子传递，根据其吸收光谱的改变进行检测
- 利用离体线粒体观察各组分被氧化的顺序

表 6-2 呼吸链中各种氧化还原对的标准氧化还原电位

氧化还原对	$E^{0'}$（V）	氧化还原对	$E^{0'}$（V）
NAD^+ / NADH + H^+	-0.32	Cyt c_1 Fe^{3+} / Fe^{2+}	0.22
FMN / $FMNH_2$	-0.30	Cyt c Fe^{3+} / Fe^{2+}	0.25
FAD / $FADH_2$	-0.06	Cyt a Fe^{3+} / Fe^{2+}	0.29
Q_{10}/ $Q_{10}H_2$	0.04（或 0.10）	Cyt a_3 Fe^{3+} / Fe^{2+}	0.55
Cyt b Fe^{3+} / Fe^{2+}	0.07	1/2 O_2/ H_2O	0.82

$E^{0'}$表示在 pH = 7.0，25℃，1mol/L 反应物条件下测得的标准氧化还原电位。

根据实验结果分析得到的呼吸链各组分的排列顺序如图 6-7。由图可以看出，体内氧化呼吸链存在两条途径。

1. NADH 氧化呼吸链　体内大多数代谢物脱下的 2H 经由此途径氧化。如苹果酸脱氢酶、乳酸脱氢酶等催化代谢物脱下的氢均由 NAD^+ 接受，通过 NADH 氧化呼吸链最终将电子传递给分子氧。

2. 琥珀酸氧化呼吸链　除琥珀酸脱氢酶外，α-磷酸甘油脱氢酶、脂酰 CoA 脱氢酶催化代谢物脱下的 2H 由 FAD 接受，通过琥珀酸氧化呼吸链最终将电子传递给分子氧。

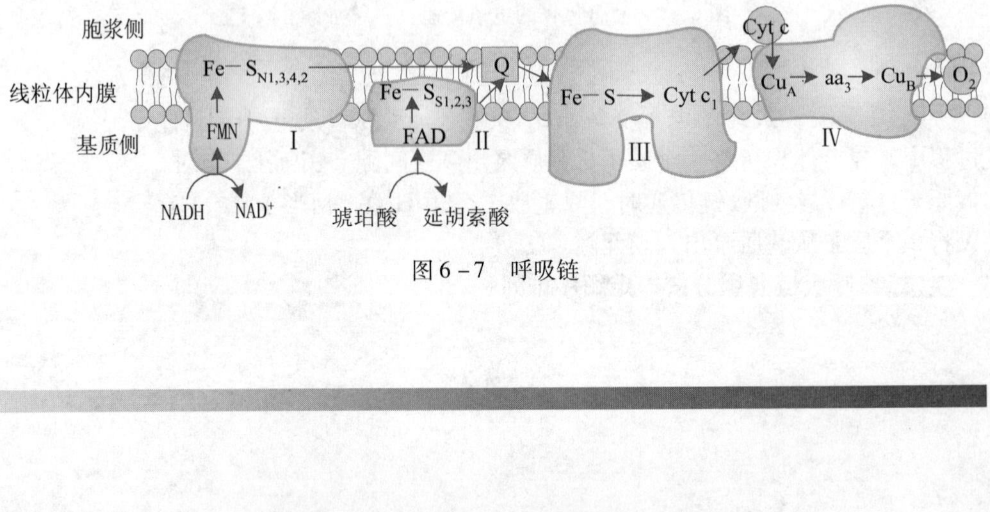

图 6-7 呼吸链

二、氧化磷酸化是 ATP 生成的主要方式

呼吸链电子传递过程中偶联 ADP 磷酸化，生成 ATP 的方式称为氧化磷酸化（oxidative phosphorylation）。

细胞中直接将代谢物分子的能量转移至 ADP（GDP），生成 ATP（GTP）的方式称为底物水平磷酸化，只涉及体内 3 个代谢物反应，参见糖代谢一章。

（一）复合体Ⅰ、Ⅲ 和Ⅳ是氧化磷酸化的偶联部位

1. P/O 比值可代表 ATP 生成的摩尔数　物质氧化时，每消耗 1 摩尔氧原子所消耗无机磷的摩尔数称为 P/O 比值（P/O ratios）。体外测得的几种重要底物的 P/O 比值见表 6－3。

根据 P/O 比值的测定，推测 NADH 氧化呼吸链有 3 个 ATP 的偶联部位，琥珀酸氧化呼吸链有 2 个 ATP 的偶联部位。分析结果提示，3 个偶联部位分别在 NADH 与泛醌之间、泛醌与 Cyt c 之间、Cytaa$_3$ 与 O_2 之间。

表 6－3　线粒体离体实验测得的几种底物的 P/O 比值

底物	呼吸链的组成	P/O 比值	可生成的 ATP
β－羟丁酸	NAD^+ → 复合体Ⅰ→CoQ→复合体Ⅲ →Cyt c→复合体Ⅳ→O_2	2.4～2.8	2.5
琥珀酸	复合体Ⅱ→ CoQ → 复合体Ⅲ →Cyt c → 复合体Ⅳ → O_2	1.7	1.5
抗坏血酸	Cyt c → 复合体Ⅳ → O_2	0.88	1
Cyt c（Fe^{2+}）	复合体Ⅳ → O_2	0.61～0.68	1

2. 体外每摩尔 ATP 生成需要约 30.5kJ 的能量　标准自由能变化（$\Delta G^{0'}$）与标准电位变化（$\Delta E^{0'}$）之间存在以下关系：

$$\Delta G^{0'} = -nF\Delta E^{0'}$$

式中 n 为传递电子数，F 为法拉第常数［96.5kJ/（mol·V）］。从 NADH 到泛醌、从泛醌到 Cyt c、Cyt aa$_3$ 到 O_2 的电位差分别约为 0.36V、0.21V、0.27V。根据计算，以上 3 处偶联部位的 $\Delta G^{0'}$分别为－69.5、－40.5、－52.1kJ/mol，可满足 ATP 生成的能量需要。

（二）氧化磷酸化的偶联机制是跨线粒体内膜的质子电化学梯度

1. 化学渗透假说真实解释了氧化磷酸化的偶联机制　化学渗透假说是 1961 年由 Peter Mitchell 提出的，他为此荣获 1978 年诺贝尔化学奖。该假说的基本要点是电子经呼吸链传递时，质子从线粒体内膜基质侧被泵到内膜胞浆侧，形成跨内膜的质子电化学梯度（H^+ 浓度梯度和跨膜电位差），此可看作能量的储存形式。而当质子顺浓度梯度回流时，由 ATP 合酶催化 ADP 与 Pi 生成 ATP（图 6－8）。

目前认为，来自 NADH 的 2 个电子传递给 O_2 时，复合体Ⅰ、Ⅲ和Ⅳ可将 10 个质子（分别为 $4H^+$、$4H^+$、$2H^+$）从线粒体内膜基质

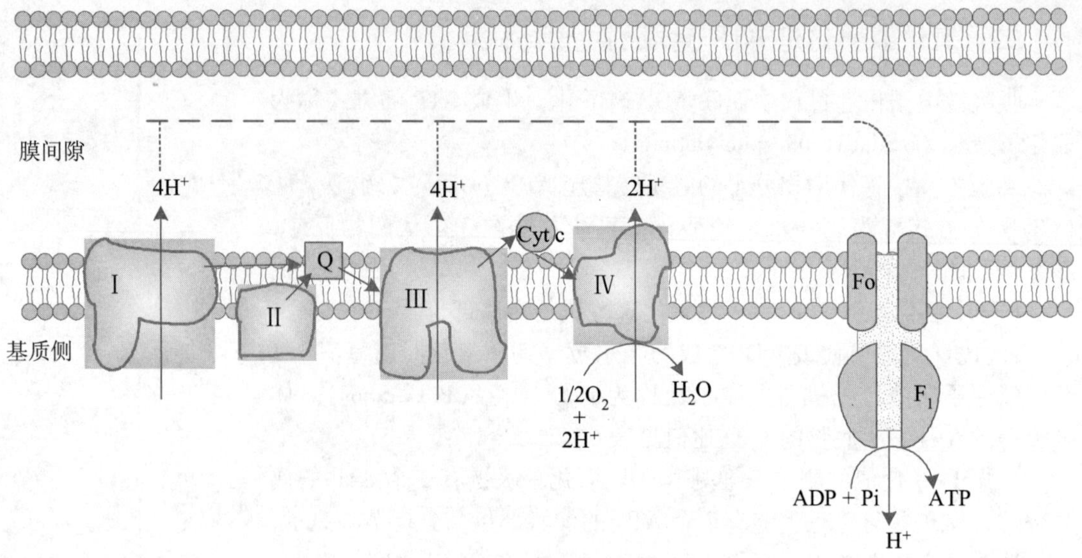

图6-8 化学渗透假说

侧泵出到内膜胞浆侧，而当经由琥珀酸氧化呼吸链时，因跨过复合体Ⅰ，故可将6个H^+从线粒体内膜基质侧泵出到内膜胞浆侧。

（三）ATP合酶利用电子传递时储存的能量合成ATP

1. ATP合酶含有两个功能组分Fo和F_1　ATP合酶（ATP synthase）又称为复合体Ⅴ，其F_1是亲水部分，在线粒体内膜的基质侧呈颗粒状突起，主要由$\alpha_3\beta_3\gamma\delta\varepsilon$亚基组成，它的功能为催化ATP生成。Fo为疏水部分，镶嵌在线粒体内膜中，由$a_1b_2c_{9\sim12}$亚基组成。其中a亚基内含有2个互不相通的H^+半通道，分别开口于基质和胞浆侧，c亚基形成对称的跨膜环状结构，可发生旋转，第61位天冬氨酸残基在H^+从线粒体内膜胞浆侧进入基质的过程中起重要作用。ATP合酶的基本结构见图6-9。

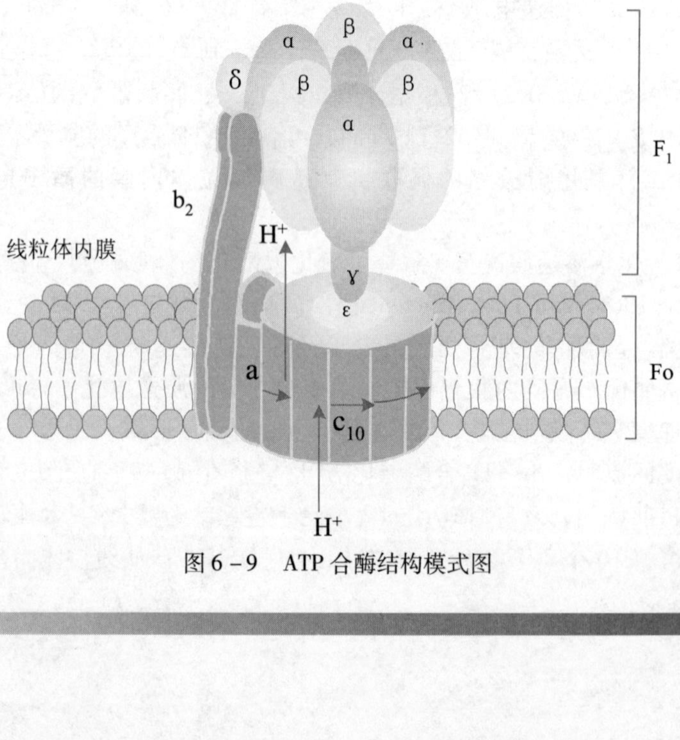

图6-9 ATP合酶结构模式图

2. 质子梯度驱动ATP合酶释放其表面生成的ATP　由于部分γ亚基插入$\alpha_3\beta_3$六聚体中央，3个β亚基与γ亚基的不同插入部分相作用，导致每个β亚基形成不同的构象：ATP紧密结合型（T，生成ATP）、ADP结合型（L，疏松结合型）、开放型（O，释放ATP）。当H^+顺浓度梯度经Fo中a亚基和c亚基间的质子通道回流时，γ亚基发生旋转，同时引起3个β亚基的构象发生改变。ATP合酶的结合变化模型见图6－10。

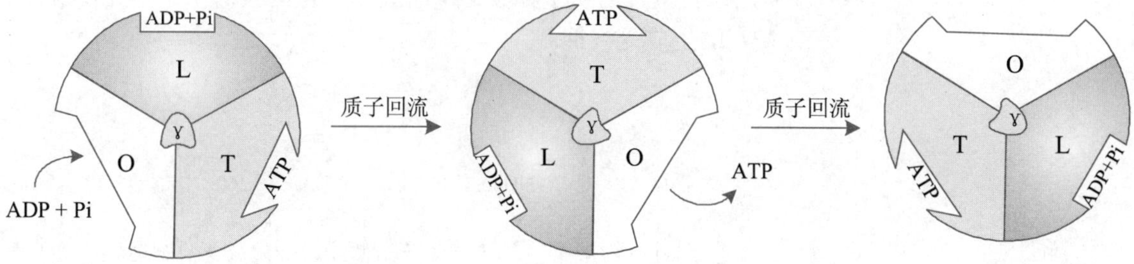

图6－10　ATP合酶的结合变化模型

据化学计算估计，每生成1分子ATP需要4个H^+从线粒体内膜胞浆侧回流进入内膜基质侧，其中1个H^+用于Pi的转运。这样，2H经由NADH氧化呼吸链传递或琥珀酸氧化呼吸链传递时，可分别生成2.5或1.5分子ATP。

三、氧化磷酸化受多种因素影响

（一）氧化磷酸化在不同层次上被抑制

1. 呼吸链抑制剂阻断电子传递链中特定部位的电子传递　各种呼吸链抑制剂的作用位点见下图6－11。

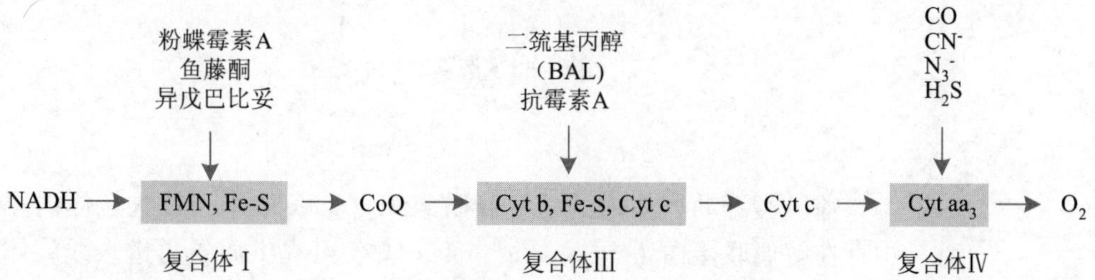

图6－11　呼吸链抑制剂

2. ATP合酶抑制剂抑制氧化磷酸化　这类抑制剂既阻断电子传递，又抑制ADP磷酸化。如寡霉素（oligomycin）、双环己基碳二亚胺（dicyclohexyl carbodiimide，DCCD）阻断质子从ATP合酶的Fo质子通道回流，抑制ATP生成。因造成线粒体内膜两侧质子电化学梯度增高，破坏了复合体Ⅰ、Ⅲ和Ⅳ的质子泵功能，进而阻断了电子传递。ATP 合酶抑制剂的这种作用充分说明电子传递与 ATP 生成是紧密偶联的。

3. 解偶联剂破坏线粒体内膜两侧的质子电化学梯度　解偶联剂能破坏电子传递与 ATP 生成的这种紧密偶联，使氧化与磷酸化的过程相脱离。典型的解偶联剂有二硝基苯酚（dinitrophenol，DNP）和羰基氰对三氟甲氧基苯腙（carbonyl cyanidl p－trifluoromethoxyphenyl-hydrazone，FCCP）（图 6－12）。它们都是脂溶性的，且带有可解离的质子。解偶联剂在线粒体内膜胞浆侧结合质子，并通过内膜进入基质侧，将携带的质子释放，从而破坏了跨内膜的质子电化学梯度，使 ATP 的生成受到抑制。

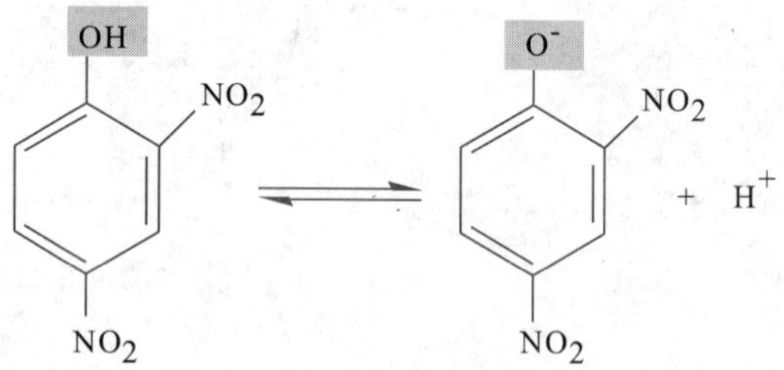
2,4-二硝基苯酚

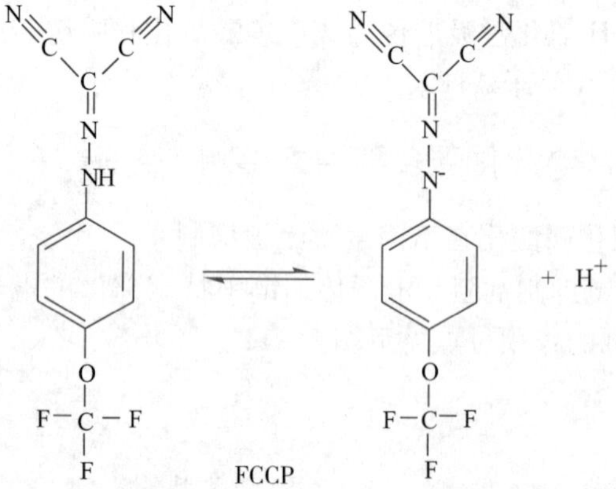
FCCP

图 6－12　解偶联剂的结构

哺乳类等动物体内的棕色脂肪组织富含线粒体，其线粒体内膜中存在解偶联蛋白（uncoupling protein），可提供质子再进入线粒体基质的另一个通道，与质子泵偶联，使得质子电化学梯度储存的能量以热量的形式释放。由此可见，棕色脂肪组织中燃料的氧化作用不在于生成 ATP，而是产热御寒。

4. 腺苷酸转运蛋白抑制剂阻断 ATP－ADP 的转运　例如苍术苷（atractyloside）属于这类抑制剂，通过阻断 ATP－ADP 的反向转运，进而影响氧化磷酸化。

各种抑制剂对线粒体耗氧的影响见图 6－13。

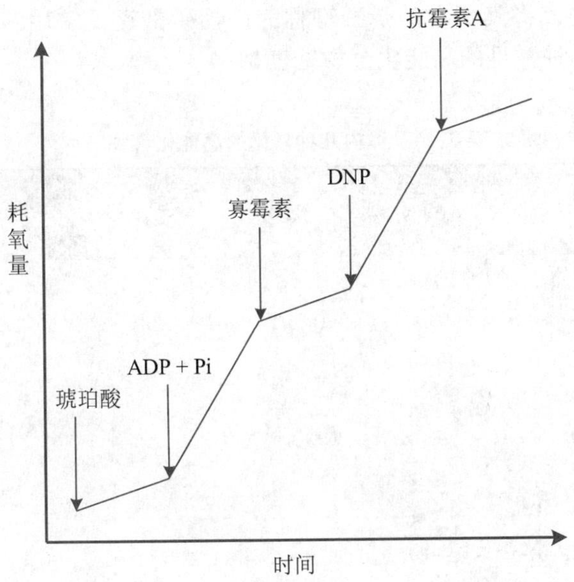

图 6 - 13　抑制剂对线粒体耗氧的影响
耗氧量是由氧电极监测

（二）机体能量的需求状态是调节氧化磷酸化的主要因素

研究发现，当体内 ATP 利用增加，细胞内 ADP 浓度升高时，线粒体的氧化磷酸化速度加快，相反，ADP 水平较低时，氧化磷酸化速度减慢。可见，ADP 浓度反映细胞内的能量状态，是正常机体氧化磷酸化的主要调节因素，以使 ATP 的生成速度适应生理活动的需要。

（三）甲状腺激素是调节氧化磷酸化的重要激素

甲状腺激素对 ATP 代谢具有双重作用。甲状腺激素一方面诱导细胞膜上的 Na^+，K^+ - ATP 酶合成，加速 ATP 分解为 ADP 和 Pi；另一方面，由于 ADP 浓度增高又促进氧化磷酸化，加速了 ATP 生成。再有，甲状腺激素能促进解偶联蛋白的基因表达。因此，甲状腺功能亢进患者的基础代谢率高，产热增加，喜冷怕热。

（四）线粒体 DNA 突变可影响氧化磷酸化的功能

线粒体 DNA（mitochondrial DNA，mtDNA）含有 37 个基因，包括编码呼吸链复合体中 13 条多肽链的基因、线粒体蛋白质合成所需的 22 个 tRNA 的基因及 2 个 rRNA 的基因。由于 mtDNA 缺少蛋白质的保护，呈裸露的环状双链结构，加之损伤修复系统不完善，故其突变率远远高于核 DNA。由于线粒体 DNA 突变可影响氧化磷酸化，不能提供充分的 ATP 以满足细胞活跃的代谢需要，造成其功能障碍，以致引起疾病。

四、ATP 是细胞能量的通用货币

（一）体内存在多种高能化合物

糖、脂肪等在生物氧化过程中释放的能量有一部分以化学能的形式储存于某些特殊类型的有机磷酸酯或硫酯化合物中。一般将磷酸化合物水解时释放的能量大于 21kJ/mol 者称为高能磷酸化合物或高能化合物，将其所含的磷酸键称为高能磷酸键，常用"～P"表示。体内几种常见的高能化合物见表 6－4。

表 6－4 体内几种常见的高能化合物

类 型	通 式	举 例	释放能量（$\Delta G^{o'}$）kJ/mol（kcal/mol）
磷酸酐	—P(=O)(OH)—O～P(=O)(OH)—OH	ATP，GTP，UTP，ADP	－30.5（－7.3）
烯醇磷酸	R—C(=CH$_2$)—O～P(=O)(OH)—OH	磷酸烯醇式丙酮酸	－61.9（－14.8）
混合酸酐	R—C(=O)—O～P(=O)(OH)—OH	1，3－二磷酸甘油酸	－61.9（－14.8）
磷酸胍类	R—C(=NH)—N(H)～P(=O)(OH)—OH	磷酸肌酸	－43.9（－10.5）
硫酯类	R—C(=O)～SCoA	乙酰 CoA	－31.4（－7.5）

但需要说明的是，细胞中的 ATP 和 ADP 磷酸基团都处于解离状态，以 ATP^{4-} 和 ADP^{3-} 的形式存在，并与 Mg^{2+} 形成复合物。在生理条件下，受各种因素的影响，ATP 水解释放的能量可达－52.3kJ/mol（－12.5kcal/mol）。

（二）核苷二磷酸激酶催化 GTP、CTP、UTP 的生成

为蛋白质、磷脂、糖原合成时提供能量的 GTP、CTP、UTP 通常不能从物质氧化过程中直接生成，而是在核苷二磷酸激酶的催化下，从 ATP 中获得～P。反应如下：

$$ATP + GDP \longrightarrow ADP + GTP$$
$$ATP + CDP \longrightarrow ADP + CTP$$
$$ATP + UDP \longrightarrow ADP + UTP$$

（三）腺苷酸激酶催化 ADP 和 ATP 互变

细胞中还存在腺苷酸激酶（adenylate kinase），催化由 ADP 转变为 ATP 加以利用。

$$ADP + ADP \longrightarrow ATP + AMP$$

该反应可见于骨骼肌激烈收缩，ATP 消耗过多，ADP 积累时。此外，当 ATP 需要量降低时，AMP 通过此反应还可重新磷酸化转变为 ADP。

（四）磷酸肌酸是体内能量的一种储存形式

磷酸肌酸（creatine phosphate，CP）存在于肌肉和脑中，是可以迅速动用的储备能源。当 ATP 迅速消耗时，磷酸肌酸能分解放能，使 ADP 磷酸化生成 ATP，以补充 ATP 的不足；而当静息状态时，ATP 将其末端 ~P 给肌酸，生成磷酸肌酸（图 6－14）。可以认为，磷酸肌酸具有防止 ATP 急剧变化的缓冲作用。

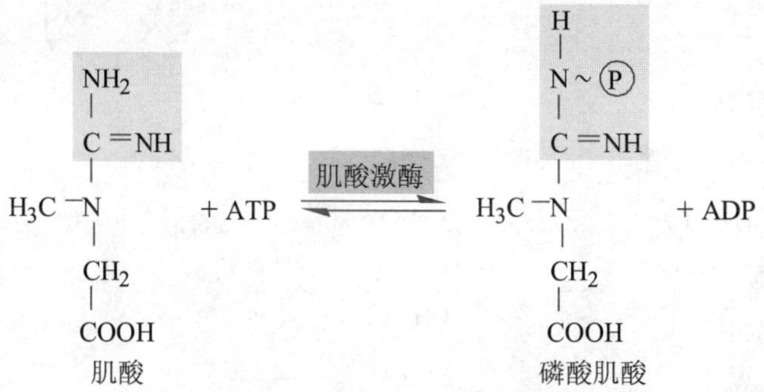

图 6－14　磷酸肌酸的生成和分解

总之，ATP 在生物体内能量捕获、转移、储存和利用的过程中起中枢作用，归纳见图 6－15。

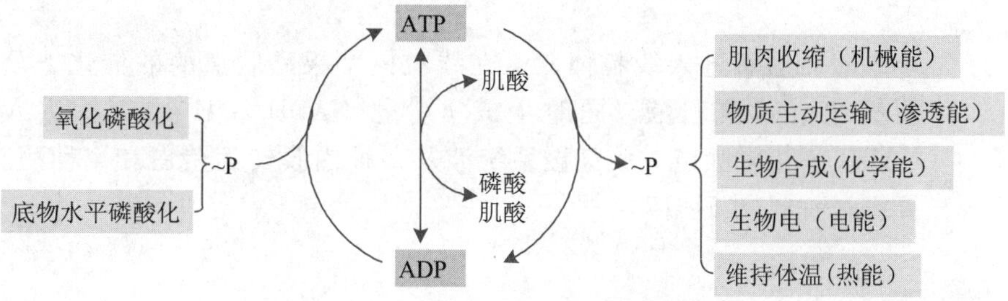

图 6－15　ATP 的生成、储存和利用

五、线粒体内膜依赖转运蛋白对物质进行选择性转运

线粒体通过其内外膜使基质与细胞液分隔。线粒体外膜通透性较大，允许小分子量的物质自由通过，而内膜对各种物质具有严格的选择性。

（一）胞浆中 NADH 通过穿梭作用进入线粒体后再参加氧化磷酸化

1. α－磷酸甘油穿梭系统主要存在于脑和骨骼肌中　线粒体外的 NADH 在胞浆磷酸甘油脱氢酶的催化下，将磷酸二羟丙酮还原成 α－磷酸甘油，后者通过线粒体外膜，再经线粒体内膜近胞浆侧的磷酸甘油脱氢酶催化重新氧化成磷酸二羟丙酮，同时生成 1 分子 $FADH_2$。磷酸二羟丙酮穿出线粒体外可继续利用，$FADH_2$ 将 2H 传递给泛醌进入呼吸链（图 6－16）。

2. 苹果酸－天冬氨酸穿梭系统主要存在于肝和心肌中　线粒体外的 NADH 在胞浆苹果酸脱氢酶的催化下，将草酰乙酸还原成

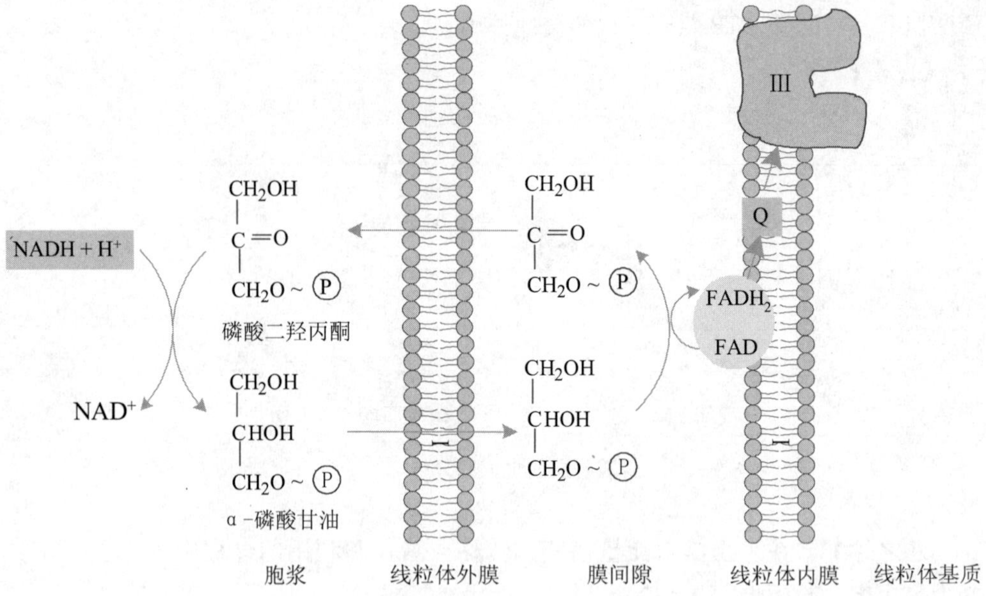

图 6 – 16 α – 磷酸甘油穿梭

苹果酸，后者进入线粒体，又在线粒体苹果酸脱氢酶的催化下重新氧化成草酰乙酸，同时生成 1 分子 NADH ＋H⁺，直接进入 NADH 氧化呼吸链。该穿梭系统涉及 2 种内膜转运蛋白和 4 种酶。详细过程见图 6 – 17。

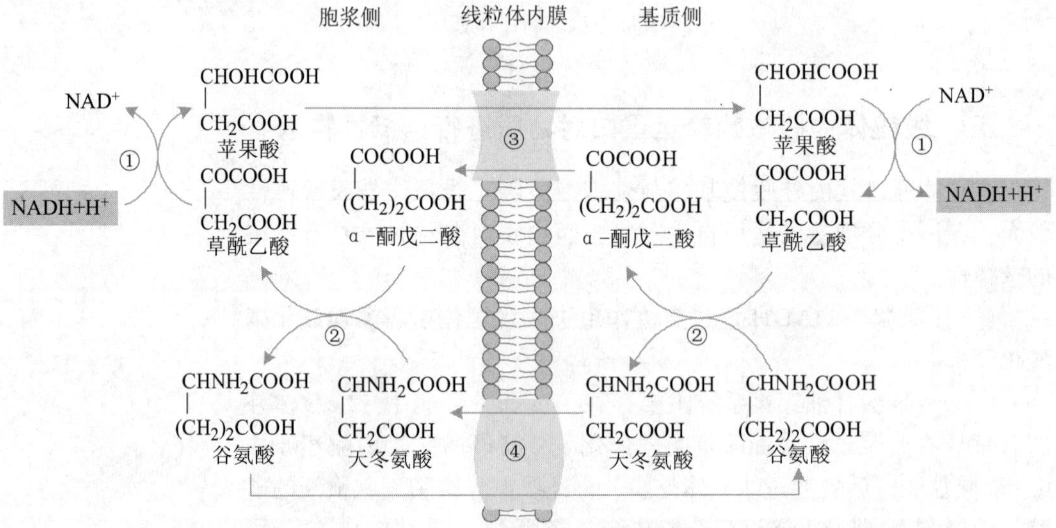

图 6 – 17 苹果酸 – 天冬氨酸穿梭

①苹果酸脱氢酶 ②谷草转氨酶 ③苹果酸 – α – 酮戊二酸转运蛋白 ④谷氨酸 – 天冬氨酸转运蛋白

（二）腺苷酸转位酶反向转运 ATP 和 ADP

腺苷酸转位酶（adenine nucleotide translocase，又称腺苷酸转运蛋白）位于线粒体内膜，只有 1 个核苷酸结合部位，但具有两种互变的构象结构。当结合部位面向基质结合 ATP^{4-} 后，变构成面向胞浆，释放 ATP^{4-}，结合 ADP^{3-}。此后，再变成面向基质，释放 ADP^{3-}，结合 ATP^{4-}。由于 ATP^{4-} 与 ADP^{3-} 的反向转运（图 6－18），实际上，是向线粒体内膜外转出 1 个净电荷，就相当于 1 个质子转入线粒体基质。跨线粒体内膜的电化学梯度，导致线粒体内膜的基质侧为负，故有利于 ATP 与 ADP 的交换。

与此同时，氧化磷酸化还需要另外一种转运系统，即磷酸盐转运蛋白，其功能是将 $H_2PO_4^-$ 和 H^+ 同向转入线粒体（图 6－18）。

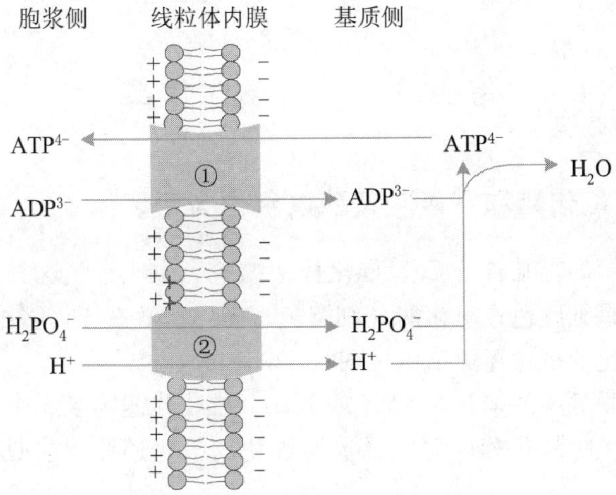

图 6－18　ATP、ADP 和 Pi 的转运
①腺苷酸转位酶　②磷酸盐转运蛋白

（三）线粒体 Ca^{2+} 的摄取与释放是由内膜中的转运蛋白所介导

线粒体是 Ca^{2+} 的重要储库之一。线粒体内膜中的钙单向转运蛋白（calcium uniporter）是一种高选择性的离子通道，通常是在胞浆中的 Ca^{2+} 浓度升高时，将 Ca^{2+} 摄入线粒体。线粒体中的 Ca^{2+} 浓度升高，激活某些脱氢酶，导致呼吸速率加快，ATP 产量增加。而线粒体基质中的 Ca^{2+} 是通过 $Na^+－Ca^{2+}$ 交换蛋白（sodium calcium exchanger）释放到胞浆中（图 6－19）。

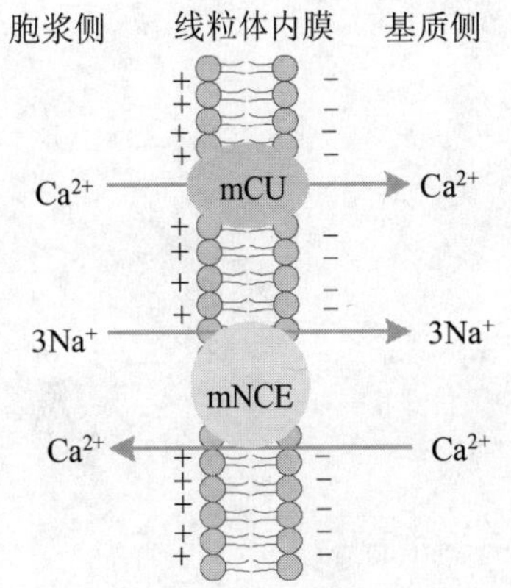

图 6－19　线粒体 Ca^{2+} 的摄取与释放
mCU：钙单向转运蛋白　　mNCE：$Na^+－Ca^{2+}$ 交换蛋白

（四）线粒体内膜中的多种转运蛋白参与代谢物的选择性转运

线粒体内膜中参与代谢物选择性的重要转运蛋白见表 6－5。

表 6-5 线粒体内膜的重要转运蛋白

转运蛋白	被转运的代谢物	
	进入线粒体	出线粒体
丙酮酸转运蛋白	丙酮酸	OH^-
α-酮戊二酸转运蛋白	苹果酸	α-酮戊二酸
三羧酸转运蛋白	苹果酸	柠檬酸
酸性氨基酸转运蛋白	谷氨酸	天冬氨酸
碱性氨基酸转运蛋白	鸟氨酸	瓜氨酸
腺苷酸转位酶	ADP^{3-}	ATP^{4-}
磷酸盐转运蛋白	$H_2PO_4^- + H^+$	
肉碱转运蛋白	脂酰肉碱	肉碱

第二节 其他氧化体系

一、氧化酶和需氧脱氢酶以氧作为受氢体

氧化酶的辅基含有 Cu，催化代谢物脱氢生成水。这类氧化酶的典型代表是细胞色素氧化酶（细胞色素 aa_3），存在于许多组织细胞。氧化酶催化的氧化还原反应见图 6-20（A）。

需氧脱氢酶的辅基为 FMN 或 FAD，催化代谢物脱氢生成过氧化氢，如黄嘌呤氧化酶。需氧脱氢酶催化的氧化还原反应见图 6-20（B）。

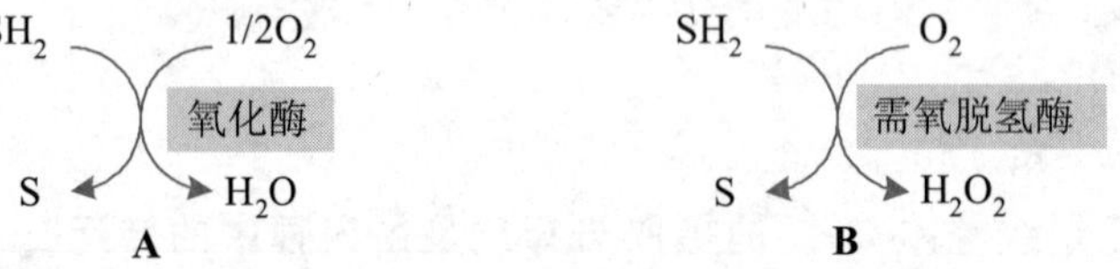

图 6-20 氧化酶和需氧脱氢酶催化的反应

二、过氧化物酶利用电子受体还原过氧化物

（一）过氧化物酶利用抗坏血酸等作为电子受体

过氧化物酶（peroxidase）主要存在于白细胞、血小板等细胞中，以血红素为辅基，利用抗坏血酸、苯醌、细胞色素 c 等作为电子受体，还原氢过氧化物。谷胱甘肽过氧化物酶（含 Se）就属于这类酶。过氧化物酶催化的反应较复杂，但可表示为：

$$R + H_2O_2 \longrightarrow RO + H_2O \quad 或 \quad RH_2 + H_2O_2 \longrightarrow R + 2H_2O$$

（二）过氧化氢酶利用过氧化氢作为电子供体和电子受体

过氧化氢酶（catalase）是一种色素蛋白，含有 4 个血红素，主

要存在于血液、骨髓、黏膜、肾和肝，其主要功能是对在氧化过程中产生的过氧化氢进行解毒。过氧化氢酶催化的反应如下：

$$2H_2O_2 \longrightarrow 2H_2O + O_2$$

三、加单氧酶催化将氧原子直接加到底物分子中

（一）加单氧酶催化氧分子的1个氧原子转移到底物分子中

加单氧酶（monooxygease）或称羟化酶（hydroxylase）催化的反应中，需要额外的1个电子供体，将分子氧的另1个氧原子还原生成 H_2O，因此又称该酶为混合功能氧化酶（mixed－function oxidase），主要存在于肝和肾上腺的微粒体中。加单氧酶催化的反应可表示为：

$$R-H + NADPH + H^+ + O_2 \longrightarrow R-OH + NADP^+ + H_2O$$

细胞色素 P_{450}（cytochrome P_{450}，Cyt P_{450}）参与上述反应。Cyt P_{450}属于细胞色素b类，其还原型与CO结合后在波长450nm处产生最大吸收峰。加单氧酶催化的反应过程见图6－21。

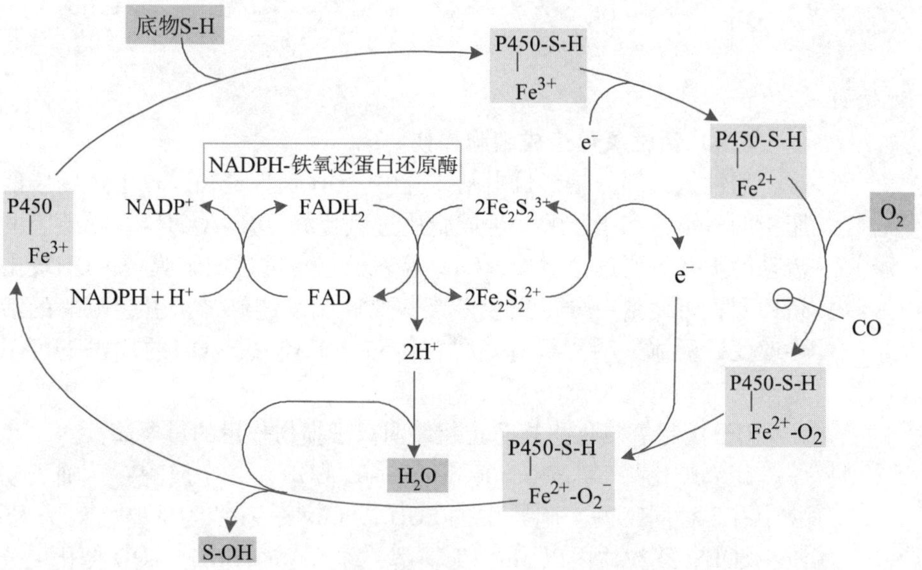

图6－21　加单氧酶催化的反应过程

体内Cyt P_{450}酶类参与类固醇激素、胆汁酸和胆色素等的合成、维生素 D_3 的羟化。此外，Cyt P_{450}酶类在药物、毒物的生物转化过程中具有重要作用，通过增加物质的水溶性，有助于其排出体外。

（二）加双氧酶催化氧分子的2个氧原子加到底物分子中

加双氧酶（dioxygenase）催化氧分子中的2个氧原子加到底物分子双键的2个碳原子上。例如，色氨酸吡咯酶（tryptophan pyrrolase）催化的反应为：

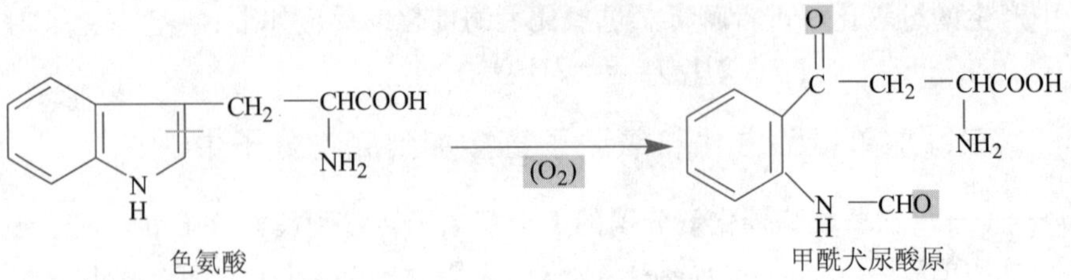

四、超氧歧化酶保护机体免受活性氧类的损伤

（一）生物氧化过程中生成活性氧

O_2 得到 1 个电子生成超氧阴离子（O_2^-），后者部分还原生成过氧化氢（H_2O_2），进一步还原产生羟自由基（·OH），O_2^-、H_2O_2 和·OH 统称为活性氧（reactive oxygen species，ROS）。自由基（free radical）是指独立存在的、带有未成对电子的基团、原子或分子。

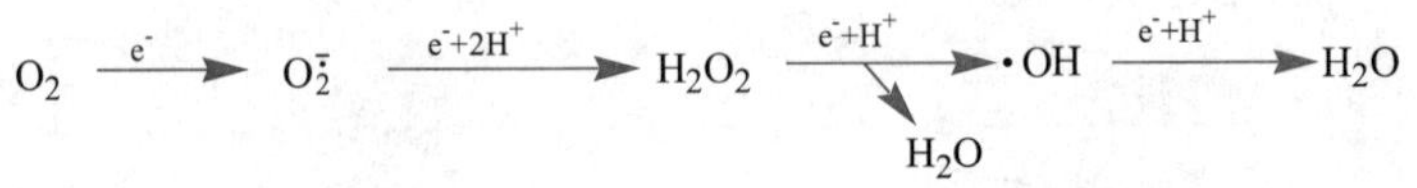

（二）活性氧可造成细胞损伤

活性氧大部分是氧自由基，其中·OH 活性最强，攻击生物膜磷脂中的多不饱和脂肪酸，生成脂质过氧化物（R－OOH），导致膜的流动性下降，通透性增加，Ca^{2+} 等离子容易透过细胞膜。·OH攻击蛋白质，可使蛋白分子发生断裂、交联及侧链修饰，引起膜酶的活性改变，受体失活。再有，线粒体和核 DNA 在·OH的攻击下可引起点突变和链断裂。

（三）超氧歧化酶是防止超氧阴离子损伤作用的重要酶

超氧歧化酶（superoxide dismutase，SOD）是金属酶，在哺乳动物中有 3 种同工酶。胞浆中的 SOD 以 Cu^{2+}、Zn^{2+} 为辅基，称为 Cu Zn－SOD；线粒体内以 Mn^{2+} 为辅基，称为 Mn－SOD。SOD 催化 1 分子 O_2^- 氧化生成氧，另一分子 O_2^- 还原生成 H_2O_2，称此反应为歧化反应。

$$2O_2^- + 2H^+ \xrightarrow{SOD} H_2O_2 + O_2$$

可见，SOD 能消除 O_2^-，进而防止其有害作用。

（于爱鸣）

第七章　氨基酸代谢

内 容 提 要

大分子蛋白质消化、降解为小分子氨基酸。氨基酸经脱氨基作用产生的氨进入鸟氨酸循环生成尿素，而余下的 α－酮酸可进一步转换和分解，这是氨基酸的一般代谢。20 种氨基酸因所含侧链的不同又有各自独特的代谢途径。

第一节　蛋白质的营养作用

一、人体需要每天都摄入适量蛋白质

蛋白质是生命的物质基础，提供足够蛋白质对正常代谢和各种生命活动的进行是十分重要的。

（一）氮平衡可以描述体内蛋白质代谢状况

因为人体摄入和排出的氮主要是蛋白质来源的，因此衡量摄入食物中的含氮量和随尿、粪排出体外的含氮量，即氮平衡（nitrogen balance），可以反映人体内蛋白质的代谢状况。人体的氮平衡有 3 种状态，见表 7－1：

表 7－1　氮平衡的 3 种状态

氮平衡状态	进、出氮情况	常见人群
氮的总平衡	摄入氮 = 排出氮	健康成年人
氮的正平衡	摄入氮 > 排出氮	儿童、青春期青少年、孕妇及恢复期病人
氮的负平衡	摄入氮 < 排出氮	长期饥饿、消耗性疾病患者（如：恶病质）

（二）人体每日必需要摄入一定量的蛋白质

人体在每日的新陈代谢中，至少要分解约 20g 蛋白质，因此健康成人（60kg）每日最少需要摄入 30～50g 蛋白质。我国营养学会推荐成人每日蛋白质需要量为 80g。

二、人体不能合成营养必需氨基酸

营养必需氨基酸（nutritionally essential amino acid）是指人体需

要但又不能自身合成的8种氨基酸，包括：缬氨酸、异亮氨酸、亮氨酸、苏氨酸、甲硫氨酸、赖氨酸、苯丙氨酸和色氨酸。

必需氨基酸含量较少的蛋白质混合食用，可使必需氨基酸互相补充从而提高营养价值，称为食物蛋白质的互补作用。如：含赖氨酸较少而色氨酸较多的谷类，与含赖氨酸较多但色氨酸较少豆类混合食用即可提高营养价值。

第二节 体内氨基酸的来源

一、食物是人体氨基酸的主要来源

（一）蛋白质在消化道被消化成氨基酸和寡肽

食物蛋白质（外源性）是人体氨基酸的主要来源。消化（图7-1）可以使蛋白质易被吸收，还可以消除外源性蛋白质的抗原性，避免机体产生过敏、中毒反应。

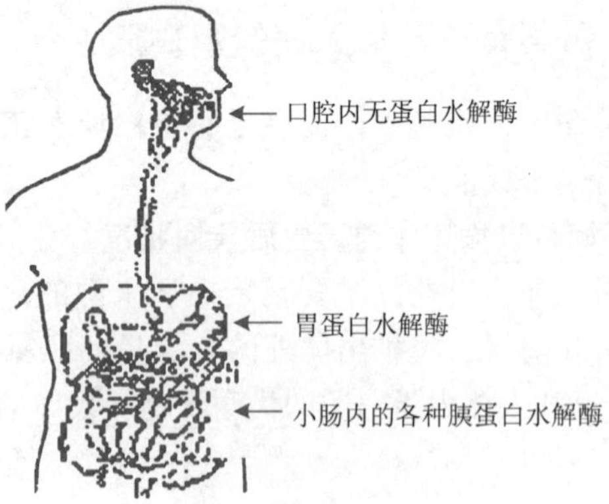

图7-1 蛋白质的消化

消化从胃开始，但胃蛋白酶的特异性差，食物在胃中停留时间短，因此胃对蛋白质消化很不完全。小肠是蛋白质消化的主要器官。小肠中，在胰腺分泌的各种蛋白水解酶的作用下，蛋白质被水解成氨基酸及一些寡肽。寡肽又在小肠黏膜细胞的刷状缘及胞液的寡肽酶、二肽酶的催化下水解成氨基酸（图7-2）。

（二）氨基酸的吸收是一个主动转运的过程

氨基酸的吸收主要在小肠中进行，它是一个主动吸收并消耗能量的过程，如图7-3。

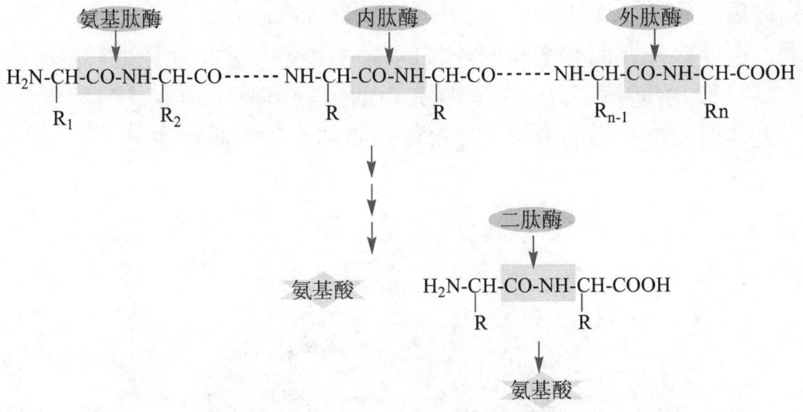

图7－2　蛋白质水解

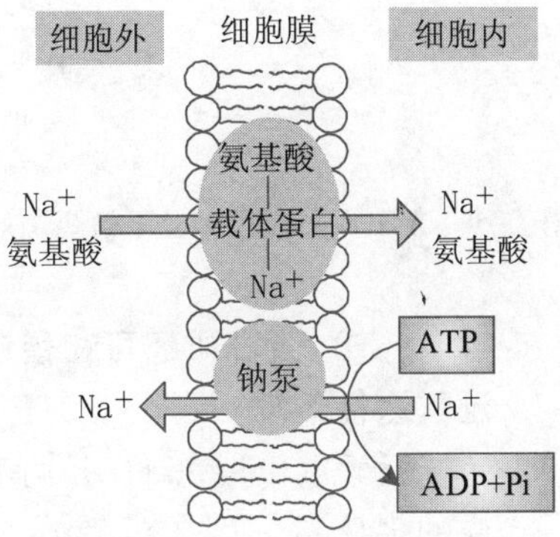

图7－3　载体蛋白主动转运示意图

（三）未被消化吸收的蛋白质发生腐败作用

腐败作用（putrefaction）是指一小部分不被消化的蛋白质及未被吸收的氨基酸，在肠道细菌的作用下分解的化学过程。腐败作用的大多数产物对人体有害，如氨、胺类、苯酚、吲哚、甲基吲哚、硫化氢等。但也会产生少量人体可利用的物质如脂肪酸及维生素等。

二、人体蛋白质每天都进行转换更新

生物体的蛋白质每日都在进行着转换更新（turnover），人体每日更新其总量的1%～2%。通过转换更新，某些异常蛋白质可被清除。而蛋白质转换更新速率的不同，还可以直接影响人体代谢过程和某些生理功能。

（一）蛋白质可在溶酶体通过ATP－非依赖途径降解

溶酶体是单层膜细胞器，内含多种酸性水解酶类。根据所完成生理功能的不同，可分为初级溶酶体、次级溶酶体和残体。初级溶酶体由高尔基体分泌形成，含有多种蛋白水解酶，膜上的质子泵将

胞浆中的 H^+ 泵入溶酶体，使其 pH 值不断降低。次级溶酶体是正在进行或已完成消化作用的信号泡，内含水解酶和底物蛋白。残体又称后溶酶体，无酶的活性，仅留未消化的残渣。

一些外在的和半衰期较长的蛋白质常通过此途径进行降解（图 7－4）。溶酶体可以清除自身无用的生物大分子和衰老的细胞器等。人体巨噬细胞中的溶酶体还可以清除病原体和凋亡细胞。

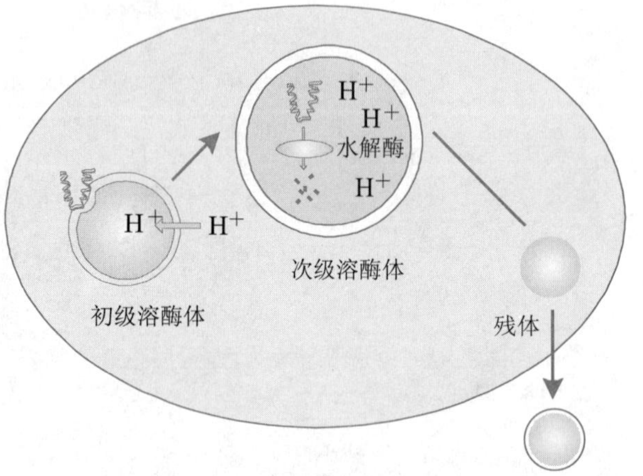

图 7－4　ATP－非依赖途径降解蛋白质

（二）蛋白质还可在蛋白酶体通过 ATP－泛素途径降解

泛素（ubiquitin）是由 76 个氨基酸残基组成的多肽链，因广泛存在于真核细胞中而得名。蛋白酶体存在于细胞核和细胞浆内，是一种 26S 的蛋白质复合物，由 20S 的核心颗粒（core particle，CP）和 19S 的调节颗粒（regulatory particle，RP）组成。CP 由 2 个 α 环和 2 个 β 环组成圆柱形的空腔结构，RP 则形成空心圆柱两端的“盖子”。

由 ATP 水解释能，在 3 个酶的连续催化下，底物蛋白与泛素共价结合，这种非底物特异性的泛素标记称为泛素化。泛素化的底物蛋白进入蛋白酶体，在消耗 ATP 的情况下，被蛋白水解酶降解，而泛素可被重新利用。人体中异常的和半衰期较短的蛋白质多经此途径进行降解（图 7－5）。

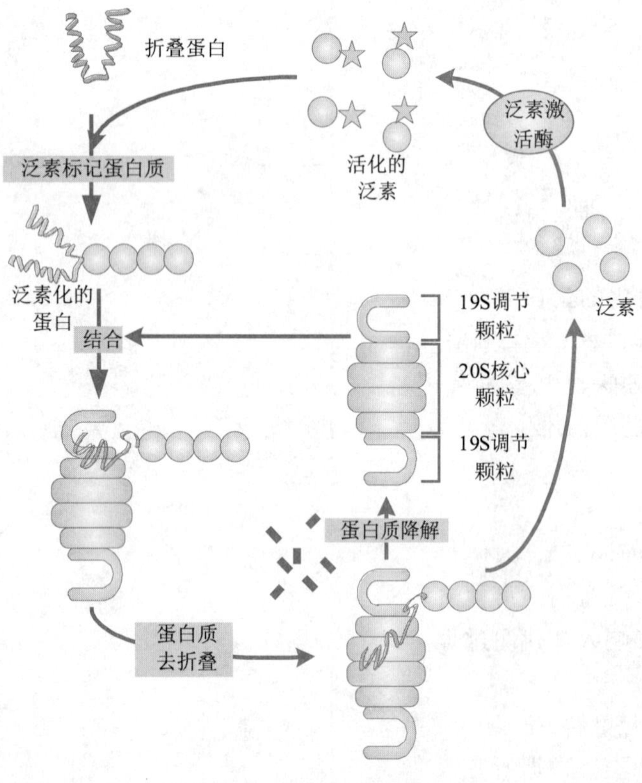

图 7－5　ATP－泛素降解途径

三、内、外源氨基酸共同组成氨基酸的代谢库

氨基酸代谢库（metabolic pool）是指食物蛋白质经消化吸收的氨基酸（外源性）与体内

组织蛋白降解产生的氨基酸（内源性）的总和，分布于体内各处参与代谢。由于氨基酸不能自由通过细胞膜，因此氨基酸的代谢库在人体中的分布是不均一的，肌肉中占50%以上，肝约占10%，肾占4%，血浆占1%～6%。芳香族氨基酸和丙氨酸主要在肝脏进行代谢，而支链氨基酸主要在骨骼肌中代谢（图7－6）。

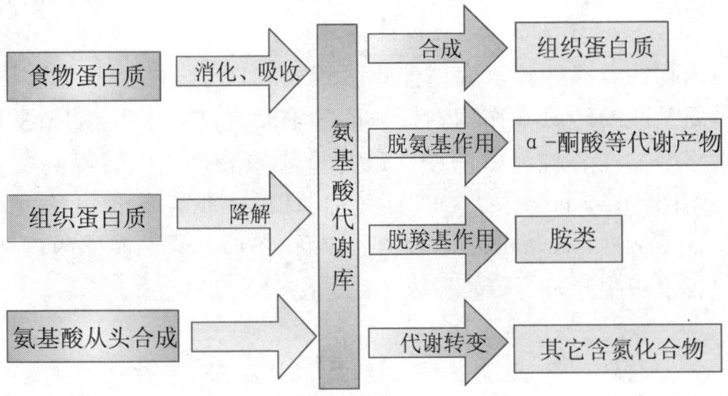

图7－6　氨基酸的代谢库

第三节　氨基酸的转换与分解

一、脱氨基作用是氨基酸的主要代谢方式

体内氨基酸主要以脱氨基作用进行代谢（图7－7）。人体的脱氨基方式主要有：转氨基作用，氧化脱氨基作用，联合脱氨基作用和非氧化脱氨基作用。

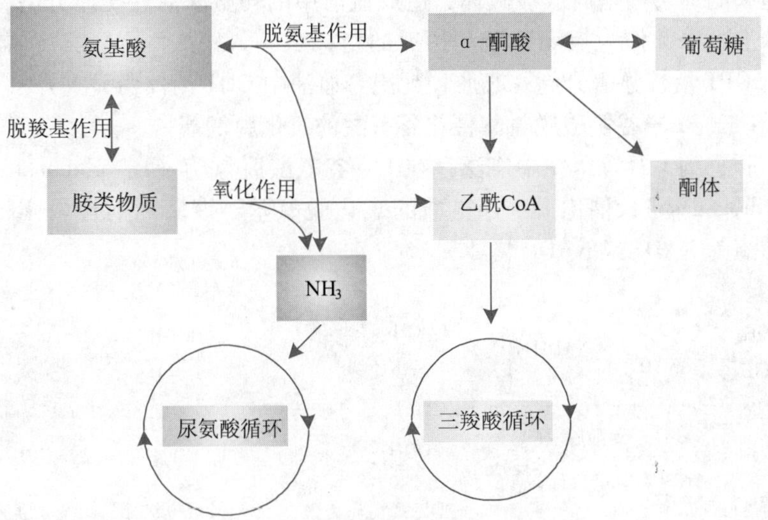

图7－7　氨基酸的代谢（总）

（一）转氨酶催化氨基酸与 α－酮酸之间的氨基交换

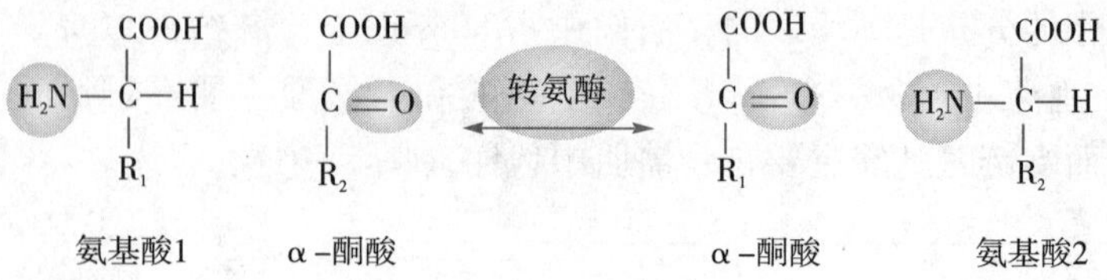

体内存在着多种转氨酶，催化除赖氨酸、苏氨酸和脯氨酸以外的多种氨基酸的转氨基作用。转氨酶的辅酶是维生素 B_6 的磷酸酯，磷酸吡哆醛。在各种转氨酶中，最为重要的酶是谷丙转氨酶（glutamic pyruvic transaminase，GPT，又称 ALT）和谷草转氨酶（glutamic oxaloacetic transaminase，GOT，又称 AST）。它们在体内广泛存在，但各组织中含量不等。见表 7－2：

表 7－2　正常成人各组织中 GOP 及 GPT 活性

组织	GOP（单位/克湿组织）	GPT（单位/克湿组织）
心	156000	7100
肝	142000	44000
骨骼肌	99000	4800
肾	91000	19000
胰腺	28000	2000
脾	14000	1200
肺	10000	700
血清	20	16

转氨酶是细胞内酶，血清中的酶活性很低。在某些病理状态下，细胞膜的通透性增高或被破坏，造成血清中的转氨酶活性明显升高，临床上可以此作为疾病诊断和预后的指标之一。如：急性肝炎患者血清 GPT 活性显著升高；心肌梗死患者血清中 GOT 活性明显上升。

（二）L－谷氨酸脱氢酶催化谷氨酸的氧化脱氨基

肝、脑、肾等组织中广泛存在 L－谷氨酸脱氢酶（L－glutamate dehydrogenase），催化 L－谷氨酸的氧化脱氨基。该酶的活性较强，其辅酶为 NAD^+ 或 $NADP^+$。

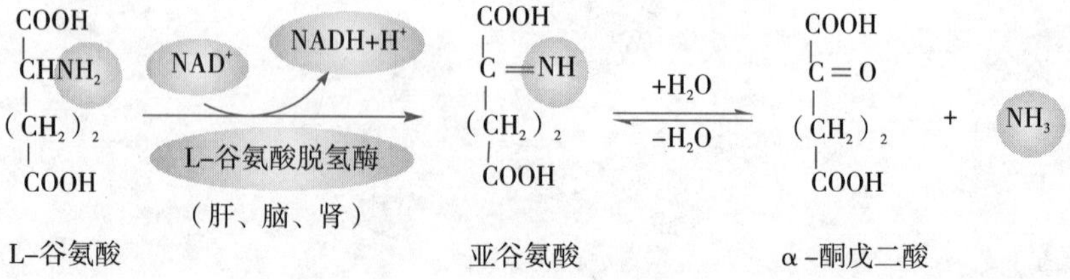

（三）联合脱氨基是人体的主要脱氨基作用

能直接进行氧化脱氨基作用的氨基酸很少，大部分氨基酸要先进行转氨基作用，将氨基转移给α－酮戊二酸生成谷氨酸，才能进行氧化脱氨基作用。这种经谷氨酸转氨酶和谷氨酸脱氢酶的协调作用，氨基酸的脱氨基方式称为联合脱氨基作用，或称转氨基脱氨基作用（transdeamination）（图7－8）。

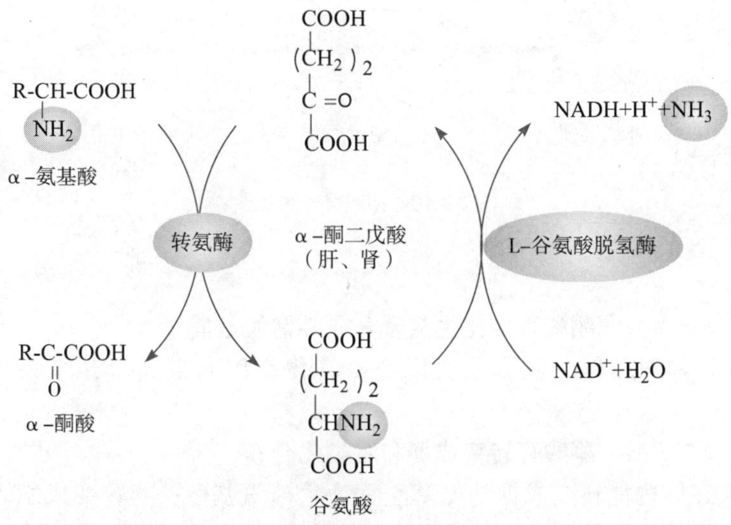

图7－8　联合脱氨基作用

（四）嘌呤核苷酸循环是肌肉组织的脱氨基方式

骨骼肌和心肌中L－谷氨酸脱氢酶的活性很低，因此这些组织中主要是以一种特殊的联合脱氨基作用——嘌呤核苷酸循环（图7－9）进行脱氨基作用。

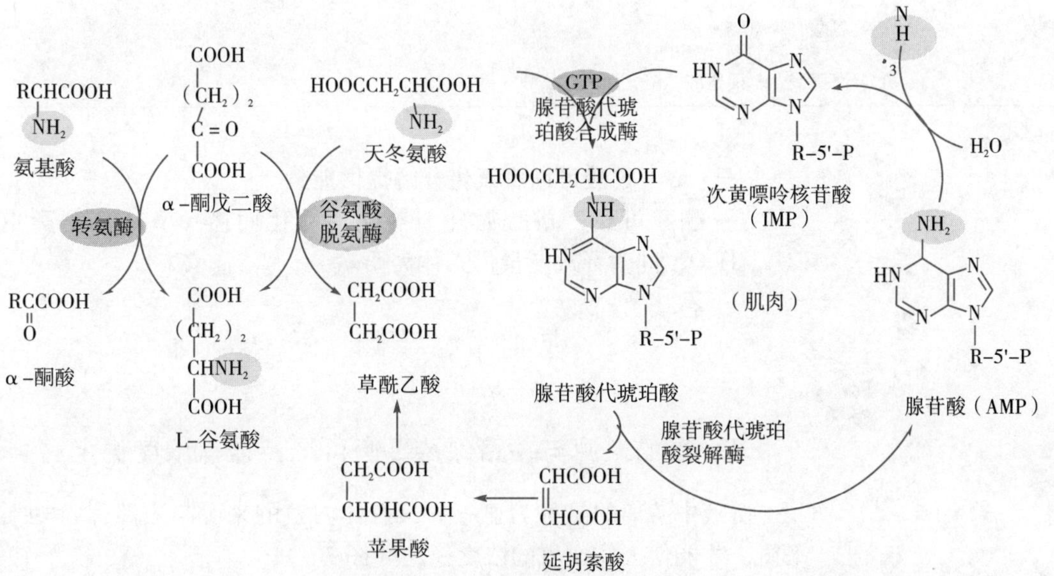

图7－9　嘌呤核苷酸循环

二、氨基酸脱氨基后生成α-酮酸

α-酮酸是氨基酸脱氨基后生成的碳骨架，它可在体内进一步进行转换或分解（图7-10）。

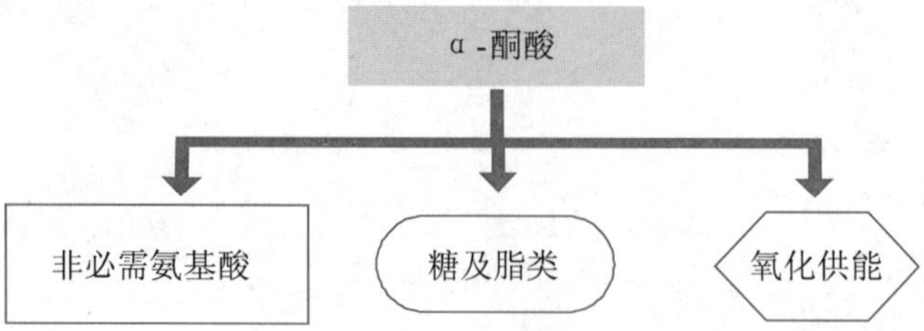

图7-10 α-酮酸的代谢

（一）α-酮酸可转化生成营养非必需氨基酸

α-酮酸作为碳骨架可以经氨基化作用而生成营养非必需氨基酸。

（二）α-酮酸可转变成糖和脂类化合物

在体内能转变成糖的氨基酸称为生糖氨基酸；能转变成酮体的氨基酸称为生酮氨基酸；二者皆可的称为生糖兼生酮氨基酸（表7-3）。

表7-3 氨基酸生糖及生酮性质的分类

类 别	氨 基 酸
生糖氨基酸	甘氨酸、丝氨酸、缬氨酸、组氨酸、精氨酸、半胱氨酸、脯氨酸、羟脯氨酸、丙氨酸、谷氨酸、谷氨酰胺、天冬氨酸、天冬酰胺、甲硫氨酸
生酮氨基酸	亮氨酸、赖氨酸
生糖兼生酮氨基酸	异亮氨酸、苯丙氨酸、酪氨酸、苏氨酸、色氨酸

（三）α-酮酸可彻底氧化分解提供能量

α-酮酸可经三羧酸循环与氧化磷酸化而撤掉氧化分解产生CO_2，H_2O，同时释放能量供人体需要。

第四节 氨的代谢

一、氨的来源与去路保持平衡可维持血氨浓度稳定

血液中游离的氨称为血氨。只有体内氨的来源与去路保持相对平衡，才能使人体血氨的浓度稳定（图7-11）。

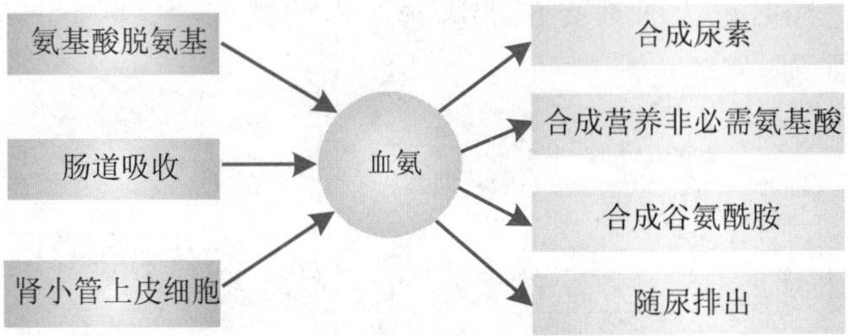

图 7－11　血氨的来源与去路

（一）人体氨有 3 个主要来源

1. 氨基酸脱氨基作用是体内氨的主要来源。

2. 肠道吸收的氨包括腐败作用产生的氨和尿素分解产生的氨　肠道对氨的吸收主要受肠道内 pH 值的影响。当 pH 值较高时，氨主要以游离的 NH_3 形式存在，易于被肠道吸收；而 pH 值较低时，氨主要以 NH_4^+ 的形式存在，易于随肠道内的水分排出体外。因此，临床上对高血氨的患者采用弱酸性的透析液，而禁用碱性透析液进行结肠透析，就是为了减少肠道吸收的氨。

3. 肾小管上皮细胞的谷氨酰胺酶催化谷氨酰胺水解产生氨　当尿液 pH 值较高时，氨以游离的 NH_3 形式被吸收入血；当尿液 pH 值较低时，氨以 NH_4^+ 的形式随尿排出体外。因此，临床对肝硬化腹水的患者，不宜使用碱性利尿药，以避免血氨的升高。

（二）体内氨有 4 个主要去路

1. 合成尿素是体内氨的主要去路。

2. 氨可与 α－酮酸作用合成营养非必需氨基酸。

3. 氨可以生成谷氨酰胺　少部分的氨可以在谷氨酰胺合成酶的作用下，与谷氨酸反应，生成谷氨酰胺，再被运送到肾脏的肾小管上皮细胞。

4. 氨还能以铵盐的形式随尿直接排出　肾小管上皮细胞产生的氨，可以与 H^+ 结合生成 NH_4^+ 而直接随尿液排出体外。

二、游离的氨要以相对无毒形式进行转运

游离的氨具有毒性，脑组织对氨的作用尤为敏感。因此，在血液中的氨主要是以丙氨酸和谷氨酰胺两种无毒的形式运输。

（一）葡萄糖－丙氨酸循环将氨以无毒的丙氨酸形式运送到肝脏

肌肉中产生的氨，与葡萄糖酵解生成的丙酮酸经转氨基生成丙氨酸；丙氨酸入血，并被运送到肝脏；丙氨酸在肝脏经转氨基作用重新生成氨和丙酮酸。其中氨在肝脏经鸟氨酸循环生成尿素，而丙酮酸经糖异生，重新生成葡萄糖；葡萄糖可重新入血，被运

送回肌肉，形成葡萄糖－丙氨酸循环（glucose－alanine cycle，图 7－12）。通过此循环，既使氨以无毒的丙氨酸形式运送到了肝脏进行代谢；同时也为肌肉提供了代谢所需的葡萄糖，因此具有重要的生理意义。

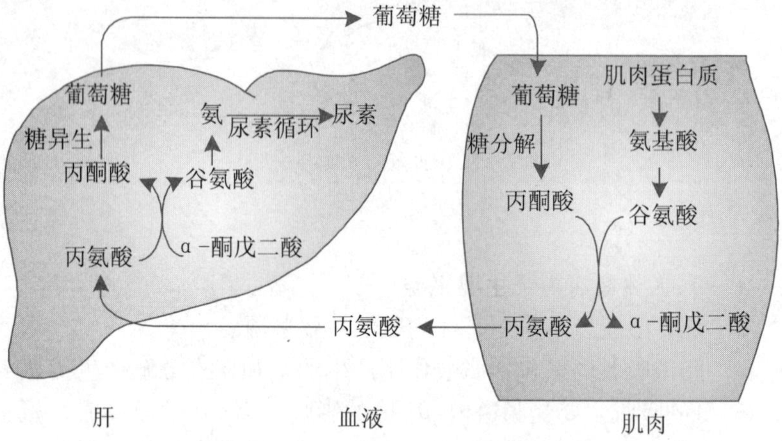

图 7－12 葡萄糖－丙氨酸循环

（二）氨还可以无毒的谷氨酰胺形式被运输

在人体的脑和肌肉组织中，存在谷氨酰胺合成酶，可以催化谷氨酸与 NH_3 反应生成谷氨酰胺。谷氨酰胺可以经血液进入肝脏和肾脏。在肝和肾，谷氨酰胺在谷氨酰胺酶的作用下，水解生成谷氨酸和 NH_3。因此可以认为，谷氨酰胺不但是人体中氨的解毒形式，还是氨的储存和运输形式（图 7－13）。临床上，可以对高血氨的患者输入谷氨酸盐，以降低游离氨的浓度。

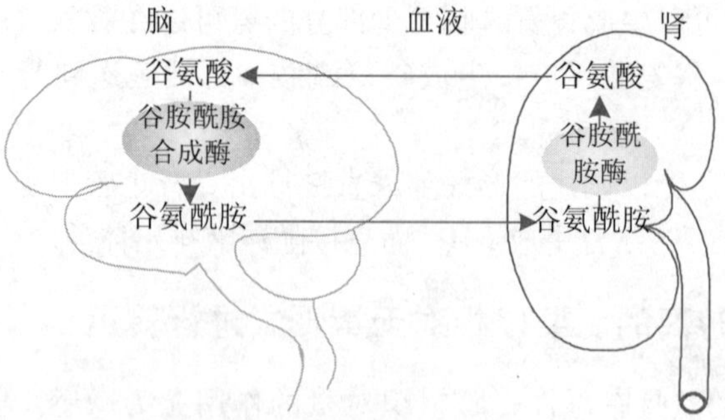

图 7－13 谷氨酰胺的运氨作用

三、氨的主要代谢去路是合成尿素

（一）肝脏是合成尿素的主要器官

正常情况下肝脏是人体合成尿素的主要器官，肾脏及脑等其他组织合成的尿素量甚微。

（二）尿素是通过鸟氨酸循环合成的

鸟氨酸循环又称尿素循环，全过程包括 5 步反应，其中前 2 步反应在线粒体内进行，后 3 步在胞浆中发生（表 7－4）。

表 7－4　鸟氨酸循环的 5 步反应特点

反应式	催化反应的酶	细胞内定位	酶的特点	能量消耗
$NH_3 + CO_2 + H_2O$→氨基甲酰磷酸	氨基甲酰磷酸合成酶 Ⅰ（CPS Ⅰ）	线粒体	关键酶，AGA 是必需的别构激活剂	2 个高能磷酸键
氨基甲酰磷酸＋鸟氨酸→瓜氨酸	尿氨酸氨基甲酰转移酶（OCT）	线粒体		无
瓜氨酸＋天冬氨酸→精氨酸代琥珀酸	精氨酸代琥珀酸合成酶（ASS）	胞浆	限速酶	2 个高能磷酸键
精氨酸代琥珀酸→精氨酸＋延胡索酸	精氨酸代琥珀酸裂解酶（ASL）	胞浆		无
精氨酸＋H_2O→尿素＋鸟氨酸	精氨酸酶	胞浆		无

1．游离的氨提供尿素分子的第一个氮原子　在 Mg^{2+}、ATP 及 N－乙酰谷氨酸（N－acetyl glutamatic acid，AGA）存在时，氨基甲酰磷酸合成酶Ⅰ催化氨与 CO_2 生成氨基甲酰磷酸，反应不可逆，消耗 2 分子 ATP。

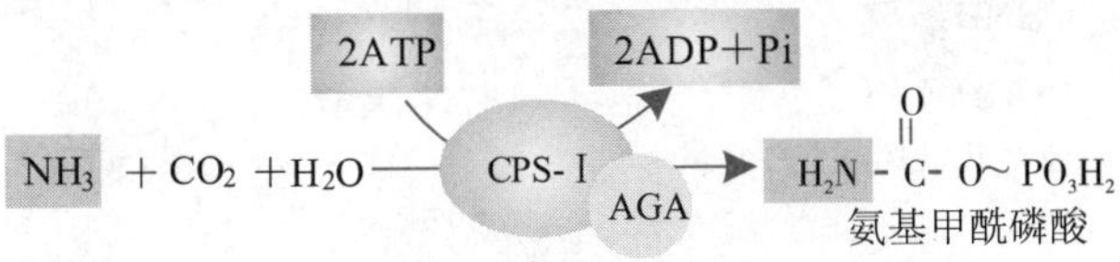

2．鸟氨酸氨基甲酰转移酶催化瓜氨酸的生成　鸟氨酸与氨基甲酰磷酸缩合生成瓜氨酸，反应不可逆。随后瓜氨酸从线粒体内移出，进行胞浆内的反应。

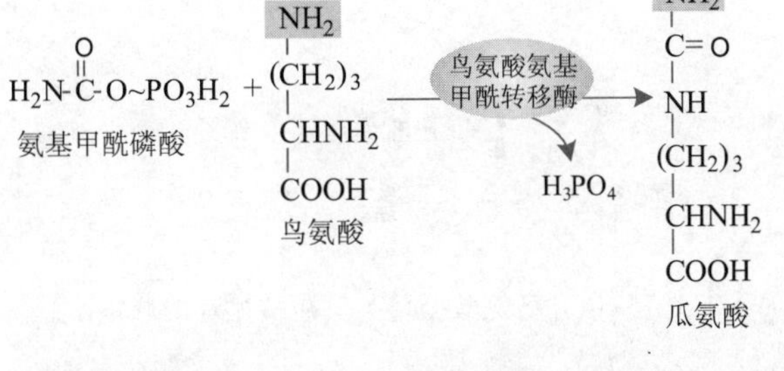

3．天冬氨酸提供尿素分子的第 2 个氮原子　在胞浆中，瓜氨酸与天冬氨酸反应生成精氨酸代琥珀酸，由精氨酸代琥珀酸合成酶催化，反应不可逆，消耗 2 个～P。

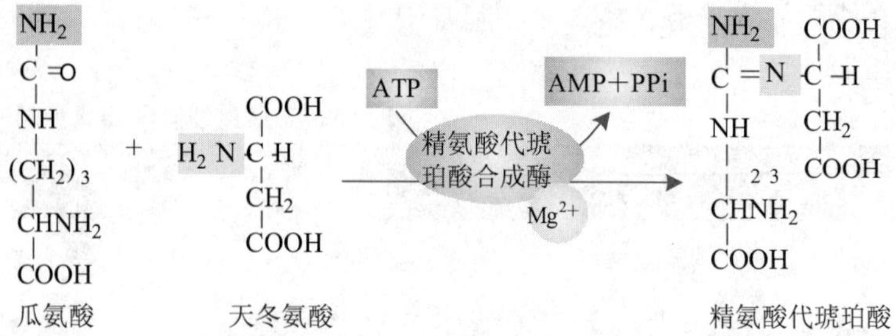

4. 精氨酸代琥珀酸裂解酶催化精氨酸的生成　精氨酸代琥珀酸裂解，生成精氨酸和延胡索酸。延胡索酸可经三羧酸循环的中间步骤生成草酰乙酸，后者经转氨基作用可重新生成天冬氨酸，由此可将鸟氨酸循环同三羧酸循环联系起来（图7－14）。

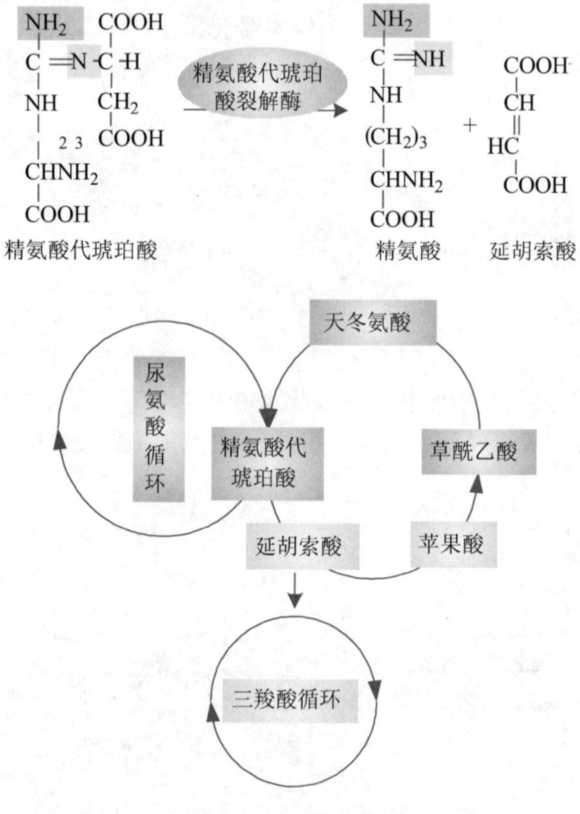

图7－14　鸟氨酸循环与三羧酸循环的联系

5. 精氨酸酶催化尿素的生成　精氨酸水解生成尿素和鸟氨酸，鸟氨酸可从胞浆被运送到线粒体再利用，以此形成鸟氨酸循环（图7－15）。而尿素则作为人体氨代谢的终产物被排出体外。

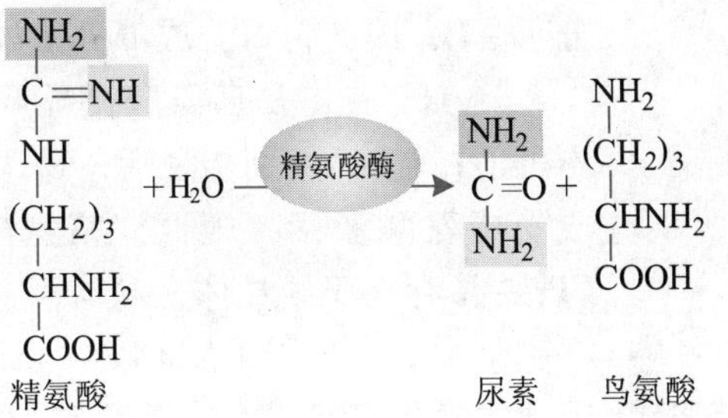

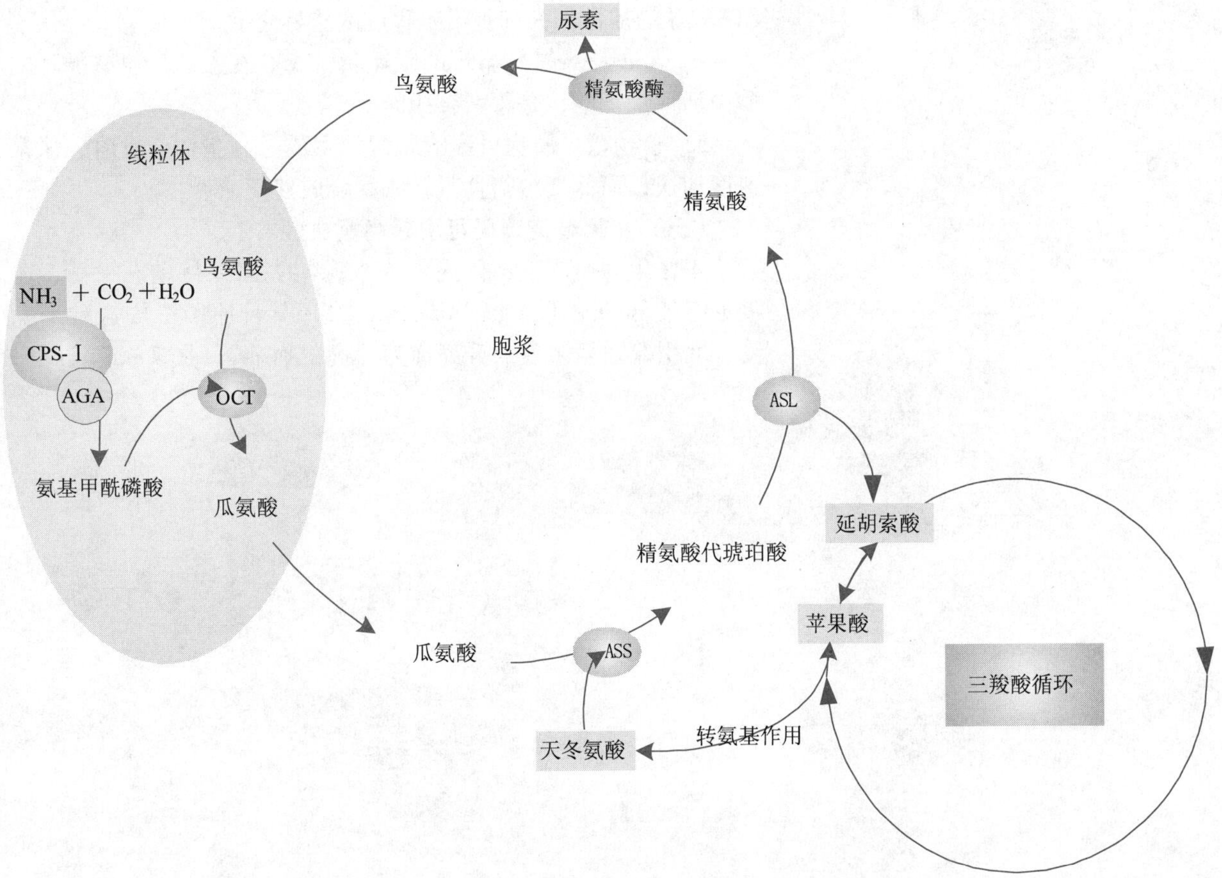

图7－15　鸟氨酸循环

（三）尿素生成是一个耗能并受精细调节的过程

1．尿素分子的氮来自各种氨基酸的脱氨基或转氨基作用（图7－16）。

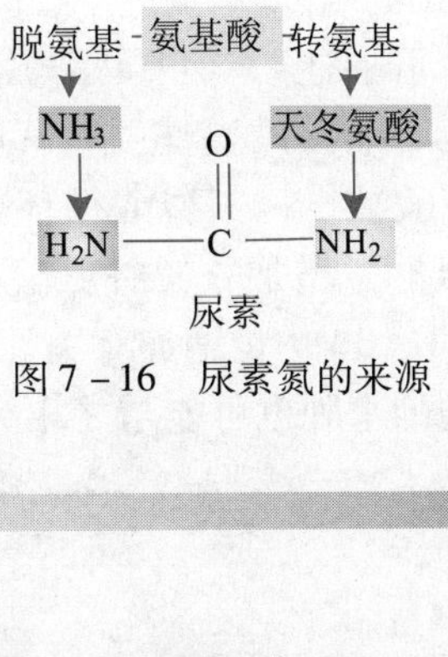

图7－16　尿素氮的来源

2. 尿素生成是一个耗能过程 CPSI 和 ASS 催化的反应各消耗 2 分子 ~P，因此，每合成 1 分子尿素，需要消耗 4 个高能磷酸键。

3. CPS－Ⅰ是鸟氨酸循环调节的关键酶 CPS－Ⅰ催化的反应不可逆，受 AGA 别构激活，是调节鸟氨酸循环的关键酶。AGA 的合成受精氨酸激活，因此，精氨酸浓度增高则尿素合成速度加快。CPS－Ⅰ存在于线粒体，参与尿素的合成，是肝细胞特有的功能。它在胞浆中有一种同工酶 CPS－Ⅱ，参与嘧啶核苷酸的从头合成反应。因此，常将 CPS－Ⅰ的活性作为肝细胞分化程度的指标之一，而将 CPS－Ⅱ的活性作为细胞增殖程度的指标之一。

4. ASS 是鸟氨酸循环的限速酶 ASS 在参与鸟氨酸循环的各种酶中活性最低的，是尿素合成的限速酶。

5. 食物蛋白质也可影响尿素的生成 高蛋白膳食时，尿素合成速度加快，而低蛋白膳食时，尿素合成速度减慢。

（三）尿素合成障碍可引起高氨血症

正常生理情况下，体内氨的来源与去路保持动态平衡，血氨浓度处于较低的水平（47 ~ 65μmol/L）。某种原因造成这种平衡的改变，而引起血氨浓度的升高称为“高氨血症”（图 7－17）。

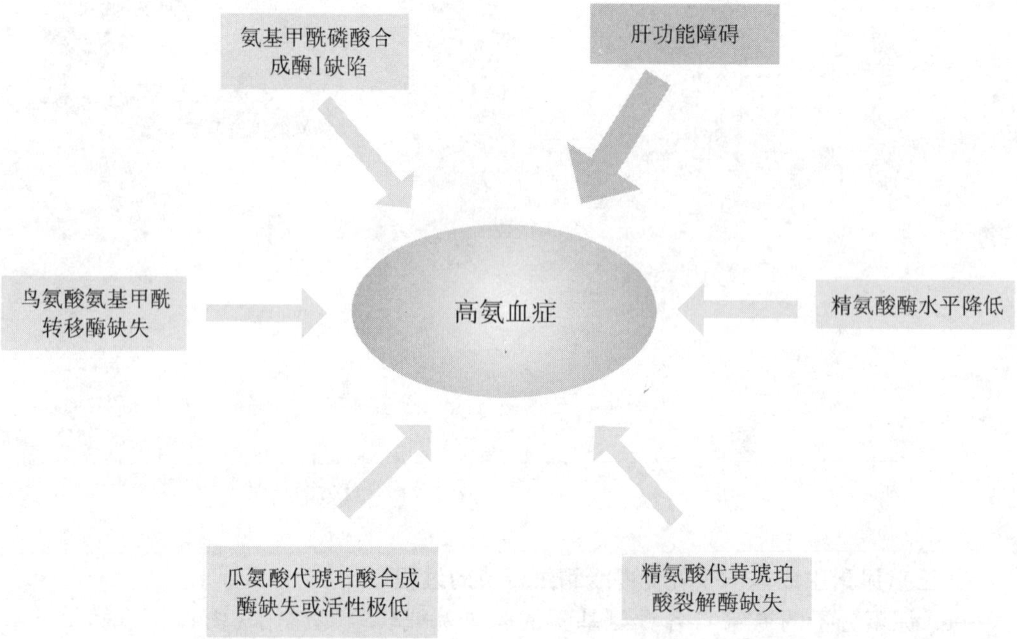

图 7－17 高氨血症的常见原因

高氨血症可引起“肝昏迷”，但具体作用机制尚不完全清楚。现在普遍认为这是一个多因素的复杂机制。可能与游离氨进入脑内，致使脑中游离的 α－酮酸减少，三羧酸循环减弱，从而 ATP 生成减少有关。也可能与谷氨酸量增加，使谷氨酸脱羧基生成的抑制性神经递质 γ－氨基丁酸（GABA）量增加有关。此外，氨基酸增多造成的渗透压效应，引起的脑水肿也可能与之相关。

第五节　个别氨基酸代谢

因为各种氨基酸侧链的不同，各有其自身特殊的代谢模式。

一、氨基酸代谢可生成一些特殊代谢产物

（一）某些氨基酸脱羧基产生胺

有些氨基酸在脱羧酶的作用下产生胺类化合物，然后再进一步转化、分解。脱羧酶的辅酶也是磷酸吡哆醛。表 7－5 所示为几种重要胺类物质。

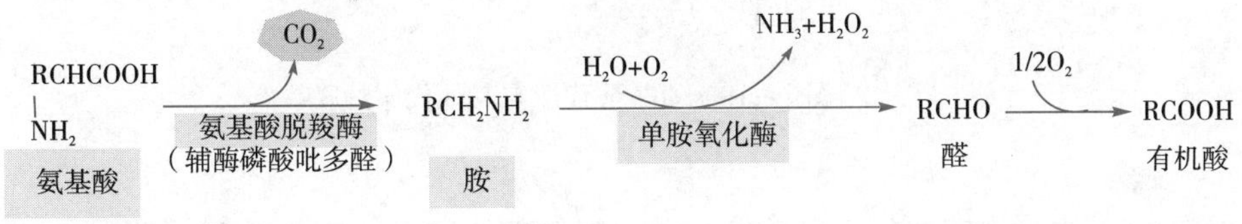

表 7－5　几种重要胺类物质

氨基酸	胺类物质	生理作用
L－谷氨酸	γ－氨基丁酸	抑制神经突触传递
L－半胱氨酸	牛磺酸	结合型胆汁酸的组成成分
组氨酸	组胺	血管舒张剂，促进胃蛋白酶及胃酸分泌
色氨酸	5－羟色胺	抑制性神经递质，血管收缩剂
精氨酸	多胺（精脒、精胺）	调节细胞生长

（二）某些氨基酸可以分解代谢产生一碳单位

一碳单位（one carbon unit）是指一些氨基酸在分解代谢过程中可以产生含有一个碳原子的基团（表 7－6）。包括：甲基（$-CH_3$），甲烯基（$-CH_2-$），甲炔基（$-CH=$），甲酰基（$-CHO$）和亚氨甲基（$-CH=NH$）。CO_2 不属于一碳单位。一碳单位主要来源于丝氨酸、甘氨酸、组氨酸和色氨酸的代谢。氨基酸代谢与其它代谢的联系见图 7－18。

表 7－6　一碳单位

氨基酸	生成的一碳单位	一碳单位的生理功用
丝氨酸	N^5，$N^{10}-CH_2-FH_4$	作为嘌呤和嘧啶的合成原料；间接提供甲基；氨基酸与核苷酸代谢的联系纽带
甘氨酸	N^5，$N^{10}-CH_2-FH_4$	
组氨酸	$N^5-CH=NH-FH_4$	
色氨酸	$N^{10}-CHO-FH_4$	

一碳单位代谢是联系氨基酸代谢与核苷酸代谢的重要枢纽物质。

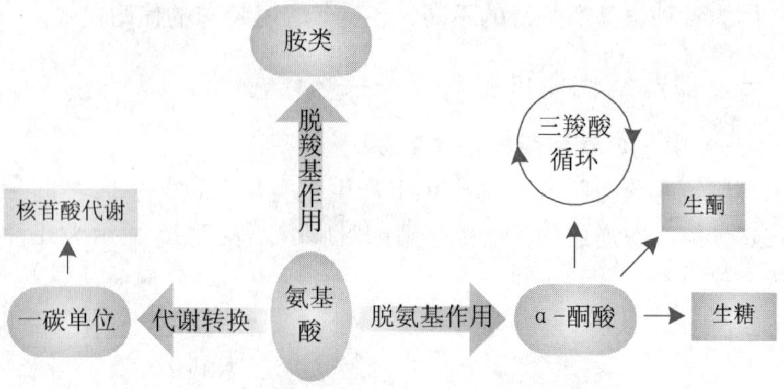

图 7-18 氨基酸代谢与其他代谢的联系

一碳单位不能游离存在，要与载体结合，四氢叶酸（tetrahydrofolic acid，FH_4，图 7-19）是最常见的载体。二氢叶酸还原酶是人体由叶酸生成四氢叶酸的关键酶。四氢叶酸的生成过程见图 7-20。

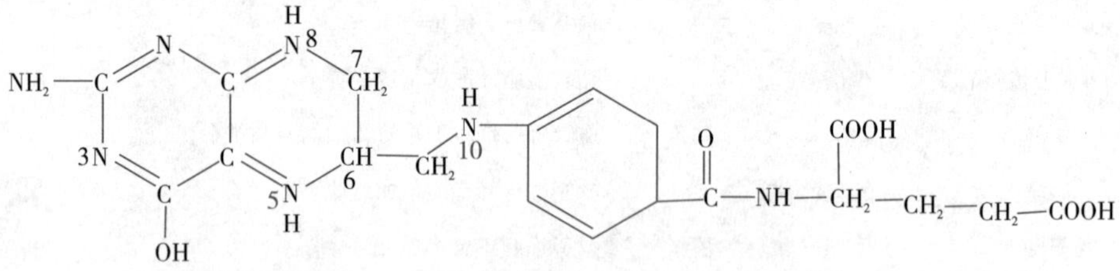

图 7-19 5，6，7，8-四氢叶酸（FH_4）

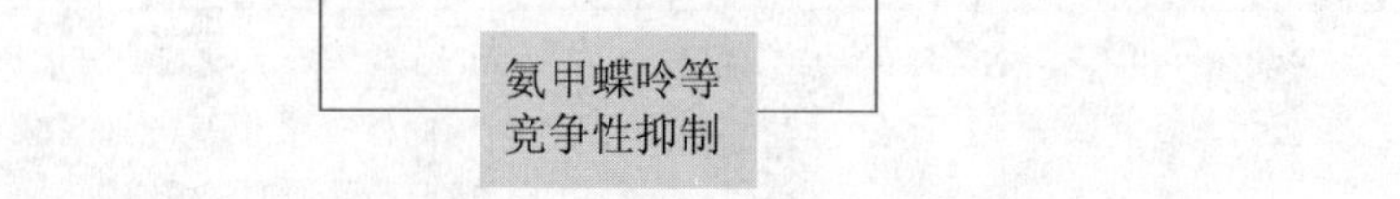

图 7-20 四氢叶酸生成

在适当的条件下，各种一碳单位之间可以彼此转换（图 7－21），但 $N^5-CH_3-FH_4$ 的生成是不可逆的。

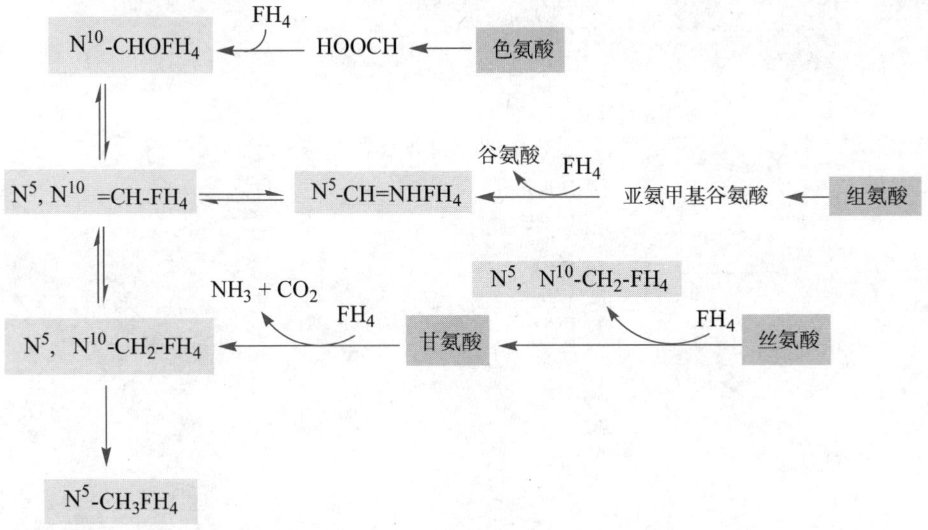

图 7－21 一碳单位的代谢与互相转换

二、个别氨基酸有其特殊的代谢途径

（一）甲硫氨酸、半胱氨酸和胱氨酸是含硫氨基酸

甲硫氨酸可以转变为半胱氨酸和胱氨酸，半胱氨酸和胱氨酸可以互变，但二者不能转变为甲硫氨酸，因此甲硫氨酸是营养必需氨基酸。

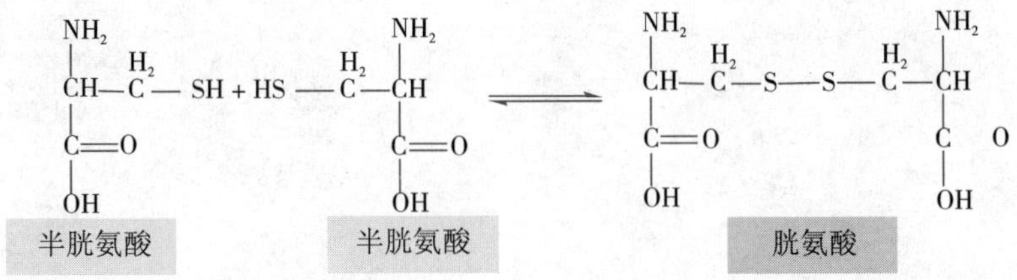

1．S－腺苷甲硫氨酸是人体最主要的活性甲基 S－腺苷甲硫氨酸（SAM）是人体甲硫氨酸的活性形式，是人体多种物质甲基化的直接甲基提供者，如肌苷的生成（见图 7－22）。

SAM 经甲硫氨酸循环（Methionine cycle）（图 7－23）重新生成甲硫氨酸。$N^5-CH_3-FH_4$ 转甲基酶是甲硫氨酸循环的限速酶，维生素 B_{12} 是该酶的必需辅酶。

多种原因可导致一碳单位的代谢障碍，核酸合成受阻，影响细胞分裂，造成巨幼红细胞贫血（图 7－24）。

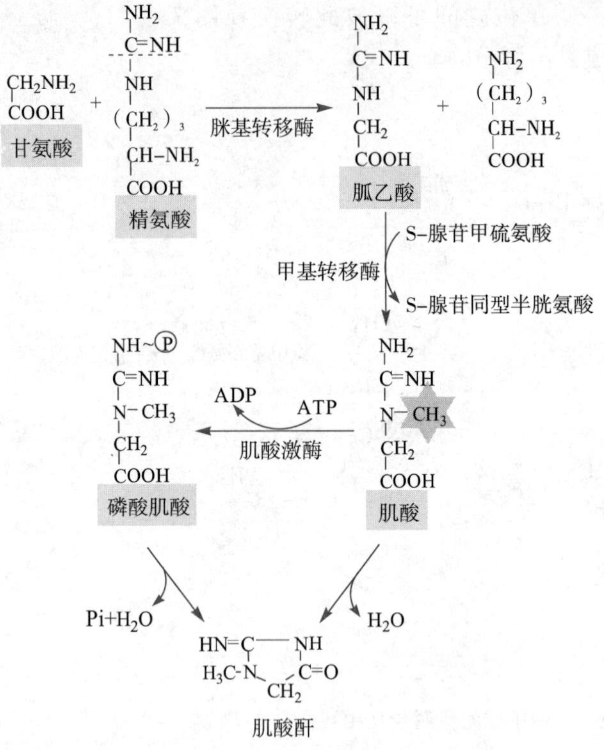

图 7－22 肌酸的合成

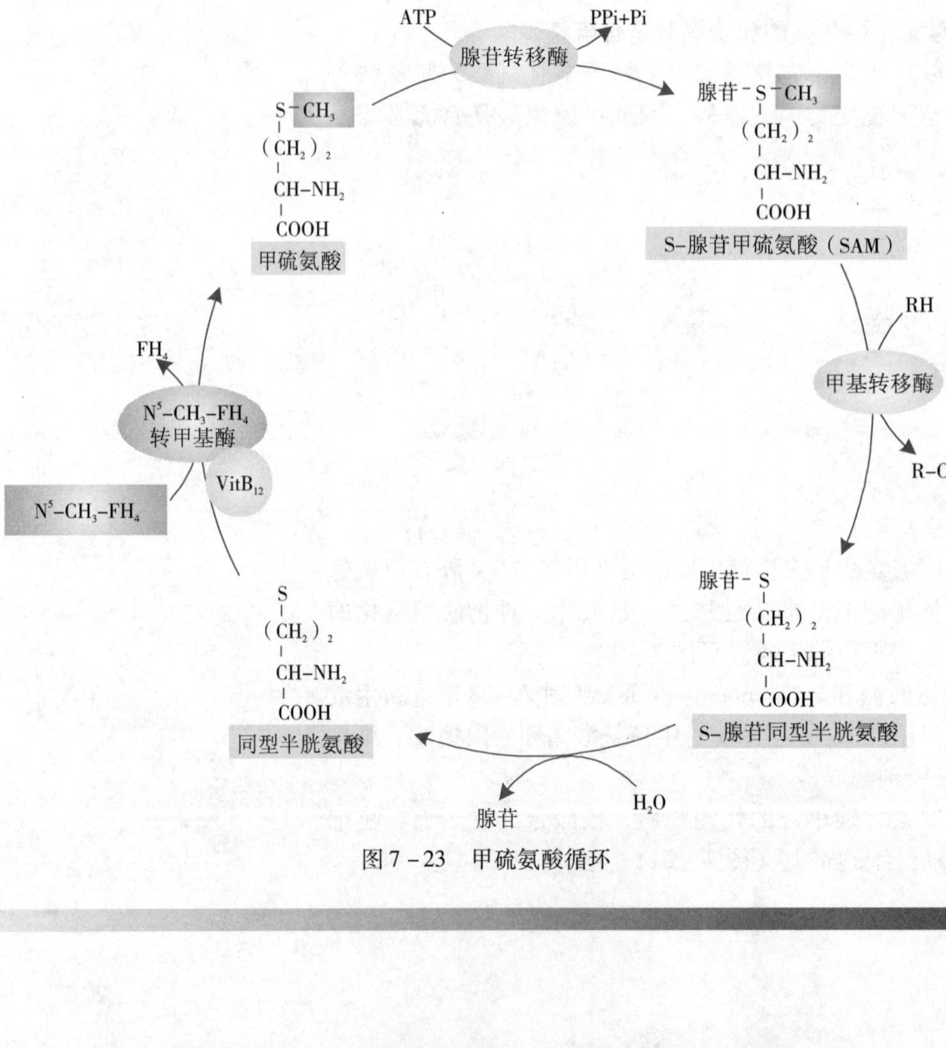

图 7－23 甲硫氨酸循环

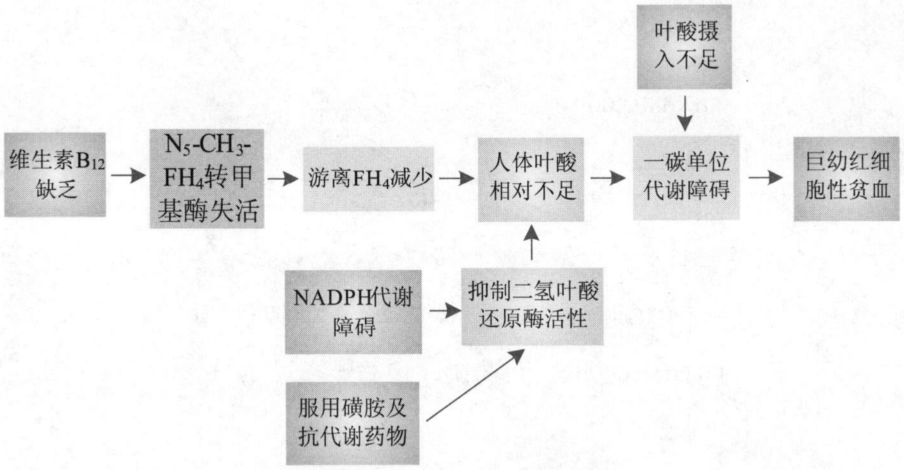

图7－24 巨幼红细胞性贫血原因

2. 半胱氨酸是体内硫酸根的主要来源

半胱氨酸可以转化为3′－磷酸腺苷5′－磷酸硫酸（3′－phospho－adensine 5′－ phosphosulfate ，PAPS）。PAPS 化学性质活泼，是体内的活性硫酸根提供者。

（二）芳香族氨基酸都是生糖兼生酮氨基酸

1. 酪氨酸的代谢

（1）酪氨酸在酪氨酸转氨酶的催化下，生成延胡索酸和乙酰乙酸，二者分别沿糖代谢和脂代谢途径转化，因此酪氨酸是生糖兼生酮氨基酸。

（2）在神经组织，酪氨酸经酪氨酸羟化酶催化生成多巴，进一步转化生成多巴胺、去甲肾上腺素等神经递质。

（3）在黑色素细胞，酪氨酸经酪氨酸酶催化，羟化生成多巴，最终代谢生成黑色素（图7－25）。

故人体缺乏酪氨酸酶，皮肤毛发色浅或白色，称为白化病（albinism）。患者对阳光敏感，易患皮肤癌。

2. 苯丙氨酸的代谢

（1）经苯丙氨酸羟化酶催化转变为酪氨酸是苯丙氨酸的主要代谢途径，因此苯丙氨酸同酪氨酸一样也是生糖兼生酮氨基酸。

（2）少量苯丙氨酸也可经转氨基作用生成苯丙酮酸。苯丙酮酸尿症（phenylketonuria，PKU）的患者先天性苯丙氨酸羟化酶缺陷，使苯丙酮酸在脑中堆积，引起智力发育障碍（图7－26）。PKU 的治疗原则是早发现，低苯丙氨酸膳食。

3. 色氨酸的代谢

色氨酸分解过程中除生成一碳单位和5－羟色胺外，还生成乙酰乙酰 CoA，丙酮酸及少量尼克酸。乙酰乙酰 CoA 和丙酮酸会分别生成酮体和葡萄糖，因此色氨酸也是生糖兼生酮氨基酸。

芳香族氨基酸的代谢见表7－7。

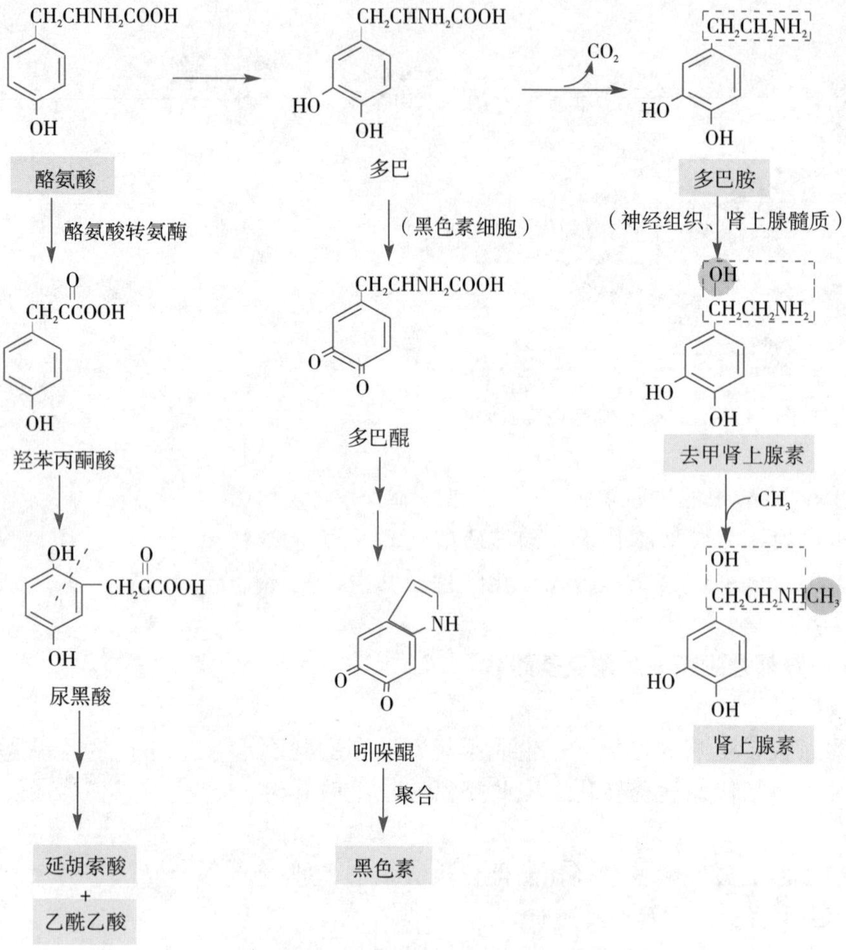

图 7－25 酪氨酸的代谢

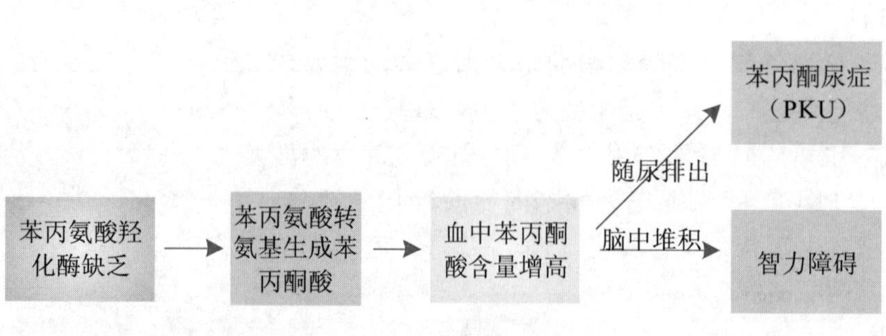

图 7－26 苯丙氨酸羟化酶缺陷引起 PKU

表 7－7　芳香族氨基酸代谢

氨基酸	主要代谢酶	主要代谢中间产物	酶缺陷所致疾病
苯丙氨酸	苯丙氨酸羟化酶	酪氨酸	苯丙酮尿症
	转氨酶	苯丙酮酸	
酪氨酸	酪氨酸羟化酶	多巴胺、去甲肾上腺素、肾上腺素	
	酪氨酸酶	黑色素	白化病
	酪氨酸转氨酶	尿黑酸、延胡索酸、乙酰乙酸	
色氨酸	色氨酸加氧酶	一碳单位、丙酮酸、乙酰乙酰辅酶 A、尼克酸	

（三）支链氨基酸都是营养必需氨基酸

支链氨基酸包括：缬氨酸、亮氨酸和异亮氨酸。它们都经过转氨基作用，氧化脱羧作用，最终进行氧化分解（图 7－27）。但因代谢中间产物的不同，分别属于生糖、生酮和生糖兼生酮氨基酸。

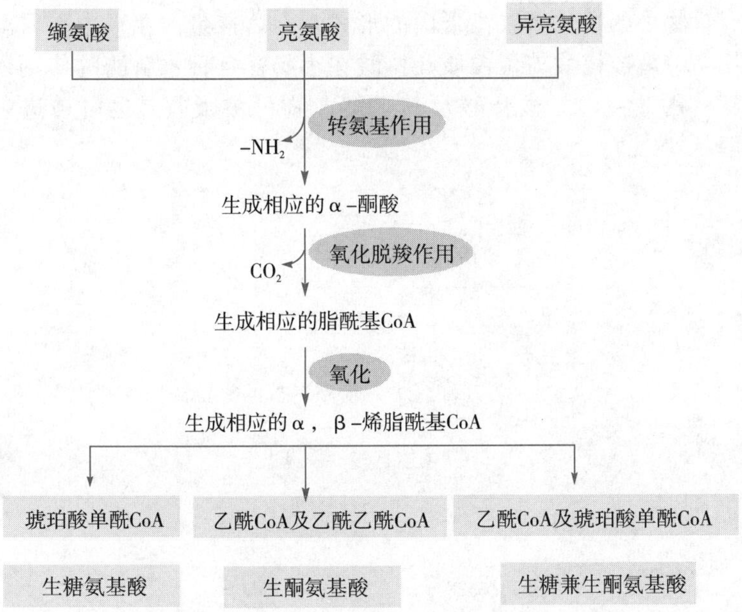

图 7－27　支链氨基酸代谢

（邢　伟）

第八章　核苷酸代谢

内容提要

核苷酸是核酸的基本组成单位，分为嘌呤核苷酸和嘧啶核苷酸两大类，具有多种生物学功能。两类核苷酸的生物合成均有从头合成和补救合成两条途径。脱氧核糖核苷酸是由核糖核苷二磷酸还原生成的。嘌呤分解代谢的终产物是尿酸，而嘧啶分解代谢的终产物有β氨基酸、CO_2 和 NH_3。

第一节　核苷酸的生物学功能

食物中的核酸多以核蛋白的形式存在。核蛋白在胃中受胃酸的作用，分解成核酸与蛋白质。核酸在小肠受各种水解酶的作用逐步水解（图 8－1）。核苷酸及其水解产物可被吸收，也可被进一步分解。

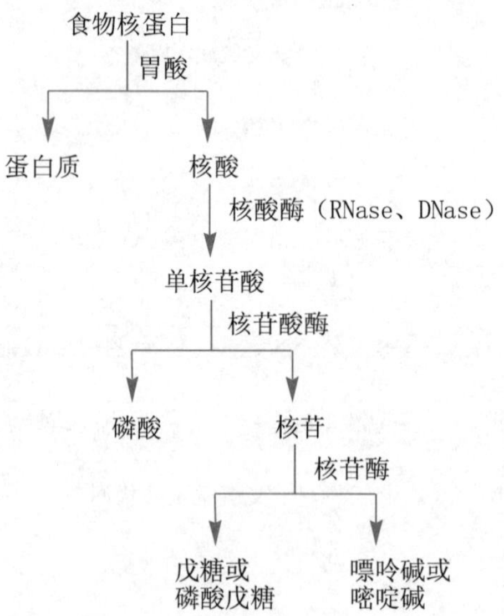

图 8－1　核酸的消化

核苷酸在体内分布广泛。细胞中主要以 5′－核苷酸形式存在，其中又以 5′－ATP 含量最多。细胞内 RNA 的浓度在 mmol 范围，而 DNA 的浓度只在 μmol 水平。但在细胞分裂周期中，DNA 水平波动较大，相反，RNA 则相对比较恒定。

核苷酸不属于营养必需物质，因为，人体内的核苷酸主要由自身合成。核苷酸具有多种生物学功能：①作为核酸的合成原料；②是能量的利用形式。ATP 是细胞利用化学能的主要形式。此外，GTP、UTP 和 CTP 也可提供能量；③参与代谢和生理活动的调节。如 cAMP 和 cGMP 是细胞信息转导的第二信使。有些核苷酸作为别构效应剂参与代谢调节；④辅酶的组成成分。例如，腺苷酸参与构成 NAD^+、$NADP^+$、FAD 和 CoA 等；⑤活化中间代谢物。核苷酸可作为多种活化中间代谢物的载体。如，UDPG 是糖原和糖蛋白合成的重要中间代谢物。CDP－胆碱、CDP－乙醇胺和 CDP－甘油二酯参与磷脂的合成。PAPS 是活性硫酸的供体等。

第二节　嘌呤核苷酸代谢

嘌呤核苷酸代谢包括合成代谢和分解代谢。体内两类核苷酸的生物合成都有两条途径：一是从头合成（de novo synthesis）的主要途径，即利用磷酸核糖、氨基酸、一碳单位和 CO_2 等简单物质为原料，经过一系列酶促反应，合成核苷酸的途径。此途径主要在肝进行。二是补救合成途径（salvage pathway），即利用游离的碱基或核苷，经过简单的反应过程，合成核苷酸的途径。脑、骨髓等只能进行补救合成。

一、嘌呤核苷酸的合成代谢有两条途径

（一）嘌呤核苷酸从头合成是从 5′－磷酸核糖开始逐步合成嘌呤环

1. 嘌呤碱合成的元素来源有氨基酸、一碳单位和 CO_2（图 8－2）。

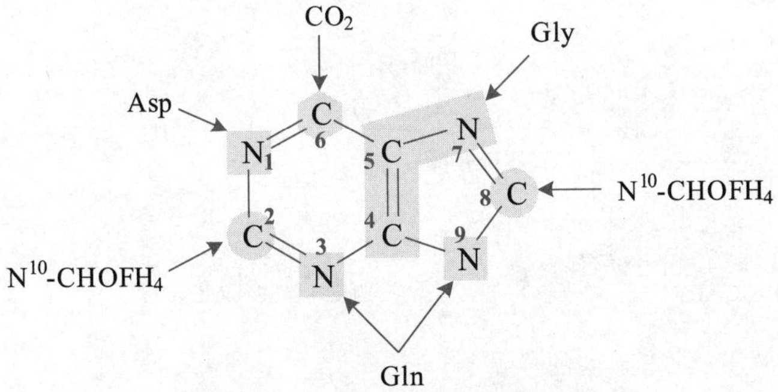

图 8－2　嘌呤碱合成的原料来源

2. 嘌呤核苷酸从头合成途径的产物是 IMP　嘌呤核苷酸的从头合成在胞液中进行。肝是体内从头合成的主要器官，其次是小肠粘膜及胸腺。反应可分为两个阶段：首先合成次黄嘌呤核苷酸（inosine monophosphate，IMP），然后通过不同途径分别生成腺嘌呤核苷酸（AMP）和鸟嘌呤核苷酸（GMP）。

IMP 的合成经过 11 步反应（图 8－3）。5－磷酸核糖－1－焦磷

酸（PRPP）是5－磷酸核糖的活性供体，它不仅参与嘌呤核苷酸的从头合成，而且还参与嘧啶核苷酸的从头合成及两类核苷酸的补救合成，是核苷酸合成中重要的中间代谢物。

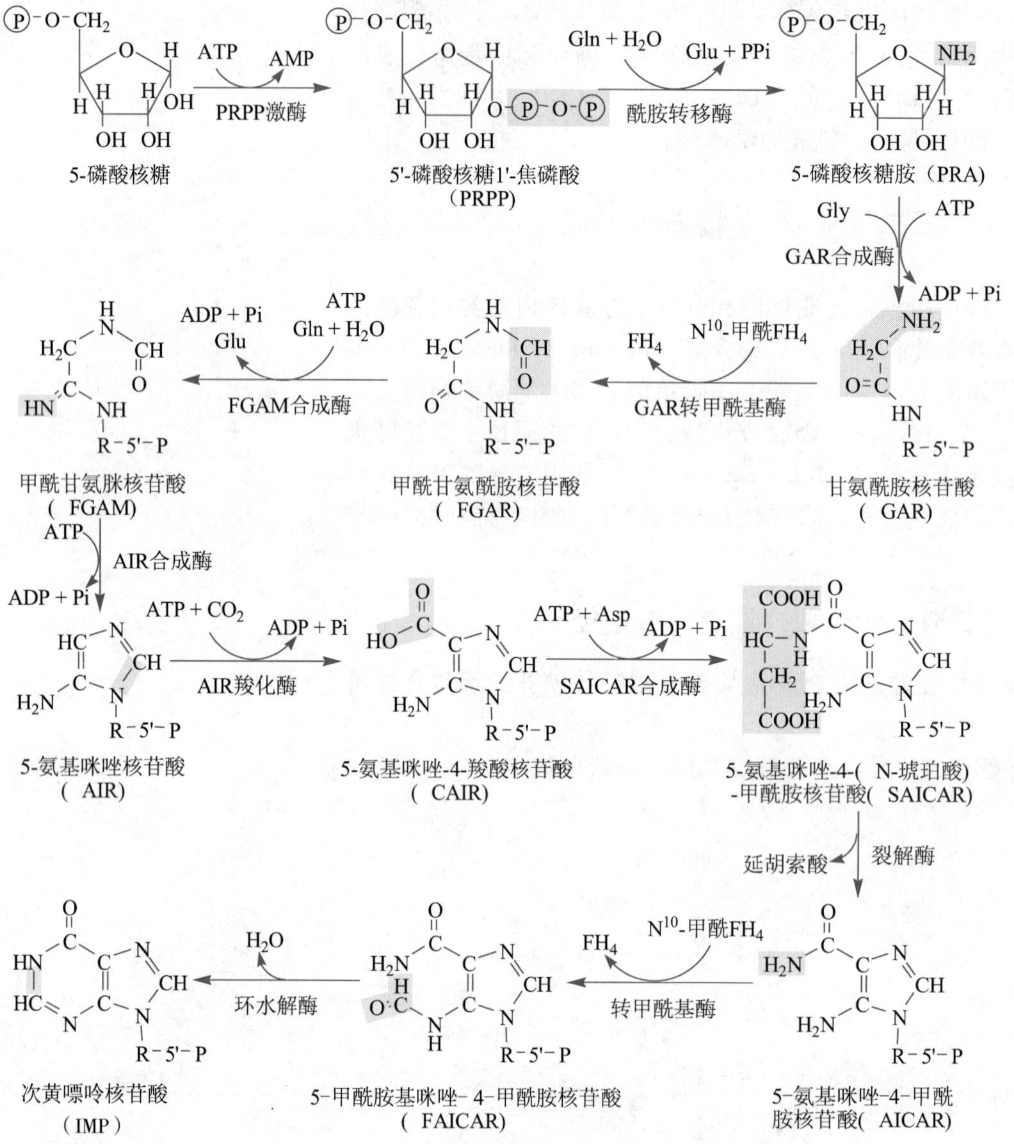

图8－3 次黄嘌呤核苷酸的合成

3. IMP通过两个短的反应生成AMP和GMP IMP的C_6氨基化可转变成AMP，所需的氨基由天冬氨酸提供。IMP的C_2先氧化再氨基化生成GMP，氧化反应的受氢体是NAD^+，氨基由谷氨酰胺提供（图8－4）。生成的AMP和GMP在激酶作用下，经过两步磷酸化反应，分别生成ATP和GTP（图8－5）。

4. 嘌呤核苷酸的从头合成主要受反馈调节 机体对嘌呤核苷酸

的从头合成有着精细的调节。PRPP 激酶（又称 PRPP 合成酶）和 PRPP 酰胺转移酶是 IMP 合成的关键酶，而且前者更为重要。这两个酶都受其产物嘌呤核苷酸的反馈抑制（图 8-6）。调节的意义有二：一是满足合成核酸的需要，同时又不至于浪费；二是维持 ATP 与 GTP 浓度的平衡。

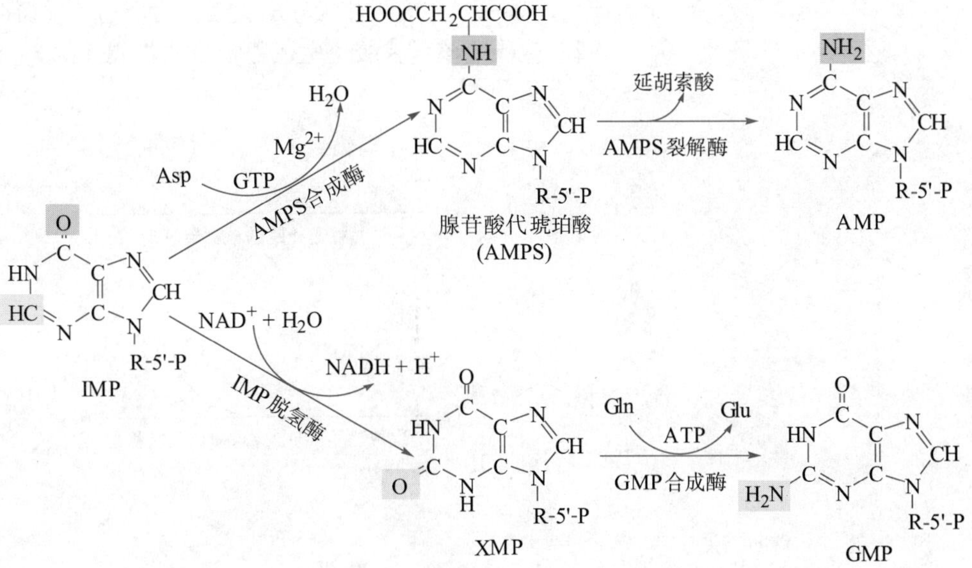

图 8-4　IMP 转变成 AMP 及 GMP

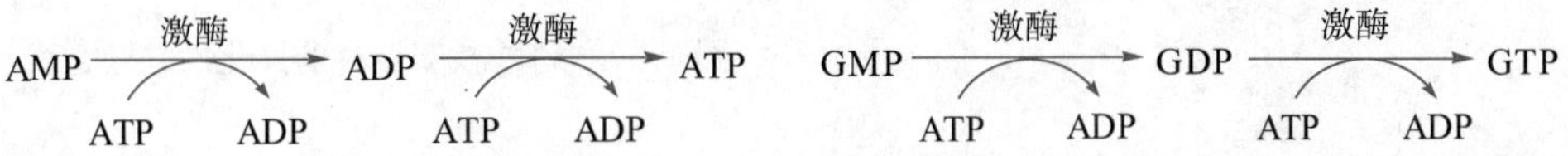

图 8-5　ATP 及 GTP 的生成

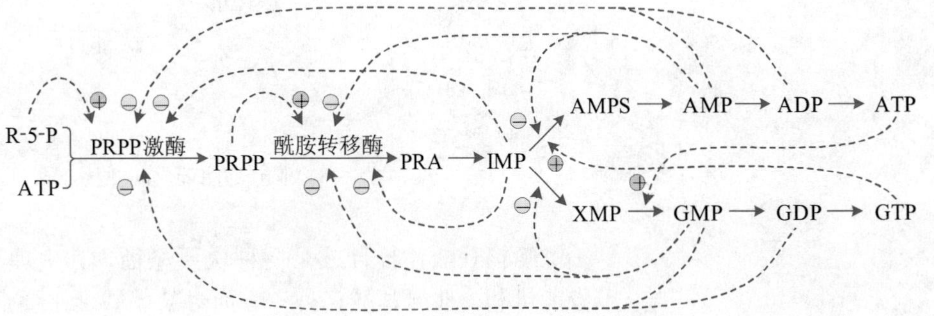

图 8-6　嘌呤核苷酸从头合成的调节

（二）嘌呤核苷酸的补救合成有两种方式

补救合成过程比较简单，反应需要的能量也比从头合成少得多。补救合成方式有以下两种：

1. 以嘌呤为底物合成嘌呤核苷酸　反应由 PRPP 提供磷酸核糖，腺嘌呤磷酸核糖转移酶（adenine phosphoribosyl transferase，APRT）和次黄嘌呤－鸟嘌呤磷酸核糖转移酶（hypoxanthine－guanine phosphoribosyl transferase，HGPRT）分别催化 AMP 和 IMP、GMP 的补救合成（图 8－7）。这两种酶分别受其催化产物的反馈抑制。

2. 腺嘌呤核苷磷酸化生成腺嘌呤核苷酸（图 8－8）

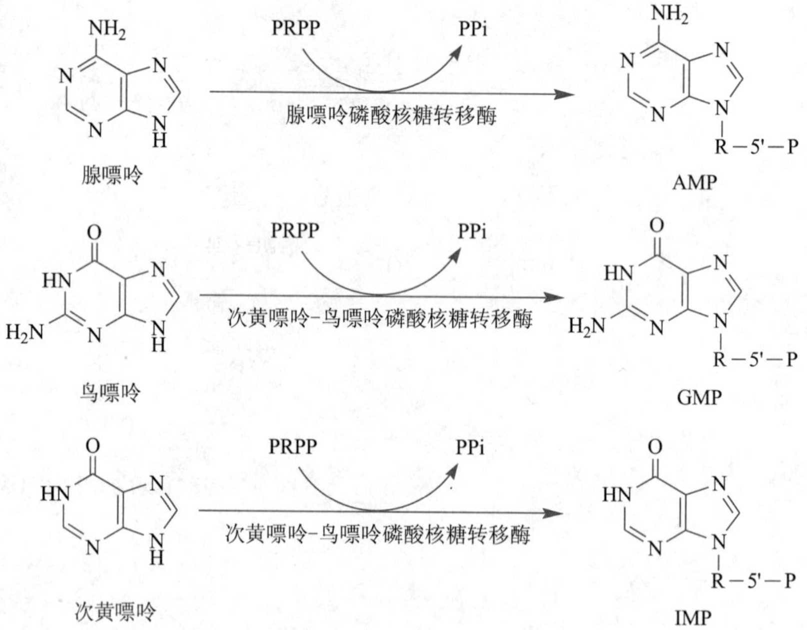

图 8－7　磷酸核糖转移酶催化的补救合成

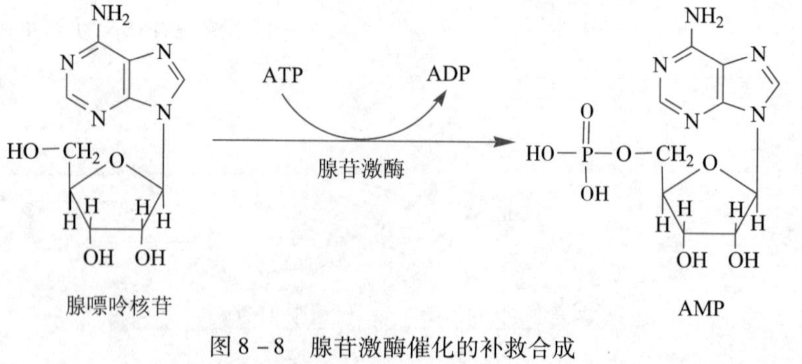

图 8－8　腺苷激酶催化的补救合成

嘌呤核苷酸补救合成是一种次要途径。其生理意义一方面可以节省能量和一些氨基酸；另一方面对某些缺乏主要合成途径的组织，如人的白细胞和血小板、脑、骨髓、脾等，具有更重要的意义。Lesch－Nyhan 综合征是由于 HGPRT 的严重遗传缺陷所致。患者表现为尿酸增高及神经发育异常，亦称自毁容貌症。

（三）嘌呤核苷酸能相互转变

体内嘌呤核苷酸可以相互转变（图 8－9），以保持彼此平衡。前已述及 IMP 可以转变成 AMP 和 GMP，而 AMP 和 GMP 亦可转变成 IMP（详见图 8－16）。

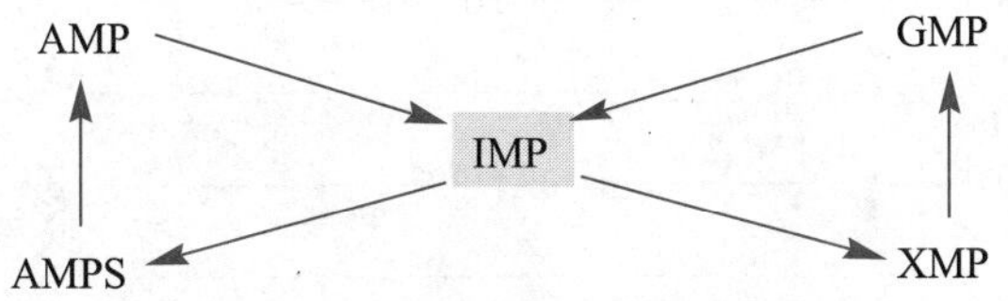

图 8－9　嘌呤核苷酸的相互转变

（四）脱氧核糖核苷酸由相应核糖核苷酸还原生成

核糖核苷酸的还原是在二磷酸核苷（NDP）水平上由核糖核苷酸还原酶（ribonucleotide reductase）催化进行的，其反应机制比较复杂（图 8－10）。还需要硫氧化还原蛋白（thioredoxin）、硫氧化还原蛋白还原酶（thioredoxin reductase，一种黄素蛋白）、FAD、NADPH 等酶及辅助因子的参与。在某些细菌还需要维生素 B_{12}。核糖核苷酸还原酶是一种变构酶，包括 R_1、R_2 两个亚基，只有 R_1 与 R_2 结合时才有活性。在 DNA 合成旺盛、分裂速度较快的细胞中，核糖核苷酸还原酶活性较强。

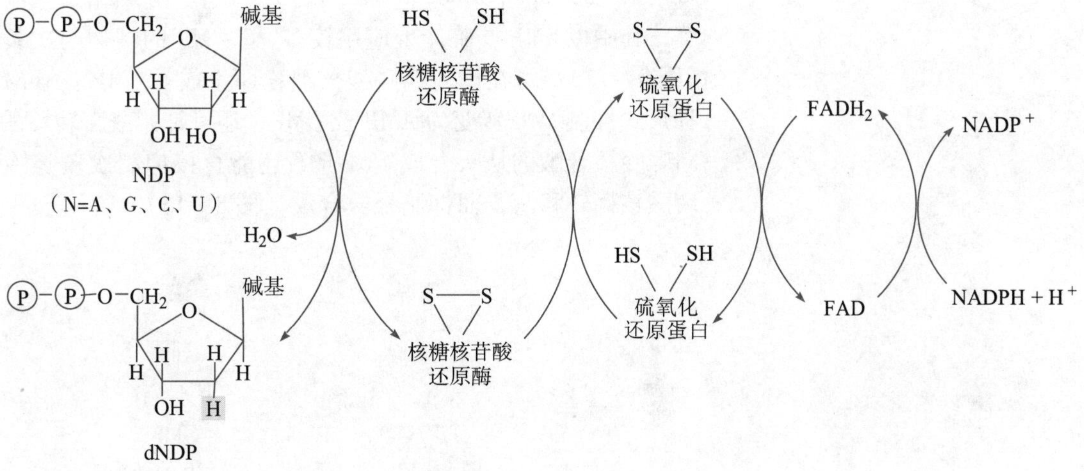

图 8－10　脱氧核苷酸的生成

为使 4 种 dNTP 保持适当的比例，各种 dNTP 可通过变构效应调节不同脱氧核糖核苷酸生成。某一种 NDP 被还原时，需要特定 NTP 的促进，同时也受到另一些 NTP 的抑制（图 8－11）。

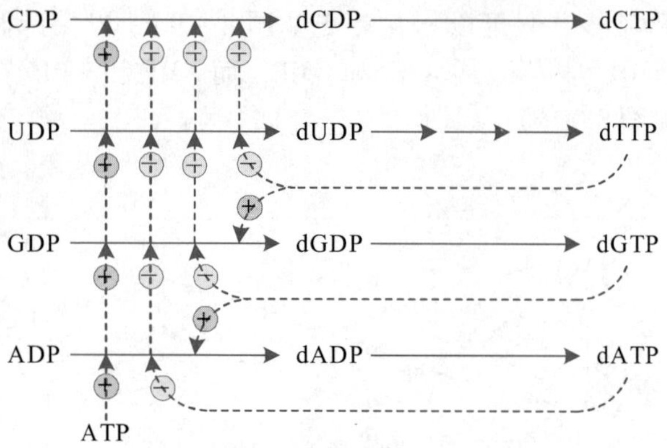

图 8－11 脱氧核苷酸生成的调节

经过激酶的作用，dNDP（N 代表 A、G、C）再磷酸化成三磷酸脱氧核苷。

$$\mathrm{dNDP + ATP} \xrightarrow{\text{激酶}} \mathrm{dNTP + ADP}$$

（五）嘌呤核苷酸的抗代谢物是嘌呤、氨基酸和叶酸等的类似物

嘌呤核苷酸的抗代谢物主要以竞争性抑制的方式干扰或阻断嘌呤核苷酸的合成，从而抑制核酸以及蛋白质的生物合成。肿瘤细胞的核酸及蛋白质合成十分旺盛，因此，这些抗代谢物具有抗肿瘤作用。

1. 嘌呤类似物主要有 6－巯基嘌呤 嘌呤类似物有 6－巯基嘌呤（6－mercaptopurine，6－MP）、6－巯基鸟嘌呤和 8－氮杂鸟嘌呤等，其中以 6MP 在临床上应用较多。6－MP 的结构与次黄嘌呤相似（图 8－12），可在体内经磷酸核糖化而生成 6－MP 核苷酸，并以这种形式抑制 IMP 转变为 AMP 及 GMP，还可抑制酰胺转移酶活性而阻断嘌呤核苷酸的从头合成。6－MP 还能直接抑制次黄嘌呤－鸟嘌呤磷酸核糖转移酶，而抑制补救合成（图 8－15）。

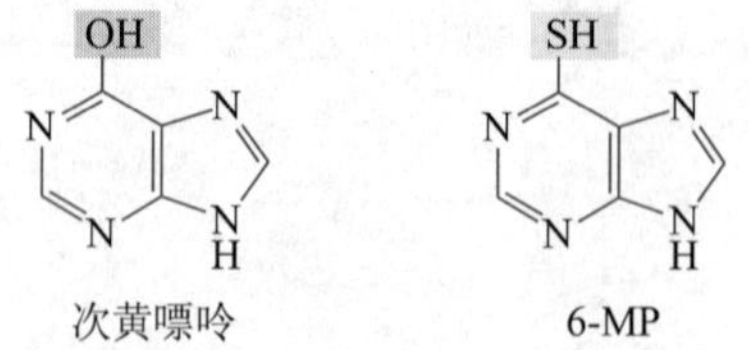

图 8－12 次黄嘌呤与 6－MP 的结构

2. 氨基酸类似物主要有氮杂丝氨酸 氨基酸类似物有氮杂丝氨酸（azaserine，ASE）和 6－重氮－5－氧正亮氨酸（diazonorleucine，DAL）等。它们的结构与谷氨酰胺类似（图 8－13），可干扰谷氨酰胺在嘌呤核苷酸合成中的作用，从而抑制嘌呤核苷酸的合成（图 8－15）。

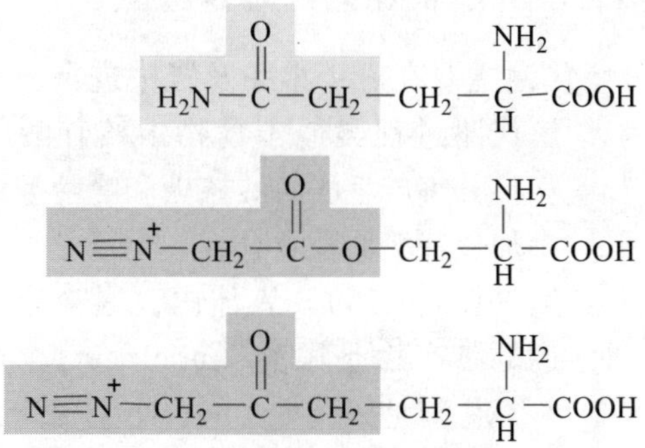

图 8－13　谷氨酰胺及其类似物的结构

3．叶酸的类似物主要有甲氨蝶呤　叶酸的类似物有氨蝶呤（aminopterin）和甲氨蝶呤（methotrexate，MTX）（图 8－14）。它们能竞争性抑制二氢叶酸还原酶，使叶酸不能还原成二氢叶酸及四氢叶酸。由此，嘌呤分子中来自一碳单位的 C_8 及 C_2 均得不到供应，从而抑制嘌呤核苷酸的合成（图 8－15）。

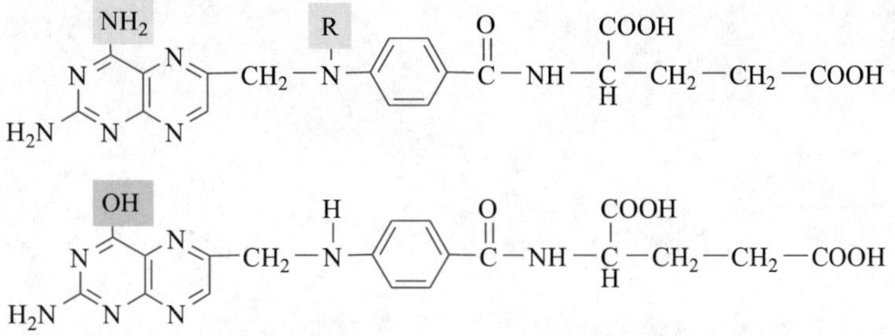

图 8－14　叶酸及其类似物的结构

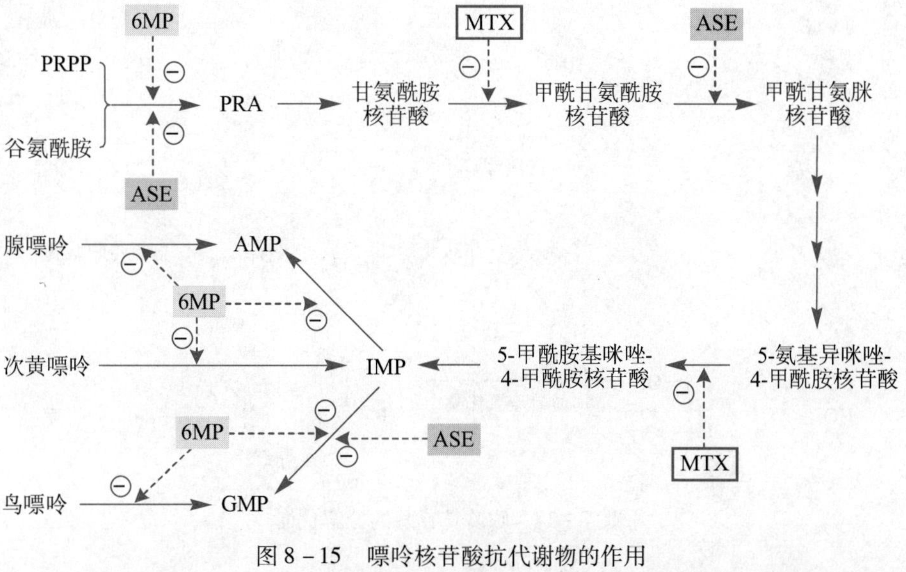

图 8－15　嘌呤核苷酸抗代谢物的作用

二、人体内嘌呤核苷酸分解代谢的产物是尿酸

体内嘌呤核苷酸的分解代谢主要在肝、小肠及肾中进行，其分解代谢过程类似于食物中核苷酸的消化。分解产生的磷酸核糖和嘌呤碱既可参加核苷酸的补救合成，也可进一步分解（图 8－16）。人体内，嘌呤分解代谢的终产物是尿酸（uric acid）。黄嘌呤氧化酶是尿酸生成的一个主要酶，此酶为需氧脱氢酶。嘌呤核苷酸分解代谢详细过程见图 8－17。

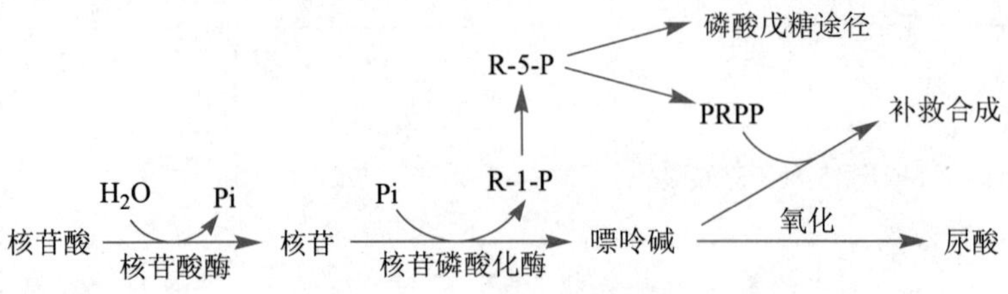

图 8－16 核苷酸分解代谢概况

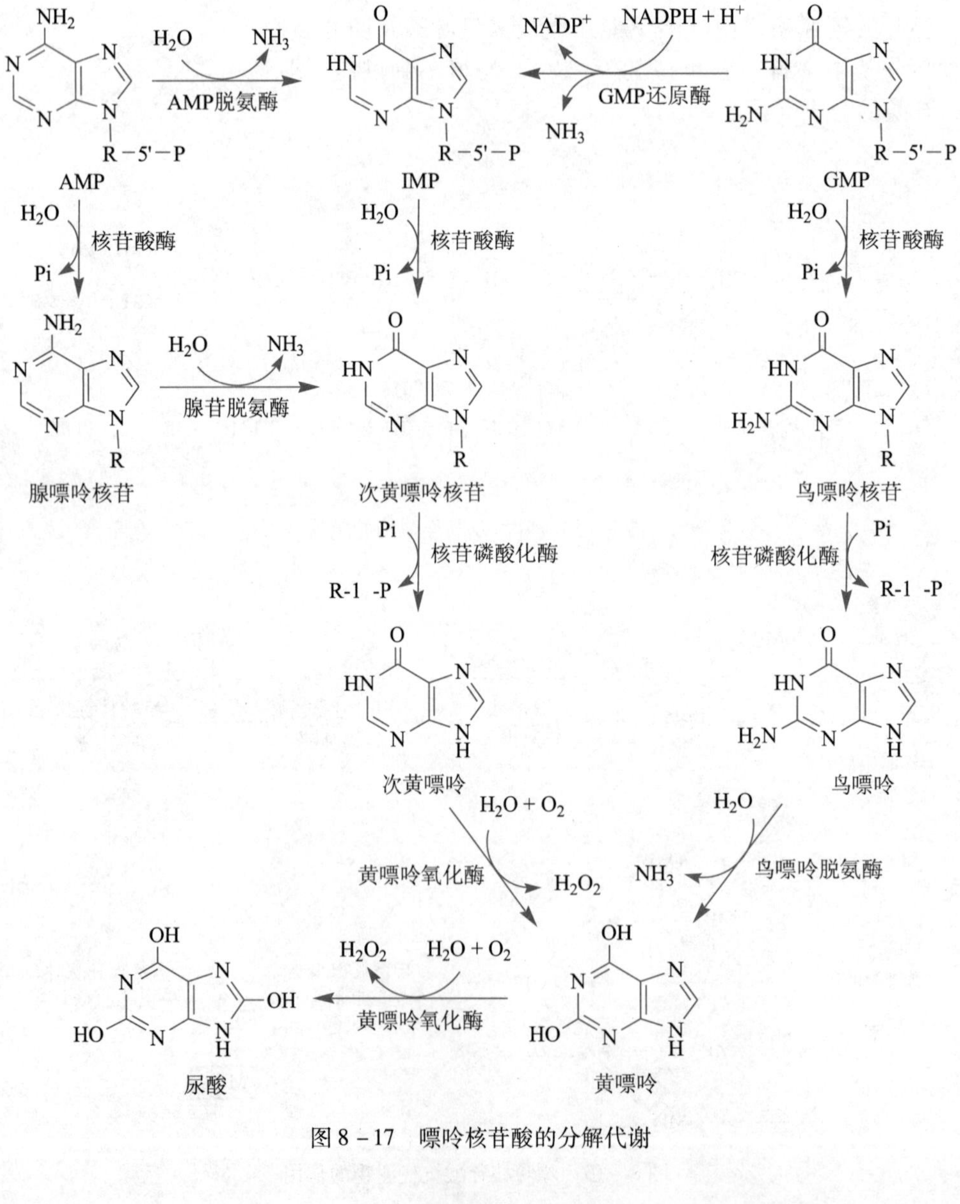

图 8－17 嘌呤核苷酸的分解代谢

正常人血浆中尿酸含量约为0.12～0.36mmol/L。尿酸的水溶性较差。当体内核酸大量分解（如白血病和恶性肿瘤等）或食入高嘌呤食物时，血中尿酸水平升高。当超过0.64mmol/L，尿酸盐结晶即可沉积于关节、软组织、软骨及肾等处，导致关节炎、尿路结石及肾疾患，称为痛风症（gout）。临床上常用别嘌呤醇（allopurinol）治疗痛风症。别嘌呤醇与次黄嘌呤结构相似（图8－18），可抑制黄嘌呤氧化酶，从而抑制尿酸的生成。同时，别嘌呤醇在体内可与PRPP生成别嘌呤核苷酸，不仅消耗了PRPP，而且别嘌呤核苷酸与IMP结构相似，还能反馈抑制酰胺转移酶，从而阻断嘌呤核苷酸的从头合成。

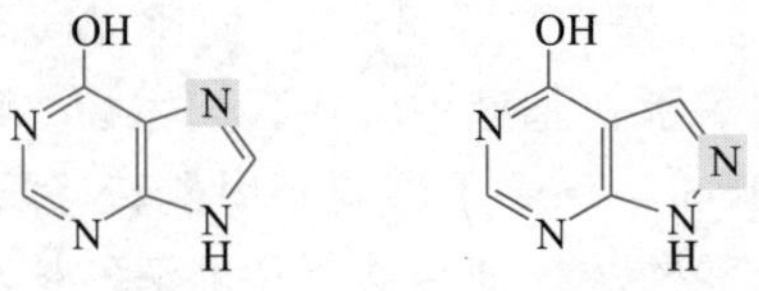

图8－18　次黄嘌呤与别嘌呤醇结构

第三节　嘧啶核苷酸代谢

一、嘧啶核苷酸的合成代谢也有从头合成与补救合成两条途径

（一）嘧啶核苷酸的从头合成是先合成嘧啶环，然后再与磷酸核糖相连

1．嘧啶碱合成的元素来自谷氨酰胺、CO_2和天冬氨酸（图8－19）。

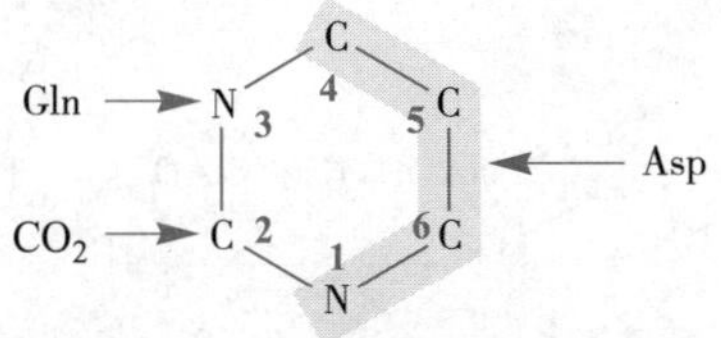

图8－19　嘧啶碱合成的元素来源

2．嘧啶核苷酸从头合成途径的产物是UMP　嘧啶核苷酸的从头合成主要在肝细胞胞液中进行。合成的特点是先合成尿嘧啶核苷酸（UMP），再转变成其他嘧啶核苷酸。合成过程是从谷氨酰胺、ATP和CO_2形成氨基甲酰磷酸开始，此反应由细胞液中的氨基甲酰磷酸合成酶Ⅱ（CPSⅡ）催化，此酶不同于尿素合成中的CPSⅠ，这两种酶的特点不同（表8－1）。

表 8-1 两种氨基甲酰磷酸合成酶的比较

特点	CPS Ⅰ	CPS Ⅱ
分布	线粒体（肝脏）	胞液（所有细胞）
氮源	氨	谷氨酰胺
变构激活剂	N-乙酰谷氨酸	无
反馈抑制剂	无	UMP（哺乳类动物）
功能	尿素合成	嘧啶合成

在UMP合成的过程中（图8-20），除二氢乳清酸脱氢酶位于线粒体内，其余的酶都在胞液中。在真核生物，嘧啶核苷酸从头合成的前3个酶（CPS Ⅱ、天冬氨酸氨基甲酰转移酶和二氢乳清酸酶）和后两个酶（乳清酸磷酸核糖转移酶和乳清酸核苷酸脱羧酶）均为多功能酶。这有利于以均匀的速度合成UMP。

3. CTP是在核苷三磷酸水平上由UTP合成 首先UMP通过激酶作用由ATP提供磷酸相继生成UDP和UTP。然后UTP在CTP合成酶（CTP synthetase）催化下C_4氨基化生成CTP（图8-21）。

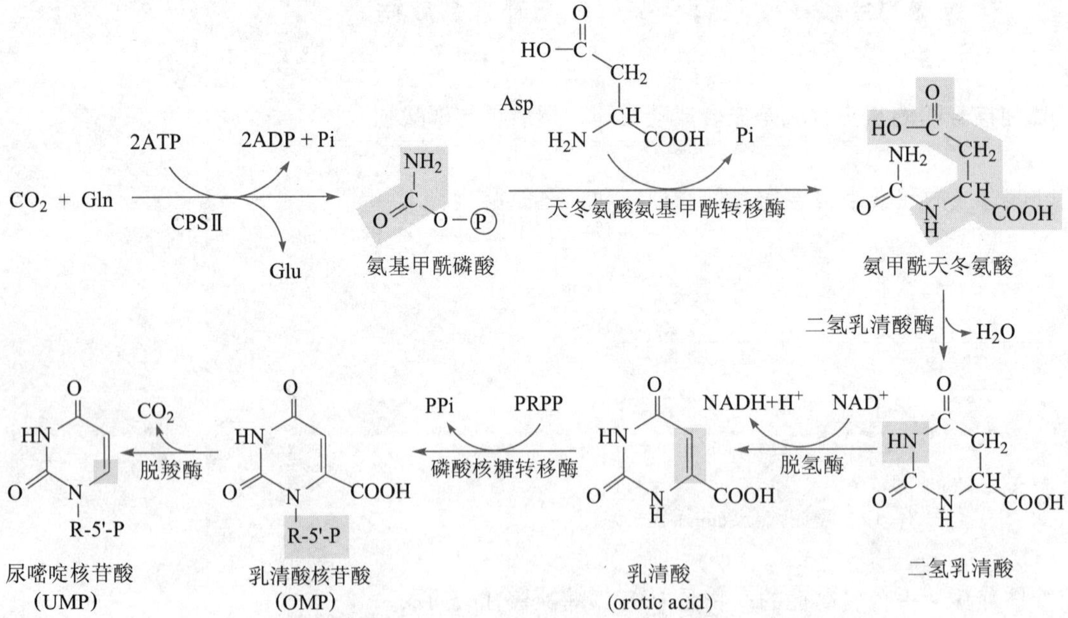

图8-20 UMP的从头合成过程

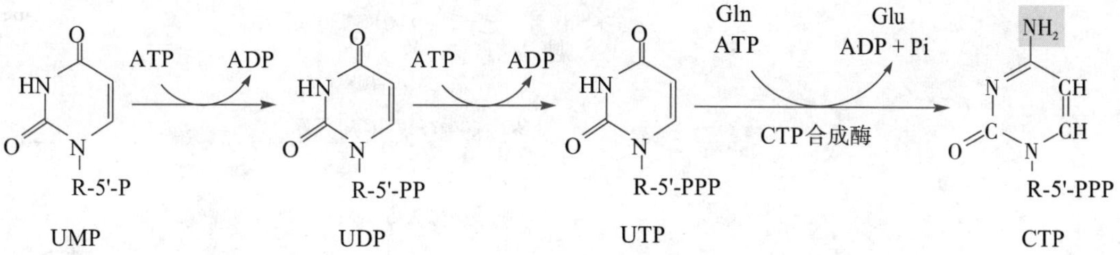

图 8－21　CTP 的合成过程

4．dTMP 是在核苷一磷酸水平上由 dUMP 甲基化生成　由胸苷酸合成酶（thymidylate synthetase）催化，dUMP 的 C_5 被 N^5，$N^{10}-CH_2-FH_4$ 甲基化生成 dTMP。反应中的 dUMP 可来自 dUDP 的水解，也可来自 dCMP 的脱氨基，但以后者为主（图 8－22）。

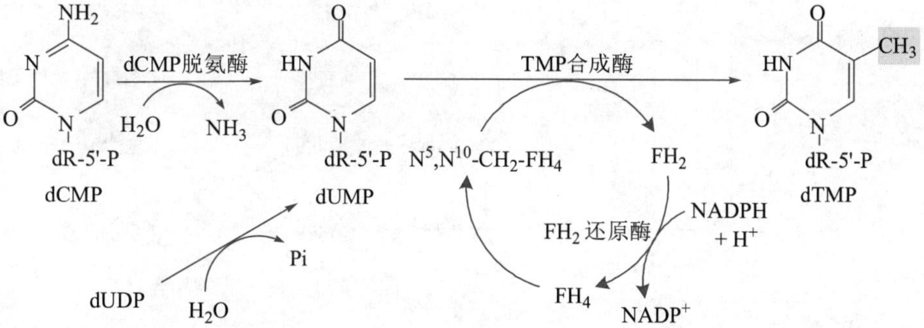

图 8－22　dTMP 的生成

5．嘧啶核苷酸从头合成受反馈调节　在细菌中，天冬氨酸氨基甲酰转移酶受 CTP 的反馈抑制。而在哺乳动物细胞中，CPS Ⅱ 受 UMP 的反馈抑制。此外，在基因水平上，UMP 合成的两个多功能酶还受协同阻遏和去阻遏调节。由于 PRPP 合成酶是嘧啶与嘌呤两类核苷酸合成过程中共同需要的酶，它可同时接受嘧啶核苷酸及嘌呤核苷酸的反馈抑制（图 8－23）。

两类核苷酸相互转变概况见图 8－24。

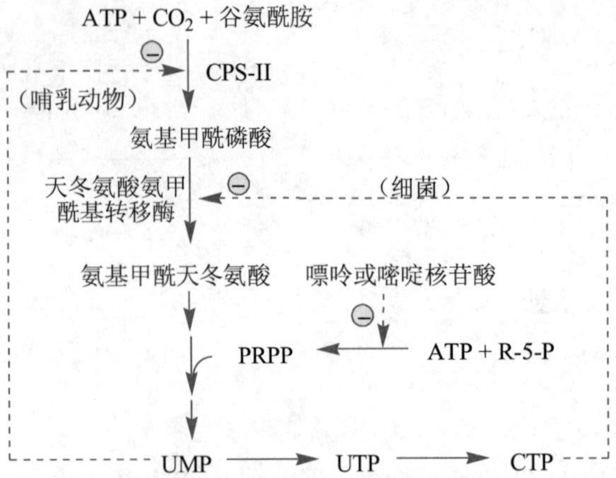

图 8－23　嘧啶核苷酸从头合成的调节

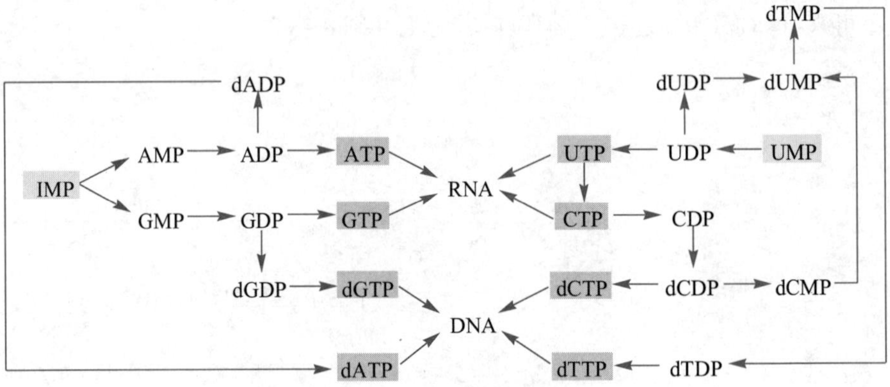

图 8－24　核苷酸的相互转变

（二）嘧啶核苷酸的补救合成由两类酶催化

1. 核苷激酶催化嘧啶核苷和脱氧嘧啶核苷转变成相应的核苷酸。

$$\text{尿苷或胞苷} + \text{ATP} \xrightarrow{\text{尿苷－胞苷激酶}} \text{UMP 或 CMP} + \text{ADP}$$

$$\text{脱氧胸苷} + \text{ATP} \xrightarrow{\text{胸苷激酶}} \text{dTMP} + \text{ADP}$$

$$\text{脱氧胞苷} + \text{ATP} \xrightarrow{\text{脱氧胞苷激酶}} \text{dCMP} + \text{ADP}$$

2. 嘧啶磷酸核糖转移酶催化尿嘧啶、胸腺嘧啶及乳清酸生成相应的核苷酸。

$$\begin{array}{lcl} \text{尿嘧啶} & & \text{UMP} \\ \text{胸腺嘧啶} + \text{PRPP} & \xrightarrow{\text{嘧啶磷酸核糖转移酶}} & \text{dTMP} + \text{PPi} \\ \text{乳清酸} & & \text{OMP} \end{array}$$

（三）嘧啶核苷酸的抗代谢物对代谢的影响及抗肿瘤作用与嘌呤抗代谢物相似

嘧啶核苷酸的抗代谢物是一些嘧啶、氨基酸和叶酸等的类似物。

1．嘧啶的类似物主要有 5 - 氟尿嘧啶（5 - fluorouracil，5 - FU）　5 - FU 结构与胸腺嘧啶相似（图 8 - 25），在体内转变成一磷酸脱氧核糖氟尿嘧啶核苷（FdUMP）及三磷酸氟尿嘧啶核苷（FUTP）后发挥作用。FdUMP 与 dUMP 的结构相似，是胸苷酸合成酶的抑制剂，使 dTMP 合成受阻。FUTP 能以 FUMP 的形式掺入 RNA 分子而破坏 RNA 的结构与功能。

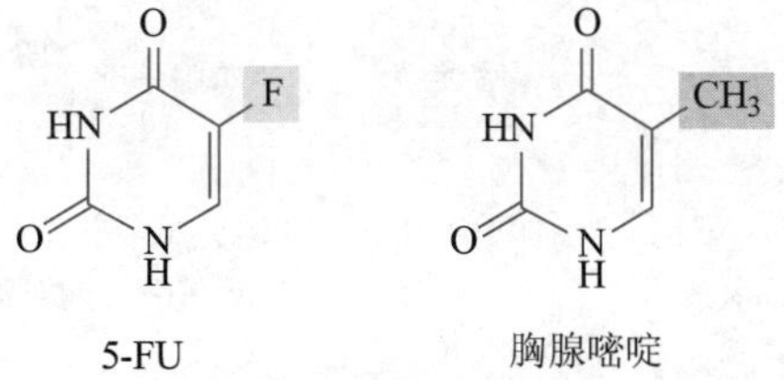

图 8 - 25　5 - FU 与胸腺嘧啶的结构

2．氨基酸类似物和叶酸类似物可分别抑制 CTP 和 dTMP 的生成　氨基酸类似物氮杂丝氨酸与谷氨酰胺结构相似（图 8 - 13），可抑制 CTP 的生成；叶酸类似物甲氨蝶呤干扰叶酸代谢，使 dUMP 不能利用一碳单位甲基化而生成 dTMP，进而影响 DNA 的合成。

3．核苷类似物主要有阿糖胞苷　阿糖胞苷及环胞苷是胞苷的类似物（图 8 - 26），它们能抑制 CDP 还原成 dCDP，从而影响 DNA 的合成。

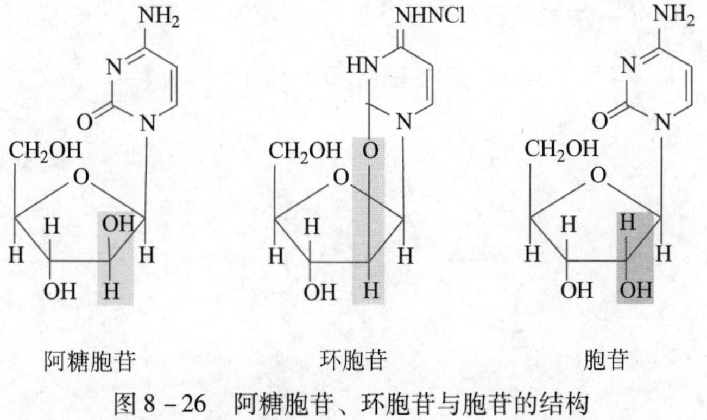

图 8 - 26　阿糖胞苷、环胞苷与胞苷的结构

二、嘧啶核苷酸的分解代谢中嘧啶环可彻底分解

嘧啶核苷酸通过核苷酸酶及核苷磷酸化酶的作用，分解成磷酸核糖及嘧啶碱。嘧啶碱再进一步分解成水溶性的终产物，随尿排出或进一步分解。胞嘧啶脱氨基变成尿嘧啶。尿嘧啶还原成二氢尿嘧啶，并水解开环，最终生成 NH_3、CO_2 及 β－丙氨酸。类似的过程，胸腺嘧啶降解成 NH_3、CO_2 及 β－氨基异丁酸（β－aminoisobutyric acid）（图 8－27）。嘧啶碱的分解代谢主要在肝进行。

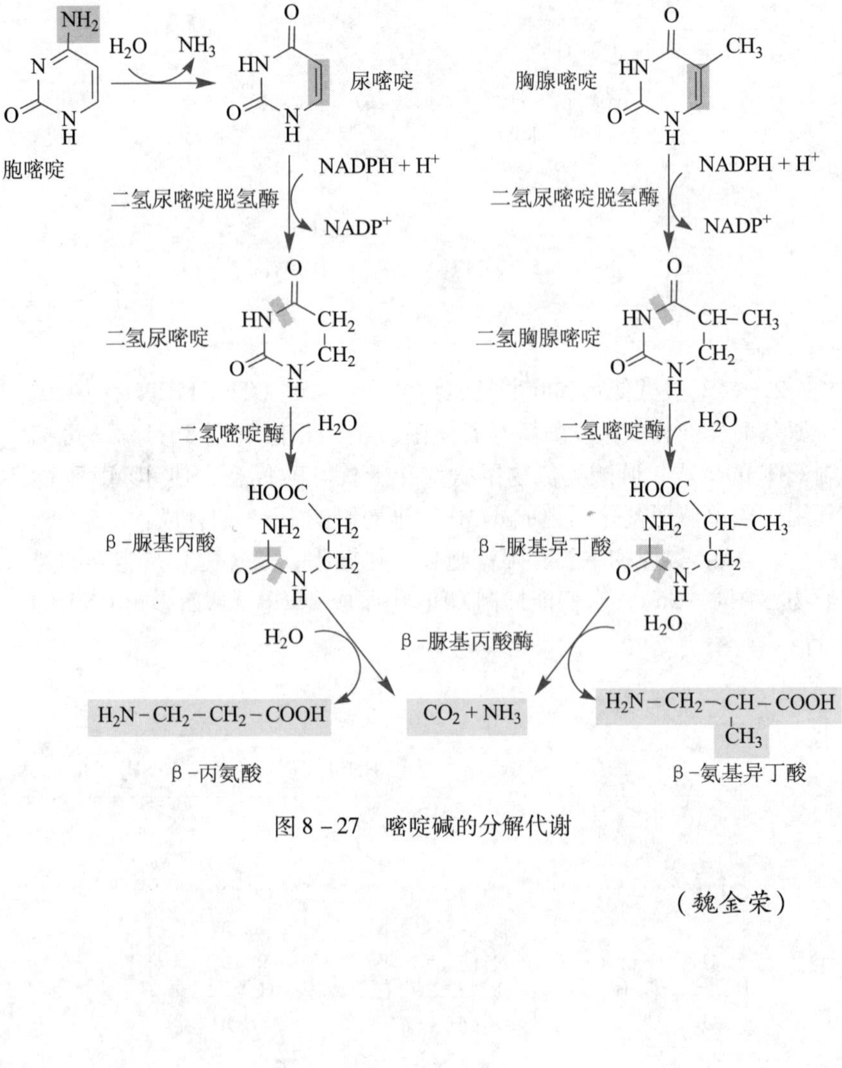

图 8－27　嘧啶碱的分解代谢

（魏金荣）

第九章 物质代谢的调节

内容提要

生物体内的代谢调节在 3 个不同水平上进行：①整体水平调节（神经调节）；②激素水平调节；③细胞水平或分子水平调节。细胞水平的代谢调节是基础。酶调节包括酶活性的调节、酶含量的调节。酶活性的调节包括变构调节、化学修饰、酶原激活、同工酶等。

激素对物质代谢的调节是通过相应受体实现的。整体水平的代谢调节包括应激状态、饥饿、糖尿病时的代谢改变。

机体与外界环境之间进行的物质交换过程称为物质代谢。生物体的物质代谢是由许多连续和相关的代谢途径所组成，每一条代谢途径又包含一系列的酶促化学反应。生物体内错综复杂的各种代谢过程之间是相互联系、相互制约和相互协调的。生物体对物质代谢进行不断的、精细的调节机制，包括调节各种物质代谢的强度、方向和速度，以适应外界环境，此过程即为代谢调节。生物体内的代谢调节在 3 个不同水平上进行①整体水平调节（神经调节）；②激素水平调节；③细胞水平或分子水平调节。代谢调节普遍存在于生物界，是生命的重要特征之一。

第一节 物质代谢特点

生物体内各种物质包括糖、脂、蛋白质、水、无机盐维生素等代谢是同时进行的，且彼此相互联系的，并具有共同的特点。

物质代谢特点 ⇨

1. 生物体内各种物质代谢途径相互联系、相互制约构成统一整体（图9-1）
2. 代谢途径与相关酶在细胞内是区域化分布的（表9-1）
3. 生物体内物质代谢调节分为3级水平（细胞、激素、整体水平），细胞水平代谢调节是基础
4. 生物体内存在多酶体系与多功能酶
5. 重要器官与组织的氧化供能各具特色（表9-2）
6. ATP是生物体能量的储存和利用形式
7. NADH是物质合成代谢所需的还原当量

表 9－1 真核细胞主要代谢途径与相关酶的区域分布

代谢途径	分布（酶或酶系）	代谢途径	分布（酶或酶系）
糖酵解	胞液	三羧酸循环	线粒体
磷酸戊糖途径	胞液	尿素合成	胞液、线粒体
糖有氧氧化	胞液、线粒体	蛋白质合成	内质网、胞液
糖异生	胞液	DNA 合成	细胞核
糖原合成与分解	胞液	mRNA 合成	细胞核
脂肪酸 β－氧化	线粒体	tRNA 合成	核质
脂肪酸合成	胞液	rRNA 合成	核仁
呼吸链	线粒体	血红素合成	胞液、线粒体
胆固醇合成	内质网、胞液	胆红素生成	微粒体、胞液
磷脂合成	内质网	多种水解酶	溶酶体

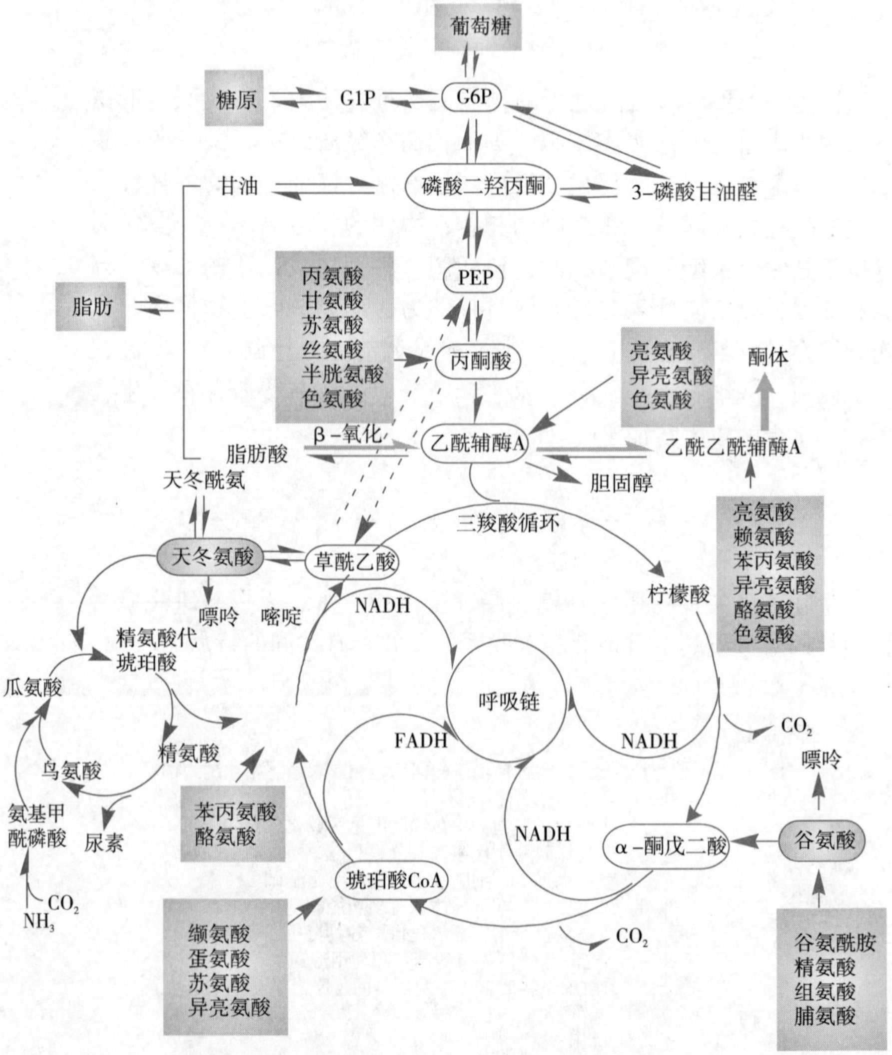

图 9－1 糖、脂肪、氨基酸代谢途径的相互联系

表 9-2　重要器官组织的代谢特点

器官	功能	特有酶	主要代谢途径	主要代谢物	主要代谢产物
肝	物质代谢中枢	葡萄糖激酶，G6P 酶，甘油激酶，PEP 羧激酶	糖异生，脂酸 β-氧化，糖有氧氧化，酮体生成	葡萄糖，脂酸，乳酸，甘油，氨基酸等	葡萄糖，酮体 VLDL，HDL
脑	神经中枢		糖有氧氧化，糖酵解，氨基酸代谢	葡萄糖，氨基酸，酮体，脂酸	乳酸，CO_2，H_2O
心	泵出血液	脂蛋白脂肪酶，呼吸链丰富	有氧氧化	乳酸，葡萄糖，VLDL	CO_2，H_2O
脂肪组织	储存及动员脂肪	脂蛋白脂肪酶，激素敏感脂肪酶	酯化脂酸，脂解	VLDL，CM	游离脂酸，甘油
肌肉	收缩	脂蛋白脂肪酶，呼吸链丰富	糖酵解，有氧氧化	脂酸，葡萄糖，酮体	乳酸，CO_2，H_2O
肾	排泄尿液	甘油激酶，磷酸烯醇式丙酮酸羧激酶	糖异生，糖酵解，酮体生成	脂酸，葡萄糖，乳酸，甘油	葡萄糖
红细胞	运输氧	无线粒体	糖酵解	葡萄糖	乳酸

第二节　物质代谢调节

一、细胞水平的代谢调节是物质代谢调节的基础

（一）细胞水平代谢调节是由催化非平衡反应的关键酶调节实现的

物质代谢中常常是由多个连续的酶促反应构成的。细胞内每一种代谢途径中都涉及多种多样的酶。当反应总速度变化时，往往不需要全部酶活性的改变，而常常仅是限于某些关键酶（key enzyme）活性的变化，就能达到调节该代谢途径的要求。关键酶是指反应体系中催化单向不平衡反应的酶类。关键酶中催化活性最低的酶被称为限速酶（rate limiting enzyme）。关键酶和限速酶常常是某一代谢途径的第一个酶，或者处于代谢分支点的酶（表 9-3）。限速酶活性改变不但可以影响整个酶体系催化反应的总反应速度，甚至还可以改变代谢反应的方向。通过对这些酶的调节可以经济、有效地改变整个体系的代谢速度。因此体内各种代谢途径的调节主要是对关键酶活性及含量的调节。通过调节限速酶的活性而改变代谢通路的速度与方向是体内代谢快速调节的一种重要方式。

表 9－3 一些重要代谢途径的限速酶

代谢途径	限 速 酶
糖酵解	己糖激酶，磷酸果糖激酶－1，丙酮酸激酶
磷酸戊糖途径	葡萄糖－6－磷酸脱氢酶
糖异生	丙酮酸羧化酶，磷酸烯醇式丙酮酸羧激酶，果糖－1，6－二磷酸酶，葡萄糖－6－磷酸酶
三羧酸循环	柠檬酸合酶，异柠檬酸脱氢酶，α－酮戊二酸脱氢酶复合体
糖原合成	糖原合酶
糖原分解	磷酸化酶
脂肪分解	三酯酰甘油脂肪酶
脂酸合成	乙酰辅酶 A 羧化酶
酮体合成	HMG 辅酶 A 合酶
胆固醇合成	HMG 辅酶 A 还原酶
尿素合成	精氨酸代琥珀酸合酶
血红素合成	ALA 合成酶

（一）酶活性的调节

关键酶的调节包括酶活性及酶含量的调节。酶活性的调节主要包括酶的变构调节、酶的共价修饰调节、酶原的激活、同工酶等。酶的变构调节及酶的共价修饰调节常常是通过改变某条代谢途径关键酶和限速酶的结构进而影响其活性而实现的。变构调节是细胞的一种基本调节方式，对维持细胞内代谢物和能量平衡有重要作用。当变构效应剂浓度过低时，则不能发挥调节酶活性作用。此时酶的共价修饰可发挥应急调节作用。应激状态时，少量激素可通过酶的一系列级联酶促化学反应，导致某些代谢途径关键酶或限速酶活性的逐级放大，进而引起相应的生理效应。

1. 变构酶通过改变酶分子的构象而调节酶的活性

变构酶的特点

1. 变构酶常是由两个以上亚基组成的具有一定构象的聚合体。变构酶的亚基分别为催化亚基和调节亚基；有些酶在同一亚基上既存在催化部位又存在调节部位
2. 变构剂与调节亚基（或部位）间是非共价键的结合，结合后改变酶的构象，从而使酶活性被抑制或激活
3. 变构酶的动力学特点不符合米氏方程式，正协同效应变构酶的反应速率对［S］曲线呈S型，而不是矩形双曲线
4. 变构效应剂可以是酶的底物，也可以是酶系的终产物或其他小分子代谢物
5. 变构调节是快速调节，不需要消耗能量

变构调节是人体内快速调节酶活性的一种重要方式。现将某些代谢途径的变构效应剂（表 9－4）列表如下：

表 9-4 糖和脂肪代谢酶系中某些变构酶及其变构效应剂

代谢途径	变构酶	变构激活剂	变构抑制剂
糖酵解	已糖激酶	AMP、ADP、FDP、Pi	G-6-P
	磷酸果糖激酶-1	FDP	柠檬酸
	丙酮酸激酶	FDP	ATP、乙酸 CoA
三羧酸循环	柠檬酸合酶	AMP	ATP、长链脂酰 CoA
	异柠檬酸脱氢酶	AMP、ADP	ATP
糖异生	丙酮酸羧化酶	乙酰 CoA、ATP	AMP
	果糖-1,6-二磷酸酶	5′-AMP	AMP
糖原分解	磷酸化酶 b	AMP、G-1-P、Pi	ATP、G-6-P
糖原合成	糖原合酶	G-6-P	
脂肪酸合成	乙酰 CoA 羧化酶	柠檬酸、异柠檬酸	长链脂酰 CoA
胆固醇合成	HMG-CoA 还原酶		胆固醇
氨基酸代谢	谷氨酸脱氢酶	ADP、亮氨酸、甲硫氨酸	ATP、GTP、NADH
嘌呤合成	PRPP 酰胺转移酶	PRPP	AMP、ADP、GMP、GDP
嘧啶合成	天冬氨酸氨基甲酰转移酶		CTP
血红素合成	ALA 合成酶		血红素

有些酶的变构作用还表现为酶分子的聚合或解聚，如脂肪酸合成过程中的关键酶——乙酰 CoA 羧化酶。与果糖-1，6-二磷酸酶不同，它是由 4 种不同亚基构成的原聚体，每个亚基功能不同（表 9-5），只有多聚体酶才有催化活性。柠檬酸可促进各亚基的聚合，而 ATP 与 Mg^{2+} 可使多聚体解聚为原聚体、长链脂酰 CoA 可拮抗柠檬酸的促聚合作用，因此，柠檬酸是该酶的变构激活剂，而 ATP、Mg^{2+} 和长链脂酰 CoA 是该酶的变构抑制剂。

表 9-5 乙酰 COA 羧化酶的构成

亚基	功能	变构激活剂	变构抑制剂
生物素载体蛋白	结合生物素	柠檬酸	ATP Mg^{2+} 长链脂肪酸
生物羧化酶	生物素羧化		
羧基转移酶	生物素的羧基转给乙酰辅酶 A		
调节亚基	与柠檬酸或异柠檬酸结合使原聚体变成多聚体		

2. 一些关键酶的活性可经化学修饰调节

生物体内许多酶的活性是经化学修饰方式调节的（表9-6）。

表9-6 某些酶的酶促化学修饰调节

酶	反应类型	生物效应
磷酸果糖激酶	磷酸化/脱磷酸	抑制/激活
丙酮酸脱氢酶	磷酸化/脱磷酸	抑制/激活
丙酮酸脱羧酶	磷酸化/脱磷酸	抑制/激活
糖原磷酸化酶	磷酸化/脱磷酸	激活/抑制
磷酸化酶b激酶	磷酸化/脱磷酸	激活/抑制
磷酸化酶磷酸酶	磷酸化/脱磷酸	抑制/激活
糖原合酶	磷酸化/脱磷酸	抑制/激活
甘油三酯脂肪酶（脂肪细胞）	磷酸化/脱磷酸	激活/抑制
HMG-CoA还原酶	磷酸化/脱磷酸	抑制/激活
HMG-CoA还原酶激酶	磷酸化/脱磷酸	激活/抑制
乙酰CoA羧化酶	磷酸化/脱磷酸	抑制/激活
谷氨酰胺合成酶（大肠杆菌）	腺苷化/脱腺苷	抑制/激活
黄嘌呤氧化（脱氢）酶	-SH/-S-S-	脱氢/氧化

酶的化学修饰调节具有如下特点。

酶化学修饰的特点

1. 绝大多数化学修饰的酶都具有无活性（或低活性）与有活性(或高活性）两种形式
2. 它们之间的正逆两向互变反应由不同的酶进行催化，均发生共价变化
3. 由于酶促化学修饰是酶所催化的反应，故有瀑布式逐级放大效应。少量的调节因素就可使大量的酶分子发生化学修饰
4. 耗能少，磷酸化与脱磷酸是常见的酶促化学修饰反应。一分子亚基发生磷酸化常需消耗一分子ATP，与合成酶蛋白所消耗的ATP相比，这种调节方式更为经济有效

3. 酶的变构调节与化学修饰调节具有协同作用　酶的变构调节与化学修饰调节是调节酶活性的两种主要方式（表9-7）。

对某一种酶来说，它可以同时接受这两种方式的调节。如，二聚体糖原磷酸化酶存在磷酸化位点，且每个亚基都有催化部位和调节部位，因此，在受化学修饰的同时也可由AMP变构激活，并受ATP变构抑制。细胞中同一种酶受化学修饰和变构双重调节的意义在于，变构调节是细胞的一种基本调节机制，它对于维持代谢物和能量平衡具有重要作用，但当效应剂浓度过低，不足以与全部酶分子的调节部位结合时，就不能动员所有的酶发挥作用，难以发挥应急效应。当在应激等情况下，随着肾上腺素的释放，

通过 cAMP，启动一系列的级联酶促化学修饰反应，能迅速有效地满足机体的需要。

表 9－7　变构调节与化学修饰的比较

调节方式	变构调节	化学修饰
酶分子特点	由两个以上亚基构成（催化亚基、调节亚基）	具有无活性（或低活性）、有活性（或高活性）两种形式
酶分子改变	变构剂（底物、代谢物、药物）与酶非共价键结合，引起酶分子构象改变，导致酶活性改变	由其他酶引起的共价键变化，正逆两向反应由不同的酶催化 （磷酸化/脱磷酸化、甲基化/脱甲基化、腺苷化/脱腺苷化、乙酰化/脱乙酰化、SH/－S－S－）
能量	不消耗 ATP	消耗 ATP
放大效应	非酶促反应，无放大效应，效率低于化学修饰	酶促反应，有放大效应，效率高
动力学特征	S 型曲线	

4．多酶体系、多功能酶等也是酶活性调节的方式　多酶体系、多功能酶及酶分子的聚合及解聚等也参与酶活性的调节。如丙酮酸脱氢酶复合体由 3 个酶、96 个亚基组成（图 9－2），催化丙酮酸脱氢脱羧反应，是调节糖代谢的关键酶之一。

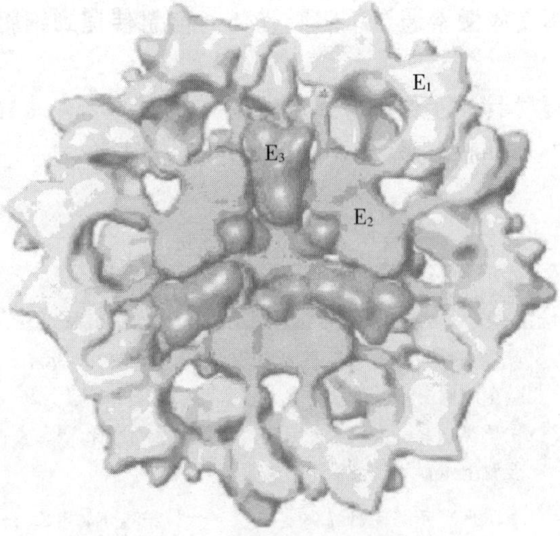

图 9－2　丙酮酸脱氢酶复合体

（二）细胞内酶含量的改变可调节生物体内酶促反应速度

生物体除通过改变酶分子的结构来调节细胞内现有酶的活性快速适应需要外，还可通过改变酶的合成或降解速度以控制酶的绝对含量来调节代谢（表 9－8）。有机体可根据机体对酶需要的情况开启或关闭酶蛋白质合成的基因，同时控制酶降解的速度，此过程耗能，所需时间较长，因此酶含量的调节属迟缓调节。

表 9-8　酶含量的调节

调节对象	调节方式
酶蛋白合成	底物对酶合成的诱导 底物对酶合成的阻遏 激素对酶合成的诱导 药物对酶合成的诱导
酶蛋白降解	溶酶体中蛋白水解酶（不依赖 ATP 途径） 蛋白酶体（依赖 ATP 途径）

二、通过激素控制物质代谢是高等动物体内代谢调节的一种重要方式

激素是一类由特定的细胞合成并分泌的化学物质，它随血液循环于全身，作用于特定的组织或细胞（称为靶组织或靶细胞，target cell），引起细胞物质代谢沿着一定的方向进行并产生特定的生物学效应。激素及神经系统对代谢的调节都是通过细胞水平的代谢调节实现的。

激素能对特定的组织或细胞发挥作用，是由于该组织或细胞具有能特异识别和结合相应激素的受体（receptor）。受体是一类可以与相应的配体特异地结合的物质，常为糖蛋白或脂蛋白。按受体位置不同激素可分为膜受体激素及胞内受体激素。

（一）膜受体激素通过细胞膜受体将信息传递到细胞内调节物质代谢

细胞膜受体性质及作用方式见表 9-9 及图 9-3。cAMP 为重要的第二信使其在不同激素作用下可引起相应的生物学效应（表 9-10）。

表 9-9　激素作用特点

类别	膜受体激素	胞内受体激素
种类	胰岛素、生长激素、促性腺激素、促甲状腺激素、甲状旁腺激素等蛋白质类激素，生长因子等肽类激素及肾上腺素等儿茶酚胺类激素等	类固醇类激素、前列腺素、甲状腺素、1，25（OH）$_2$-维生素 D、视黄醇等
化学性质	水溶性（不可通过细胞膜）	脂溶性（可通过细胞膜）
受体性质	细胞膜上糖蛋白及脂蛋白	细胞浆及核内糖蛋白及脂蛋白
信号转导方式	激素 ⟶ 与膜受体结合 ⟶ 胞内产生第二信使 ⟶ 激活蛋白激酶 ⟶ 促进蛋白及酶化学修饰或变构效应 ⟶ 生物学效应	激素 ⟶ 与胞内及核内受体结合 ⟶ 受体构象改变 ⟶ 受体二聚化与激素反应元件结合 ⟶ 促进基因转录 ⟶ 蛋白质及酶 ⟶ 生物学效应

表 9－10　某些激素对 cAMP 浓度的影响及其生物学效应

激素	靶组织或靶器官	cAMP 浓度	对酶促化学反应的影响	生理效应
肾上腺素	肝	↑	糖原合酶↓	糖原合成↓
			磷酸化酶↑	糖原分解↑
	脂肪组织	↑	脂肪酶↑	脂肪分解↑
	心肌、骨骼肌	↑	磷酸化酶↑	糖原分解↑
胰高血糖素	肝、心肌	↑	磷酸化酶↑	糖原分解↑
	脂肪组织	↑	脂肪酶↑	脂肪分解↑
	胰岛 β－细胞	↑	－	胰岛素分泌↑
促肾上腺皮质激素（ACTH）	脂肪组织	↑	脂肪酶↑	脂肪分解↑
	肾上腺皮质	↑	胆固醇↑孕烯醇酮↑	糖皮质激素合成↑
促甲状腺激素（TSH）	脂肪组织	↑	脂肪酶↑	脂肪分解↑
	甲状腺	↑	磷酸化酶↑	糖原分解↑摄碘
				合成分泌 T3、T4↑
胰岛素	脂肪组织	↓	脂肪酶↓	脂肪分解↓
	肝、骨骼肌	↓	磷酸化酶↓	糖原分解↓
	肌肉		糖原合酶↑	糖原合成↑
			磷酸烯醇式丙酮酸羧激酶↓	糖异生↓

↑代表增高或增强　↓代表降低或减弱

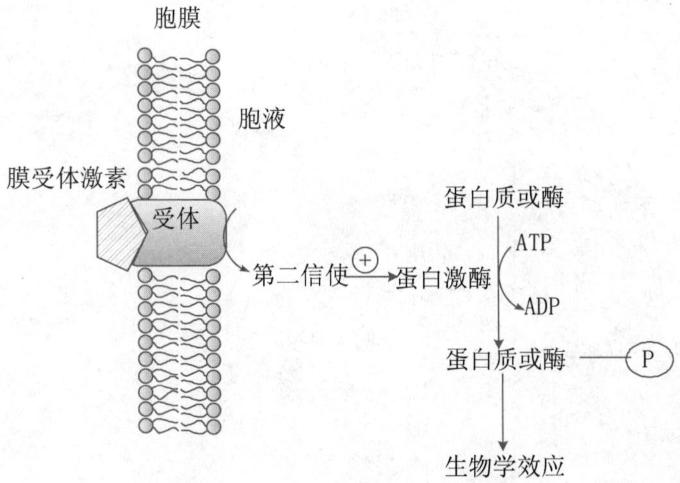

图 9－3　膜受体激素信号转导途径

（二）激素－胞内受体复合物通过基因转录调节细胞内酶的含量（表 9－9，图 9－4）

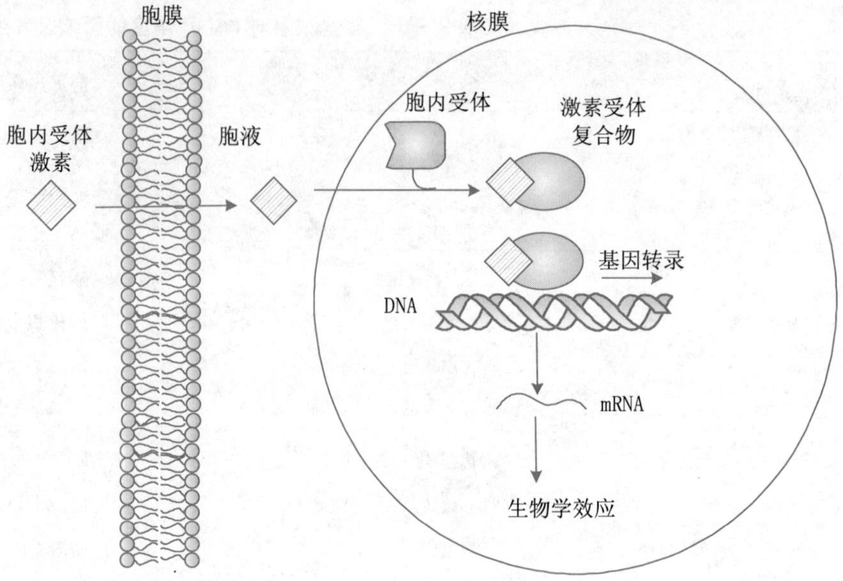

图 9－4　胞内受体信号转导途径

三、整体水平的代谢调节是通过神经系统及体液途径实现的

为了适应外界环境的变化，生物体可通过神经－体液途径对其物质代谢进行调节，及时满足能量的需要并维持内环境的恒定（图 9－5）。现以应激、饥饿、糖尿病为例简要说明整体物质代谢的调节特点。

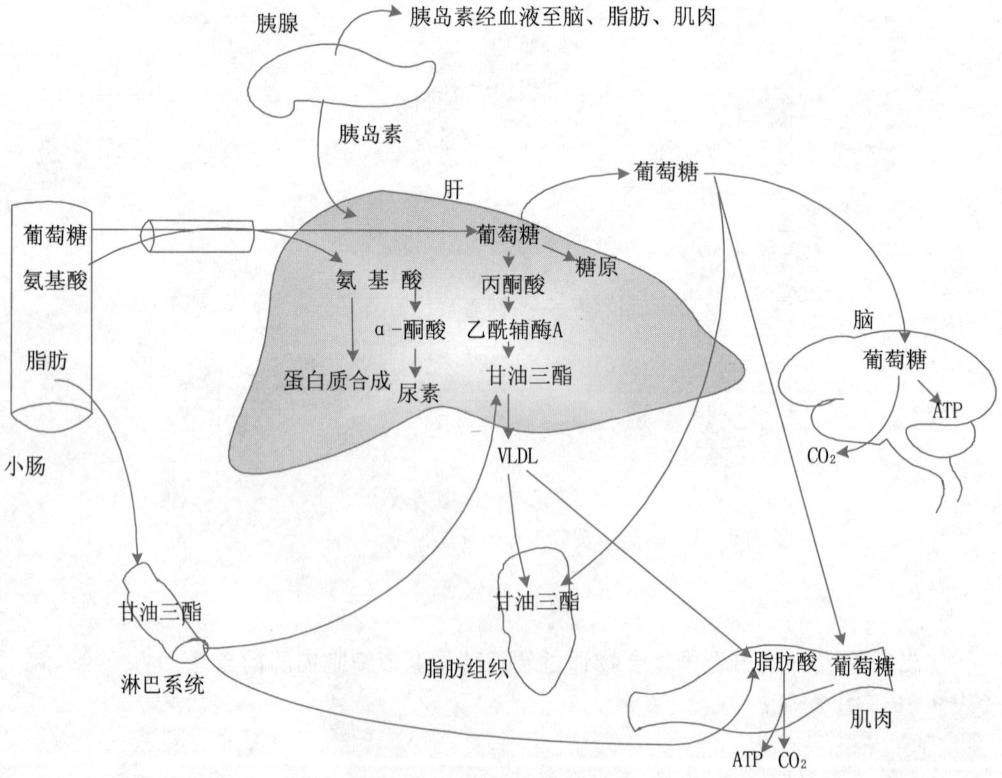

图 9－5　正常状态时代谢特点

（一）应激状态下糖、脂肪、蛋白质分解代谢增加，合成代谢减少

应激（stress）是指人体受到诸如创伤、剧痛、冻伤、缺氧、中毒、感染、以及剧烈情绪激动等刺激时所作出一系列反应的“紧张状态”。应激伴有一系列神经－体液的改变，包括交感神经兴奋、肾上腺髓质和皮质激素分泌增加，血浆胰高血糖素和生长激素水平升高、胰岛素水平降低等。这些神经－体液的改变引起糖、脂肪和蛋白质等物质代谢发生相应变化，总的特点是分解代谢增加，合成代谢减少（表9－11，图9－6）。

表9－11　应激状态时的代谢特点

代谢途径	代谢改变	结果
糖代谢	糖原合成↓ 糖原分解↑ 糖异生↑ 组织对糖利用↑	血糖↑ 血乳酸↑ 糖尿↑
脂代谢	脂肪动员↑ 组织利用脂酸↑	血脂酸↑ 血酮体↑
蛋白代谢	蛋白质分解↑ 肌肉蛋白质分解↑ 丙氨酸↑ 尿素合成↑	负氮平衡 尿素氮↑

（二）短期饥饿时，肌肉释放氨基酸加速，糖异生作用增强，脂肪动员加强及组织对葡萄糖的利用降低

在某些生理（如食物短缺、绝食等）和病理（食道、幽门梗阻和昏迷等）状态下，未进食或不能进食时不能得到及时补充葡萄糖或治疗，则体内在神经－体液系统的影响下发生一系列的代谢变化（图9－7）。

在不能进食1～3天后，肝糖原显著减少，血糖降低，进而引起胰岛素分泌减少和胰高血糖素分泌增加，同时也引起糖皮质激素分泌增加，这些激素的改变可引起一系列的代谢变化（表9－12）。总之，饥饿时能量来源主要是储存的脂肪和蛋白质，其中脂肪约占能量来源的85%以上。

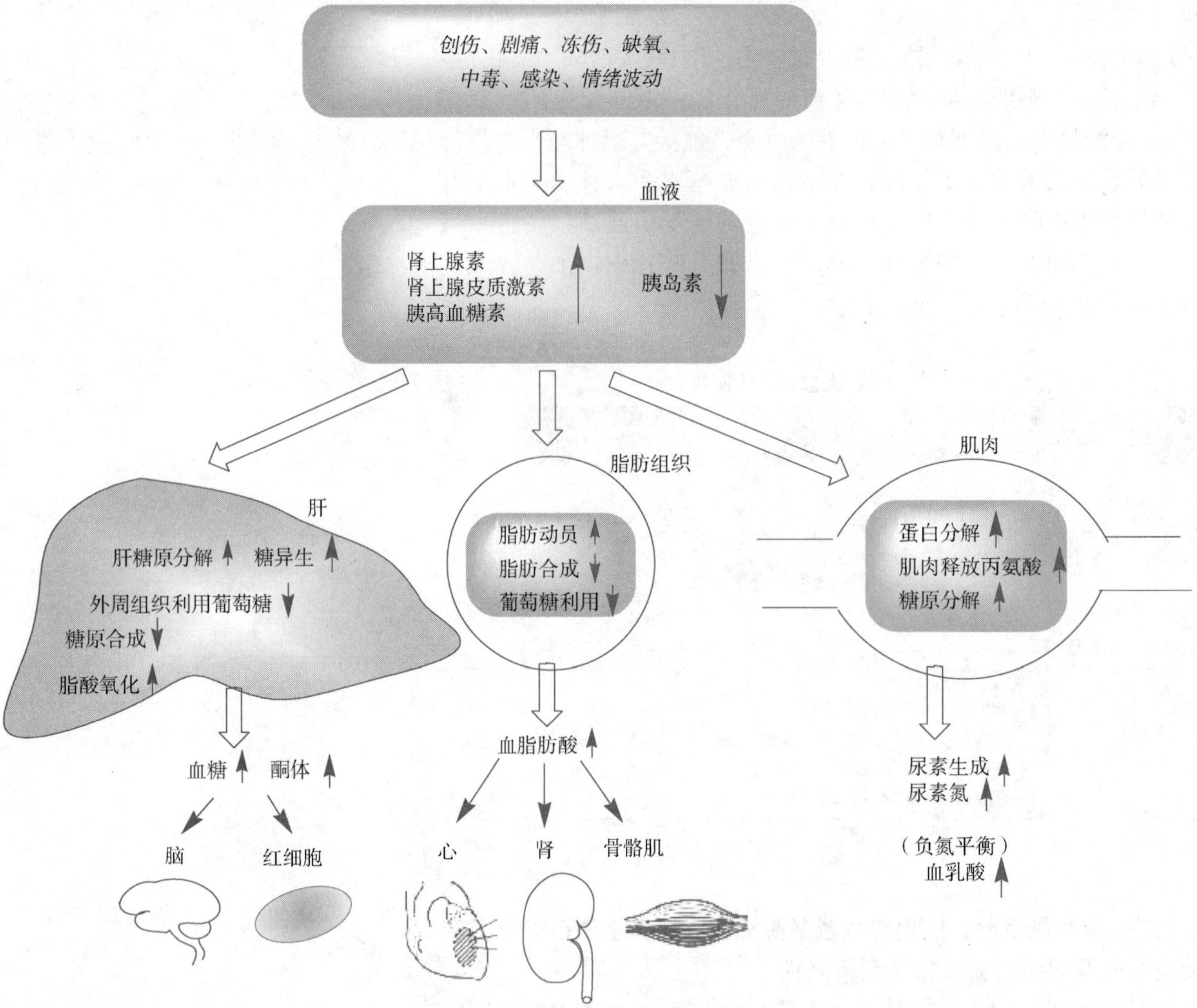

图 9－6 应激状态的代谢特点

表 9－12 短期饥饿时代谢特点

代谢途径	代谢改变	结果
糖代谢	肝糖异生↑ 肝糖原 组织对糖利用↓	血糖↓
脂代谢	脂肪动员 酮体生成↑	血脂酸 血甘油 血酮体↑
蛋白代谢	蛋白质分解 肌肉蛋白质分解 肌肉释放氨基酸↑	血丙氨酸 谷氨酰胺↑

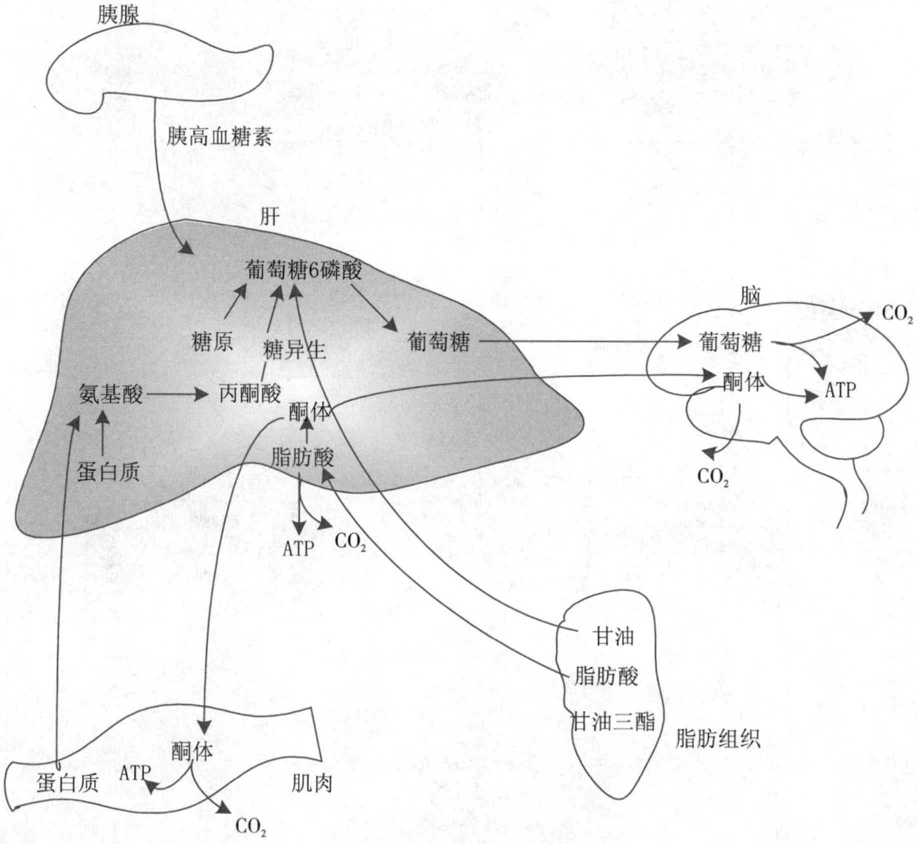

图 9－7　短期饥饿时代谢特点

（三）长期饥饿时，脂肪动员进一步加强，酮体生成增加，肾糖异生明显增强

如特殊原因长期不能进食时，体内的能量代谢发生进一步变化，此时代谢的变化与短期饥饿不同之处在于（图 9－8）：

1. 脂肪动员进一步加速，酮体在肝细胞中大量生成，脑组织利用酮体的比例增多，甚至超过葡萄糖，可占总耗氧的 60%，这对减少糖的利用、维持血糖以及减少氨基酸的糖异生作用，从而对减少体内蛋白质的分解有一定意义
2. 肌肉优先使用脂肪酸为能源，以保证酮体优先供应脑组织
3. 血中酮体增高可被肌肉利用，减少肌肉蛋白质的分解，由于肌肉释放氨基酸减少，而乳酸和丙酮酸成为肝中糖异生的主要能源
4. 肾糖异生作用明显增强，生成约 40 克葡萄糖/天，占饥饿晚期糖异生总量一半
5. 肌肉蛋白质分解减少，负氮平衡有所改善

（四）糖尿病患者体内糖、脂、蛋白质等代谢异常，出现“三多一少”的临床表现

糖尿病（diabetes mellitus）是由多种病因引起以慢性高血糖为特征的代谢紊乱。临床医学将其分为 1 型糖尿病（胰岛素绝对不足）

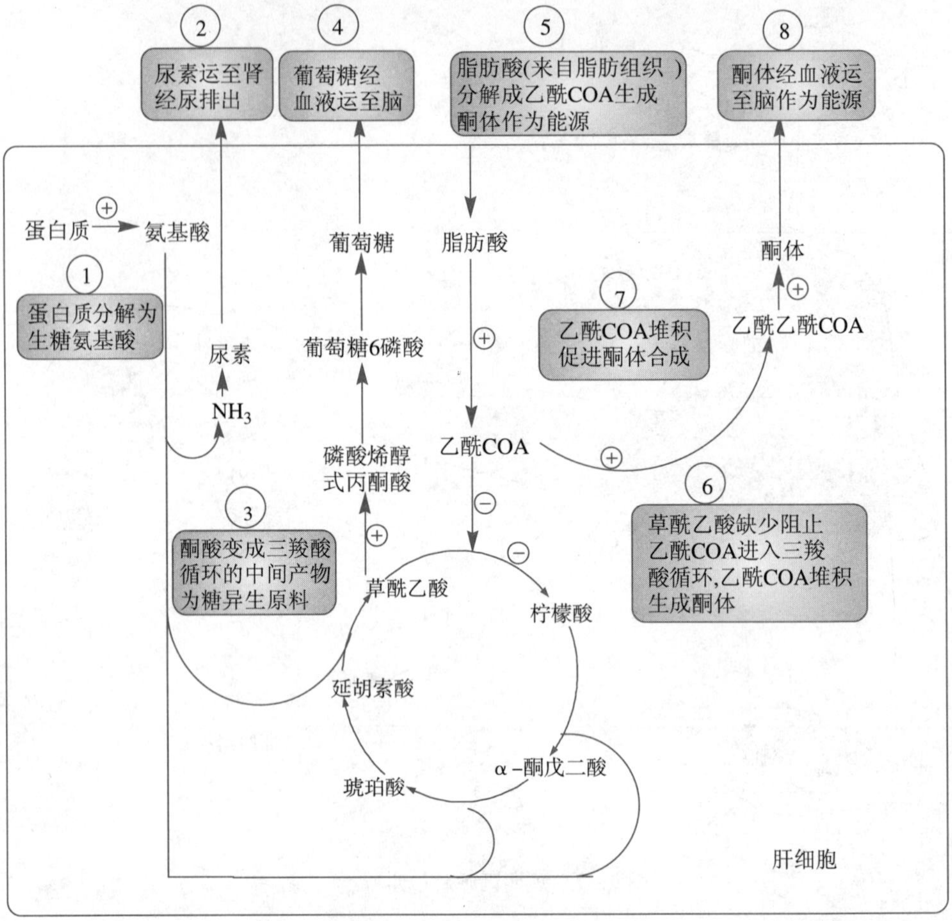

图 9－8　长期饥饿或糖尿病时的能源代谢

1～4　糖储存减少后，蛋白质分解增强，生成生糖氨基酸，后者经糖异生变成糖的主要来源。

5～8 脂肪组织的甘油三酯分解增强生成脂肪酸，后者变成酮体运至脑作为能源物质。

和 2 型糖尿病（胰岛素相对不足）。血糖升高是由于胰岛素分泌不足或靶器官作用缺陷，或两者同时存在引起的。由于胰岛素绝对或相对不足，引起机体多种酶类活性变化或诱导、阻遏某些酶蛋白的生物合成，导致糖、脂、蛋白质等代谢异常，出现“三多一少”的临床表现。现简要分述如下：

1. 糖尿病导致的糖代谢紊乱　当糖类食物进入胃肠经消化为单糖而经肠壁吸收后约 2/3～3/4 入肝，其余被肝外组织（如肌肉、脂肪等）利用。此时，由于血糖浓度的上升，以及肠道中胃泌素（gastrin）、胰泌素（secretin）、肠升糖素（enteroglucagon）等刺激胰岛素分泌增多。胰岛素作用于肝、肌肉及脂肪细胞膜胰岛素受体，从而对糖代谢起调节作用。当胰岛素不足时，参与糖代谢的相关酶类活性发生变化，导致糖代谢紊乱（图 9－9）。

2. 糖尿病导致的脂肪代谢紊乱　糖尿病严重者未经适当控制时常有下列脂代谢紊乱（图 9－10）：①由于磷酸戊糖途径减弱，还原型辅酶Ⅱ（NADPH）减少，脂肪合成常减少，患者多消瘦；但早期轻症 2 型糖尿病患者则由于多食而肥胖；②由于肝糖原合成及储存减少，在

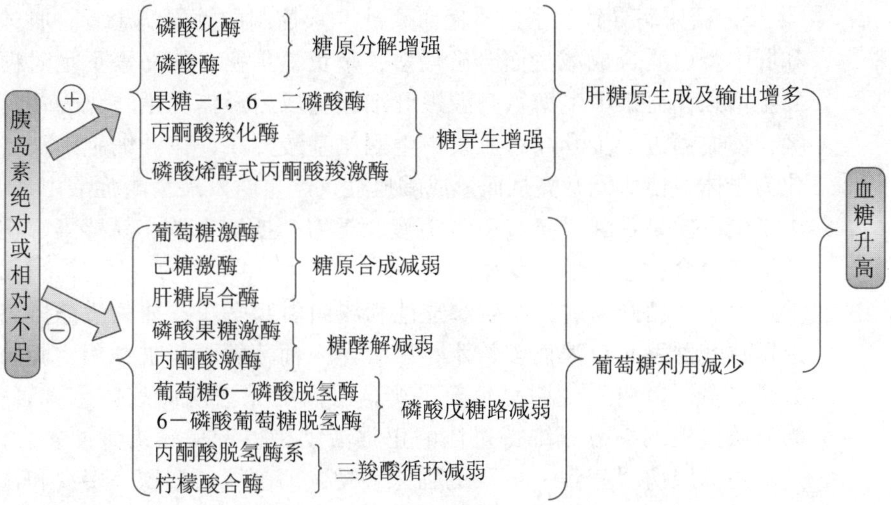

图 9－9　糖尿病时糖代谢的改变

垂体及肾上腺等激素调节下，脂肪入肝沉积、肝细胞变性、肝肿大为脂肪肝；③重症时，脂肪动员增加，大量脂肪酸入肝，在肉毒碱脂酰转移酶催化入线粒体氧化生成乙酰 CoA，又因糖酵解减弱导致草酰乙酸减少，乙酰 CoA 不能完全被氧化而生成大量酮体。当酮体生成过多，而胰岛素不足氧化利用减慢时，不断积累最终发展为酮血症（ketonemia）和酮尿（ketonuria）。临床上出现酮症、酮症酸中毒，严重时发生糖尿病性昏迷。另外，严重糖尿病患者还出现脂蛋白代谢紊乱，出现 VLDL、LDL 升高，形成高脂血症和高脂蛋白血症，最终为糖尿病患者动脉粥样硬化的发生提供重要的物质基础。

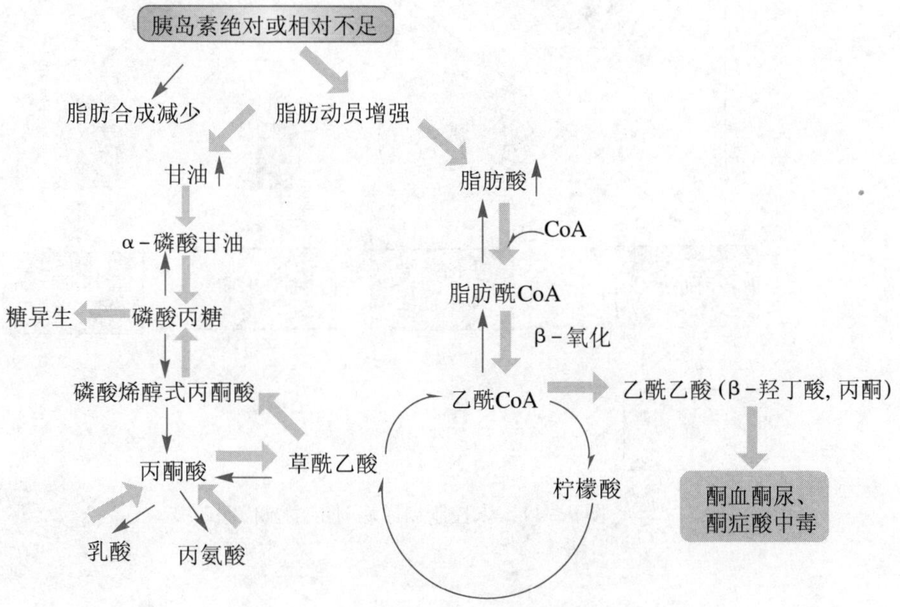

图 9－10　未控制糖尿病时脂类代谢改变

⇨ 反应加强　⟶ 反应减弱

3. 糖尿病导致的蛋白质代谢紊乱　未控制的糖尿病患者，肌肉和肝中蛋白质合成减少而分解增多，呈负氮平衡。胰岛素不足时糖异生增强，血浆中生糖氨基酸被肝细胞摄取后经糖异生转化为葡萄糖，使血糖进一步升高；血浆中生酮氨基酸升高，在肝细胞中被转化为酮体，使血酮升高从而形成酮血症，严重时发展为酮症酸中毒。由于蛋白质呈负氮平衡，患者消瘦、乏力、抵抗力差、易感染、伤口不宜愈合，小儿生长发育受阻。

由于血糖升高后，产生渗透性利尿而引起多尿，并刺激晶体渗透压感受器引起口渴而多饮水；患者体内葡萄糖不能被利用，脂肪分解增多，蛋白质代谢呈负氮平衡，肌肉渐见消瘦而致体重减轻；为补偿损失的糖分、维持机体的正常活动，患者易感饥饿而多食，这就是糖尿病"三多一少"的临床表现，即多尿、多饮、多食和体重减轻（图9－11）。

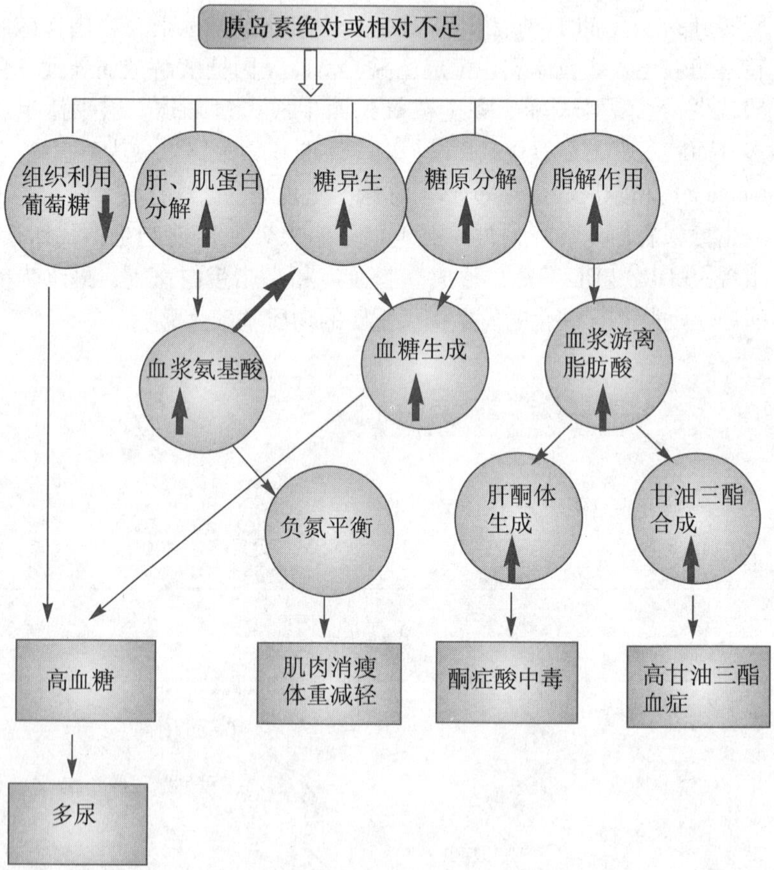

图9－11　未控制糖尿病时的主要代谢改变

（孙黎光）

第十章 DNA的生物合成（复制）

内容提要

DNA 的生物合成是由 DNA 聚合酶催化的，许多酶、蛋白因子、dNTP、ATP 及一些无机离子参与的复杂的，连续的化学过程。

DNA 上的遗传信息可以完整的传递给子代 DNA，称为复制（图 10－1）。DNA 上的遗传信息传递给 RNA，称为转录。RNA 上的遗传信息传递给蛋白质的过程，称为翻译。这就是 1958 年，由 F. Crick 提出的遗传学的中心法则（图 10－2）。1970 年，H. Temin 发现遗传信息也可由 RNA 传递给 DNA，称为反转录。而后又发现 RNA 也可以进行自我复制。

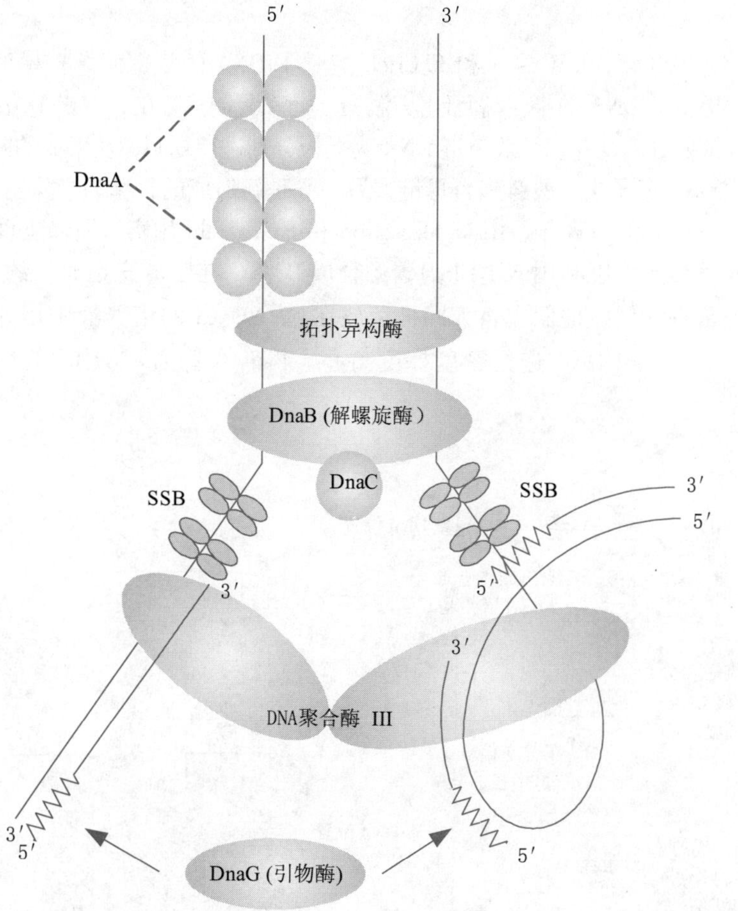

图 10－1　DNA 复制

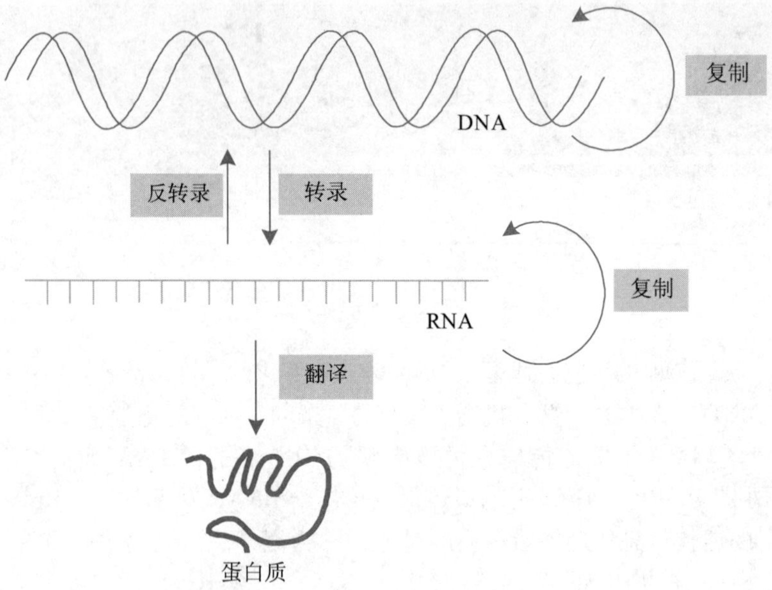

图 10－2　中心法则

第一节　半保留复制

1953 年，J. Watson 和 F. Crick 建立了 DNA 的双螺旋结构模型，同时提出了 DNA 的半保留复制假说：在 DNA 复制过程中，双链 DNA 的两条链要分离，并以每股单链 DNA 为模板分别进行复制，新形成的两个子代 DNA 分子中一股链来自母链，另一股是新形成的，称为半保留复制。这一假说在 1958 年，由 M. Messelson 和 F. W. Stahl 用实验加以证明。

细菌可以利用 NH_4Cl 为碳源合成 DNA，在营养充足时，约 20 分钟繁殖一代。他们先将大肠杆菌放在含 $^{15}NH_4Cl$ 的培养液中培养若干代后，提取 DNA 进行密度梯度离心。再转入普通 $^{14}NH_4Cl$ 的培养液

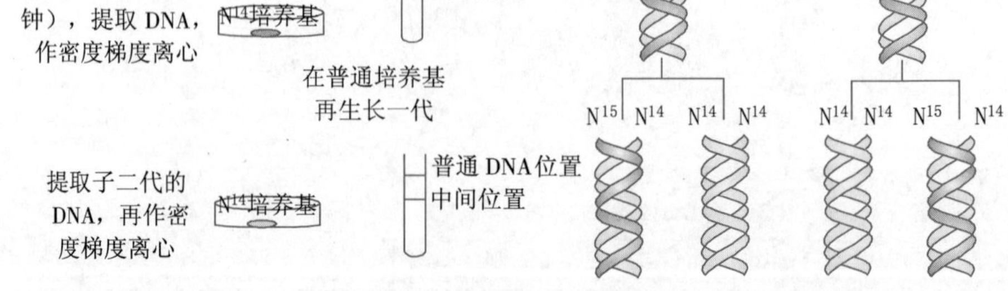

图 10－3　半保留复制证明实验

中培养一代、二代，并分别提取 DNA 进行密度梯度离心分析。因为含^{15}N 的 DNA 比普通^{14}N 的 DNA 密度高，致密带位于其下方。实验结果如图 10－3，这只能用半保留复制的模型进行合理解释。

第二节　依赖 DNA 的 DNA 聚合酶

DNA 的生物合成，即复制，是一个酶促的生化反应，催化此反应的主要酶是依赖 DNA 的 DNA 聚合酶（DNA－dependent DNA polymerase，DDDP），简称 DNA－pol。

一、原核生物中有 3 种 DNA 聚合酶

根据发现的先后顺序，DNA 聚合酶分别被命名为 DNA 聚合酶Ⅰ、Ⅱ、Ⅲ。见表 10－1

表 10－1　原核生物的 DNA 聚合酶

	主要功能
DNA－pol Ⅰ	切除引物，添补空隙，即时校读
DNA－pol Ⅱ	参与 SOS 修复
DNA－pol Ⅲ	延长 DNA 链的主要聚合酶

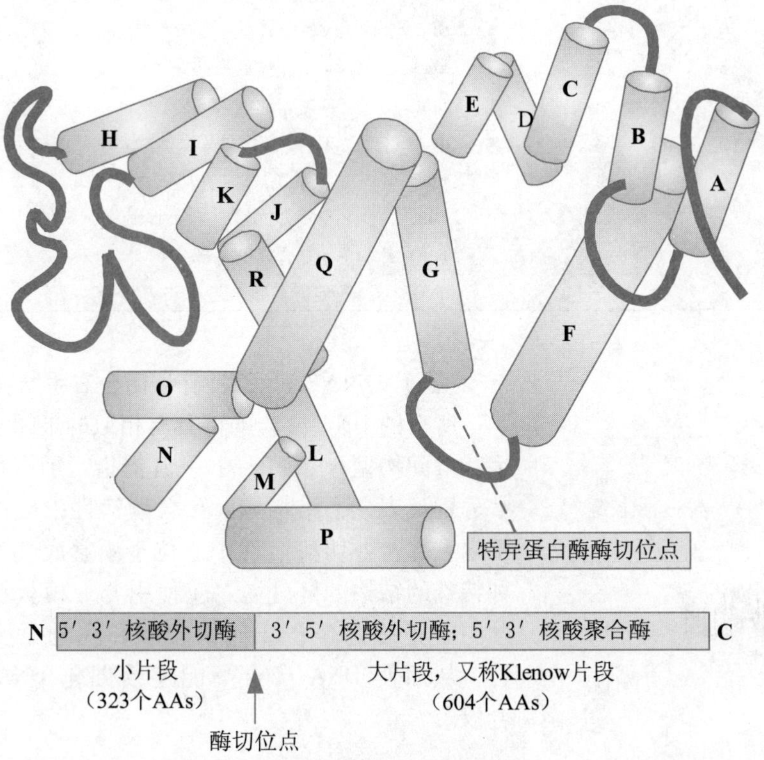

图 10－4　DNA 聚合酶 I

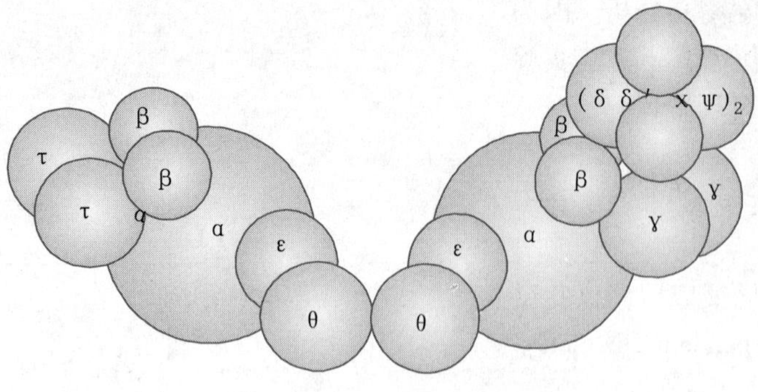

图 10－5 DNA 聚合酶Ⅲ

（一）DNA 聚合酶 I 是最早发现的 DNA 聚合酶

DNA 聚合酶Ⅰ的二级结构以 α 螺旋为主（见图 10－4），共有从 A 至 R18 个 α 螺旋。I 和 H 螺旋间有约 50 个氨基酸残基的无规则区，同 I 螺旋和 O 螺旋一起，可以包围 DNA 双链，使其只向一个方向滑动。用木瓜蛋白酶作用，可以在 F 和 G 螺旋间发生断裂，水解出的大、小两段肽链。其中大片段有 604 个氨基酸残基，具有 DNA 聚合酶活性和 3′→5′核酸外切酶活性是分子生物学常用的工具酶，又称 Klenow 片段；而小片段有 323 个氨基酸残基，具有 5′→3′核酸外切酶活性（图 10－4）。

（二）DNA 聚合酶Ⅲ是主要的复制酶

DNA pol Ⅲ的聚合酶活性远强于 DNA pol Ⅰ，因此是 DNA 复制的主要聚合酶。它是由 10 种亚基组成的不对称异源二聚体（图 10－5），各亚基功能详见表 10－2。

表 10－2 pol Ⅲ各亚基功能

亚基	分子量（kD）	基 因	功 能
α	130	polC（dnaE）	5′→3′聚合酶活性
β	41	dnaN	夹稳模板 DNA，使酶沿模板滑动
γ	47.5	dnaX（Z）	γ 复合体的一部分
δ	39	holA	γ 复合体的一部分
δ′	37	holB	γ 复合体的一部分
ε	27.5	dnaQ	3′→5′核酸外切酶活性，碱基选择功能
θ	8.6	holE	维系二聚体结构
χ	17	holC	γ 复合体的一部分
ψ	15	holD	γ 复合体的一部分
τ	71	dnaX	促进全酶组装

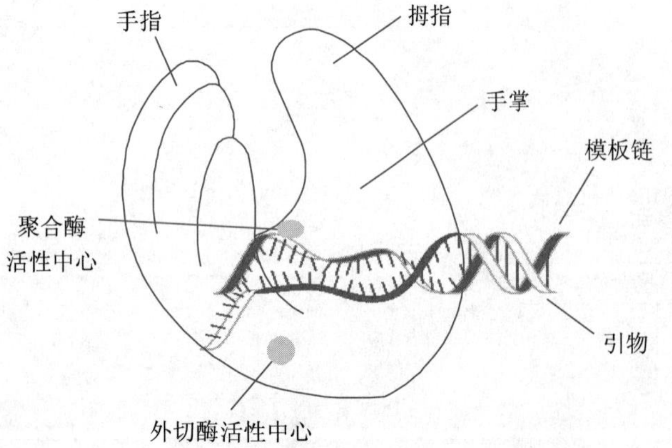

图 10－6 DNA 聚合酶的半闭右手结构

（三）DNA 聚合酶具有半闭合右手结构

所有的 DNA 聚合酶都具有相似的半闭合右手状空间构型（图 10－6）。其拇指、手指和手掌分别代表 3 个结构域。聚合酶活性中心位于手掌上部，外切酶活性中心位于手掌底部。这种特殊的结构的好处是：①使引物－模板在活性中心正确定位；②使聚合酶和底物紧密结合，从而使 DNA 聚合酶能连续催化 DNA 的合成。

（四）DNA 聚合酶同时具有核酸酶的活性

核酸酶根据作用的位点不同，而分为核酸内切酶、3′→5′核酸外切酶和 5′→3′核酸外切酶（图 10－7）。

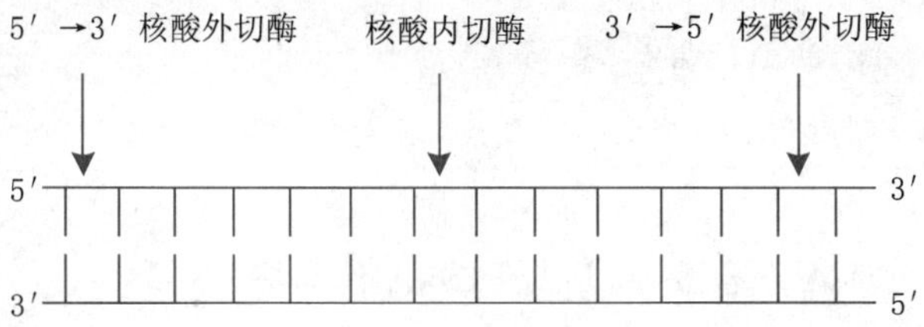

图 10－7　核酸酶

原核生物的 3 种 DNA 聚合酶都具有 5′→3′聚合酶活性及 3′→5′核酸外切酶活性，同时 DNA pol Ⅰ还具有 5′→3′核酸外切酶活性。其中 DNA 聚合酶Ⅰ的 5′→3′聚合酶活性及 3′→5′核酸外切酶活性协同作用，使 DNA 复制时具有即时校读功能（图 10－8），这点对保证 DNA 复制的保真性非常重要。

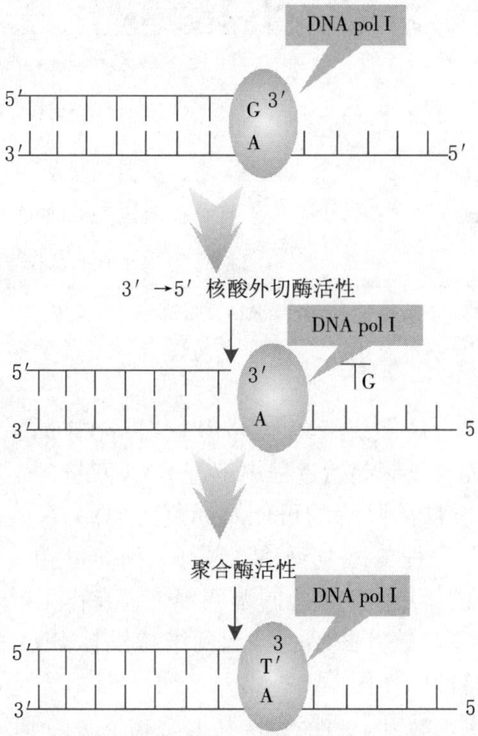

图 10－8　即时校读功能

（五）DNA 聚合酶具有碱基选择功能

DNA pol Ⅲ的 ε 亚基在复制过程中具有碱基选择功能，是 DNA 复制保真性所必需的（表 10－3）。

表 10－3 DNA 复制的高保真性的维持因素：

维持因素	相关证据
遵守严格的碱基互补配对原则	复制中氢键的准确形成是核苷酸之间磷酸二酯键形成的前提条件
DNA 聚合酶对碱基的选择功能	“错配”实验
DNA 聚合酶的即时校读功能	即时校读功能如果失活，则出错率增加 10^3 左右

（六）DNA 聚合酶要以单链 DNA 作为模板

复制的底物是三磷酸水平的脱氧三磷酸，即 dNTP。而反应的模板是单链的 DNA。

$$(dNMP)_n + dNTP \longrightarrow (dNMP)_{n+1} + ppi$$

这样，只有将 DNA 双链解开为单链，才能作为复制的模板。解开 DNA 双链的工作是由解螺旋酶催化完成的，它可以利用 ATP 水解供能来解开 DNA 双链。在复制起始时，除解螺旋酶的作用外，还需要其他相关的酶和蛋白因子完成相应的工作（表 10－4）。

表 10－4 原核生物解开双链 DNA 的相关蛋白质

蛋白质	功能
DnaA	辨认复制起始点
解螺旋酶（DnaB）	将 DNA 双链解开为单链
DnaC	协同 DnaB 起作用
单链 DNA 结合蛋白（SSB）	稳定已解开的单链 DNA
拓扑异构酶	防止 DNA 的打结和缠绕

注：通常将与复制有关的基因命名为 dnaA，dnaB……dnaX 等，而将相对应的蛋白质命名为 DnaA，DnaB……DnaX 等。

在 E. coli 中，解螺旋酶又称 DnaB 蛋白，在 DnaA、DnaC 蛋白的协助下，共同完成复制起始过程中解开 DNA 双链的工作。解开为单链的 DNA 有被核酸酶降解的可能及回复为 DNA 双链的倾向，为避免这两点，需要一种单链 DNA 结合蛋白（single strand DNA binding protein，SSB）的作用。SSB 为同源四聚体，在作用时表现为正协同效应，可与约 32 个核苷酸结合，起到维持模板 DNA 的单链状态并保护单链的完整性的作用。

局部双螺旋的解开，可能会使其上游和下游的 DNA 双链出现打结和缠绕现象。为防止其发生，需要拓扑异构酶的作用。根据作用方式的不同，原核生物中共有两种拓扑异构酶，Ⅰ型和Ⅱ型。

拓扑酶对 DNA 的作用是既能水解，又能形成磷酸二酯键。拓扑异构酶Ⅰ可以切断 DNA 双链中的一条链，并解开 1 个螺旋，最后重新形成磷酸二酯键，封闭切口，使 DNA 变松弛。而拓扑异构酶Ⅱ在无 ATP 时，切断 DNA 双链的两条链，并解开螺旋，然后在 ATP 存在的情况下，重新连接缺口。拓扑异构酶Ⅱ可以使 DNA 从正超螺旋状态变为负超螺旋，效率更高，因此是 DNA 复制中主要作用的拓扑异构酶（图 10 -9，10）。

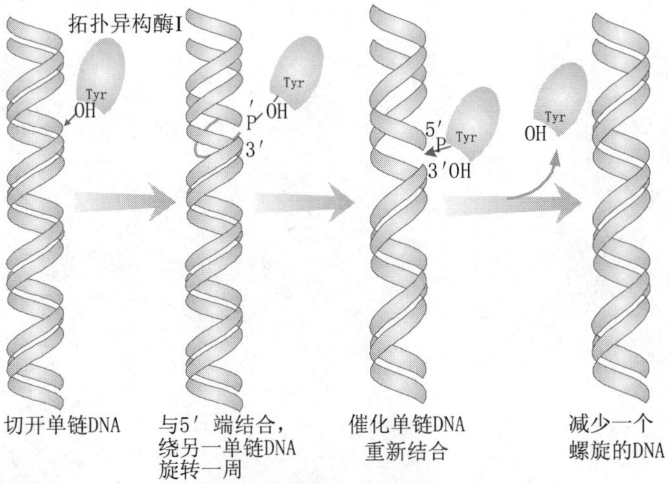

图 10 -9　拓扑异构酶Ⅰ

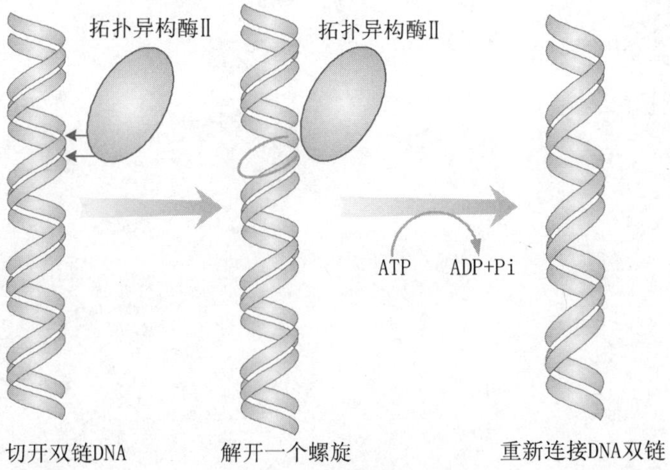

图 10 -10　拓扑异构酶Ⅱ

（七）DNA 聚合酶催化的反应是有方向性的

DNA 聚合酶只能催化 3′→ 5′磷酸二酯键的生成，既 5′ - P 与 3′ - OH 生成磷酸二酯键（图 10 - 11），因此 DNA 新链的生成只能沿 5′→3′方向进行。

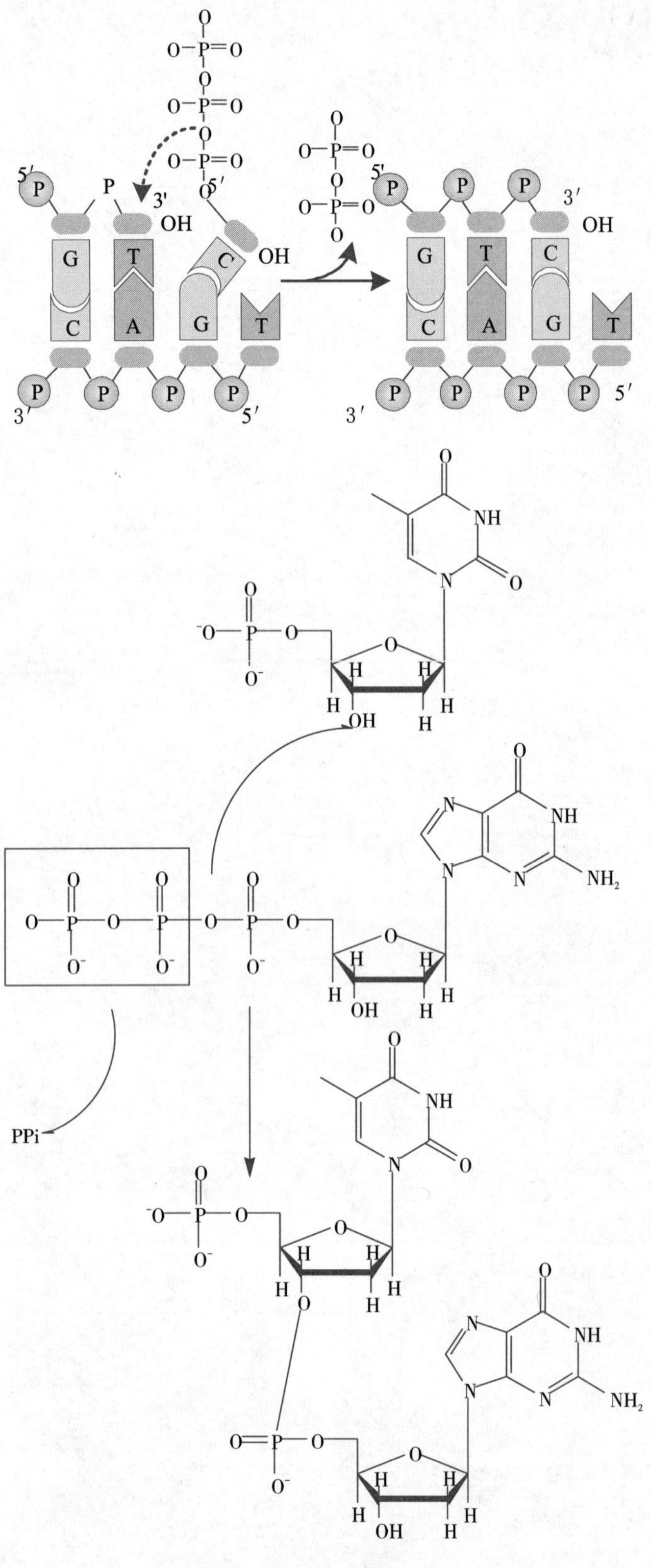

图 10－11　磷酸二酯键形成示意图

（八）DNA 聚合酶催化 DNA 的半不连续复制

新链生成的5′→3′方向性决定只有3′→5′链可以作为复制的模板。但 DNA 双链在解链时，一条链是沿 3′→5′方向解开的，可以边解链边复制，即连续复制，这条可以连续复制的链称为领头链；而另一条链是沿 5′→3′方向解链的，它指导的复制是不能连续进行的，这条不能连续复制的链称为随从链。这就是 DNA 复制的半不连续性。随从链的具体复制方式，是由在美国的日本科学家冈崎（Okazaki）通过实验证明的，由此就把随从链上不能连续复制的 DNA 片段称为冈崎片段（图 10－12）。

（九）DNA 聚合酶不能催化 DNA 的从头合成

DNA 聚合酶不能催化两个游离 dNTP 的聚合，而只能催化 dNTP 与已经存在的 3′－OH 的聚合，这个 3′－OH 通常是由一小段 RNA 提供的，称为引物，催化此反应的酶称为引物酶，在原核生物中即 DnaG 蛋白。RNA 引物最终要被切除而在相邻冈崎片段间留下空隙，DNA 聚合酶 I 可催化填补空隙，并由 DNA 连接酶连接缺口，生成完整的 DNA 链（图 10－13，14）。

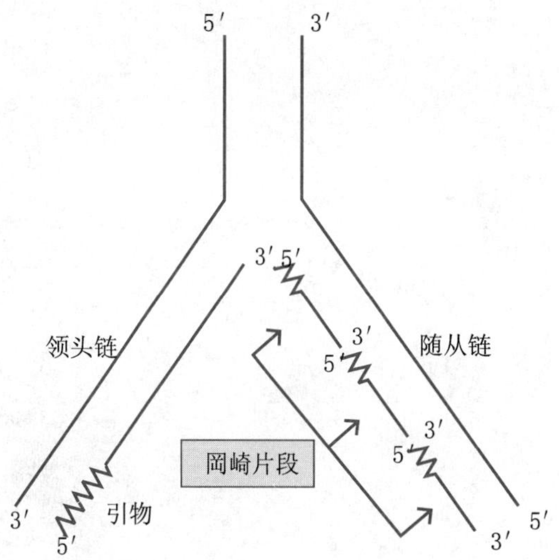

图 10－12　冈崎片段

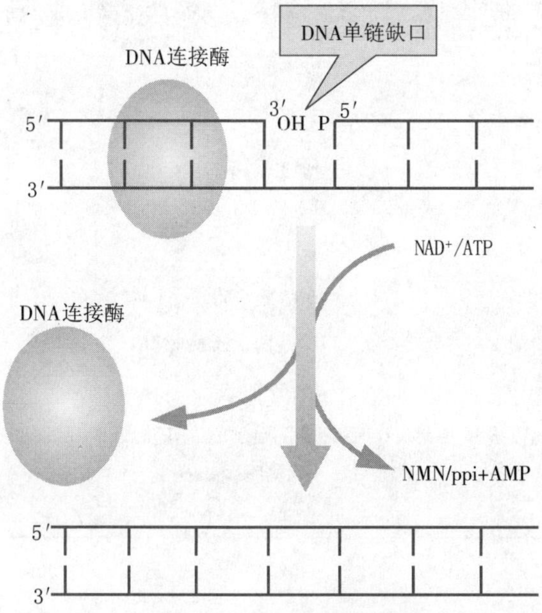

图 10－13　DNA 连接酶

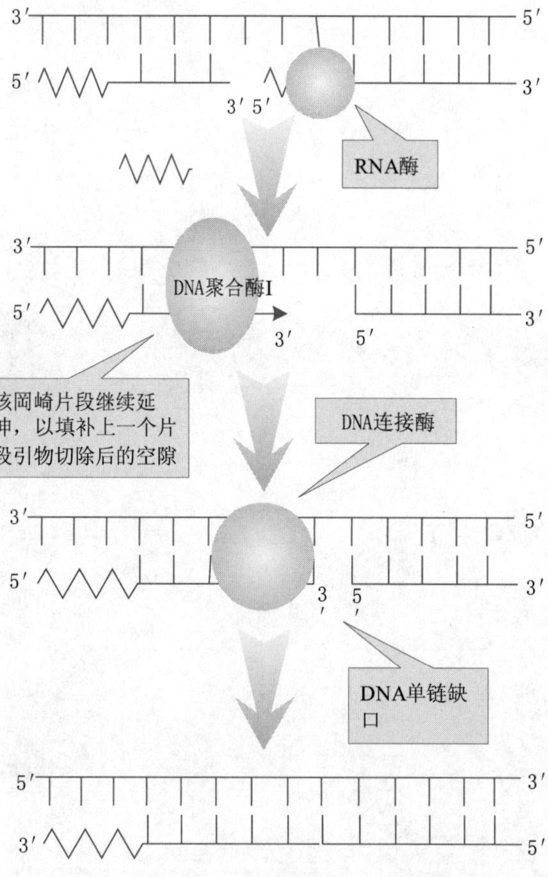

图 10－14　填补引物切除后的空隙

二、真核生物有5种DNA聚合酶

真核生物的DNA－pol现已发现5种，它们的功能及活性特点各不相同，详见表10－5。

表10－5　真核生物的DNA聚合酶

DNA pol	α	β	γ	δ	ε
分子量（kDa）	16.5	4.0	14.0	12.5	25.5
5′→3′聚合酶活性	中	低	高	高	高
5′→3′核酸外切酶活性	+	+	+	+	+
3′→5′核酸外切酶活性	−	−	+	+	+
功能	引物酶活性	应急修复	催化线粒体DNA复制	复制主要聚合酶，解螺旋酶活性	填补空隙，修复，即时校读

第三节　原核生物DNA复制的过程

原核生物的基因组呈环状，结构相对简单；而真核生物基因组呈线型，结构也要复杂得多，因此二者的复制过程，虽大致相似，但也有很多不同之处（表10－6）。

表10－6　原核生物和真核生物复制的区别

	原核生物	真核生物
复制起始点	一个	多个
聚合酶种类	3	5
解链	解螺旋酶	DNA聚合酶δ
引物组成	RNA	RNA，DNA
引物长度	长	短
引物生成	引物酶	DNA聚合酶α
切除引物的酶	DNA聚合酶Ⅰ	RNA酶，核酸外切酶
冈崎片段	长	短
复制方式	θ型复制，滚环复制，D环复制	多复制子双向复制，D环复制（线粒体）
端粒，端粒酶	无	有

一、大肠杆菌的复制从 oriC 起始

为了便于理解，通常把复制的过程分为起始，延长和终止。有关原核生物复制的知识，主要来自大肠杆菌（E. coli）的实验。现以大肠杆菌为例，具体介绍一下原核生物的具体复制过程。

（一）oriC 位于 82 分钟处

大肠杆菌的复制起始点称为 oriC，在基因图（图 10－15）82 分钟处，跨度 245bp，由 3 组串连重复序列和 2 对反向重复序列组成。串连重复序列在上游，称为识别区；反向重复序列为 A、T 富含区，位于下游（图 10－16）。

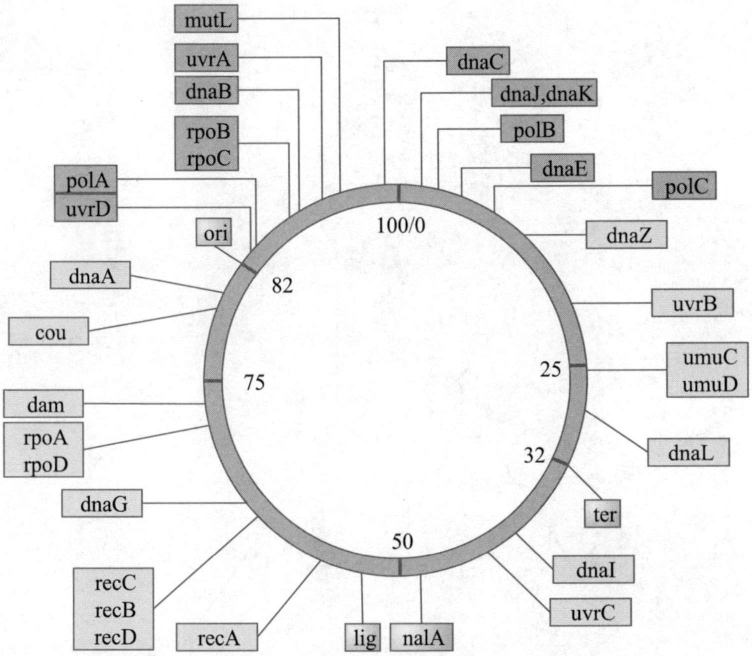

图 10－15 大肠杆菌基因图

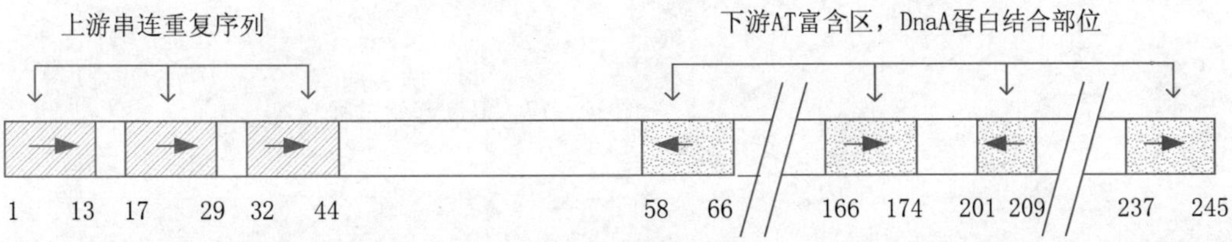

图 10－16 复制起始点

（二）多种蛋白因子参与了复制起始过程

复制起始时，首先由几个 DnaA 蛋白辨认、结合并聚集在 oriC 的 AT 富含区，形成类似核小体的结构（图 10－17）。然后 DnaC 蛋白协助 DnaB 蛋白（解螺旋酶）结合到 AT 区。DnaB 蛋白逐步替换出 DnaA 蛋白，进行解链。接着 SSB、拓扑异构酶和引物酶（DnaG 蛋白）也参与进来，形成引发体，并合成短链 RNA 引物。最后在 DNA 聚合酶Ⅲ的催化下，以 dNTP 为底物，与引物 RNA 的 3′－OH 生成磷酸二酯键。

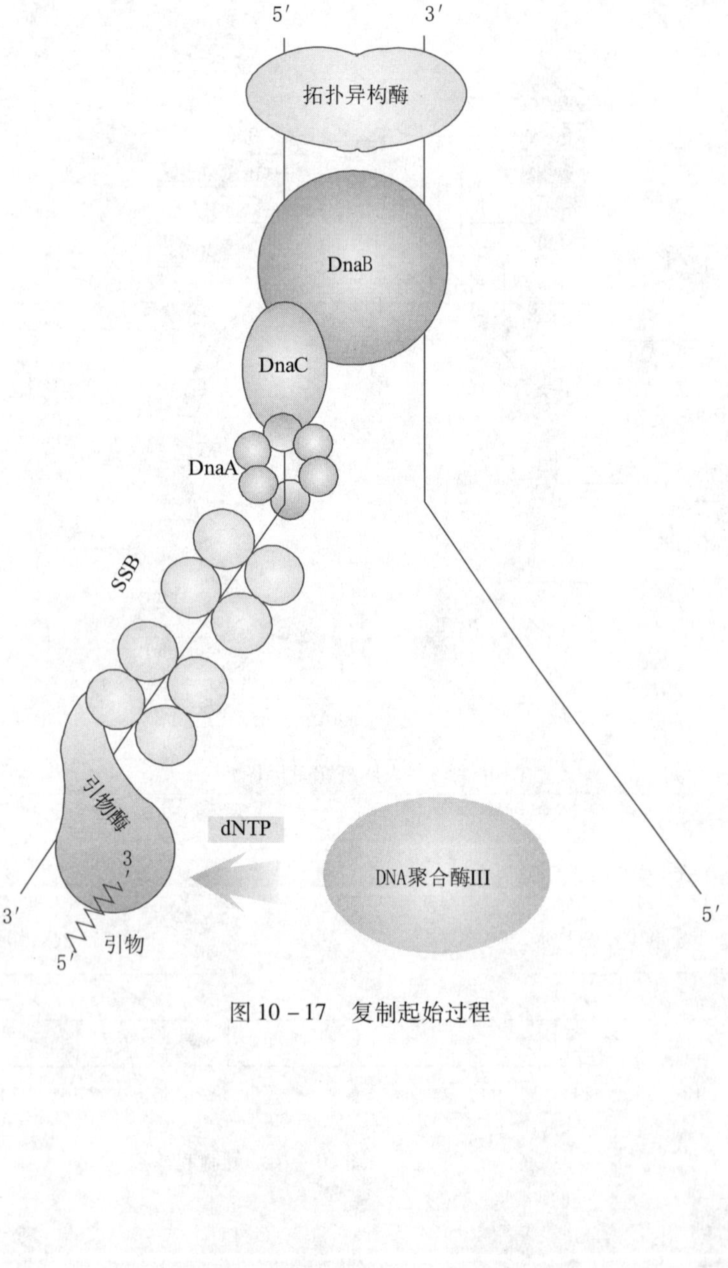

图 10－17　复制起始过程

二、复制的延长就是磷酸二酯键的连续生成

复制延长是在DNA聚合酶的催化下，以dNTP为底物，不断生成3′→5′磷酸二酯键的过程（图10－18）。

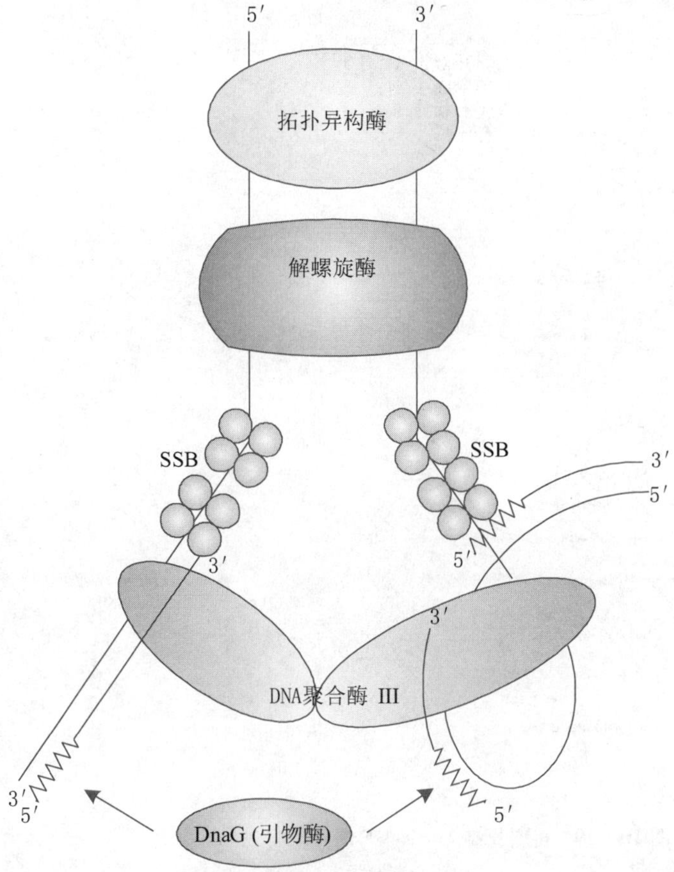

图10－18 复制延长过程

三、大肠杆菌在32位的ter终止复制

大肠杆菌在82位oriC起始后，分别以内环和外环为模板进行双向复制，总体复制形状类似θ，故称θ型复制（图10－19）。当到达32位ter（termination）时，两端汇合，复制完成。除大肠杆菌外，其他环形基因的原核生物还有另外两种复制模式：滚环复制（图10－20）和D环复制（图10－21）。

某些低等生物，如φX174单链DNA病毒的复制方式是滚环复制。这种病毒的感染型为环状单链DNA，而复制型为双链环状DNA，其详细的复制过程是：①具有核酸内切酶活性的A蛋白在复制起始点打开一个缺口；②以外环的3′－OH为引物，以内环为模板，一边滚动一边进行连续复制；③内环滚动的同时，外环5′端向外延伸，复制完成一周后，由核酸内切酶切断，连接酶连接断端，完成单链环状DNA的复制。

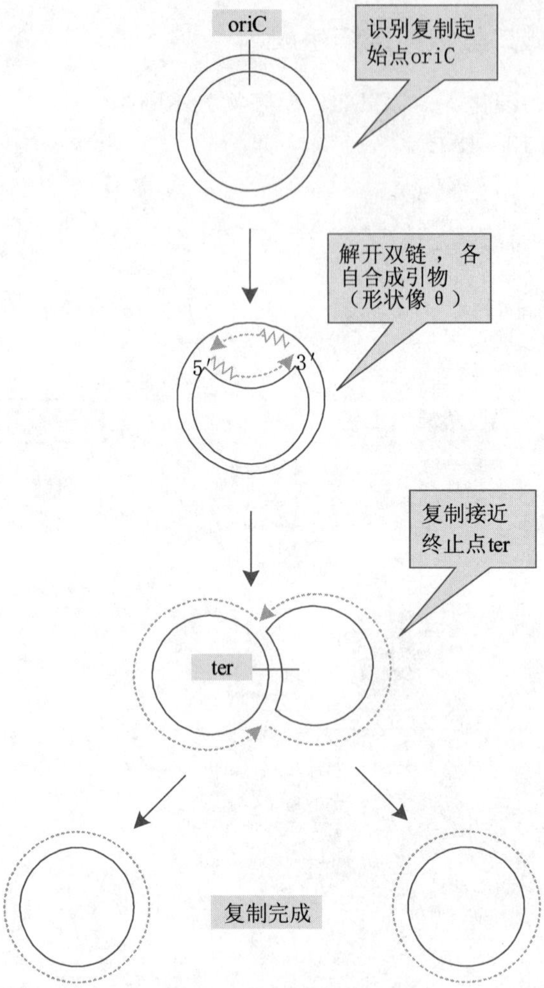

图 10－19　θ 型复制

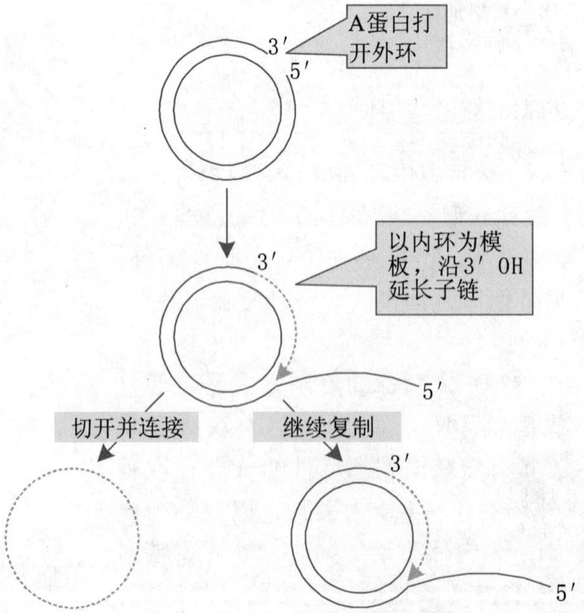

图 10－20　滚环复制

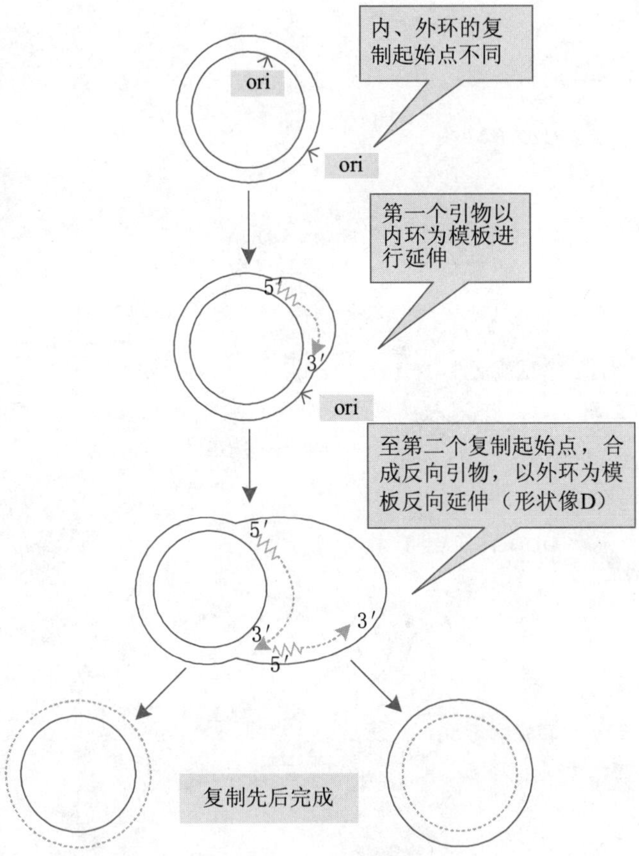

图 10－21　D 环复制

而线粒体 DNA 的复制是 D－环复制。线粒体 DNA 是双链 DNA，有两个复制起始点，复制过程是：①第一个引物从第一复制起始点起，以内环为模板进行延伸；②复制到第二复制起始点时，合成第二个引物，以外环为模板进行反向延伸，最后完成两个双链 DNA 的复制。因复制中呈字母 D 形状而得名。

四、某些病毒的遗传物质是 RNA

某些病毒，如 HIV，只含单链 RNA，它们的复制方式是反转录，称为反转录病毒（图 10－22）。这种特殊的复制方式是 1970 年，由 H. Temin 和 D. Baltimore 分别发现的。催化反应的酶是反转录酶，该酶同时具有 RNA 指导的 DNA 聚合酶、核酸酶和 DNA 指导的 DNA 聚合酶 3 种酶活性。具体过程是：①以单链 RNA 为模板，tRNA 为引物，以 RNA 指导的 DNA 聚合酶活性催化单链 DNA 的合成；②核酸酶活性催化单链 RNA 的水解；③以单链 DNA 为模板，以 DNA 指导的 DNA 聚合酶活性催化合成互补的 DNA，完成双链 DNA 的合成。

反转录现象的发现，是对分子生物学中心法则的重要补充。而反转录酶，已经成为了基因重组中一种重要的工具酶，常用于以 mRNA 为模板反转录生成 cDNA。在基因重组中，反转录过程是由反转录酶、碱、DNA 聚合酶及 SI 核酸酶共同催化完成的（图 10－23）。

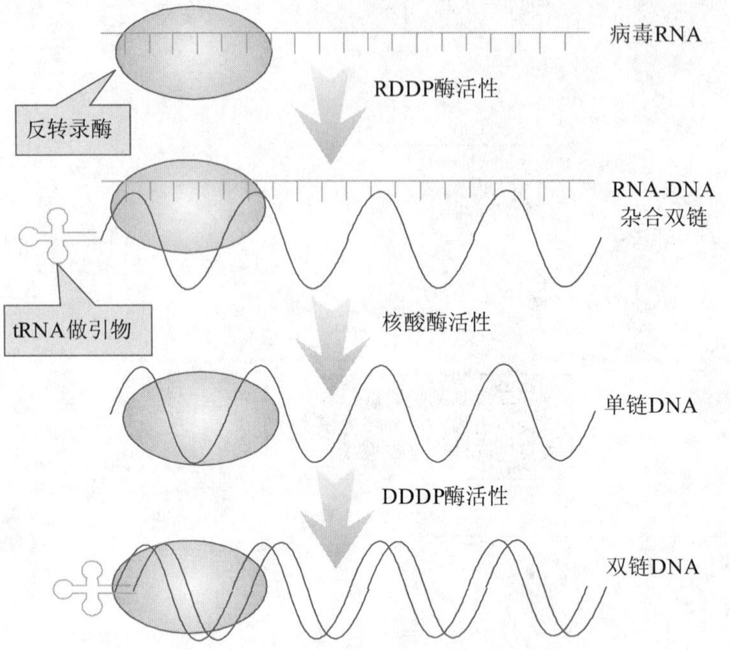

图 10－22　反转录病毒

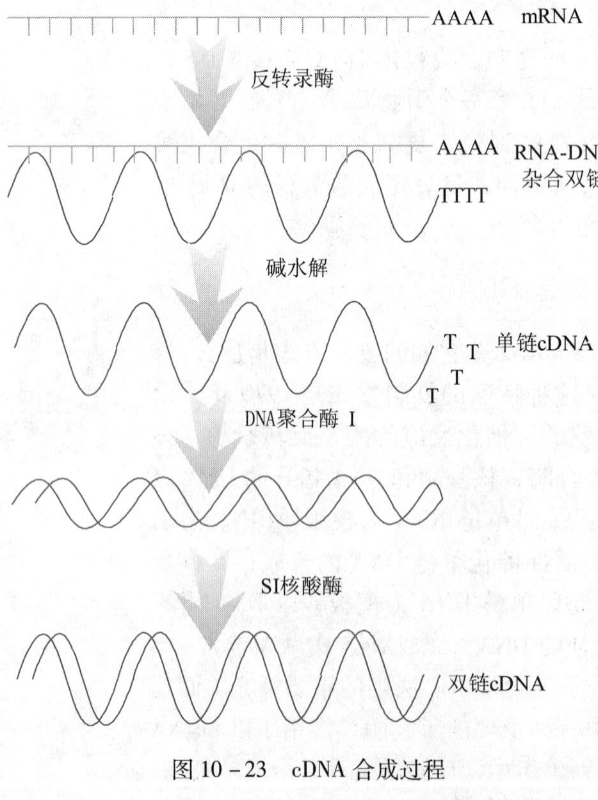

图 10－23　cDNA 合成过程

第四节　真核生物 DNA 复制的过程

一、真核生物的 DNA 生物合成是在 S 期进行的多复制子的复制

细胞分裂的时相变化称为细胞周期（图 10－24），包括 M 期、G1 期、S 期和 G2 期，真核生物的 DNA 生物合成是在 S 期进行的。

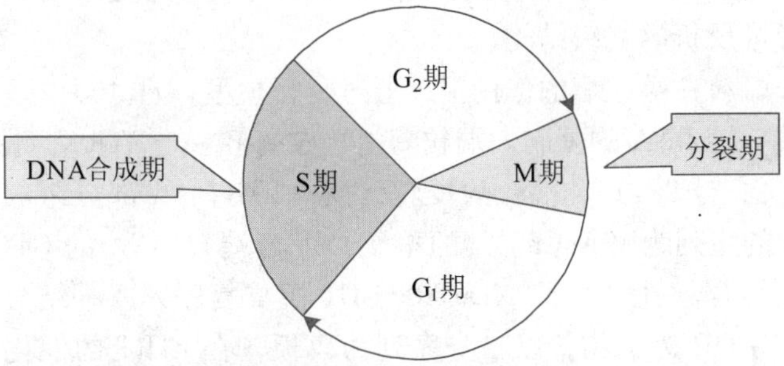

图 10－24　细胞周期

真核生物基因组庞大而复杂，它的复制是有多个起始点的。两个相邻起始点之间构成一个独立的复制功能单位，称为复制子。因此真核生物是多复制子的复制。每个复制子的复制从起始点开始，分别沿 3′→ 5′和 5′→ 3′方向双向进行，称为双向复制（图 10－25）。这种多复制子的双向复制能大大提高真核生物的复制速率。

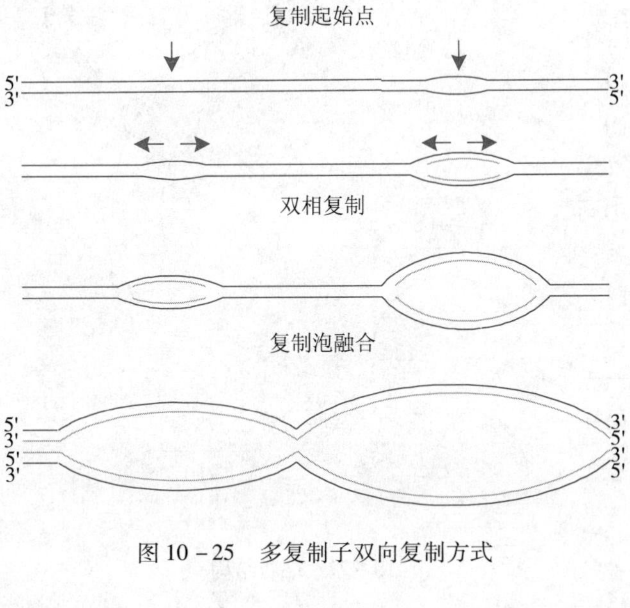

图 10－25　多复制子双向复制方式

二、端粒保持了真核生物遗传信息的完整性

真核生物线性 DNA 子链的 5′端引物被切除后，会留下一小段空隙（图 10－26）。如不修补，会使线性 DNA 通过复制而越来越短，从而造成遗传信息的丢失。

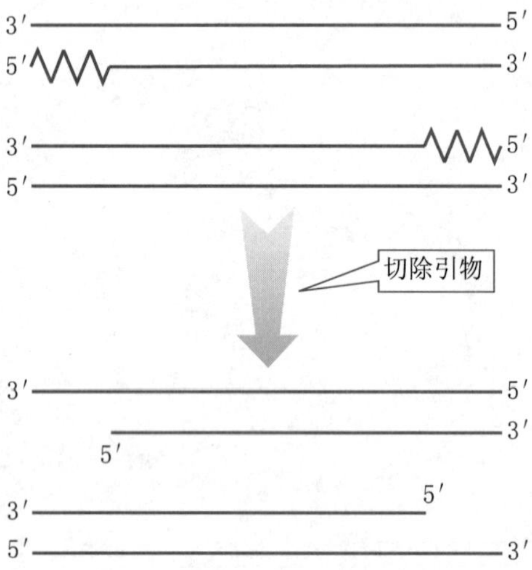

图 10－26 末端终止问题

现已证明，大部分真核生物是通过末端的端粒结构而防止遗传信息的丢失的。端粒是真核生物染色体线性 DNA 分子末端的膨大结构，由 DNA 和结合蛋白组成（图 10－27）。端粒 DNA 的两条链，一条为（AC）短序列的多次重复，另一条为（GT）短序列的多次重复，如人类的为（TnGn）x 的重复序列，并往往能形成反折的二级结构。

端粒在端粒酶的作用下，通过爬行模型（图 10－28），完成末端双链 DNA 的复制。端粒酶由端粒酶 RNA（hTR）、端粒酶协同蛋白（hTP1）和端粒酶反转录酶（hTRT）3 部分组成。其中 hTR 的序列为（AnCn）x 的重复，可与端粒 DNA 的 GT 重复链辨认结合。过程如下：①hTR 与 GT 短重复序列互补结合，并以其 3′－OH 为引物，以自身序列为模板，在 hTRT 的催化下延伸 GT 链；②延伸一段后，端粒酶向下游移动（爬行），继续延伸；③延伸至足够长度后，端粒酶脱离，GT 链反折形成自身 GC 非典型配对；④以其 3′－OH 为引物，以 GT 链为模板，在 DNA－pol Ⅰ的催化下合成 AC 链，最终完成末端双链 DNA 的复制。

端粒酶并不是决定端粒长度的唯一因素，因此有关端粒和端粒酶的作用（图 10－29）还有待进一步研究。但据目前研究表明，至

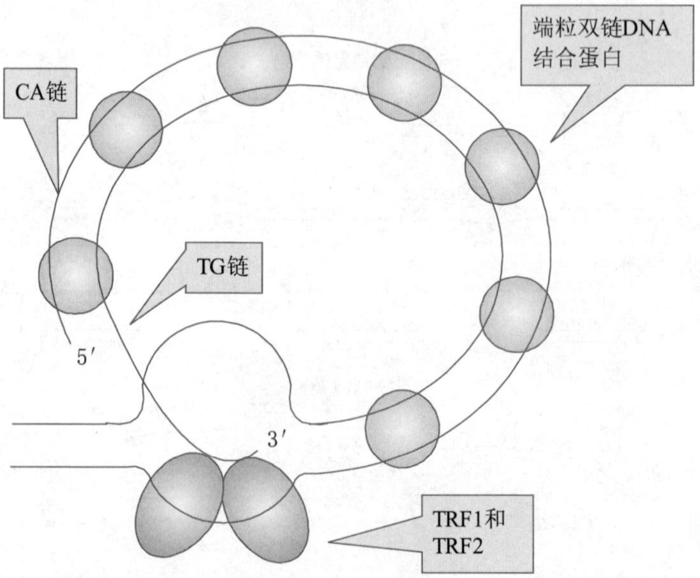

图 10－27 端粒结构

少端粒酶活性的下降和端粒的缩短与细胞的老化有关。而在肿瘤研究上，某些肿瘤细胞的端粒比正常细胞短，而有些肿瘤有表现为端粒酶活性的增高，表现出一定的不确定性。因此在肿瘤学发病机制及治疗等领域，有关端粒和端粒酶的研究还有待深入的研究。

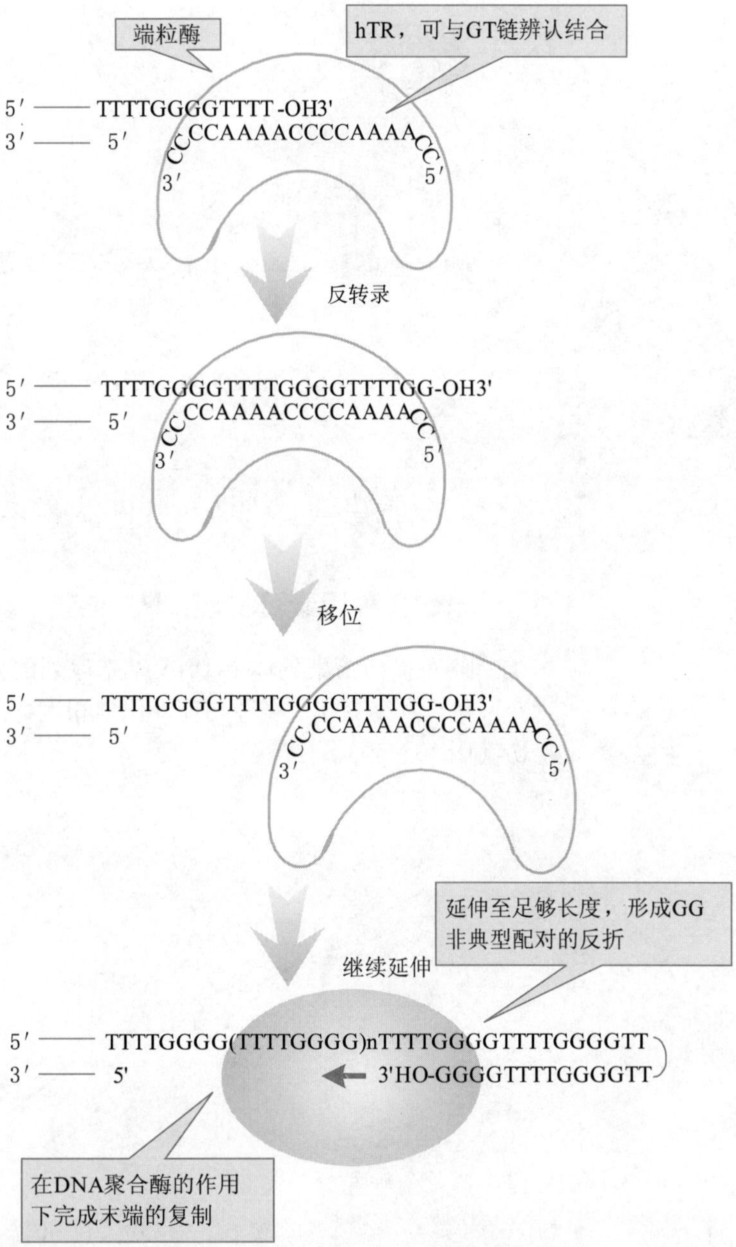

图 10－28 爬行模型

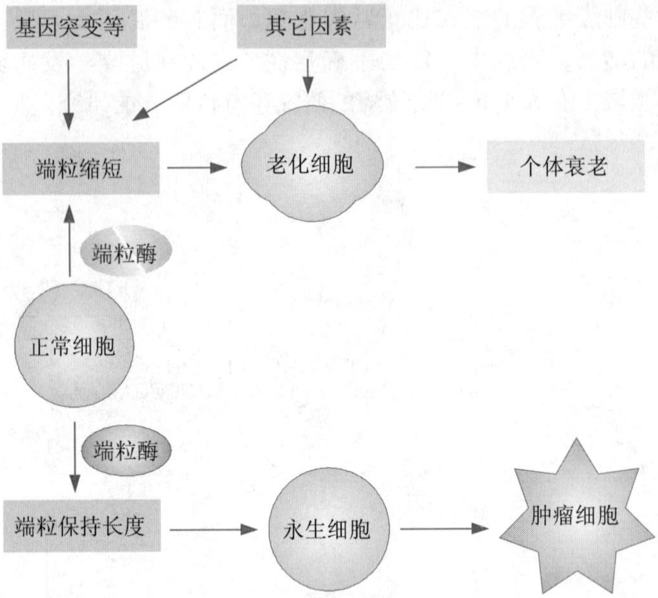

图 10－29　端粒酶作用

第五节　DNA 损伤（突变）与修复

一、多种因素可引起 DNA 突变

DNA 损伤指染色体上 DNA 碱基序列的异常变化，也称 DNA 突变。除自发突变外，多种物理，化学和生物因素都能引起 DNA 的损伤（图 10－30）。

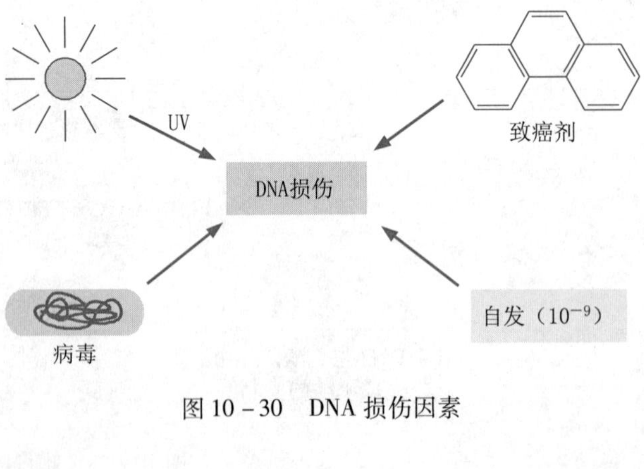

图 10－30　DNA 损伤因素

物理因素包括紫外线（UV）和各种辐射。以 UV 最普遍，可引起 DNA 链上形成嘧啶二聚体，其中又以 TT 二聚体最常见（图 10－31）。

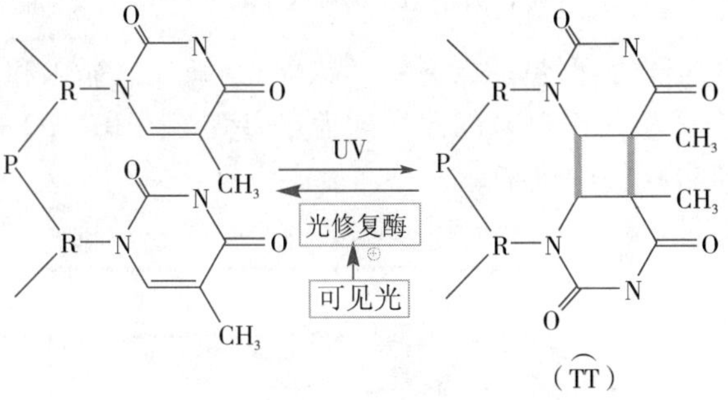

图 10－31 嘧啶二聚体及光修复

化学至突变剂又称化学诱变剂，大多数是致癌物（表 10－7）。从化工原料、化工产品和副产品、农药到食品添加剂现已发现 6 万多种，而且数目还在逐年增加。

表 10－7 常见化学致癌剂

类 别	举 例
多环芳烃类化合物	3－甲基胆蒽，苯并芘，二苯并蒽等
芳香胺类	氨基芴，苯胺，氨基联苯胺等
氨基偶氮类	广泛存在于染料中
烷化剂	氮芥，乙撑亚胺类，环氧化物等，常作为杀虫剂和灭霉剂
亚硝胺类化合物	亚硝酸盐化合物等
微生物的代谢物	黄曲霉毒素等
金属	砷，镉等

生物因素最常见的是一些致癌病毒（表 10－8）。现已发现多种病毒和人类的肿瘤直接或间接相关。

表 10－8 常见致癌病毒

	分 类	举 例
DNA 病毒	乳头多瘤空泡病毒	多瘤病毒、SV40 病毒、人乳头状瘤病毒（如 HPV－16）
	腺病毒	腺病毒 12、18、31
	疱疹病毒	EB（Epstein－Barr）病毒
	肝 DNA 病毒	乙型肝炎病毒
RNA 病毒	C 型反转录病毒	鼠肉瘤和白血病病毒、禽肉瘤和白血病病毒、人 T 细胞白血病病毒 Ⅰ，Ⅱ
	B 型反转录病毒	鼠乳腺肿瘤病毒

二、不同的 DNA 损伤造成不同的后果

DNA 的损伤类型包括点突变（错配）、缺失、插入和重排等。

DNA 分子上单个碱基的改变称为点突变。图 10－32 是一个典型的点突变所致疾病的例子。

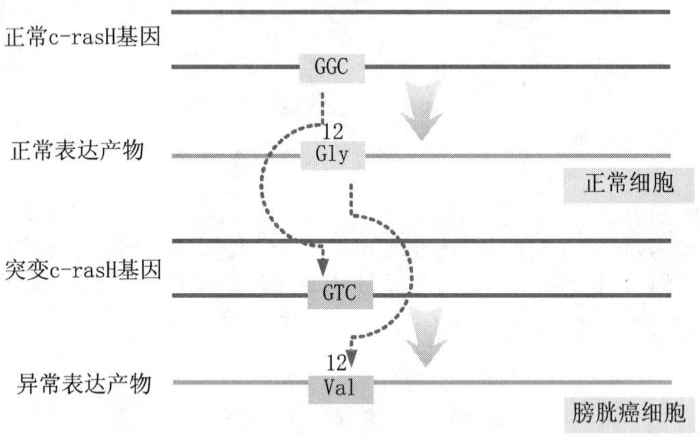

图 10－32　点突变例子

如果缺失和插入的核苷酸数目非 3 的整数倍，会造成遗传密码阅读方式的改变，可使表达产生的蛋白质完成不同，称为移码突变（框移突变，图 10－33）。移码突变组成的突变结果比点突变严重得多。

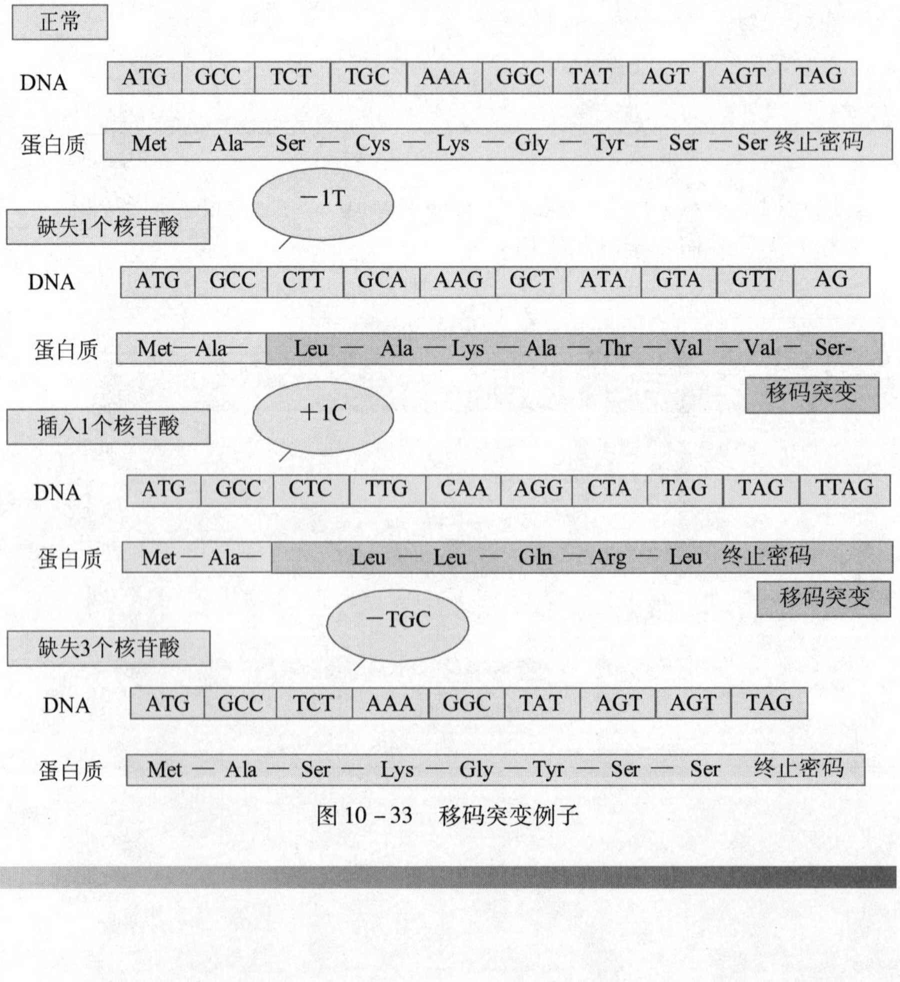

图 10－33　移码突变例子

DNA 分子内较大片段的交换，称为重组或重排突变（图 10－34）。血红蛋白 β 链和 δ 链的不同重组突变可造成多种类型的地中海贫血。

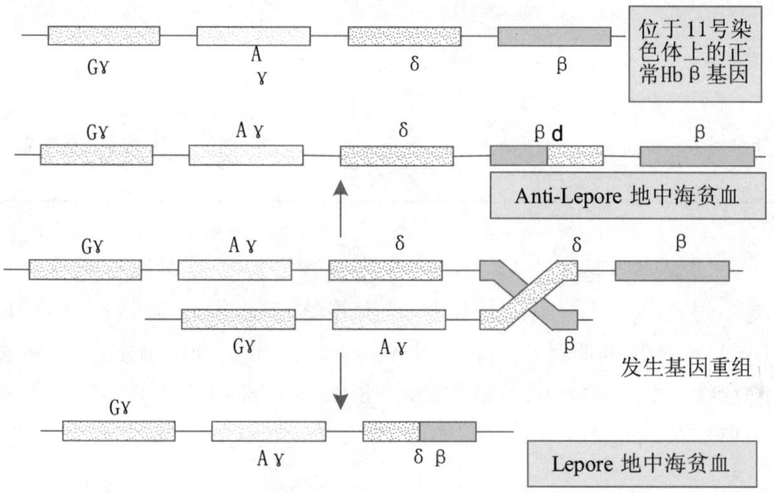

图 10－34　重组突变例子

虽然突变往往可引起疾病、死亡等后果，但就突变在生物界普遍的后果而言，是有积极意义的（表 10－9）。

表 10－9　突变的两面性

有利结果	有害结果
生物进化的基础	出现新的病原体
基因型改变，而表现型不变	个体死亡
消灭有害的病原体及可致病基因	某些遗传性疾病

三、多种修复方式可以修复 DNA 的损伤

虽然光修复普遍存在与各种生物体内，但细胞内最有效、最重要的修复方式是切除修复（图 10－35）。如果损伤太大，还可以进行重组修复（图 10－36）或 SOS 修复（表 10－10）。

光修复（图 10－32）过程是通过光修复酶，在 300～600nm 波长照射激活后，催化完成的。该修复方式广泛存在与包括人在内的各种生物体内，可使嘧啶二聚体恢复正常。

表 10－10 修复方式

修复方式	需要的酶及蛋白因子	修复结果	重要性
光修复	光修复酶	完全修复嘧啶二聚体	普遍存在
切除修复	UvrA，UvrB，UvrC，DNA polⅠ，DNA 连接酶等	完全修复	最重要的修复方式
重组修复	RecA，RecB，RecC，RecD 等	不完全修复	
SOS 修复	Uvr 蛋白，Rec 蛋白，LexA 蛋白等	不完全修复，常导致广泛、长期突变	只在紧急状态下发生

切除修复是体内最重要和有效的修复方式。在原核生物中，其具体过程是：①UvrA、UvrB 辨认并结合到损伤部位；②UvrC 在 UvrA、UvrB 的协助下与损伤 DNA 结合，并置换掉 UvrA，发挥核酸酶活性，切除损伤的单链 DNA；③由 DNApol Ⅰ 催化填补 DNA 单链缺口，最后由 DNA 连接酶连接 DNA 单链的断端，完成修复过程。

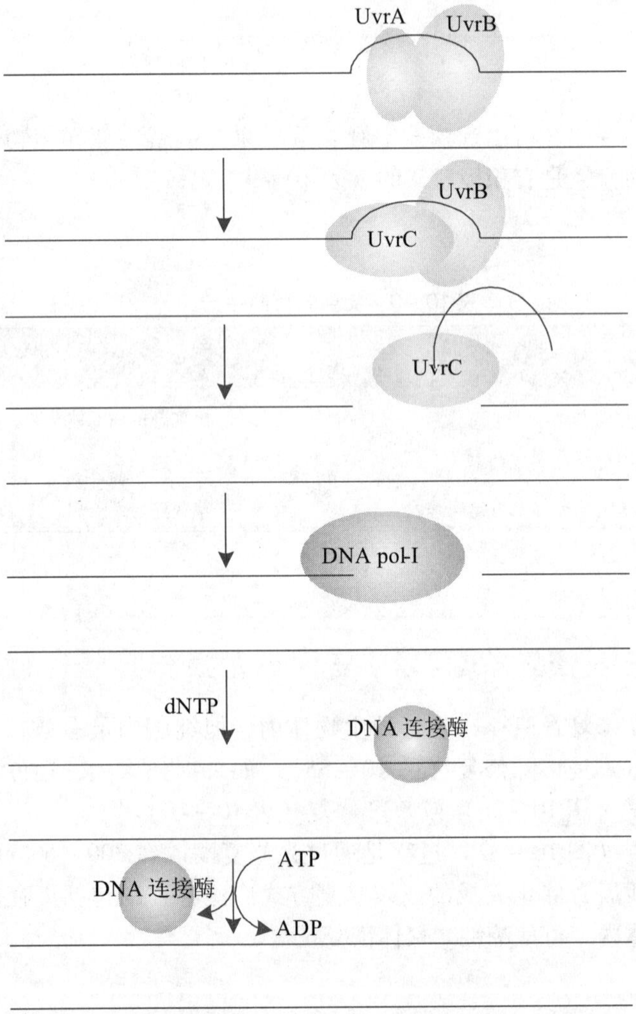

图 10－35 切除修复过程

重组修复是在损伤较大的情况下进行的一种非完全的修复方式。该修复方式由重组蛋白 RecA、B、C、D 等协同作用，共同催化完成，过程如下：①在损伤 DNA 进行复制时，重组蛋白识别损伤部位；②将健康 DNA 链的相应部位切下，填补到损伤 DNA 对应的子链 DNA 上；③健康 DNA 链上出现的缺口将以其对应的完好 DNA 链为模板，填补、修复。这种修复方式，不能修复损伤 DNA 本身，只能保证损伤 DNA 复制产物的完整性，因此是一种非完全修复（图 10－36）。只能在不断的复制中，损伤 DNA 链的比重越来越低，最终被“稀释”掉。

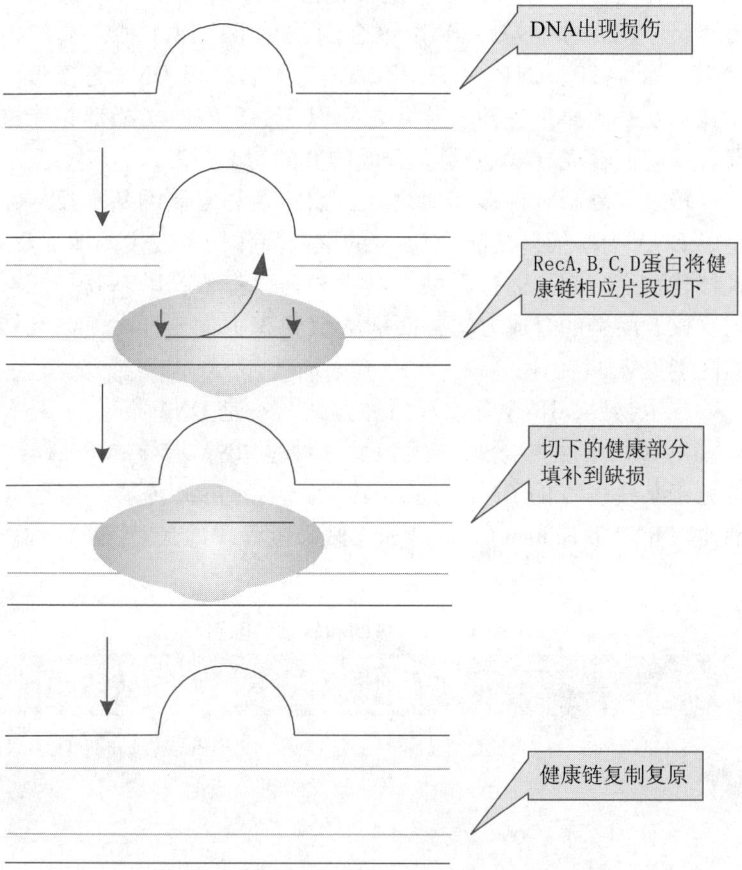

图 10－36 重组修复过程

SOS 修复是 DNA 损伤广泛到难以继续复制时而诱发的一系列复杂反应，因此用国际海难信号 SOS 命名。一般情况下 SOS 系统不表达，只有在紧急状态下才被激活。该系统的表达产物包括一系列与复制、切除、修复有关的酶和蛋白因子，一旦被激活，复制能继续，细胞可存活。但该系统的反应特异性差，碱基的识别、选择能力低，无校读活性，因此 DNA 保留的错误较多，可造成较广泛而长期的突变，因此又称为错误倾向性修复。该系统的激活可能与某些肿瘤和疾病的发生有关，是现在研究的一个热点。

（李雪松）

第十一章 RNA的生物合成（转录）

内容提要

生物体将DNA模板上的遗传信息传递到RNA分子的过程称为转录。反应过程是在RNA聚合酶催化下，以4种三磷酸核苷（NTP）即ATP、GTP、CTP及UTP为原料，以DNA为模板，遵循碱基互补规律，各种核苷酸之间以3′、5′磷酸二酯键相连进行聚合反应而合成RNA分子。合成的方向为5′→3′。

转录和复制有许多相似之处，如转录和复制的基本反应，都是以DNA为模板，在依赖DNA的聚合酶作用下发生的酶促反应，且核苷酸之间都是通过磷酸二酯键相连，都依据碱基互补配对原则，核苷酸链的合成方向，都是从5′到3′方向延伸。复制和转录的区别见表11－1。

在生物界，RNA合成有两种方式：一是DNA指导的RNA合成，是RNA的主要合成方式。另一种是RNA指导的RNA合成，常见于某些病毒的RNA合成。转录产生的初级转录产物是RNA前体（RNA precursor），需经加工修饰过程才具有生物学活性。

表11－1　复制和转录的区别

	复　制	转　录
模板	两股链均复制	模板链转录（不对称转录）
原料	dNTP	NTP
酶	DNA聚合酶	RNA聚合酶
产物	子代双链DNA（半保留复制）	mRNA，tRNA，rRNA
配对	A－T，C－G	A－U，T－A，G－C
引物	有	无

第一节　转录的模板和酶

在DNA双链分子中，只有其中的一条链作为转录模板（template）指导RNA的生物合成。催化RNA生物合成的酶是遵循碱基配对规律依赖DNA的RNA聚合酶（DNA dependent RNA polymerase，RNA－pol）。

一、转录为不对称转录

能转录出 RNA 的 DNA 区段称为结构基因（structure gene）。在 DNA 分子双链上，其中一股链用作模板指导转录，称为模板链（template strand）；另一股链不转录，称为编码链（coding strand）；而且其模板链并非总在同一条链上，转录过程的这种选择性称为不对称转录（asymmetric transcription）（图 11－1）。

DNA 分子的双链中只有一条链可以发生转录。转录产物链与复制过程的子链方向一样，都是由 5′→3′的方向延伸。在同一单链的模板，其转录方向相同，不在同一单链上的模板，其转录方向相反。模板链既与编码链互补，又与转录产物互补，可见 mRNA 的碱基序列除用 U 代替 T 外，与编码链是一致的。

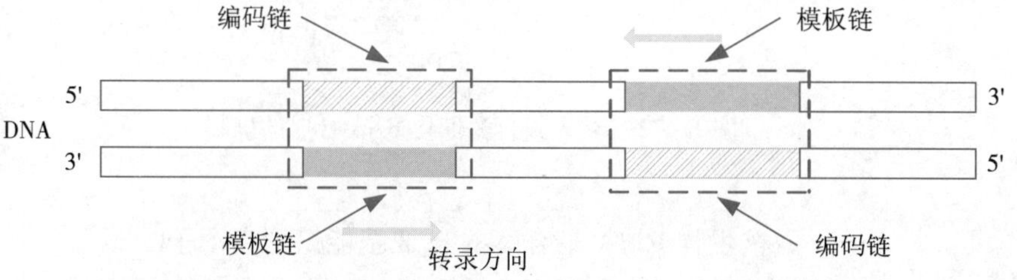

图 11－1 不对称转录

5' CGCTATAGCGTTT 3'	DNA编码链
3' GCGATATCGCAAA 5'	DNA模板链
5' CGCUAUAGCGUUU 3'	RNA转录物

二、RNA 合成由 RNA 聚合酶催化

催化转录过程的酶是依赖 DNA 的 RNA 聚合酶（DNA dependent RNA polymerase ，简称 RNA 聚合酶 RNA－pol）。RNA 聚合酶催化合成 RNA 是以 4 种核糖核苷三磷酸（ATP、GTP、UTP 和 CTP）为原料，以 DNA 为模板，其催化过程需要 Mg^{2+}、Zn^{2+} 的参与。RNA 合成的化学机制与 DNA 依赖的 DNA 聚合酶催化的反应相似，RNA 聚合酶在 RNA 的3′－羟基上加入核苷酸延长 RNA 链，延 5′→3′方向合成 RNA（图 11－2）。

原核生物的 RNA 聚合酶是一种多聚体蛋白质，可催化 mRNA、tRNA 和 rRNA 的合成；而真核生物有 3 种不同的 RNA 聚合酶，分别催化 3 种不同种类 RNA 的转录合成。

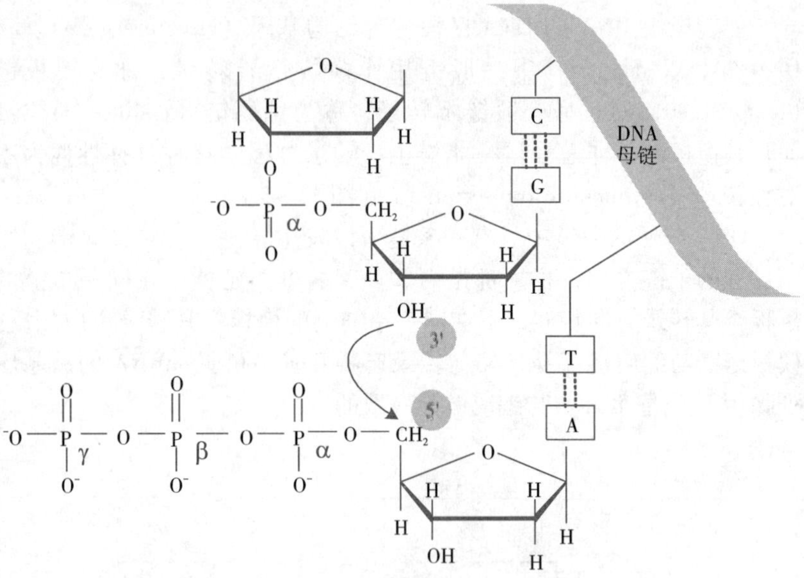

图 11－2　RNA 聚合酶催化 RNA 合成的机制

（一）原核生物 RNA 聚合酶的 σ 亚基能识别启动子

大肠杆菌 RNA 聚合酶有 4 个核心亚基：两个相同的 α 亚基、一个 β 亚基和一个 β′亚基。$\alpha_2\beta\beta'$构成核心酶（core enzyme），加上 σ 因子后成为全酶 $\alpha_2\beta\beta'\sigma$（holoenzyme），分子质量约 500kD。最新研究发现大肠杆菌还存在第 5 个亚基（ω 亚基），其功能尚不清楚（图 11－3）。活细胞的转录起始需要全酶，转录延长阶段则仅需核心酶。因此，σ 亚基的功能是识别 DNA 模板上转录的启动子，并启动转录；β 亚基有促进聚合反应中磷酸二酯键生成的作用；β′亚基是酶与模板结合的主要部分；α 亚基可与调控蛋白和 DNA 序列相互结合，调节基因转录（表 11－2）。

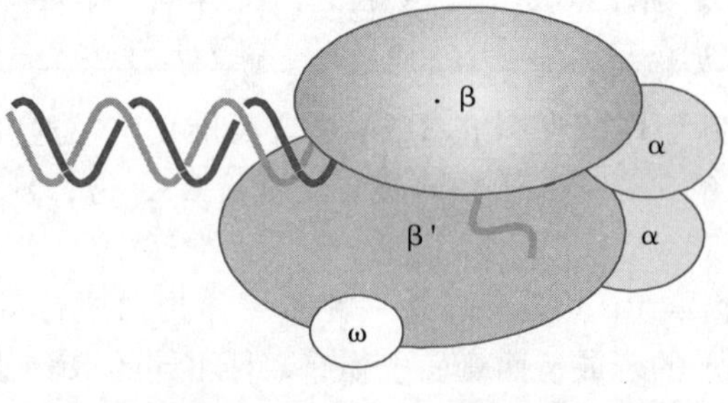

图 11－3　大肠杆菌（*E. coli*）延长期 RNA 聚合酶

表 11－2　大肠杆菌 RNA 聚合酶组分

亚　基	分子量	每分子酶中所含数目	功　能
α	36512	2	调节基因转录的速率
β	150618	1	催化合成 RNA
β′	155613	1	结合 DNA 模板
σ	70263	1	识别启动子
ω	9000	1	未知

RNA 聚合酶在转录中发挥重要作用，参与转录的全过程，其具体功能如下：

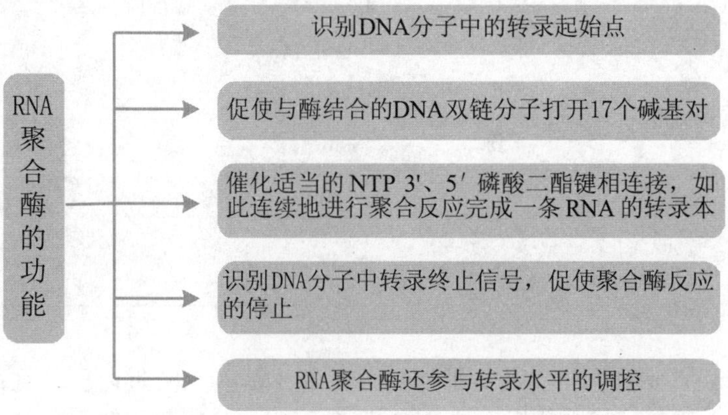

原核生物的 RNA 聚合酶可以被利福平（rifampicin）或利福霉素（rifamycin）特异性抑制，它可专一性地结合 RNA 聚合酶的 β 亚基，而影响酶的作用。这两种抗菌素是抗结核菌的治疗药物，其作用是其抑制了细菌的 RNA 聚合酶的活性，人的 RNA 聚合酶对利福平不敏感。利用此特点抑制细菌增殖。

（二）真核生物 RNA 聚合酶主要包括 3 种

真核生物的 RNA 聚合酶较为复杂，主要有 3 种，分别为 RNA 聚合酶Ⅰ、Ⅱ、Ⅲ，以后又发现有线粒体型（mitochondrion，Mt 型），每种酶又有几种不同亚型的同工酶。真核生物的 3 种 RNA 聚合酶不仅在功能和理化性质上不同，对 α－鹅膏蕈碱（α－amanitine）的敏感性也不同（表 11－3）。

RNA 聚合酶Ⅰ位于细胞核的核仁（nucleolus），催化合成 rRNA 的前体，经加工生成 28S、5.8S 和 18S rRNA；RNA 聚合酶Ⅱ催化合成 mRNA 的前体，也合成与 RNA 剪接相关的核小 RNA（small nuclear RNA，snRNA）；RNA 聚合酶Ⅲ位于核仁外，催化转录编码 tRNA、5S rRNA 和小 RNA 分子的基因（表 11－4）。

表 11－3 真核生物 RNA 聚合酶

	Ⅰ	Ⅱ	Ⅲ	Mt
分子量	5.5×10^5	6.0×10^5	6.0×10^5	$6.4\sim6.8\times10^4$
定位	核仁	核质	核质	线粒体
拷贝数/细胞	4×10^4	4×10^4	2×10^4	
酶活性/细胞	50%～70%	20%～40%	10%	

表 11－4 真核生物 RNA 聚合酶的转录产物

RNA－pol	初级转录产物	成熟 RNA	对 α－鹅膏蕈碱的反应
RNA－pol Ⅰ	45S rRNA	28S rRNA	不敏感
		18S rRNA	
		5.8S rRNA	
RNA－pol Ⅱ	hnRNA snRNA 前体	mRNA	十分敏感
		snRNA	
RNA－pol Ⅲ	前体	5S rRNA	比较敏感
		tRNA	
		snRNA	

RNA 聚合酶Ⅰ、Ⅱ、Ⅲ都是由多个亚基组成的蛋白质，且都具有核心亚基，与大肠杆菌的 RNA 聚合酶有一些序列同源性。其中两个分子量＞100kDa 的大亚基，在功能上与原核生物的 β′和 β 亚基相似，还有其他两个亚基，与大肠杆菌的 RNA 聚合酶 α 亚基具有一定的同源性。

在 RNA 聚合酶Ⅱ的最大亚基的羧基末端存在有一段共同序列（consensus sequence），Tyr－Ser－Prp－Thr－Ser－Pro－Ser 的重复序列片段，为羧基末端结构域（carboxyl－terminal domain，CTD）。而 RNA 聚合酶Ⅰ和 RNA 聚合酶Ⅲ则不存在 CTD 结构域。真核生物的 RNA 聚合酶Ⅱ都有 CTD，但其 7 个氨基酸共有序列的重复程度不同（图 11－4）。

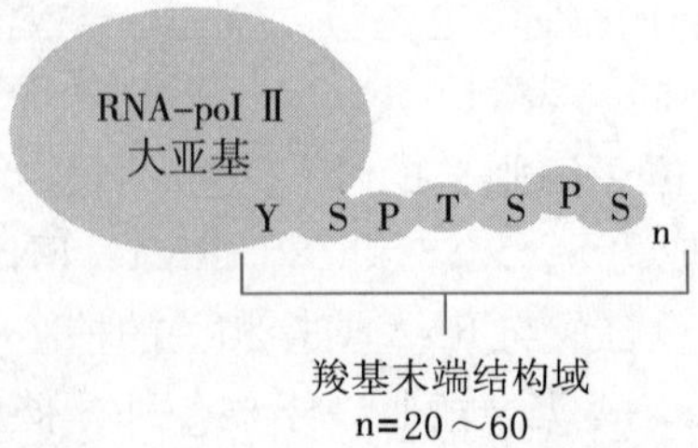

图 11－4 RNA 聚合酶Ⅱ羧基末端

（三）RNA 聚合酶能直接启动 RNA 链的合成

转录是以 RNA 聚合酶在 DNA 分子上识别并结合某基因的启动子而开始的，转录过程分区段进行，且是不连续的，每一个转录区段为一个转录单位，称为操纵子（operon）。操纵子包括若干个结构基因及其上游的调控序列。调控序列中的启动子（promoter）是 RNA 聚合酶结合模板 DNA 的部位，也是控制转录的关键部位，当 RNA 聚合酶全酶结合到 DNA 的启动子后而启动转录。

在 DNA 模板上，以开始进行转录的位点为 +1，从起始位点开始顺转录方向的区域称为下游；从起始位点反转录方向的区域称为上游。转录开始时，RNA 聚合酶与 DNA 模板特定结合的部位称为启动子或起始部位（promoter 或 promoter site）。大肠杆菌 RNA 聚合酶与 DNA 结合的范围是从转录起始点上游约 70bp 至转录起始点的下游约 30bp 处，即某基因的启动子区域位于 -70 至 +30。识别部位位于 -35bp 处，称为 -35 区，其共有序列为 5′-TTGACA-3′。结合部位位于上游的 -10bp 处，将此部位称为 -10 区，共有序列为 5′-TATAAT-3′，又称为 Pribnow 盒。RNA 聚合酶与启动子的结合能力及启动转录的效率在很大程度上取决于这些共有序列（图 11-5）。

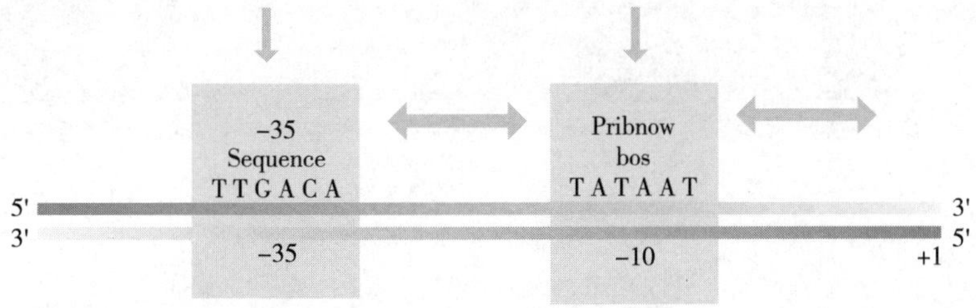

图 11-5　原核生物的启动子区

真核 RNA 聚合酶Ⅱ识别的启动子与原核生物的启动子相似，也具有两个高度保守的共有序列。其一是在 -25 附近的一段 AT 富集序列，其共有序列是 TATAA，称为 Hogness 盒或 TATA 盒，通常为启动子的核心序列。TATA 盒与原核的 Pribnow 盒相似，是转录因子与 DNA 分子结合的部位。其二是 -70 附近共有序列 CAAT 区，称为 CAAT 盒。除以上两个区域外，有些启动子上游中含有 GC 盒，此 GC 盒与 CAAT 盒多位于 -40 ~ 110 之间，它们可影响转录起始的频率。另外，有少量基因缺乏 TATA 盒，而由起始序列（Inr）与 RNA 聚合酶Ⅱ直接作用启动转录的开始。

第二节　转录过程

原核生物和真核生物转录过程都分为起始、延长和终止 3 阶段，但所需的 RNA 聚合酶种类不同，结合模板的特性也不一样，在转录起始和转录终止阶段有较大区别。

一、原核生物转录全过程均需 RNA 聚合酶催化

原核转录起始和延长见图 11－6。

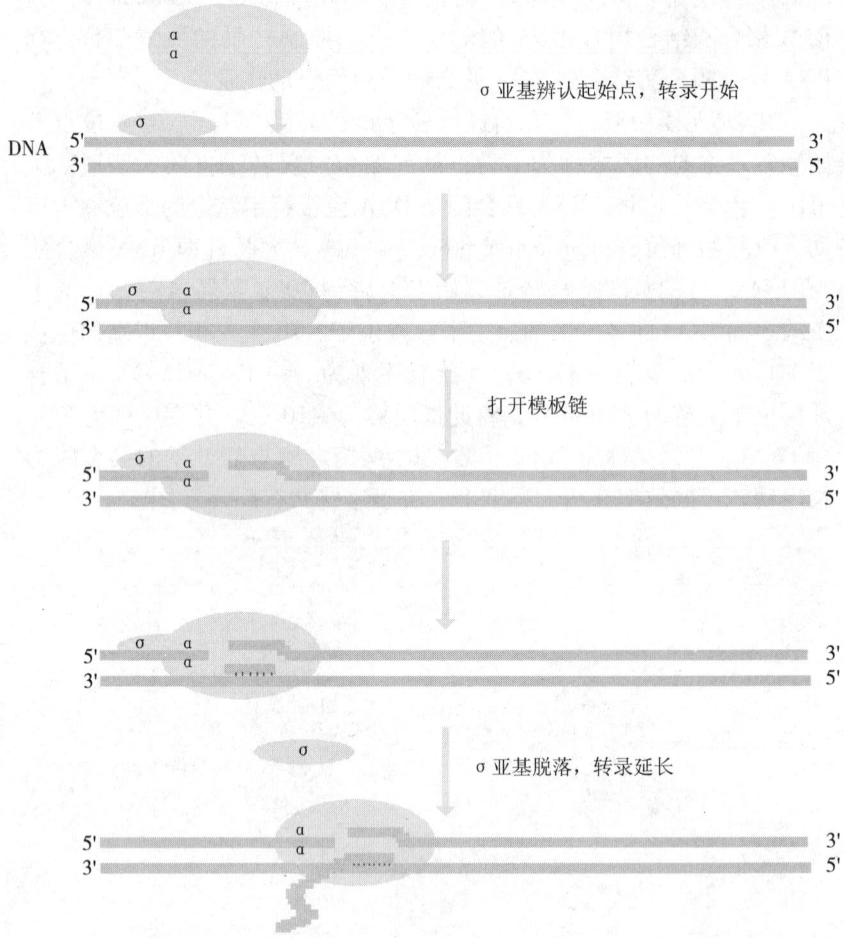

图 11－6　原核转录起始和延长

（一）转录起始形成转录起始复合物

转录起始过程中，RNA 聚合酶的 σ 因子识别 DNA 启动子识别部位，核心酶部分结合在启动子的结合部位，全酶与启动区结合。此时 DNA 分子保持完整的双螺旋结构，形成闭合的启动子复合体（closed promoter comlex）（图 11－7）。一旦这种复合体形成，全酶则打开转录起始位点附近的大约 14bp 的 DNA 双链，形成开放的启动子复合体（open promoter complex）。这时转录开始，复合体构像发生改变并离开启动子序列。进入延长阶段时，σ 因子从模板及 RNA 聚合酶上脱落下来，于是 RNA 聚合酶的核心酶沿着模板向下游移动，转录作用进入延长阶段。脱落下的 σ 因子可以再次与核心酶结合而循环使用。

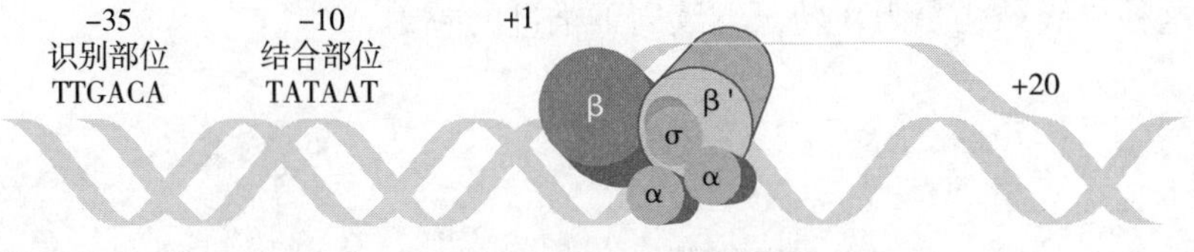

图 11－7　原核转录起始

转录作用开始时，根据 DNA 模板链上的核苷酸的序列，NTP 根据碱基互补原则依次进入反应体系。在 RNA 聚合酶的催化下，起始点处相邻的前两个 NTP 以 3′、5′－磷酸二酯键相连接。

（二）转录延长过程中局部形成转录泡

在 RNA 聚合酶的催化下，核苷酸之间以 3′、5′－磷酸二酯键相连接进行着 RNA 的合成反应，合成方向为 5′→3′。在延长过程中，局部打开的 DNA 双链、RNA 聚合酶及新生成转录本 RNA 局部形成转录泡（transcription bubble）（图 11－8）。

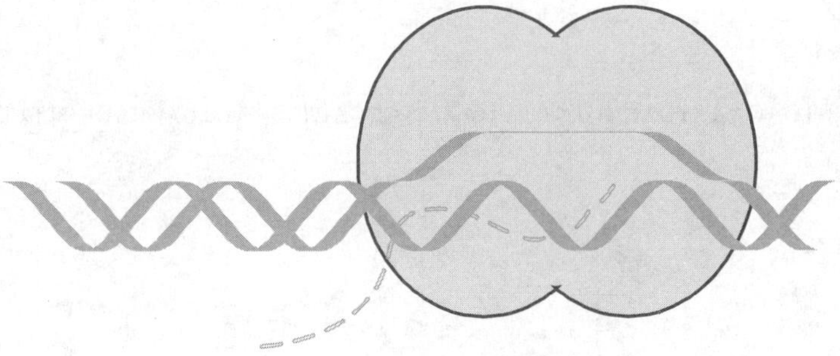

图 11－8　原核生物的转录泡

RNA 聚合酶沿着模板链的 3′→5′方向，在电子显微镜下观察原核生物的转录，可看到像羽毛状的图形，在 RNA 链上观察到的小黑点是多聚核蛋白体，可见，转录尚未完成，翻译已在进行，即转录翻译偶联。

（三）原核生物有两种转录终止方式

RNA 聚合酶在 DNA 模板上停顿下来不再前进，转录产物 RNA 链从转录复合物上脱落下来，即是转录终止。依据是否需要蛋白因子的参与，可分为 ρ（Rho）依赖因子和非依赖 Rho 因子两大类。

1. 依赖 Rho 的转录终止　Rho 因子与 RNA 转录产物结合，结合后 Rho 因子和 RNA 聚合酶都发生构象变化，从而使 RNA 聚合酶停顿，解螺旋酶的活性使 DNA/RNA 杂化双链解离，利于产物从转录复合物中释放（图 11－9）。

2. 非依赖 Rho 的转录终止　DNA 模板上靠近终止处有些特殊碱基序列，转录出的 RNA 其 3′末端常含有多个连续的 U，形成特殊的结构来终止转录。图 11－10 是大肠杆菌核蛋白体蛋白 rpl－L 基因 3′末端的碱基序列。非依赖 Rho 因子的转录终止模式如图 11－11，

RNA 链延长至接近终止区时，转录出的碱基序列随即形成茎环结构，这种二级结构是阻止转录继续向下推进的关键。

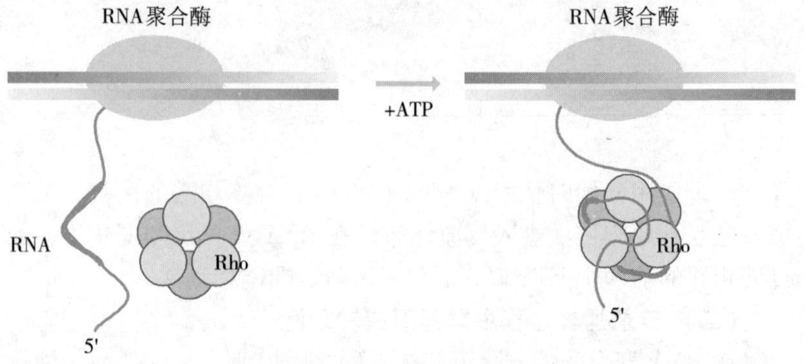

图 11－9　Rho 因子的作用原理

RNA 链上加重部分代表富含 C 的区段，Rho 因子结合 RNA（右），发挥其 ATP 酶及解螺旋活性

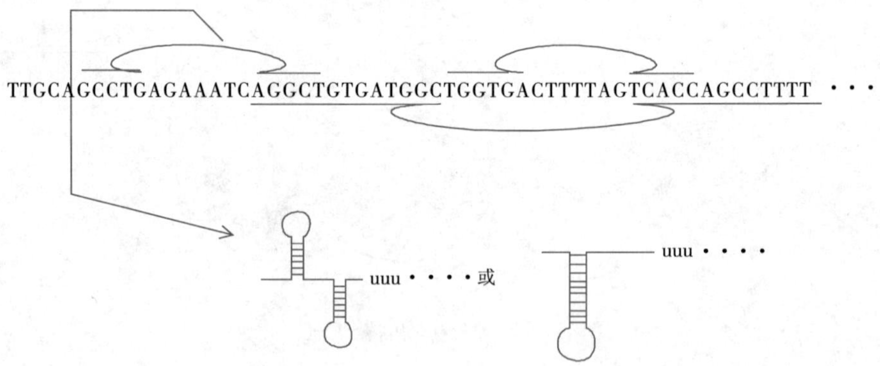

图 11－10　大肠杆菌 rpl－L 基因 3 末端碱基序列（上）

rpl－L 转录产物二级序列（下）

图 11－11　原核生物转录终止的模式

二、真核生物的转录过程比较复杂

真核生物的转录过程比原核生物的转录过程复杂得多，了解真核生物的转录过程，是研究转录调控的重要基础。

（一）真核生物 RNA 聚合酶不直接结合模板

真核转录起始前的上游区段中含有多个顺式作用元件（cis - acting element）（图 11 - 12），- 25 区段多有典型的 TATA 序列。转录起始时，RNA 聚合酶不直接结合模板，而是通过反式作用因子（trans - acting factors），直接或间接辨认和结合转录上游区段 DNA，现已发现有数百种。反式作用因子中，直接或间接结合 RNA 聚合酶的，称为转录因子（transcriptional factors，TF）。表 11 - 5 为参与 RNA - pol Ⅱ转录的 TFⅡ的分子量和功能。

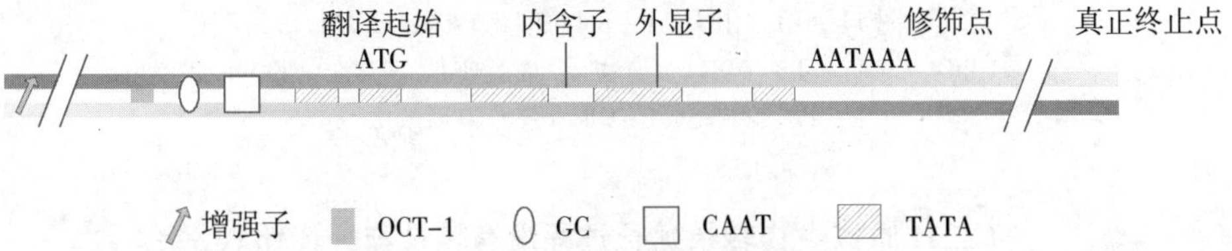

图 11 - 12 真核生物 RNA 聚合酶转录的基因

真核生物 RNA - pol 不与 DNA 分子直接结合，而需要依靠众多的转录因子，形成转录起始前复合物（pre - initiation complex，PIC），图 11 - 13 显示由 RNA - pol Ⅱ催化转录的 PIC。

表 11 - 5 参与 RNA - pol Ⅱ转录的 TFⅡ

转录因子	亚基组成/分子量	功能
TFⅡD	TBP * 38	特异识别 TATA 盒
	TAF * *	辅助 TBP - DNA 结合
TFⅡA	12，19，35	稳定 TFⅡD 与 TBP 对启动子的结合
TFⅡB	33	促进 RNA - pol Ⅱ结合及作为其他因子结合的桥梁
TFⅡF	30，74	阻遏聚合酶Ⅱ和非特异的 DNA 序列结合
TFⅡE	57（α）34（β）	ATPase
TFⅡH		解螺旋酶活性；蛋白激酶活性，使 CDT * * * 磷酸化

* TBP：TATA 结合蛋白
* * TAF：TBP 辅助因子
* * * CTD：RNA - pol Ⅱ大亚基羧基末端结构域

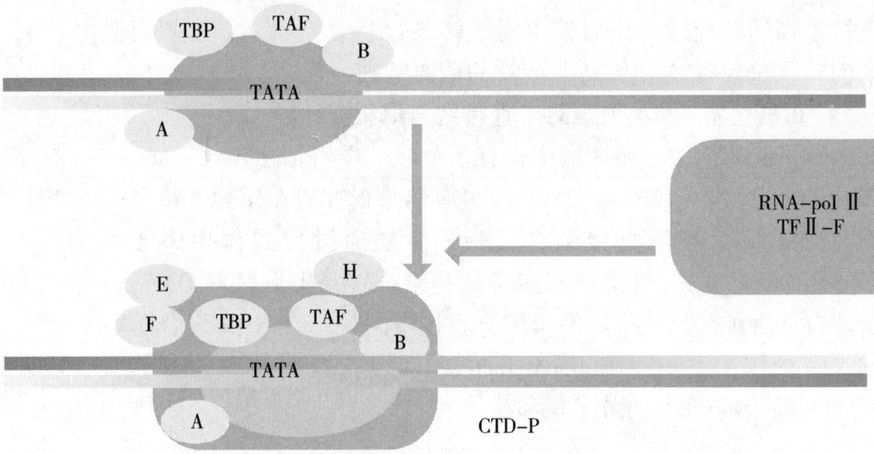

图 11－13 由 RNA－polⅡ催化转录的 PIC

上：TFⅡD －ⅡA －ⅡB －DNA 复合物 右：TFⅡ－F 结合 RNA－polⅡ

下：PIC 组装完成，TFⅡ H 使 CTD 磷酸化

（二）原核生物转录延长过程没有转录与翻译偶联

真核生物转录延长过程与原核生物大致相似，因有核膜相隔，没有转录与翻译偶联，体外转录实验可观察到核小体移位和解聚现象（图 11－14）。

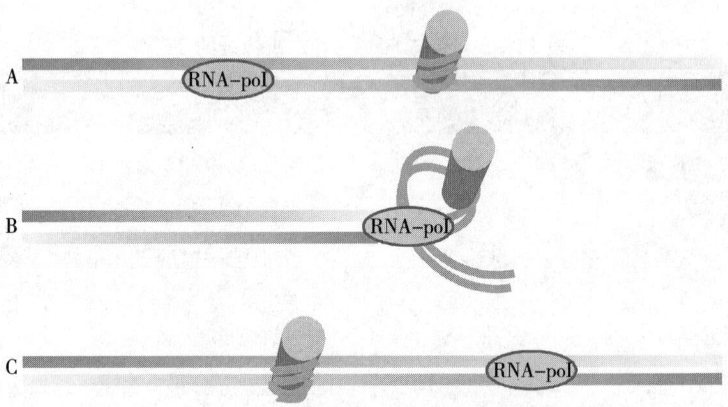

图 11－14 真核生物转录延长中的核小体移位

A. RNA－pol 前移将遇到核小体 B. 原来绕在组蛋白上的 DNA 解聚及弯曲

C. 一个区段转录完毕，核小体移位

（三）转录终止和转录后修饰密切相关

真核生物的转录终止，是和转录后修饰密切相关的。已发现，在读码框架的下游，常有一组共同序列 AATAAA，再下游还有许多的 GT 序列，这些序列称为转录终止的修饰点（图 11－15）。

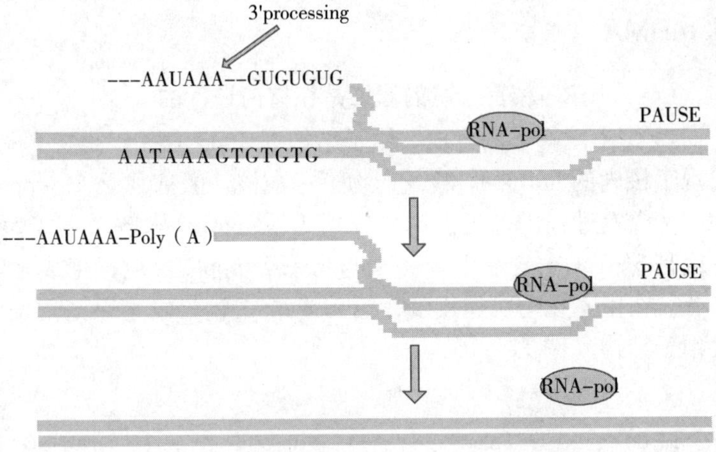

图 11－15　真核生物的转录终止及加尾修饰

第三节　真核生物的转录后修饰

转录最初产生的 RNA 分子是初级 RNA 转录物（primary RNA transcript）。在真核细胞中，几乎所有的初级 RNA 转录物都要经过加工、修饰，才能成为具有功能的成熟的 RNA，加工、修饰主要在细胞核中进行。

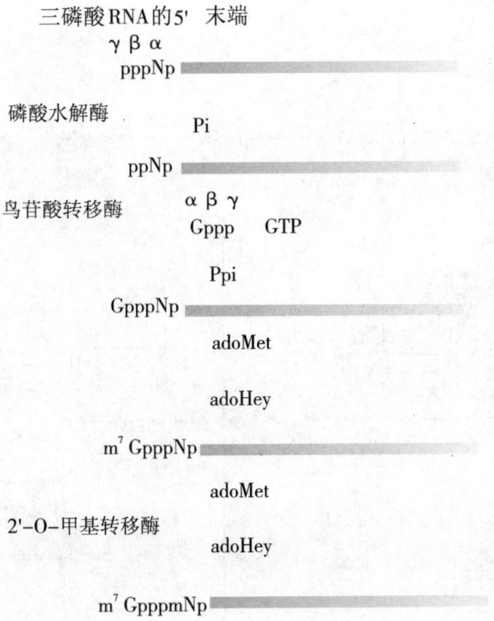

图 11－16　mRNA 的 5′帽子结构形成过程

一、真核生物 mRNA 经转录后加工、修饰成为成熟 mRMA

（一）mRNA 首、尾的修饰是在核内进行的

1. 5′末端帽子的生成　帽子结构（Gppp^{m}G－）是在 5′端形成，出现于核内的 hnRNA。转录产物第一个核苷酸往往是 5′－pppG，在 mRNA 成熟过程中，先由磷酸酶把 5′－pppG－水解，生成 5′－ppG－或是 5′－pG－。然后 5′－端与另一个 pppG 反应，生成三磷酸双鸟苷。在甲基化酶的作用下，第一或第二个 G 发生甲基化反应，形成帽子结构（图 11－16）。

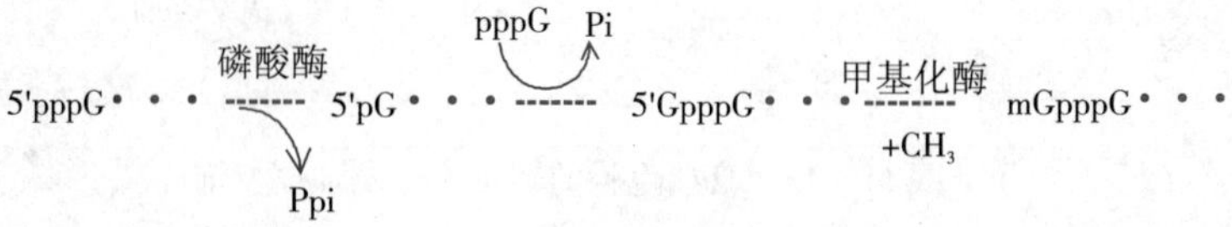

2. 3′末端多聚 A 尾的生成　多聚 A 尾的生成是多聚 A 聚合酶的催化下，由 ATP 聚合而成（图 11－17）。多聚 A 尾的形成是先要在 mRNA 前体的 3′末端 11～30 核苷酸处有一段 AAUAA 保守序列，在 U7－snRNP 的协助下识别，由一种特异的核酸内切酶催化切除多余的核苷酸。随后，在多聚 A 聚合酶催化下，发生聚合反应形成了 3′末端多聚 A 尾。

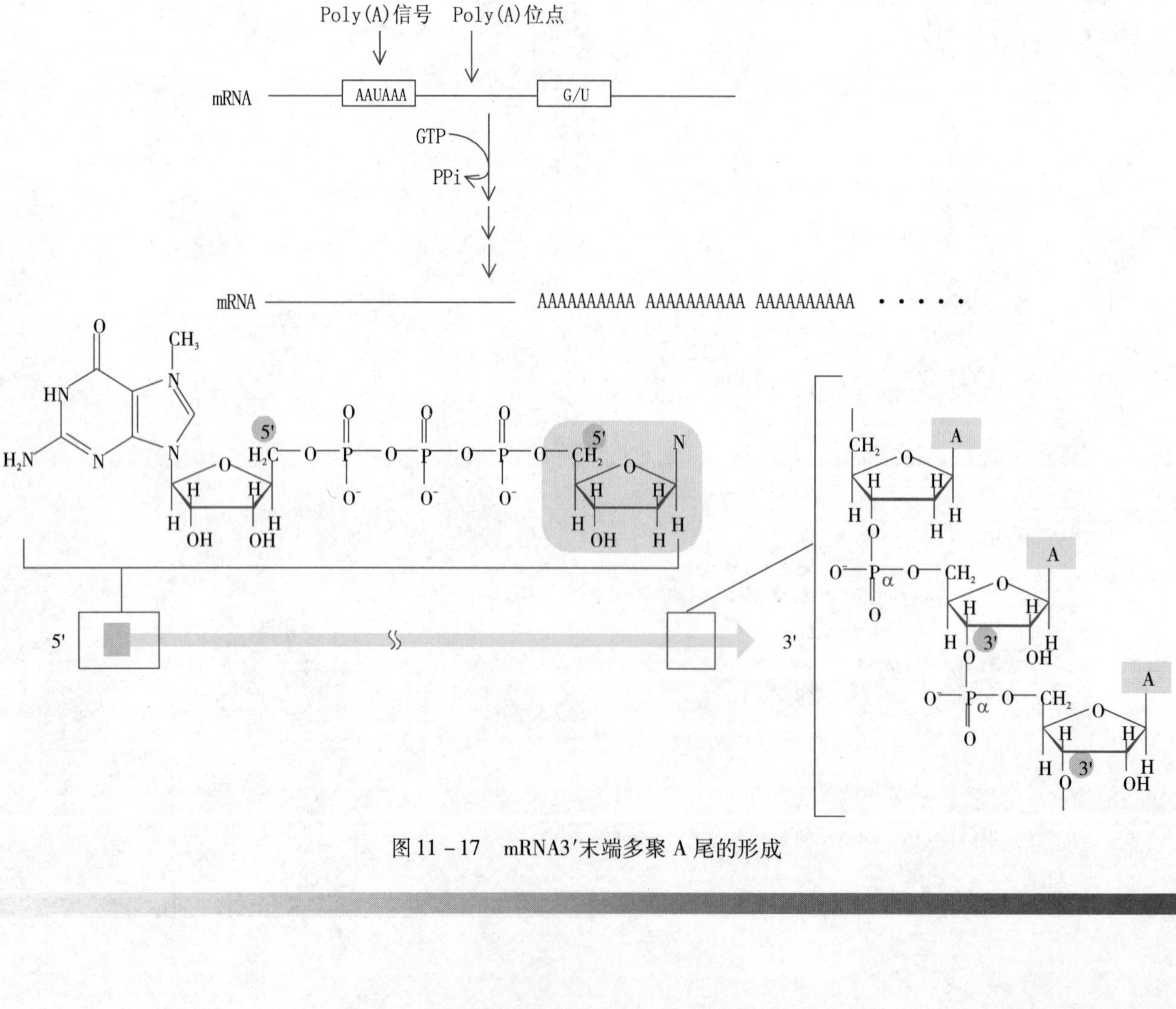

图 11－17　mRNA3′末端多聚 A 尾的形成

（二）mRNA前体经过剪接去除内含子

真核生物结构基因，由若干个编码区和非编码区互相间隔，但又连续镶嵌而成，去除非编码区再连接后，可翻译出由连续氨基酸组成的完整蛋白质，这些基因称为断裂基因（splite gene）。其中编码序列称为外显子（exons），非编码序列称为内含子（introns）。真核生物的结构基因转录时，内含子和外显子一同被转录，形成前体RNA，前体RNA经过剪接（splicing）加工，除去内含子序列，并将外显子序列连接成为成熟的有功能的mRNA分子（图11－18）。

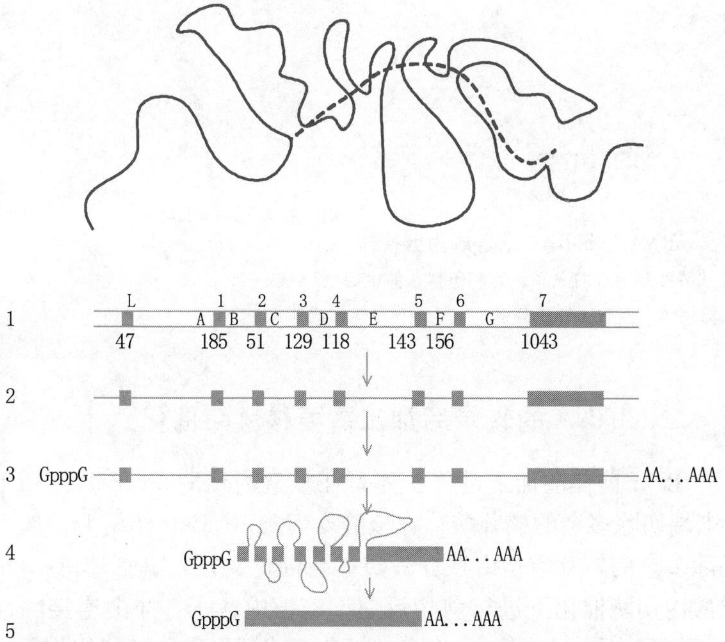

图11－18　断裂基因及其转录、转录后修饰

1．卵清蛋白基因　2．转录初级产物hnRNA　3．hnRNA的首尾修饰
4．剪接过程中套索RNA的形成　5．胞浆中出现的mRNA

在真核生物，内含子都是以GU为5′开始，以AG结束，5′GU……AG－OH－3′称为剪接接口（splicing junction）。在mRNA剪接过程中至少有5种snRNA（U1、U2、U3、U4、U5和U6RNA）参与，由snRNA与hnRNA结合形成剪接体（splicesome，图11－19），使内含子形成套索并拉进上、下游之间外显子距离，通过二次转酯反应，切除内含子。

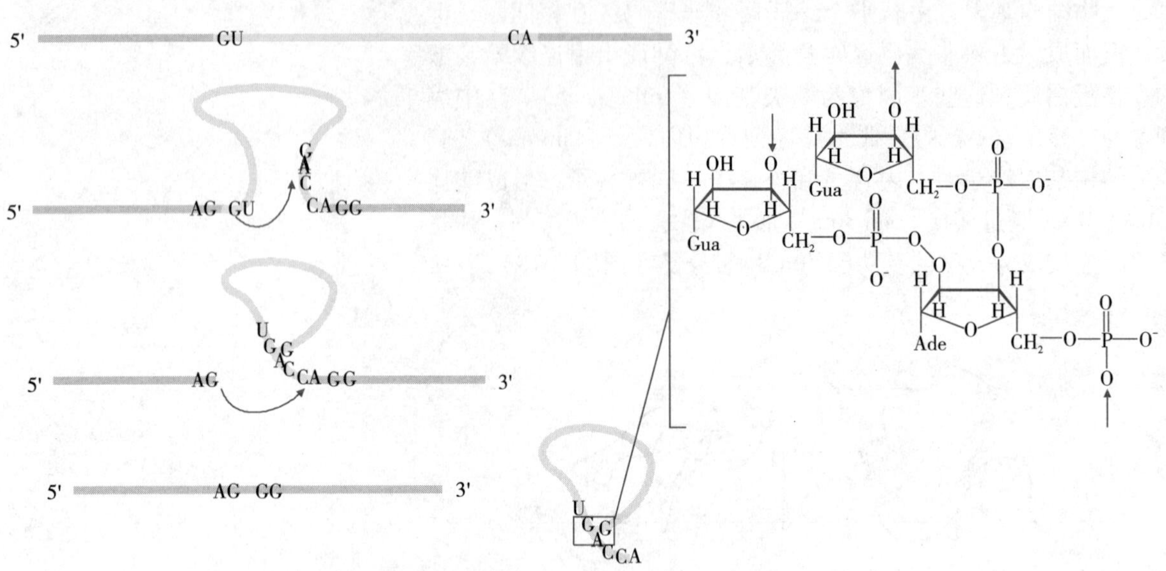

图 11－19 snRNA 与 hnRNA 结合成为剪接体

1. snRNA 与边界序列有配对关系，有利于剪接体生成

2. U4，U5，U6 加入形成剪接体，内含子形成套索 3. U2，U6 形成催化中心

二、tRNA 的转录后加工需要核酸酶催化

tRNA 前体的加工过程首先是在核酸内切酶 RNaseP 作用下，从5′末端切除多余的核苷酸；在核酸外切酶 RNaseD 作用下，从 3′末端切除多余的核苷酸；由核苷酸转移酶催化，3′末端加 CCA－OH；在核酸内切酶催化下进行剪切反应，剪掉内含子，并由连接酶连接外显子部分（图 11－20）；在上述反应完成后进行化学修饰作用，如甲基化、脱氨基、还原反应，而完成 tRNA 的转录后加工（图 11－21）。

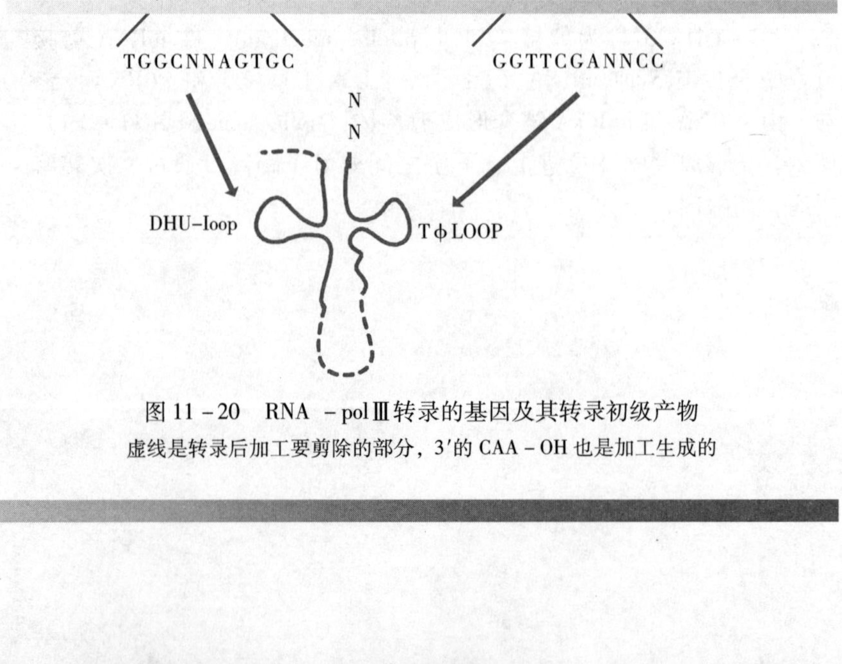

图 11－20 RNA －polⅢ转录的基因及其转录初级产物

虚线是转录后加工要剪除的部分，3′的 CAA－OH 也是加工生成的

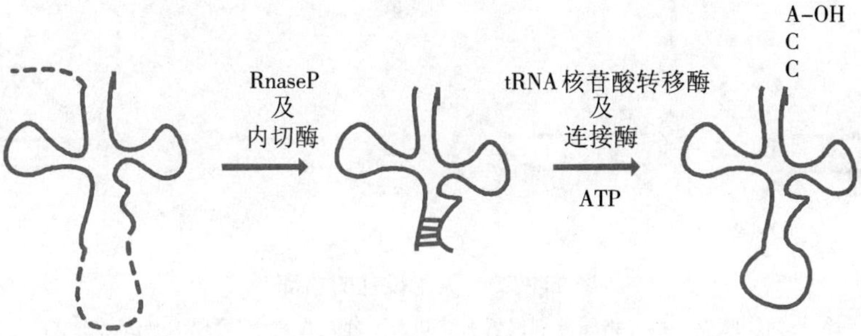

图 11-21 tRNA 的剪接

tRNA 的剪接是酶促反应，切除内含子的核酸内切酶由 tRNA 基因内含子编码

三、rRNA 前体需经剪接成熟为 rRNA

真核生物的核蛋白体 45S rRNA 为 3 种 rRNA 的前体，它经剪接后，分出属于核蛋白体小亚基的 18SrRNA，余下的部分再剪接成 5.8S 和 28SrRNA。5SrRNA 独立成体系，在成熟过程中加工甚少（图 11-22）。

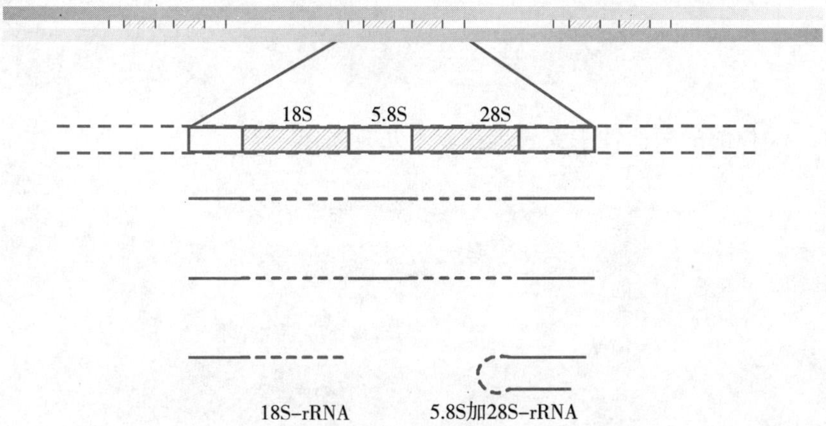

图 11-22 rRNA 转录后加工

1.2 rRNA，斜线为内含子，虚线为基因间隔 3.45S 转录产物
4. 剪接 5. 终产物

第四节 核 酶

具有催化活性的 RNA 称为“核酶”（ribozyme）。核酶作用的基础是形成锤头结构（hammerhead structure），包括催化部分和底物部分。根据这一结构设计了人工核酶（图 11-23），它可切断某些核酸结构，如病毒等病原微生物和不利于人类的某些基因，人工核酶已成为基因治疗上的重要策略之一。

核酶主要有锤头核酶（hammerhead ribozyme）和发夹核酶

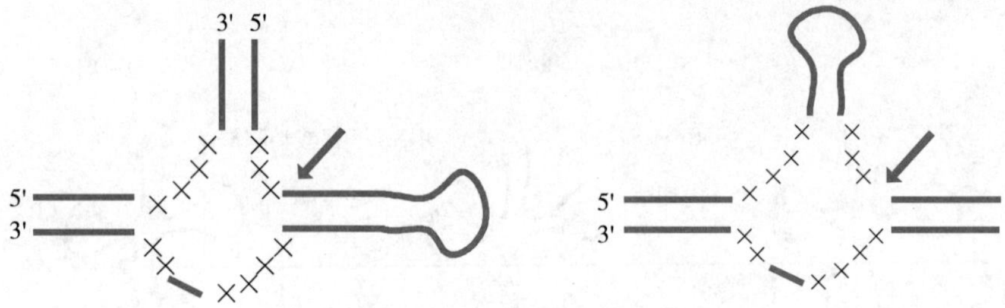

图 11－23　人工设计的核酶

箭头为切断点，粗、细线分别代表天然和人工合成的分子，X 表示一致性序列

（hairpin ribozyme），这两种核酶的核酸序列短、结构简单。核酶作用方式较简单，主要有剪切型、剪接型和其他类型，其作用如下。

核酸作用方式	
剪切型	能催化自身RNA或异体RNA分子剪掉一段核苷酸片段，其催化功能相当于内切酶的作用
剪接型	催化自身RNA进行化学反应，首先切去自身RNA内一个核苷酸片段，再将剩余的两个片段连接起来；相当于内切酶及连接酶的联合作用
其他类型	核苷酸转移，脱磷酸作用

核酶的酶活性主要表现在以下几方面：

核膜的酶活性种类：
- 核苷酸转移作用
- 磷酸二酯键水解作用
- 磷酸转移反应催化作用
- 脱磷酸作用
- 限制性内切酶作用

核酶的发现具有重要的意义。

核酶的意义：
- RNA可作为生物催化剂
- 打破了只有蛋白质才能具有酶催化作用
- 为进化先有核酸、先有RNA提供证据
- 可用于制药和临床治疗

（李　辉）

第十二章　蛋白质的生物合成（翻译）

内 容 提 要

蛋白质的生物合成，就是将 mRNA 分子中 4 种核苷酸序列，解读为蛋白质 20 种氨基酸的排列顺序，因此又称为翻译（图 12-1）。它包括起始，延长和终止 3 个连续过程。翻译所生成的初级产物还要经过翻译后的加工修饰，最后定向运输到适当的细胞和细胞器。

第一节　蛋白质的生物合成体系

细胞浆内存在着复杂的蛋白质生物合成体系（表 12-1）。在多种物质的共同参与下，经复杂的过程，最终合成具有功能活性的蛋白质。

表 12-1　蛋白质的生物合成体系

物　质	功　能
20 种氨基酸	合成的原料
mRNA	翻译的直接模板
tRNA	结合并运载各种氨基酸
rRNA 和核蛋白体	翻译的场所
ATP、GTP	提供能量
酶和多种蛋白因子	催化翻译过程中的各种反应

一、蛋白质的生物合成需要多种物质参与

（一）mRNA 是翻译的直接模板

原核生物和真核生物的 mRNA 在结构和功能上有不同的特点（图 12-2）。原核生物的 mRNA 是多顺反子，转录生成后不需要转录后加工修饰，并且原核生物无核膜，在转录的同时就开始进行翻译了。真核生物则不同，其 mRNA 是单顺反子，需要转录后的加工、修饰，而且由于核膜的存在，转录和翻译分别在细胞核内和胞浆中进行。

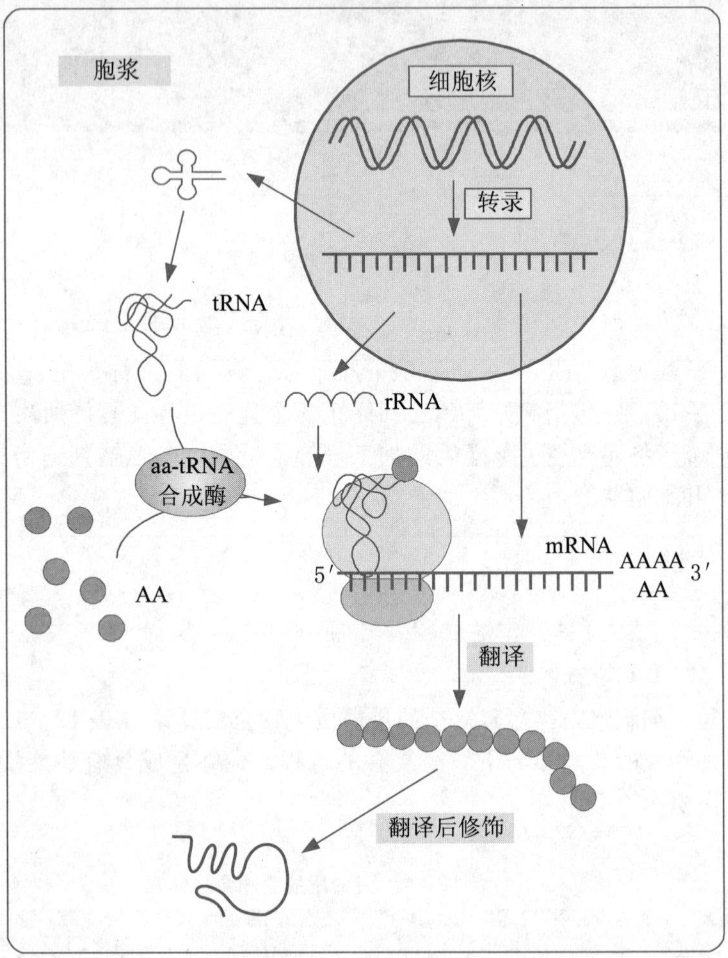

图 12-1 翻译

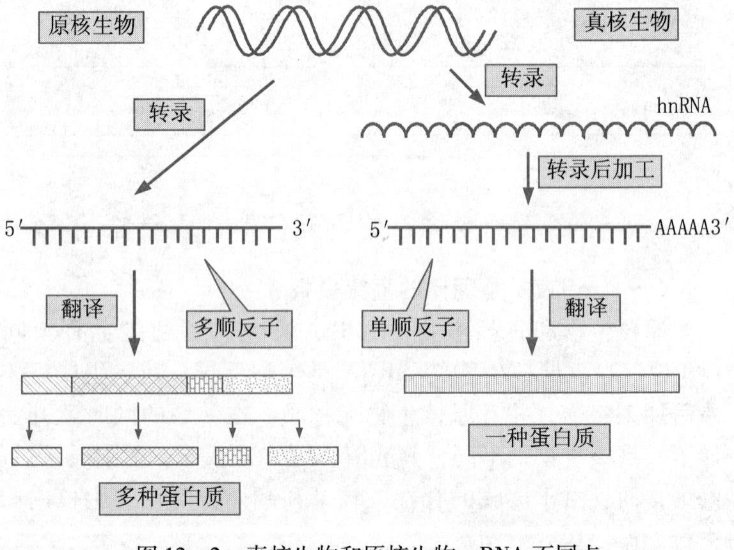

图 12-2 真核生物和原核生物 mRNA 不同点

（二）遗传密码的排列决定了蛋白质上氨基酸的顺序

mRNA 上，相邻 3 个核苷酸编码一种氨基酸，称为一个三联体密码（codon）。多个（通常 500 个以上）三联体密码连续排列，编码一个蛋白质多肽链，称为开放阅读框架（open reading frame，ORF，图 12－3）。

Marshall Nirenberg 等从 1961 年起，到 1965 年最终完成了所有遗传密码的破译工作（表 12－2）。

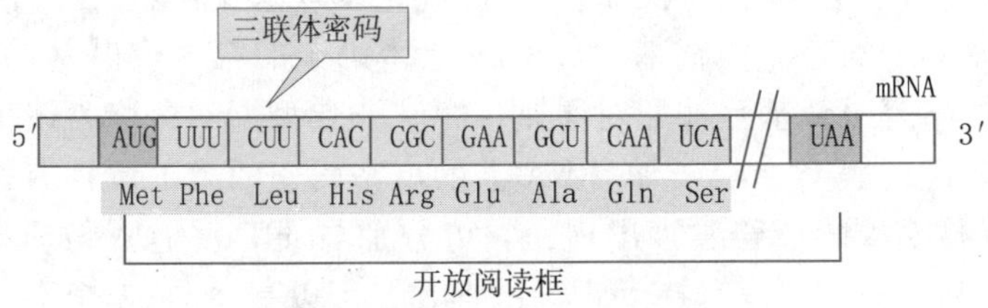

图 12－3　开放阅读框

表 12－2　遗传密码表

5′端第一位碱基	第二位碱基								第三位碱基
	U		C		A		G		
U	UUU	苯丙	UCU	丝	UAU	酪	UGU	半胱	U
	UUC	苯丙	UCC	丝	UAC	酪	UGC	半胱	C
	UUA	亮	UCA	丝	UAA	终止	UGA	终止	A
	UUG	亮	UCG	丝	UAG	终止	UGG	色	G
C	CUU	亮	CCU	脯	CAU	组	CGU	精	U
	CUC	亮	CCC	脯	CAC	组	CGC	精	C
	CUA	亮	CCA	脯	CAA	谷胺	CGA	精	A
	CUG	亮	CCG	脯	CAG	谷胺	CGG	精	G
A	AUU	异亮	ACU	苏	AAU	天胺	AGU	丝	U
	AUC	异亮	ACC	苏	AAC	天胺	AGC	丝	C
	AUA	异亮	ACA	苏	AAA	天胺	AGA	精	A
	AUG	甲硫（起始）	ACG	苏	AAG	赖	AGG	精	G
G	GUU	缬	GCU	丙	GAU	天冬	GGU	甘	U
	GUC	缬	GCC	丙	GAC	天冬	GGC	甘	C
	GUA	缬	GCA	丙	GAA	谷	GGA	甘	A
	GUG	缬	GCG	丙	GAG	谷	GGG	甘	G

遗传密码具有连续性、简并性、通用性和摆动性 4 大特点（表 12－3）。

1. 遗传密码的连续性是造成框移突变的根本原因 由于在翻译过程中，对开放阅读框内的三联体密码的连续阅读，既无间断也无交叉，因此 mRNA 阅读框内碱基如果发生插入和缺失，都可能造成下游翻译产物氨基酸序列的改变，即框移突变。

2. 大多数的氨基酸的遗传密码都具有简并性 除了甲硫氨酸和色氨酸只对应 1 个遗传密码外，其他的氨基酸都有至少 2 个密码子与之对应，称为遗传密码的简并性。如丙氨酸的密码子是 GCU、GCC、GCA 和 GCG。

3. 遗传密码的通用性是生物进化论的有力证据 除少数例外，从原核生物到人类都共用一套遗传密码，称为遗传密码的通用性。

4. 密码子和反密码子的配对存在摆动现象 翻译过程中，tRNA 上反密码子的第 1 位碱基和 mRNA 上密码子的第 3 位碱基的配对，并不严格遵照碱基互补配对原则，存在非典型配对，称为遗传密码的摆动性（表 12－4）。如 tRNA 上的反密码子的第 1 位常有稀有碱基 I（次黄嘌呤核苷酸）出现，它可分别与 mRNA 上密码子 3 位的 U、C 和 A 配对。这种摆动现象的存在，可以减少与 61 个有意义密码子对应的 tRNA 的种类，据计算最少 32 种 tRNA 就可以满足需要。同时由于摆动配对所形成的氢键键能比较低，易于分离，这可以提高翻译的效率（图 12－4）。

表 12－3 遗传密码的特点

特点	
连续性（commaless）	翻译时各个三联体密码连续阅读，既无间断也无交叉
简并性（degeneracy）	大多数的氨基酸都有 2 个或 2 个以上的密码子为之编码
通用性（universal）	除少数例外，从原核生物到人类共用同一套遗传密码表
摆动性（wobble）	密码子的第 3 位和反密码子的第 1 位不严格遵守碱基互补配对原则

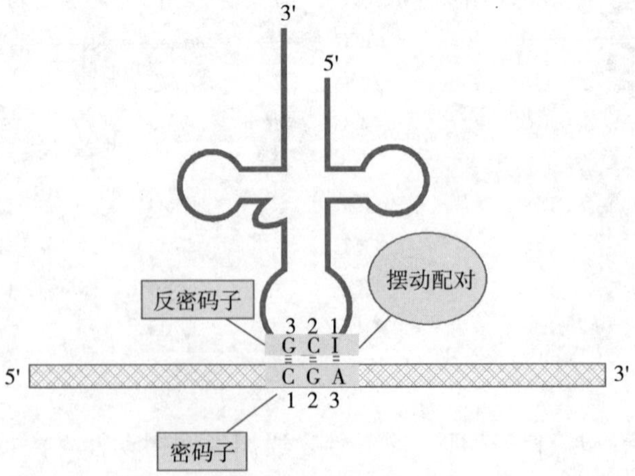

图 12－4 摆动配对

表 12-4　摆动现象

反密码子的第 1 位碱基	I	U	G
密码子的第 3 位碱基	U，C，A	A，G	U，C

（三）核蛋白体在翻译中处于中心地位

核蛋白体由核蛋白体 RNA（rRNA）和多种核蛋白体蛋白（ribosome protein，rp）组成，它不仅仅是翻译的场所，rRNA 分子还在大小亚基的聚合、转肽、校正（proofreading）等方面也发挥了作用。

原核生物核蛋白体的三维构象不规则，大小亚基间存在裂隙，是 mRNA 及 tRNA 结合部位（图 12-5）。真核生物的核蛋白体结构与原核生物的相似，但组分更复杂（图 12-6）。

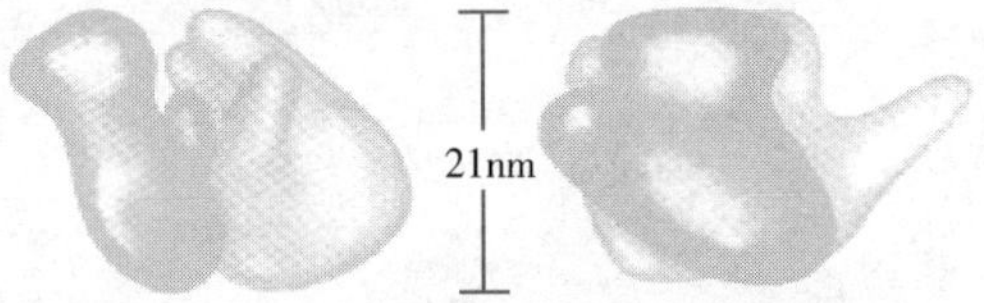

图 12-5　原核生物核蛋白体结构模式图

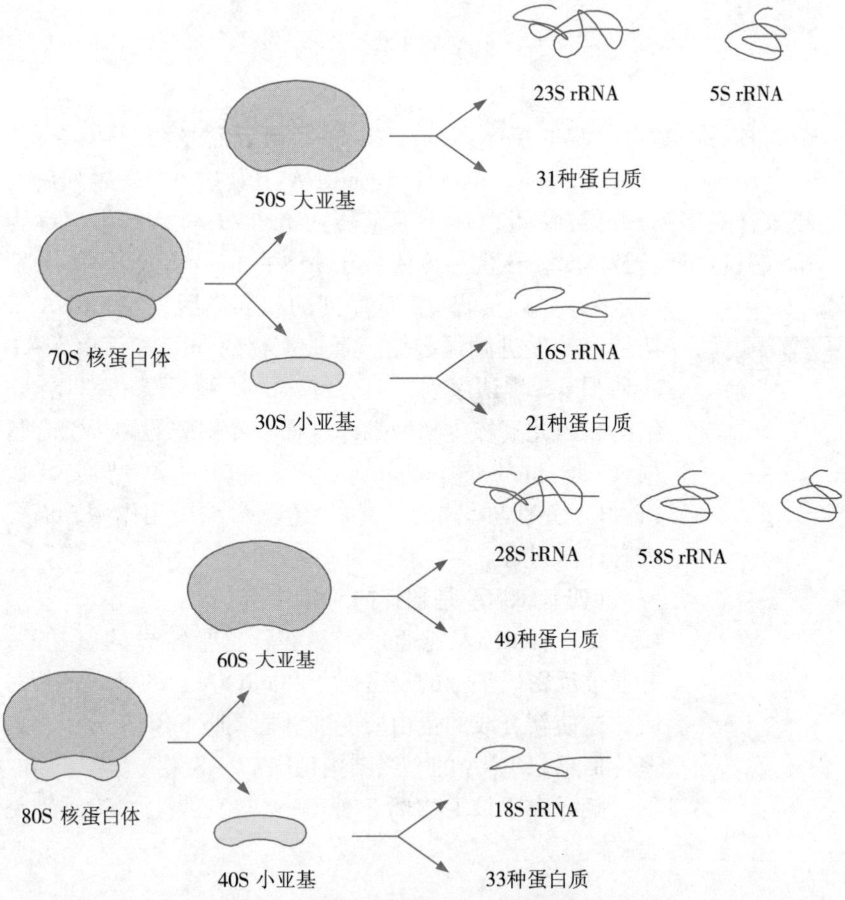

图 12-6　真核生物和原核生物的核蛋白体组装

原核生物的核蛋白体上有3个位点，结合氨基酰-tRNA的称为氨基酰位点（aminoacyl site），简称A位；结合肽酰-tRNA的称为肽酰位点（peptidyl site），简称P位；排出卸载tRNA的称为排出位点（exit site），简称E位。其中A位和P位由大小亚基蛋白成分共同组成，而E位主要是大亚基的成分。而真核生物只有A位和P位两个位点，无E位。

原核生物的mRNA的起始密码子AUG上游约3~8核苷酸部位，存在有4~9个核苷酸的一致序列，富含嘌呤碱基，常常以-AGGAGG-为核心，称为Shine-Dalgarno序列（S-D序列，图12-7）。它可以与原核生物核蛋白体小亚基16S-rRNA3′端以-UCCUCC-为核心的富含嘧啶的短序列辨认结合，因此又称核蛋白体结合位点（ribosomal binding site，RBS）。在mRNA上紧接S-D序列后的小核苷酸序列，可被核蛋白体小亚基蛋白rpS-1辨认结合，称为rpS辨认序列。翻译时，核蛋白体依赖于16S-rRNA及rpS-1分别与S-D序列及rpS辨认序列的相互作用，与mRNA辨认结合，促进翻译起始。真核生物的mRNA没有S-D序列和rpS辨认序列，但有特殊的“帽子”和“尾巴”结构，因此真核生物的翻译过程需要相应的帽子结合蛋白（cap binding protein，CBP）和polyA结合蛋白（PAB）分别与“帽子”和“尾巴”结构相作用，而促进翻译的过程。

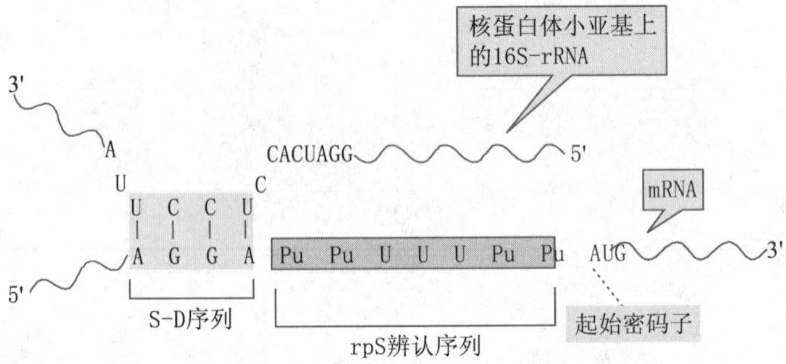

图12-7 原核生物S-D序列

（四）tRNA是翻译的对接体

每一种tRNA能通过氨基酸臂携带特异的氨基酸，并通过反密码环上的反密码子和mRNA上的密码子相对应，这使新合成的蛋白质能准确地反映mRNA分子上的遗传信息，tRNA的三级结构见图12-8。

翻译中原核生物的3种RNA与真核生物的区别见表12-5。

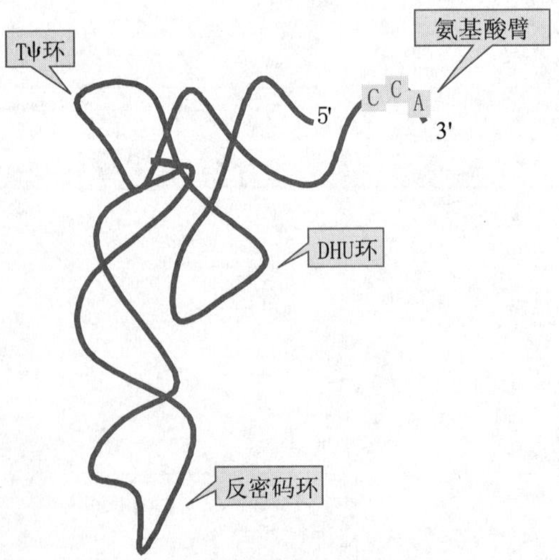

图12-8 tRNA的三级结构

表 12－5　翻译中原核生物的 3 种 RNA 与真核生物的区别

RNA	原核生物	真核生物
mRNA	多顺反子	单顺反子
	有 S－D 序列，rpS 辨认序列	5′端有帽子结构，3′端有 polyA 结构
	无翻译后加工修饰	有翻译后加工修饰
核蛋白体（rRNA）	30S 小亚基、50S 大亚基	40S 小亚基、60S 大亚基
	有 A、P、E 3 个位点	有 A、P 两个位点
	5S、16S、23S 3 种 rRNA	5S、5.8S、18S、28S 4 种 rRNA
tRNA	fMet－$tRNA^{fMet}$ 为起始氨基酰－tRNA	Met－$tRNA^{Met}$ 为起始氨基酰－tRNA

（五）多种酶和蛋白因子参与了翻译的过程

从氨基酸活化开始，在翻译的各个阶段，都有多种酶和蛋白因子参与蛋白质的生物合成。根据参与的阶段不同，将参与翻译起始的蛋白质因子称为起始因子（initiation factor，IF）；参与翻译延长的蛋白质因子称为延长因子（enlongation factor，EF）；参与翻译终止的蛋白质因子称为释放因子（release factor，RF）。通常在真核生物（eukaryote）的因子前加上“e”，以和原核生物相应的因子区别（表 12－6）。

表 12－6　参与翻译的主要酶和蛋白因子

阶段	原核生物	真核生物
活化	氨基酰－tRNA 合成酶	氨基酰－tRNA 合成酶
起始	IF－1，IF－2，IF－3	eIFs（种类很多，至少有 9 种）
延长	EF－T，EF－G	EF－1，EF－2
终止	RF1，RF2，RF3	eRF

二、氨基酸只有活化后才能作为翻译的原料

氨基酸在氨基酰－tRNA 合成酶的催化下，消耗 2 个～P，与 tRNA 结合为氨基酰－tRNA 的过程称为氨基酸的活化（图 12－9）。

氨基酸与 tRNA 的正确结合，是保证遗传信息准确表达为蛋白质的关键步骤之一，因此氨基酰－tRNA 合成酶对维持翻译的保真性至关重要。氨基酰－tRNA 合成酶对氨基酸和 tRNA 都有严格、高度的专一性。反应分两步进行，首先氨基酰－tRNA 合成酶（E）与 ATP 结合，并特异性识别氨基酸，水解 β 高能磷酸键，生成焦磷酸（ppi）和氨基酰－AMP－E 复合物；然后，通过对 tRNA 分子上特殊

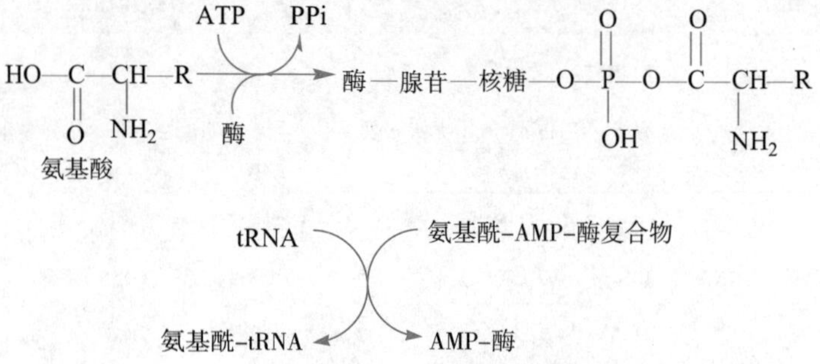

图 12－9 氨基酸活化反应过程

序列和结构的特异性识别，找到相应的 tRNA 分子，最后生成氨基酰－tRNA。其中 tRNA 分子氨基酸臂的 G－U 碱基对和 7 对碱基螺旋区等结构是被氨基酰－tRNA 合成酶特异性识别的重要位点。同时，氨基酰－tRNA 合成酶还具有校正活性。即任何错误的氨基酰－AMP－E 或氨基酰－tRNA 的生成，都可使氨基酰－tRNA 合成酶发挥水解酯键的催化活性，水解错误的酯键，而换上正确的与密码子相对应的氨基酸。

原核生物的起始密码只能识别甲酰化的甲硫氨酸（fMet），反应是在转甲酰酶的作用下由 N^{10}－甲酰－四氢叶酸转移给甲硫氨酸的（图 12－10）。

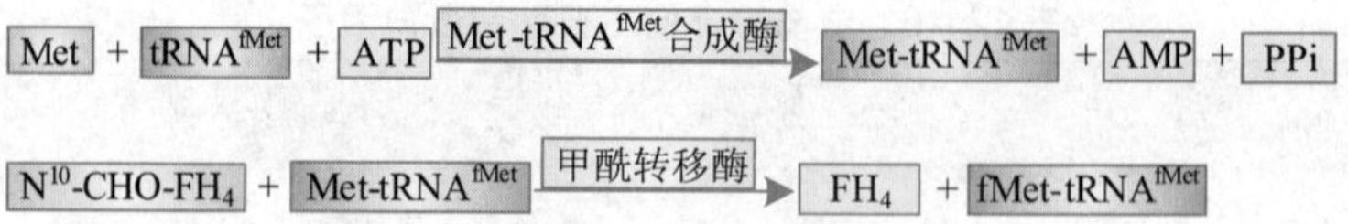

图 12－10 原核生物的甲酰化反应

第二节 蛋白质的生物合成过程

一、翻译起始是核蛋白体与 mRNA 结合及定位的过程

（一）原核生物要生成蛋白质－RNA 复合物

原核生物的核蛋白体在相应的 IF 协助下，与 mRNA 辨认结合共同形成 70S 的起始复合物。详细过程是：①IF－3 与小亚基结合，促使其与大亚基的分离，同时提高 P 位对起始氨基酰－tRNA 的敏感性。而 IF－1 能够占据 A 位，从而阻止其他的 tRNA 结合到 A 位；②通过核蛋白体小亚基 16S－rRNA 和 rpS－1 与 mRNA 上 S－D 序列和 rpS 辨认序列的辨认、结合，mRNA 在小亚基上定位；③ GTP 结合 IF－2，并协助起始 fMet－$tRNA^{fMet}$识别结合对应小亚基 P 位的 mRNA

起始密码 AUG；④与 IF－2 结合的 GTP 水解释能，促使 3 种 IF 的脱落，而使大亚基与小亚基－mRNA－fMet－tRNA 复合物结合，最终形成 70S 的原核起始复合物。此时，与起始密码子 AUG 结合的 fMet－tRNA 占据 P 位，而 A 位空置，对应于 mRNA 上的第二位密码子，为翻译的延长作好了准备（图 12－11）。

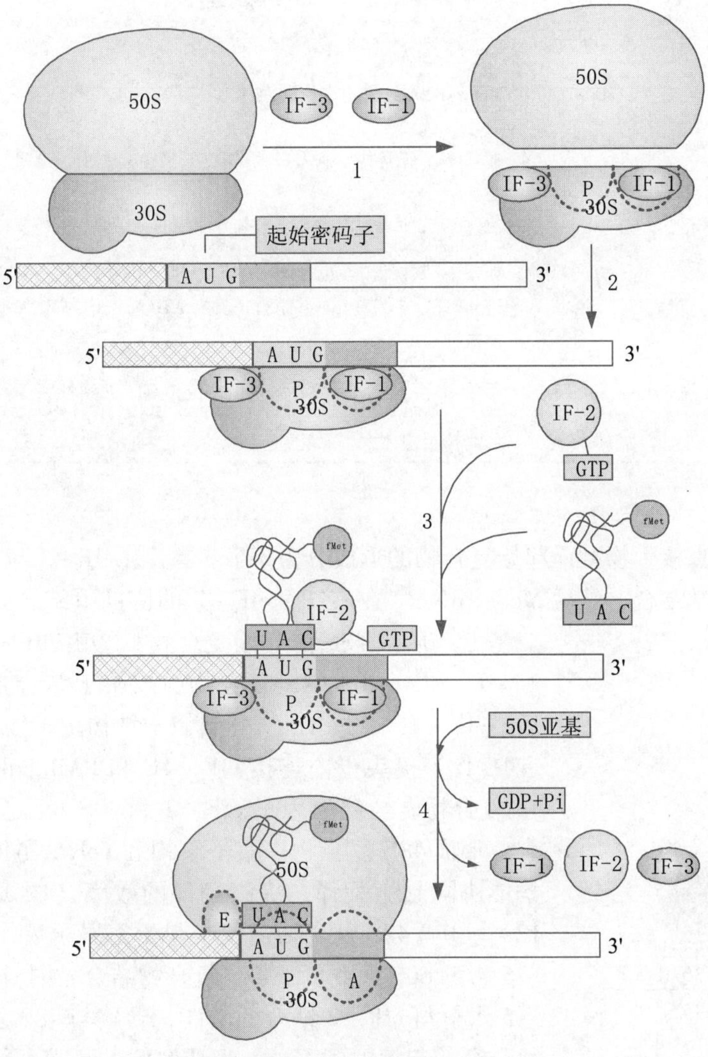

图 12－11　原核生物翻译起始过程

（二）真核生物帽子和尾巴结构协同提高翻译的效率

真核生物的翻译起始与原核生物相似，但要复杂得多，需要的起始因子种类也更多（表 12－7）。

表 12-7 翻译起始因子

	起始因子	功能
原核生物	IF-1	占据A位，防止结合其他tRNA
	IF-2	促进起始tRNA与小亚基结合
	IF-3	促进大小亚基分离，提高P位对结合起始tRNA敏感性
真核生物	eIF-1	促进Met-tRNA与mRNA的结合
	eIF-2	四聚体复合物的形成
	eIF-2A	Met-tRNA结合40S核蛋白体
	eIF-2B	在eIF-2循环中，在GTP和GDP转换中起作用，也叫GEF
	eIF-3	包含10个亚基，分离核蛋白体大小亚基；结合40S核蛋白体
	eIF-4F	即帽子结合蛋白，包含eIF-4E、eIF-4A和eIF-4G，促进mRNA与40S小亚基结合；具有ATP酶依赖的RNA解链酶活性
	eIF-5	释放eIF-2和eIF-3；核蛋白体依赖GTP酶活性
	eIF-6	分离核蛋白体大小亚基

真核生物翻译起始复合物的形成分为3个步骤：①eIF-3与40S小亚基结合，然后Met-tRNA^{Met}在GTP-eIF-2的协助下结合到小亚基上，形成43S前起始复合物；②由eIF-4E和eIF-4G·eIF-4A复合物组成帽子结合蛋白后，eIF-4F通过4E结合到帽子结构上，而eIF-4G作为接头蛋白连接eIF-4E和PAB。eIF-4F复合物能与起始因子eIF-3和40S小亚基结合，形成48S复合物。帽子结构和polyA尾巴结构能协同刺激翻译，提高翻译的效率（图12-12）；③当48S复合物定位于起始密码子后，eIF-5帮助60S大亚基于48S复合物结合，同时eIF-5水解与eIF-2结合的GTP，导致与48S复合物结合的起始因子释放，形成80S的真核翻译起始复合物。

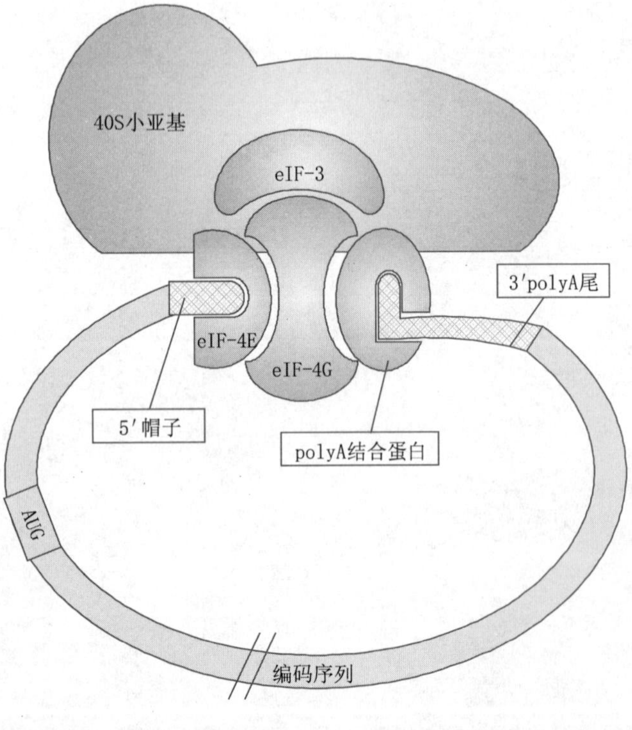

图12-12 真核生物帽子和尾巴结构在翻译中作用

二、翻译的延长过程又称核蛋白体循环

肽链的延长就是指依据mRNA5'端到3'端遗传密码的指导，氨基酸肽链从N端向C端延伸的过程，是一个包括进位、成肽和转位的循环过程，又称核蛋白体循环（ribosome cycle，图12-13）。真核生物和原核生物的延长过程差别不大，这里主要讨论原核生物的翻译延长过程。

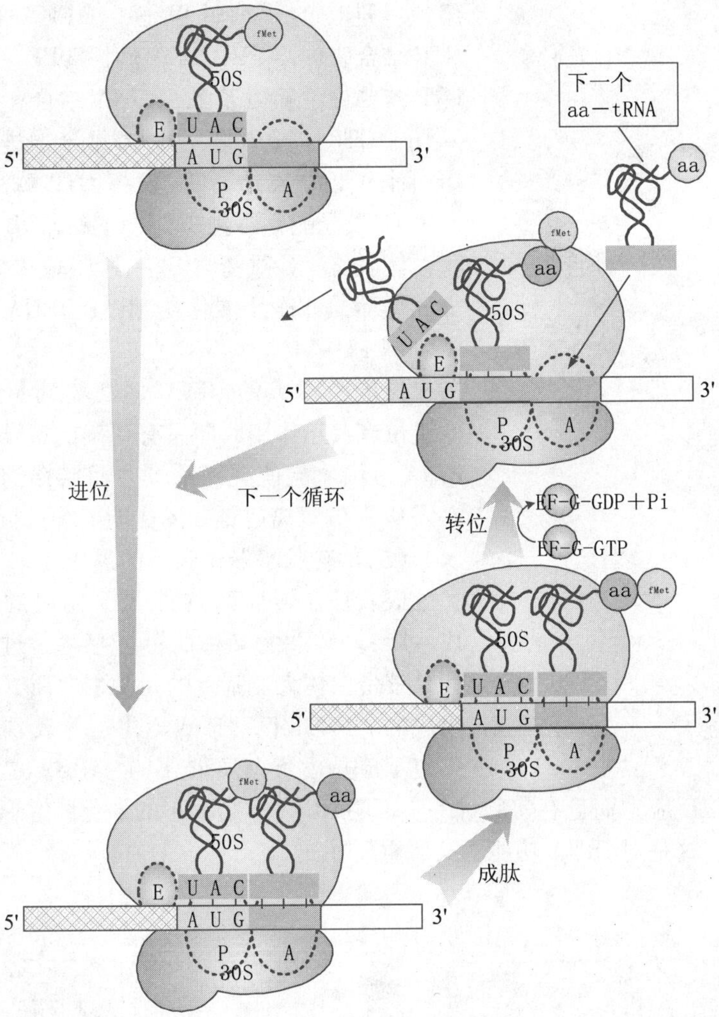

图 12－13　核蛋白体循环

（一）EF－T 参与进位的过程

翻译起始复合物空置的 A 位对应 mRNA 的第二位遗传密码，与第二位遗传密码所对应的氨基酰－tRNA，进入 A 位的过程，称为进位，又称注册（registration）。该过程需要延长因子 EF－T 参与（表 12－8）。

表 12－8　肽链合成的延长因子

原核生物	真核生物	功　能
EF－Tu	EF1－α	促进 aa－tRNA 进入 A 位，结合分解 GTP
EF－Ts	EF1－βγ	调节亚基
EFG	EF－2	转位酶活性；促进 mRNA－aa－tRNA 由 A 位移到 P 位；促进空载 tRNA 的释放

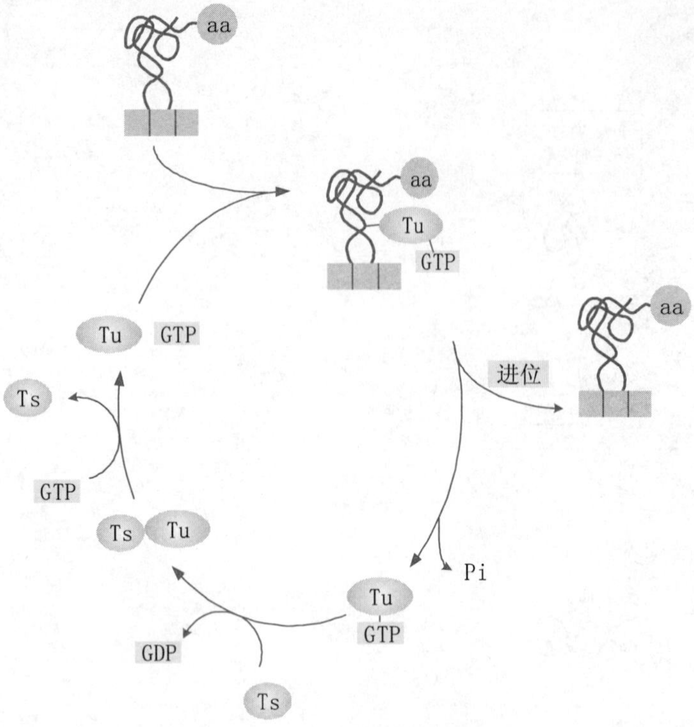

图 12-14 进位

EF-T 是二聚体，由 EF-Tu 和 EF-Ts 组成。进位的详细过程是：①EF-Tu 与 GTP 结合，促使 EF-Ts 脱落；②EF-Tu-GTP 与要进位的氨基酰-tRNA 结合；③EF-Tu-GTP-氨基酰-tRNA 复合物进入核蛋白体 A 位；④EF-Tu 发挥 GTP 酶活性，水解 GTP 释能，驱动 EF-Tu 和 GDP 从核蛋白体脱落，并重新与 EF-Ts 形成二聚体。如此循环，可连续催化氨基酰-tRNA 的进位（图 12-14）。

核蛋白体上的 rRNA 对氨基酰-tRNA 的进位有校正作用，即只有正确的氨基酰-tRNA 进位才能使翻译继续，而错误的进位必需从 A 位解离后，翻译才能继续进行。

（二）转肽酶催化肽键的生成

成肽是在转肽酶的催化下完成的（图 12-15）。转肽酶又称肽键转移酶，过去认为是核蛋白体大亚基上的几种蛋白质（rpL）组成的。1992 年，Harry Noller 等发现成肽反应不单是由蛋白质催化的，rRNA 也参与了该反应，而且有实验进一步证明 rRNA 才是真正的催化肽键形成的酶，这是对 rRNA 功能的又一重要补充。

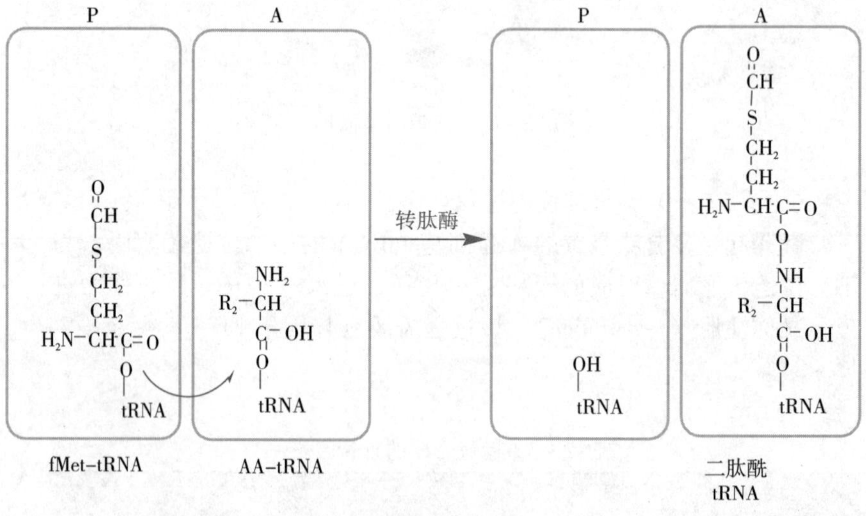

图 12-15 成肽

（三）EF-G 具有转位酶活性

肽键生成后，EF-G 结合并水解 1 分子 GTP，同时催化核蛋白体向 mRNA 的 3′侧移动。使肽酰-tRNA 进入核蛋白体的 P 位，而空载的 tRNA 进入了 E 位，并从 E 位被排出。A 位则空置，并对应下一位的遗传密码，准备下一轮的核蛋白体循环。如此循环，使肽链从 N 端向 C 端不断延伸。真核生物核蛋白体没有 E 位，因此空载的 tRNA 可从 P 位直接被排出。

三、终止密码子和释放因子决定翻译的终止

（一）肽链合成在遇到终止密码子后停止

终止过程需要释放因子（RF）的协助。原核生物的 RF 分为 RF-1、RF-2 和 RF-3。RF-1 可识别终止密码 UAG 和 UAA，RF-2 识别 UGA 和 UAA。RF 与终止密码子的结合诱导了在肽键延长中发挥作用的转肽酶的另一功能，即将水分子转移到酰基上，最终导致了多肽链的脱落（图 12-16）。

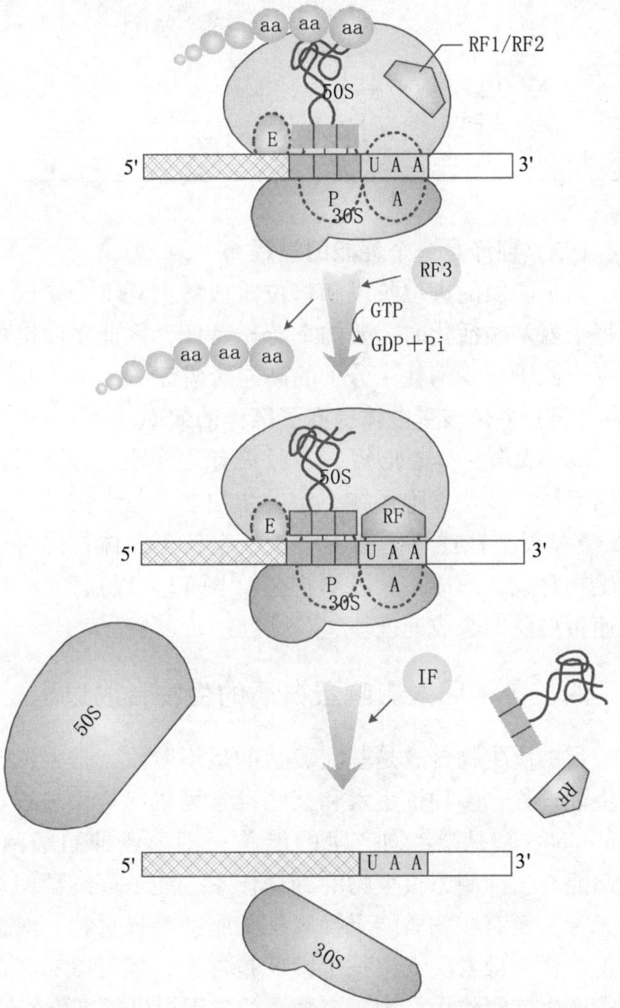

图 12-16　原核生物翻译终止过程

真核生物只有两种释放因子 eRF-1 和 eRF-3 参与终止过程。当终止因子出现时，GTP 结合 eRF-3，eRF-1 和 eRF-3-GTP 以复合物形式结合于核蛋白体 A 位，最终导致 mRNA 与核蛋白体分离，

大小亚基解聚，新形成的多肽链脱落。

真核生物和原核生物翻译过程的区别见表 12－9。

表 12－9 真核生物和原核生物翻译过程的区别

	原核细胞	真核细胞
起始复合物	70s 起始复合物	80s 起始复合物
起始过程	mRNA 通过 S－D 序列先与小亚基结合，再与起始 fmet－tRNA 结合。	起始 met－tRNA 先结合到小亚基上，然后在帽子结合蛋白（CBP）等因子的帮助下，mRNA 上的 AUG 辨认 met－tRNA 上的反密码，进入小亚基
IF	IF－1，IF－2，IF－3	至少 9 种 eIF
EF	EF－T（Tu，Ts） EF－G	EF－1（α、β、γ） EF－2
RF	RF－1（识别 UAA，UAG） RF－2（识别 UAA，UGA） RF－3	eRF－1 eRF－3

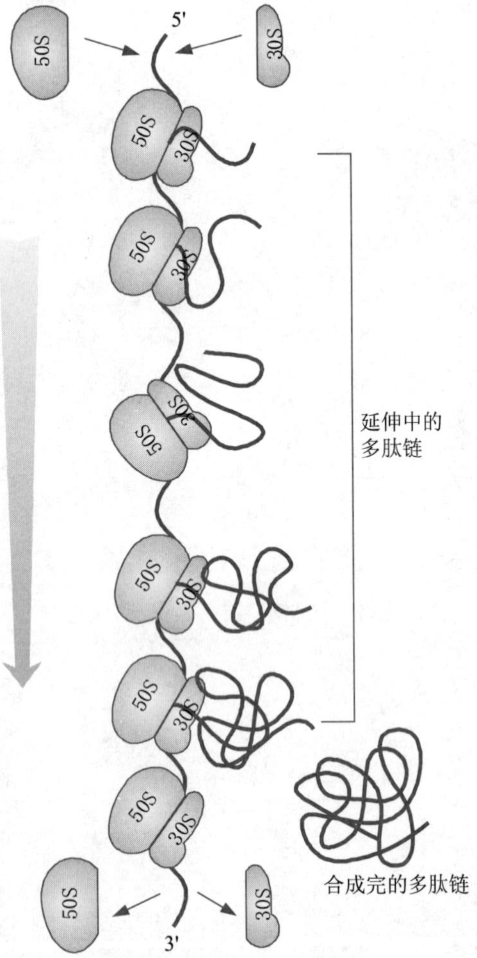

图 12－17 多聚核蛋白体

（二）翻译是一个耗能的过程

延长阶段的进位阶段和移位阶段各消耗 1 分子的 GTP，加上每个氨基酸活化时需要的 2 分子 ATP，因此多肽链中每新形成一个肽键至少消耗 4 分子的高能磷酸键。

（三）多聚核蛋白体提高了翻译的效率

mRNA 分子半衰期短，一般只有几分钟，必须保证高度的利用率，才能使细胞保持一定的蛋白质含量。因此，一条 mRNA 链模板上往往可附着 10～100 个核蛋白体，同时进行蛋白质生物合成，形成多聚核蛋白体（图 12－17），这样可以大大加速蛋白质的合成速度。

四、多种因素影响蛋白质的生物合成过程

蛋白质生物合成是基因表达的最终阶段，是人体十分重要的生理过程，多种抗生素和某些毒素可以影响该过程。抗生素（antibiotics）是微生物产生的能杀灭细菌或抑制细菌的药物，它们能专一抑制原核生物的翻译体系，能杀灭细菌但对真核细胞无害。而有些物质能干扰真核细胞的翻译过程，对人体造成损害，称为毒素。无论抗生素还是毒素，都可以对翻译的某一步骤产生抑制作用，为研究翻译的过程提供很有价值的信息。

（一）很多抗生素通过选择性阻断细菌的翻译过程而起抑菌作用

抗生素能够直接阻断原核生物的蛋白质生物合成过程而起杀菌或抑菌的作用。图 12－18 和表 12－10 列出了一些常见抗生素的作用位点。

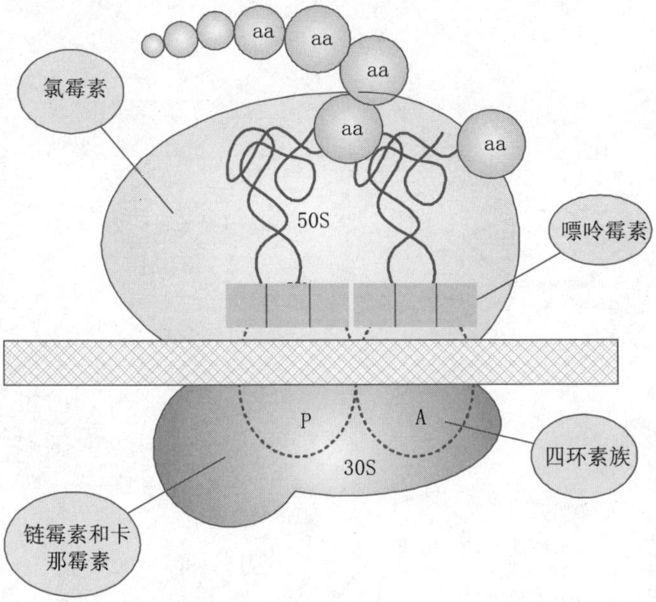

图 12－18　几种常见抗生素的作用位点

表 12－10　常见抗生素抑制蛋白质生物合成的原理

抗生素	作用位点	作 用 原 理
四环素族	原核核蛋白体小亚基	抑制氨基酰－tRNA 与 A 位结合
链霉素、卡那霉素	原核核蛋白体小亚基	改变小亚基构象，引起读码错误；高浓度可以抑制起始过程
氯霉素	原核核蛋白体大亚基	抑制转肽酶，阻断延长；高浓度可抑制真核生物的翻译过程
红霉素	原核核蛋白体大亚基	抑制转肽酶，妨碍转位
梭链孢酸	原核核蛋白体大亚基	与 EFG－GTP 结合，抑制肽链延长

（二）一些病毒和细胞因子能够干扰蛋白质的生物合成

白喉毒素（diphtheria toxin）是由白喉杆菌分泌的一种对真核生物有剧毒的外毒素，能将人致死。它是一种修饰酶，可催化真核生物的延长因子 eEF－2 发生 ADP 糖基化而失活，进而阻断肽链的延长过程，抑制真核生物的蛋白质生物合成（图 12－19）。其他如植物毒素蓖麻蛋白（ricin），也是剧毒物质。可催化真核生物核蛋白体大亚基的 28SrRNA 的特异腺苷酸发生脱嘌呤基反应，使大亚基失活，阻断真核细胞的蛋白质生物合成。

干扰素是真核细胞受到病毒感染后分泌的能对抗病毒的细胞因子，可以抑制病毒繁殖。干扰素根据产生的细胞和作用不同分为 3 种：白细胞产生的 α－干扰素、成纤维细胞产生的 β－干扰素和淋巴

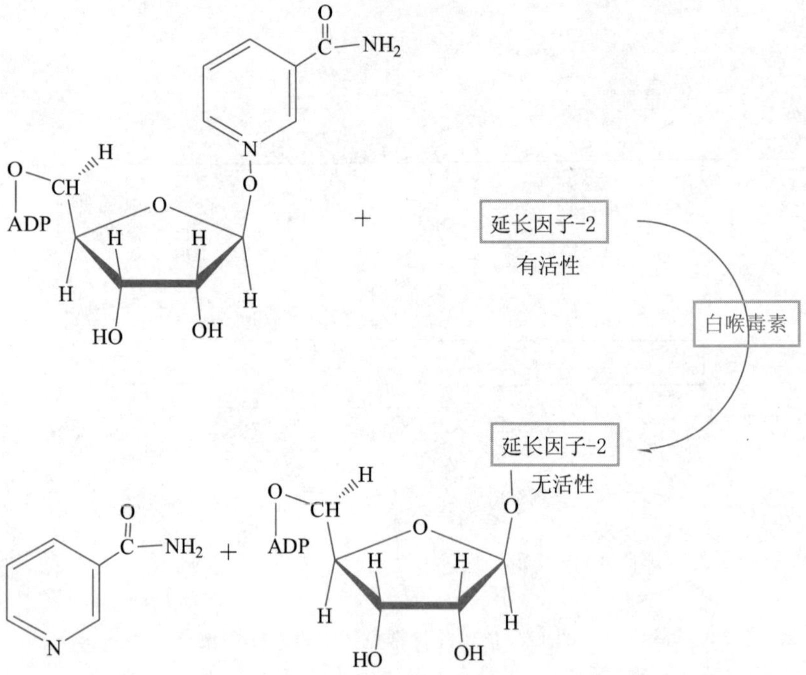

图 12－19 白喉毒素作用机制

细胞产生的γ－干扰素。干扰素抑制病毒的机制有两方面：①某些病毒的双链 RNA 可激活干扰素，干扰素进一步激活特异性蛋白激酶。特异性蛋白激酶使起始因子 eIF－2 磷酸化失活，从而抑制病毒蛋白质合成；②干扰素和病毒双链 RNA 共同活化特殊的 2′－5′A 合成酶，使 ATP 以 2′－5′磷酸二酯键连接，聚合成 2′－5′寡聚腺苷酸（2′－5′A）。2′－5′A 可活化特异性核酸内切酶 RNaseL，而使病毒 mRNA 发生降解，阻断病毒蛋白质生物合成。这两种机制互相独立，没有相互依赖关系（图 12－20）。此外，干扰素还有调节细胞生长分化、激活免疫系统等作用，临床应用十分广泛。现在，干扰素的基因工程产品已经进入临床应用，这必将使干扰素的应用前景更加可观。

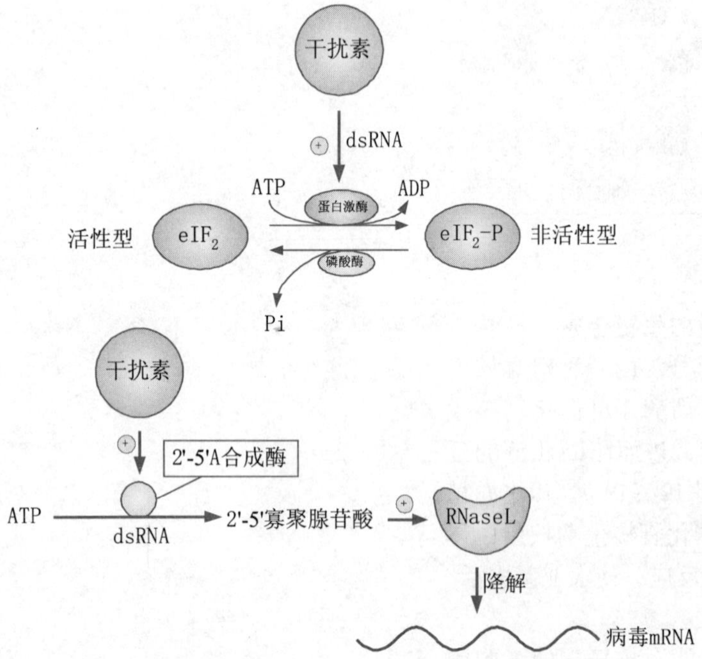

图 12－20 干扰素作用机制

第三节　蛋白质合成后的加工、修饰和输送

一、翻译初级产物要进一步加工才能成为有功能的蛋白质

翻译直接生成的只是没有特定的空间结构和功能的多肽链，要想成为有功能的蛋白质必需经过水解、修饰、折叠等翻译后加工过程（图12-21）。

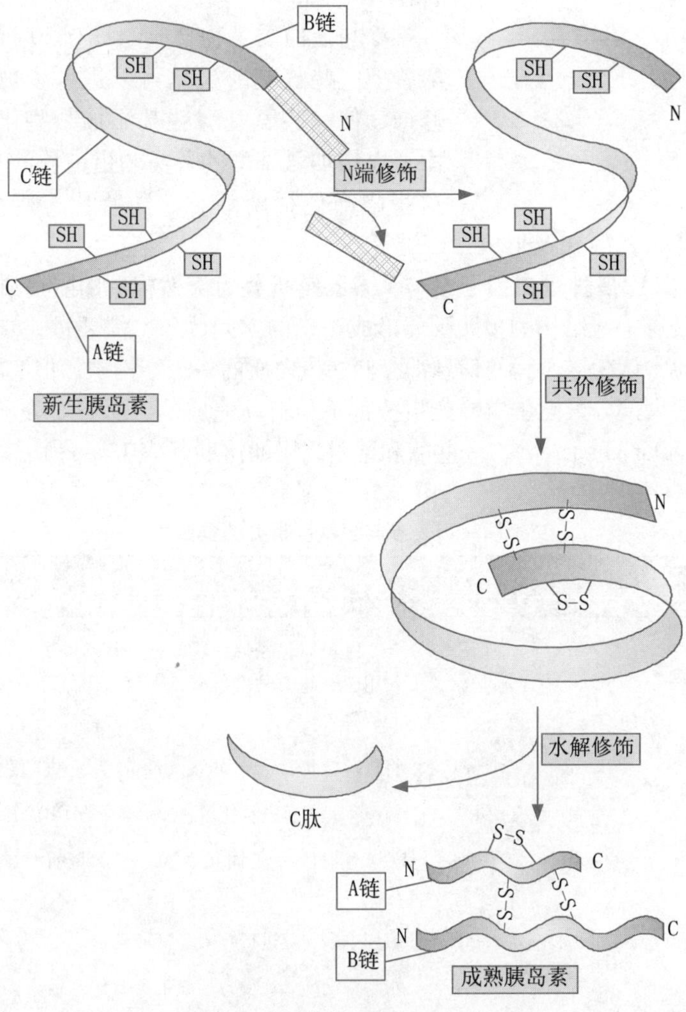

图12-21　胰岛素的翻译后加工、修饰

（一）新生多肽链的N端要被切除

蛋白质生物合成过程中，原核生物的N端总是甲酰甲硫氨酸，而真核生物的是甲硫氨酸。但天然蛋白质大多数并不以上述氨基酸作为N端的第一个氨基酸，它们会被相应的酶所切除。这一过程，可以在肽链合成中进行，不一定要到合成结束才进行。

（二）大分子多肽链水解后可产生多种小分子活性肽

一些蛋白质在合成之初是一条完整的多肽链，可被进一步水解为一些小的多肽链。这些小的多肽链可以分别具有不同的生理功能，如阿皮素原（POMC）水解为多种不同的肽类激素（图12－22）；也可以重新以二硫键或非关键键连接为具有高级结构的蛋白质，如胰岛素（图12－21）、血红蛋白。

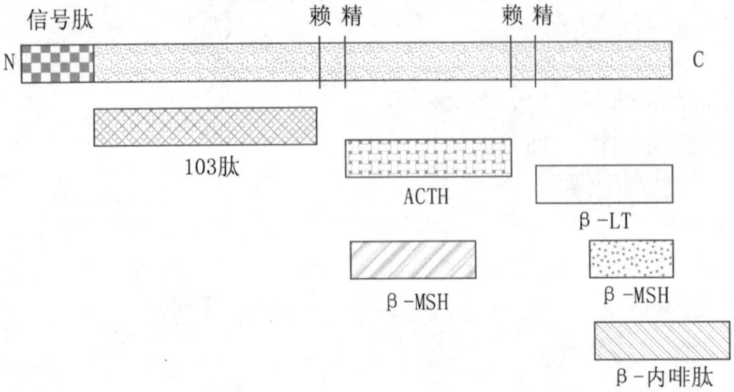

图12－22 POMC

（三）多肽链上个别氨基酸要进行共价修饰

参与蛋白质生物合成的只有20种氨基酸，但一些氨基酸残基可以进一步被共价修饰，使一些氨基酸残基添加某些化学基团，以增加氨基酸的种类和蛋白质的功能。这些修饰包括磷酸化、羧基化、羟基化、甲基化、乙酰化及形成二硫键等。

（四）多种蛋白因子参与了多肽链折叠为天然构象的蛋白质

具有一级结构的多肽链要形成正确的空间构象，需要进一步的折叠。通常认为该过程的信息都存储在蛋白质的一级结构中，但实际上，细胞中大部分天然蛋白质的折叠都不是自动完成的，而需要分子伴侣（molecular chaperon）、一些酶和蛋白因子的协助（表12－11）。

表12－11 参与多肽链折叠的蛋白质

	原核生物	真核生物	功 能
分子伴侣	DnaK	Hsp70	与ATP结合，保持肽段的伸展状态，防止因疏水作用而引起的错误折叠；水解ATP，利于肽链正确折叠
	DnaJ	Hsp40	将待折叠肽段导向DnaK（Hsp70）－ATP复合物
	GrpE	GrpE	与DnaJ（Hsp40）作用，促进ATP/ADP交换
	GroEL	Hsp60	为7聚体，形成桶状空腔，为肽链折叠提供微环境
	GroES	Hsp10	封闭空腔，促进折叠微环境形成
蛋白二硫键异构酶			水解错配的二硫键，形成正确折叠
肽－脯氨酰顺反异构酶			促进肽酰－脯氨酸顺反异构体的转换，形成正确折叠

1. 分子伴侣能促进蛋白质的正确折叠　分子伴侣是细胞中一类保守蛋白质，可识别多肽链的非天然构象，促进蛋白质天然构象的形成。分子伴侣具有以下功能：①创建一个隔离的、相对疏水的环境，使蛋白质可在此正确折叠；②封闭待折叠蛋白质暴露的疏水区域；③促进正确折叠、去聚合；④在应激时，使已折叠的蛋白质去

折叠。细胞中有两大类分子伴侣，一类是与核蛋白体结合的分子伴侣，另一类是非核蛋白体结合的分子伴侣。前者包括触发因子和新生链相关复合物。后者主要包括热休克蛋白（heat shock protein，Hsp）家族和伴侣素（chaperonins）家族。在此主要介绍非核蛋白体结合的分子伴侣。

（1）热休克蛋白属应激反应蛋白　在高温应激下，该蛋白合成增加。原核生物中主要有 3 族：DnaK、DnaJ 和 GrpE；与之相对应，真核生物的热休克蛋白包括 Hsp70、Hsp40 和 GrpE。热休克蛋白的作用见图 12－23。

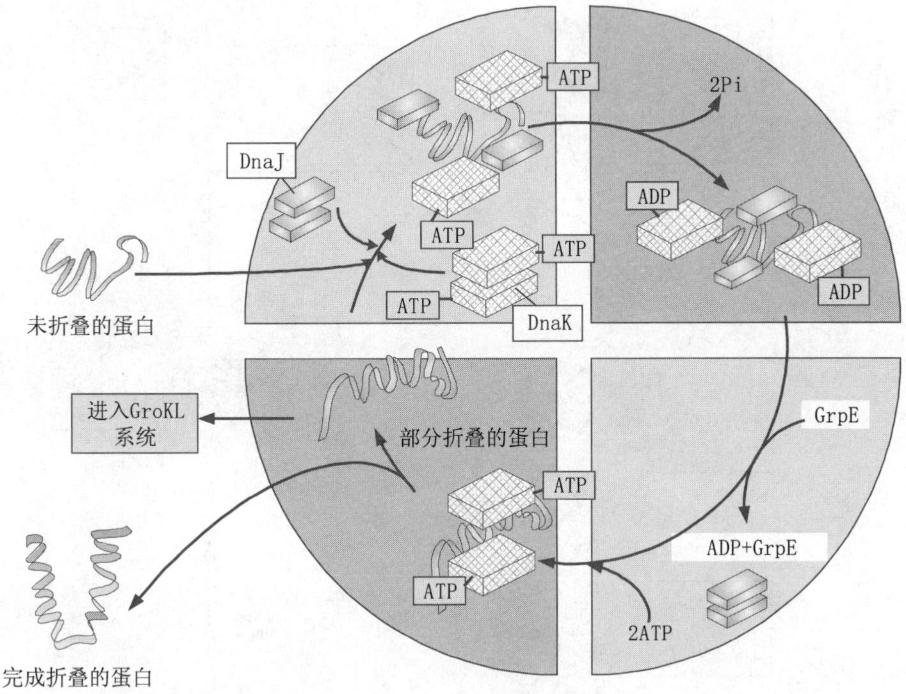

图 12－23　热休克蛋白的作用

热休克蛋白可以促进需要折叠的多肽链折叠为有天然构象的蛋白质，详细过程如下：①DnaJ 结合未折叠的和部分折叠的多肽链，并将它们导向 DnaK－ATP 复合物；②DnaJ 激活 DnaK 的 ATP 酶活性，水解 ATP 生成 ADP，形成稳定的 DnaJ－DnaK－ADP－多肽链复合物；③在其他酶和蛋白因子的作用下，多肽链完成折叠；④GrpE 与 DnaJ 作用，促进 ADP 交换 ATP，使复合物变得不稳定而迅速解离，释放出正确折叠的蛋白质多肽链。而未完成的部分折叠的多肽链将连同未折叠的多肽链进入下一轮结合－解离循环。

人体细胞中热休克蛋白家族广泛存在于胞浆、胞核、内质网等细胞器中，涉及多种细胞保护机制。如蛋白质变性后，可通过上述机制与变性蛋白质暴露的疏水基团结合，促使其重新进行正确的折叠。

（2）伴侣素为蛋白质的折叠提供相对疏水的微环境　原核生物

的伴侣素主要包括 GroEL 和 GroES，它们在真核生物中的同源物是 Hsp60 和 Hsp10。

GroEL 由 2 组 60kD 的相同亚基 7 聚体组成“桶状”的空腔，而 GroES 为 10kD 同亚基 7 聚体，形成“盖子”结构（图 12－24）。未折叠的多肽链进入 GroEL 形成的空腔后，GroEL 与 ATP 结合，同时 GroES“盖子”封闭空腔，为多肽链的天然折叠提供相对疏水的微环境。折叠完成后，ATP 水解为 ADP，GroES“盖子”解离，释放完成折叠的蛋白质。而未完成折叠的多肽链连同未折叠的多肽链将重复以上过程，直到蛋白质形成天然的空间构象。

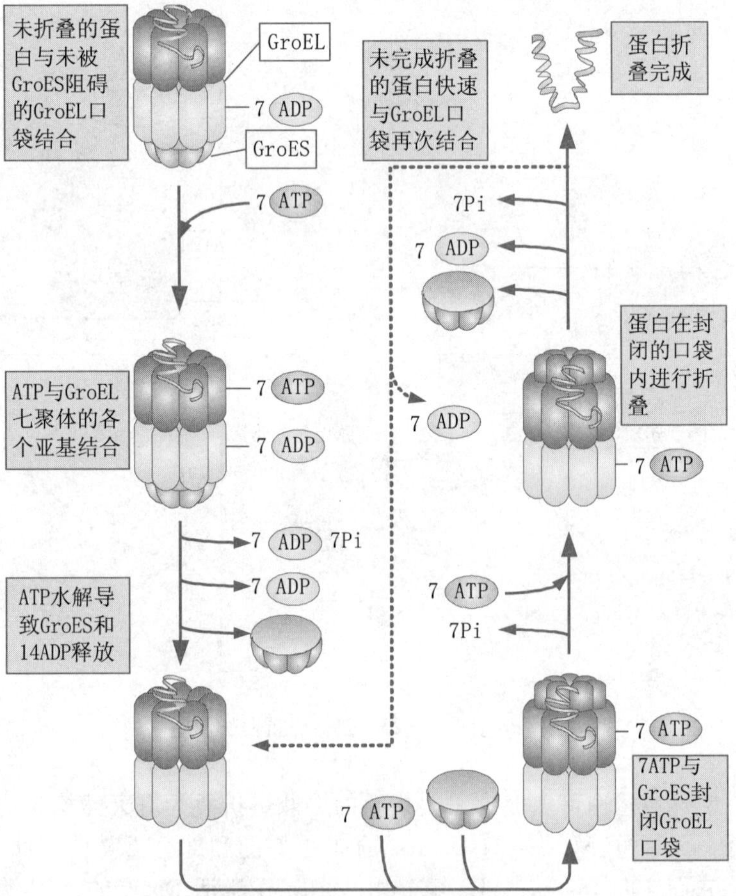

图 12－24 伴侣素作用

分子伴侣并未真正催化或加快多肽链的折叠反应，而是通过提供微环境以及消除不正确折叠，以增加功能性蛋白质的产率。

2. 蛋白二硫键异构酶催化正确的二硫键形成 天然蛋白质的链内和链间有大量的二硫键，错配的二硫键，影响蛋白质的结构和功能。蛋白二硫键异构酶能够催化错配的二硫键断裂并形成正确的二硫键连接，最终使蛋白质正确折叠。

3. 肽－脯氨酰顺反异构酶是蛋白质三维构象形成的限速酶 在新生成的多肽链中，肽酰－脯氨酸间都是反式构型，而天然蛋白质中有约10%左右的该肽键是顺式构型。肽－脯氨酰顺反异构酶可催化这种顺反构型间的转换，使多肽链形成正确的折叠。

（五）折叠后的蛋白质还要经过空间结构的修饰

一些蛋白质在完成多肽链的正确折叠后，还需要经过某些空间结构的修饰（表12－12），才能最终形成具有完全生物学功能的蛋白质。

表12－12　空间结构的修饰方式

修饰方式	举　例
亚基聚合	血红蛋白 $\alpha_2\beta_2$ 亚基的聚合
辅基连接	糖蛋白糖基侧链的连接
疏水脂链的共价连接	Ras蛋白脂肪酸链的连接

二、蛋白质要靶向输送到适当的功能部位

蛋白质在核蛋白体合成后，要被靶向输送到适当的部位才能发挥功能。真核生物在细胞浆中合成的蛋白质，最终有4个去路：留在细胞浆；进入细胞核；进入线粒体或其他细胞器；分泌到细胞外。一般在蛋白质N末端有特异的氨基酸序列，可引导蛋白质转运到不同的靶部位，称为信号序列（signal sequence，表12－13），是决定蛋白质靶向输送的最主要元件。

表12－13　几种信号序列的保守核心序列

靶向输送蛋白	信号序列或成分
分泌蛋白	N端信号肽
内质网腔蛋白	N端信号肽，C端－Lys－Asp－Glu－Leu－COO^-（KDEL序列）
线粒体蛋白	N端喜欢序列（20～35氨基酸残基）
核蛋白	核定位序列（－Pro－Pro－Lys－Lys－Lys－Arg－Lys－Val－，SV40T抗原）
过氧化体蛋白	C端－Ser－Lys－Leu－（SKL序列）
溶酶体蛋白	Man－6－P（甘露糖－6－磷酸）

（一）分泌蛋白要被转运到细胞外

分泌蛋白质的N端保守信号序列又称为信号肽（signal peptide），约13～36氨基酸残基。信号肽包括N端的碱性区，中间的疏水核心区及C端的加工区3部分。碱性区含1个或几个带正电荷的碱性氨基酸残基；疏水核心区主要由10～15个疏水性中性氨基酸残基组成；而加工区多含极性、小侧链的氨基酸残基，如甘氨酸、丝氨酸等。

分泌蛋白质的靶向输送过程（图 12－25）如下：①当核蛋白体合成分泌蛋白质最初包括信号肽在内的约 70 个氨基酸残基的时候，信号肽可被胞浆中的信号肽识别颗粒（signal recognition particles，SRP）识别。SRP 是由 6 个多肽亚基和 1 个 7S－RNA 组成的复合体，可结合 GTP，有 GTP 酶活性；②SRP－GTP 与信号肽结合并使核蛋白体的翻译暂停，形成 SRP－GTP－信号肽－核蛋白体复合体；③内质网膜上有 SRP 受体，又称 SRP 对接蛋白（docking protein，DP）以及核蛋白体受体，可分别识别复合体中的 SRP 及核蛋白体大亚基，并与之结合；④GTP 水解，使 SRP 解离再利用，多肽链合成继续进行。此时核蛋白体通过大亚基锚定在内质网膜上，同时新合成的多肽链也通过信号肽插入内质网膜而向内质网腔内延伸；⑤当多肽链合成到 80% 左右的时候，内质网腔内的信号肽酶可以识别紧接着信号肽的信号肽酶裂解位点，而切除信号肽；⑥蛋白质合成完成后，经滑面内质网进入高尔基体，在此过程中被逐步加工、修饰、折叠为有功能的分泌蛋白质，最后经胞吐作用被分泌到细胞外。

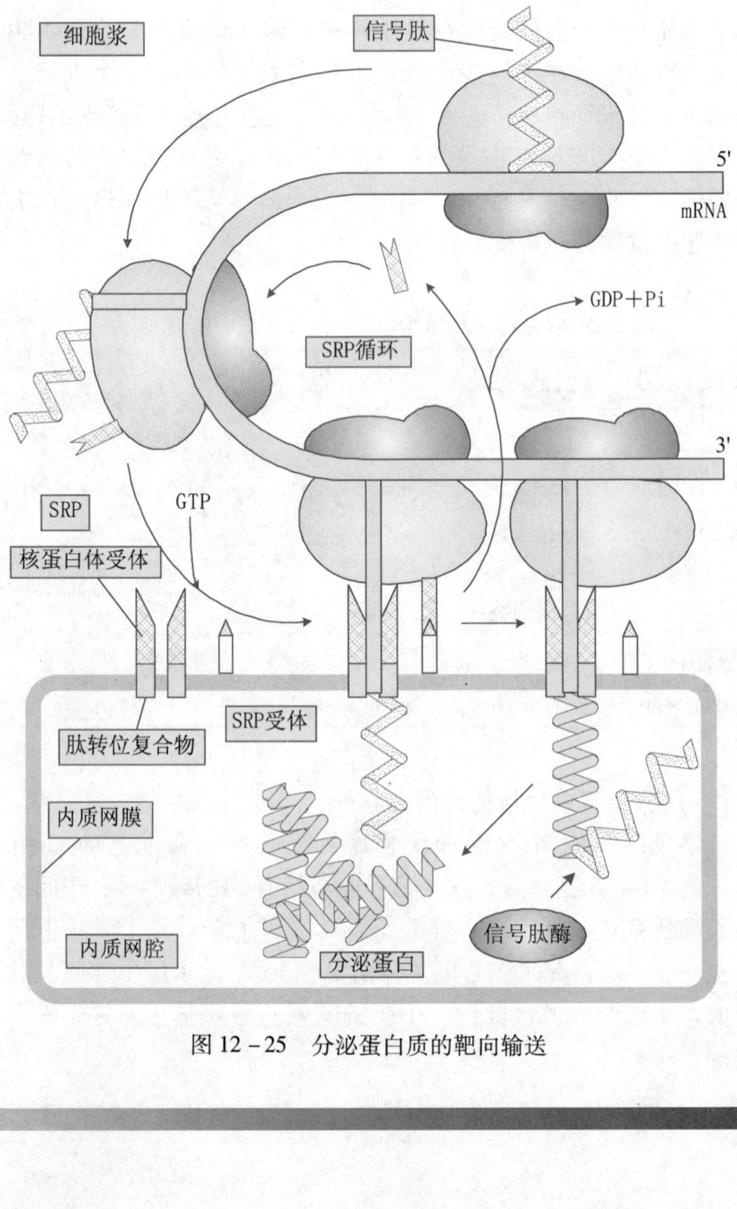

图 12－25　分泌蛋白质的靶向输送

（二）线粒体蛋白被转运进线粒体后加工成熟

90%以上的线粒体蛋白不是在线粒体内合成的，而是在胞浆合成后，在输送进线粒体内。它们的N端都有一段20～35氨基酸残基信号序列，称为导肽，富含丝、苏及碱性氨基酸残基。

线粒体基质蛋白的靶向输送过程（图12－26）如下：①新合成的线粒体蛋白前体与Hsp70结合；②信号序列可以识别线粒体外膜的受体复合物，并与之结合；③Hsp70水解ATP为ADP释能，使线粒体蛋白前体经线粒体外膜转运体（Tom）和内膜转运体（Tim）共同组成的跨内外膜蛋白通道进入线粒体内；④信号序列被水解掉，而线粒体蛋白前体在分子伴侣的协助下折叠为成熟的线粒体蛋白。

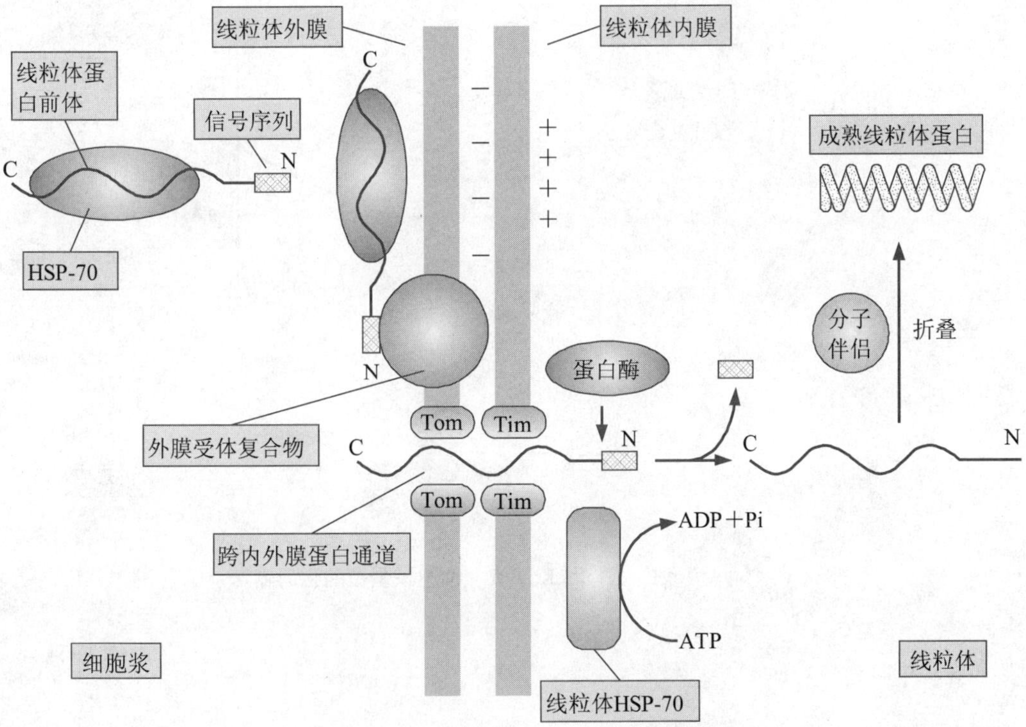

图12－26　线粒体蛋白的靶向输送

（三）核蛋白被靶向输入细胞核内

可被靶向输入细胞核的核蛋白都含有特异的信号序列，称为核定位序列（nuclear localization sequence，NLS）。NLS为4～8氨基酸残基的短序列，富含带正电荷的赖、精和脯氨酸。NLS不一定在N末端，可能位于肽链的不同部位。而且NLS在蛋白质进入核内后并不被切除。

核蛋白靶向输送的过程（图12－27）如下：①胞浆中含有核输入因子，一种由α和β-亚基组成的杂二聚体，可以识别NLS并与核蛋白结合；②一种小 GTP 酶 Ran 蛋白水解 GTP 释能，使核输入因子－核蛋白复合物经核孔进入细胞核内；③进入细胞核内后，核输入因子的 β 亚基和 α 亚基先后解离，经核孔进入细胞浆被再利用。

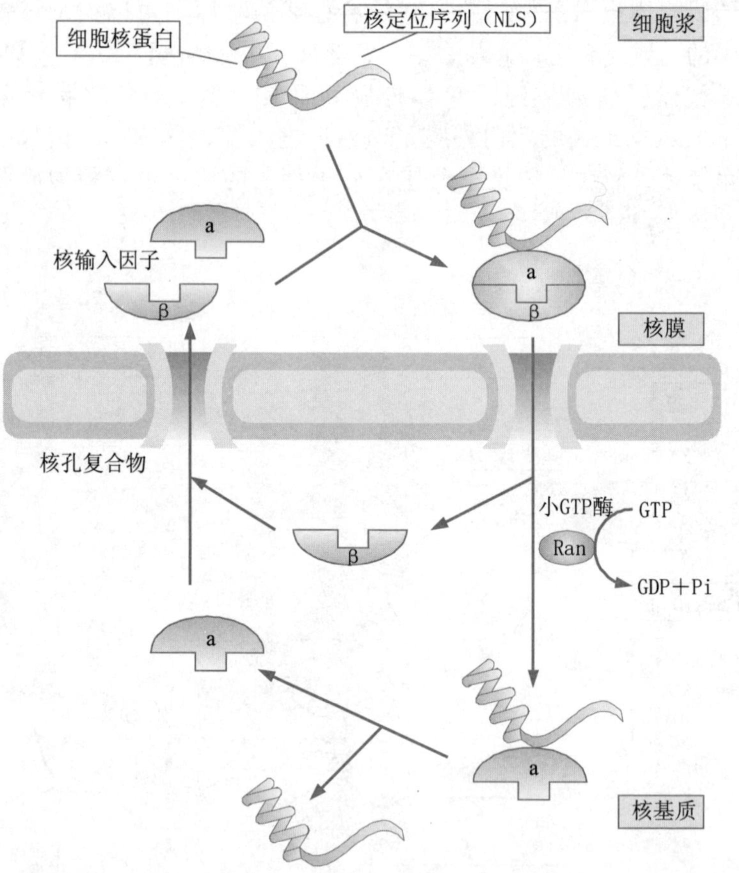

图 12－27　细胞核蛋白的靶向输送

（李雪松）

第十三章　基因表达调控

内 容 提 要

基因表达调控是生物化学与分子生物学研究的重点内容。原核生物和真核生物因为基因组结构的差异，而具有不同的调控方式（表 13－1）。原核生物的基因表达调控以操纵子学说为主，而真核生物的基因表达调控是通过顺式作用元件与反式作用因子的相互作用来实现的。

表 13－1　真核生物与原核生物基因组结构的不同

	原核生物	真核生物
基因数目	少	多
基因转录产物	多顺反子	单顺反子
重复序列	少	多
基因连续性	连续基因	断裂基因

第一节　基因表达调控的基本原理

一、原核生物和真核生物享有共同的基因表达调控基本规律

基因表达（gene expression）是指从 DNA 到 RNA 的转录过程及 RNA 到蛋白质的翻译过程。虽然原核生物和真核生物在基因表达调控的具体机制上差别很大，但它们都遵循一些共同的基本规律（图 13－1）。

（一）基因表达具有时空特异性

管家基因（houskeeping gene）是指表达产物对生命全过程都必需，在生物个体的几乎所有细胞中持续表达或变化很小的基因。时间特异性（temporal specificity），又称为阶段特异性（stage specificity）是指基因的表达根据功能需要按一定的时间顺序发生。空间特异性（spatial specificity），又称组织特异性（tissue specificity）是指基因产物在个体的不同组织或器官表达。

（二）正调控和负调控是普遍存在的基因表达调控方式

这是生物体为适应外界环境的改变而表现出来两种基本应答方

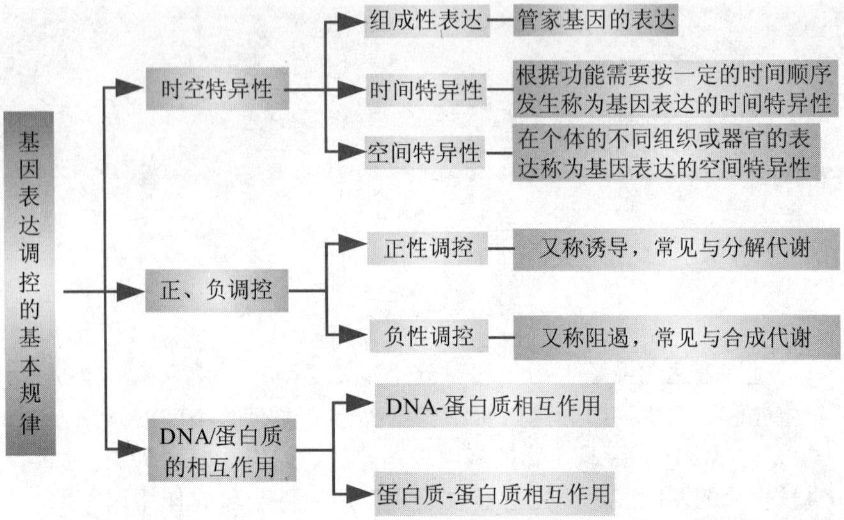

图 13－1 基因表达调控的基本规律

式，而真核生物以正调控的方式为主。正调控和负调控不是毫无联系的，它们只是同一事务的两种不同表现形式，如原核生物的乳糖操纵子就是一个典型的正调控和负调控协调统一的模型。

（三）DNA/蛋白质的相互作用是基因表达调控的分子基础

DNA 双螺旋结构形成的大沟和小沟，特别是大沟，是调节蛋白与 DNA 相互作用的结构基础。调节蛋白之间通过蛋白质－蛋白质的相互作用，调节特异基因的表达。

二、转录起始是基因表达调控的基本控制点

由于基因表达在各个阶段的改变，都会影响最终的表达结果，因此基因表达的调控是多层次的复杂调节（图 13－2）。影响基因表达的主要阶段包括：转录起始、转录后加工修饰、转录产物的细胞

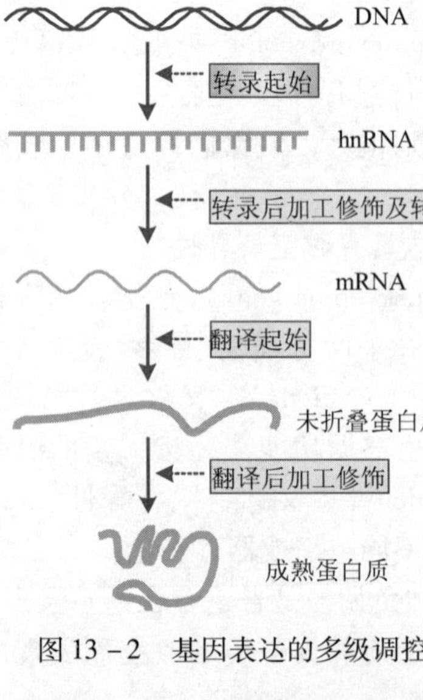

图 13－2 基因表达的多级调控

内转运、翻译起始以及翻译后加工修饰等。这其中，发生在转录起始水平上的调控对基因表达起最至关重要的作用，是基因表达调控的基本控制点。

第二节　原核生物的基因表达调控

一、操纵子理论是原核生物基因表达调控的基本机制

1961 年，Jacob 和 Monod 提出的操纵子理论是研究原核生物基因表达调控的重要理论。操纵子是原核生物的基本转录单位，由结构基因、调控序列及其上游远端的阻遏蛋白基因组成（图 13 -3）。

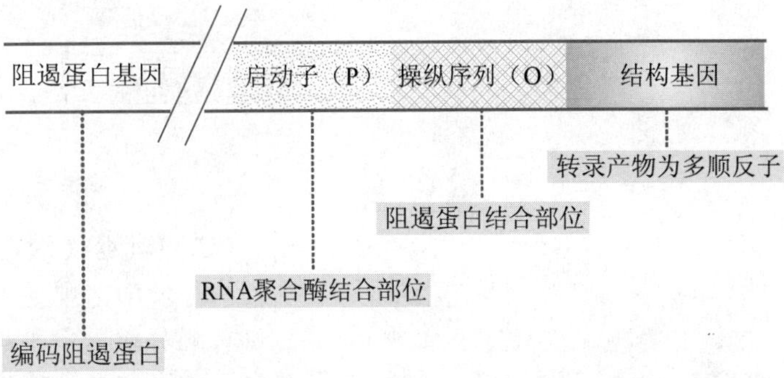

图 13 -3　操纵子的基本结构

结构基因编码原核生物代谢所需要的某些酶。调控序列由启动子（promoter，P）和操纵序列（operator，O）组成，位于结构基因的上游。

启动子，又称启动序列，是 RNA 聚合酶辨认、结合的部位。包括：-35 区的 TTGACA 核心序列；和 -10 区的 TATAAT 的核心序列。-10 区又称 Pribnow 盒（Pribnow box）。

操纵序列长约 26bp，位于启动子和结构基因之间，并与它们在序列上有部分重叠。

阻遏蛋白基因编码的阻遏蛋白（repressor）能够结合和封闭操纵序列。阻遏蛋白受小分子化合物，如代谢产物或底物的影响而发生变构，进而调控结构基因的转录。

二、乳糖操纵子是原核生物转录水平上的调控方式

乳糖操纵子（*lac* operon）是最早被发现的操纵子，有关它的结构和功能研究得也最为清楚。乳糖操纵子各调控序列和结构基因的位置和功能关系如图 13 -4。乳糖操纵子的结构基因编码 3 种酶，分别是 *lacZ* 编码的半乳糖苷酶、*lacY* 编码的通透酶和 *lacA* 编码的半乳糖苷转乙酰基酶，它们都是细胞利用乳糖时所需的各种酶类。

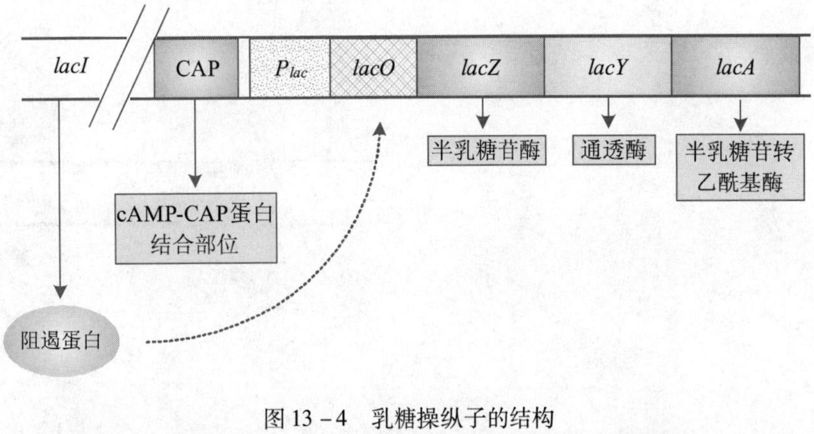

图 13 -4　乳糖操纵子的结构

（一）没有乳糖（别乳糖）存在时乳糖操纵子关闭

阻遏蛋白基因属于组成性表达，产生的阻遏蛋白形成四聚体，

随即与 *lacO* 结合并阻止与 P_{lac} 结合的 RNA 聚合酶向下游移动，关闭转录（图 13－5）。这种阻遏机制，保证了乳糖操纵子通常情况下仅处于基础表达状态，只有约 1/100 的基因有表达活性，避免了营养物质和能量的浪费。

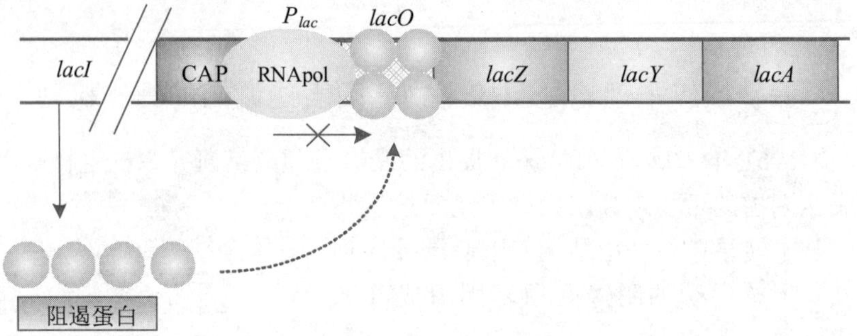

图 13－5 *lacO* 的关闭

（二）乳糖（别乳糖）能使乳糖操纵子开放

当环境中出现乳糖后，在通透酶的作用下进入细胞内，并被半乳糖苷酶分解为半乳糖，最新研究表明，半乳糖很快又聚合形成别乳糖，真正对乳糖操纵子起作用的是别乳糖，别乳糖是乳糖操纵子的天然诱导物，可使阻遏蛋白发生变构而失去与 *lacO* 结合的能力。RNA 聚合酶就可以顺利的通过 *lacO* 而开始转录，并翻译产生细胞利用乳糖所需的各种酶类。异丙基硫代半乳糖（isopropylthiogalactoside，IPTG）是乳糖操纵子更强的诱导物，常作为基因工程和其他分子生物学实验中的诱导剂。*lacO* 的开放见图 13－6。

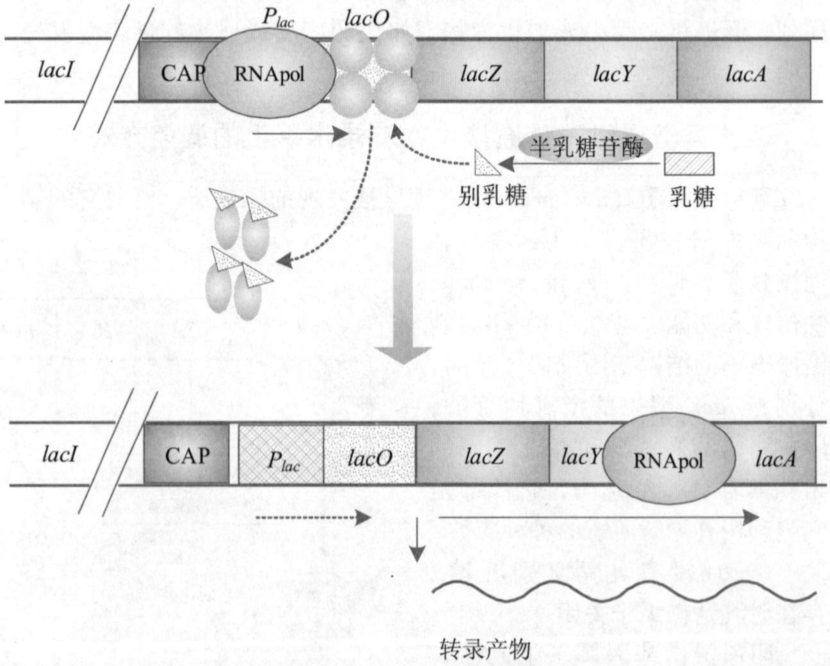

图 13－6 *lacO* 的开放

（三）cAMP－CAP 系统介导乳糖操纵子的正性调控

乳糖操纵子的启动子 P_{lac} －35 区/－10 区的序列为 TTTACA/TATGTT，不是典型的 TTGACA/TATAAT 序列，是弱启动子。即使 *lacO* 开放，仍需一种正性调控方式才能使 RNA 聚合酶启动转录。在 P_{lac}上游－60 区有一个 CAP（分解代谢物基因活化蛋白）结合位点，核心序列为 TGTG…TCTN。当 cAMP 与 CAP 结合后，会使其变构而生成二聚体。随后 cAMP－CAP 复合物与 CAP 结合位点结合，由 CAP 与 RNA 聚合酶的蛋白质－蛋白质相互作用促进转录起始，大大提高乳糖操纵子的表达活性（图 13－7）。

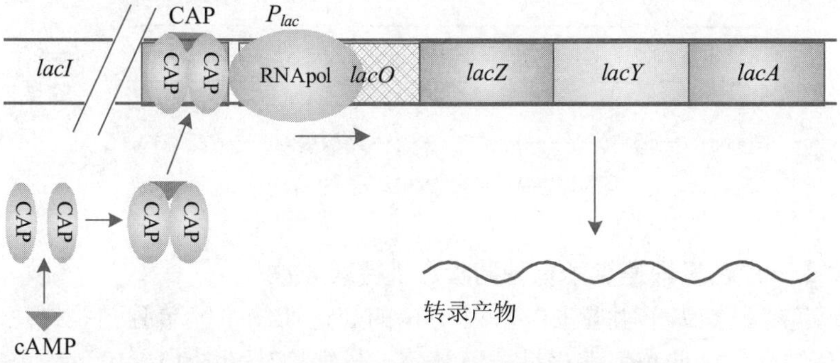

图 13－7　cAMP－CAP 对乳糖操纵子的正调控

（四）乳糖操纵子保证原核生物优先利用葡萄糖

阻遏蛋白所介导的负性调控和 CAP 介导的正性调控在原核生物体内是协调合作的。当细胞内同时存在乳糖和葡萄糖时，葡萄糖分解抑制腺苷酸环化酶的活性，减少 cAMP 的合成。细胞内 cAMP 的浓度不足以结合并活化 CAP，而使乳糖操纵子不能起始转录。只有当乳糖存在而葡萄糖消耗完毕时，乳糖通过半乳糖使 *lacO* 开放；同时细胞内 cAMP 浓度增高，活化 CAP 并与 CAP 结合位点结合，刺激转录起始，乳糖才被利用。这种协调合作的调控方式（图 13－8），保

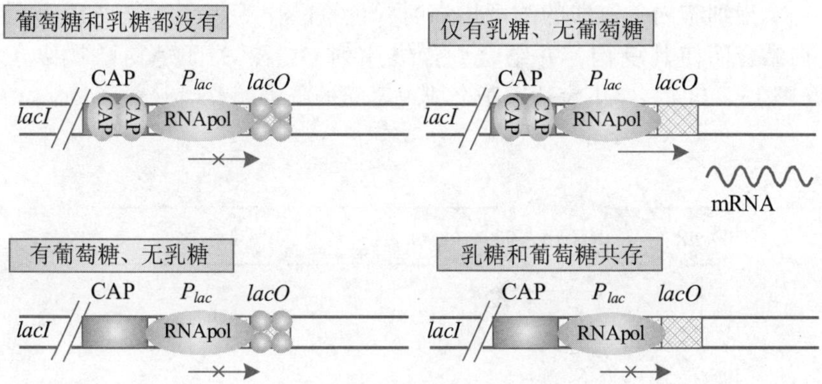

图 13－8　乳糖操纵子的协调表达

证了葡萄糖是原核生物优先利用的能源，只有葡萄糖不存在时才利用乳糖。

三、色氨酸操纵子是原核生物转录－翻译偶联的调控方式

不同于分解代谢所需的乳糖操纵子，合成代谢的色氨酸操纵子（*trp* operon）有不同的结构和基因表达调控方式。色氨酸操纵子的结构基因包括 *trp*E、*trp*D、*trp*C、*trp*B 和 *trp*A，分别编码合成色氨酸所需的 5 种酶。在色氨酸操纵子的结构基因和操纵序列之间，还包括一段前导序列基因 *trp*L（图 13－9）。

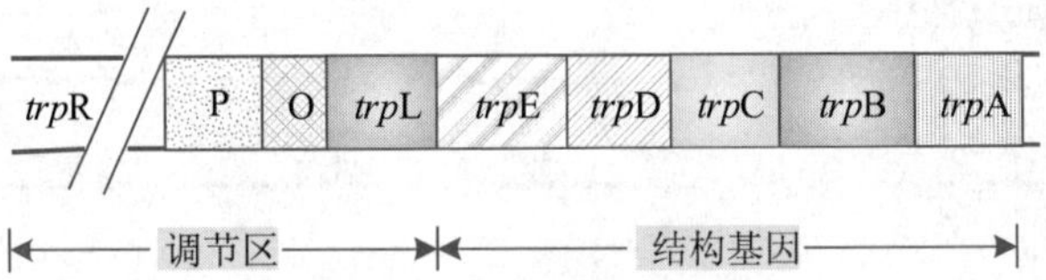

图 13－9　色氨酸操纵子的结构

（一）色氨酸操纵子在基础状态下持续开放

色氨酸操纵子阻遏蛋白基因 *trp*R 的表达产物不能单独与操纵序列 O 结合，因此色氨酸操纵子通常处于开放状态（图 13－10）。

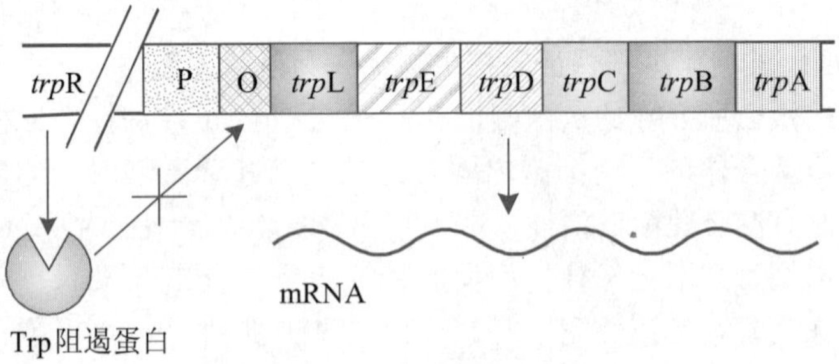

图 13－10　色氨酸操纵子的开放状态

（二）色氨酸可以诱导色氨酸操纵子的关闭

当细胞内色氨酸的浓度增高时，色氨酸作为辅阻遏物与阻遏蛋白结合而使其变构，并结合到操纵序列 O 上，关闭色氨酸操纵子（图 13－11），停止表达用于合成色氨酸的各种酶。

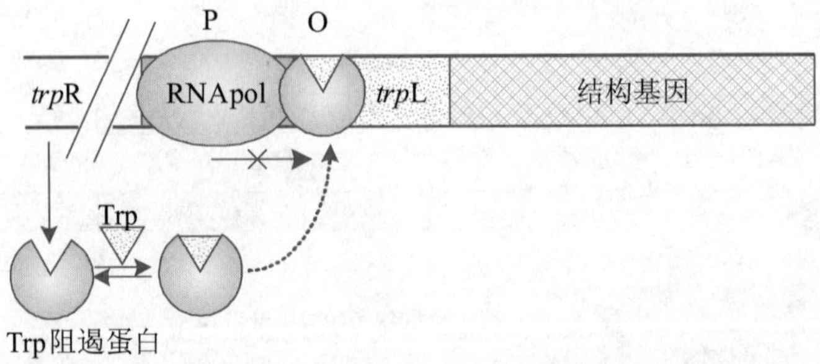

图 13－11　色氨酸操纵子的关闭状态

（三）衰减子介导色氨酸的转录衰减

色氨酸操纵子的有效关闭，还需要一种衰减机制的协同作用。转录衰减（transcription attenuation）是指在转录正常启动的情况下，在第一个结构基因 trpE 前使转录突然停止的过程。这种作用是由前导序列 *trp*L 通过转录－翻译偶联实现的。

前导序列的功能如下：

1. 它可以转录生成一段 161 核苷酸长的，内含 4 个短序列前导 mRNA。

2. 序列 1 有独立的起始和终止密码子　可以在转录后立即翻译出一段 14 个氨基酸残基的前导肽，前导肽的第 10 位，第 11 位是两个连续的色氨酸残基。

3. 序列 1/2，序列 3/4，及序列 2/3 都可以形成发夹结构。

4. 序列 4 的下游有连续的尿嘧啶核苷酸（U）序列（图 13－12）。

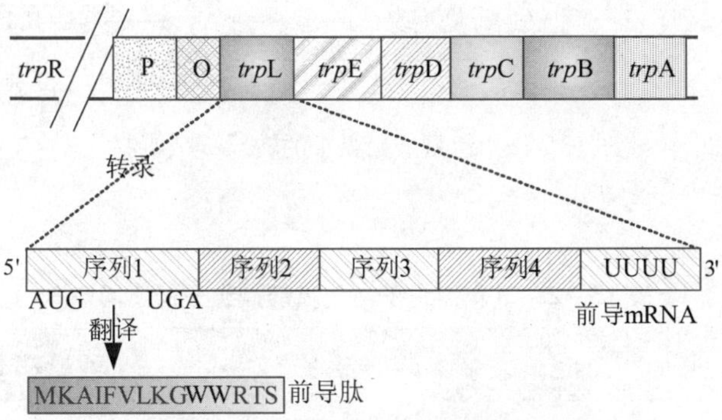

图 13－12　色氨酸操纵子的前导序列

转录衰减的具体机制如下：①当色氨酸的浓度较低时，前导肽的翻译因色氨酸量的不足而停止在第 10/11 位，核蛋白体停留在序列 1，因此前导 mRNA 倾向于形成更加稳定的序列 2/3 发夹结构，转录向下继续进行，无衰减作用；②当色氨酸的浓度较高时，前导肽的翻译顺利完成，核蛋白体封闭序列 2，因此序列 3/4 形成发夹结构，连同其下游的多聚 U 就构成了可使转录终止的衰减子结构，转录终止（图 13－13）。原核生物这种只有在细胞内色氨酸浓度低时才表达色氨酸合成酶系，而高浓度时通过阻遏作用和转录衰减机制共同关闭表达的方式，保证了营养物质和能量的合理利用。乳糖操纵子与色氨酸操纵子的不同点见表 13－2。

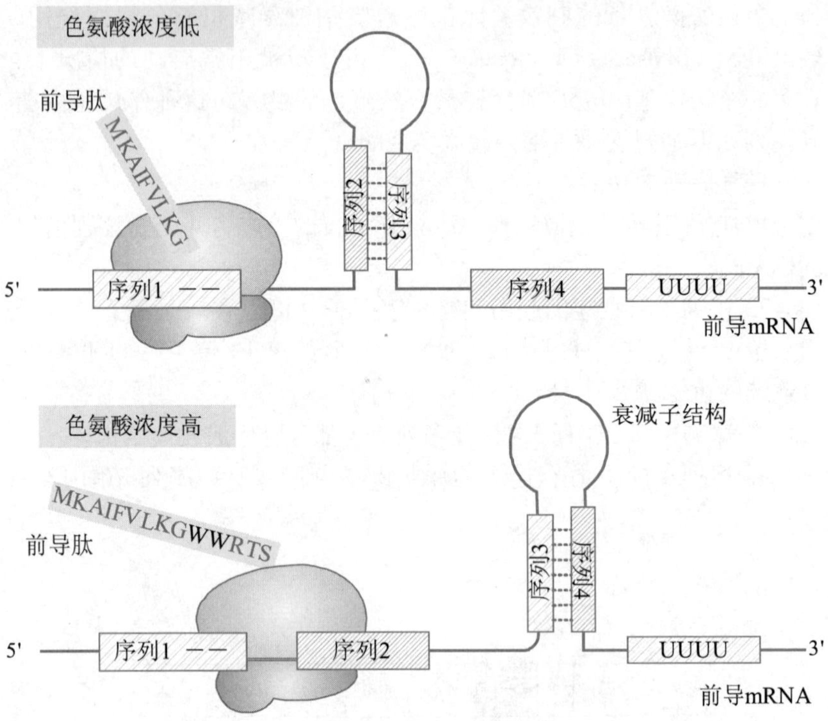

图 13－13 色氨酸操纵子的转录衰减机制

表 13－2 乳糖操纵子与色氨酸操纵子的不同点

	乳糖操纵子	色氨酸操纵子
结构基因表达产物	用于分解代谢	用于合成代谢
阻遏蛋白	可以和 O 序列结合	不可以和 O 序列结合
前导序列	无	有
CAP 位点	有	无
正调控机制	有	无
转录衰减机制	无	有

第三节 真核生物的基因表达调控

一、顺式作用元件是调控真核生物基因表达的 DNA 序列

在分子遗传学中，相对于同一个分子或染色体而言称为顺式（cis），相对于不同的分子或染色体而言称为反式（trans，图 13－14）。顺式作用元件（cis－acting element）是指可影响自身基因表达

活性的 DNA 序列。真核生物的顺式作用元件按其功能的不同可分为：启动子、增强子和沉默子。

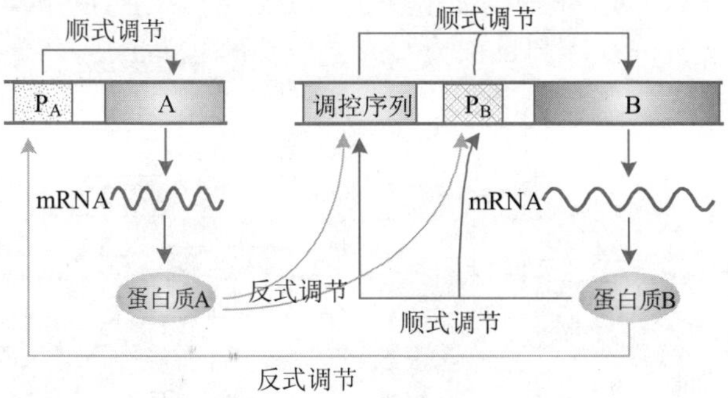

图 13－14　顺式调节与反式调节

（一）启动子是引发转录起始的顺式作用元件

真核生物启动子（图 13－15）包括转录起始点及至少一个功能组件，这些功能组件往往具有相同或相似的核心序列。真核生物有 3 种 RNA 聚合酶，各自具有不同的启动子（表 13－3），这里主要介绍 RNA 聚合酶Ⅱ的启动子。

表 13－3　真核生物 3 种 RNA 聚合酶的启动子

	名称	位置	核心序列
RNA 聚合酶Ⅱ	TATA 盒	－25～－30bp	TATAAAA
	Inr	转录起始点附近	Y－Y－A－N－T/A－Y－Y－Y
	GC 盒	－30～－110bp	GGGCGG
	CAAT 盒	－30～－110bp	GCCAAT
RNA 聚合酶Ⅰ	核心元件	－45～＋20bp	
	上游控制元件（UCE）	－156～－107bp	
RNA 聚合酶Ⅲ	A 盒	＋50～＋83bp	TGGCNNAGTGG
	B 盒	＋50～＋83bp	GGTTCGANNCC
	C 盒	＋50～＋83bp	

1. 典型启动子具有较高的转录活性　典型的启动子由转录起始点、TATA 盒/Inr 及其上游的 CAAT 盒/GC 盒组成。

TATA 盒是最主要的启动子功能组件，位于－25～－30 区，核心序列为 TATAAAA。

一些真核生物具有另一种称为起始子（initiator，Inr）的启动子元件，位于转录起始位点周围，核心序列为 Y－Y－$A^{(+1)}$N－T/A－Y－Y－Y（Y 代表嘧啶，＋1 为转录起始点）。

在 - 30 ~ - 110bp 区域，还常有 GC 盒及 CAAT 盒，它们分别具有 GGGCGG 和 GCCAAT 的核心序列。

2. 非典型启动子的转录活性很低或无转录活性　非典型的启动子不含 TATA 盒或 Inr 等功能组件，多在起始位点上游 100bp 内含一段 20 ~ 50bp 的 CG 序列，称为 CpG 岛（CpG island）。

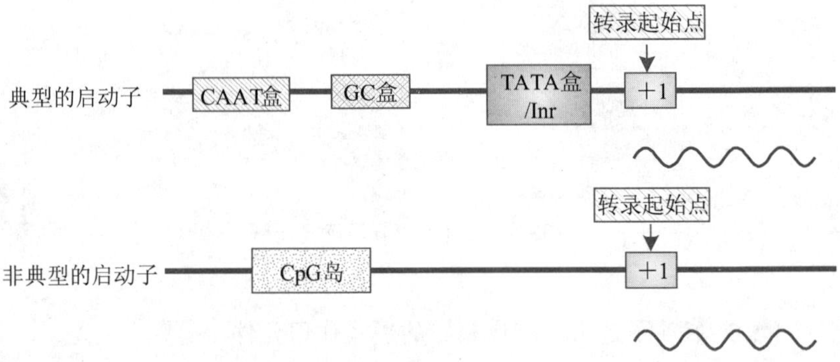

图 13 - 15　真核生物的启动子

（二）增强子可以增强启动子的转录活性

增强子（enhancer）是远离转录起始点，决定基因地时间、空间特异性表达，增强启动子转录活性的 DNA 序列，在酵母细胞又称上游激活序列（upstream activator sequences，UASs）。增强子对转录的激活作用可以通过直接作用于转录起始复合物；或者通过蛋白质 - 蛋白质的介导，间接作用于转录起始复合物而刺激转录。增强子只有在启动子存在的情况下才能发挥作用，同样，没有增强子时启动子通常也无活性。但启动子和增强子在发挥作用的时候方式有所不同（表 13 - 4）。

表 13 - 4　启动子和增强子作用特点的区别

	启动子	增强子
与转录起始点的距离	25 ~ 110bps	1 ~ 30kb
方向	5′→3′	5′→3′或 3′→5′
与所调控序列的位置关系	上游	上游或下游

（三）沉默子能抑制基因的转录活性

沉默子（silencer）是一类负性调控元件，对基因的转录起阻遏作用。沉默子通过与特异的相关蛋白之间的相互作用而发挥作用。

二、转录因子是调控真核生物基因转录的蛋白质

反式作用因子（trans - acting factors）是指能够通过与特异的顺

式作用元件的识别、结合而反式调节基因表达的蛋白质。参与转录调控的反式作用因子又称为转录因子（transcription factors，TF，图13－16）。

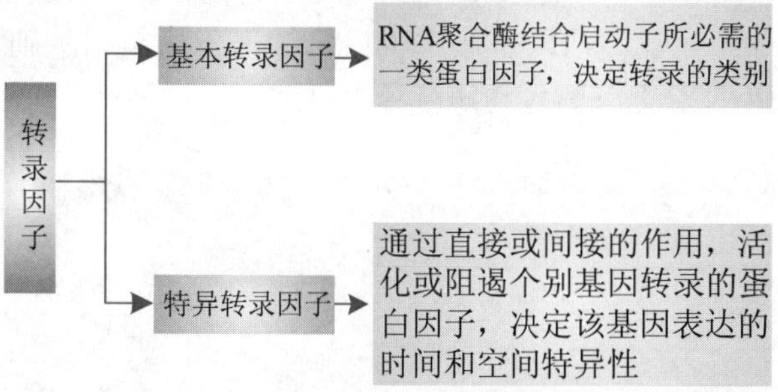

图13－16　转录因子的分类

多数的转录因子起转录激活的作用，因此转录因子至少应该包含两个不同的功能结构域，DNA结合域（DNA binding domain）和转录激活域（activation domain）。有些转录因子还具有介导蛋白质－蛋白质相互作用的结构域，如蛋白质二聚体化结构域。

（一）转录因子具有特定的DNA结合域

1．锌指结构是最常见的DNA结合模体　锌指（zinc finger）是一类含锌的形似手指的蛋白模体，由30个氨基酸残基组成。形成1个α－螺旋和2个反向平行的β－折叠，每个β－折叠上各有一个半胱氨酸（Cys）残基，而α－螺旋上的两个组氨酸（His）残基或半胱氨酸（Cys）残基。这4个氨基酸残基与2价的锌离子之间形成配位键，形成四面体结构（图13－17）。锌指中的α－螺旋可以嵌入DNA双螺旋的大沟中。

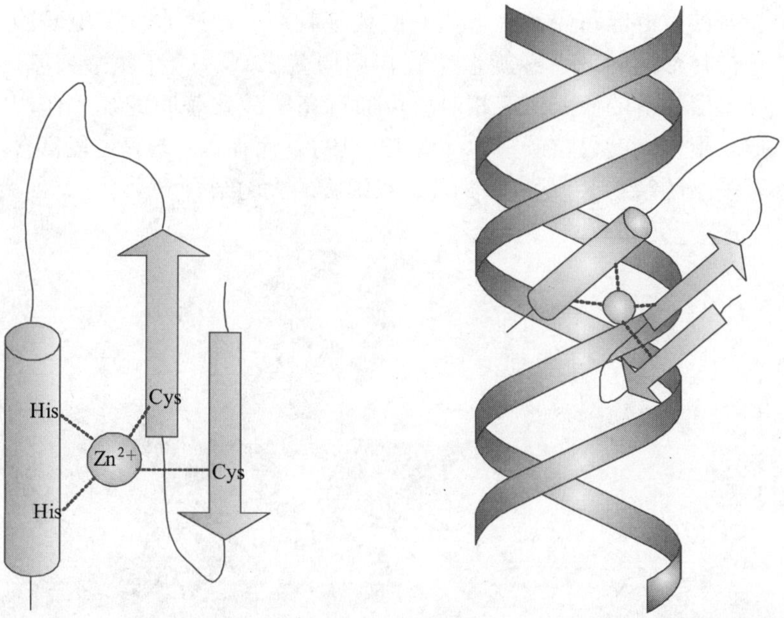

图13－17　锌指

2. 碱性螺旋－环－螺旋具有与DNA结合及形成二聚化两种功能 碱性螺旋－环－螺旋（basic helix－loop－helix，bHLH）包括两部分：螺旋－环－螺旋结构（详见第一章）及碱性区（图13－18）。碱性区位于较长的N－端螺旋1上，因富含碱性氨基酸残基而得名。其中螺旋－环－螺旋结构是形成蛋白质二聚化的结构基础，而碱性区可以与DNA双螺旋的大沟辨认结合。

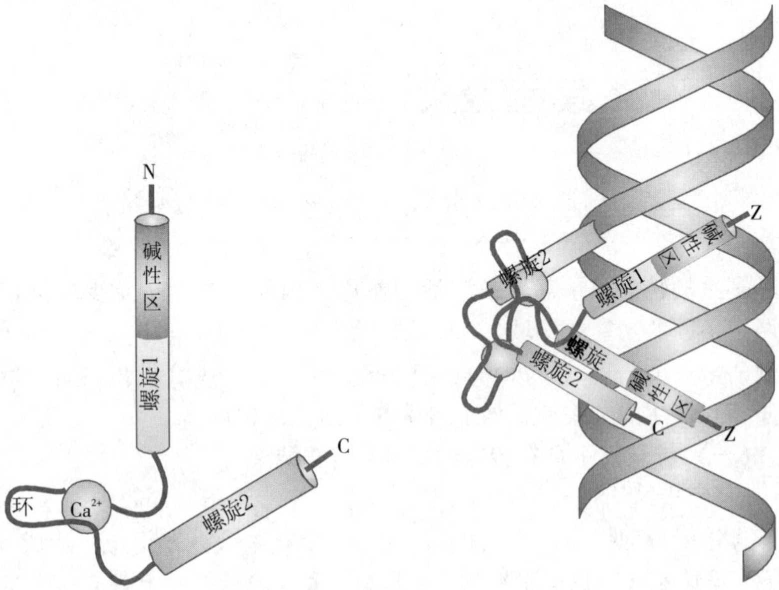

图13－18 碱性螺旋－环－螺旋

3. 碱性亮氨酸拉链也具有DNA结合及蛋白质二聚化两种功能 碱性亮氨酸拉链（basic leucine zipper，bZIP）包括C－端的约30个氨基酸残基组成的亮氨酸拉链区（ZIP）及N－端的碱性区两部分。亮氨酸拉链区每隔约7个氨基酸残基就有一个疏水性亮氨酸残基，这样在形成的α－螺旋上每旋转两周就出现一个亮氨酸残基。两个亮氨酸拉链的α－螺旋相对就可通过亮氨酸残基间的疏水作用而形成二聚体，就象拉链一样（图13－19）。而在N－端是一段富含碱性氨基酸的亲水区，可以与DNA双螺旋的大沟结合。

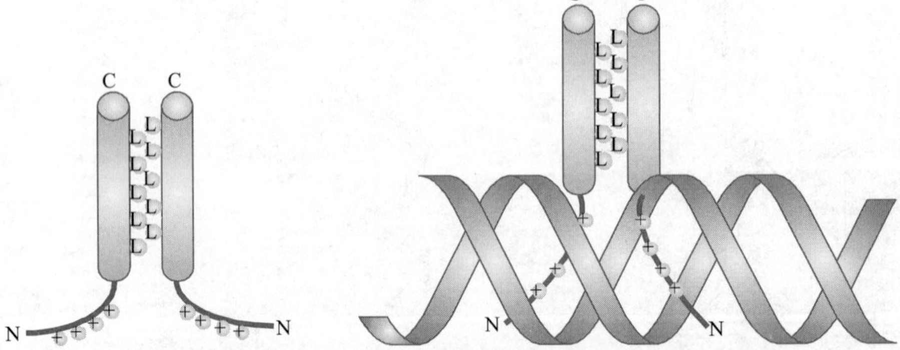

图13－19 碱性亮氨酸拉链

（二）转录激活域可促进基因的转录活性

不同的转录因子具有不同的转录激活域，常见的转录因子及其识别的顺式作用元件见表13-5。根据氨基酸的组成特点，转录激活域主要包括3种：

1. 酸性激活域（acidic activation domain）常通过TFIID激活转录　酸性激活域是一段富含酸性氨基酸的保守序列，常形成带负电荷的β-片层，如酵母转录因子GAL4的转录激活域，通过与TFIID的作用协助转录起始复合物的组装，促进转录。

2. 谷氨酰胺富含域（glutamine-rich domain）通过GC盒发挥作用　该激活域的N-端富含谷氨酰胺残基，可达25%左右，通过结合GC盒，发挥转录激活作用。

3. 脯氨酸富含域（proline-rich domain）主要通过CAAT盒发挥作用　该结构域的C-端常含20%~30%脯氨酸残基，可与CAAT盒结合，激活转录。

表13-5　常见的转录因子及其识别的顺式作用元件

转录因子	顺式作用元件	核心序列
TFIID（TBP）	TATA盒	TATAAAA
C/EBP家族，NF-Y家族	CAAT盒	GCCAAT
Sp1	GC盒	GGGCGG
MyoD家族	E盒	CANNTG
Oct1、2、4、6家族	Ig八联体	ATGCAAAT
Jun，Fos，ATF家族	AP1位点	TGA/CTC/AA
SRF	血清反应元件	GATGCCCATA
HSF	热休克反应元件	$(NGAAN)_3$

三、顺式作用元件和转录因子的相互作用决定基因转录的开关

大部分的真核生物是多细胞个体（酵母等除外），而且真核生物的基因组结构远比原核生物要庞大、复杂，因此真核生物转录起始的调控机制比原核生物要复杂得多。

（一）染色质结构的改变影响基因的转录活性

不同于原核生物裸露的DNA结构，真核生物的DNA要与多种蛋白质组成复制的染色质结构，因此真核生物的转录起始首先要受染色质结构的影响。染色质的转录非活化状态和转录活化状态在结构和性质上差别很大，而这些变化会影响基因表达的频率、速度或程度。

1. 转录活化染色质对核酸酶敏感　当染色质活化后，常出现一

些对核酸酶，如 DNase I，高度敏感的位点称超敏位点（hypersensitive site）。超敏位点通常位于活化基因的 5′ - 侧翼区 1000nt 以内的位置，但有时也会在更远的 5′ - 侧翼区或 3′ - 侧翼区出现超敏位点。这些超敏位点通常是一些调节蛋白的结合位点。

2. 转录活化染色质的组蛋白发生改变　这些变化包括：①富含赖氨酸的 H1 组蛋白含量降低；②H2A - H2B 组蛋白二聚体的不稳定性增加，使它们容易从核小体核心中被置换出来；③核心组蛋白的甲基化、磷酸化、乙酰化以及泛素化修饰。这些都使核小体的结构变得松弛而不稳定。

3. RNA 聚合酶前后的超螺旋构象不同　转录活化后，RNA 聚合酶前方的 DNA 以正超螺旋为主，可以阻碍核小体结构的再形成；而 RNA 聚合酶后方的 DNA 以负超螺旋为主，有利用核小体结构的再形成，这样有助于 RNA 聚合酶的向前移动，进行转录。

4. CpG 岛甲基化水平降低　真核细胞 DNA 约有 5% 的胞嘧啶被甲基化为 5 甲基胞嘧啶，CpG 岛的胞嘧啶甲基化更加常见。但处于转录活化状态的染色质中，CpG 岛的甲基化程度下降。

（二）转录的起始就是 RNA 聚合酶和转录因子在启动子的募集过程

真核生物的各种功能组件协同作用，最终完成转录的起始过程（图 13 - 20）。

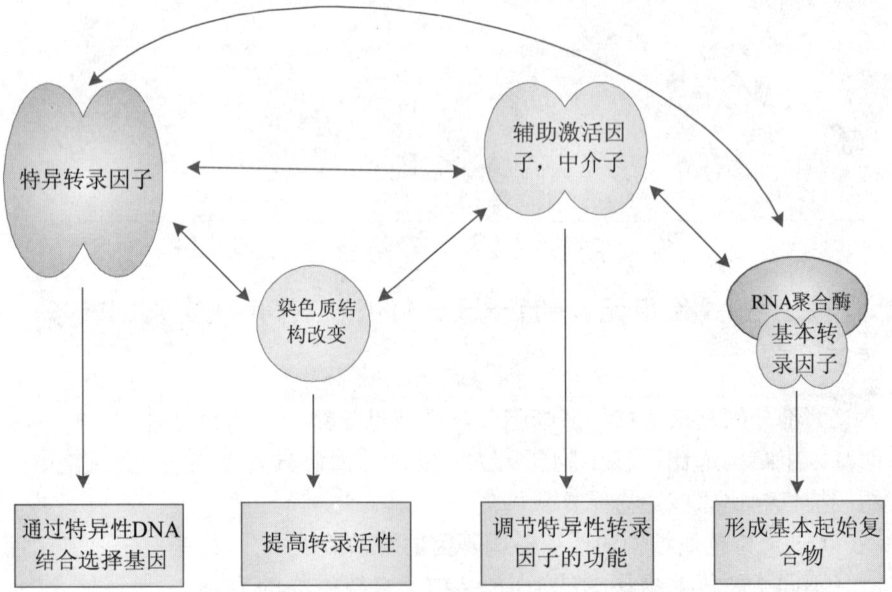

图 13 - 20　真核生物转录起始各功能组分的协同作用

真核生物的 3 种 RNA 聚合酶所识别的启动子（见表 13 - 2）及所需的转录因子各不相同（表 13 - 6），这里仅以 RNA 聚合酶 Ⅱ 的转录起始过程为例介绍真核生物的转录起始过程。

表 13－6　真核生物转录起始所需因子及其功能

	转录因子	转录因子作用
RNA 聚合酶Ⅰ	上游结合因子 1（UBF1）	与核心元件及上游控制元件特异结合
	选择性因子 1（SL1）	在 UBF1 后与两个元件无序列特异性结合
RNA 聚合酶Ⅱ	TBP	结合 TATA 盒
	TAF	辅助 TBP－DNA 结合
	TFⅡA	稳定 TFIID－DNA 复合物
	TFⅡB	促进 RNA 聚合酶Ⅱ结合及作为其他因子结合的桥梁
	TFⅡF	防止聚合酶与非特异性 DNA 序列结合
	TFⅡE	ATPase 活性
	TFⅡH	解螺旋酶活性、蛋白激酶活性
RNA 聚合酶Ⅲ	TFⅢA	在 5SrRNA 起始时需要，与内部控制区结合
	TFⅢB	与 TFⅢC 相互作用，结合到 A 盒的上游
	TFⅢC	与 A 盒、B 盒结合

1. 转录起始首先要形成 RNA 聚合酶Ⅱ全酶　RNA 聚合酶Ⅱ全酶，又称前组装复合物，由 RNA 聚合酶Ⅱ、部分基本转录因子以及一些蛋白质中介子组成。这些基本转录因子包括：TFⅡB、TFⅡE、TFⅡF 和 TFⅡH，它们与中介子及 RNA 聚合酶Ⅱ之间，通过蛋白质－蛋白质的相互作用，逐步聚合、组装形成很大的 RNA 聚合酶Ⅱ全酶（图 13－21）。

2. 在启动子上形成转录起始复合物　RNA 聚合酶Ⅱ全酶还缺少几种基本转录因子，主要是 TFⅡD 和 TFⅡA。TFⅡD 的 TBP 亚基可以识别、结合 TATA 盒，而 TAF 稳定这种结合，使 TFⅡD 在启动子募集。然后 RNA 聚合酶Ⅱ全酶通过与结合了 TFⅡD 的启动子之间的辨认结合，募集在启动子上。同时，一些基因活化蛋白质与增强子结合，并通过蛋白质－蛋白质的相互作用，与 RNA 聚合酶Ⅱ全酶相互影响，使全酶复合体更加接近启动子并有效组装，最后形成稳定的转录起始复合物，启动转录（图 13－22，详见第 11 章）。

四、RNA 结合蛋白影响转录后的基因表达

RNA 的结构相对于规则的 DNA 双螺旋结构要复杂而多变，而一些具有特定结构域的蛋白质能够识别并结合这些 RNA 结构，而参与调节转录后的基因表达。常见的 RNA 结合蛋白模体有：核糖核蛋白模体（ribonucleoprotein motif，RNP motif）、精氨酸富集模体（arginine－rich motif，ARM）、RCG 框及 K 同源结构域等。它们主要识别 hnRNA 的相应序列，作用于剪接过程，影响基因表达。

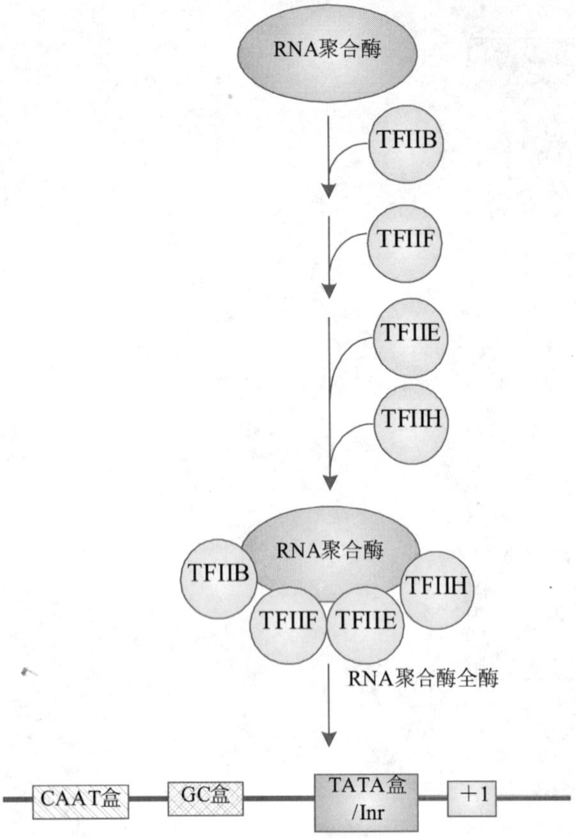

图 13－21 真核生物 RNA 聚合酶全酶生成过程

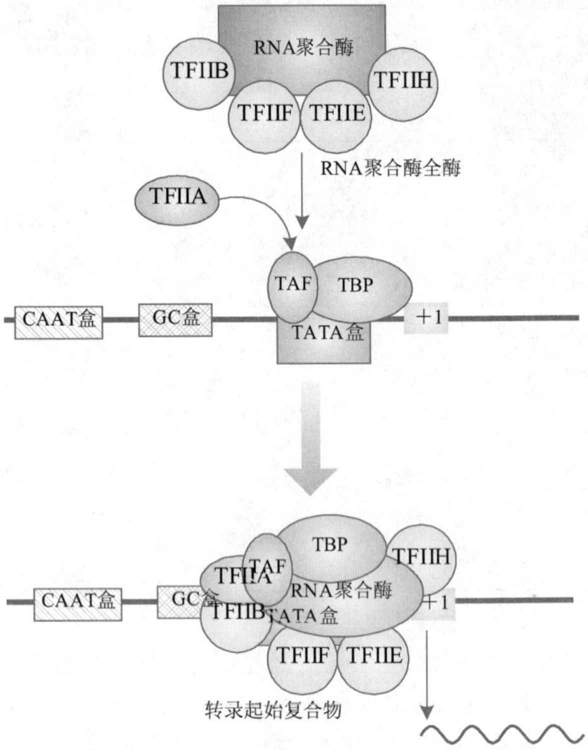

图 13－22 真核生物转录起始复合物生成过程

五、mRNA 上的特异序列也影响基因表达

mRNA 的 5′－端和 3′－端非翻译区（untranslated region，UTR）的一些特异序列影响 mRNA 的细胞内定位及翻译过程，而影响基因表达。

（一）5′UTR 结构主要影响翻译起始过程

5′UTR 虽然长度一般不超过 100nt，但其结构与基因表达密切相关。5′UTR 序列的长短、不同程度的甲基化及特殊的二级结构的形成，会形成不同的帽子结构。帽子结构不但通过与帽子结合蛋白（cap binding protein，CBP）的作用，主要影响翻译的起始过程，而且与 mRNA 的寿命以及核输出信号相关。

（二）3′UTR 结构主要影响 mRNA 的稳定性

3′UTR 通常在 1000nt 左右，具有多聚腺苷酸序列。多聚腺苷酸结合蛋白（polyA－binding protein，PABP）可以结合 3′UTR，控制多聚腺苷酸的长度。而多聚腺苷酸尾的长度，与 mRNA 分子的寿命及稳定性密切相关。同时，多聚腺苷酸尾还影响翻译的效率，参与翻译的起始过程。同时，有实验证实，控制 mRNA 胞浆定位的信息可能位于 3′UTR 上。

（李雪松）

第十四章　基因重组与基因工程

内容提要

无论是原核生物细胞还是真核生物细胞在增殖、分裂、分化过程中经常发生重组或重排。例如：病毒能将其基因组插入到宿主染色体内。在此过程中，病毒可以改变宿主细胞的基因组成。这些发现使得科学家们能够在实验室重复这些自然现象，重组DNA技术是现代分子生物学发展的一个重要领域。利用重组DNA技术在体外对DNA分子进行剪切并与载体DNA进行连接，构成重组DNA分子，然后导入宿主细胞，扩增目的基因片段，表达目的蛋白，以研究该目的蛋白的功能。

从20世纪70年代起至今，有关重组DNA技术，即基因工程技术不断发展日臻完善，如今DNA重组技术已被广泛应用于多种行业，也成为分子遗传学、分子生物学、分子医学等很多当代生命科学发展、融合的桥梁。

第一节　自然界的基因重组

基因重组（genetic recombination），是指不同来源的DNA分子通过末端共价连接（磷酸二酯键）形成重新组合的DNA分子的过程。在自然界，基因重组与生物体的遗传、进化等有着密切的关系。基因重组技术就是由自然界的现象模拟发展而来的。自然界中存在的DNA的重组可归纳为表14－1。

表14－1　DNA的重组

	种　类	概　念
细菌的基因转移与重组	接合作用（Conjugation）	当细胞或细菌通过菌毛相互接触时，质粒DNA可从一个细胞（细菌）转移至另一细胞（细菌），这种DNA转移称为接合作用
	转化作用（Transformation）	细菌通过捕获来自另一菌体的DNA，或人为地供给外源DNA，而使受体细胞（细菌）获得新的遗传表型的过程
	转导作用（Transduction）	借助病毒（噬菌体）介导将一个细胞（细菌）的染色体片段引入另一个细胞（细菌）中，使之与受体细胞基因整合，或取代其中的一部分，从而使受体细胞的遗传性状改变的过程

续 表

	种 类	概 念
基因重组	同源重组（基本重组）(Honologous recombination)	是最基本的 DNA 重组方式，指发生在同源序列间的重组，通过键的断裂和再连接，在两个同源序列间进行单链或双链片段的交换
	特异位点重组 (Site - specific recombination)	两个 DNA 序列的特异位点发之间发生的整合称为位点特异性重组；需有整合酶等位点特异性蛋白酶因子参与
	转座重组 (Transposition)	由插入序列和转座子介导的基因转移或重排称为转座

一、细菌通过基因转移与重组适应随时改变的环境

细菌之间可以通过接合、转化、转导和细胞融合 4 种方式发生基因转移和基因重组，以适应随时改变的外界环境。

（一）接合作用是通过细菌之间的接触获得新的遗传性状

大肠杆菌中的 F 质粒；又叫 F 因子（即致育因子 fertility factor）是染色体外的环状双链 DNA，含有细菌性鞭毛蛋白编码基因，决定其性鞭毛的形成。当有 F 质粒的大肠杆菌（F^+ 菌，或雄性菌）与没有 F 质粒的大肠杆菌（F^- 菌，或雌性菌）接触时，性鞭毛会在两细胞间形成连接，然后质粒 DNA 双链中的一条会被酶切断，产生单链缺口，接着切口单链 DNA 通过鞭毛连接桥向 F^- 菌转移，随后，在两细胞内分别以单链 DNA 为模板合成互补链，F^- 菌经结合作用而变成 F^+ 菌（图 14－1）。

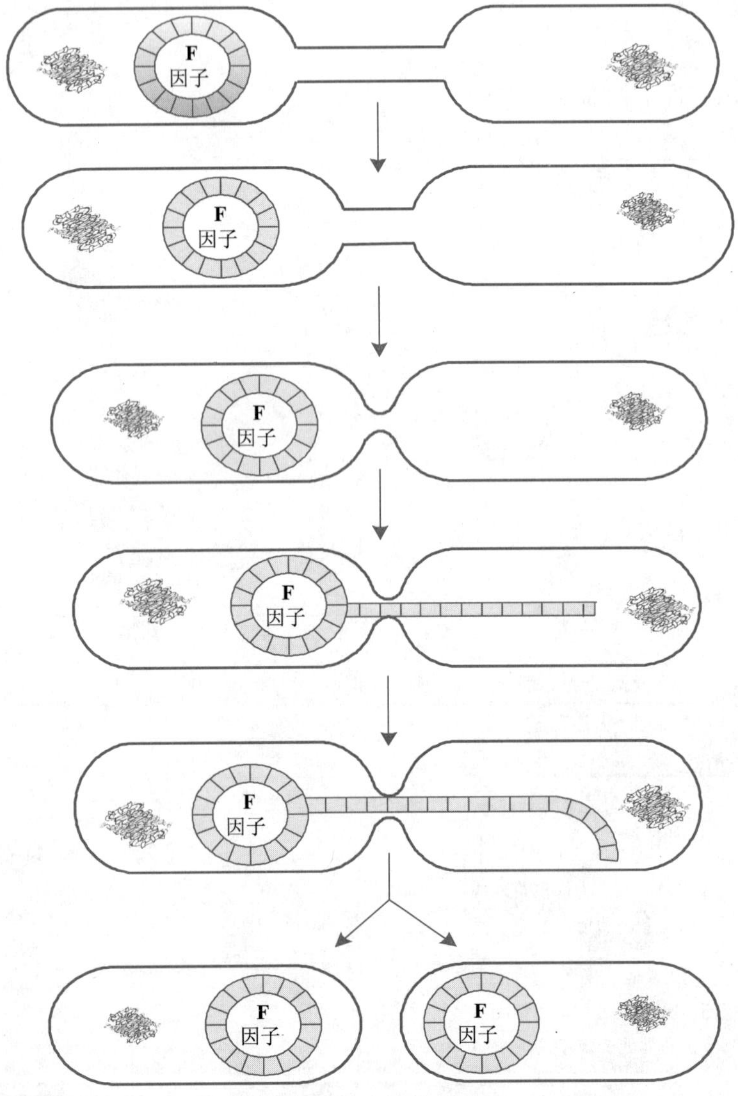

图 14－1 接合作用

（二）转化作用可使细菌吞噬外源 DNA

细菌可以通过转化作用获得新的 DNA。例如，当溶菌时，裂解的 DNA 片段作为外源 DNA 被另一细菌摄取，并通过基因重组将外源 DNA 整合进基因组，使受体菌获得新的遗传性状。但是，由于外源 DNA 不易透过菌体的细胞壁，所以自然界转化作用的发生率并不高。基因工程中对受体细胞先进行予处理，然后利用人工提取的 DNA 转化细胞，从而提高转化率。

（三）转导作用是细菌借助噬菌体获得外源基因的方式

转导是细菌摄取 DNA 的又一个机制，自然界常见的例子是由噬菌体感染宿主时伴随发生的细菌转移（图 14－2）。

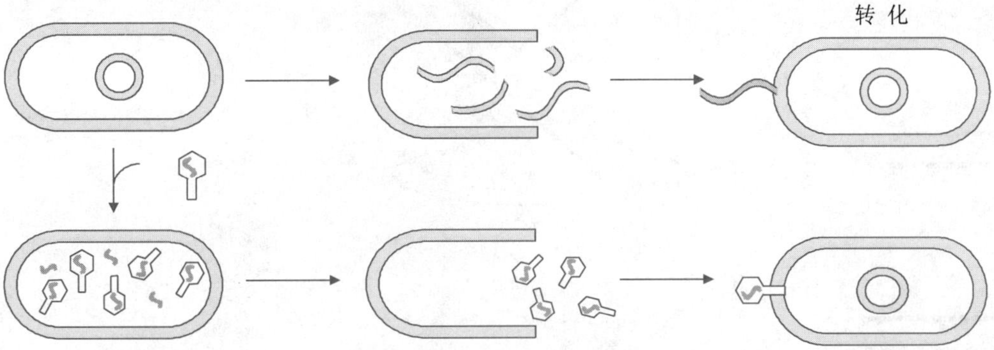

图 14－2　转化作用及转导作用

当噬菌体感染宿主时会出现两种结局：一种是噬菌体 DNA 在宿主菌内自主复制繁殖，产生新的病毒颗粒，并溶解细菌、释放新生噬菌体，称为溶菌生长途径（lysis pathway）；另一种是噬菌体 DNA 整合进宿主染色体，随宿主 DNA 复制而复制，称为溶源菌生长途径（lysogenic pathway）。在溶源菌生长方式中，当宿主菌遭遇特殊事件时（DNA 损伤等），噬菌体 DNA 会从宿主染色体上被切下，进入溶菌生长途径，此时如有部分宿主 DNA 被随着切下，新生的噬菌体在下次感染细菌时就可能将前一宿主 DNA 转移至新的宿主菌中，发生转导作用。

二、基因重组是自然界的一个普遍现象

基因重组也叫 DNA 重组，自然界的基因重组有下述 3 种类型：

（一）同源重组是发生在 DNA 同源序列间的重组

同源重组又称为基本重组（general recombination），在细菌中常见的是在两个同源染色体之间或同一染色体中的 DNA 片段和同源区域之间的重组。这类重组多依赖于 *rec* 基因（*recA*、*recB*、*recC*、*recD*）的产物。*recB*、*recC*、*recD* 组成的复合物是一种内切酶，并兼有解旋酶活性，可寻找 DNA 上的一个 chi（X）位点，在此切断一条 DNA 链，形成一个单链切口 DNA，然后，*recA* 蛋白与该单链 DNA 结合对另一双链 DNA 侵入、并与其中的一条链交叉，之后，在 *recB*、*recC*、*recD* 和 DNA 连接酶的作用下形成一个交叉连接的中间产物，称为 Holliday 中间体（Holliday intermediate）。此后，再经内切酶 RuvC 与 DNA 连接酶的作用，重组完成。同源重组在原核和真核生物都有发生；真核生物中同源重组通常发生在减数分裂的前期 Ⅰ（图 14－3）。

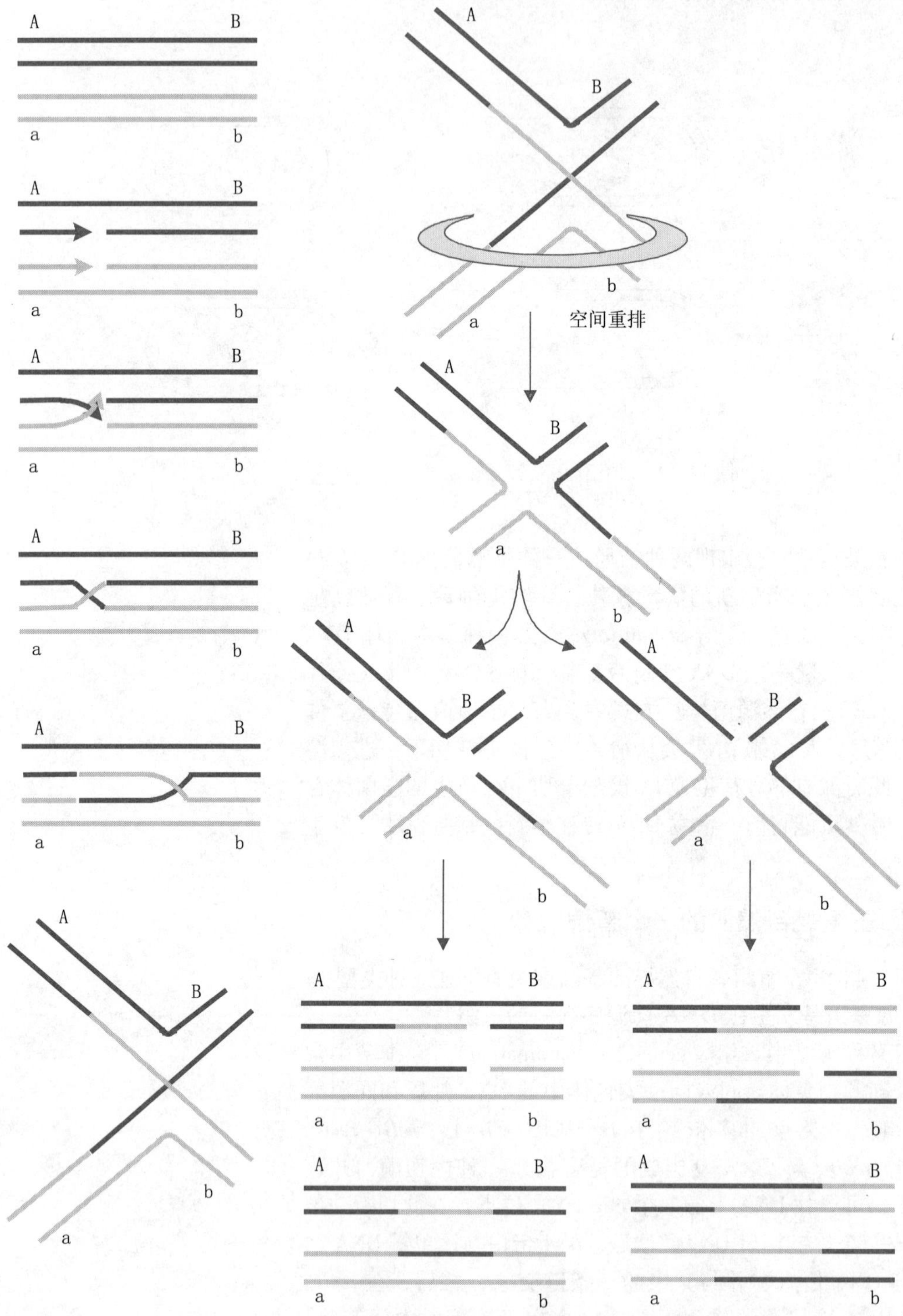

图 14－3　同源重组机制

（二）位点特异性重组是在两个DNA序列的特异位点上发生的整合

位点特异性的重组必须有整合酶等位点特异性蛋白酶因子参与。

1. λ噬菌体DNA的整合　λ噬菌体整合到大肠杆菌染色体中就是一个涉及att位点特异性重组。此外，肿瘤病毒感染宿主细胞、病毒DNA与宿主细胞染色体基因组的整合，都属于这类重组（图14－4）。

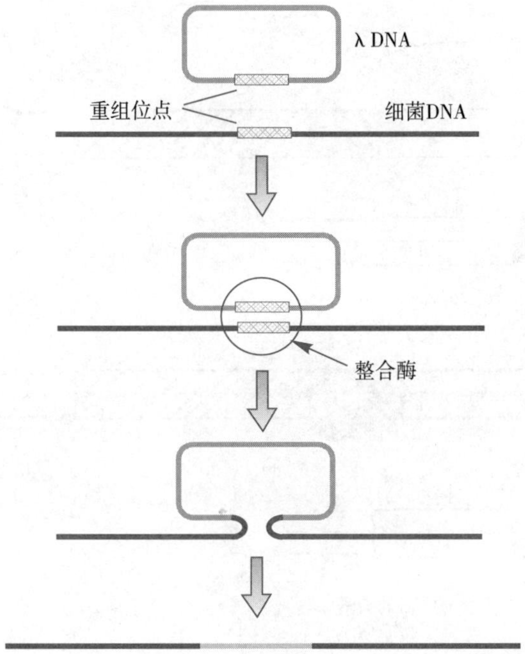

图14－4　噬菌体DNA与细菌DNA特异位点的整合

2. 免疫球蛋白基因的重排（图14－5）

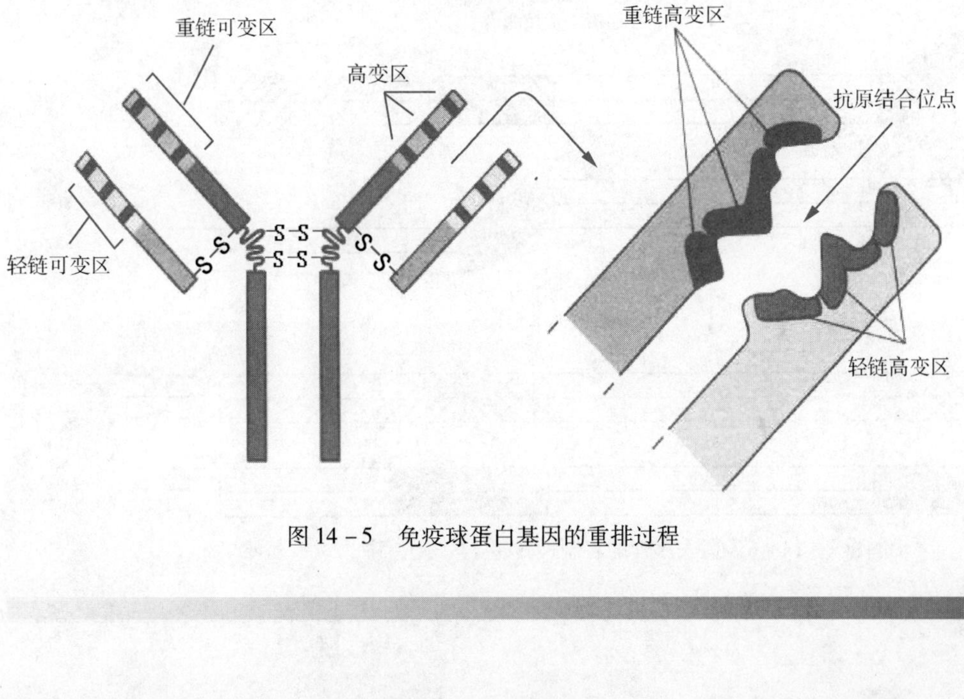

图14－5　免疫球蛋白基因的重排过程

（三）转座重组是由插入序列和转座子介导的重组

大多数基因在基因组内的位置是固定的，但有些基因可从一个位置移动到另一个位置。可移动的 DNA 序列包括插入序列和转座子。由插入序列和转座子介导的基因移位或重排称为转座。

1. 插入序列转座　插入序列包括两个分离的、由 9 ~ 41bp 组成的反向重复序列及一个转座酶编码基因。其转座形式有两种：保守性转座和复制性转座（图 14 - 6）。

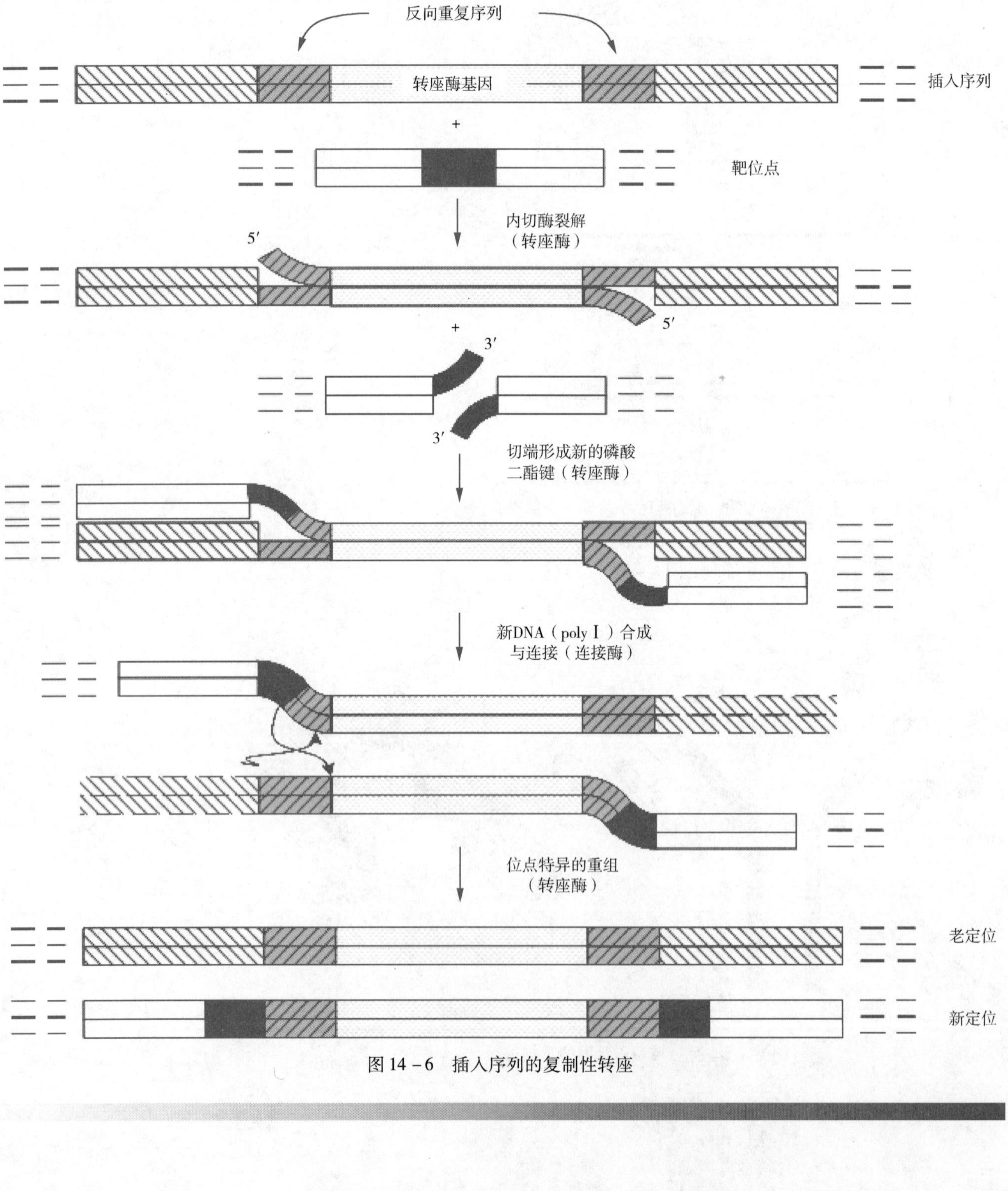

图 14 - 6　插入序列的复制性转座

2. 转座子转座　转座子是可从一个染色体位点转移至另一个位点分散的重复序列（图 14－7）。1983 年美国遗传学家 McClintock 因她在玉米研究中发现的转座子转座而获得诺贝尔生理学与医学奖。转座子包括两个反向重复序列、一个转座酶编码基因和抗生素抗性等有用的基因。

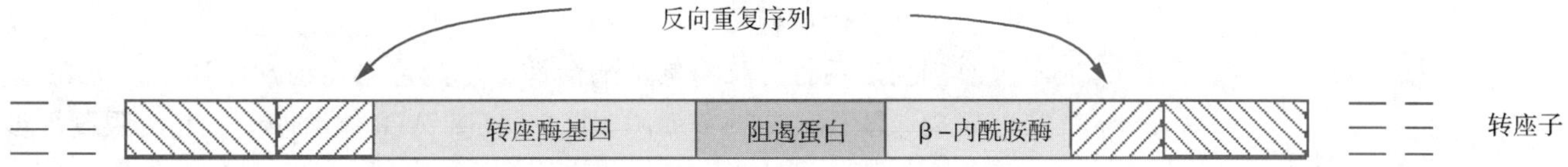

图 14－7　转座子

第二节　基因重组技术相关概念

一、基因重组需要具有不同功能的工具酶

DNA 重组技术中对核酸的“精雕细刻”主要用酶作为工具。常用的工具酶及其在基因工程中的功能见表 14－2。

表 14－2　重组 DNA 技术中常用的工具酶

工具酶	功　能
限制性核酸内切酶	识别双链 DNA 分子中特异的核苷酸序列并在该位点切割 DNA
T4 DNA 连接酶	催化 DNA 中相邻的 5′磷酸基和 3′－OH 末端之间形成磷酸二酯键，缝合 DNA 切口或连接两个 DNA 分子或片段
DNA 聚合酶 I	1. 合成双链 cDNA 的第二条链 2. 缺口平移制作高比活探针 3. DNA 序列分析 4. 填补 3′－末端
反转录酶	1. 合成 cDNA 2. 替代 DNA 聚合酶 I 进行填补，标记或 DNA 序列分析
多聚核苷酸激酶	催化多聚核苷酸 5′－羟基末端磷酸化，或标记探针
末端转移酶	在 3′－OH 末端加上脱氧核苷酸，主要用于探针标记
碱性磷酸酶	切除 DNA 或 RNA5′－末端磷酸根
Taq DNA 聚合酶	体外进行 DNA 的扩增——聚合酶链反应

（一）限制性核酸内切酶是分子生物学中应用最广的酶

限制性核酸内切酶（restriction enzyme，RE）是一类能识别双链 DNA 分子中特异核苷酸序列并在该位点上切割 DNA 的酶。限制性核酸内切酶可将 DNA 切成长度不同的片段，这依赖于酶识别位点在该 DNA 分子中重复的次数。

1. 基因克隆通常使用Ⅱ类限制性核酸内切酶　按限制酶的组成、与修饰酶活性关系及切割核酸的情况的不同，将其分为3类：

Ⅰ类限制性核酸内切酶　由3种不同亚基构成，兼有修饰酶活性和依赖于ATP的限制性内切酶活性，它能识别和结合特定的DNA序列，随机切割在识别位点以外的DNA序列，通常在识别位点周围400～700bp。这类酶的作用需要 Mg^{2+}，S－腺苷甲硫氨酸及ATP。

Ⅱ类限制性核酸内切酶　与Ⅰ类酶相似，是多亚基蛋白质，既有内切酶活性，又有修饰酶活性，切割位点在识别序列25～30bp范围内，酶促反应除需 Mg^{2+} 外，也需要ATP供给能量。Ⅱ类限制性核酸内切酶识别的DNA特异序列为回文序列（palindrome）。回文序列就是当以相同的方向（5′→3′）阅读时，DNA两条链上碱基都是相同的序列，即呈二元旋转对称。表14－3和图14－8是常用的限制性核酸内切酶。

Ⅲ类限制性核酸内切酶　只由一条肽链构成，反应仅需 Mg^{2+}，切割DNA特异性最强，且在识别位点范围内切割DNA。在重组DNA技术应用的限切酶主要指Ⅱ类限切酶。

表14－3　限制性核酸内切酶

名　　称	识别序列及切割位点
切割后产生5′－末端	
*Bam*HⅠ	5′－G▼GATCC－3′
*Bgl*Ⅱ	5′－A▼GATCT－3′
*Eco*RⅠ	5′－G▼AATTC－3′
*Hind*Ⅲ	5′－A▼AGCTT－3′
*Hpa*Ⅱ	5′－C▼CGG－3′
*Mbo*Ⅰ	5′－▼GATC－3′
*Nde*Ⅰ	5′－CA▼TATG－3′
切割后产生3′－末端	
*Apa*Ⅰ	5′－GGGCC▼C－3′
*Kpn*Ⅰ	5′－GGTAC▼C－3′
*Pst*Ⅰ	5′－CTGCA▼G－3′
*Hae*Ⅱ	5′－PuGCGC▼Py－3′
*Sph*Ⅰ	5′－GCATG▼C－3′
切割后产生平端	
*Alu*Ⅰ	5′－AG▼CT－3′
*Eco*RⅤ	5′－GAT▼ATC－3′
*Hae*Ⅲ	5′－GG▼CC－3′
*Pvu*Ⅱ	5′－CAG▼CTG－3′
*Sma*Ⅰ	5′－CCC▼GGG－3′

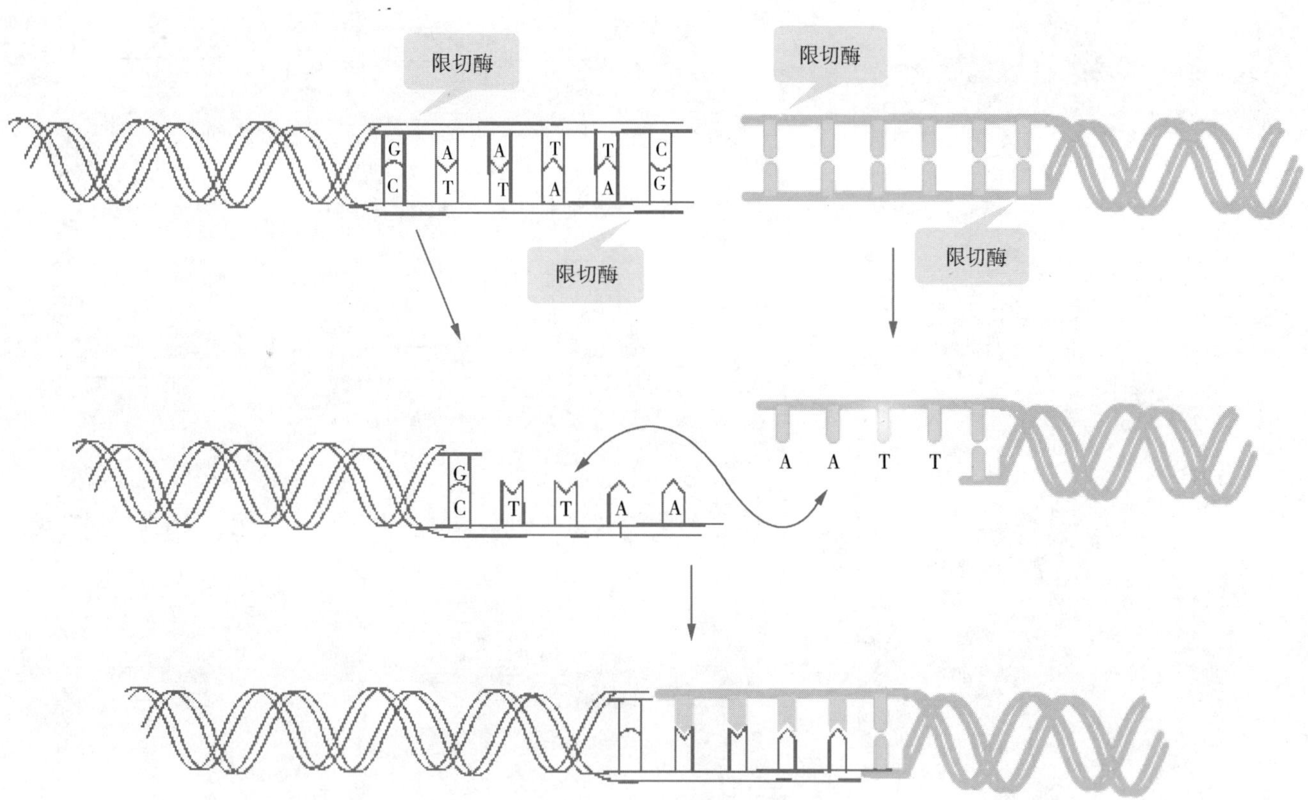

图 14－8　限制性核酸内切酶

2. 依据来源命名限制性核酸内切酶

按酶的来源的属、种名而定，取属名的第一个字母与种名的头两个字母组成的 3 个斜体字母作略语表示；如有株名，再加上一个字母，其后再按发现的先后写上罗马数字。例如：从流感嗜血杆菌 d 株（haemophilus influenzae d）中先后分离到 3 种限制酶，则分别命名为 *Hind* Ⅰ、*Hind* Ⅱ 和 *Hind* Ⅲ。

3. 限制性核酸内切酶具有特定的识别和切割位点

大部分限制性核酸内切酶识别的 DNA 序列具有回文结构特征，切割的双链 DNA 都产生 5′－磷酸基和 3′－羟基末端。不同限制性核酸内切酶识别和切割的特异性不同，切口断端有二种类型：突出末端（overhang）或称粘性末端（cohesive end）和平末端（blunt end），粘性末端包括 5′粘性末端和 3′粘性末端。

（1）产生 5′ 粘性末端：以 BamH Ⅰ 为例：

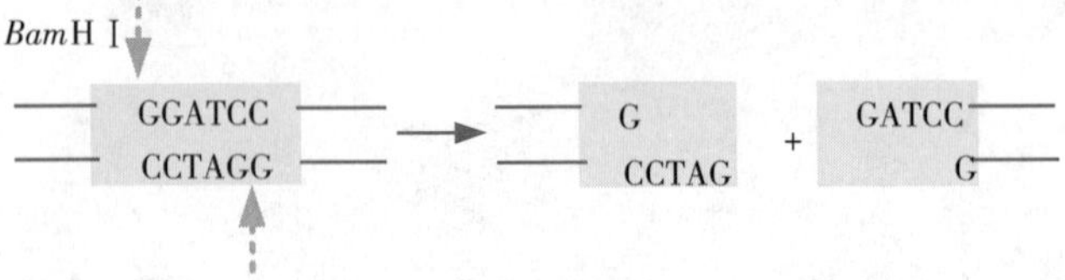

（2）产生3′粘性末端：以 Pst Ⅰ 为例：

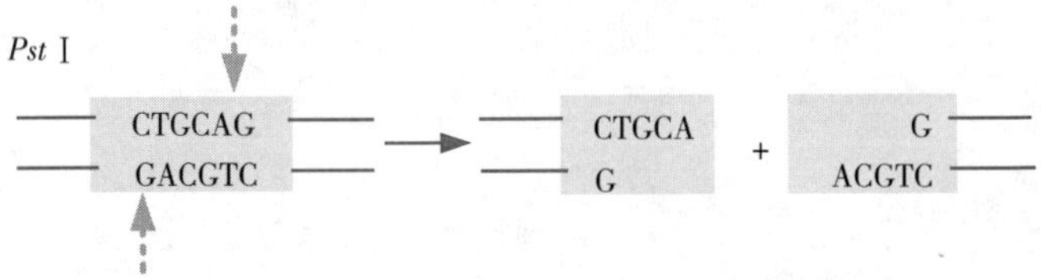

（3）产生平末端（blunt end）：以 *Hpa* Ⅰ 为例：

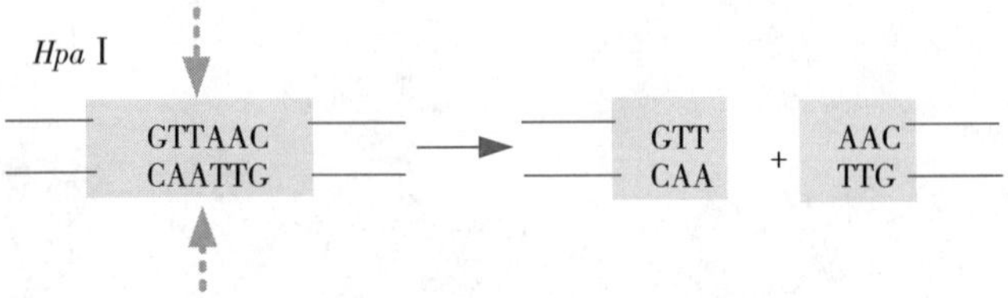

（二）修饰酶也是基因工程中常见的酶

除了限制性核酸内切酶以外，基因工程中常需要一些基本的工具酶，对 DNA 和 RNA 分子末端剪切、补平、连接及化学修饰等，见表 14 - 2。

二、利用载体携带外源基因实现基因克隆

能够携带外源基因并且具有自主复制能力的 DNA 分子称基因载体或称克隆载体（cloning vector）。其中为使插入的外源 DNA 序列可转录，进而翻译成多肽或蛋白的克隆载体又称表达载体（expression vector）。常用的载体有质粒、噬菌体、病毒等。

（一）质粒是细菌内小的双链环状 DNA 分子

质粒（plasmid）是独立于细菌或细胞染色体以外的，能自主复制的小的共价环状双链 DNA 分子。质粒携带某些遗传信息，会赋予宿主细胞一些遗传性状。目前应用的质粒都是人工改造的质粒。如图 14 - 9 所示，pBR322 具有复制起始点及调节复制序列，具有 *Eco*R Ⅰ 等数种限切酶的单一位点及编码抗氨苄青霉素（Amp^r）和抗四环素（Ter^r）基因等结构特性。

（二）噬菌体 DNA 经体外包装后感染宿主菌

常用作克隆载体的噬菌体 DNA 有 λ 噬菌体和 M13 噬菌体等。重

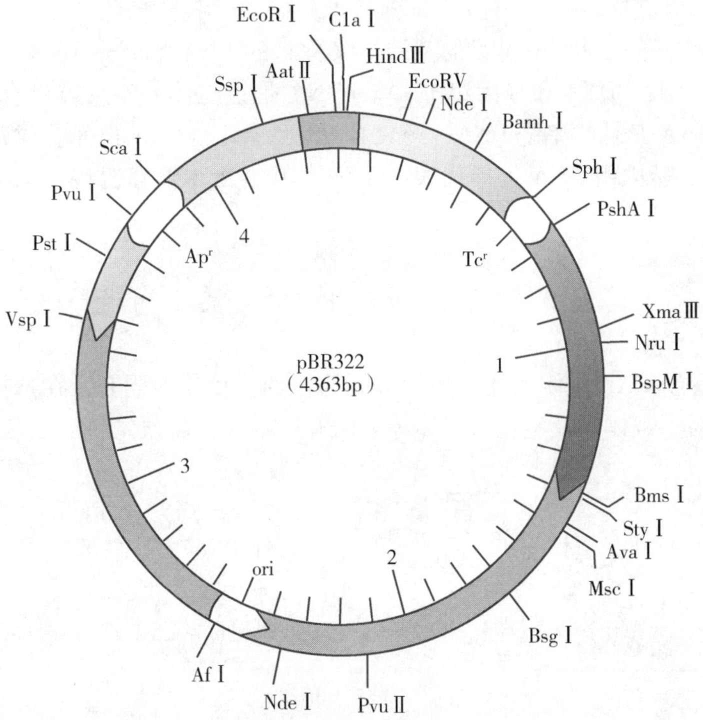

图 14-9　质粒 DNA

组噬菌体 DNA 需在体外被蛋白包装成噬菌体颗粒才能感染宿主菌导入外源 DNA。改造后的 λ 噬菌体有插入型载体和置换型载体。插入型载体适用于 cDNA 的克隆，置换型载体适用于基因组 DNA 克隆。改造后的 M13 载体有 M13mp 和 pUC 系列，在它们的基因间隔区插入大肠杆菌一段调节基因和 lacZ 的 N 端上游片段，该片段编码 β-半乳糖苷酶的 α 链，作为筛选标志。突变型 lac E. *coli* 可表达该酶的 ω 片段（酶的 C 端区）。当宿主和转入载体同时表达 α、ω 两个片段时，β-半乳糖苷酶有活性，可使底物 X-gal 变为蓝色。如果插入的外源基因是在载体 lacZα 链基因内，则会干扰 lacZ 的表达，利用 lac E. *coli* 为转染细胞，在含 X-gal 的培养基上生长时会出现白色菌落。这一现象称 α-互补，又称蓝、白斑筛选，可用于重组体筛选。

（三）柯斯质粒（cosmid）是一种大容量的载体

柯斯质粒（cosmid），又称粘粒。是改造过的质粒，具有质粒和噬菌体载体双重特点的大容量载体。

（四）动物病毒载体多用于真核重组

质粒和噬菌体载体只能在细菌中繁殖。病毒可改造用作动物细胞的载体。常用的病毒载体有猴肾病毒 SV40（Simian Virus 40）、反转录病毒、昆虫杆状病毒和痘苗病毒等。

另外，还有能携带更大分子外源 DNA 的载体酵母人工染色体、细菌人工载体等。

三、目的基因即是感兴趣的 DNA 序列

感兴趣的基因就是目的基因，又称目的 DNA（target DNA）。有两种类型：cDNA 和基因组 DNA。cDNA 是指在体外经反转录合成、与 mRNA 互补的单链 DNA；经聚合反应，单链 cDNA 进而合成双链 cDNA。基因组 DNA 是指代表一个细胞或生物体整套遗传信息的所有 DNA 序列。

第三节 基因重组技术的基本过程

重组 DNA 技术可用于各种不同的目的。目的不同时，在选择目的基因、载体以及鉴定重组体等方面有所不同，需预先制定方案。

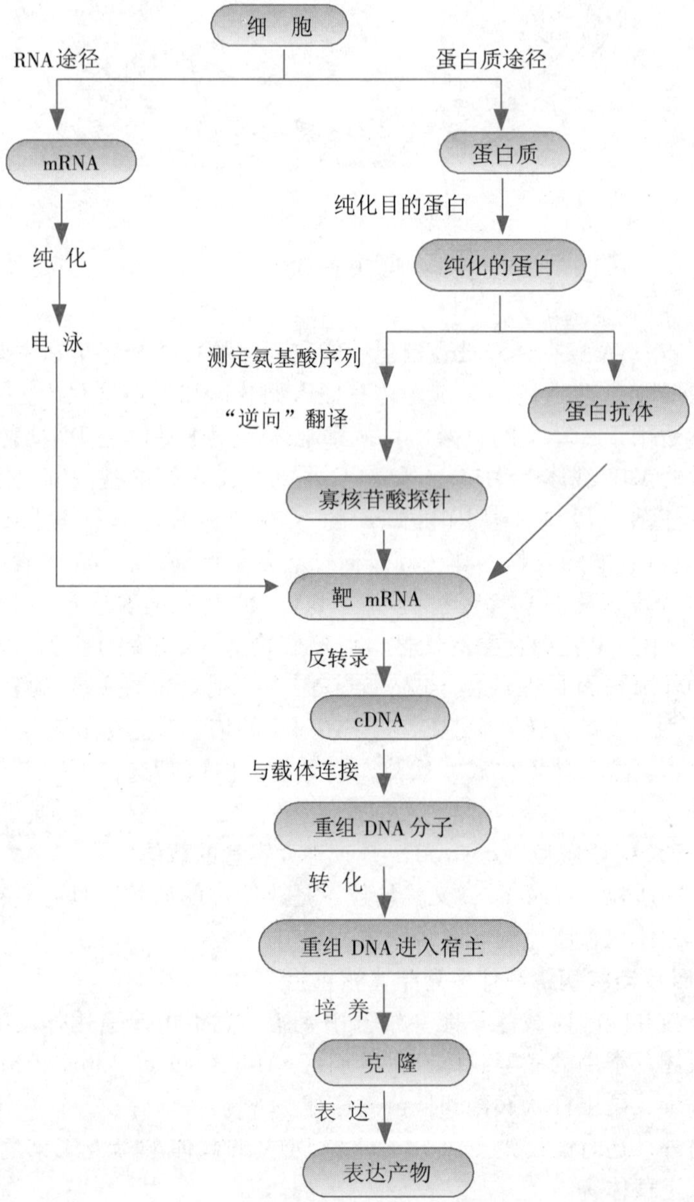

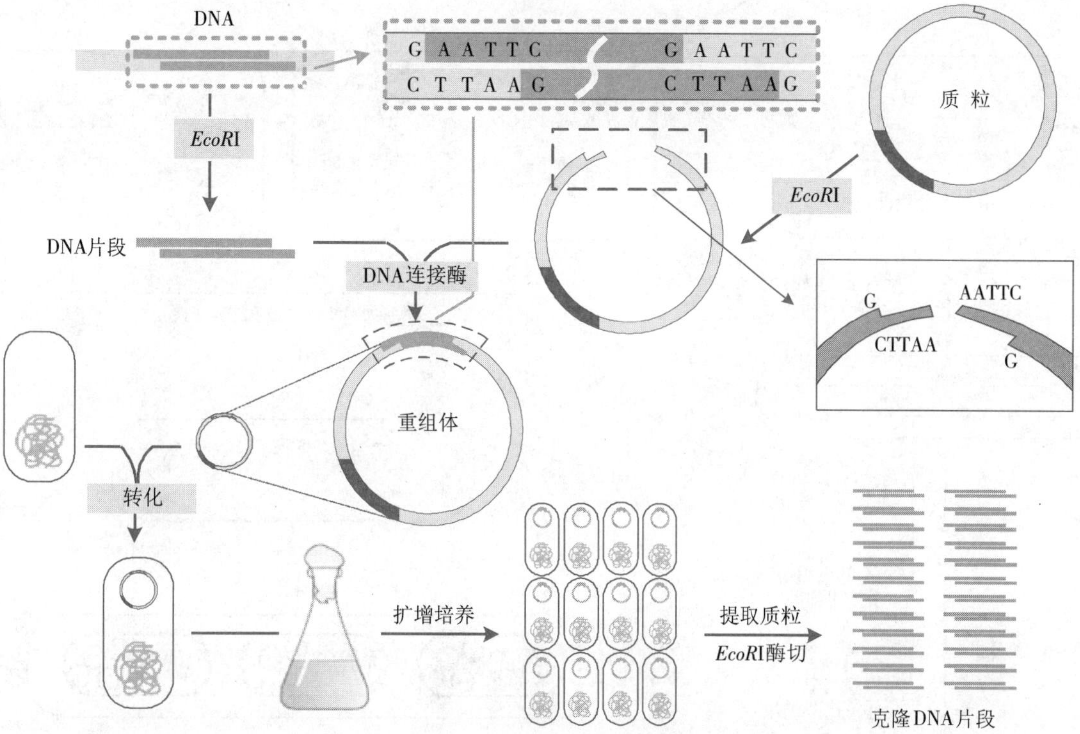

图 14－10　基因工程流程图

一、采取不同方法获取目的基因

目前获取目的基因的方法有以下几种途径：

（一）目的基因可以进行人工合成

如果已知某种基因的核苷酸序列，或根据某种基因产物的氨基酸序列推导出编码该多肽链的核苷酸序列，再利用 DNA 合成仪通过化学合成原理合成目的基因。

（二）目的基因可以从基因组 DNA 文库中获得

用限制性酶将基因组 DNA 作不完全酶解，将基因组 DNA 转变为许多小的片段，经梯度离心或电泳回收，将这些片段与克隆载体拼接成重组 DNA 分子，继而转入受体菌扩增。这样由某种克隆载体携带的所有基因组 DNA 的集合称为基因组 DNA 文库（genomic DNA library）。

（三）目的基因可以从基因组 DNA 文库中获得

将双链 cDNA 插入载体中并克隆化，得到的 DNA 克隆称为 cDNA 文库（图 14－11）。采用标记的目的基因探针，可从 cDNA 文库中筛选目的基因。

（四）利用 PCR 技术也可以获得特定基因

聚合酶链反应（polymerase chain reaction，PCR）是一种在体外利用酶促反应迅速扩增特异序列 DNA 或 cDNA 的专门技术（详见本

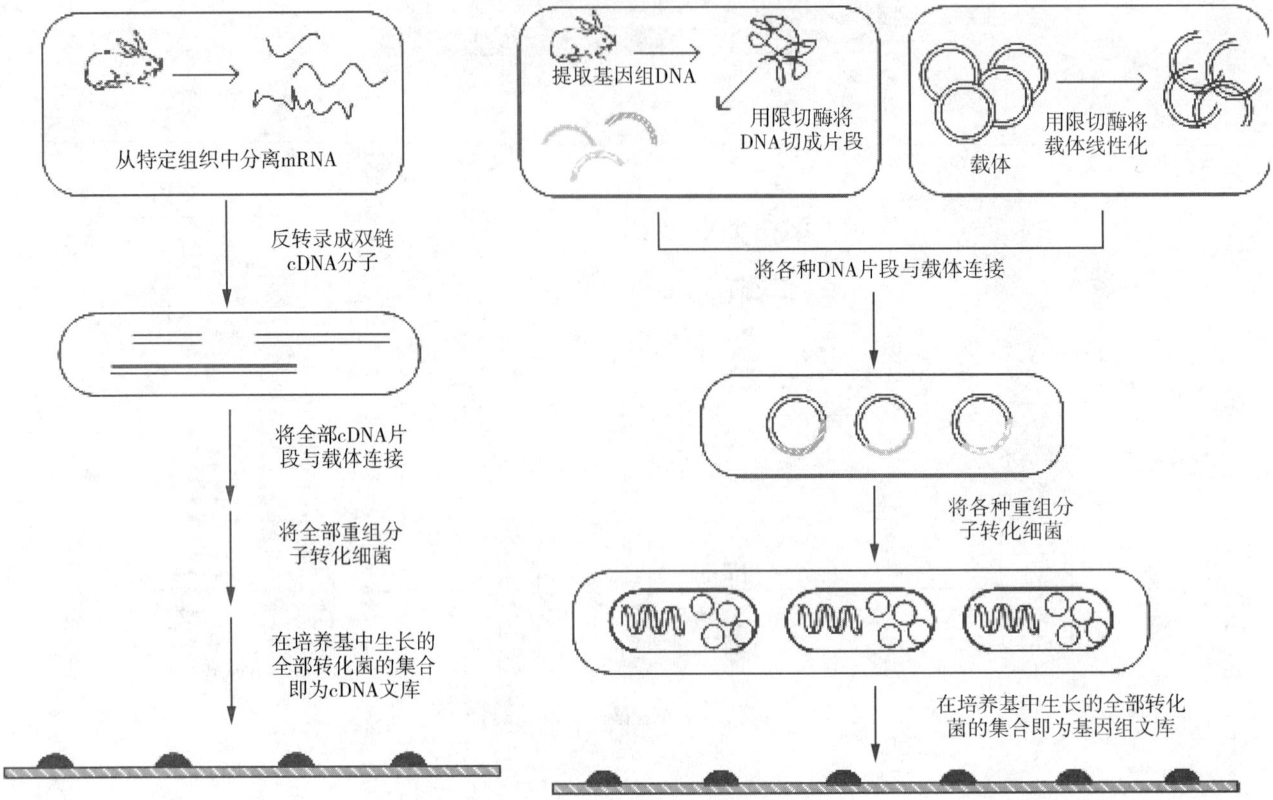

图 14－11　cDNA 文库和基因组文库

章第三节）。可在体外将微量 DNA 片段扩增 100 万倍左右。PCR 工作原理见图 14－12。

1. PCR 反应体系　Taq DNA 聚合酶；模板 DNA；15～30 个碱基的特异性引物；dNTP；含有 Mg^{2+} 的缓冲液。

2. PCR 反应过程　①变性，将反应系统加热至 95℃，使模板 DNA 完全变性，形成单链；②退火，将温度降至约 50℃，，使引物与模板 DNA 退火结合；③延伸，将温度升至 72℃，DNA 聚合酶以 dNTP 为底物催化 DNA 的合成。上述 3 个步骤为一个循环，新合成的 DNA 分子继续作为下一轮合成的模板，经多次循环（25～30 次）后即可将模板 DNA 扩增 100 万倍左右。

3. PCR 的应用　PCR 技术目前主要应用于以下 3 个方面：①目的基因的克隆；②基因体外突变；③DNA 的微量分析。还可应用于各种病原微生物感染的基因检测、遗传病相关突变基因、癌基因的基因诊断、法医学鉴定及 DNA 序列分析等。

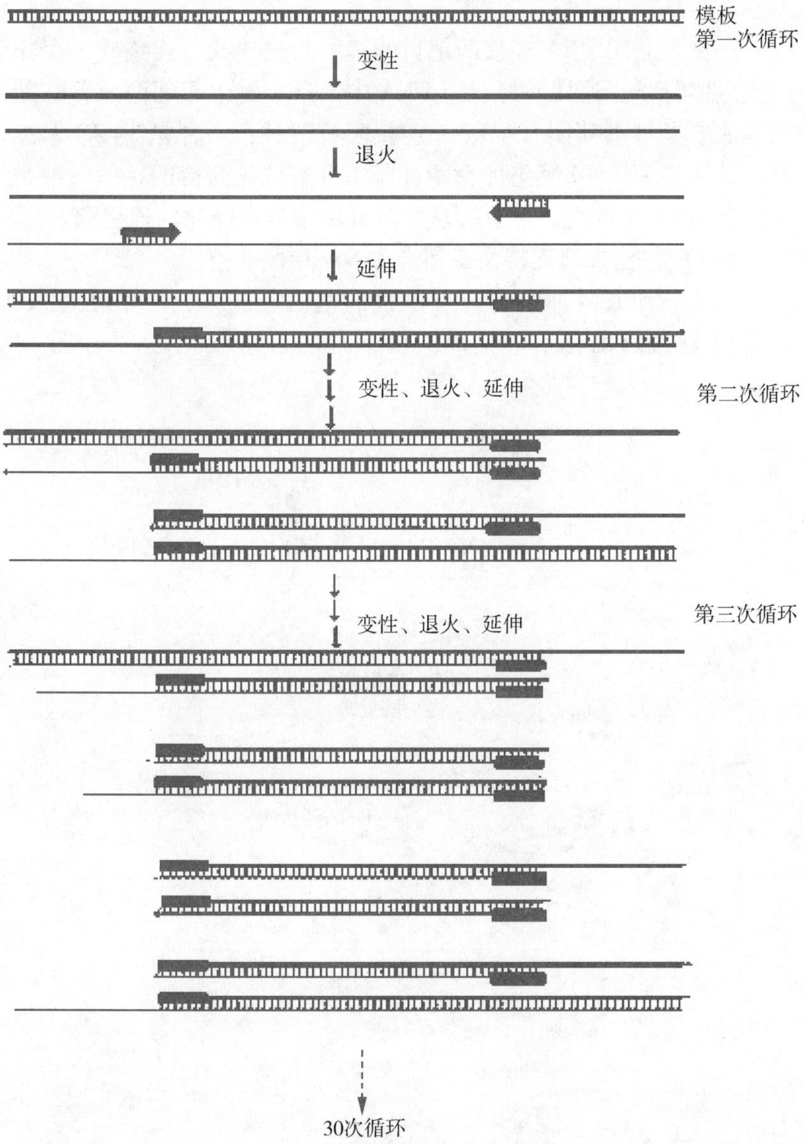

图 14－12　PCR 工作原理

二、依据基因克隆的目的选择和准备载体

基因载体通常应符合以下几个条件：

1. 具有复制起始点，能在宿主细胞中独立地自我复制并在传代时稳定保存。

2. 具有多种限制酶的单一识别位点以便插入外源基因。

3. 本身分子量不宜太大，可容纳较大的外源 DNA，拷贝数高、易与宿主 DNA 分离。

4. 具有遗传标记可用于重组体的筛选。

对于表达载体需要在载体的克隆位点上游加上强启动子基因，下游加上终止密码子等，使载体具有更高的表达克隆基因的能力。

三、选择合适的策略将 DNA 片段进行连接

连接是利用 DNA 连接酶把目的基因与载体共价连接成一个完整的重组体分子。连接酶将双链 DNA 中一条单链上相邻两核苷酸断开的磷酸二酯键重新闭合。DNA 连接酶有两种：一种是 T4 DNA 连接酶，是从噬菌体 T4 感染的大肠杆菌中分离纯化获得的；另一种是大肠杆菌 DNA 连接酶，是直接从大肠杆菌中分离纯化的连接酶。

（一）粘性末端连接法最适合 DNA 片段连接

用同一种或两种限制酶切割目的基因和载体，产生粘性末端，在 DNA 连接酶催化下连接成共价结合的重组 DNA 分子（图 14－13）。

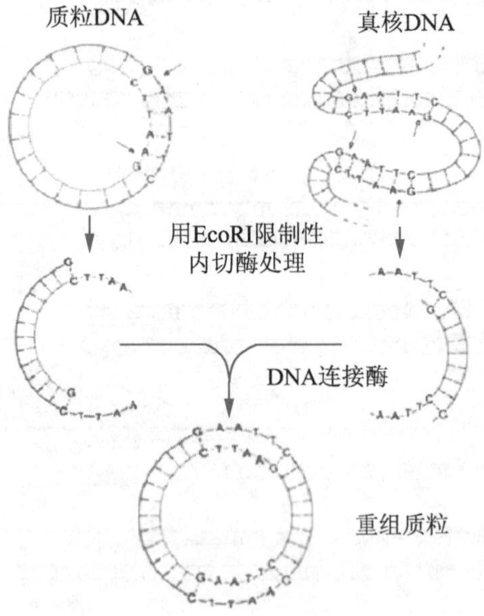

图 14－13　粘性末端连接

（二）平端 DNA 片段也可以进行连接

用相同或不同限切酶切割的平端 DNA，或将酶切产生不能互补的粘性末端，经特殊酶处理，变为平端，用 DNA 连接酶催化进行平端连接。

（三）同聚物加尾法是另一种有效的方法

上述产生的平端 DNA 在末端转移酶催化下分别在目的基因和载体 DNA3′－OH 末端加上 polyA 或 polyT，形成互补的粘性末端，用连接酶连接。

（四）人工接头法用于处理不易连接的 DNA 片段

人工接头是含有 1～2 种限切酶酶切位点的人工合成的寡核苷酸链。将人工接头磷酸化后连接到目的基因或载体 DNA 平端，引入新的酶切位点；再用相应的限切酶切割并连接粘性末端（图 14－14）。

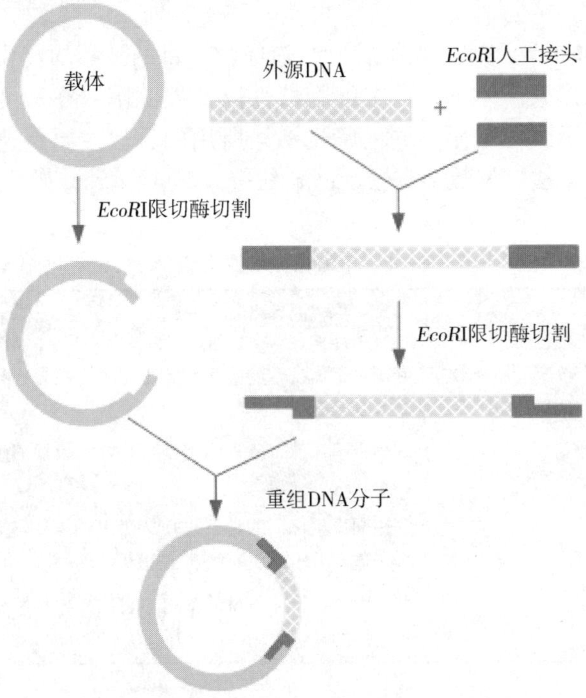

图 14－14　人工接头连接

四、重组 DNA 分子需要导入宿主细胞进行扩增

导入重组 DNA 的方法见表 14－4。

表 14－4　导入重组 DNA 的方法

导入重组 DNA 的方法	概　　念
转　化	将质粒或其他外源 DNA 导入处于感受态的宿主细胞，并使其获得新的表型的过程称为转化
转　染	真核细胞主动摄取或被动导入外源 DNA 片段而获得新的表型的过程称为转染
感　染	

重组的 DNA 分子需导入受体细胞进行复制扩增或表达蛋白。在 0～4℃下用氯化钙处理后细胞膜的通透性增加的细胞，称为感受态细胞。经常使用的受体细胞是大肠杆菌等原核细胞。重组体导入受体细胞的方法有转化、转染和感染。

将重组 DNA 分子导入哺乳动物细胞的方法有：磷酸钙转染（calcium phosphate transfection）、DEAE 葡聚糖介导转染（DEAE dextran－mediated transfectlon）、电穿孔（electroporation）、脂质体转染（lipofectin transfection）及显微注射（microinjection）等。

五、重组体 DNA 导入宿主细胞后需要进行筛选与鉴定

重组 DNA 导入宿主细胞后，要筛选含有目的基因的转化菌并加以扩增。根据载体体系，宿主细胞特性以及外源基因在宿主细胞内表达情况的不同可采用不同的筛选法。所用的方法主要有遗传学方法、免疫学方法、核酸杂交法、PCR 法等（表 14－5）。

表 14－5 重组体的筛选方法

方法		特点
直接筛选法	抗药性标志选择	利用重组体携带的抗药性标志基因，在含有抗生素的培养基中筛选
	标志补救	利用重组体携带的外源基因可弥补基因缺陷型宿主菌的形状进行筛选
	分子杂交法	利用同位素标记的与目的 DNA 互补的探针与重组 DNA 分子进行分子杂交而筛选重组体
间接筛选法	免疫学方法	利用特异性抗体与目的基因的表达产物相互作用进行重组体的筛选，属非直接筛选法

（一）依据重组子遗传表型特征可以筛选特定的 DNA

1. 抗药性标志选择　是筛选重组质粒的最常用方法。如果重组质粒携带有某种抗药性标志基因，如 amp^r，tet^r 或 kan^r，只含这种抗药性基因的转化菌可在含有该抗生素的培养板上生长并形成菌落，即可筛选出阳性转化菌。相反如将外源基因插入抗药性标志基因中，使标志基因失活，转化菌将失去抗药表型，只能在无该抗生素的培养基中生存。

2. 标志补救　转化或转染的外源基因表达产物可弥补基因缺陷型宿主菌的性状，可以利用营养突变菌株进行筛选，即标志补救。例如改造后的 λ 噬菌体载体可表达酵母组氨酸合成的咪唑甘油磷酸脱水酶，携带该基因的 λ 噬菌体重组子转染组氨酸缺陷型大肠杆菌，在无组氨酸的培养基中培养。只有携带重组子的菌株因含有咪唑甘油磷酸脱水酶才能在此培养基中生长，利用此特性进行筛选，见图 14－15。pUC 系列 λ 噬菌体载体重组子可用上述的 α－互补筛选，这也属于标志补救，见图 14－16。

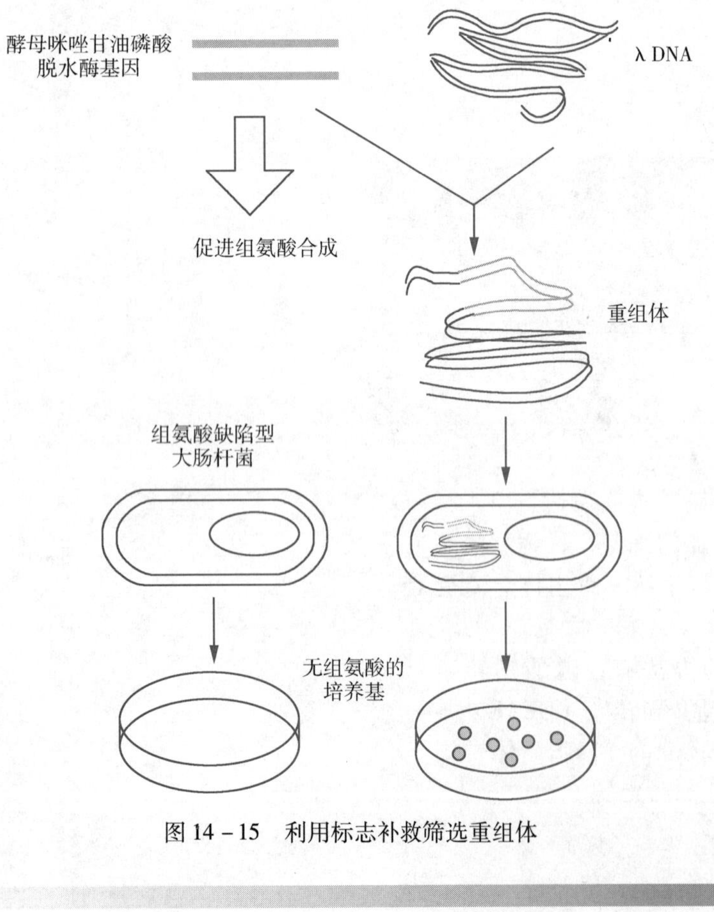

图 14－15 利用标志补救筛选重组体

（二）依据重组子结构特性进行筛选（分子杂交筛选）

重组的DNA分子可用与外源DNA互补的用^{32}P等同位素标记的探针与重组子DNA进行分子杂交筛选。将待测核酸样品结合在硝酸纤维膜上，再与溶液中的同位素标记探针杂交。含有目的基因的重组DNA与探针结合，而被同位素标记。利用这种方法可以直接选择并鉴定目的基因。根据反应条件的不同分为斑点杂交、southern印迹杂交、northern印迹杂交、原位杂交等多种方式。

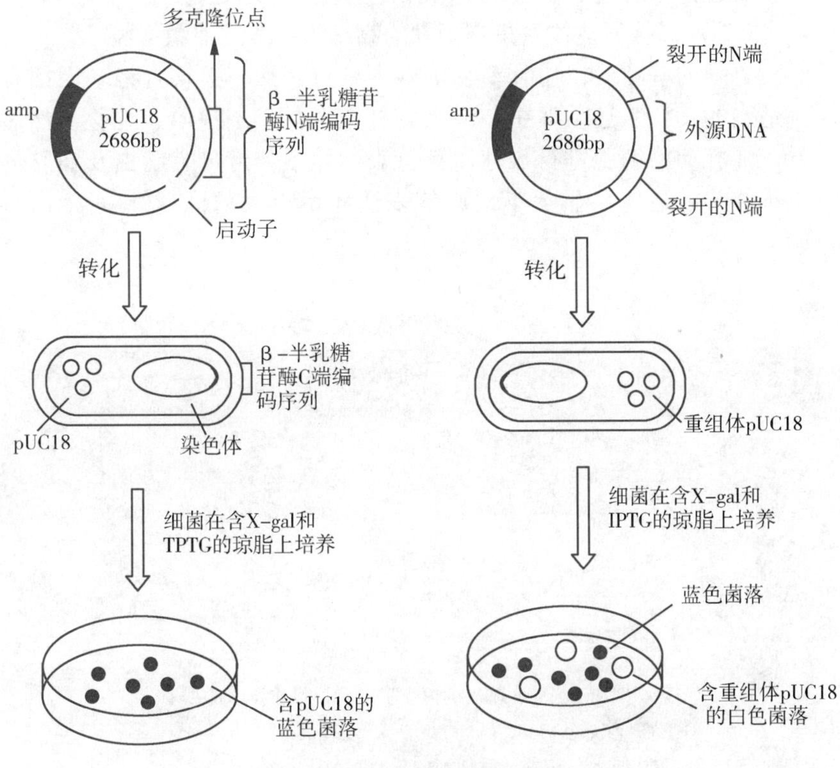

图14-16　利用α互补原理筛选重组体pUC18

（三）利用免疫学方法也可以筛选重组体

利用特异抗体与目的基因的表达产物相互作用进行筛选，属非直接筛选法。免疫学方法可分为酶免疫检测分析、放射免疫方法等。后者针对目的蛋白预先制备其相应的抗体，并用放射性同位素标记该抗体。将菌落转移至硝酸纤维素薄膜上，加入标记抗体进行结合反应，经放射自显影后，即可显示特异蛋白质的区带，从而选择产生该蛋白质的相应菌落。免疫学方法特异性强、灵敏度高，尤其适宜于筛选无任何选择标志的基因。

六、克隆基因的有效表达是基因重组技术的目的之一

基因重组技术可在不同的表达体系中表达相应的蛋白质。根据宿主细胞性质的不同，分为真核表达体系和原核表达体系两大类。

（一）大肠杆菌表达体系是应用最广的原核表达体系

原核表达系统包括大肠杆菌（E. *coli*）系统和枯草杆菌（bacillus subtilis）系统，其中 E. *coli* 是应用最多的原核表达体系。应用 E. *coli* 表达蛋白质，所构建的表达载体需符合下述标准：①含 E. *coli* 适宜的选择标志；②具有能调控转录、产生 mRNA 的强启动子，如 *lac*、*tac* 启动子或其他启动子序列；③含适当的翻译调控序列；④含有多接头克隆位点（polylinker cloning sites）。由于原核细胞和真核细胞的转录及转录后加工、翻译及翻译后加工体系的不同，用原核表达体系表达真核蛋白质时存在一些不足之处。

（二）真核表达体系指在哺乳动物细胞中表达外源基因

克隆的基因要在哺乳动物细胞中进行表达，必须先将基因插入到适当的真核表达载体中。在大肠杆菌中扩增、提取、纯化，然后导入哺乳动物细胞进行表达。真核表达体系如酵母、昆虫及哺乳动物细胞等表达体系显示了比原核表达体系更大的优越性（表 14－6）。

表 14－6　克隆基因表达体系的比较

表达体系	优　点	缺　点
原核表达体系	1. 培养方法简单、迅速、经济 2. 适合大规模生产工艺	1. 缺乏转录后加工机制 2. 缺乏适当翻译后加工机制；表达的蛋白质不能形成适当的折叠或修饰 3. 表达的蛋白质常形成不溶的包涵体 4. 很难在 E. *coli* 表达体系表达大量的可溶性蛋白
真核表达体系	1. 能识别和除去外源基因的内含子，剪接加工成成熟的 mRNA 2. 表达的蛋白在翻译后加工的机会较多（如糖基化修饰），可提高产品的生物学活性及免疫活性 3. 用做受体的动物细胞，都是用缺陷的病毒基因组如 SV40 等转化的细胞，能稳定传代 4. 使经转化的哺乳动物细胞将表达产物分泌到培养基中，其提纯工艺简单	1. 操作技术难 2. 费时 3. 不经济

（张　杰）

第十五章 细胞信号转导

内 容 提 要

在作为生命现象直接完成单位的细胞中，所进行的各种生物学反应非常有序的进行着，这是因为这一切生命活动受神经递质、激素、生长因子及光热等信号的精密地制约和调控。当受体接受到信号后，通过一系列的信号转导分子将其变换成新的信号，并在细胞内引起一系列连锁反应，最终产生各种生物学效应。

第一节 细胞信号转导概述

一、细胞能够对信号物质产生应答

从化学本质上信号物质包括：氨基酸、多肽、蛋白质、脂质、气体分子、离子、热及光等刺激因子。

从生理角度分类包括：神经递质、激素、生长因子等。

而根据其作用的距离，可分为 3 类：①作用距离最远的内分泌信号；②作用于周围细胞的旁分泌信号和自身的自分泌信号；③作用距离最短的是神经元突触内的神经递质（表 15－1）。

信息物质按照第二信使或传递途径分类见表 15－2。

表 15－1 信号物质的分类

	内分泌	旁分泌及自分泌	神经突触分泌
名称	激素	细胞因子	神经递质
受体位置	细胞膜或细胞内	细胞膜	细胞膜
举例	胰岛素	表皮生长因子	乙酰胆碱

表 15－2 信息物质的分类

第二信使或传递途径	信息物质
第二信使为 cAMP	α_2肾上腺素能物质、β 肾上腺素能物质、促肾上腺皮质激素（ACTH）、血管紧张素Ⅱ、抗利尿激素（ADH）、降钙素、人绒毛膜促性腺激素、促肾上腺皮质释放激素、卵泡刺激素（FSH）、促脂解素（LPH）、胰高血糖素、促黑素（MSH）、甲状旁腺素（PTH）、生长抑素、促甲状腺素（TSH）

续 表

第二信使或传递途径	信息物质
第二信使为 cGMP	心房肽、NO
第二信使为 Ca^{2+} 及磷脂酰肌醇	乙酰胆碱、α_1 肾上腺素、血管紧张素Ⅱ、抗利尿激素、催胆囊肽、胃泌素、促甲状腺释放激素（TRH）、促性腺激素释放激素（GNRH）、催产素、P 物质
受体酪氨酸蛋白激酶传递途径	红细胞生成素（EPO）、表皮生长因子（EGF）、成纤维细胞生长因子（FGF）、生长激素（GH）、胰岛素、胰岛素样生长因子（IGF－I）、IGF－Ⅱ、神经生长因子（NGF）、血小板生长因子（PDGF）、催乳素（PRL）
细胞内受体途径传递	雄激素、1，25－二羟维生素 D_3、雌激素、糖皮质激素、视黄酸、盐皮质激素、甲状腺素

二、细胞通过特异性受体接收细胞外信号

受体是信息分子的接收分子，化学本质是蛋白质分子或糖脂。根据受体在细胞内存在部位可分为细胞表面受体及细胞内受体（图 15－1）。受体具有识别外源信号分子，即配体；以及转换配体信号为细胞可识别信号，并传递到作用分子引起细胞应答两种作用。

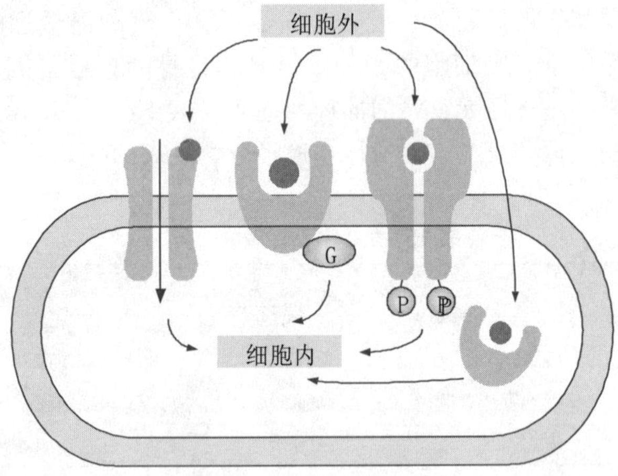

图 15－1　膜受体及胞内受体

（一）离子通道型受体通过离子通道打开或关闭，引起或切断离子流动

该类受体由 4 种亚基构成的蛋白五聚体（$\alpha_2\beta\gamma\delta$），每个亚基又由 4 个跨膜 α－螺旋组成（图 15－2）。不同于电压门控式离子通道，它的开、关状态由化学信号控制（图 15－3）。

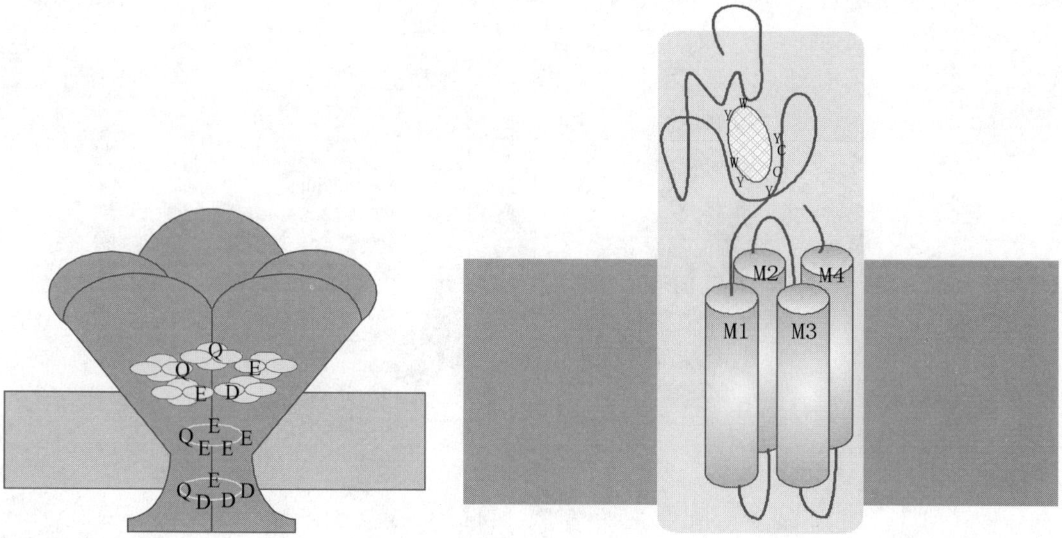

图 15－2　离子通道型受体结构

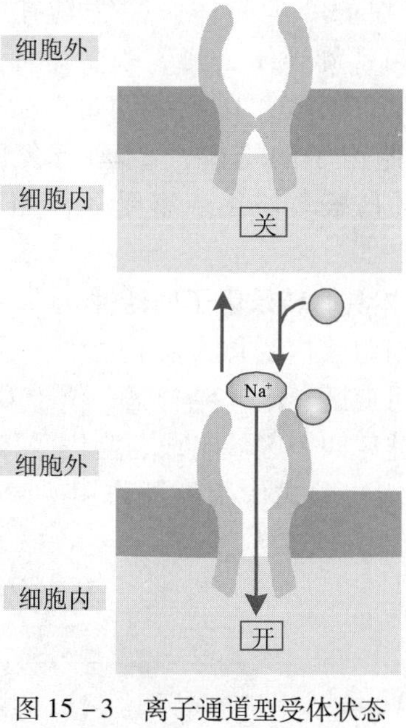

图 15－3　离子通道型受体状态

（二）G 蛋白偶联受体可以改变与其偶联的 G 蛋白的活性

该型受体由 7 个跨膜 α－螺旋组成又称蛇型受体（图 15－4）。G 蛋白与受体的膜内第 3 个环结合，可以感受膜外的信号，而发生相应的改变，传递细胞外信息。

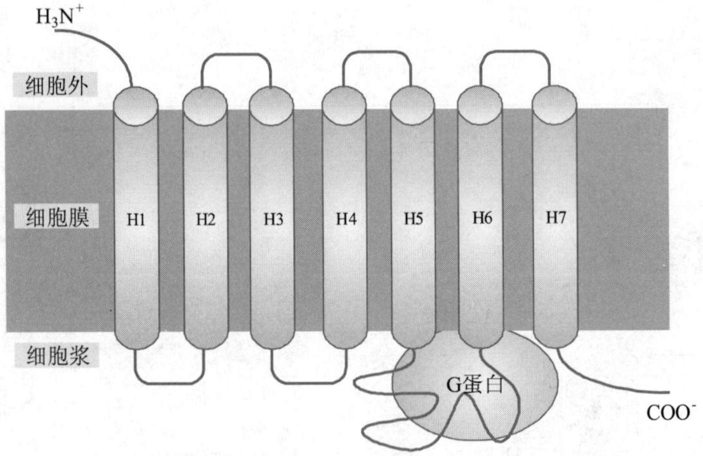

图 15－4 蛇型受体

（三）酶偶联受体大多为只有 1 个跨膜区段的糖蛋白

酶偶联受体是指受体本身具有酶活性，或者自身没有酶活性但于酶分子结合存在的一类受体，往往具有单跨膜 α－螺旋结构，又称单跨膜 α－螺旋受体。酶偶联受体种类繁多，根据酶活性的不同，可分为以下几类：①酪氨酸蛋白激酶型受体，如生长因子、胰岛素及细胞因子的受体；②丝/苏氨酸激酶型受体，如 TGF－β 的受体；③鸟氨酸环化酶型受体，如心钠素（ANP）和一氧化氮的受体。

（四）细胞内受体具有转录因子的活性

胞内受体包括细胞浆内受体和核内受体，通常为单体蛋白质，由位于 N 端的高度可变区、DNA 结合区，位于 C 端的激素结合区及位于它们之间的绞链区四个区域组成。胞内受体都是转录因子，与相应配体结合后，能与顺式作用元件作用，调节基因的转录（图 15－5）。

图 15－5 胞内受体

表 15-3　受体的分类、结构与功能

分　类	相关的信息物质	结构特点	作用机制
离子通道型受体	神经递质，如乙酰胆碱等	本身为离子通道的膜受体	通过离子通道打开或关闭，引起或切断离子流动
G 蛋白偶联型受体	以 cAMP、cGMP、IP_3 及 DAG 为第二信使的信息物质，如肾上腺素、胰高血糖素、生长抑素、心房肽等	与 G 蛋白偶联的膜受体，G 蛋白有 α、β、γ 三个亚基，Gα 结合 GTP 为活性型，结合 GDP 为非活性型	激素→受体→G 蛋白→酶→第二信使→蛋白激酶→生物学作用
酪氨酸蛋白激酶相关型受体	催化型受体： 生长因子及胰岛素等 非催化型受体： 生长激素及干扰素等	催化型受体为跨膜糖蛋白，激活后有酪氨酸蛋白激酶活性 非催化型受体与酪氨酸蛋白激酶偶联	催化型受体与配体结合后即有酪氨酸蛋白激酶活性，导致受体自身磷酸化，又可催化底物蛋白磷酸化，发挥生物学作用 非催化型受体与配体结合后，激活偶联的酪氨酸蛋白激酶发挥作用
转录因子偶联的受体	类固醇激素、甲状腺素等	属胞内受体，多为反式作用因子，分为高度可变区、DNA 结合区、激素结合区及铰链区	与配体结合后，进入细胞核与 DNA 的顺式作用元件结合，调节基因的转录

第二节　信号转导分子

受体接受细胞外信号（第一信使），要经由一些关键的蛋白质分子和小分子活性物质将信号进行转换和传递，才能产生生物学效应。其中的蛋白质分子常被称为信号转导分子（signal transducer），小分子活性物质被称为第二信使（second messenger）。

一、G 蛋白是一种蛋白质三聚体

G 蛋白由 α、β、γ 3 个亚基组成，其中 α（45kD）为主要的催化亚基，β（35kD）和 γ（7kD）是调节亚基。α 亚基具有 GTP 酶活性，其结合 GTP 为活性型，结合 GDP 为非活性型（图 15-6，图 15-7）。

G 蛋白种类见表 15-4。

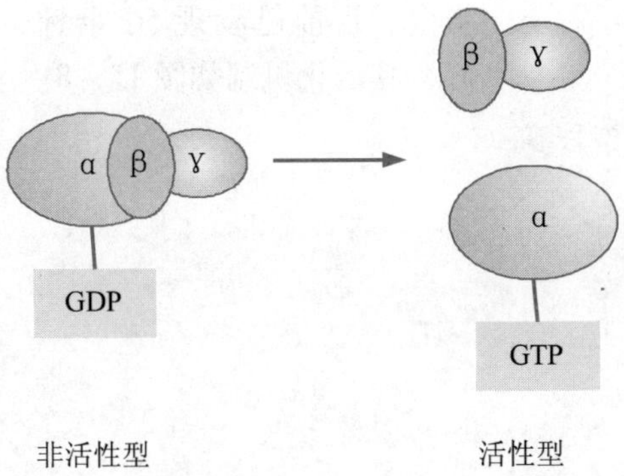

图 15-6　G 蛋白的活化

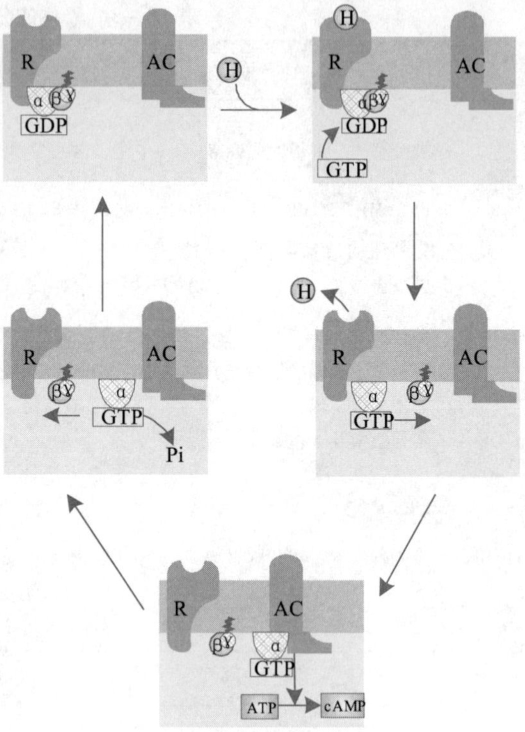

图 15－7 G 蛋白活化循环

表 15－4 G 蛋白种类

种类	功能	相关第二信使	相关蛋白激酶
Gs	激活 AC	cAMP	PKA
Gi	抑制 AC	cAMP	PKA
Gq	激活 PI－PLC	IP_3、DAG	PKC
Gt	激活 cGMP 磷酸二酯酶	cGMP	PKG

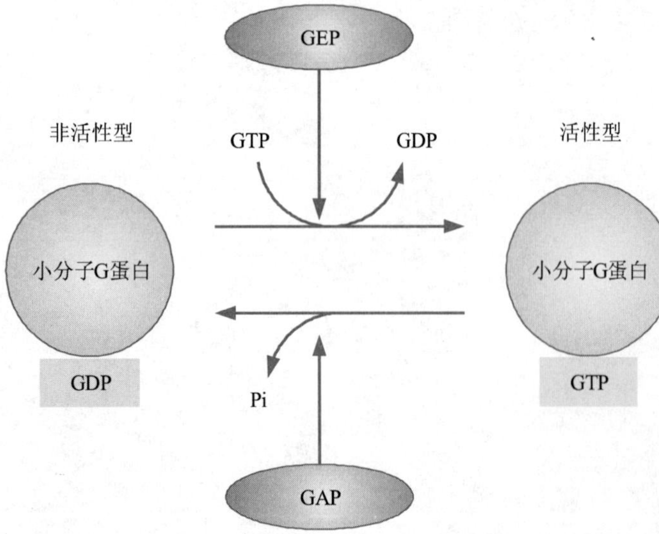

图 15－8 小分子 G 蛋白的活化

二、Ras 是小分子 G 蛋白

Ras 是癌基因 ras 编码的蛋白质，分子量为 21kD，因其小于 G 蛋白故称之为小分子 G 蛋白。目前已发现 50 余种，是一个超级家族，其活化机制如图 15－8。

三、第二信使是一些小分子活性物质

具有以下条件才可能称为第二信使：当信息物质作用到靶细胞膜与受体结合后，通过激活相应的酶而产生能替代第一信使发挥作用的小分子（表 15－5）。

表 15－5　常见的第二信使

第二信使	催化产生第二信使的酶	相关的蛋白激酶
cAMP	AC	PLA
cGMP	GC	PKG
DAG	PI－PLC	PKC
IP_3	PI－PLC	PKC
Ca^{2+}	PI－PLC	CaMK

（一）环磷酸腺苷是最早发现的第二信使

1957 年，Earl W. Sutherland 提出环磷酸苷（cAMP）是激素在细胞内作用的第二信使，并开创性的提出了信号转导的跨膜传递学说。

1. 腺苷酸环化酶催化 cAMP 的产生　腺苷酸环化酶（AC）被 Gs 蛋白活化后，可以催化 ATP 生成环磷酸腺苷（cAMP）。

2. 磷酸二酯酶可以水解 cAMP　催化 cAMP 水解的磷酸二酯酶（PDE）有多种，有些特异性水解 cAMP，有些还可以使其他的环磷酸核苷水解。

（二）脂类是一类重要的第二信使

很多脂类及其衍生物可以作为第二信使，其中主要的有肌醇三磷酸（IP_3）和甘油二酯（DAG）。由磷脂酰肌醇依赖性磷脂酶 C（PI－PLC）催化细胞膜上的磷脂酰肌醇二磷酸（PIP_2）水解生成。

PIP_2 还可在磷脂酰肌醇－3 激酶（PI－3K）的催化下，使 C3 上的羟基磷酸化而生成 PIP_3，PIP_3 也是一种重要的第二信使。

（三）钙离子浓度的变化可引起多种生物学效应

Ca^{2+}是人体内一种重要的第二信使。Ca^{2+}在体内的分布具有明显的区域性。细胞外液中［Ca^{2+}］约为1.12～1.23mmol/L；而细胞内的Ca^{2+}约90%储存与内质网和线粒体内，因此胞液中的［Ca^{2+}］仅为0.01～0.1mmol/L。这样，只要细胞膜或内质网膜上的钙离子通道稍开启，就可引起胞液内局部Ca^{2+}浓度的急剧变化，而引发相应的生物学效应。

（四）一氧化氮是一类重要的信号分子

NO是近年来发现的一类重要的信号分子，即可以作为第一信使也可以作为第二信使发挥作用。

1. NO合酶催化NO的合成 NO合酶（NOS）催化精氨酸生成NO。NOS有Ⅰ、Ⅱ、Ⅲ3种。NOSⅠ主要分布于外周神经、中枢神经系统合肾；NOSⅡ分布最广，包括肝细胞、心肌细胞等；NOSⅢ分布于内皮细胞、心肌细胞和脑。NO作为第二信使时，可以作用于多种酶和蛋白因子，而产生多种生物学效应。但NO在体内的作用，主要是通过环磷酸鸟苷（cGMP）实现的。

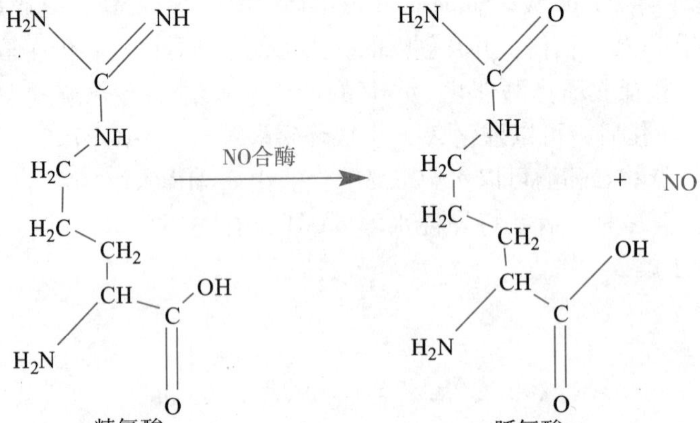

2. NO可以活化鸟苷酸环化酶 鸟苷酸环化酶（GC）以两种方式在细胞内存在，一种形式存在于细胞膜，是一种单跨膜α－螺旋型受体；另一种存在于细胞质。受体型包括GC－A、GC－B和GC－C 3种。可溶性GC存在于细胞质，可直接被NO等化合物激活。

3. GC催化产生cGMP GC活化后，能以GTP为底物，催化生成另一种第二信使——环磷酸鸟苷（cGMP）。

四、蛋白激酶/蛋白磷酸酶影响信号通路的开关

（一）蛋白激酶是第二信使的主要靶分子

蛋白激酶（表15－6）受第二信使的作用而发生构象和活性的改变。蛋白激酶可使靶蛋白相应的氨基酸残基磷酸化。蛋白质磷酸化后可以表现为活性的增高或降低，进而产生效应的生物学效应。具有代表性的蛋白激酶及其功能见表15－7。

表15－6 蛋白激酶分类

名称	磷酸化部位	分布
丝/苏激酶	丝、苏氨酸	胞浆
两特异激酶	丝、苏、酪氨酸	胞浆
酪氨酸蛋白激酶	酪氨酸	胞浆
PI激酶类似激酶	丝、苏氨酸	胞浆
组氨酸蛋白激酶	组氨酸、天冬氨酸	胞浆、胞核

表15－7 具有代表性的蛋白激酶及其功能
（根据激酶结构域的相似性分类）

分 类	名 称	特 征
PKA，PKG，PKC群	环磷酸核苷依赖性蛋白激酶	
	cAMP依赖性蛋白激酶（PKA）	由cAMP激活
	C_2R_2—C_2 催化亚基＋R_2 催化亚基	由PKI抑制（0.09nM）
	C：Cα，Cα，$Cβ_2$，Cγ	
	RIα，RIβ	
	RⅡα，RⅡβ	
	cGMP依赖性蛋白激酶（PKG）	由cGMP激活
	磷脂依赖性蛋白激酶	
	蛋白激酶C（PKC）	
	cPKCα，βⅠ，Ⅱ，γ	由TPA，钙，DAG，PIP_3 激活
	nPKCδ，ε，η，θ	由TPA，DAG，PIP_3 激活
	aPKCζ，τ/λ	由 PIP_3 激活
	RAC－PK（AKT，PKB）	由 PIP_2 激活
	癌基因	
	其他	
	PKN，RHO激酶	由RHO激活
	ARK	G蛋白
		磷酸化G蛋白受体，内在化，脱敏作用
	p70－S6K	磷酸化可激活活性
		激活蛋白质生成系统

续 表

分 类	名 称	特 征
calmodulin 依赖性激酶群	CaM 依赖性激酶	
	CaM 依赖性激酶 1（CaMK1）	由 CaMK 激酶磷酸化而活化
	CaM 依赖性激酶 2（CaMK2）	由 Ca - CaM 活化
	CaM 依赖性激酶 4（CaMK4）	由 CaMK 激酶磷酸化而活化
	CaM 激酶	Ca - CaM 依赖性地对 CaMK4，1 磷酸化而活化
	EF2 激酶（CaMK3）	
	myosinL 链激酶（MLCK）	Ca 依赖性地抑制翻译延长因子 EF2
	磷酸酶激酶	由 Ca - CaM 活化 由 Ca - CaM 活化 由 PKA 磷酸化而活化
	其他	
	MAPKAPK2	由 MAP 激酶磷酸化
	AMP 依赖性激酶（AMPK）	由 AMP 活化
		被细胞应急时产生地 AMP 活化，抑制
		HMG - CoA 还原酶等酶
	Nim1（分裂酵母）	磷酸化 Weel 而抑制其活性，诱导细胞分裂
CDK，MAPK，GSK，CK 群	cyclin 激酶（CDK）	由 cyclin，磷酸化调节
	cdc2 cdk2	
	cdk4，6	
	Cak（cdk）激酶	
	MAP 激酶	由 MAP 激酶激酶磷酸化
	ERK	
	SAPK［也可称为 JNK］	
	p38（也可称为 Hog）	
	其他	
	糖原合成酶激酶 3	活化需要或必需 tyrosin 由 PKC 等磷酸化而失活 通常以活化型存在，可磷酸化各种蛋白质，使其保持失活状态. 脱磷酸化是活化的关键
	casein kinase2（CK2）	以活化型存在，磷酸化转录因子

续　表

分　类	名　称	特　征
MAPKK, MAPKKK, MAPKKKK 群	MAP 激酶激酶（MAPKK，双特异性激酶）	
	MEK	由 Ras 活化，激活 ERK 通路
	SEK	
	多数 MKK	
	MAP 激酶激酶激酶（MAPKKK）	
	Raf（MAPKKK）癌基因	
	Mos（MAPKKK）癌基因	活化 MEK，由 Ras，14 -3 -3 活化
	MEK 激酶（MEKK）（ MAPKKK）	活化 MEK
	MUK/DLK/ZPK（MAPKKK）	激活 JNK，p38 通路
	MLK（MAPKKK）	激活 JNK 通路
	Cot（MAPKKK）	激活 JNK 通路
	MAPKKKK	
	PAK（MAPKKKK）	由低分子量 G 蛋白活化
activin/TGF -β 受体	TGF - Br2	介导 SMAD 磷酸化和核移行的转录的激活
	ActR2	
其他	Weel（双特异性激酶）	磷酸化 Cdc2 tyrosin15，失活
	HRI（heme 调节的 eIF -2α 激酶）	在早幼红细胞血红素缺乏的时候活化，抑制蛋白合成的因子
	PKR（RNA 依赖性激酶）	由双链 RNA 活化，当有 interferone 刺激时，在转录水平被诱导，磷酸化 eIF -2，抑制蛋白质合成.

1. cAMP 可以活化蛋白激酶 A　蛋白激酶 A（PKA）是丝/苏氨酸蛋白激酶，由 2 个催化亚基（C）和 2 个调节亚基（R）组成，其四聚体形式是非活性型。每个调节亚基上有 2 个 cAMP 结合位点，当 2 个调节亚基与 4 分子 cAMP 结合后，构象改变并与催化亚基分离，激活 PKA（图 15 -9）。

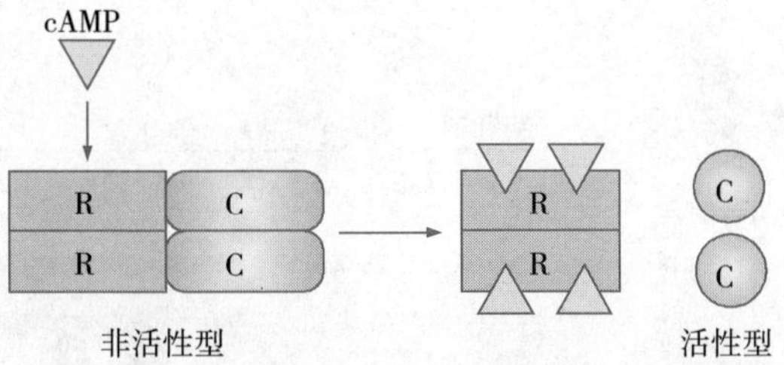

图 15 -9　PKA 的活化

PKA 可使多种靶蛋白的丝/苏氨酸残基磷酸化，其底物分子包括多种代谢酶类，如：糖原合酶、磷酸化酶 b 激酶等。并且，PKA 的催化亚基还可以直接进入细胞核内，催化反式作用因子——cAMP 应答元件结合蛋白（cAMP response element bound protein，CREB）中特定的丝氨酸和（或）苏氨酸残基磷酸化。CREB 磷酸化后，形成二聚体，并与基因的转录调控区上的特定的顺式作用元件——cAMP 应答元件（cAMP response element，CRE）结合，进而激活 CRE 调控的基因转录（图 15－10）。

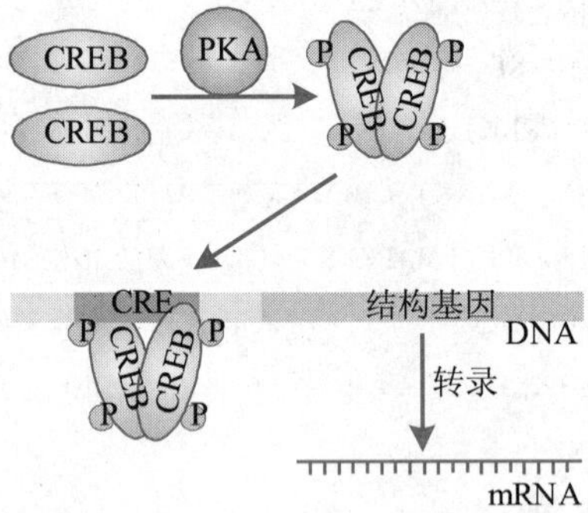

图 15－10 PKA 对基因表达的调节

2. Ca^{2+}可以激活钙调蛋白依赖的蛋白激酶 每分子钙调蛋白（CaM）与 4 分子 Ca^{2+} 结合后，发生构象变化，并作用于 CaM 依赖的蛋白激酶（CaMK）。CaMK 也是丝/苏氨酸蛋白激酶，有专一功能的和多功能的两种类型。前者如肌球蛋白轻链激酶、磷酸化酶激酶和延长因子 2 激酶等，分别调节肌肉收缩、糖原分解和蛋白质生物合成。后者包括 CaM－KⅠ和 CaM－KⅡ两种，底物包括 AC、PDE、NOS 等。

3. Ca^{2+}参与蛋白激酶 C 的激活 蛋白激酶 C（PKC）属于丝/苏氨酸蛋白激酶，至少有 12 种同工酶。N 端为调节区域，C 端为催化区域。它们的氨基酸序列中有 4 个保守区，C1～C4。C1、C2 属调节域，其中 C1 富含半胱氨酸，是 DAG 结合部位，C2 为 Ca^{2+}结合部位。催化域中的 C3 是 ATP 结合部位，C4 则是结合底物并进行磷酸基转移的场所（图 15－11）。调节区域在结合 Ca^{2+}、DAG 和磷脂酰丝氨酸各 1 分子后而使 PKC 活化（图 15－12）。

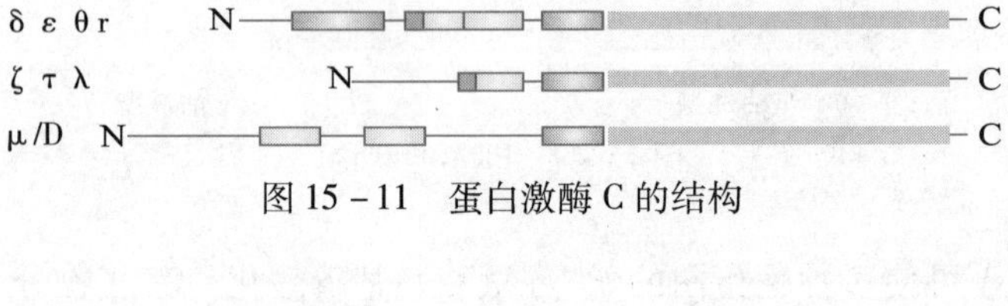

图 15－11 蛋白激酶 C 的结构

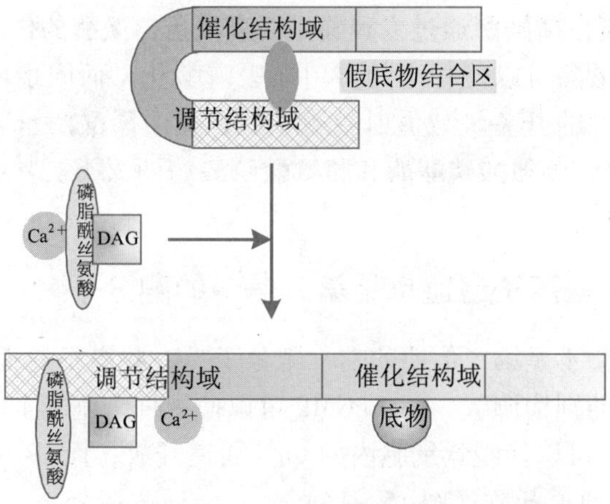

图 15－12　PKC 的活化

PKC 可使靶蛋白的丝/苏氨酸残基磷酸化，底物分子包括质膜受体、膜蛋白及转录因子等，参与代谢调节及基因表达的调控。

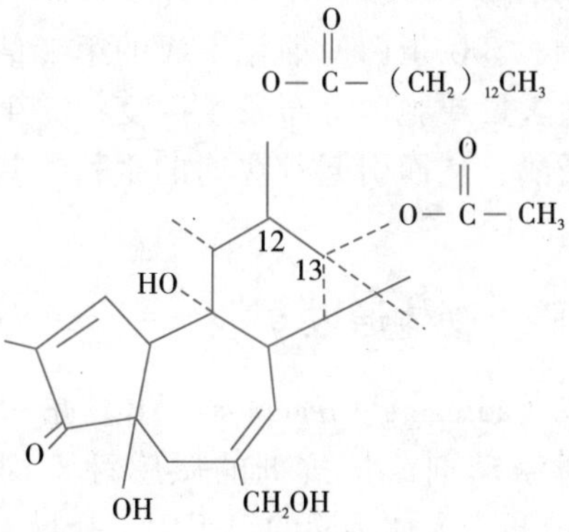

PKC

PKC 还可以被佛波酯（12－o－tetradecanoyl phorbol－13 acetate，TPA）直接激活，进而磷酸化核内的磷酸酶，使核内的蛋白质 Jun 脱磷酸。Jun 脱磷酸后即可与 TRE 结合促进基因表达。这可能是 TPA 促癌作用的有关机制，因此 TPA 被称为促癌剂。

4．蛋白激酶 G 是 cGMP 的靶分子　蛋白激酶 G（PKG）属于丝/苏氨酸蛋白激酶，是由相同亚基构成的蛋白二聚体，可能与神经系统的信号转导过程有关。PKG 的二聚体含有一个自身抑制的模体，当于 cGMP 结合后，抑制模体与催化部位分开，PKG 被激活。

5．PIP_3 的靶分子之一是蛋白激酶 B　PKB 也是一类丝/苏氨酸蛋白激酶，其激酶结构域与 PKA 和 PKC 高度同源。PKB 分子又与 T 细胞淋巴瘤中的反转录病毒癌基因 V－akt 编码的蛋白 Akt 同源，因此又被称为 Akt。

PKB 底物分子包括：糖原合酶激酶－3、核糖体蛋白 S6 激酶、

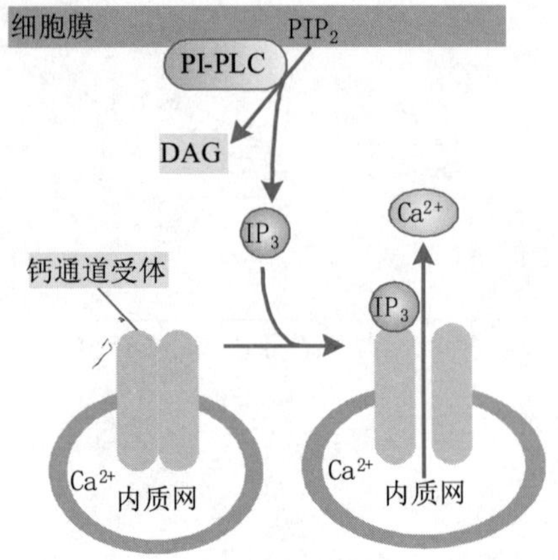

图 15-13 IP_3 释放内质网内的 Ca^{2+}

一些转录因子、细胞凋亡相关蛋白 BAD 等，参与调节细胞内代谢及细胞的增殖与分化。

（二）蛋白磷酸酶通过去磷酸化而衰减蛋白激酶的作用

蛋白磷酸酶可以使相应的蛋白质去磷酸化，而同蛋白激酶协同调节信号转导的开关。与蛋白激酶相似，蛋白磷酸酶也有底物特异性。主要有丝/苏氨酸磷酸酶和酪氨酸磷酸酶两大类。一些磷酸酶具有双重特异性。

五、一些离子通道也是第二信使的靶分子

蛋白激酶不是第二信使的唯一靶分子，一些离子通道的开/关也受第二信使的别构调节。如：cGMP 可以使视杆细胞膜上的 Na^+ 通道开放，cAMP 可以使嗅觉细胞内的 Ca^{2+} 通道开放，而 IP_3 可使内质网表面的 Ca^{2+} 通道开放（图 15-13）。

第三节 G 蛋白偶联受体的信号转导机制

肽类及儿茶酚胺类激素的受体多属 G 蛋白偶联受体，这类受体的信号转导包括以下基本步骤：①配体与受体结合；②受体-配体复合物活化 G 蛋白；③G 蛋白使催化生成的第二信使的酶激活或抑制；④第二信使的含量或胞内分布发生改变；⑤第二信使作用于相应的靶分子蛋白激酶，从而引起较快速的生物学效应，或者是迟发而持久的基因表达。

一、β 肾上腺素受体通过 cAMP-PKA 途径使血糖升高

肾上腺素受体（adrenergic receptor，AR）是一类典型的 G 蛋白偶联受体，依据对激动剂或拮抗剂的敏感性不同可分为 α1、α2、β1、β2 等亚型，分布于人体不同的组织中，介导对肾上腺素不同的反应。β1 和 β2 肾上腺素受体分布于肌肉、肝脏和脂肪细胞，与 Gs 蛋白偶联，作用机制相同：①受体与配体结合，激活 Gs 蛋白；②活化的 Gs 蛋白激活 AC；③AC 催化 ATP 转化为 cAMP；④PKA 被 cAMP 激活后，磷酸化相应的靶蛋白，促进脂肪动员和血糖升高（图 15-14）。

人体很多激素的受体，如：促肾上腺素皮质激素受体、胰高血糖素受体等都与 Gs 蛋白偶联，经 cAMP-PKA 通路产生相应的生理效应。

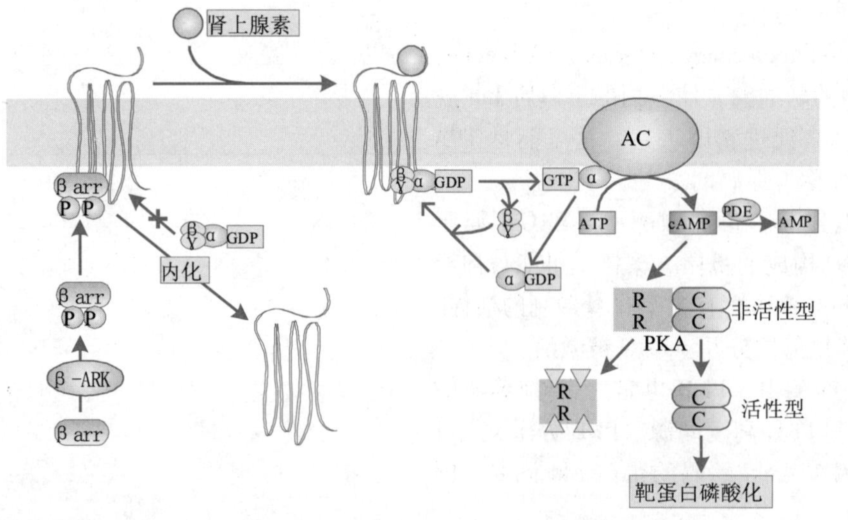

图 15-14 β 肾上腺素受体通路

β－AR－cAMP－PKA 通路要及时中止，防止细胞的持续反应，具体机制如下：①细胞外肾上腺素浓度的下降；②细胞内特异性磷酸二酯酶（PDE）对 cAMP 的水解；③相应的蛋白磷酸酶对靶蛋白的去磷酸化；④受体的去敏感。导致受体去敏感的机制很多，目前认为最主要的机制是：β－AR 激酶（β－AR kinase，β－ARK）使其底物 β－AR 磷酸化，磷酸化后的 β－AR 可以结合 β－arrestin（βarr）。βarr 结合后，产生两种相应，一是阻止了受体与 G 蛋白的结合，二是导致受体内化进入细胞内，最终使 β－AR 对肾上腺素敏感性下降（图 15－15）。

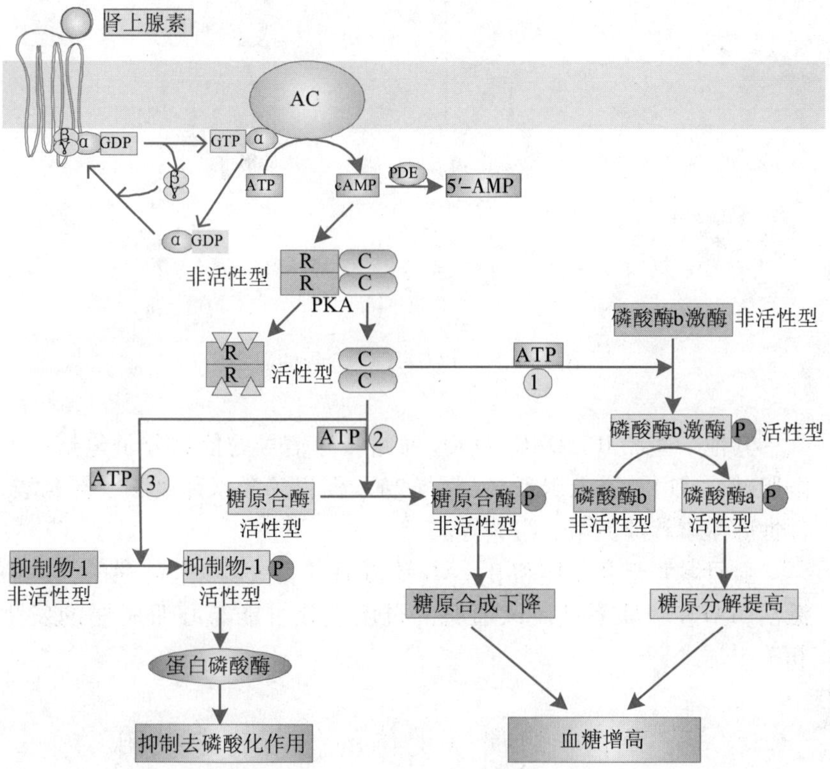

图 15－15 肾上腺素升高血糖机制

二、血管紧张素Ⅱ通过 IP_3/DAG－PKC 通路转导信号

血管紧张素Ⅱ（angiotensin Ⅱ）是一类重要的心血管系统调节激素，其受体与 Gq 蛋白偶联，通过 IP_3/DAG－PKC 通路使血管收缩，具体途径如下：①受体与配体结合后，激活 Gq 蛋白；②活化的 Gq 蛋白激活 PI－PLC；③PI－PLC 催化胞膜磷脂 PIP_2 水解，产生第二信使 IP_3 和 DAG；④ IP_3 与内质网表面的 IP_3 依赖性钙通道受体结合，使钙通道开放，内质网内的钙离子外流，细胞浆内的钙离子浓度增高；⑤钙离子有 2 种主要作用，一是可以与 DAG 及胞膜上是磷脂酰丝氨酸协同作用激活 PKC，二是可通过 CaM 激活 CaMK；

⑥PKC和CaMK可分别使各自的底物蛋白磷酸化，产生相应的生理效应（图15－16）。

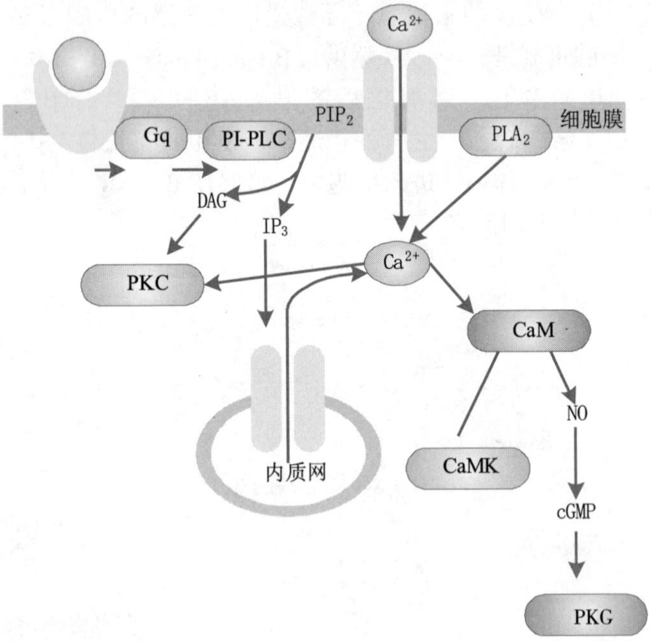

图15－16　PLC－Ca^{2+}介导的通路

其他一些经IP_3/DAG－PKC通路转导信号的信息分子包括：乙酰胆碱（M1）、肾上腺素（α1、α2）、促胃泌激素释放肽、谷氨酸、促性腺激素释放激素、组胺等。

血管紧张素Ⅱ受体和β－AR还可通过βarr募集Src激酶，进而激活MAPK级联系统。该通路的过度活化可能与心肌肥厚的发生相关。

第四节　酶偶联受体的信号转导机制

酶偶联受体所介导的信号转导过程与G蛋白偶联受体介导的信号转导过程有很大的差别。酶偶联受体介导的信号转导主要通过蛋白分子的相互作用，并有蛋白激酶的广泛参与，进行信号的转导与传递。

一、胰岛素受体具有酪氨酸蛋白激酶活性

酪氨酸蛋白激酶（TPK）受体的特点一是当与生长因子及激素结合后，在具有了TPK活性的同时，可自身磷酸化；二是其底物具有SH2结构域，SH3结构域。胰岛素受体是一类典型的TPK型受体，由2个α亚基和2个β亚基组成。配体结合部位在α亚基上，β亚基具有内在的TPK活性。胰岛素与胰岛素受体α亚基结合后，受体发生二聚化而改变构像，β亚基的TPK活性增强，进而使胰岛素

受体细胞内区的数个酪氨酸残基发生自身磷酸化。TPK 活性增强后，胰岛素受体还可催化胰岛素受体底物 – 1（insulin receptor substrate – 1，IRS – 1）的数个酪氨酸残基发生磷酸化。酪氨酸磷酸化的 IRS – 1 形成了可被 SH2 结构域识别和结合的位点，根据与不同的具有 SH2 结构域的底物分子的结合，可产生不同的生物学效应（图 15 – 17）。

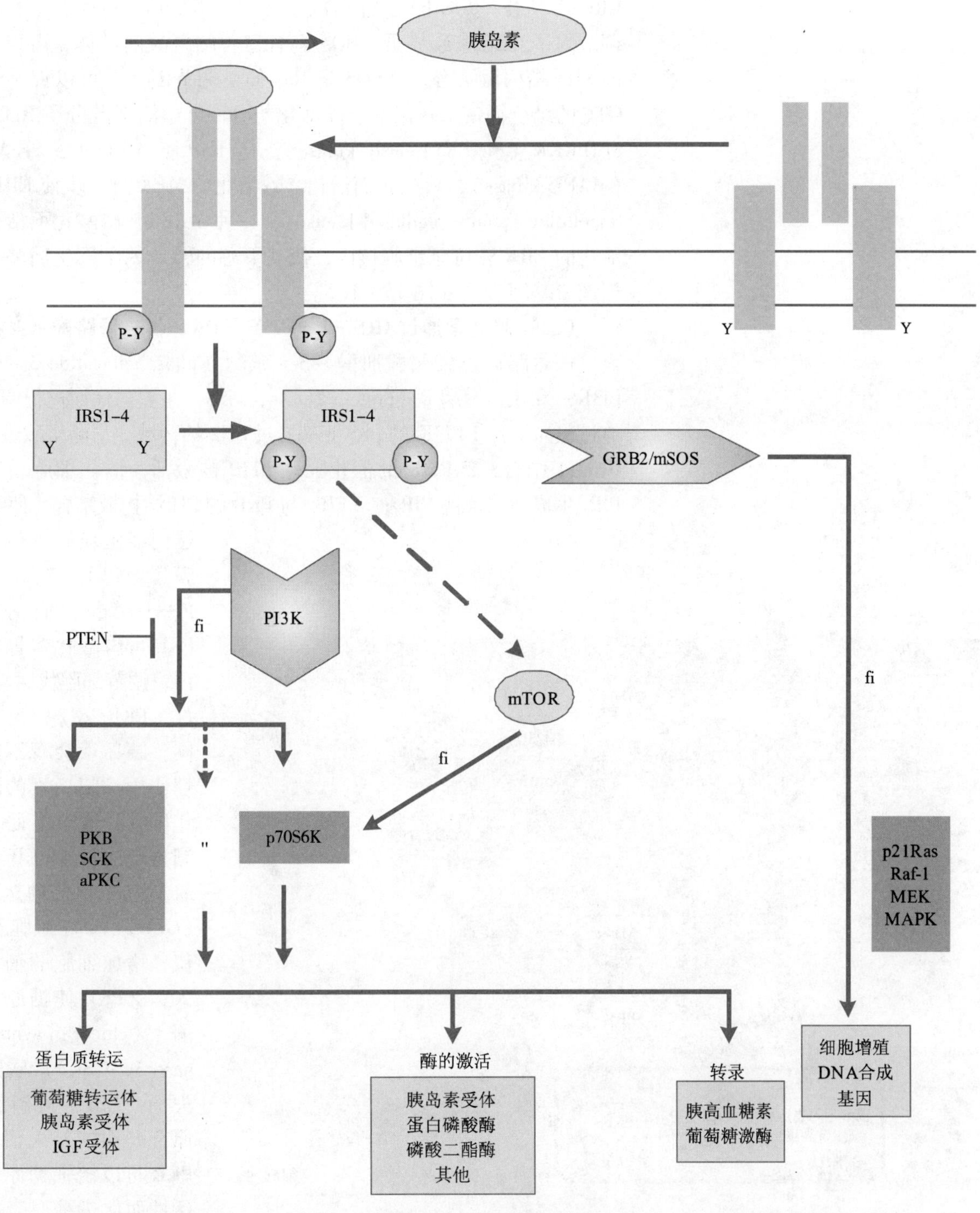

图 15 – 17　胰岛素转导途径

（一）胰岛素通过 IRS－1－Ras－MAPK 途径调节细胞增殖与分化

这一通路在 IRS－1 磷酸化后，会募集接头蛋白 Grb2（growth factor binding protein），一种由 1 个 SH2 结构域和 2 个 SH3 结构域构成的分子，进而激活 Ras－MAPK 通路，影响基因表达而对细胞的增殖与分化进行调节。具体过程如下：①Grb2 通过 SH2 结构域与 IRS－1 结合；②Grb2 通过 SH3 结构域募集 SOS，一种小分子 G 蛋白调节因子 GEF 家族成员。SOS 具有富含脯氨酸的模体，可以与 SOS 的 SH3 结构域结合；③SOS 是 Ras 的正调节因子，可以促进 Ras 与 GTP 的结合而使 Ras 激活；④活化的 Ras 可激活下游分子 Raf，一种 MAPKKK（MAPK kinase kinase）。⑤Raf 使 MEK，一种 MAPKK（MAPK kinase），磷酸化而活化。⑥活化的 MEK 进一步使 ERK（extracellular signal－regulated kinase），一种 MAPK，磷酸化而活化；⑦活化的 ERK 转位至细胞核内，使其下游的转录因子发生磷酸化，进而调节基因表达（图 15－18）。

（二）胰岛素通过 IRS－1－PI3K－PKB 信号通路降低血糖浓度

该通路通过磷脂酰肌醇－3－激酶（phosphoinositide 3－kinase，PI3K）和蛋白激酶 B（protein kinase，PKB）主要对代谢进行调节。具体过程如下：①PI3K 的 p85 亚基通过 SH2 结构域，与酪氨酸磷酸化的 IRS－1 结合；②PI3K 的催化亚基 p110 被激活，催化细胞质膜中的 PIP_2 生成第二信使 PIP_3；③PIP_3 与 PKB 的 PH 结构域结合，使 PKB 转位到细胞质膜内侧。在质膜上，PKB 被蛋白激酶 PDK1 磷酸化而活化；④PKB 可磷酸化多种底物蛋白，调节细胞代谢。

PKB 效应分子的不同，胰岛素会有不同的生理作用。胰岛素的降血糖作用，是通过下面 2 种机制实现的：①PKB 可促进肌细胞的葡萄糖运载体 4（GLUT4）向细胞膜的移位，增加细胞的葡萄糖摄入；②PKB 使糖原合酶激酶 3（glucogen synthase kinase 3，GSK3）磷酸化而失活。GSK3 可磷酸化糖原合酶而使其失活。因此 PKB 可以增强糖原合酶的活性而促进糖原合成（图 15－19）。

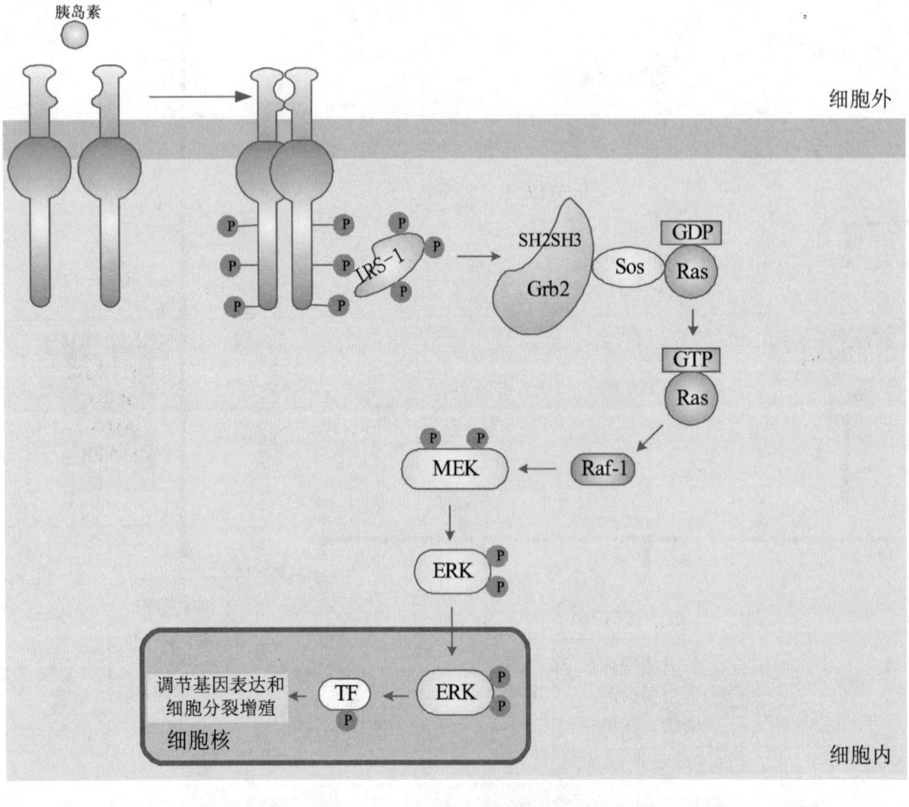

图 15－18 胰岛素介导的 IRS－1－Ras－MAPK 信号通路

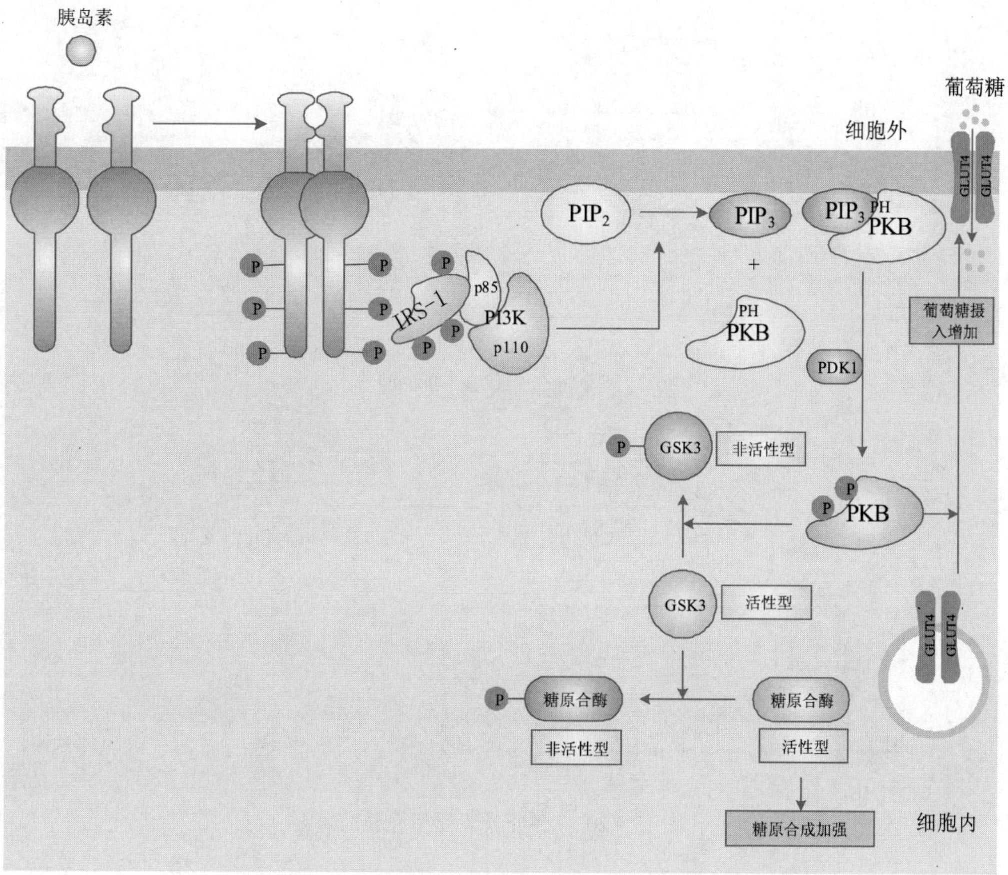

图 15 - 19 胰岛素介导的 IRS - 1 - PI3K - PKB 信号通路

二、γ - 干扰素受体是非酪氨酸蛋白激酶型受体

γ - 干扰素是由活化 T 细胞产生的一类细胞因子，与受体结合后，使受体发生二聚化。γ - 干扰素受体本身没有 TPK 活性，但它与细胞质中的一种蛋白酪氨酸激酶 JAK（janus kinase）偶联，属非 TPK 型受体。该类受体的近膜区有 JAK 结合部位，而远膜区则有数个酪氨酸残基，可被活化的 JAK 所磷酸化。现以发现 4 种 JAK（JAK1、JAK2、JAK3 核 JAK4），分别负责转导不同的细胞因子受体的信号，而 γ - 干扰素受体与 JAK1 和 JAK2 结合。二聚化的受体可激活 JAK，JAK 不但可使受体上的酪氨酸残基磷酸化，还同时使 STAT（signal transducer and activator of transcription）磷酸化（图15 - 20）。

STAT 是一种转录激动子，现已发现至少 6 种 STAT 分子。STAT 分子中都有一个 SH2 结构域。通过 SH2 结构域，STAT 可以识别并结合到已发生了酪氨酸磷酸化的 γ - 干扰素受体上，同时促进了 JAK 对 STAT 的磷酸化反应。STAT 磷酸化后，借助 SH2 结构域形成二聚体，并进入细胞核。入核的 STAT 可以作为转录因子影响基因的表达，进而调节靶细胞的增殖与分化。

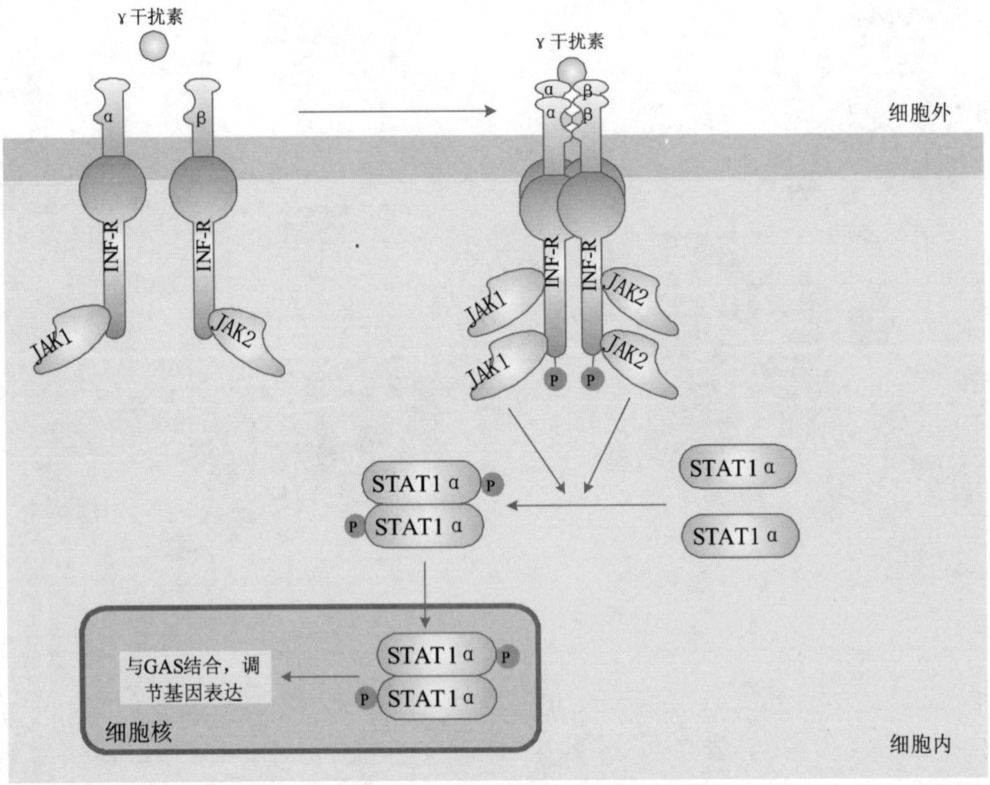

图 15－20 γ－干扰素受体介导的通路

三、具有 GC 活性的受体有膜受体和可溶性受体两种

该类受体本身都具有鸟苷酸环化酶活性，与配体结合后，能催化 GTP 水解生成第二信使 cGMP。

（一）ANP 通过膜 GC 受体使血压下降

膜 GC 活性受体由同源的三聚体或四聚体组成，胞外段是配体结合部位，胞内段为鸟苷酸环化酶催化结构域。介导 ANP 反应的受体分布在肾和血管平滑肌细胞表面。血压升高时，心房肌细胞分泌 ANP，ANP 与受体结合直接激活胞内段 GC 酶的活性，催化 GTP 转化为 cGMP。cGMP 激活依赖 cGMP 的蛋白激酶 G（PKG）。PKG 可使靶蛋白的丝氨酸/苏氨酸残基磷酸化而活化，Na^+ 通道开放，促进肾细胞排水、排钠，同时导致血管平滑肌细胞松弛，结果使血压下降。

（二）一氧化氮受体是可溶性 GC 受体

可溶性 GC 受体是由 75kD 的 α 和 80kD 的 β 两个亚基组成的杂二聚体，其活性形式是二聚体形式。每个亚基具有一个 GC 催化结构域和血红素结合结构域。当受体与配体 NO 结合后，发生二聚化而活化。催化 GTP 转化为 cGMP，激活 PKG，发挥生物学效应（图 15－21）。

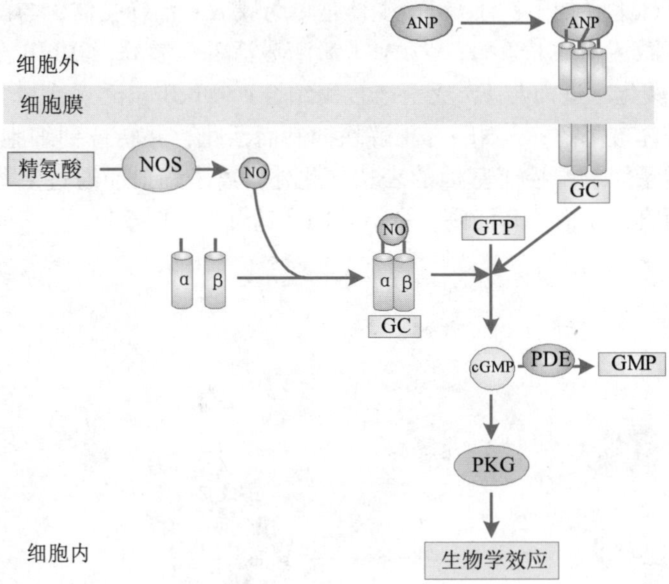

图 15－21　具 GC 活性受体通路

四、TGF－β 受体具有丝/苏氨酸蛋白激酶活性

转化生长因子 β（transforming growth factor β，TGF－β）的受体自身具有蛋白丝/苏氨酸激酶催化结构域。当受体与 TGF－β 结合后被活化，可催化 Smad 的丝氨酸残基磷酸化。Smad 家族的名字取自果蝇的 Mother against dpp（Mad）和线虫的（Sma）基因，是最早被证实的 TGF－β 受体激酶的底物。细胞内至少存在 9 种 Smad 分子，分别负责 TGF－β 家族不同成员的信号转导。丝氨酸磷酸化的 Smad 分子形成同源寡聚体或异源寡聚体，进入细胞核，调节相应的基因表达，进而影响细胞的增殖与分化（图 15－22）。

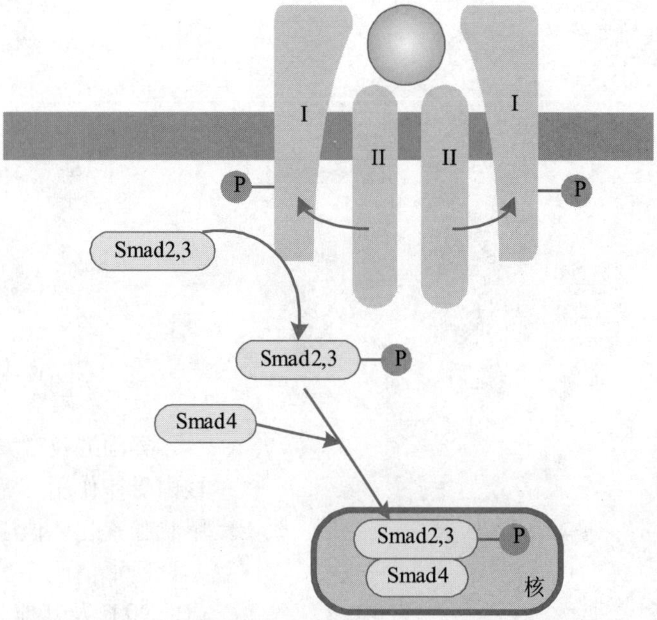

图 15－22　TGF－β 信号通路

五、信号引发的抑制蛋白降解可激活 NF－κB 通路

NF－κB 是一类哺乳动物免疫系统主要的转录调节因子，因其可以激活免疫球蛋白 κ 轻链的转录而得名。NF－κB 是由 p50、p65 两种亚基组成的同源二聚体（p50－p50，p65－p65）或异源二聚体（p50－p65），在胞浆中与抑制蛋白 IκB 结合而处于非活性状态。IκB 是一类异源蛋白三聚体，由 α、β 和 γ 3 种亚基组成。感染、炎症及一些应激情况下可迅速激活 NF－κB 转录因子。一些细胞因子，如肿

瘤坏死因子 α（tumor necrosis factor，TNFα）也可以激活 NF－κB 通路，具体途径如下：①TNFα 受体是单跨膜 α－螺旋受体，与配体结合后，激活 TAK1 激酶；②TAK1 激酶激活 IκB 激酶；③IκB 激酶使 IκB 磷酸化，进而与 E3 泛素连接酶结合；④IκB 与泛素连接，并在蛋白酶体被降解；⑤NF－κB 解除抑制而活化，并转位到细胞核内，作为转录因子调控靶基因的表达。此外，离子辐射能通过某些未知途径而直接激活 IκB 激酶，调节基因表达（图 15－23）。

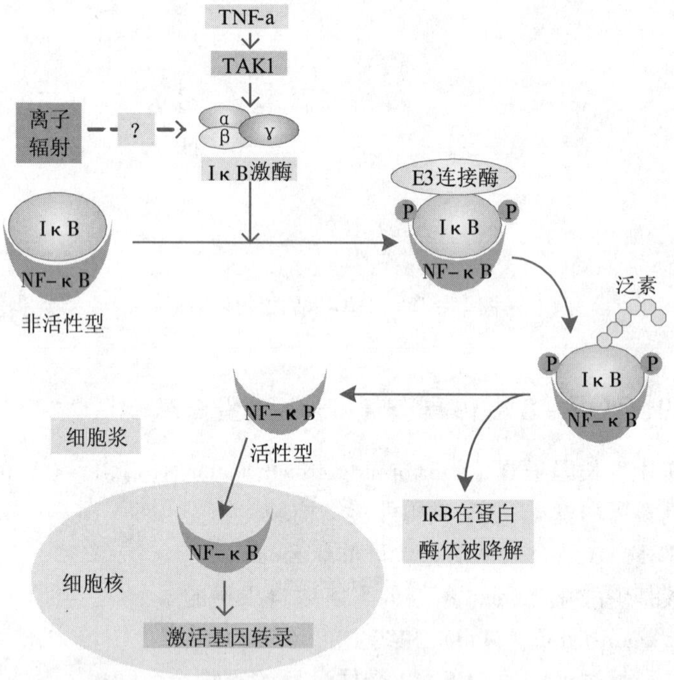

图 15－23　NF－κB 途径

图中“?”表示此处涉及的具体因子不清。

第五节　胞内受体信号转导通路

类固醇类激素及甲状腺素能穿过细胞膜，直接与胞浆内受体或核内受体作用，调节基因表达。其中雄性激素、孕激素、雌激素和甲状腺素受体位于细胞核内，而糖皮质激素的受体位于细胞浆中。

通常情况下，胞内受体的激素结合区与两分子热休克蛋白（Hsp90）及其他分子伴侣组成寡聚体，此时的胞内受体无转录激活活性。当配体与受体的激素结合区结合后，受体构象发生改变，Hsp90 脱落，暴露出 DNA 结合区。DNA 结合区含两个锌指模体，能与靶基因的 DNA 双螺旋深沟结合。随后激素结合区协同其他转录共激活因子，激活基因的转录（图 15－24）。

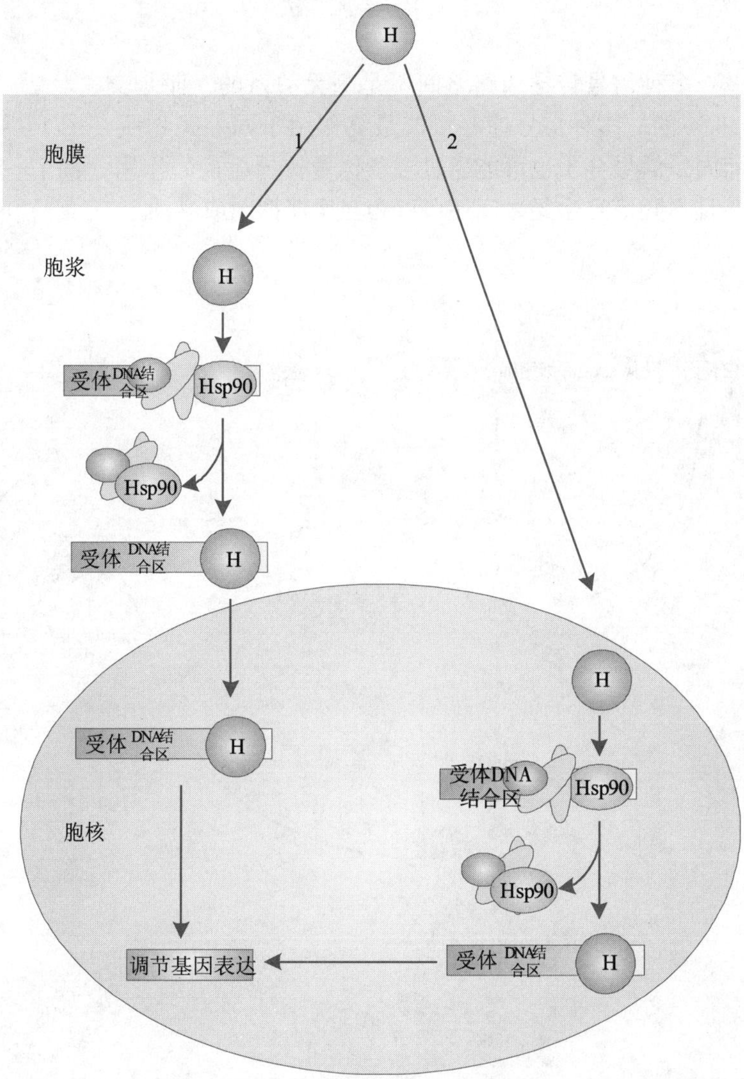

图 15－24 胞内受体信号转导通路

靶基因上往往具有相应的激素反应元件（hormone response element，HRE，表 15－8），能与特异的激素－受体复合物结合，调节自身基因的表达。

表 15－8 常见的激素反应元件（HRE）

元件名称（英文缩写）	作用激素	DNA 序列
糖皮质激素反应元件（GRE）	糖皮质激素	5′－AGAACAnnnTGTTCT－3′
雌激素反应元件（ERE）	雌激素	5′－AGGTCAnnnTGACCT－3′
甲状腺素反应元件（TRE）	甲状腺素	5′－AGGTCATGACCT－3′

第六节 交联对话

多种信号转导通路之间不是毫无关系的，而是交联对话（cross talk）的。多种信号途径可能最终作用于同一靶物质（图 15－25），而同一信号分子也可能通过多条信号转导途径起作用（图 15－26），并且不同信号途径之间还可以相互反馈抑制或激活。

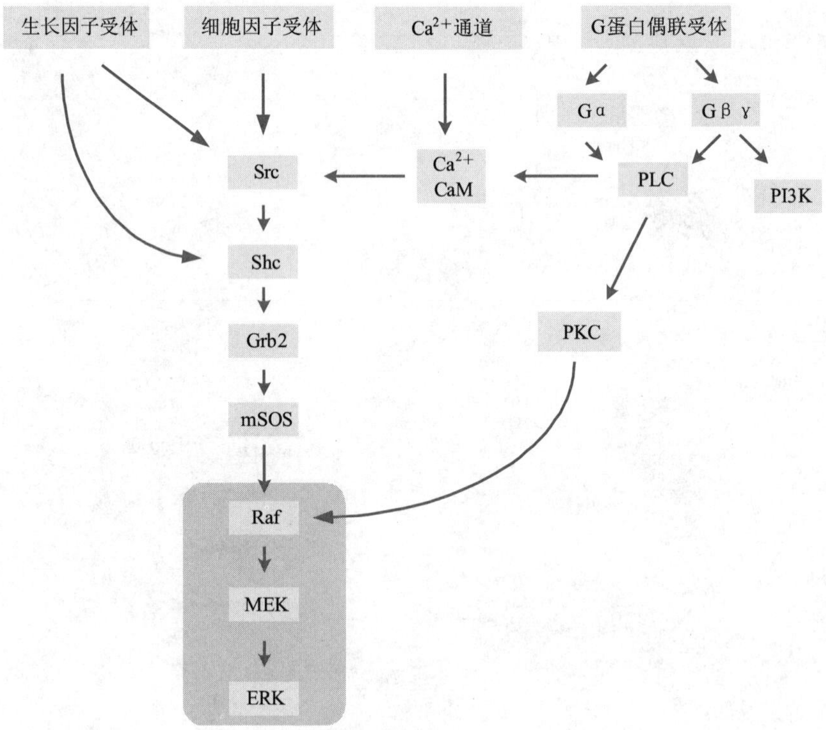

图 15－25 不同受体途径作用于相同靶物质

第七节 细胞信号转导与疾病

机体通过不断迅速地调整代谢状态以适应外界的变化，其中信号转导起着重要的作用。如果信号转导过程中某个环节异常，必然导致细胞代谢或功能紊乱，生长发育异常。

一、LDL 受体异常导致家族性高胆固醇血症

低密度脂蛋白（LDL）主要是以受体途径进行代谢，因此该受体的异常能够引起高胆固醇血症。LDL 受体编码基因为于 19 号染色体，该基因突变可引起 LDL 受体缺欠，引发家族性高胆固醇血症。

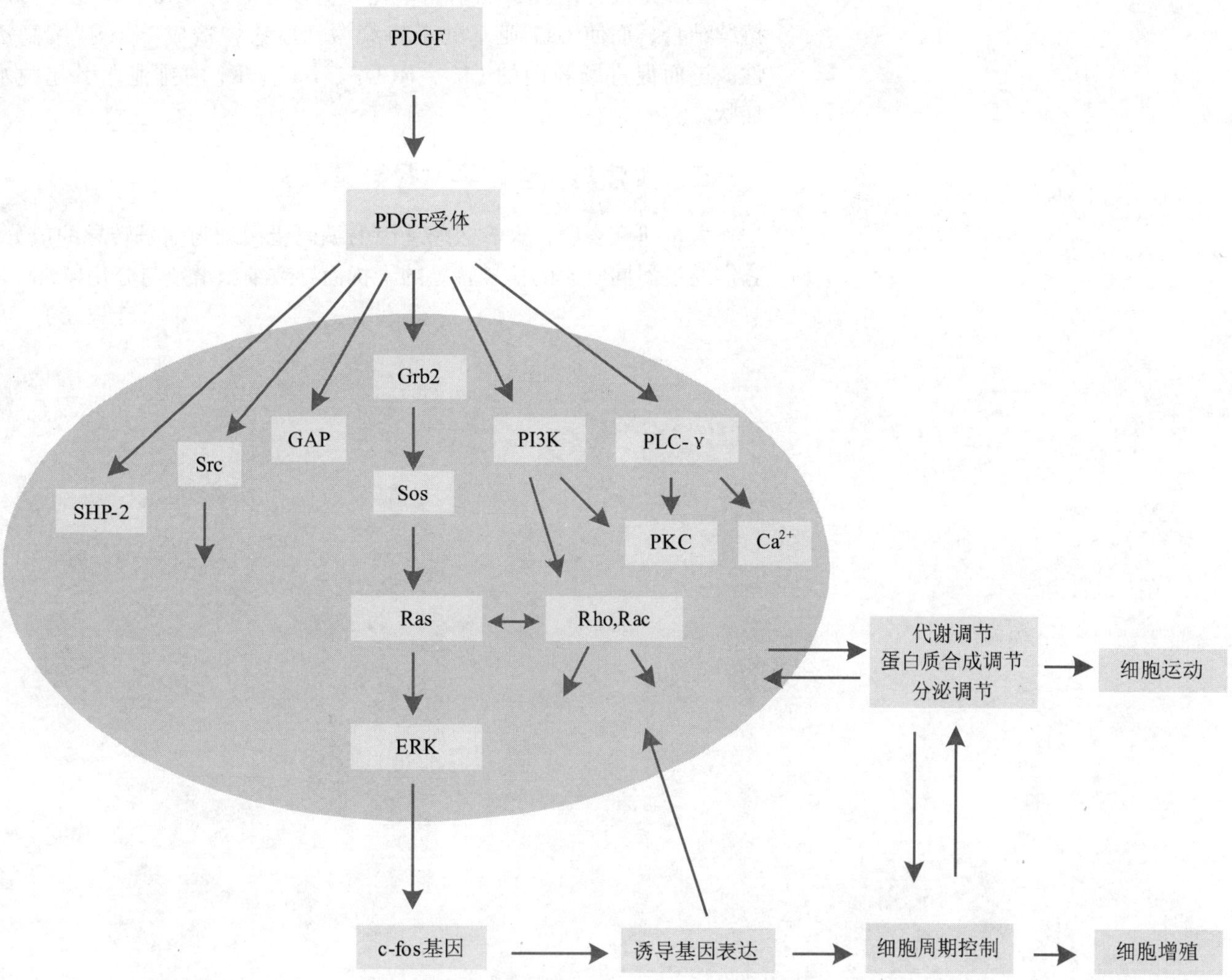

图 15－26　同一信号分子作用于不同的途径

二、乙酰胆碱与受体结合异常导致重症肌无力

重症肌无力患者的胸腺上皮及淋巴细胞内有一种与乙酰胆碱类似物，可诱导机体产生乙酰胆碱受体的抗体，进而影响神经递质的正常传递，肌肉不能收缩，引发肌无力。

三、胰岛素受体异常引起糖尿病

胰岛素是唯一能降低血糖的激素，该激素的受体异常，导致血糖增高，引起糖尿病。

四、cAMP－PKA 途径异常可致霍乱

霍乱毒素可使 Gsα 亚基糖基化。糖基化后的 Gsα 亚基能与 GTP 持续结合，而使 Gsα 亚基处于持续激活状态，造成 PKA 持续高活性。进而促进肠腔内的 Cl^-、HCO_3^-、Na^+、K^+ 的排泄，引起脱水症状。

五、肿瘤与信号转导途径异常相关

大量研究表明，大多数癌基因的编码蛋白均为信号转导的成分。它们通过不同阶段的信号转导的干扰而导致细胞增殖与分化异常。

（于秉治）

第十六章　血液的生物化学

内容提要

血液（blood）在完全封闭的血管中循环流动。它由血浆（plasma）及悬浮在其中的有形成分包括红细胞、白细胞和血小板组成。血液凝固后析出的淡黄色透明液体即为血清（serum），血清与血浆的主要区别在于血清中不含纤维蛋白原。

血液尤其是血浆的许多功能，对维持机体的平衡、保持机体正常运转非常重要（表16－1）。正常人血液占体重的8%，pH为7.35～7.45，比重为1.050～1.060，渗透压为770kPa（310mOsm/L）。

表16－1　血液的主要功能

血液的主要功能
1. 呼吸作用：将 O_2 从肺运到组织和 CO_2 从组织运到肺
2. 维持机体正常酸碱平衡
3. 通过血浆和组织液之间进行水交换作用调节水平衡
4. 通过体热分配调节体温
5. 白细胞和抗体对感染的防御作用
6. 运输激素和代谢调节
7. 运输物质：运输从食物中吸收的营养物，运送代谢废物至肺、肾、皮肤和肠道排出体外
8. 血液凝固

第一节　血浆蛋白

一、血浆蛋白是血浆中含量最多的固体成分

人血浆总蛋白浓度约为60～80g/L，是血浆中含量最多的固体成分。分离血浆蛋白质的常用方法包括电泳法和超速离心。

（一）采用电泳法可将血浆蛋白质分离

1. 电泳法是根据蛋白质分子大小不同和表面电荷的差异，电泳

时迁移速度不同加以分离。如用醋酸纤维素薄膜电泳，可将血清蛋白质分为五条带：清蛋白（albumin）、α_1 球蛋白（globulin）、α_2 球蛋白、β 球蛋白、γ 球蛋白（图 16－1）。

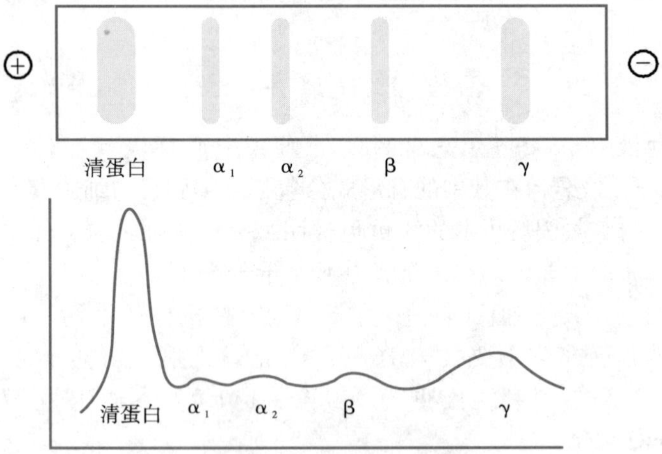

图 16－1 血清蛋白质的醋酸纤维素薄膜电泳图谱

A：染色后的图谱；B：光密度扫描后的电泳峰

2. 根据蛋白质的密度不同可用超速离心法将其分离。按血浆蛋白的生理功能可将其分类如表 16－2。

表 16－2 人类血浆蛋白质的分类

种 类	血 浆 蛋 白
载体蛋白	清蛋白、运铁蛋白、结合珠蛋白、铜蓝蛋白等
脂蛋白	乳糜微粒、VLDL、LDL、HDL 等
凝血及纤溶系统蛋白	各种凝血因子、凝血酶原、纤溶酶原等
免疫防御系统蛋白	γ－免疫球蛋白、补体蛋白、β_2－微球蛋白等
酶	卵磷脂：胆固醇酰基转移酶等
蛋白酶抑制剂	α_1 抗胰蛋白酶、α_2 巨球蛋白、抗凝乳蛋白酶等
激素	促红细胞生成素、胰岛素等
参与炎症反应蛋白	急性时相反应蛋白：如 C 反应蛋白、α_1 酸性糖蛋白

（二）血浆蛋白质有其独特的性质

血浆蛋白质的性质

- 绝大多数血浆蛋白质在肝合成，如清蛋白、血浆蛋白原和纤连蛋白等。
- 血浆蛋白的合成场所一般位于膜结合的多核蛋白体上。
- 除清蛋白外，几乎所有的血浆蛋白质均为糖蛋白，含有N-或O-连接的寡糖链。
- 许多血浆蛋白呈现多态性。
- 在循环过程中，每种血浆蛋白质均有自己特异的半衰期。
- 在急性炎症或某些类型组织损伤等情况下，某些血浆蛋白的水平会增高，被称为急性时相蛋白质。

（三）大多数血浆蛋白质具有特殊的生物学功能

主要血浆蛋白质及其功能见表16－3，免疫球蛋白的主要功能见表16－4。

表16－3　主要血浆蛋白质及其功能

血浆蛋白质	分子量	性 质	主要功能
清蛋白（Albumin）	69kDa	以前清蛋白的形式合成	是维持血浆胶体渗透压的主要因素；具有结合多种配体分子的能力；与高铁血红素结合形成高铁血红素清蛋白；还在铜的运输过程中发挥作用
结合珠蛋白（Heptoglobin，Hp）	90kDa	一种糖蛋白	以非共价键与血红蛋白结合形成复合物，阻止游离血红蛋白的丢失，从而防止铁的流失；属于急性时相蛋白，在各种急性状态时，它在血浆中的水平会升高
转铁蛋白（Transferrin）	76kDa	一种 β_1 球蛋白，糖蛋白	将铁运输到组织细胞中，以维持细胞的正常生理功能；与相应受体结合，通过受体介导的胞吞作用进入细胞
铁蛋白（Ferritin）			主要功能是储存铁
α_1 抗胰蛋白酶（α_1－antitrypsin，α_1－AT）	52kDa	α_1 球蛋白的主要成分	是一种丝氨酸蛋白酶抑制剂，通过与酶结合形成复合物而抑制酶的活性
免疫球蛋白（Immunoglobulin，Ig）	L，23kDa H，53～75kDa	糖蛋白	IgG、IgA、IgM、IgD、IgE，其功能见表16－4。

表 16－4 免疫球蛋白的主要功能

免疫球蛋白	主 要 功 能
IgG	体液免疫的主要抗体，可通过胎盘，能中和细菌毒素和病毒，调理细菌使之易被吞噬，固定补体增强杀菌能力
IgA	分泌型 IgA 可阻止细菌和病毒吸附在粘膜上，不能固定补体
IgM	能固定补体，不能通过胎盘，抗原受体在 B 细胞表面
IgD	存在于 B 细胞表面和血清中，功能不明确
IgE	介导由肥大细胞和嗜碱粒细胞释放的介质引起的过敏反应，可使嗜酸粒细胞释放酶防治寄生虫感染，不固定补体

近年来对一些主要血浆蛋白质的生物合成、结构和功能方面已有深入的研究和认识，许多血浆蛋白的编码基因已被克隆，并测定了基因结构。

第二节 红细胞代谢

红细胞呈双凹盘形，没有细胞器，仅由细胞膜包绕血红蛋白溶液而成，血红蛋白占红细胞内蛋白总量的95%左右。红细胞的主要功能是给组织输送氧气，排除组织代谢产生的 CO_2 和 H^+。人正常血中红细胞含量男性为 $4 \sim 5.5 \times 10^{12}$/L，女性为 $3.5 \sim 5 \times 10^{12}$/L。红细胞不能进行核酸、蛋白质的生物合成，也不能利用氧进行有氧氧化。

一、红细胞的代谢与其他组织细胞不同

葡萄糖是成熟红细胞的主要供能物质，红细胞每天从血浆中摄取约 30 克葡萄糖，其中 90%～95% 经糖酵解和 2，3－二磷酸甘油酸［2，3－B（D）PG］旁路进行代谢，5%～10% 经磷酸戊糖途径代谢。

（一）糖酵解是红细胞的主要功能途径

糖酵解是红细胞获得能量的惟一途径，其过程与其他组织中相同，即每 mol 葡萄糖净生成 2mol ATP，经此途径红细胞内 ATP 浓度保持在 1.85×10^3mol/L。红细胞中 2，3－BPG 的主要功能是调节血红蛋白的运氧功能（图 16－2，表 16－5）。

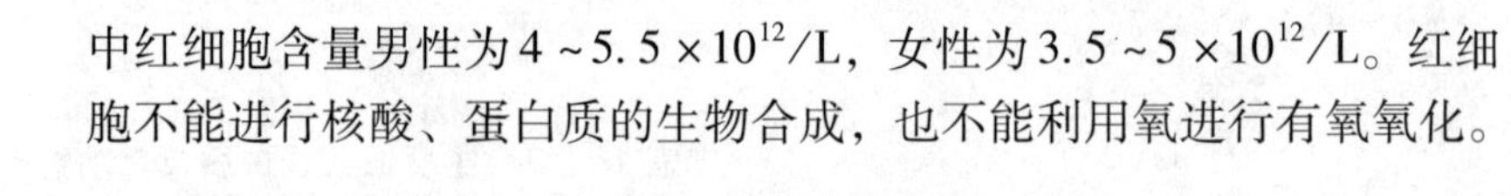

图 16－2 2，3－BPG 旁路

表 16-5　红细胞中糖酵解中间产物的浓度（mol/L）

糖酵解中间产物	动脉血	静脉血	糖酵解中间产物	动脉血	静脉血
葡萄糖-6-磷酸	30.0	24.8	2-磷酸甘油酸	5.0	1.0
果糖-6-磷酸	9.3	3.3	磷酸烯醇式丙酮酸	10.8	6.6
果糖-1，6-二磷酸	0.8	1.3	丙酮酸	87.5	143.2
磷酸丙糖	4.5	5.0	2，3-二磷酸甘油酸	3400	4940
3-磷酸甘油酸	19.2	16.5			

（二）磷酸戊糖途径产生的 NADPH 具有特殊意义

红细胞内磷酸戊糖途径的主要功能是提供 NADPH，它是红细胞产生 NADPH 的惟一途径。

（三）红细胞内糖代谢有特殊的生理意义

1. 红细胞中的 ATP 可用于维持多方面的生理活动（图 16-3）

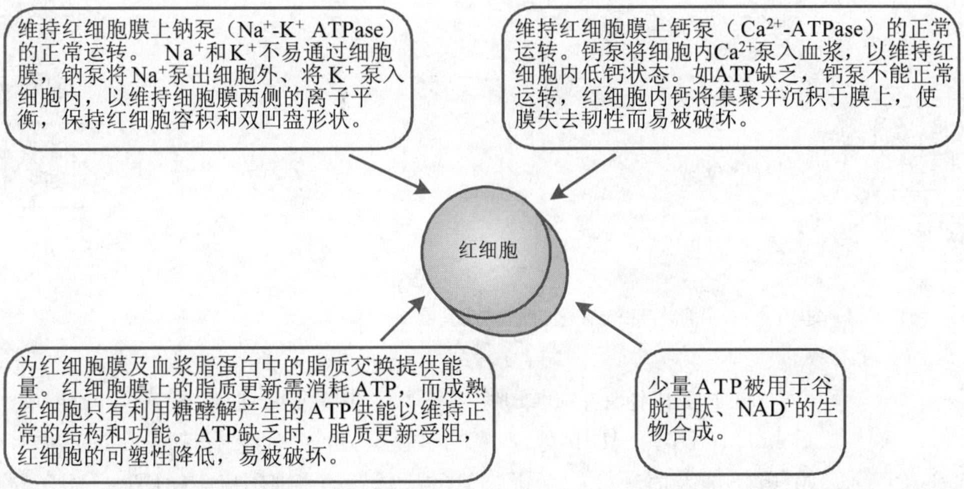

图 16-3　红细胞中的 ATP 维持的生理活动

2. 2，3-BPG 是红细胞中调节血红蛋白运氧功能的重要因素
2，3-BPG 是一个负电性很高的分子，可结合在血红蛋白分子 4 个亚基的对称中心孔穴内，2，3-BPG 的负电基团与对称中心孔穴侧壁的 2 个 β 亚基的带正电基团形成盐键，使红细胞分子保持紧密构象，降低 Hb 与 O_2 的亲和力。当血液流经肺部时，由于氧分压较高，2，3-BPG 的存在对氧影响不大；当血液流经组织时，氧分压降低，红细胞中 2，3-BPG 的存在使得氧的释放增加，供给组织需求；在相同氧分压条件下，2，3-BPG 浓度增大，血红蛋白释放的氧随之增加（图 16-4）。

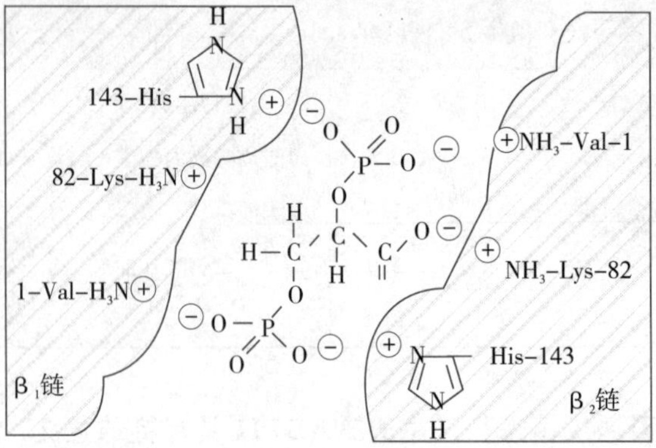

图 16－4 2，3－BPG 与血红蛋白的结合

3. NADH 和 NADPH 的功能 红细胞中 NADPH 能维持细胞内还原型谷胱甘肽（GSH）的含量，使细胞免遭内源性、外源性氧化剂的损伤（图 16－5）。

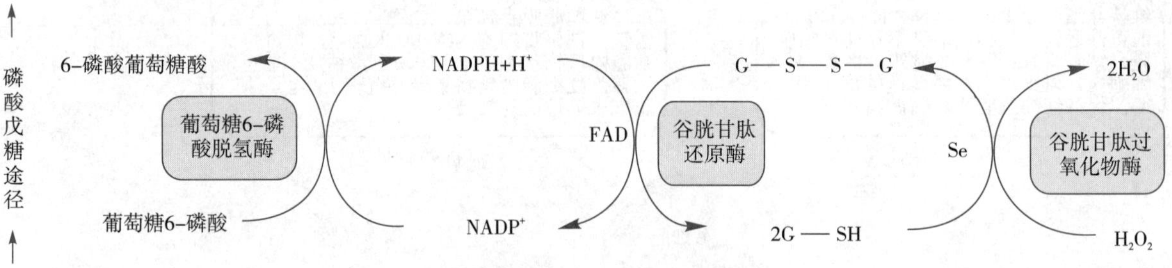

图 16－5 谷胱甘肽的氧化与还原及其有关代谢

由于氧化作用，红细胞内常产生少量高铁血红蛋白（methemoglobin，MHb），MHb 分子中的铁为三价，不能携带氧，如果血中 MHb 不能及时还原，会影响氧的运输。红细胞中有 NADH－MHb 还原酶和 NADPH－MHb 还原酶，催化 MHb 还原成 Hb，另外，GSH 和维生素 C 也能直接还原 MHb，其中以 NADH－MHb 还原酶最重要，因此正常红细胞中 MHb 仅占总量的 1%～2%。

二、血红蛋白由珠蛋白和血红素辅基组成

血红蛋白（hemoglobin，Hb）是红细胞中最主要的蛋白质，由珠蛋白（globin）和血红素（heme）组成的一种结合蛋白。血红素是血红蛋白的辅基，也是肌红蛋白、细胞色素、过氧化物酶、过氧化氢酶等的辅基。

（一）血红素是在骨髓的幼红细胞和网织红细胞的线粒体及胞液中合成的

合成血红素的基本原料是甘氨酸、琥珀酰 CoA 和 Fe^{2+}，合成过程分为 4 个阶段。

1. 在线粒体内合成δ-氨基-γ-酮戊酸（δ-aminolevulinic acid，ALA）　甘氨酸和琥珀酰CoA在δ-氨基-γ-酮戊酸合酶（ALA synthase）催化下，脱羧生成δ-氨基-γ-酮戊酸。ALA合酶是血红素生物合成的限速酶，其辅酶是磷酸吡哆醛（V-B_6），该酶活性受血红素反馈调节（图16-6）。

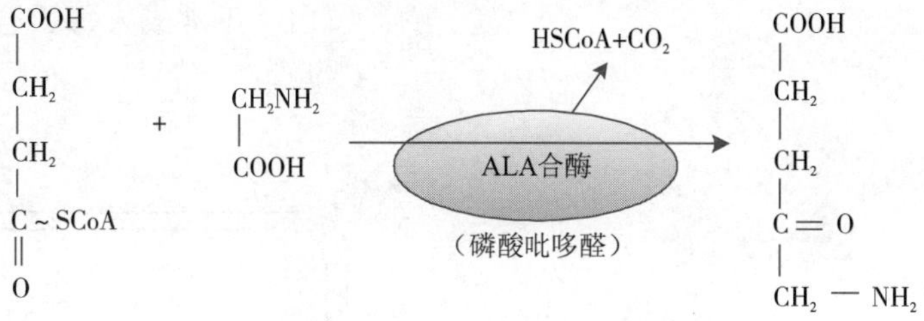

图16-6　δ-氨基-γ-酮戊酸的合成

2. 在胞液中生成胆色素　ALA生成后从线粒体进入胞液，2分子ALA在ALA脱水酶（ALA dehydrase）催化下，脱水缩合生成1分子胆色素原（prophobilinogen，PBG），也称卟胆原。ALA脱水酶含有巯基，对铅等重金属的抑制作用十分敏感（图16-7）。

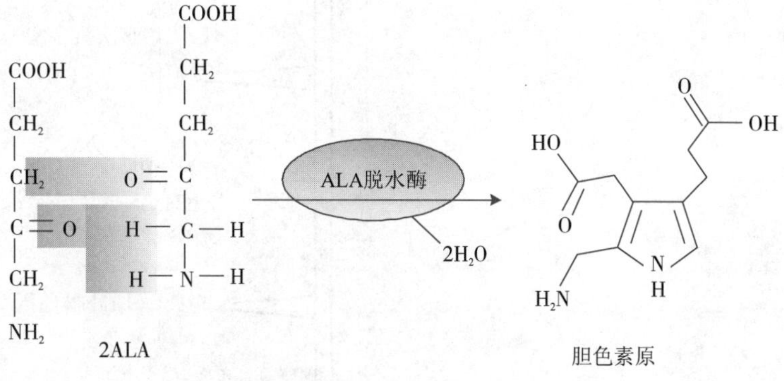

图16-7　胆色素原的合成

3. 在胞液中生成尿卟啉原与粪卟啉原　4分子的胆色素原在尿卟啉原Ⅰ同合酶作用下脱氨生成线状四吡咯，后者经尿卟啉原Ⅲ同合酶催化，环化生成尿卟啉原Ⅲ，再经尿卟啉原Ⅲ脱羧酶作用，生成粪卟啉原Ⅲ（图16-8）。

4. 在线粒体中生成血红素　生成的粪卟啉原Ⅲ再进入线粒体，经粪卟啉原Ⅲ氧化脱羧酶和原卟啉原Ⅸ氧化酶催化，其侧链氧化生成原卟啉原Ⅸ（protoporphyrin Ⅸ）。原卟啉原Ⅸ在亚铁螯合酶（ferrochelatase）催化下，与Fe^{2+}螯合生成血红素。铅等重金属对亚铁螯合酶有抑制作用。

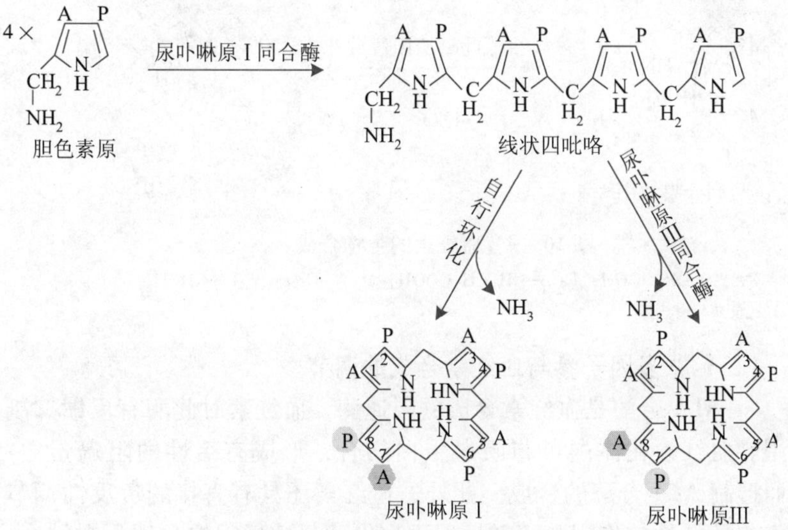

图16-8　尿卟啉原Ⅲ的合成

血红素生成后从线粒体转入胞液，与珠蛋白结合而成为血红蛋白。正常成人每天合成 6gHb，相当于合成 210mg 血红素（图 16－9）。

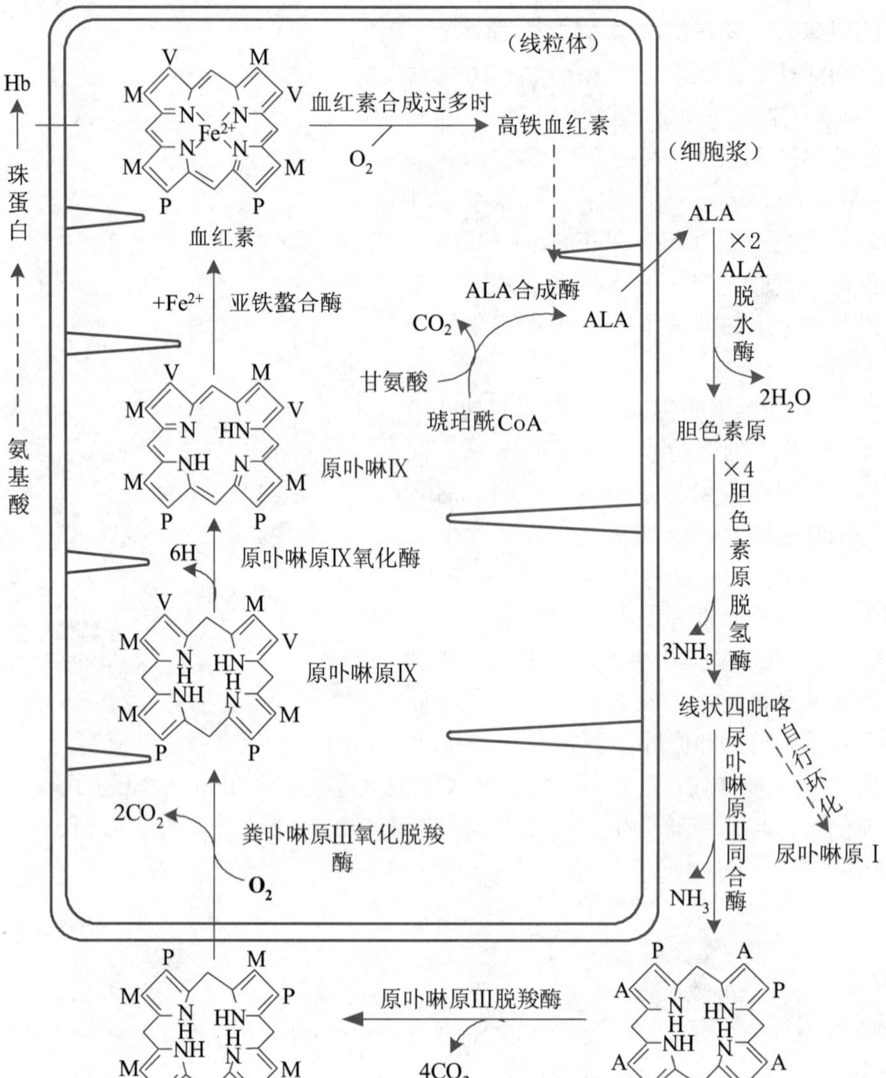

图 16－9　血红素的生物合成

A：$—CH_2COOH$；P：$—CH_2CH_2COOH$；M：$—CH_3$；V：$—CHCH_2$

（二）很多因子参与血红素合成的调节

1. ALA 合酶是血红素合成的限速酶　血红素对此酶有反馈抑制作用。血红素在体内可与阻遏蛋白结合，形成有活性的阻遏蛋白，从而抑制 ALA 合酶的合成。此外，血红素还具有直接的负反馈调节 ALA 合酶活性的作用。正常情况下血红素生成后很快与珠蛋白结合，但当血红素合成过多时，被氧化为高铁血红素（hematin），后者是

ALA 合酶的强烈抑制剂，而且还能阻遏 ALA 合酶的合成。磷酸吡哆醛是 ALA 合酶的辅酶，如维生素 B_6 缺乏将影响血红素的合成。

2. 某些类固醇激素可诱导 ALA 合酶的产生　如雄性激素—睾丸酮可刺激 ALA 合酶的产生，从而促进血红素的生成。某些化合物如巴比妥、灰黄霉素等药物也可诱导 ALA 合酶。ALA 脱水酶和亚铁螯合酶对重金属敏感，如铅中毒可抑制这些酶而使血红素合成减少。

3. 促红细胞生成素（erythropoietin，EPO）在红细胞生长、分化中发挥关键作用　人 EPO 为一种糖蛋白，由 166 个氨基酸组成。成人血清 EPO 主要由肾脏合成，胎儿和新生儿主要由肝脏合成。当循环血液中红细胞容积减低或机体缺氧时，肾分泌 EPO 增加。EPO 可促进原始红细胞的增殖和分化、加速有核红细胞的成熟，并促进 ALA 合酶生成，从而促进血红素的生成。EPO 是红细胞生成的主要调节剂。

此外铁对血红素的合成有促进作用。而血红素又对珠蛋白的合成有促进作用。

血红素合成代谢异常而引起卟啉化合物或其前体的堆积，称为卟啉症（porphyria）。先天性红细胞生成性卟啉症（congenital erythropoietic porphyria）是由于先天性缺乏尿卟啉原Ⅲ同合酶，而使线状四吡咯向尿卟啉原Ⅲ的转变受阻，致使尿卟啉原Ⅰ生成增多。病人尿中有大量尿卟啉Ⅰ和粪卟啉Ⅰ出现。

（三）血红蛋白的合成受到血红素的调控

血红蛋白结构中珠蛋白的合成过程与一般蛋白质相同，其合成受到血红素的调控。血红素的氧化产物高铁血红素能促进血红蛋白的合成。cAMP 可使蛋白激酶 A（protein kinase A，PKA）激活，活化的 PKA 能使无活性的 eIF-2（真核生物起始因子-2）激酶磷酸化而活化，后者使 eIF-2 磷酸化而失活。高铁血红素可抑制 cAMP 对蛋白激酶的激活作用，从而使 eIF-2 处于去磷酸化状态而有活性，进而促进珠蛋白的合成（图 16-10）。

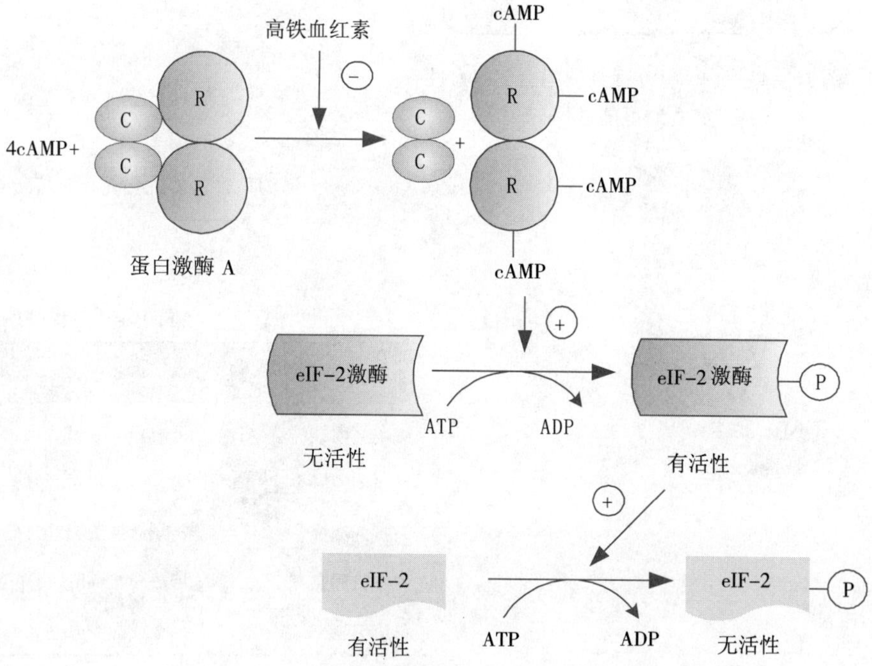

图 16-10　高铁血红素对起始因子-2 的调节

三、与红细胞相关的疾病多是遗传病

（一）红细胞代谢中酶的异常可引起相关的疾病

由于基因突变引起的葡萄糖 6 – 磷酸脱氢酶（G6PD）活性不足或缺陷而导致的溶血性贫血，是世界上某些地区（热带非洲、亚洲某些地区以及北美黑人）常见的酶异常引起的疾病。这类病人进食含潜在氧化剂的食物如蚕豆时，会发生溶血性贫血；磺胺类药物也能促进贫血的发生。G6PD 活性低下，不能产生足够的 NADPH，GSH 的生成随之减少，机体清除 H_2O_2 及氧自由基的能力下降，H_2O_2 及自由基可使蛋白质的巯基氧化，红细胞膜上的脂类过氧化，导致红细胞膜溶解（图 16 – 11）。

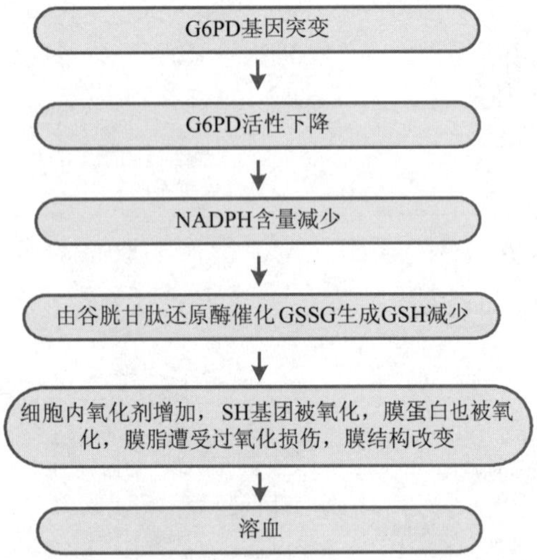

图 16 – 11　由 G6PD 活性缺陷引起溶血性贫血的可能过程

（二）血红蛋白病是一类常见的遗传病

1．珠蛋白基因已有 800 种突变　血红蛋白病（hemoglobinopathy）是指珠蛋白生成障碍贫血（地中海贫血）和异常血红蛋白病，主要由珠蛋白合成不足及珠蛋白的一级结构中的氨基酸异常所致。目前发现的异常血红蛋白已超过 800 种，起因于珠蛋白基因 800 种以上的突变，主要包括 α 链变种，β、γ 变种及 δ 变种。

2．地中海贫血是由 α 或 β 链编码产物减少引起　目前已发现 100 种以上 β 基因突变，β 地中海贫血的病理相当复杂，归纳为表 16 – 6。

3．镰刀状红细胞贫血由 β 链基因点突变引起

一些累及红细胞的重要疾病的病因见表 16 – 7。

正常血红蛋白 β 亚基：　Val–His–Leu–Thr–Pro–Glu–Glu–Lys–

⇩

镰刀型贫血血红蛋白 β 亚基：　Val–His–Leu–Thr–Pro–Val–Glu–Lys–

表 16 – 6　β 地中海贫血的种类

种　类	贫血的机制
编码基因缺失突变	合成异常 β 链
转录调控区突变	降低转录水平，β 链合成不足
剪接区突变	转录后加工异常，导致 β 链合成缺如
终止密码突变	形成异常 mRNA，β 链合成障碍
移码突变	一个或数个碱基缺失，发生阅读框移位，产生不稳定或缺失

表 16－7　一些累及红细胞的重要疾病的病因

疾　病	主要的病因
缺铁性贫血	铁摄入过少或丢失过多
高铁血红蛋白血症	摄入过多氧化剂或依赖 NADH 的高铁血红蛋白还原酶系统有遗传缺陷
镰刀形红细胞贫血	编码血红蛋白 β 链的第 6 位密码子对应的 DNA 序列，GAG 突变为 GTG，即谷氨酸被缬氨酸替代
α 地中海贫血	α 珠蛋白多种基因突变
β 地中海贫血	β 珠蛋白多种基因突变
巨红细胞性贫血（VitB$_{12}$缺乏）	胃壁细胞分泌的内因子不足使维生素 B$_{12}$吸收减少
叶酸缺乏性贫血	叶酸摄取减少，吸收缺陷，或需要量增加
葡萄糖－6－磷酸脱氢酶（G6PD）缺陷	G6PD 的基因突变，多为单点突变
丙酮酸激酶（PK）缺陷	可能是红细胞 PK 同工酶基因突变
阵发性睡眠性血红蛋白血症	PIG－A 基因病变

第三节　白细胞的代谢

根据白细胞形态差异和细胞质内有无特有的颗粒分为两大类即粒细胞和无粒细胞；粒细胞根据颗粒的着色性质不同又分为①中性粒细胞；②嗜酸性粒细胞；③嗜碱性粒细胞 3 种；无粒细胞又分为单核细胞与淋巴细胞两种。

一、白细胞中各种物质代谢都很活跃

中性粒细胞代谢活跃并包含数种特有的酶和蛋白质，主要特点是具有活跃的糖无氧酵解及磷酸戊糖途径，不活跃的氧化磷酸化。中性粒细胞内的线粒体很少，因而糖酵解是主要的代谢途径，另外还有 10% 的葡萄糖通过磷酸戊糖途径进行代谢。中性粒细胞不能进行从头合成脂酸。

二、白细胞中有一些重要的酶和蛋白质

白细胞尤其是中性粒细胞中有一些重要的酶和蛋白质参与白细胞的功能，如髓过氧化物酶、NADPH 氧化酶、溶菌酶、防御素、乳铁传递蛋白等。

（一）NADPH 氧化酶参与细胞的吞噬作用

当中性粒细胞及其他吞噬细胞吞噬细菌时，耗氧迅速增加，氧被大量快速利用，由此产生大量的活性衍生物，如 O_2^-，H_2O_2、OH·和 OCl^-，有些衍生物有杀菌作用。此过程的电子传递系统为 NADPH 氧化酶递电子体系，包括 NADPH 氧化酶、细胞色素 b558 和两种胞液多肽。NADPH 氧化酶催化氧分子单电子还原，形成超氧阴离子 O_2^-，两分子超氧阴离子 O_2^- 自发形成过氧化氢 H_2O_2，随后过氧

化氢被髓过氧化物酶利用，或被谷胱甘肽过氧化物酶及过氧化氢酶处理。

NADPH 氧化酶在静止的吞噬细胞中无活性，当细胞膜上的受体接触到配体后被激活，细胞内磷酸戊糖途径被激活，产生大量 NADPH。

（二）中性粒细胞内含有大量的髓过氧化物酶

髓过氧化物酶大量存在于中性粒细胞颗粒内，是脓液呈绿色的原因，作用于 H_2O_2 产生次卤酸。H_2O_2 在细胞内浓度较高，是 NADPH 氧化酶系统产生的。次氯酸 HOCl 是一种很强的氧化剂，有较强的杀菌能力，是家用漂白剂的活性成分。

$$H_2O_2 + X^- + H \xrightarrow{\text{髓过氧化物酶}} HOX + H_2O$$

（$X = Cl^-$　Br^-　I^- 或 SCN^-；HOCl = 次氯酸）

（张　杰）

第十七章　肝的生物化学

内 容 提 要

肝丰富的血液供应和独特的形态结构及化学组成使其代谢极为活跃。肝细胞有丰富的线粒体、溶酶体、内质网、高尔基体和大量核蛋白体，因此在糖、脂、蛋白质、维生素和激素等物质的代谢方面起重要作用。肝细胞微粒体含有大量与肝脏生物转化功能有关的酶类。肝细胞的胆小管域含有多种转运蛋白，具有分泌和排泄胆汁酸、胆色素等物质的作用。

第一节　肝在物质代谢中的作用

一、肝是调节血糖浓度的主要器官

当饭后血糖浓度升高时，肝利用血糖合成糖原储存起来。过多的糖还可在肝转变为脂肪以及加速磷酸戊糖途径等，从而降低血糖，维持血糖浓度的恒定。相反，当空腹血糖浓度降低时，肝糖原分解作用加强，生成的葡萄糖入血，以升高血糖。当饥饿肝糖原几乎被耗竭时，糖异生便成为肝提供血糖的主要途径。肝脏是人体内糖转变成脂肪的主要场所之一。肝脏内糖氧化分解主要不是供给肝脏能量，而是由糖转变为脂肪的重要途径（图 17－1）。

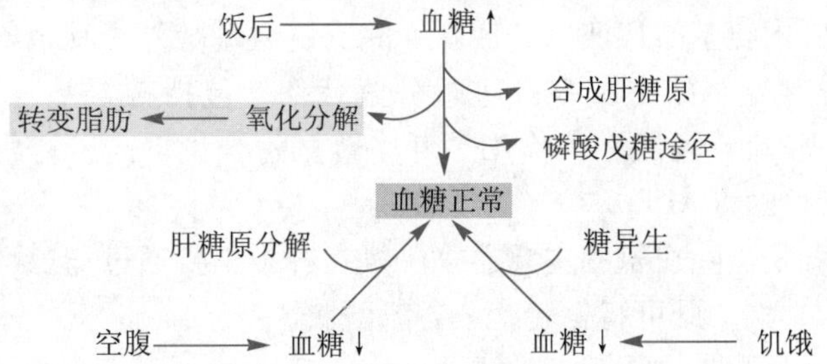

图 17－1　肝在糖代谢中的作用

二、肝在脂类的消化、吸收、合成、分解和运输等过程中均起重要的作用

肝是氧化分解脂酸的主要场所。肝在脂酸的代谢中，一方面调节脂酸氧化与酯化的关系，另一方面调节乙酰 CoA 进入三羧酸循环

氧化分解与合成酮体的关系。饥饿时脂肪动员，肝内脂酸β－氧化能力增强，产生的乙酰CoA生成酮体供肝外组织氧化利用。肝是体内产生酮体的惟一器官。肝氧化脂酸的能力有限，但酯化脂酸的能力很强。饱食后，肝合成脂酸，并以甘油三酯的形式贮存于脂库。肝含有甘油激酶，使甘油生成α－磷酸甘油，再进一步利用。

肝利用其合成的甘油三酯、磷脂和胆固醇及载脂蛋白合成VLDL和初生态HDL，并分泌入血，供其他组织器官摄取利用。

肝合成LCAT分泌入血，促进HDL中胆固醇酯化，以利运输。HDL又接受血管内皮细胞的胆固醇，最后被肝摄取处理。HDL中含有的载脂蛋白C－Ⅱ由肝合成，它是脂蛋白脂肪酶的激活剂，促进CM、VLDL脱脂，CM残余颗粒最后被肝清除。

肝能利用胆固醇合成胆汁酸，这是肝降解胆固醇的最重要途径。胆汁酸盐能乳化脂类，促进脂类的消化吸收（表17－1）。

表17－1 肝在脂类代谢中的作用

代谢名称	主要作用
胆汁酸合成	促进脂类的消化吸收
脂酸代谢	脂酸β－氧化；合成脂酸；合成酮体；合成甘油三酯
胆固醇代谢	合成胆固醇；合成LCAT促进血浆胆固醇酯化；排泄胆固醇
脂蛋白代谢	合成VLDL；合成HDL；合成apo CⅡ；降解LDL
磷脂合成	构成脂蛋白，促进脂类的运输

三、肝在蛋白质代谢中具有重要的作用

1. 肝能合成大部分血浆蛋白质　包括清蛋白、纤维蛋白原、凝血酶原以及多种载脂蛋白和血浆部分球蛋白。

2. 肝是清除血浆蛋白质（清蛋白除外）的重要器官。

3. 肝内氨基酸代谢十分活跃　除支链氨基酸外，其余氨基酸特别是芳香族氨基酸主要在肝进行分解代谢，包括转氨基、脱氨基、转甲基、脱硫及脱羧基等作用。肝中转氨酶含量很高，特别是丙氨酸氨基转移酶（ALT）。

4. 肝是清除血氨的主要器官　氨在肝中主要通过鸟氨酸循环合成尿素。其次，肝可将氨转变成谷氨酰胺。

5. 肝是胺类物质解毒的重要器官。

四、肝在维生素的吸收、贮存、运输和代谢等方面具有重要作用

1. 肝分泌的胆汁酸盐促进脂溶性维生素的吸收。

2. 肝是维生素A、E、K和B_{12}的主要储存场所。

3. 肝直接参与多种维生素的代谢转化　如：

$$Vit\ D_3 \rightarrow 25-(OH)-Vit\ D_3$$

β 胡萝卜素→Vit A

4. 多种维生素可在肝内参与合成辅酶　如：

$Vit\ PP \rightarrow NAD^+$ 和 $NADP^+$

泛酸 → CoA

$Vit\ B_1 \rightarrow TPP$

五、肝在激素的灭活中起主要作用

多种激素在发挥其调节作用后，主要在肝内被分解转化，从而降低或失去活性，这一过程称为激素的灭活（inactivation）。

水溶性激素（如胰岛素、去甲肾上腺素）与肝细胞膜上的特异受体结合发挥其信使传递作用后，可通过内吞作用进入肝细胞内降解。

类固醇激素在肝经双键还原、羟基变羰基、侧链断裂等变化，生成多种代谢产物。其中有些（如雌激素、醛固酮）还要在肝进一步与葡萄糖醛酸或硫酸结合而灭活，再从胆汁或尿中排出。

第二节　肝的生物转化作用

一、生物转化是机体对各种非营养性物质进行代谢转变的过程

机体将各种非营养性物质进行化学转变，以增加其水溶性或极性，使其易于从胆汁或尿液中排出，这一过程称为生物转化（bio-transformation）。

非营养物质
- 内源性
  - 生物活性物质：激素、神经递质、胺类等
  - 有毒的代谢产物：氨、胆红素等
- 外源性：食品添加剂、色素、药物等

生物转化的生理意义：①灭活作用，即通过对体内的各种非营养物质进行转化，使其生物活性降低或消失；②解毒作用，就是使有毒物质的毒性减低或消除；③提高溶解性，而易于排出体外。但有些物质经肝的生物转化后，其毒性反而增强，许多致癌物质通过代谢转化才显示出致癌作用，如 3，4 - 苯并芘。有的药物经肝的生物转化才有活性，如环磷酰胺、百浪多息、水合氯醛、硫唑嘌呤和大黄等。因而不能将肝的生物转化作用一概看作是“解毒作用”。

肝是生物转化作用的主要器官。其他组织如肾、胃肠道、肺、皮肤及胎盘等也可进行一定的生物转化。

二、生物转化反应包括两相

许多物质通过第Ⅰ相反应，其分子中的某些非极性基团转变为极性基团，以增强其水溶性。但有些物质还必须进一步与极性更强的物质结合，才能得到更大的溶解度，这些结合反应属于第Ⅱ相反应。

（一）第Ⅰ相反应包括氧化、还原和水解反应

1. 氧化反应是最多见的生物转化反应　由肝细胞中的多种氧化酶系所催化。

（1）加单氧酶系分为细胞色素 P_{450} – 加单氧酶和黄素 – 加单氧酶　此两类酶均存在于微粒体中。

细胞色素 P_{450} – 加单氧酶由 NADPH、NADPH – 细胞色素 P_{450} 还原酶及细胞色素 P_{450} 组成。NADPH – 细胞色素 P_{450} 还原酶以 FAD 和 FMN 为辅基。这类酶的作用是使多种脂溶性物质从分子氧中接受一个氧原子，生成羟基化合物或环氧化合物，又称羟化酶或混合功能氧化酶（mixed function oxidase）。此酶的特异性较差，可催化多种内源性和外源性有机物质进行不同类型的氧化反应。如维生素 D_3 的羟化和胆汁酸的合成等。加单氧酶系催化的总反应如下：

$$RH + O_2 + NADPH + H^+ \xrightarrow{\text{加单氧酶}} ROH + NADP^+ + H_2O$$

有些致癌物质经羟化后活性丧失，但有些无活性的物质经羟化后反而成为有毒或致癌物质。例如，黄曲霉素 B_1 经加单氧酶系催化生成的黄曲霉素 2，3 – 环氧化物是致癌物质。

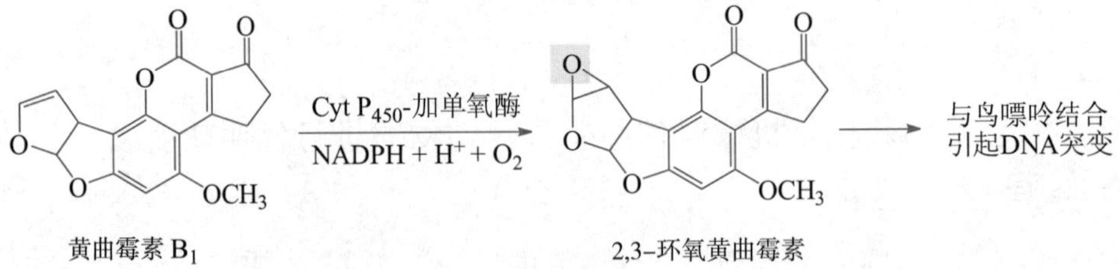

黄素 – 加单氧酶是依赖 NADPH 和 FAD 的黄素酶。此酶是含氮、硫、磷和硒化合物的重要氧化酶。如氧化抗甲状腺药甲巯咪唑等。

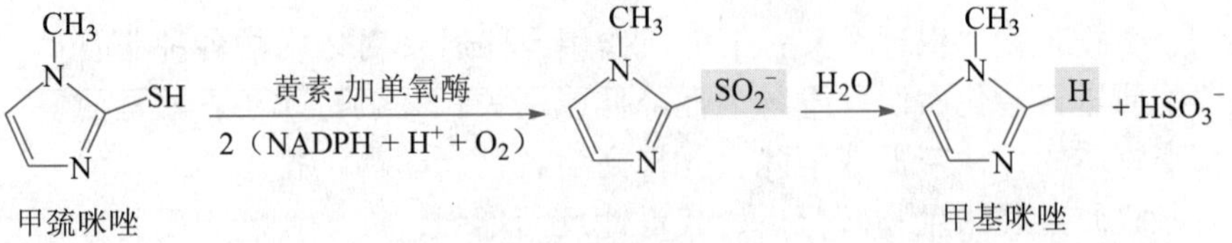

（2）单胺氧化酶系氧化各种胺类　单胺氧化酶（monoamine oxidase，MAO）存在于线粒体，是一种黄素酶，有 MAO – A 和 MAO – B 两种同工酶，肝细胞中主要为 MAO – A 型。此酶催化各种胺类如组胺、5 – 羟色胺、酪胺、苯胺和苯乙醇胺等氧化脱氨基生成相应的醛类。反应通式如下：

$$\underset{\text{胺}}{RCH_2NH_2} + O_2 + H_2O \xrightarrow{\text{单胺氧化酶}} \underset{\text{醛}}{RCHO} + NH_3 + H_2O_2$$

（3）醇脱氢酶与醛脱氢酶系可将乙醇氧化成乙酸　肝细胞液内含有非常活跃的醇脱氢酶（alcohol dehy drogenase，ADH），可催化醇类

氧化成醛，后者再经醛脱氢酶（aldehyde dehydrogenase，ALDH）作用生成酸。上述两种脱氢酶均以 NAD^+ 为辅酶。

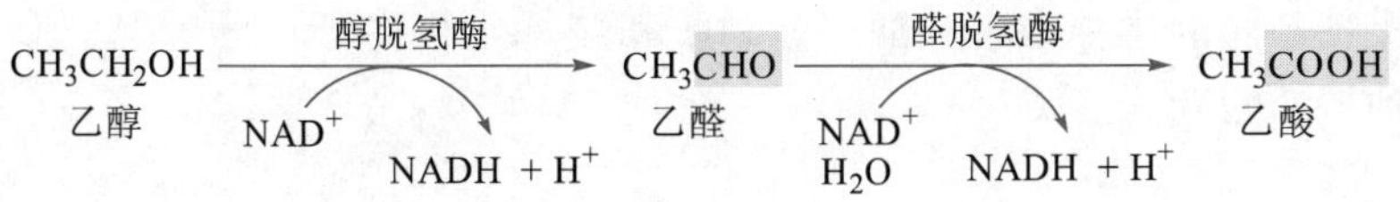

乙醇除经 ADH 氧化外，还可诱导微粒体乙醇 - P_{450} 加单氧酶，氧化产物也是乙醛。大量饮酒不但不能使乙醇氧化产生 ATP，还会增加对氧和 NADPH 的消耗，造成肝内能量的耗竭，加上氧化产物乙醛的毒性，会造成对肝脏的损害，导致脂肪肝或肝硬化。

2．还原反应使硝基化合物与偶氮化合物还原成相应的胺类　肝细胞微粒体中含有硝基还原酶类（nitroreductase）和偶氮还原酶类（azoreductase），均为黄素酶类。它们能以 NADPH 为供氢体，分别使硝基化合物与偶氮化合物还原成相应的胺类。

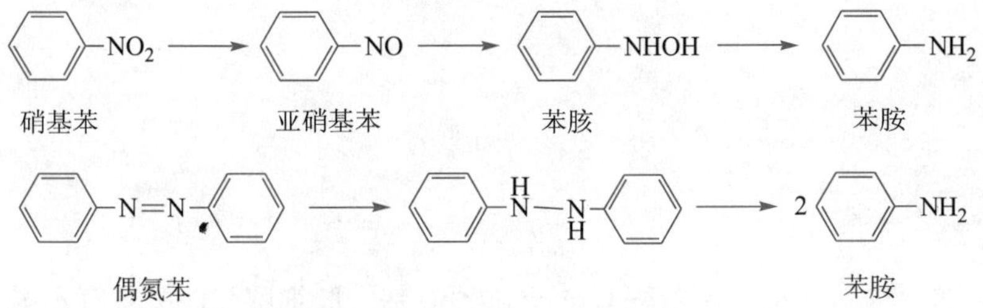

3．水解反应可使各种脂类、酰胺类和糖苷类物质水解　肝细胞的胞液与微粒体中含有各种水解酶。如酯酶、酰胺酶及糖苷酶等，分别使各种脂类、酰胺类和糖苷类物质水解，以降低或消除其生物活性。有些水解产物还需进一步反应，以利排出。如：

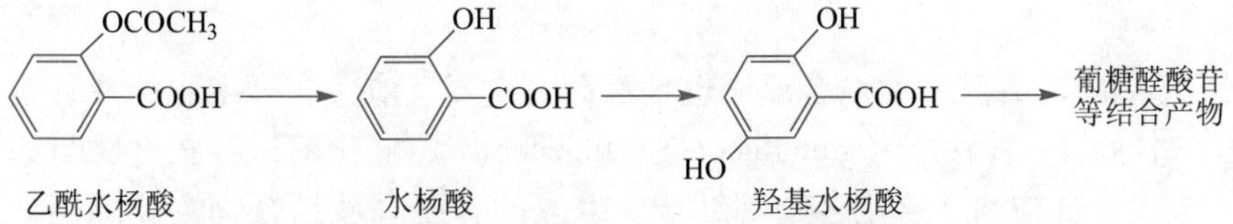

（二）第Ⅱ相反应是结合反应

结合反应是体内最重要的生物转化方式。凡含有羟基、羧基或氨基的药物、毒物或激素等，在肝内均可与极性较强的物质如葡萄糖醛酸、硫酸、谷胱甘肽、甘氨酸等进行结合反应，或进行酰基化和甲基化等反应，以增加其水溶性，便于排出体外。其中，最主要的是与葡萄糖醛酸、硫酸和酰基的结合，尤以葡萄糖醛酸的结合最常见。

1. 葡糖醛酸结合反应由 UDPGA 提供葡萄糖醛酸　肝微粒体中含有葡糖醛酸基转移酶（UDP - glucuronyl transferases，UGT），能催化尿苷二磷酸葡糖醛酸（UDPGA）分子中的葡糖醛酸基转移到多种含极性基团的化合物（如醇、酚、胺和羧基化合物等）分子上，形成葡糖醛酸苷。

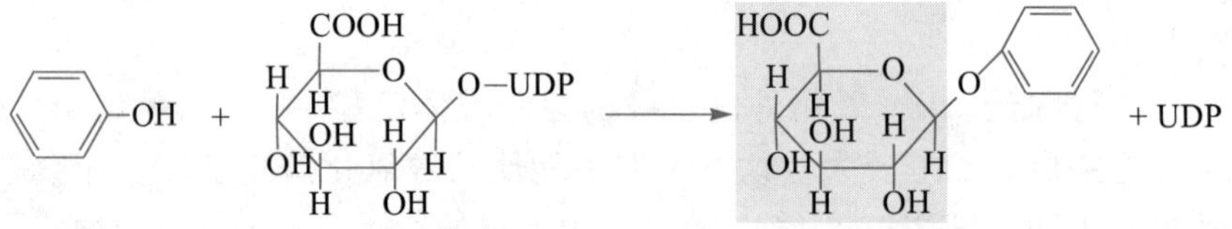

苯酚　UDPGA　苯-β-葡糖醛酸苷

2. 硫酸结合反应由 PAPS 提供硫酸根　肝细胞胞液中含有硫酸转移酶（sulfate transferase），能催化 PAPS 的硫酸根转移到多种醇、酚或芳香胺类物质上，形成硫酸酯。

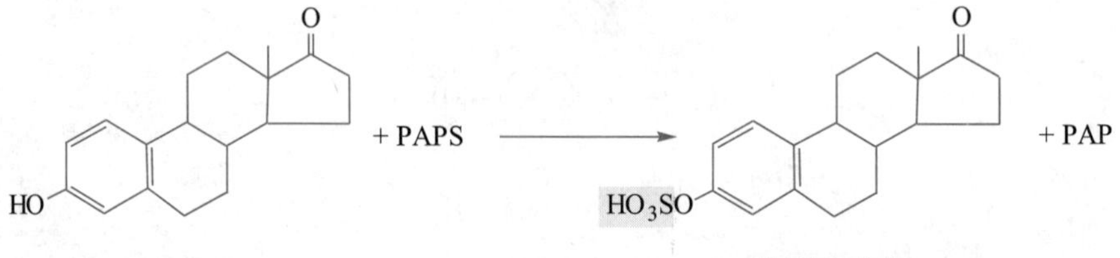

雌酮　雌酮硫酸酯

3. 酰基化反应由乙酰 CoA 提供乙酰基　肝细胞胞液中含有乙酰基转移酶（acetylase），催化乙酰 CoA 的乙酰基转移到芳香族胺类化合物上，生成相应的乙酰化衍生物。例如，磺胺类药物在肝脏内大部分以此种方式灭活。

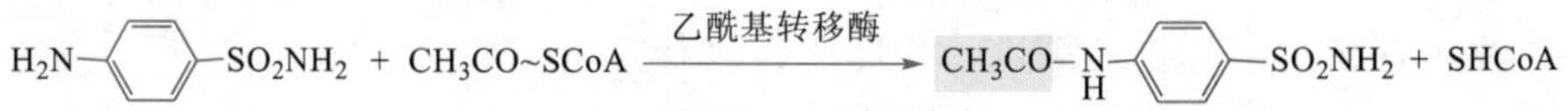

氨苯磺胺　乙酰辅酶A　乙酰氨苯磺胺

4. 谷胱甘肽结合反应也是解毒的重要反应　在肝细胞胞液谷胱甘肽 S - 转移酶（glutathione S - transferase）催化下，谷胱甘肽与卤代化合物和环氧化合物等结合。生成的谷胱甘肽结合物主要随胆汁排出体外。在肾和肝胆小管上皮细胞均含有 γ - 谷氨酰转移酶，可分解谷胱甘肽结合物，然后在其他酶的协助下，生成硫醚氨酸，随尿排出体外。

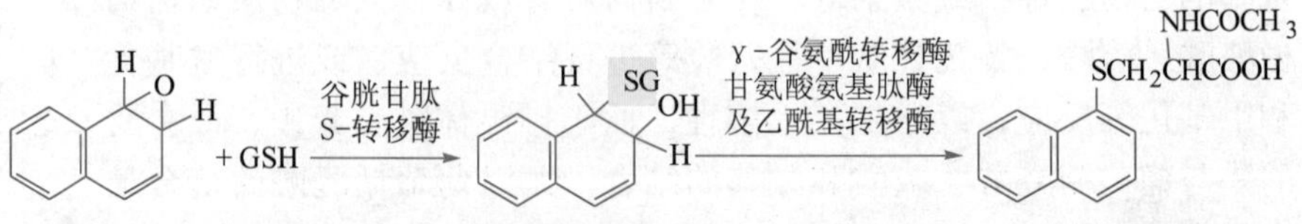

环氧萘　S-二氢萘醇谷胱甘肽　S-萘硫醚氨酸

5．甘氨酸可与非营养物质的羧基结合　含羧基的非营养物质首先在酰基 CoA 连接酶催化下生成活泼的酰基 CoA，然后在肝细胞线粒体酰基转移酶的催化下，再将酰基 CoA 上的酰基转移到甘氨酸的氨基上，生成相应的结合产物。

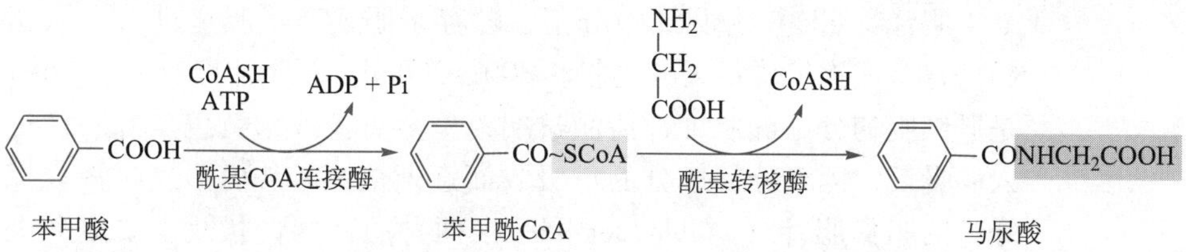

6．甲基化反应由 SAM 提供甲基　在肝细胞胞液和微粒体中甲基转移酶的催化下，体内一些胺类生物活性物质和药物可通过甲基化灭活。反应中甲基的活性供体是 SAM。

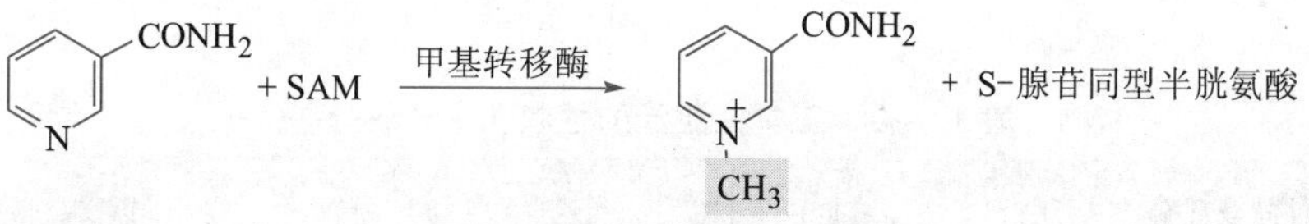

三、多种因素影响生物转化作用

影响生物转化作用的体内、外因素包括年龄、诱导物、营养和疾病等（表 17－2）。

表 17－2　影响生物转化作用的因素

影响因素	主要机制
诱导剂	许多生物转化的酶类是诱导酶，药物或毒物可诱导其合成以促进自身的代谢，因此长期服用某些药物会产生耐药性
遗传因素	遗传变异可引起个体之间生物转化酶类的结构或含量的差异，因此会影响某些外源物质生物转化的速度
年龄	新生儿肝脏发育不完善，缺乏生物转化的酶类，而老年人由于器官退化，生物转化的酶不易被诱导，因此对多种药物的耐受性下降
营养	食物中常含有诱导或抑制生物转化酶的物质。营养物质对药物代谢的影响不一。高蛋白质饮食可增加肝细胞整体酶的活性
疾病	肝病可影响生物转化酶类及 NADPH 的合成，因此影响对血浆药物的清除率。慢性肺疾病可因缺氧而降低肝葡糖醛酸化的功能

第三节　胆汁与胆汁酸的代谢

一、胆汁包括肝胆汁和胆囊胆汁

胆汁（bile）由肝细胞分泌，贮存于胆囊，经胆道进入十二指肠。正常成人平均每天分泌胆汁300～700ml。肝胆汁（hepatic bile）是肝细胞初分泌的胆汁，清澈透明，呈金黄色或桔黄色。肝胆汁进入胆囊后，因水分等成分的重吸收而逐渐浓缩，从而形成暗褐或棕绿色的胆囊胆汁（gallbladder bile）。两种胆汁的性状及主要成分见表17－3。

肝细胞分泌的胆汁既作为消化液在脂类的消化吸收中起促进作用，又作为一种排泄液，将体内的某些代谢产物及生物转化产物如胆固醇、胆红素及药物、毒物、染料和重金属盐等输送至肠而排出体外。

表17－3　正常人胆汁的性状和主要成分

性状及成分	肝胆汁	胆囊胆汁	性状及成分	肝胆汁	胆囊胆汁
比重	1.009～1.013	1.026～1.032	胆色素	0.05～0.17	0.2～1.5
pH	7.1～8.5	5.5～7.7	总脂类	0.1～0.5	1.8～4.7
水	96～97	80～86	胆固醇	0.05～0.17	0.2～0.9
粘蛋白	0.1～0.9	1～4	磷脂	0.05～0.08	0.2～0.5
胆汁酸盐	0.2～2	1.5～10	无机盐	0.2～0.9	0.5～1.1

二、胆汁酸有两种分类方法

按结构可将胆汁酸（bile acids）分为两大类：一类是游离胆汁酸（free bile acid），其结构上的差别只是含羟基数的不同；另一类是结合胆汁酸（conjugated bile acid），即游离胆汁酸分别与甘氨酸或牛磺酸结合的产物（图17－2）。

按胆汁酸的来源也分为两类：在肝细胞内以胆固醇为原料直接合成的胆汁酸称为初级胆汁酸（primary bile acids）；初级胆汁酸在肠道受细菌作用生成的产物及其在肝中生成的结合产物称为次级胆汁酸（secondary bile acids）（表17－4）。

胆汁中的胆汁酸主要是结合型的，其中甘氨胆汁酸多于牛磺胆汁酸，且均以钠盐或钾盐的形式存在，即胆汁酸盐，简称胆盐（bile salts）。

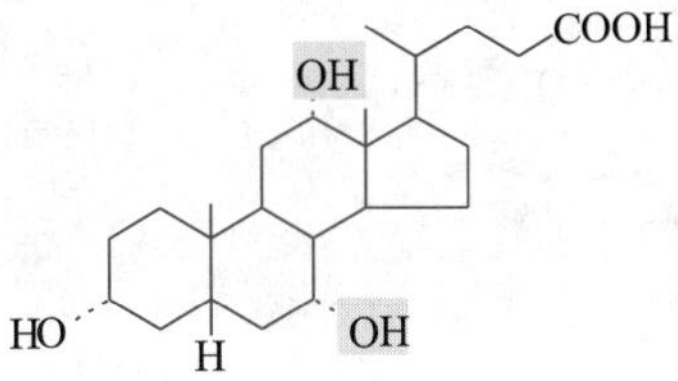

胆酸（cholic acid）

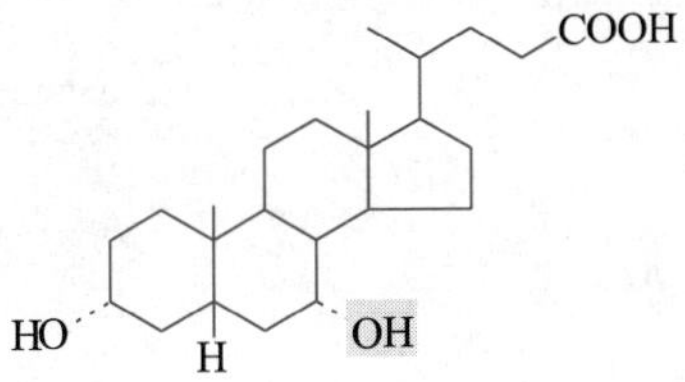

鹅脱氧胆酸（chenodeoxy-cholic acid）

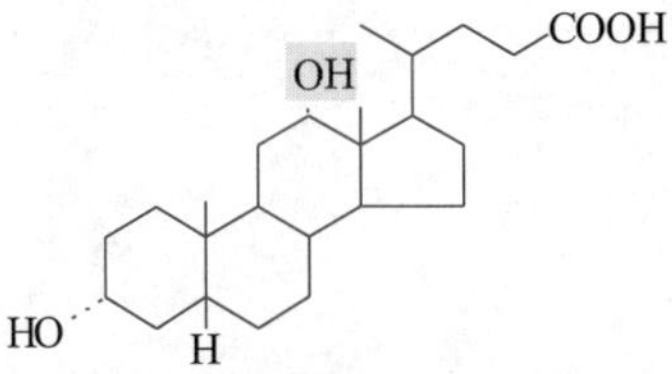

脱氧胆酸（deoxycholic acid）

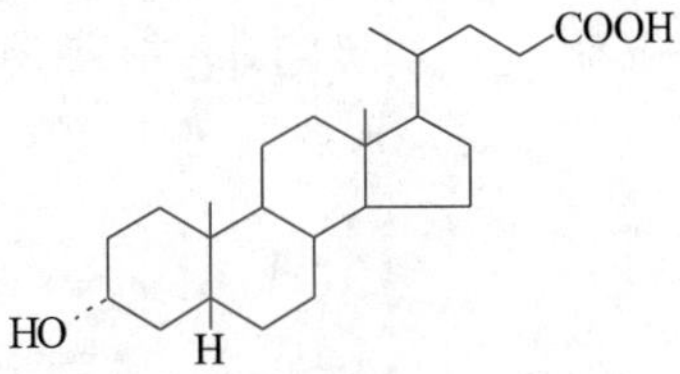

石胆酸（litho-cholic acid）

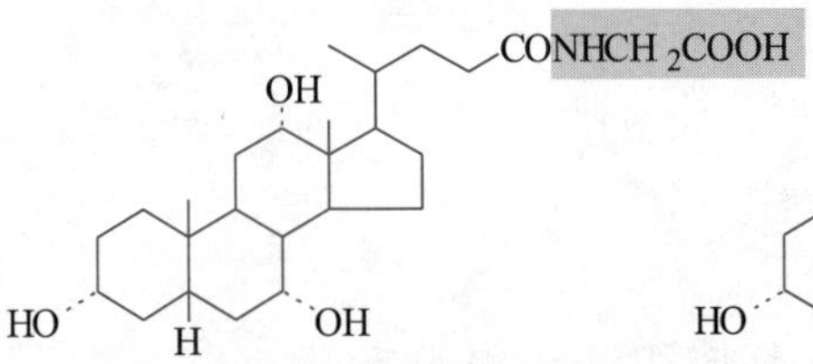

甘氨胆酸（glycocholic acid）

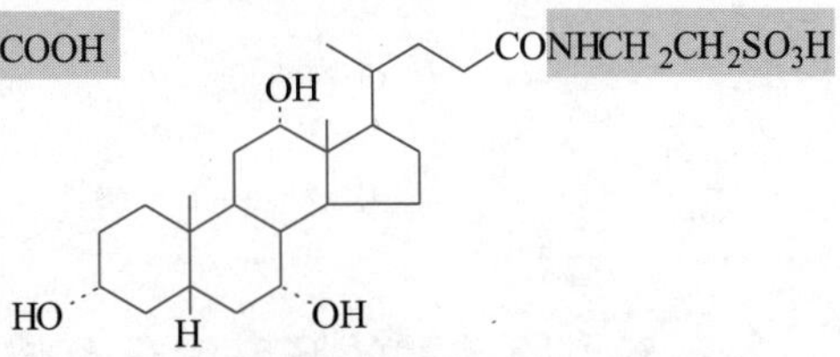

牛磺胆酸（taurocholic acid）

图 17－2　胆汁酸的结构式

表 17－4　胆汁酸的分类

分类	游离胆汁酸	结合胆汁酸	
初级胆汁酸	胆酸	甘氨胆酸	牛磺胆酸
	鹅脱氧胆酸	甘氨鹅脱氧胆酸	牛磺鹅脱氧胆酸
次级胆汁酸	脱氧胆酸	甘氨脱氧胆酸	牛磺脱氧胆酸
	石胆酸	甘氨石胆酸	牛磺石胆酸

三、初级胆汁酸在肝内以胆固醇为原料合成

在肝细胞内以胆固醇为原料合成胆汁酸是胆固醇排泄的重要途径之一。胆汁酸合成反应的酶类主要分布于微粒体和胞液。首先在胆固醇 7α－羟化酶（cholesterol 7α－hydroxylase）的催化下，胆固醇转变成 7α－羟胆固醇。然后再经羟化、还原、氧化断侧链和加辅酶 A 等反应，生成胆酰辅酶 A 或鹅脱氧胆酰辅酶 A，再分别与甘氨酸或牛磺酸结合成各种结合胆汁酸（图 17－3）。正常成人每天约合成 1～1.5g 胆固醇，其中约 2/5 在肝内转变为胆汁酸。胆固醇 7α－羟化酶是胆汁酸合成的限速酶。此酶受胆汁酸的反馈抑制。胆固醇及糖皮质激素、生长激素和甲状腺素可提高此酶的活性。

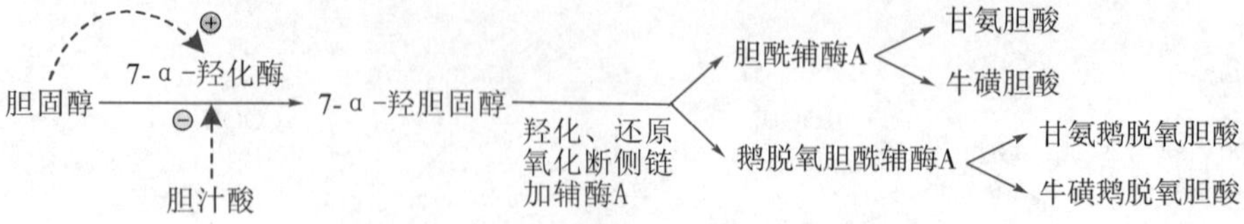

图 17－3 初级胆汁酸的合成

四、次级胆汁酸是肠菌作用的产物

进入肠道的初级胆汁酸在细菌的作用下，水解变成游离胆汁酸，再发生 7－位脱羟形成次级胆汁酸（图 17－4）。

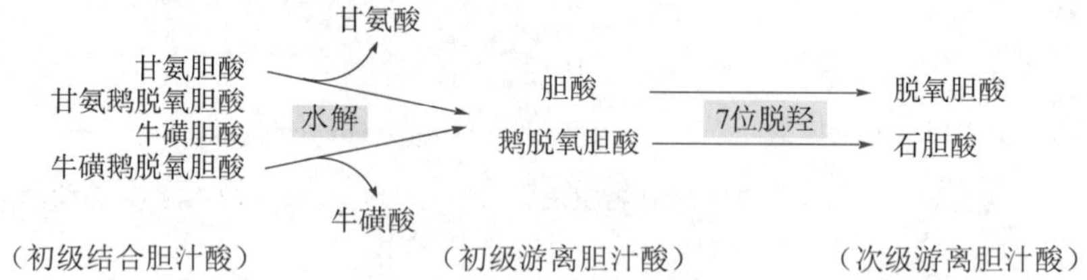

图 17－4 次级胆汁酸的合成

五、胆汁酸的肠肝循环可使胆汁酸充分利用

进入肠道的各种胆汁酸约 95% 以上被重吸收。其中以回肠部对结合型胆汁酸的主动重吸收为主，其余在肠道各部被动重吸收。由肠重吸收的各类胆汁酸经门静脉入肝，肝细胞将游离胆汁酸再合成为结合胆汁酸，并与新合成的结合胆汁酸一道再排入肠道，这一过程称为胆汁酸的“肠肝循环（enterohepatic circulation）”（图 17－5）。人体每天从肠道重吸收的胆汁酸总量可达 12～32g。肝每天合成胆汁酸的量仅 0.4～0.6g，因此，胆汁酸的肠肝循环可使有限量的胆汁酸反复使用，最大限度地发挥其生理作用。

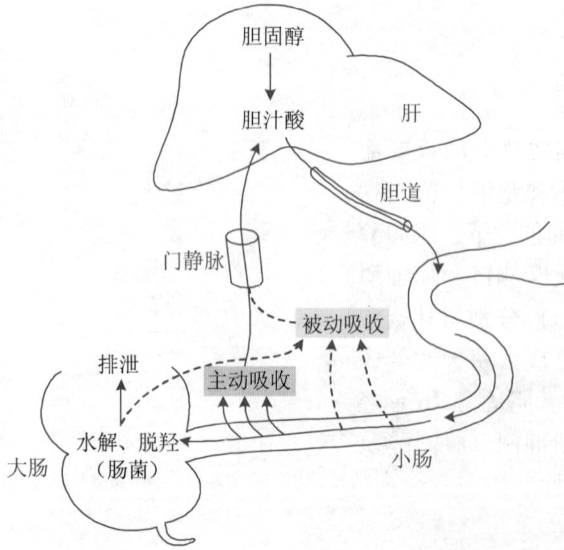

图 17－5 胆汁酸的肠肝循环

未被重吸收的小部分胆汁酸在肠菌的作用下，衍生成多种胆烷酸衍生物随粪便排出，每天的排出量相当于肝每天新合成的胆汁酸量。正常人还有少量胆汁酸（主要是石胆酸）可在肝内与硫酸结合成硫酸酯。

六、胆汁酸的主要功能是促进脂类的消化吸收

胆汁酸分子既含有亲水性的羟基和羧基，又含有疏水性的甲基和烃核，而且羟基和羧基的空间构型均为 α 型，所以胆汁酸的立体结构具有亲水和疏水两个侧面，能降低油水两相间的表面张力，促进脂类形成混合微团，这对脂类的消化吸收以及维持胆汁中胆固醇的溶解都起重要的作用。如胆汁酸代谢异常，可引起胆汁中的胆固醇沉淀析出，形成胆结石。

第四节 胆色素的代谢与黄疸

胆色素（bile pigment）是铁卟啉化合物的主要分解代谢产物，包括胆红素（bilirubin）、胆绿素（biliverdin）、胆素原（bilinogen）和胆素（bilin）。这些化合物主要随胆汁排出体外。其中胆红素是胆汁的主要色素，为橙黄色。

一、胆红素是血红素的降解产物

体内铁卟啉化合物有血红蛋白、肌红蛋白、过氧化物酶、过氧化氢酶和细胞色素等。正常人体内每天可产生 250～350mg 胆红素，其中约 70% 来自血红蛋白，其余来自含铁卟啉的酶类。肌红蛋白由于更新率低，所占比例很小。

正常人红细胞的平均寿命约为 120 天。衰老的红细胞在肝、脾和骨髓的单核－吞噬细胞系统破坏并释放出血红蛋白。血红蛋白分解为珠蛋白和血红素。珠蛋白可降解为氨基酸供体内利用。在脾和肝星形细胞微粒体，血红素铁卟啉环上的 α－次甲基桥氧化断裂形成胆绿素。胆绿素在胞液中生成胆红素（图 17－6）。虽然胆红素分子中含多种亲水基团，如羟基或酮基、亚氨基及丙酸基等。但这些亲水基团在分子内部形成了氢键，使胆红素分子形成脊瓦状的刚性折叠，极性基团位于分子内部，而使胆红素成为难溶于水的脂溶性物质（图 17－7）。

胆红素生成后，在血液中主要与清蛋白结合而运输。这种结合不仅增高胆红素的水溶性，便于运输，而且还能限制胆红素透过细胞膜而造成对组织的毒性作用，特别是对大脑的不可逆性损害。若血中清蛋白含量显著降低或有大量外来化合物（如某些药物）与之结合，干扰胆红素与清蛋白的结合，游离胆红素便进入组织，造成对组织的损害，可发生胆红素脑病（bilirubin encephalopathy）。

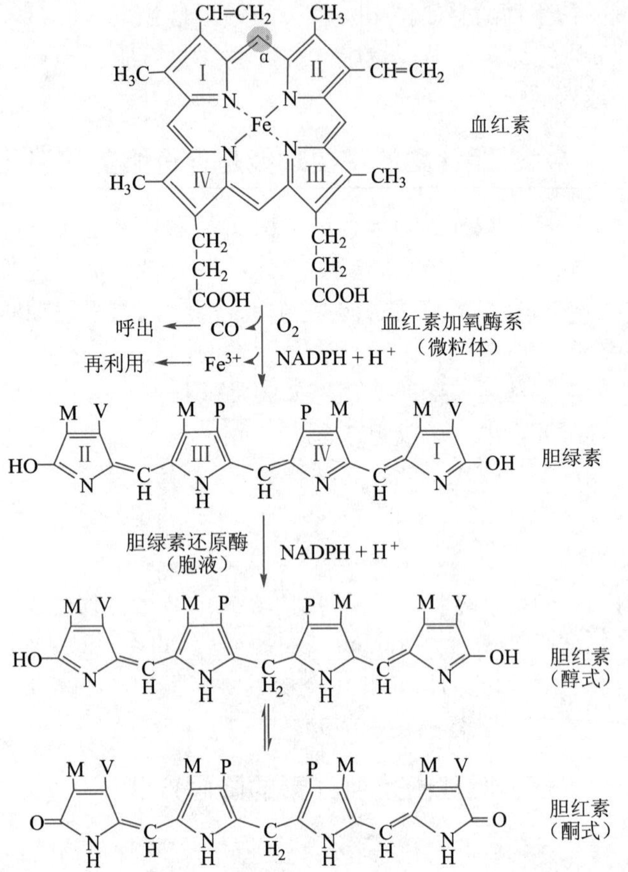

图 17－6 胆红素的生成

M：—CH_3，P：—CH_2CH_2COOH，V：—$CH=CH_2$

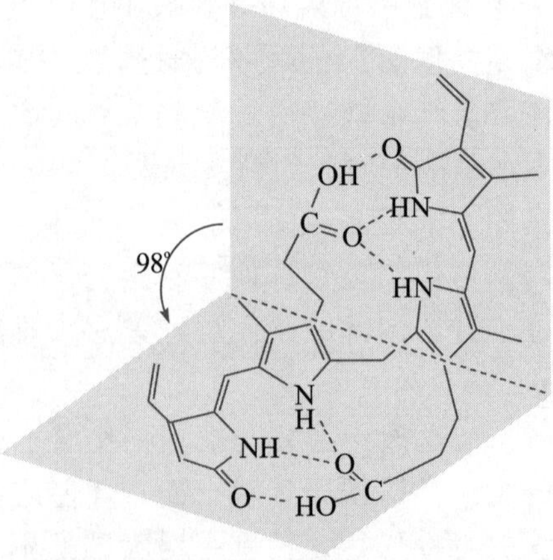

图 17－7 胆红素空间结构示意图

二、胆红素在肝生成结合型胆红素

肝细胞对胆红素有极强的亲和力，当胆红素随血液运输到肝脏后，可迅速被肝细胞摄取。肝细胞表面具有结合胆红素的特异性受体，对胆红素能主动地摄取。

胆红素进入肝细胞后，与胞浆内的载体蛋白—Y 蛋白和 Z 蛋白结合成复合物，并被运至滑面内质网。Y 蛋白是一种碱性蛋白质，是肝细胞内主要的胆红素载体蛋白。它具有谷胱甘肽 S－转移酶的活性，除胆红素外，还对固醇类物质、四溴酚酞磺酸钠（BSP）、某些染料以及一些有机阴离子等有很强的亲和力。苯巴比妥可诱导 Y 蛋白的合成，加强胆红素的转运。因此，临床上可用苯巴比妥治疗新生儿生理性黄疸。Z 蛋白是一种酸性蛋白质，与胆红素的亲和力小于 Y 蛋白。

胆红素－Y 蛋白（或胆红素－Z 蛋白）复合物被运到内质网后，在葡糖醛酸基转移酶的催化下，胆红素通过其丙酸基的羧基与 UDPGA 的葡糖醛酸结合，生成葡糖醛酸胆红素（bilirubin glucuronide）（图 17－8）。此外，部分胆红素还可与硫酸结合。这些与葡糖醛酸或硫酸结合的胆红素称为结合胆红素。结合胆红素为水溶性，有利于随胆汁排出。

通过肝细胞膜上的特异受体、肝细胞浆内的载体蛋白和内质网的葡糖醛酸基转移酶等的联合作用，肝脏可使血浆中的胆红素不断地被摄取、结合、转化与排泄，从而不断地加以清除。

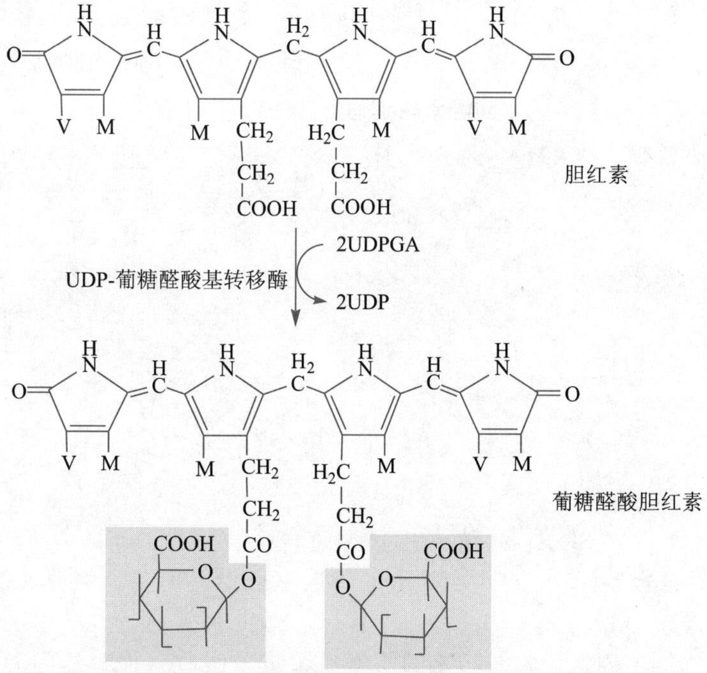

图 17－8　葡糖醛酸胆红素的生成及其结构

M：$—CH_3$　V：$—CH=CH_2$

三、胆红素在肠道中转变成胆素原和胆素

经肝细胞转化生成的结合胆红素随胆汁排入肠道，在肠菌的作用下，大部分先水解脱去葡糖醛酸基，再被逐步还原生成中胆素原（mesobilirubinogen）、粪胆素原（stercobilinogen）和少量 d－尿胆素原（d－urobilinogen），3 者统称为胆素原。这些无色的胆素原在肠道下段接触空气后，分别被氧化为中尿胆素（i－urobilin）、粪胆素（stercobilin）和 d－尿胆素（d－urobilin），这 3 种物质统称为胆素（图 17－9）。胆素呈黄褐色，是粪便中的主要色素，每天排出总量约为 40～280mg。当胆道完全梗阻时，因胆红素不能排至肠道形成胆素原及胆素，所以粪便呈灰白色。新生儿肠道细菌少，未被细菌作用的胆红素使粪便呈桔黄色。

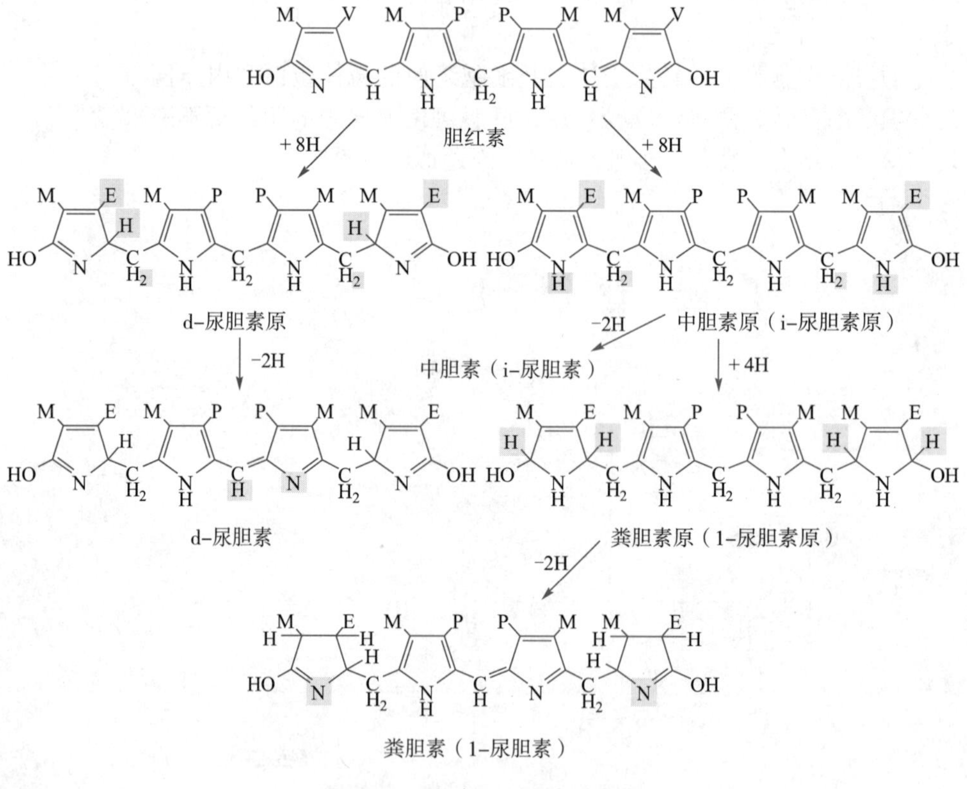

图 17－9 胆素原与胆素的生成

M：$—CH_3$ E：$—CH_2—CH_3$ P：$—CH_2—CH_2—COOH$

在肠道内，10%～20% 的胆素原可被重吸收入血，经门静脉入肝后，其中大部分可再随胆汁排入肠道，这就是胆色素的肠肝循环。被吸收入血的胆素原中还有很小一部分可随血液运输到肾脏从尿液排出。每天随尿排出的胆素原约为 0.5～4.0mg（图 17－10）。

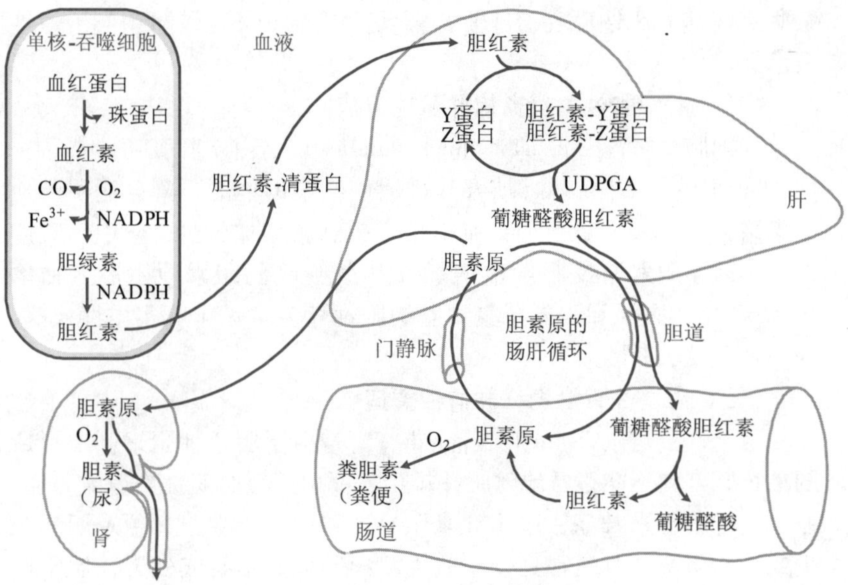

图 17-10　胆红素的形成与胆素原的肠肝循环

四、血清胆红素升高可出现黄疸

正常人体中的胆红素主要有两种类型：①未结合胆红素，主要来自单核-吞噬细胞系统产生的胆红素，在血液中主要与清蛋白结合而运输，又称为血胆红素。因与重氮试剂反应缓慢，必须加入乙醇或尿素后才迅速反应，也被称为间接反应胆红素或间接胆红素。胆红素-清蛋白复合物虽为水溶性，不易透过生物膜，但分子大，也不易从肾小球滤出，所以正常尿中未结合胆红素量极微，一般不能检出；②结合胆红素，主要为肝细胞生成的葡糖醛酸胆红素，又称肝胆红素。因与重氮试剂反应直接而迅速，也被称为直接反应胆红素或直接胆红素。结合胆红素虽为水溶性小分子，可从肾小球滤出，但正常情况下肝脏合成的结合胆红素是从胆汁排出的，故血液中结合胆红素量较低，一般不能检出，尿中亦不能检出。

正常人每天从单核-吞噬细胞系统可产生 200～300mg 胆红素，但由于肝脏处理胆红素的能力极强，每小时可清除胆红素 100mg 以上，所以正常人血清中胆红素的浓度极低，仅为 0.2～0.9mg/dl。某些疾病能引起病人血中胆红素浓度异常增高，出现高胆红素血症。大量的胆红素扩散进入组织，可造成组织黄染，特别是巩膜和皮肤更为明显，这种体症称为黄疸（jaundice）。若血中胆红素浓度不超过 2mg/dl 时，肉眼见不到巩膜与皮肤黄染，称为隐性黄疸（jaundice occult）。根据血清胆红素的来源，可将黄疸分为 3 类：

（一）溶血性黄疸也称肝前性黄疸

溶血性黄疸（hemolytic jaundice）是由于红细胞大量破坏，单核-吞噬细胞系统产生的胆红素过多，超过了肝脏的处理能力，而引起血中未结合胆红素浓度增高。尿中和粪中胆素原及胆素增加。某些疾病（如恶性疟疾、过敏等）、药物和输血不当均可引起溶血性黄疸。

（二）肝细胞性黄疸也称肝源性黄疸

肝细胞性黄疸（hepatocellular jaundice）是由于肝脏功能严重损伤，肝细胞摄取、转运、结合与排泄胆红素的能力下降，而引起血中未结合胆红素大量增加，血中结合胆红素增加较少，尿中出现胆红素，尿中胆素原及胆素常增加（从肠吸收的胆素原由肝入血增多），粪中胆素原和胆素减少。肝细胞性黄疸常见于肝实质性疾病，如各种肝炎、肝肿瘤等。

（三）阻塞性黄疸也称肝后性黄疸

阻塞性黄疸（obstructive jaundice）是由于胆道梗阻，肝中形成的结合胆红素不能正常地随胆汁排出，而引起结合胆红素返流入血。血中结合胆红素升高，尿胆红素阳性。尿中、粪中胆素原及胆素减少或无。阻塞性黄疸常见于胆管炎症、肿瘤、结石或先天性胆管闭锁等疾病。

各种黄疸时血、尿、粪胆红素及胆色素的变化见表17－5。

表17－5 各种黄疸时胆红素及胆色素的变化

指 标	正 常	溶血性黄疸	肝细胞性黄疸	阻塞性黄疸
主因		来源↑	肝处理能力↓	排出↓
血清胆红素总量	<1mg/dl	>1mg/dl	>1mg/dl	>1mg/dl
血清结合胆红素	0～0.8 mg/dl	—	↑	↑↑
血清未结合胆红素	<1mg/dl	↑↑	↑	—
尿胆红素	—	—	+	++
尿胆素原/尿胆素	少量	↑	不一定	↓
粪胆素原	正常	↑	↓	↓/（—）

（魏金荣）

第十八章　糖蛋白、蛋白聚糖和细胞外基质

内容提要

糖蛋白（glycoconjugates）、蛋白聚糖（proteoglycan）都是由共价键相连接的蛋白质和聚糖（glycan）两部分组成。当组分中蛋白质的重量百分比大于聚糖时称为糖蛋白；而当聚糖所占比重超过50%时，称为蛋白聚糖。细胞外基质是哺乳动物细胞之间的复杂成分。本章主要介绍糖蛋白、蛋白聚糖和细胞外基质的结构、功能及其代谢。

第一节　糖　蛋　白

一、各种糖蛋白含糖量及聚糖的结构差异显著

各种糖蛋白分子中含糖量高低不一，差别很大，有的不足5%，而有的可以高达20%。此外，糖蛋白中单糖的种类、组成比例以及聚糖的结构也存在显著差异。参与组成聚糖的单糖有7种：葡萄糖、半乳糖、甘露糖、N－乙酰半乳糖、N－乙酰葡糖胺、岩藻糖和N－乙酰神经氨酸。

而根据蛋白质分子与聚糖分子进行共价连接的方式不同，糖蛋白可分为N－连接糖蛋白和O－连接糖蛋白。聚糖与蛋白质分子中天冬酰胺残基的酰胺氮相连接而形成的糖蛋白称为N－连接糖蛋白。而聚糖与蛋白质分子中丝氨酸或苏氨酸羟基相连接而形成的糖蛋白称为O－连接糖蛋白（图18－1）。

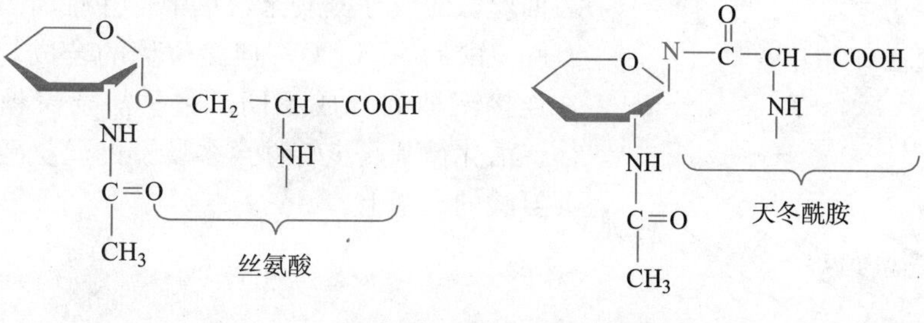

图18－1　O－连接糖蛋白和N－连接蛋白

二、聚糖具有其他生物大分子所不能替代的功能

虽然蛋白质是糖蛋白中的主要成分，但是它的聚糖部分有着蛋

白质、核酸以及其他物质所不能替代的重要作用（表 18－1）。聚糖的具体功能主要包括：①稳定蛋白质多肽链的结构；②保护肽链不受降解并延长其半衰期；③参与糖蛋白新生多肽链的折叠；④参与分子间的相互识别及结合。

表 18－1 糖蛋白的分类与聚糖功能

糖蛋白的分类	聚糖的成分	聚糖的功能
N－连接糖蛋白	葡萄糖、半乳糖、甘露糖	聚糖可保护肽链的生物活性
O－连接糖蛋白	N－乙酰半乳糖胺	参与新生肽链的折叠并
	N－乙酰葡萄糖胺	维持蛋白质正确的空间构象
	N－乙酰神经氨酸	聚糖的分子识别作用

三、N－连接及 O－连接的糖蛋白生物合成方式不同

（一）N－连接型聚糖合成需要长萜醇作为聚糖载体

聚糖中的 N－乙酰葡萄糖胺与多肽链中天冬氨酸残基的酰胺氮以共价键连接，形成 N－连接糖蛋白。并非糖蛋白分子中所有天冬氨酸残基都可以连接聚糖。只有在特定的氨基酸序列，即 Asn－X－Ser/Thr（其中 X 代表除了脯氨酸以外的任何一种氨基酸）3 个氨基酸残基组成的序列子才能连接，这一序列子被称为糖基化位点。如图 18－2：

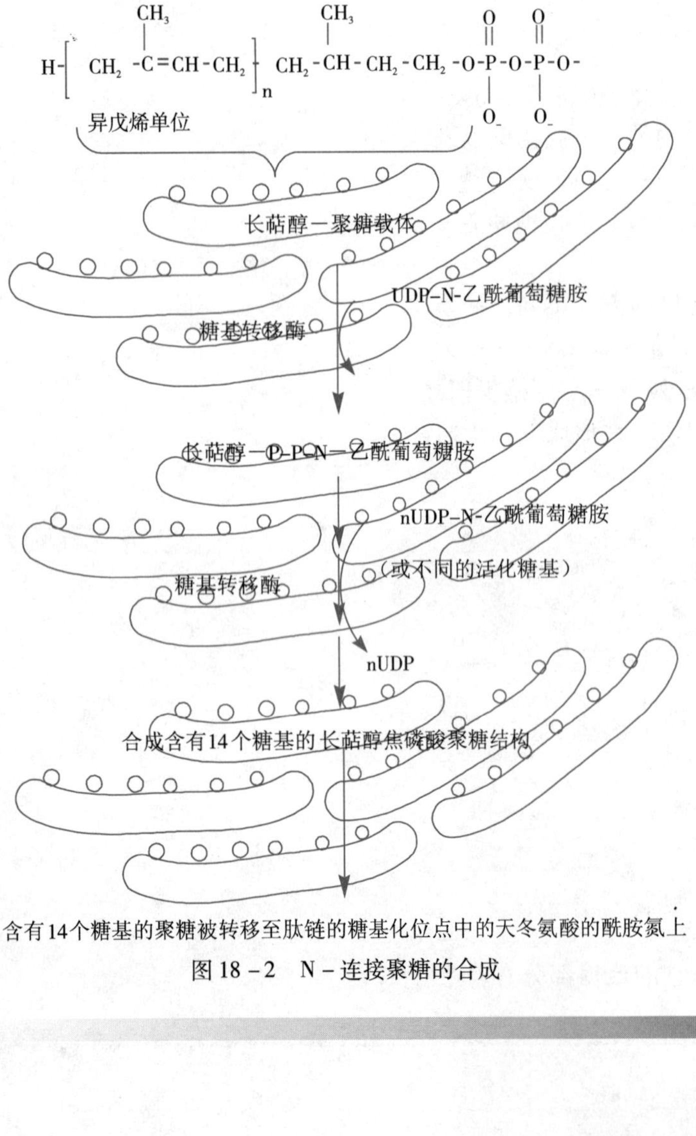

图 18－2 N－连接聚糖的合成

（二）O－连接型聚糖合成不需要聚糖载体

聚糖中的 N－乙酰半乳糖胺与多肽链中丝氨酸或苏氨酸残基的羟基以共价键连接，形成 O－连接糖蛋白。它的糖基化位点的确切序列子还不清楚，通常存在于糖蛋白分子表面丝氨酸或苏氨酸比较集中，并且周围常有脯氨酸的序列。O－连接聚糖的合成与 N－连接聚糖的合成不同，它不需要聚糖载体，活化糖基逐步转移至多肽链的丝氨酸或苏氨酸的羟基上。

第二节　蛋 白 聚 糖

一、蛋白聚糖由糖胺聚糖共价连接于核心蛋白所组成

蛋白聚糖是一类非常复杂的大分子糖复合物，是由糖胺聚糖共价连接于核心蛋白所组成，其中糖的成分所占重量在一半以上，甚至可高达95%。糖胺聚糖是含己糖醛酸和己糖胺组成的重复二糖单位，不分支。重要的糖胺聚糖及其分布见表18－2。

表18－2　重要的糖胺聚糖及其分布

糖胺聚糖	二糖的单位	分布
硫酸软骨素	葡萄糖醛酸－6－硫酸乙酰半乳糖胺	软骨、结缔组织
硫酸皮肤素	艾杜糖醛酸－4－硫酸乙酰半乳糖胺	皮肤
硫酸角质素	半乳糖－6－硫酸乙酰葡萄糖胺	角膜
透明质酸	葡萄糖醛酸－乙酰葡萄糖胺	关节滑液、演的破例体等
肝　　素	艾杜糖醛酸－6－硫酸，N－硫酸葡萄糖胺	肥大细胞
硫酸类肝素	艾杜糖醛酸－6－硫酸，N－硫酸葡萄糖胺	细胞成分

与糖胺聚糖共价结合的蛋白质为核心蛋白，其分子中含有相应的糖胺聚糖取代结构域。一些蛋白聚糖通过核心蛋白特殊结构域锚定在细胞表面或细胞外基质的大分子中。

二、在多肽链上逐一加上糖基合成蛋白聚糖

蛋白聚糖在内质网上合成核心蛋白的多肽链，多肽链合成的同时以O－连接或N－连接的方式在丝氨酸或天冬氨酸残基上进行聚糖的加工。聚糖的延长和加工主要在高尔基体内进行。如图18－3：

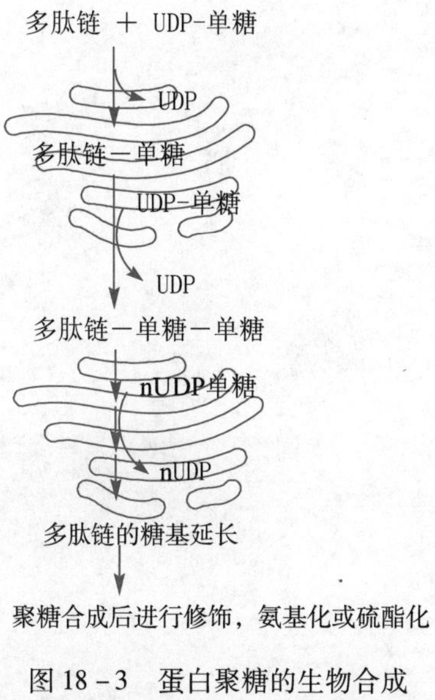

图18－3　蛋白聚糖的生物合成

三、蛋白聚糖的主要功能是参与构成细胞间基质

蛋白聚糖最主要的功能是构成细胞间的基质，在基质中蛋白聚糖与弹性蛋白、胶原蛋白以特异的方式相连，赋予基质特殊的结构。蛋白聚糖还可以吸引、保留水形成凝胶，容许小分子化合物自由扩散，从而阻止细菌通过，起保护作用。此外，细胞表面含有大量的硫酸肝素，在神经发育、细胞识别结合和分化等方面起重要调节作用。

第三节 细胞外基质

细胞外基质（extracelluar matrix，ECM）由3类成分组成：①结构蛋白：如胶原、弹性蛋白等；②专一蛋白：如纤连蛋白、层粘连蛋白和纤维蛋白等；③蛋白聚糖。

一、胶原是主要的结构蛋白

（一）不同的胶原蛋白组织分布不同

胶原（colagen）是结缔组织的主要蛋白成分，约占机体总蛋白的25%，足见其重要性。目前胶原至少有18类型，其中5种类型的胶原蛋白较为常见（表18－3）。胶原的氨基酸组成有甘氨酸占1/3，脯氨酸占1/4，尚有羟赖氨酸和羟脯氨酸，属于胶原特有，与胶原分子交联有关。酪氨酸含量甚少，色氨酸和半胱氨酸缺乏。

表18－3　五种类型的胶原蛋白成分及组织分布

类型	特有成分	组织分布
Ⅰ	羟赖氨酸较低、聚糖较少、纤维较宽	肌键、骨、皮、角膜、韧带等
Ⅱ	羟赖氨酸较高、聚糖较多、纤维较窄	软骨、眼玻璃体、椎间盘
Ⅲ	羟赖氨酸较高、羟脯氨酸较高、聚糖较少	血管、肌、皮肤、内脏
Ⅳ	羟赖氨酸较高、聚糖较多	基底膜
Ⅴ	羟赖氨酸较高、聚糖较多	平滑肌培养细胞、胚胎组织、腹膜、胎盘、皮肤、骨

（二）胶原蛋白具有特殊的分子结构

早年从大鼠肌键组织中提纯得到的Ⅰ型胶原中，发现其基本结构为3股链组成长300nm直径1.5nm的蛋白，被称为原胶原。每一股链含有1 050个氨基酸，以右手旋转的方式，相互绕成3股螺旋（见第一章）。

胶原微纤维（collagen fibril）　若干具有3股螺旋结构的Ⅰ型胶原分子通过侧向排列，聚集成直径为50～200nm的微纤维。相邻的二原胶原分子在侧向排列时，两个端点相差约67nm，分子间以共价键相连，这是由赖氨酸残基侧链末端氨基被氧化成醛基衍生物，然后通过醛醇缩合等过程而形成各种共价键（图18－4，详见第一章）。

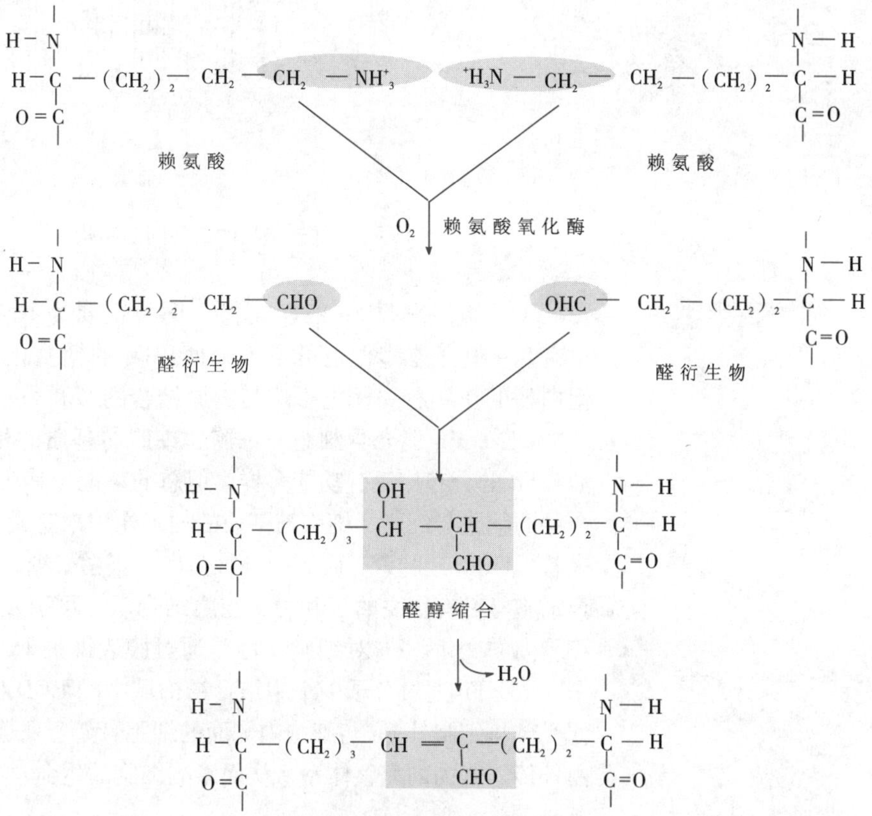

图 18－4　原胶原分子侧向共价键连接的醛醇交联反应

二、纤连蛋白是一类多功能的糖蛋白

纤连蛋白（fibronectin，Fn）是广泛存在与细胞外基质、基底膜及各种体液（血浆、组织液、淋巴、关节腔滑液和羊水）中的一种多功能糖蛋白。体内诸多细胞可合成分泌 Fn，成纤维细胞的分泌量尤多，血浆 Fn 主要来自肝细胞。

（一）Fn 的分子存在同源结构

Fn 是由分子量为 25 万左右的单体组成二聚体，也有的以多聚体的形式存在。Fn 的一级结构由 3 种不同类型的内在序列同源结构（internal sequence homology，图 18－5）重复出现而构成（表 18－4）。这是 Fn 的特征结构。

表 18－4　三种不同类型的内在序列同源结构

类型	分子结构	氨基酸个数	同源性结构
Ⅰ	形同两个相连的指圈，由链内的两个二硫键形成	41～52	12
Ⅱ	有链内的二硫键	60	2
Ⅲ	不含组氨酸残基	90	16

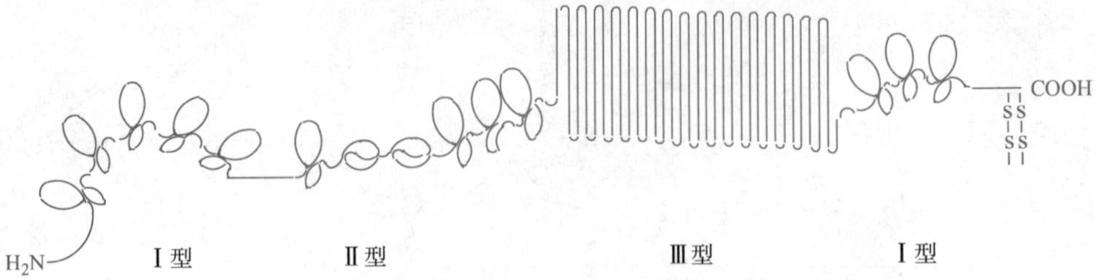

图 18－5　纤连蛋白的 3 种同源结构

不同组织来源 Fn 的含糖量不同，主要为 N－聚糖，每分子 Fn 可有 8～10 条之多但也可不带聚糖。Fn 的糖基化与其溶解度和抵抗蛋白酶的作用有关，也影响与胶原结合的亲和力。

（二）Fn 能介导细胞与细胞、细胞与基质的相互作用

Fn 的分布广泛，功能多样，但总的来说，其功能可以认为是由其介导的细胞与细胞、细胞与基质的相互作用来完成。从 Fn 分子结构域来看，Fn 对与肝素、胶原、纤维蛋白、蛋白聚糖、肌动蛋白、DNA 乃至细胞等都有很高的亲和力，与之结合后，可引发一系列的体液内或细胞内的变化。Fn 对细胞作用是通过膜表面的 Fn 受体——整合蛋白来完成，Fn 通过分子中细胞结合结构域中的 RGD 模体与其受体结合，而受体将细胞外 Fn 与细胞内侧面的细胞骨架蛋白连成一体，形成信息由外传入胞内的完整体系，从而影响细胞的生命过程。

三、层粘连蛋白是一种专一蛋白

（一）层粘连蛋白由 3 条多肽链通过二硫键连接而成

层粘连蛋白（laminin，Ln）是一种由多结构域构成的糖蛋白，分子量高达 90 万。它由 3 条多肽链（一条 A 链和两条 B 链）组成，多肽链之间通过二硫键相连接（图 18－6）。

绝大部分的聚糖为复杂型 N－聚糖，结构形式多样，但基本结构特征为：末端存在半乳糖，也有唾液酸和多聚乙酰氨基乳糖结构。

（二）Ln 通过与细胞表面的整合蛋白结合而产生生理作用

Ln 的生物学功能十分复杂，至今尚未完全清楚，一般认为它主要是通过与细胞表面的整合蛋白结合，进而产生生理作用。Ln 可以介导上皮细胞及内皮细胞粘着于基底膜，从而影响细胞的生长、分化和运动。新近发现，Ln 可能与某些疾病，如糖尿病、肾病、类风湿性关节炎、感染等有关，也和抗感染等有关，尤其对肿瘤细胞的侵润、转移可能有重要作用。

（邢　伟）

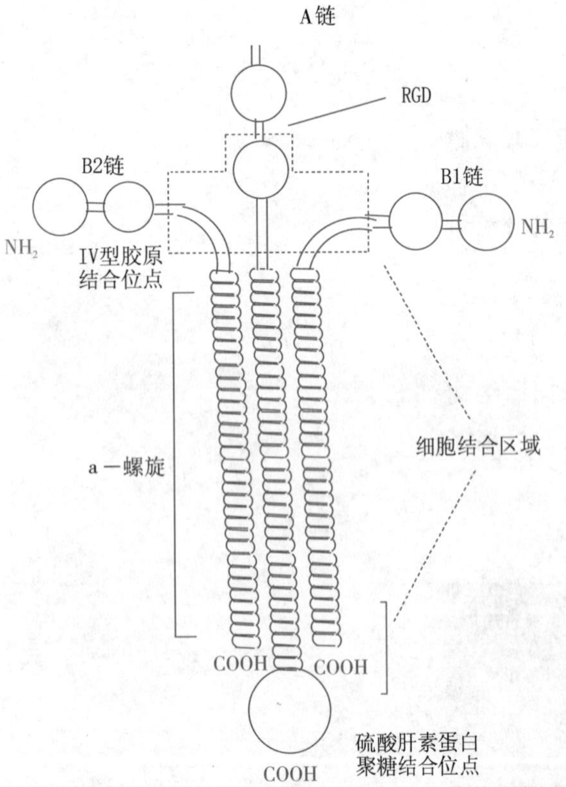

图 18－6　层粘连蛋白分子结构

第十九章　癌基因、抑癌基因与生长因子

内容提要

肿瘤的发生是由于细胞的增殖与分化失常所导致的恶性生长现象。细胞的正常生长与增殖是受两大类基因来调控的，一类为正调控信号，促进细胞生长和增殖，并阻止其发生终末分化，多种癌基因（oncogene，onc）起这一作用；另一类为负调控信号，抑制增殖，促进细胞分化、成熟和衰老，最后凋亡，抑癌基因（cancer suppressive gene）或称抗癌基因（anti－oncogene）发挥这方面的作用。这两类信号保持着动态平衡，对细胞的正常生长、增殖和死亡进行精细地调控。两者之间一旦失衡，如正调控信号基因功能过强或负调控信号基因失活，必将导致细胞生长与增殖的混乱而致细胞恶变。

癌基因表达产物——类生长因子多肽及其受体分子通过细胞内信息传递系统刺激细胞增殖。因此，肿瘤的发生与癌基因、抑癌基因及生长因子3者的功能密切相关（图19－1）。

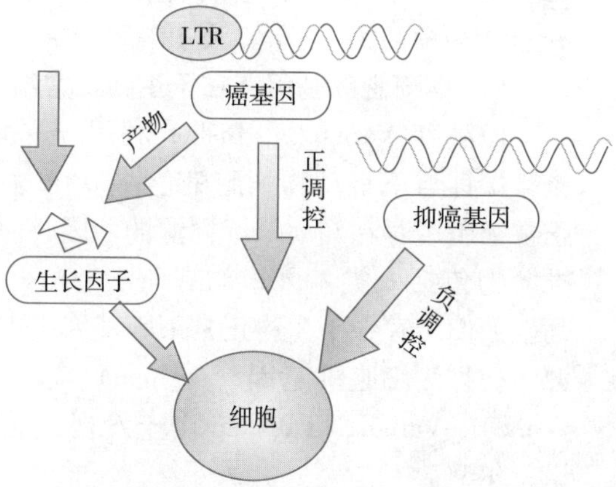

图19－1　癌基因、抑癌基因及生长因子与细胞生长和增殖的关系

第一节　癌　基　因

一、癌基因有病毒癌基因和细胞癌基因两类

癌基因一词最初来自RNA肿瘤病毒中能使正常细胞发生恶性转化的基因，随后发现它存在于正常细胞基因组中，是细胞内总体遗

传物质的组成部分。将肿瘤病毒（大多数是反转录病毒）中所含的能使靶细胞发生恶性转化的基因称为病毒癌基因（virus oncogene，v－onc），而将正常细胞基因中的癌基因称为细胞癌基因（cellular oncogene，c－onc）或称原癌基因（proto－oncogene，pro－onc）。正常情况下，原癌基因处于静止或低表达状态，维持细胞的正常功能；当其受到致癌因素作用被活化并发生异常时，可导致细胞癌变。癌基因一般用3个斜体小写字母表示，如*ras*、*fos*、*myc*等。

（一）病毒癌基因是能使靶细胞发生恶性转化的基因

早在1911年Peyton Rous在研究鸡自发性肉瘤时，发现将鸡肉瘤的无细胞滤液注入正常鸡体内能诱发新的肿瘤。数十年后，应用电镜证实他所发现的致癌因子是病毒，称为鸡肉瘤病毒（avian Rous sarcoma virus，RSV）。这是第一个被证实具有致癌作用的病毒癌基因，因此，Rous获得了1966年诺贝尔生理学和医学奖。目前已在禽类和哺乳类动物中发现这类病毒约40种。其基因组结构除含反转录病毒所具有的*gag*、*pol*、*env*、5′－端和3′－端长末端重复序列（long terminal repeat，LTR）外，在*env*与3′－端LTR之间还有一个*src*基因，后者与RSV诱发肿瘤有关，*src*基因被命名为v－*src*（图19－2）。

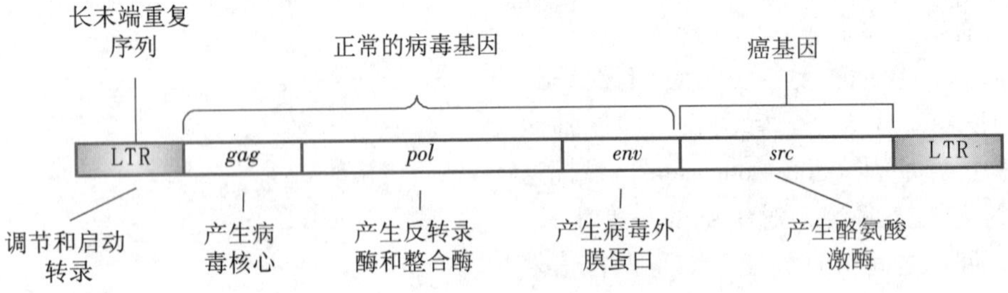

图19－2　鸡肉瘤病毒（RSV）基因组结构示意图

（二）细胞癌基因存在于生物正常细胞基因组中

1976年Varmus和Bishop利用*src*癌基因特异的核酸探针与正常动物细胞染色体DNA杂交，发现鸡正常细胞中存在与*v－src*同源的基因，而且在其他脊椎动物包括人类基因组均有与*v－src*基因的同源序列。人们将存在于生物正常细胞基因组中的癌基因同源序列称为细胞癌基因（c－onc）或原癌基因（pro－onc）。Varmus和Bishop由于发现原癌基因而获得诺贝尔奖。

（三）病毒癌基因从细胞基因组中获得致癌性质

病毒癌基因来自宿主细胞本身，如反转录病毒感染宿主细胞后，以自身RNA为模板，由反转录酶催化产生携带病毒遗传信息的双链DNA（前病毒），前病毒DNA随即整合进入宿主细胞基因组，当病毒DNA从基因组切离时，部分宿主原癌基因被同时切下，从细胞中释放时，使病毒带有宿主原癌基因的转导基因，经过重排或重组转变为病毒癌基因，病毒获得致癌性质（图19－3）。

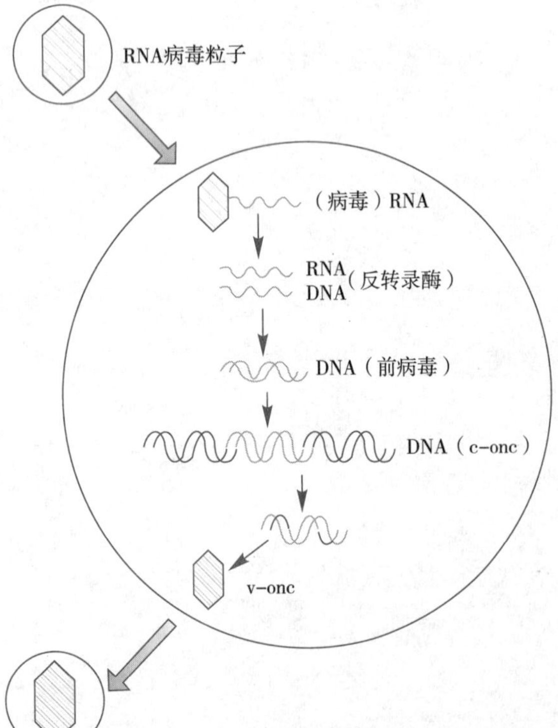

图19－3　RNA病毒与宿主细胞基因组整合过程示意图

二、细胞癌基因可按细胞中的定位和功能进行分类

根据原癌基因的同源细胞基因及其表达产物在细胞中的定位和功能分别将其分类（表 19－1、表 19－2）。

表 19－1　原癌基因的类别及同源基因

类　别	癌 基 因	同源的细胞基因
蛋白激酶类		
跨膜生长因子受体	*erbB*	EGF 受体
	neu（*erb*－2、*HER*－2）	EGF 受体相似物
	fms、*ros*、*kit*、*ret*、*sea*	M－CSF 受体
膜结合的酪氨酸蛋白激酶	*src*（*src*、*fgr*、*yes*、*lck*、*nck*、	
	fym、*fes*、*fps*、*lym*、*tkl*）*abl*	
可溶性酪氨酸蛋白激酶	*met*、*trk*	
胞浆丝氨酸/苏氨酸蛋白激酶	*raf*（*mil*、*mht*）、*mos*、*cot*、*pl*－1	
非蛋白激酶受体	*mas*	血管紧张素受体
	erb	甲状腺激素受体
信息传递蛋白类		
与膜结合的 GTP 结合蛋白	*H*－*ras*、*K*－*ras*、*N*－*ras*	
生长因子类	*sis*	PDGF－2
	int－2	FGF 同类物
核内转录因子	*c*－*myc*、*N*－*myc*、*L*－*myc*	转录因子
	fos、*jun*	转录因子 AP－1

表 19－2　细胞癌基因的分类及功能

类　别	癌 基 因	表 达 产 物
src 家族	*abl*、*fes*、*fgr*、*fps*、*fym*、*kek*、*lck*、*yes*、*lyn*、*ros*、*src*、*tkl*	多具有酪氨酸蛋白激酶活性并与胞膜结合，多有同源性
ras 家族	*H*－*ras*、*K*－*ras* 及 *N*－*ras*	编码 21kD 的小 G 蛋白，有 GTP 酶活性，即 P21
myc 家族	*c*－*myc*、*l*－*myc*、*m*－*myc*、*fas*、*myb*	核内 DNA 结合蛋白
sis 家族	*sis*	p28，与 PDGF－β 同源
erb 家族	*erb*－*A*、*erb*－*B*、*fms*、*mas*、*trk* 等	细胞骨架蛋白类
myb 家族	*myb*，*myb*－*ets* 等	与 DNA 结合，为核内转录调节因子

三、原癌基因有区别于其他基因的特点

根据现有的研究结果，原癌基因的特点可概括如下：

原癌基因的特点

- 广泛存在于生物界中，从酵母到人的细胞普遍存在
- 在进化过程中，基因序列呈高度保守性
- 它的作用是通过其表达产物蛋白质来体现的；存在于正常细胞不仅无害，而且对维持正常生理功能、调控细胞生长和分化起重要作用，是细胞发育、组织再生、创伤愈合等所必需
- 在某些因素（如放射线、某些化学物质等）作用下，一旦被激活，发生数量上或结构上的变化时，就会形成癌性的细胞转化基因

四、原癌基因通过多种机制被激活

正常情况下，原癌基因可以限量表达，处于相对静止状态。当受到物理（如射线）、化学（如致癌剂）和生物（如 DNA 整合）等因素的作用后，原癌基因可部分或全部被活化，其表达异常使细胞转化或肿瘤发生。原癌基因激活的主要方式如下（图 19－4）。

（一）原癌基因在某些因素作用下可发生点突变（point mutation）

原癌基因在射线或化学致癌剂作用下，发生碱基突变，从而表达产物发生改变，导致蛋白质结构和功能的异常。

（二）强启动子插入可促进原癌基因转录

反转录病毒两端的 LTR 结构中含有强启动子，当 LTR 插入到原癌基因的启动区域或邻近处，可改变其调控，启动和促进原癌基因的转录。

（三）原癌基因扩增（amplification）可导致肿瘤的发生

原癌基因拷贝数的增加或表达活性的增强，产生过量的表达蛋白导致肿瘤的发生。

（四）原癌基因易位（translocation）使其表达增强

原癌基因在肿瘤细胞中从染色体的正常位置转移到其他染色体的某一位置上称为易位（或重排）。常易位于另一具有强启动子或增强子的基因附近，受启动激活，或者易位后失去原旁侧的抑制性调控域，使其表达增强。

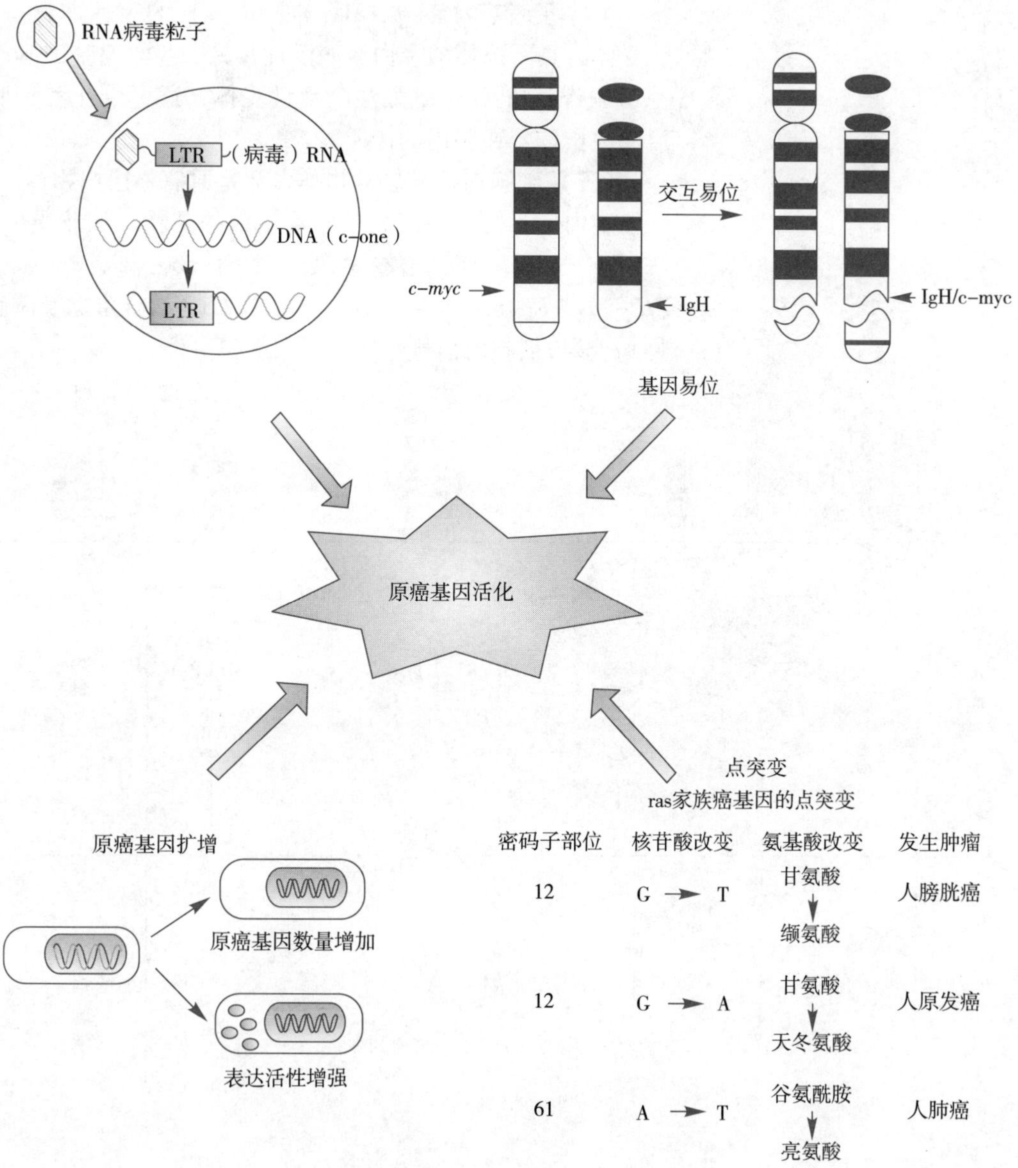

图 19－4　原癌基因活化的机制

五、原癌基因的表达产物与细胞生长调控有关

原癌基因编码的蛋白质与许多细胞生长调控因子有关。原癌基因表达产物按其在细胞信号传递系统中的作用分为 4 类（图 19－5）。

（一）原癌基因编码产物包括生长因子类

已知 *v－sis* 基因和人 *c－sis* 基因编码的 P28 蛋白与血小板源生长因子（PDGF）的 β 链同源，P28 蛋白形成二聚体，作用于 PDGF 受体使与受体相连的酪氨酸蛋白激酶活化，在信号传递中产生与 PDGF 相同的效应，促进和加速细胞的分裂和增殖。此外，*int*－2、*hst*－1 等编码的蛋白也属生长因子类。

（二）生长因子受体类编码产物具有激酶活性

某些原癌基因（*erb* – B、*neu* 和 *ros*）的表达产物是跨膜生长因子受体，具有酪氨酸蛋白激酶活性。另一些原癌基因（*c* – *mos* 和 *raf*）编码跨膜的丝/苏氨酸激酶活性受体，通过催化各种底物磷酸化，启动生长信号在胞内的传递。

（三）细胞内信号转导物类多数是原癌基因产物

胞内信号转导物多数是原癌基因的产物，如非受体酪氨酸激酶（*c* – *src*，*c* – *abl* 等）、丝/ 苏氨酸激酶（*c* – *raf*，*c* – *mos*），*ras* 蛋白（*H* – *ras*，*K* – *ras* 和 *N* – *ras* 等）作为 GTP 结合蛋白及磷脂酶（*crk* 产物），参与细胞内信号传递，促进细胞生长。

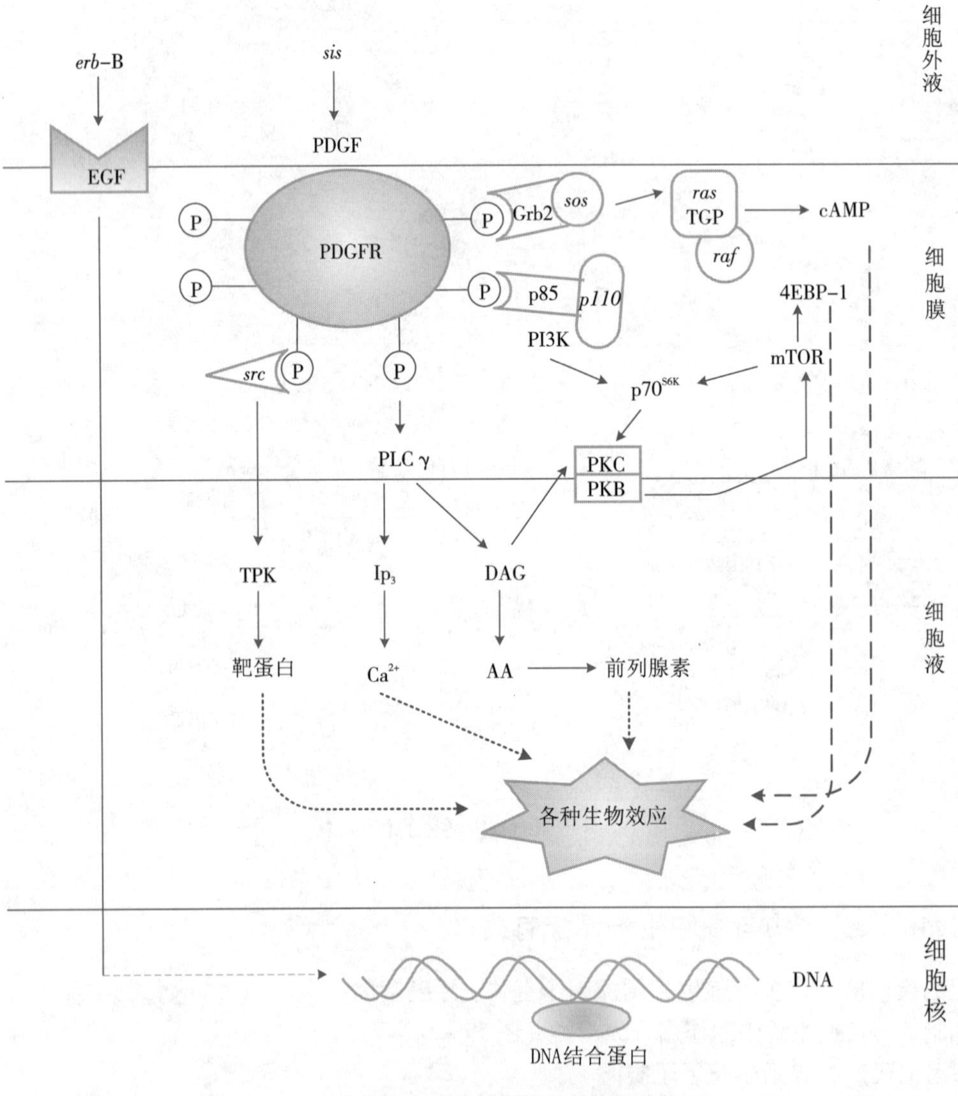

图 19 – 5　原癌基因的产物及功能

（四）原癌基因还可表达核内转录因子类

某些原癌基因（如 *myc*、*fos* 等）的表达产物定位于细胞核内，起转录因子作用。*c* – *fos* 是一种立早基因（immediate – early gene，IEG），在生长因子、神经递质、佛波酯等作用下，*c* –*fos* 能即刻、短暂表达，作为传递信息的重要分子（表 19－3）。

表 19－3　某些癌基因表达产物的细胞定位与功能

癌基因	表达产物	
	定位	功能
sis	由细胞分泌	生长因子
erbB	质膜	生长因子受体
fins	质膜	生长因子受体
trk	质膜	生长因子受体
src	胞液	酪氨酸蛋白激酶
abl	胞液	酪氨酸蛋白激酶
raf	胞液	丝氨酸蛋白激酶
ras	胞液	GTP 结合蛋白
jun	核	转录因子
fos	核	转录因子
myc	核	DNA 结合蛋白

第二节　抑癌基因

抑癌基因是一类抑制细胞过度生长、增殖从而遏制肿瘤形成的基因。抑癌基因的丢失或失活也可能导致肿瘤发生。

一、已知多种抑癌基因及候选抑癌基因

目前已知的抑癌基因有 10 余种，表 19－4 列出部分常见的抑癌基因。

表 19－4　常见的抑癌基因

名称	染色体定位	相关肿瘤	作用
P53	17p	多种肿瘤	编码 P53 蛋白（转录因子）
Rb	13q14	视网膜母细胞瘤、骨肉瘤、肺癌、乳癌	编码 P105Rb1 蛋白（转录因子）
P16	9p21	黑色素瘤	编码 P16 蛋白
APC	5q21	结肠癌	可能编码 G 蛋白
DCC	18q21	结肠癌	编码表面糖蛋白（细胞粘着分子）
NF1	7q12.2	神经纤维瘤	GTP 酶激活剂
NF2	22q	神经纤维瘤、脑膜瘤	连接膜与细胞骨架
VHL	3p	小细胞肺癌、宫颈癌	转录调节蛋白
WT1	11p13	肾母细胞瘤	编码锌指蛋白（转录因子）

二、抑癌基因的失活可能使细胞向恶性转化

（一）视网膜母细胞瘤基因（Rb 基因）是最早发现的抑癌基因

Rb 基因最初发现于儿童的视网膜母细胞瘤（retinoblastoma）。Rb 基因一旦丧失功能或先天性缺失，视网膜则出现异常增殖，形成视网膜细胞瘤。Rb 基因失活还见于骨肉瘤、小细胞肺癌、乳腺癌等肿瘤。

Rb 基因位于人染色体 13q14，含有 27 个外显子，转录 4.7kb 的 mRNA，编码蛋白质为 P105（P^{Rb}），定位于核内，有磷酸化与非磷酸化两种形式，非磷酸化形式为活性型，能促进细胞分化，抑制细胞增殖（图 19－6）。

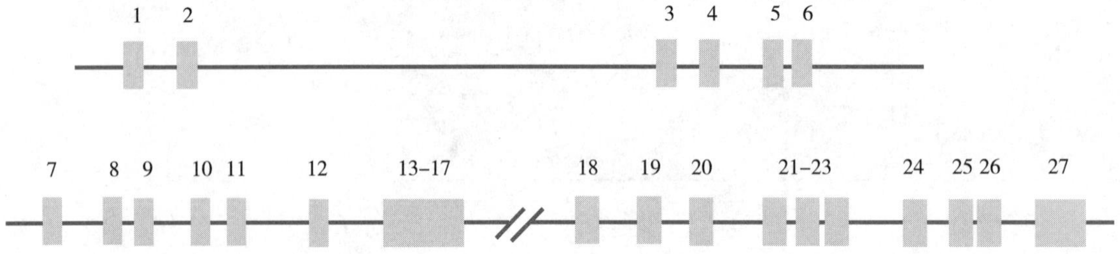

图 19－6 Rb 基因结构

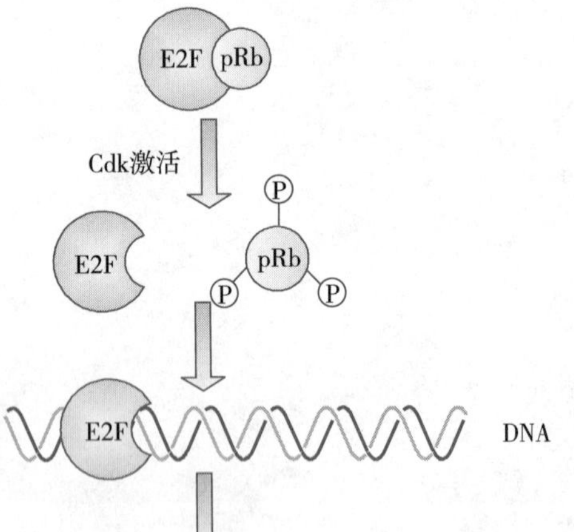

图 19－7 Rb 基因作用机制

在细胞周期的 G_0、G_1 期，Rb 蛋白处于低磷酸化型，可与 E－2F 形成复合物，使 E－2F 失活；在 S 期，Rb 蛋白被磷酸化而与 E－2F 解离，使 E－2F 处于游离状态，细胞立即进入增殖阶段（图 19－7）。当 Rb 基因发生缺失或突变，丧失结合、抑制 E2－F 的能力，于是细胞增殖活跃，导致肿瘤发生。Rb 蛋白还可通过抑制多种原癌基因如 *c－myc* 和 *c－fos* 的表达而抑制细胞增殖。

（二）P53 基因被称为"基因卫士"

人类 P53 基因定位于 17p13，全长 16～20kb，含有 11 个外显子，转录产生 2.8 kb 的 mRNA，编码的蛋白质为 P53，故称为 P53 基因（图 19－8）。P53 蛋白是一种核内磷酸化蛋白。P53 基因的野生型是一种抑癌基因，而其突变型则是一种致癌基因。

P53 蛋白的重要功能是维持细胞正常生长、抑制恶性增殖。其作用机制可能在多个方面。其一，P53 蛋白与 DNA 特异序列结合，发挥强转录激活因子作用，活化 P21 基因转录、表达的 P21 蛋白，是周期蛋白依赖蛋白激酶的抑制物，可使细胞周期停滞于 G_1 期，抑制细胞进入 S 期进行 DNA 复制，对细胞周期起负调控作用。第二，能监测细胞增殖或分化中的 DNA 损伤，抑制解链酶活性，并与复制因子 A（replication factor A）相互作用参与 DNA 复制，启动细胞 DNA 修复系统。第三，如细胞 DNA 修复失败，P53 蛋白可启动细胞程序性死亡，或称细胞凋亡（cell apoptosis）

的过程，诱导癌变细胞或有癌变倾向的突变损伤细胞的自杀性死亡（图 19－9）。第四，正常 P53 蛋白可有效抑制各种癌基因如 *c－myc*、*ras* 基因或腺病毒 EIA 对细胞的转化作用。

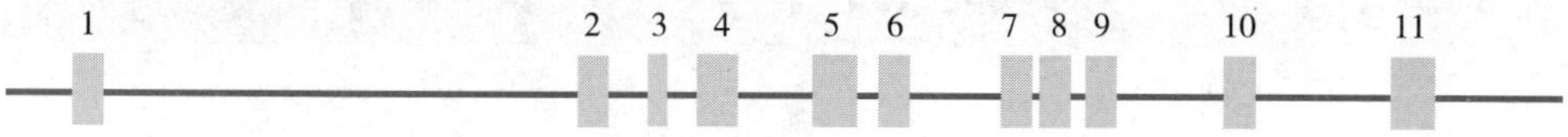

图 19－8 P53 基因结构

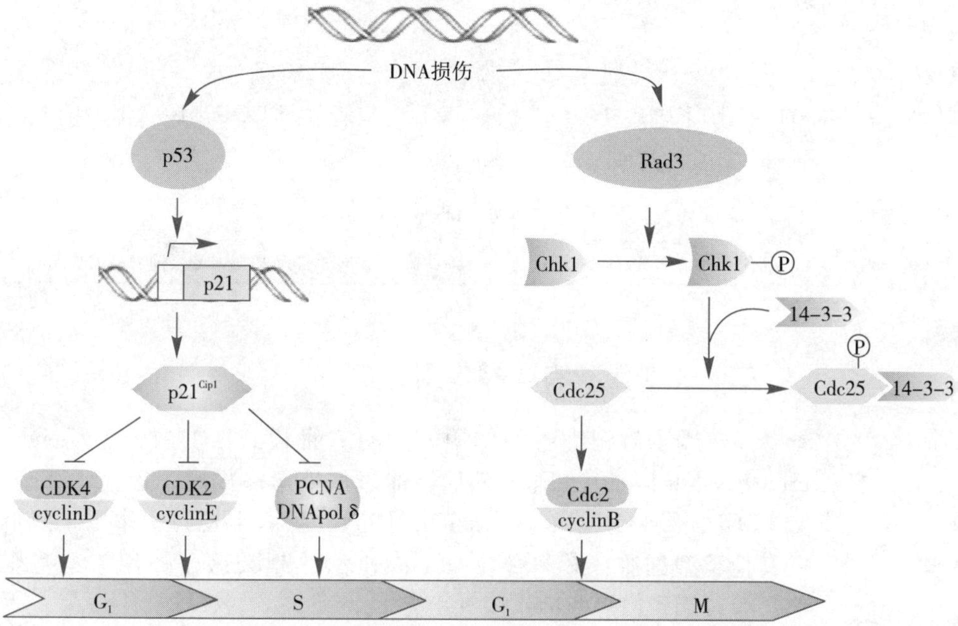

图 19－9 P53 基因作用机制

第三节 生长因子

生长因子（growth factor，GF）又称细胞生长调节因子，是一类能促进细胞增殖生长的多肽类物质。生长因子通过与质膜上的特异受体相互作用将信息传递至细胞内，对靶细胞产生促有丝分裂的调节作用。包括能促进细胞繁殖的细胞生长因子及能抑制细胞繁殖的细胞生长抑制因子。生长因子种类极多，按其性质及功能大致可分为 7 类（表 19－5）。

一、生长因子种类繁多

表 19－5 常见的生长因子

生长因子	来 源	功 能
表皮生长因子（EGF）	颌下腺	促进表皮与上皮细胞的生长
促红血球生成素（EPO）	肾、尿	调节成红细胞的发育
类胰岛素生长因子（IGF）	血 清	促进硫酸盐参入到软骨组织
		促进软骨细胞的分裂对多种组织细胞起胰岛素样作用
神经生长因子（NGF）	颌下腺	营养交感及某些感觉神经元
血小板源生长因子（PDGF）	血小板	促进间质及胶质细胞的生长
转化生长因子 α（TGFα）	肿瘤细胞	类似于 EGF
	转化细胞	
转化生长因子 β（TGFβ）	肾、血小板	对某些细胞呈促进与抑制双向作用

二、生长因子有 3 种作用方式

生长因子对靶细胞的作用方式有 3 种模式：①内分泌（endocrine），生长因子从细胞分泌后，通过血液运输作用于远处靶细胞，如 PDGF；②旁分泌（paracrine），细胞分泌的生长因子作用于邻近的其他类型细胞；③自分泌（autocrine），生长因子作用于自身细胞。生长因子以后两种作用方式为主。

三、生长因子发挥作用依赖于信号转导途径

生长因子的作用依赖于靶细胞膜上的相应受体的信号传递。生长因子受体是一类跨膜糖蛋白，具有酪氨酸激酶活性。当生长因子与受体结合后，通过受体自身磷酸化启动受体酪氨酸激酶的活化，或者借助与其偶联的胞内酪氨酸激酶催化胞内的一系列相关底物蛋白质（或酶）磷酸化，包括核内的转录因子，引发基因转录，达到调节生长与分化的作用（图 19－10）。

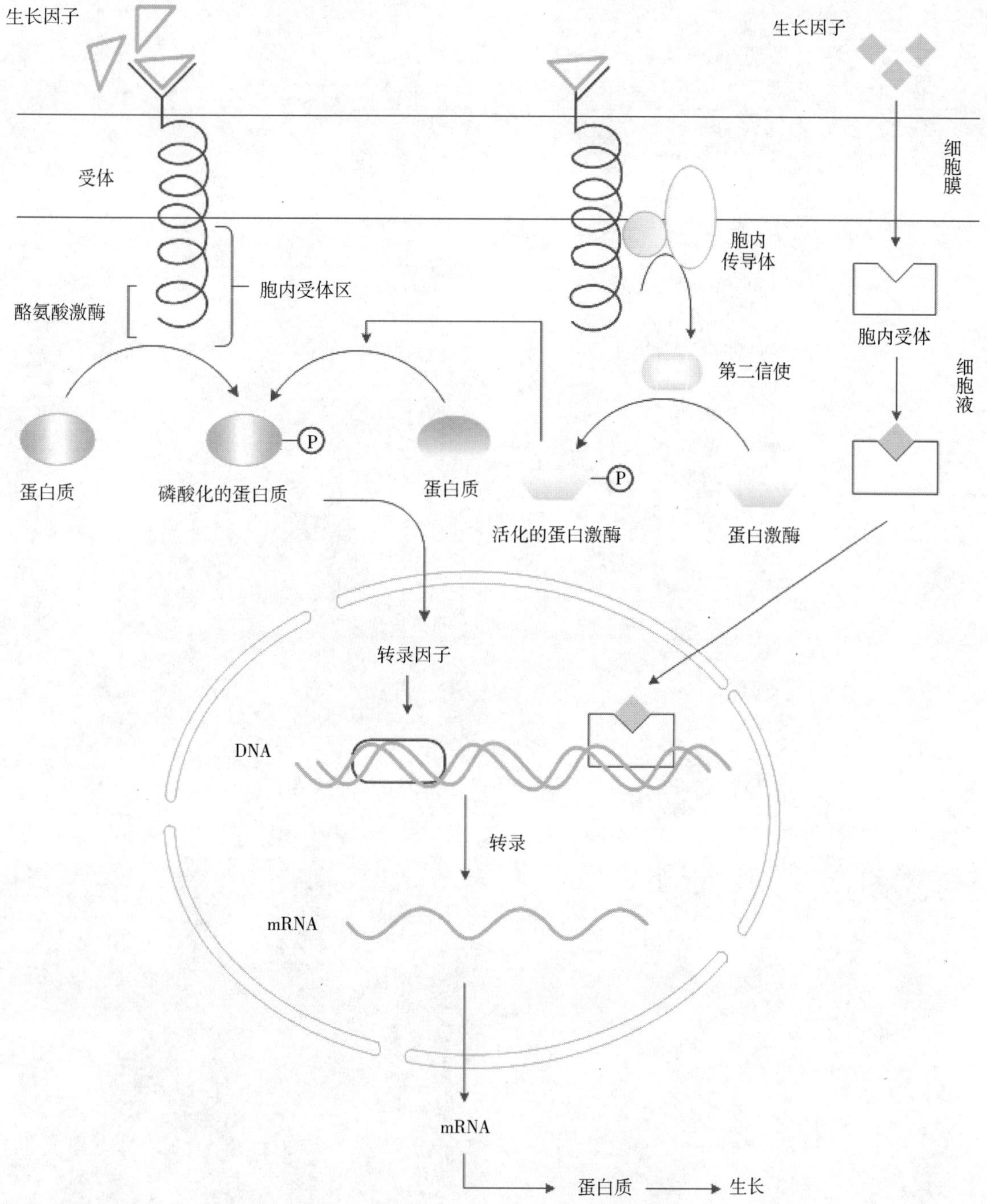

图 19－10　生长因子的作用机制

（张　杰）